Genetics

"十二五"普通高等教育本科国家级规划教材

新形态教材

遗传学

（第4版）

刘祖洞　吴燕华　乔守怡　赵寿元　著

高等教育出版社·北京

内容提要

刘祖洞先生的《遗传学》从面世至今已有 40 余年,刘先生深入浅出的描绘、抽丝剥茧的分析不仅使得这本教材栩栩生动,也极大地启发了我们在遗传学课堂中的教学理念和教学方法。

第 4 版教材的修订主要涉及四方面的内容:①拓展专业视角,进行横向延伸,增加了"遗传分析策略与方法"和"遗传与肿瘤"两章,梳理了当下遗传学研究的新策略、新技术以及肿瘤遗传学领域的新思想与新进展;②结合学术进展进行纵向深入,对大量原有章节内容(如遗传的分子基础、染色体畸变、基因突变、基因表达调控等)进行了修改、优化与补充,使得遗传学核心概念与理论能够与时俱进,充分体现科学研究的新成果;③更新或补充各章的插图、表格与习题等相关材料,为读者学习提供帮助与支撑;④教材中以二维码资源的形式对多处知识重难点做了视频讲解,在配套数字课程网站上提供了各章自测题和习题答案,为教师授课及学生自学提供参考与便利。

第 4 版教材维持了刘先生一贯的科学严谨、平实朴素的写作风格,通过横向拓展和纵向剖析纳入了更多的知识内容和科学问题,通过录制视频和电脑绘图融入了多元化的学习资源。《遗传学》将不断紧跟教改趋势和学科发展,关注广大同行和读者们的反馈与意见,努力为高校教师与同学们提供有益的教学参考。

图书在版编目(CIP)数据

遗传学 / 刘祖洞等著 . -- 4 版 . -- 北京:高等教育出版社,2021.3(2025.1 重印)
ISBN 978-7-04-055694-0

Ⅰ. ①遗… Ⅱ. ①刘… Ⅲ. ①遗传学 - 高等学校 - 教材 Ⅳ. ① Q3

中国版本图书馆 CIP 数据核字(2021)第 029787 号

YICHUANXUE

策划编辑	王 莉	责任编辑	高新景	封面设计	王凌波	责任印制	存 怡

出版发行	高等教育出版社	网　址	http://www.hep.edu.cn
社　址	北京市西城区德外大街4号		http://www.hep.com.cn
邮政编码	100120	网上订购	http://www.hepmall.com.cn
印　刷	肥城新华印刷有限公司		http://www.hepmall.com
开　本	787mm×1092mm 1/16		http://www.hepmall.cn
印　张	33		
字　数	780千字	版　次	1979 年 6 月第 1 版
			2021 年 3 月第 4 版
购书热线	010-58581118	印　次	2025 年 1 月第 7 次印刷
咨询电话	400-810-0598	定　价	59.00元

本书如有缺页、倒页、脱页等质量问题,请到所购图书销售部门联系调换
版权所有　侵权必究
物 料 号　55694-00

数字课程（基础版）

遗传学

（第4版）

刘祖洞　吴燕华
乔守怡　赵寿元　　著

遗传学（第4版）

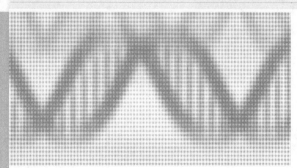

本数字课程主要提供了《遗传学》（第4版）各章重要知识点讲解微视频、自测题、章后习题的解题思路和答案，帮助学生更好地理解、掌握所学知识，培养学生思考问题、分析问题、解决问题的能力，为教师答疑和学生自学提供方便。

用户名：　　　　　密码：　　　　　验证码：　　　　　5360　忘记密码？　　**登录**　　注册

http://abook.hep.com.cn/55694

扫描二维码，下载 Abook 应用

教师服务

本书另配有专供教师使用的PPT。请选用本书作为学生教材的授课教师发邮件至 gaoxj@hep.com.cn，我们会有专人与您联系，告知您如何免费获取教师资源。

数字课程微视频目录

第4版前言

遗传学是生命科学类本科专业的必修课程。在我修读遗传学时，乔守怡教授是我们的主讲教师，一百余人的教室总是座无虚席；刘祖洞先生的《遗传学》第2版则是我们人手必备的宝贵学习资料。一门好课、一本好书，传承的是一代代师者的智慧，点亮的是一个个青年人求知奋进的道路。

2010年，在乔守怡教授的鼓励和鞭策下，我有幸和乔守怡教授、赵寿元教授一起修订了《遗传学》第3版。从2013年出版至今，第3版教材累计发行量超过12万册，并获得"十二五"国家级规划教材等荣誉及奖励，更难能可贵的是得到了很多前辈、同行和学生的肯定，让我深受鼓舞。2016年启动建设的遗传学慕课也被认定为首批"国家级一流本科课程"线上一流课程。

21世纪的生命科学进展日新月异，遗传学也不断与其他学科交叉渗透，进入了一个全新的时代：其关注重点从基因型和表型的对应关系，拓展至遗传变异复杂的内在机制与多元的调控手段。近年来，我在教学过程中逐渐感到第3版教材已经难以充分体现学科发展和满足教学需求，尤其是在现代遗传学的知识体系和遗传分析的技术方法等方面存在滞后。2018年，承蒙高等教育出版社的信任，我和乔守怡教授、赵寿元教授一起，再次承担了第4版教材的修订任务。

第4版基本延续了刘祖洞先生《遗传学》经典教材的知识框架，保持了刘先生的写作风格，紧跟学科发展，关注遗传前沿，着重在以下几个方面做了修订：①拓展专业视角，进行横向延伸，增加了"遗传分析策略与方法"和"遗传与肿瘤"两章，梳理了当下遗传学研究的新策略、新技术以及肿瘤遗传学领域的新思想与新进展；②结合学术进展进行纵向深入，对大量原有章节内容（如遗传的分子基础、染色体畸变、基因突变、基因表达调控等）进行了修改、优化与补充，使得遗传学核心概念与理论能够与时俱进，充分体现科学研究的新成果；③更新或补充各章的插图、表格与习题等相关材料，为读者学习提供帮助与支持；④教材中以二维码资源的形式对多处知识重难点做了视频讲解，在配套数字课程网站上提供了各章自测题和习题答案，为教师授课及学生自学提供参考与便利。

第4版修订工作正值新冠肺炎疫情全球流行的困难时期，"万众一心、众志成城"的民族精神和"科技兴邦，人才强国"的时代责任也鼓舞了我全力以赴完成修订工作。在此期间，我还有幸得到了复旦大学生命科学学院多位优秀学者的帮助与指导，我指导的多名研究生和本科生也在插图绘制的过程中贡献了他们的智慧，在此向他们一并表示衷心的感谢！

愿《遗传学》第4版能继续得到老师和同学们的关注与喜爱。由于编者水平有限，本书难免疏漏和不当之处，还请读者批评指正。

谨以此书纪念刘祖洞先生，让复旦大学遗传学的优良教学传统代代相传！期待和国内每一位遗传学教学同仁共同努力，推动我国遗传学教学事业在新时代取得新的更大发展！

吴燕华

2020年12月

第1～3版前言

目　录

第一章
绪论

第一节　遗传学发展历史

　　遗传学是一门诞生古老却又发展持续迅猛的生物学分支学科。早在中国 1 000 年前的宋代，就有了"种瓜得瓜，种豆得豆"、"一母生九子，九子各不同"的遗传与变异的初步概念。与所有的学科一样，遗传学也是在人们的生产实践活动中发展起来的。最初的遗传学开始于人们对经济作物的改良和培育。中国是世界上最早的作物和家畜的起源中心之一，在新石器时代的遗址中就发现了粟、小麦和高粱的种子以及家畜猪、羊、狗等的骨骼化石，说明在 5 000 年至 1 万年前，人类在猎取和采集动物和植物食物时，在初步满足了一时的需求后，对剩余的动、植物开始了驯化和培育活动，于是出现了早期的农作物品种和家养牲畜，并将原始的栽培、驯化逐渐转化为特意的引种、筛选、优化等显现遗传特质的活动。远古时代之后，在人类文明史进程中，人们不断选育出更丰富的经济作物品种、更美丽的花卉类型、更符合需求的牲畜种类，这些人类经济发展和科学进步的必然趋势，有意或无意地催生了遗传学的诞生。例如，玉米、番薯、水稻等作物的产生，牡丹、郁金香等花卉的选育，各类品种的金鱼等观赏动物的出现，都是人类推动遗传学发生的有意义活动。但是这些较为粗浅的遗传学认识尚未形成系统独立的遗传学理论。直到 300 多年前，人类才开始有意识地对遗传的奥秘进行探索。

视频 1
至今未解的
生命奥秘

一、遗传学代表性研究成果

　　遗传学科的知识萌芽应该追溯到 19 世纪初，此后，遗传学知识逐渐发展成为一门独立、系统的生物学分支学科。我们在此列举一些遗传学知识发展过程中的代表性研究工作与成果供读者们了解一二。

　　1809 年，法国学者拉马克（Jean-Baptiste Lamarck，1744—1829）提出获得性状遗传学说。

　　1822 年，英国植物学家奈特（Thomas Andrew Knight，1759—1838）开展豌豆杂交试验。

　　1859 年，英国博物学家达尔文（Charles Darwin，1809—1882）出版《物种起源》，提出了自然选择的生物进化学说，但他没能够说明生物进化的机制。

　　1866 年，奥地利生物学家孟德尔（Gregor Johann Mendel，1822—1884）发表了《植物杂交实验的遗传学定律》论文，但是他的论文迟至 34 年后的 1900 年才被重新发现，遗传学同这个"重新发现"一起诞生。

1869 年，瑞士生物学家米歇尔（Johannes Friedrich Miescher，1844—1895）从白细胞的细胞核分离出核酸。

1882 年，德国胚胎学家弗莱明（Walther Flemming，1843—1905）记录了染色体在有丝分裂中的行为，奠定了细胞遗传学的研究基础。

1903 年，美国生物学家萨顿（Walter Stanborough Sutton，1877—1916）和德国生物学家博韦里（Theodor Heinrich Boveri，1862—1915）发现孟德尔关于遗传因子的描述与减数分裂中的染色体行为相符，提出了 Boveri-Sutton 染色体理论。

1905 年，英国医生加洛德（Archibald Edward Garrod，1857—1936）发现了尿黑酸症，开创了人类医学遗传研究。

1906 年，英国遗传学家贝特森（William Bateson，1861—1926）积极推广孟德尔理论，并首次将研究生物性状遗传和变异的新学科定名为遗传学（genetics）。

1908 年，德国物理学家温伯格（Wilhelm Weinberg，1862—1937）和英国数学家哈代（Godfrey Hardy，1877—1947）分别发现了遗传平衡定律（后被定义为哈代 - 温伯格定律），奠定了群体遗传学研究的重要基础。

1909 年，丹麦植物学家约翰森（Wilhelm Ludvig Johannsen，1857—1927）提出基因（gene）一词，用于描述孟德尔所说的遗传因子。

1910 年，美国遗传学家摩尔根（Thomas Hunt Morgan，1866—1945）利用果蝇为实验材料，揭示基因在染色体上呈直线排列。

1928 年，英国生物学家格里菲斯（Frederick Griffith，1879—1941）通过肺炎双球菌实验发现了在细菌之间转移的遗传物质。

1941 年，美国遗传学家比德尔（George Wells Beadle，1903—1989）和塔特姆（Edward Lawrie Tatum，1909—1975）利用粗糙链孢霉的生化突变型提出了"一个基因一个酶"（one gene-one enzyme）假说。

1944 年，美国细菌学家艾弗里（Oswald Theodore Avery，1877—1955）通过肺炎链球菌实验证明遗传物质是 DNA。

1950 年，奥地利生物化学家查加夫（Erwin Chargaff，1905—2002）发现尽管不同物种的 DNA 的碱基组成不同，但每种 DNA 中腺嘌呤和胸腺嘧啶的数目相等，鸟嘌呤和胞嘧啶的数目也相等。

1950 年，美国细胞遗传学家麦克林托克（Barbara McClintock，1902—1992）首次报道了玉米籽粒色斑不稳定遗传，发现了基因在染色体上可移动的性质。

1953 年，美国分子生物学家沃森（James Dewey Watson，1928— ）和英国分子生物学家克里克（Francis Harry Compton Crick，1916—2004）发现了 DNA 双螺旋结构。

1956 年，美籍华裔科学家蒋有兴（Joe Hin Tjio，1919—2001）和瑞典细胞学家莱万（Albert Johan Levan，1905—1998）发现了人类共有 23 对染色体。

1961 年，法国生物学家雅各布（François Jacob，1920—2013）和莫诺（Jacques Monod，1910—1976）利用大肠杆菌提出了操纵子模型，揭示了基因表达受到环境因素的调控。

1966 年，美国生物化学家尼伦伯格（Marshall Warren Nirenberg，1927—2010）等揭示了遗传密码。

1974 年，美籍华裔医学家简悦威（Yuet Wai Kan，1936— ）成功将 DNA 分析技术应用于 α-地中海贫血患者的遗传测试，并进一步将此技术应用于多种孟德尔疾病的产前诊断。

1976 年，日本生物学家利根川进（Susumu Tonegawa，1939—）揭示了在 B 细胞成熟过程中免疫球蛋白基因通过基因重排实现基因表达调控。

1977 年，英国生物化学家桑格（Frederick Sanger，1918—2013）和美国生物学家吉尔伯特（Walter Gilbert，1932—）等建立了 DNA 测序技术。

1977 年，美国遗传学家夏普（Phillip Allen Sharp，1944—）和英国分子生物学家罗伯茨（Richard John Roberts，1943—）观察到了腺病毒基因的断裂现象，揭示了真核基因的编码序列被内含子间隔开的重要特点。

1980 年，美国发育生物学家威绍斯（Eric Wieschaus，1947—）和德国生物学家福尔哈德（Christiane Nüsslein-Volhard，1942—）利用正向遗传学策略成功筛选到控制果蝇早期胚胎发育的关键基因。

1985 年，美国生物化学家穆里斯（Kary Banks Mullis，1944—2019）等创建 PCR 技术，成功实现体外 DNA 的快速扩增。

1989 年，美国微生物学家毕晓普（John Michael Bishop，1936—）和美国科学家瓦尔默斯（Harold Eliot Varmus，1939—）发现，包括人在内的许多生物的正常体细胞里都含有未被激活的癌基因。

1990 年，人类基因组计划（Human Genome Project，HGP）正式启动，来自美国、英国、法国、德国、日本和中国的六国科学家参与其中。

1997 年，英国罗斯林研究所（Roslin Institute）培育出转基因克隆羊"多莉"。

1998 年，美国生物学家法尔（Andrew Zachary Fire，1959—）和梅洛（Craig Cameron Mello，1960—）等揭示了 RNA 干扰现象。

2001 年，国际人类基因组计划合作组织（Human Genome Organization，HUGO）和美国塞莱拉公司（Celera Corporation）分别在《自然》和《科学》杂志上同时公布了人类基因组草图图谱及其初步分析结果。

2002 年，国际单倍型协作组（International HapMap Consortium）正式启动了以寻找标记单核苷酸多态的遗传变异的单倍型图谱计划（Haplotype Map Project）。

2003 年，美国国家人类基因组研究所（National Human Genome Research Institute，NHGRI）启动了名为"DNA 元件的百科全书"（Encyclopedia of DNA Elements，ENCODE）研究计划，旨在对全基因组进行有计划的注释，编写人类基因组的"元件目录"。

2003 年，人类表观基因组协作组（Human Epigenome Consortium）宣布实施人类表观基因组计划（Human Epigenome Project），目标是确认、分类和解释人类主要组织中所有基因在基因组水平的 DNA 甲基化模式，包括在基因组水平绘制不同组织类型和疾病状态下的 DNA 甲基化可变位点图谱。

2004 年，人类基因组精图绘制完成，国际人类基因组计划合作组织在《自然》杂志上发表人类基因组的近完成序列（near-finished sequence）及其分析结果。

2005 年，罗氏（Roche）公司开发的 454 测序系统开始商业化运行，代表了第二代测序技术的普及。

2005 年，美国眼科专家爱德华兹（Albert O. Edwards）团队利用全基因组关联分析（genome-wide association study，GWAS）完成了年龄相关性黄斑变性的易感因素筛选，是关联分析方法在遗传疾病易感因素分析中的第一项标志性成果。

2006年，日本学者山中伸弥（Shinya Yamanaka，1962—）将4种不同的转录因子编码基因导入小鼠的成纤维细胞中，首次成功地将已分化的体细胞重编程为诱导多能干细胞（induced pluripotent stem cells，iPS cells）。

2006年，美国国家癌症研究所（National Cancer Institute，NCI）和NHGRI联合启动癌症基因组图谱（The Cancer Genome Atlas，TCGA）计划，项目旨在将基因组测序、转录组测序、甲基化等表观组学测序数据加以整合，并结合临床影像数据等，绘制多维度、多癌种的基因组图谱。

2007年，中国香港中文大学病理学家卢煜明（Dennis Yuk-ming Lo，1963—）利用孕妇外周血成功进行21三体的无创产前筛查（non-invasive prenatal testing，NIPT）。

2007年，来自中国深圳华大基因研究院、生物信息系统国家工程研究中心及中国科学院北京基因组研究所的科学家通过协作，完成首个中国汉族男性的全基因组测序。

2008年，由英国Sanger研究所、中国深圳华大基因研究院、美国国立卫生研究院下属的美国人类基因组研究所发起了千人基因组计划（1000 Genome Project），测定来自全球27个族群的2 500人的全部基因组信息，目标是建成开放公共的人类基因组参照数据库。

2010年，美国克雷格文特尔研究所（John Craig Venter Institute，JCVI）宣布世界首例人造生命Snythia诞生。Synthia只含有人工合成的基因组序列，能够自我复制，是一个有生命的人造生物体。

2012年，第一套单分子测序系统问世，代表仪器是纳米孔测序系统MinION，其基本原理是让单链DNA上的碱基顺次穿过纳米孔，通过分析不同碱基组合穿过时的电流变化进行碱基序列分析。MinION也是第三代测序技术的典型代表。

2012年，德国亥姆霍兹传染研究中心的法籍生物化学家卡彭蒂耶（Emmanulle Charpentier，1968—）和美国加州大学伯克利分校生物化学家杜德娜（Jennifer Doudna，1964—）成功开发了"成簇规律间隔短回文重复序列（clustered regularly interspaced short palindromic repeats，CRISPR）和CRISPR相关蛋白9（CRISPR-associated protein 9，Cas9）"系统，即CRISPR/Cas9系统，并应用于真核细胞的基因编辑。

2013年，美国麻省理工学院华裔生物学家张锋（Feng Zhang，1981—）首次将CRIPSR/Cas9基因编辑技术应用于哺乳动物和人类细胞，这项标志性的工作迅速带动了全球科学家将该技术应用在各种物种的基因编辑中，并在疾病治疗、疾病检测和遗传育种等多个领域发挥巨大作用。

2016年，美国加州大学洛杉矶分校的波格丹（Pasaniuc Bogdan）等人建立了一种与GWAS相似的全转录组关联分析（transcriptome-wide association study，TWAS）方法，旨在利用转录组范围的关联研究确定重要的基因表达与性状的关联关系。

2017年，美国食品与药品监督管理局（Food and Drug Administration，FDA）先后通过了抗PD-1（programmed cell death 1）抗体Keytruda用于治疗携带微卫星不稳定（microsatellite instability-high，MSI-H）或错配修复缺陷（mismatch repair deficient，dMMR）的不可切除或转移性的多种癌症，以及嵌合抗原受体T细胞免疫疗法（chimeric antigen receptor T-cell immunotherapy，CAR-T），即Kymriah用于治疗复发或难治性儿童和年轻成人B细胞急性淋巴细胞白血病。两种免疫治疗策略成功走向临床癌症治疗。

2018年，中国科学院神经科学研究所孙强（1973—）团队成功利用体细胞核移植技术克隆出两只猕猴,首次实现非人灵长类动物的体细胞克隆。

二、遗传学具有里程碑式的发现

我们可以将遗传学知识的发展大致分为 4 个阶段:达尔文时期、孟德尔时期、分子遗传时期和基因组时期。达尔文时期对生物进化方式的解读蕴藏了遗传变异思想的萌芽,而孟德尔的遗传理论提出了遗传变异的实体是遗传因子的假设,催生了遗传学科的诞生。到了分子遗传时期,随着对基因概念抽丝剥茧般的注释,遗传学知识体系逐渐发展为以基因结构(基因型)与基因功能(表型)为主线,从 DNA 突变、DNA 重组、DNA 表达、DNA 互作、DNA 调控等多个层次揭示 DNA 遗传变异的规律。随着 2000 年人类基因组计划宣告完成,遗传学进入了基因组学时代,研究对象从单个基因发展到整个基因组,新的研究技术与手段层出不穷,深入揭示遗传变异与生命演化的机制。

(1) 达尔文的自然选择学说 人类很早就对生命的起源和生物的进化产生了浓厚的兴趣。早在 19 世纪初,拉马克就提出了“用进废退”的“获得性状遗传”进化学说,认为生物的性状会主动适应环境,并按照环境的适应方向进化。19 世纪中叶,达尔文根据对野生和家养动植物的研究,总结出“自然选择,生存斗争”的进化学说。拉马克的进化学说由于将生物的进化机制主要归于生物适应环境的改变而进化,在分子遗传学发展以后,逐渐被学者抛弃。不过,也有一些学者在表观遗传学发展以后,重新审视了拉马克的进化思想。达尔文的进化理论具有合理的内涵,但是这个学说虽然也能解释生物进化的现象,但是鉴于学科发展的局限,达尔文没有能够解释发生生物变异的根本原因和生物生存的基本机制。20 世纪 60 年代,日本学者木村资生(Motoo Kimura,1924—1994)对达尔文的学说进行补充,提出了生物进化的“中性学说”。该学说认为,生物变异并不能完全归于有害或有利,很多时候,生物出现的性状变异是无利也无害的变化,例如人的 ABO 血型系统。生物存在着很多这类没有利害关系的性状变异。“中性学说”符合基因组的结构组织特点和基因多样性的现实。

进化不仅仅是新物种的形成,进化也不一定就意味着生物由简单到复杂、由低等到高等的进程。生物某些性状或器官的退化其实也是生物的进化。所以,归根结底,进化就是生物性状可遗传的改变。同时,生物进化是以最简约的方式进行的,并且是随机的、没有方向的,构成生物界万千丰富的生物多样性类型几乎都是偶然发生的,生物生存的环境只是一个诱导突变发生和选择压力的作用。从生物发展史观去理解,生物发生是偶然的,生物物种形成是偶然的,而生物灭绝却是必然的。

(2) 孟德尔的遗传理论 孟德尔根据前人的工作和他自己进行 8 年的豌豆杂交试验,并应用统计方法分析实验数据,提出了遗传因子分离和重组的假设。但是孟德尔的工作在当时并未引起重视,直到 1900 年,德弗里斯(Hugo Marie de Vries,1848—1935)、科伦斯(Carl Erich Correns,1864—1933)和切尔马克(Erich Tschermak,1871—1962)三位植物学家经过大量的植物杂交试验,在不同的地点、不同的植物上,得出与孟德尔相同的遗传规律,并重新发现了孟德尔的重要论文。孟德尔遗传规律的重新发现标志着遗传学的诞生,从此,遗传学作为一门独立的分支科学,开始了飞速发展。

孟德尔的伟大发现并不是突然产生的,也是在前人的研究基础上逐渐发展而来的。早在

1822年,德国学者奈特就在豌豆杂交试验中取得了令人瞩目的结果,他对豌豆的红花和白花性状的遗传学杂交试验,首先得到了近似3∶1的分离比结果。并且,在这个时期遗传因子的概念已经提出,但是关于什么是遗传因子,遗传因子是颗粒状还是体液状,存在于生物的哪个部位,如何传递给后代等问题,一直在激烈地争论着。奈特的实验结果无法突破当时的科学局限。孟德尔的伟大发现在于他善于总结前人的工作经验和教训,并利用开始出现的生物统计学方法将实验数据近似的3∶1分离归结于理论的分离比。同时根据遗传因子存在于生殖系统传递给后代已经是被科学家普遍接受的理论,提出了遗传因子传递规律的新的假设。孟德尔的成就在于科学思想的创新。但是我们也清晰地感觉到,他的伟大在于他对科学历史积淀的尊重和发展。所以我们说,科学的创新是在原有基础上的衍生和发展的思维,任何一项创新很难是凌空出现的,没有前人的探索,没有科学原有的基础,就没有真实意义的科学创新,知识的传承是创新思维的必要基础。

(3)分子遗传和基因组学对遗传学的推动作用　在孟德尔遗传思想诞生之后,遗传因子的本质是什么,遗传因子如何变异、传递等问题就成为了遗传学研究领域的关键问题。1903年,美国生物学家萨顿和德国生物学家博韦里首先发现了染色体的行为与遗传因子的行为很相似,提出了染色体是遗传物质的载体的假设。1909年,丹麦遗传学家约翰逊将遗传因子命名为基因。1910年,摩尔根和他的学生斯特蒂文特(Alfred Henry Sturtevant, 1891—1970)、布里奇斯(Calvin Blackman Bridges, 1889—1938)和马勒(Hermann Joseph Muller, 1890—1967)用果蝇做材料,研究性状的遗传方式,得出连锁交换定律,确定基因直线排列在染色体上。与此同时,埃默森(Rollins Adams Emerson, 1873—1947)等在玉米工作中也得到同样的结论。这样,就形成了一套经典的遗传学理论体系——以遗传的染色体学说为核心的基因论。随后,美国微生物学家比德尔和塔特姆通过对粗糙链孢霉的生化突变型的研究,于1941年提出"一个基因一个酶"学说,把基因与蛋白质的功能结合起来,这又把遗传学的发展向前推进了一步。

1944年,艾弗里、麦克劳德(Colin Munro MacLeod, 1909—1972)和麦卡蒂(Maclyn McCarty, 1911—2005)等从肺炎链球菌的转化实验中发现,转化因子是DNA,而不是蛋白质。1952年,赫尔希(Alfred Day Hershey, 1908—1997)和蔡斯(Martha Cowles Chase, 1927—2003)证明,噬菌体感染大肠杆菌时,DNA进入细菌细胞,而大多数蛋白质留在外面。这些实验证明,DNA是遗传物质。特别是1953年沃森和克里克提出了DNA双螺旋结构模型,用来阐明有关基因的核心问题——遗传物质的自体复制,从而开创了分子遗传学这一新的科学领域。

到了20世纪60年代,蛋白质和核酸的人工合成、中心法则的提出、三联体密码的确定、传递细菌对抗生素抗性的质粒的发现,以及调节基因作用原理的揭示等,已使遗传学的发展走在生物科学的前面。进入20世纪70年代后,由于众多限制性内切酶、核酸连接酶的发现和提纯,研究者实现了体外DNA重组,并可将构建的重组DNA导入大肠杆菌使之表达,自此产生了划时代的基因工程技术。以后用DNA重组技术生产出第一个动物激素——生长激素抑制因子。到了20世纪80年代,用基因工程生产的人胰岛素进入市场;外源基因导入烟草细胞,在再生植株中表达,并能通过有性繁殖遗传下去,从而使人类在定向改造生物方面跨进到一个新阶段。2000年,HUGO宣告人类基因组工作框架图(working draft)提前完成,这项工作在全球掀起了基因组学研究的浪潮,遗传学研究也正式进入了基因组学时代。除了人类基因组DNA序列,大量模式生物基因组DNA序列,人源细胞和/或组织以及其他模式生物的转录组、蛋白质组、表观基因组等信息呈现井喷之势,为生命科学研究开拓了更为广阔和深入的领域,启发了更为深刻和重要的哲学思考。

第二节　遗传与变异

生物通过各种生殖方式繁衍种族。单细胞生物一般通过细胞分裂来繁殖自己,多细胞生物则有无性生殖和有性生殖两种。无论哪种生殖方式,都是保证了生命在世代间的连续,并使子代跟亲代相似。这种世代间相似的现象就是"遗传"(heredity)。遗传是遗传信息世代传递的现象,同一物种只能繁育出同种的生物,同一家族的生物在性状上有类同现象。

有性生殖从精卵结合形成受精卵开始。有一定遗传结构的受精卵从细胞外部吸收物质,在细胞内发生一系列的代谢变化,结果导致细胞的生长、分化和增殖。这些变化在时间上和空间上有相当严密的秩序,从而保证了受精卵沿着一定的途径发育成一定的个体,具有一定的结构和功能,并与外界环境保持一定的关系。生物的这种结构和功能互有差异,这取决于它们的遗传结构的不同和随之而来的代谢过程的差别。生物个体间的差异叫作"变异"(variation)。

无论哪种生物,动物还是植物,高等还是低等,复杂的像人类本身或是简单的像细菌和病毒,都表现出子代与亲代之间的相似或类同。同时,子代与亲代之间、子代个体之间总能察觉出不同程度的差异,这种遗传与变异现象在生物界普遍存在,是生命活动的基本特征之一。遗传与变异是生物生存与进化的基本因素。遗传维持了生命的延续,没有遗传就没有生命的存在,没有遗传就没有相对稳定的物种。变异使得生物物种推陈出新,层出不穷。没有变异就没有物种的形成,没有变异就没有物种的进化。遗传与变异相辅相成,共同作用,使得生物生生不息,造就了形形色色的生物界。

遗传学是研究生物的遗传与变异的科学。如果从基因水平上理解,遗传学就是研究生物的遗传结构、信息传递、基因频率以及基因表达调控的科学。同时,现代遗传学研究已经不再局限于遗传信息的世代之间的传递,同一物种之间,不同物种之间,甚至在动、植物之间,通过人工方法也能够进行遗传信息横向转移,从而开展了遗传信息的传递、表达和对生物产生影响的研究。

视频2
遗传学研究的
代表性案例

根据不同的分类标准,遗传学可以分成很多分支科学。从遗传学的研究内容划分,有进化遗传学、医学遗传学、免疫遗传学、肿瘤遗传学等;从遗传学的研究层次划分,有群体遗传学、细胞遗传学、分子遗传学等;从遗传学的研究对象划分,有植物遗传学、动物遗传学等。

第三节　遗传学研究与社会发展的紧密关系

遗传学近年来的研究在很多方面已经突破了原有的经典遗传学研究范畴,研究的方法也层出不穷,开辟了现代遗传学的新领域。传统的遗传学是以基因为主线的研究,基因结构改变与否发挥性状变异的决定性作用。但是近年来表观遗传学(epigenetics)的崛起,颠覆了传统遗传学的理论。表观遗传指的是在未发生基因组 DNA 序列改变的情况下,基因功能也可发生可遗传的改变。DNA 甲基化、RNA 干扰、组蛋白修饰等都属于表观遗传学的范畴。研究发现,表观遗传是广泛存在于多种生物体中的遗传机制，个体发育、疾病发生、植物性状等的多态性均与表观遗传调控有关，因此表观遗传学已经成为当今遗传学领域中的一个研究热点。

对于遗传信息的结构与功能的研究，通常采用正向遗传学（forward genetics）或反向遗传学（reverse genetics）策略。从表型变异到基因型变异的研究是正向遗传学策略。例如对镰状细胞贫血的研究，可以首先分离得到病变蛋白，并根据肽链的氨基酸序列推测出 DNA 序列，然后从 cDNA 文库中筛选得到相应的编码基因，完成染色体定位，并最终得到致病基因序列。反向遗传学是从基因型变异到表型变异的研究方法。例如对亨廷顿舞蹈症的研究，就是首先利用遗传标记进行连锁分析再定位候选目的基因，然后才研究突变基因与表型之间的功能联系。

研究遗传和变异的规律，是为了能动地改造生物，更好地为人类服务。遗传学的基本理论及其最新研究成果必将对农牧业、医学、工业等的发展起着积极的推动作用。在农牧业上，遗传学理论是指导生产实践的主要理论基础之一。提高农畜产品的产量，增进农畜产品的品质，最直接而主要的手段就是育种。应用各种遗传学方法，改造它们的遗传结构，以育成高产优质的品种。人们还试图应用 DNA 重组技术，结合原生质体和细胞培养方法，创造新品种。例如合成具有高赖氨酸含量的玉米，创造能够固氮的粮食作物等。

进入 20 世纪末，遗传学和医学的联系也密切起来了。目前机制已知的遗传性疾病有 6 000 余种，要了解这些遗传病，为优生而进行产前诊断，进而达到治疗的目的，缺少遗传学的基本理论、特别是分子遗传学的最新成就，那是无法想象的。近年来，CRISPR/Cas9 基因编辑技术也在一些孟德尔遗传病的临床实验中取得了非常好的效果。肿瘤是严重危害人类生命的疾病之一，一般认为在细胞的恶性转化过程中，必要的前提是遗传物质的损伤和基因结构的改变，所以从遗传学角度研究所谓癌基因，即研究具有引起细胞恶性转化能力的 DNA 区段，可望深化对肿瘤的认识，为其防治提供可能性。不论是肿瘤标记物的筛选，还是靶向治疗和免疫治疗方案的开发都与遗传学息息相关。同样，遗传学与药学，尤其是与抗生素的生产，以及与免疫学、环境保护等都有密切的关系，遗传学的发展必将带动这些学科共同前进。

由于孟德尔 140 年前的创造性研究工作，自然科学史上诞生了遗传学学科，但是一直到 20 世纪后期，遗传学依然只是生物学界关注和熟悉的研究领域。但是，进入 20 世纪末，多种生物的基因组测序，物理、化学、数学和计算机科学等学科与遗传学的渗透和交叉，推动了遗传学日新月异的飞速发展，这是让遗传学家也始料不及的事实。另一方面，克隆羊"多莉"的诞生引发了"克隆人"的争论，人类基因组的测序完成引发了遗传信息安全性的争论，转基因生物的推广引发了转基因食物安全性的争论，表观遗传学的发展引发了对传统基因学说的挑战，基因编辑技术的推广引发了能否运用到人类胚胎的全社会思考……诸如此类的很多遗传学问题的不断涌现，使得遗传学领域中的许多专业名词经常成为各种媒体和社会大众关注的话题。社会的进步使得人类更关注人类本身生存的空间和环境，生物资源的保护和利用，以及人类自身的疾病、健康与寿命等问题，并随之推动了社会的发展，未来给遗传学发展提供了更令人鼓舞的挑战和机遇。

第二章
孟德尔定律

　　孟德尔是奥地利布隆（Brünn）（现在是捷克的布尔诺 Brno）的神甫,他利用部分时间进行生物学实验。他看到当时杂交育种方法已在园艺方面广泛应用,且有相当成就,但还未能总结出一种"杂种形成与发展的普遍适用的规律",于是,他想提供一些精密可靠的实验基础,以便找到这些规律。

　　在孟德尔之前,英国植物学家奈特、德国植物学家克尔罗伊特（Joseph Gottlieb Kölreuter, 1733—1806）和格特纳（Karl Friedrich von Gärtner, 1772—1850）等人也做过植物杂交试验,但孟德尔指出,他们的试验都有缺点:①没有对杂种子代中不同类型的植株进行计数;②在杂种后代中没有明确地把各代分别统计,观察每一代中不同类型的植株数;③也没有明确肯定每一代中不同类型植株数之间的统计关系。他认为真正要解决杂交中的遗传问题,必须克服前人的这些缺点,他在 1858—1865 年间进行了大量的试验工作,以豌豆为主要材料,辅以菜豆、石竹等材料,发现了前人未认识到的规律,这些规律后来被称为孟德尔定律（Mendel's laws）。

　　他选豌豆（*Pisum sativum*）为主要材料,有几个理由:

　　（1）豌豆具有稳定的可以区分的性状。豌豆各品种间有着明显的形态差异,如有些品种的植株开红花,有些开白花;有些结黄色种子,有些结绿色种子;有些是顶生花序,有些是腋生。这些品种在这些性状上的差异都很稳定,都能真实遗传（breeding true）。就是说,亲本怎样,它们的全部子代植株也都是这样。更重要的是,这些性状在区分时毫无困难,研究者能简单直接地进行分析。

　　（2）豌豆是自花授粉植物,而且是闭花授粉,因此没有外来花粉混杂,若人工去雄,用外来花粉授粉也容易。孟德尔对花粉混杂问题特别注意。他指出,如果忽略了这个问题,有外来花粉混杂,而试验者却不知道,那就会得出错误的结论。

　　（3）豌豆豆荚成熟后籽粒都留在豆荚中,便于各种类型籽粒的准确计数,这在以籽粒为研究对象时自然是很重要的。

　　孟德尔将其多年研究结果整理成文,于 1865 年在布隆博物学会上以《植物杂交试验》为题,分两次报告,第二年（1866 年）在学会会刊上发表,并将论文的单行本分送各地,可是没有引起学术界的重视。在孟德尔的论文沉睡了 34 年之后的 1900 年,荷兰的德弗里斯用月见草等为材料,德国的科伦斯用玉米和豌豆为材料,奥地利的切尔马克用豌豆为材料进行实验,发表了结论与孟德尔相同的论文,并且都引用了孟德尔的工作。这就是孟德尔定律的再发现,遗传学就是同这个"再发现"一起诞生的。

　　孟德尔定律通常分为分离定律和自由组合定律。

视频 3
孟德尔定律
的发现历史

第一节 分离定律

孟德尔的整个试验工作中贯彻了从简单到复杂的原则。他最初进行杂交时,所用的两个亲本(即父本和母本)都只相差一个性状。或者更精确些说,不论其他性状的差异怎样,他都只把注意力集中在一个清楚的性状差异,或者说一对相对性状上。因为任意选取两个植株,它们一般总会在好几个性状上有差异,有些差异也许一时还未能察觉。是不是可以把其他性状差异暂时不管,只研究一对性状,把一对性状的遗传规律搞清楚后再进一步同时考虑几对性状呢?事实证明,这种方法不但可行,而且还是最合理、最有效的研究方法。

一、显性和隐性

豌豆品种中,有开红花的和开白花的。开红花的植株自花授粉,后代都是开红花的;开白花的植株自花授粉,后代都是开白花的。

如把开红花的植株与开白花的植株杂交,那么这两个植株就叫作亲代(parent generation),记作 P。实验时在开花植株上选一朵或几朵花,在花粉未成熟时,把花瓣仔细瓣开,用镊子除去全部雄蕊,再把花瓣按原样复好,在花朵外面套上一个纸袋,以防外来花粉授粉。一天之后,从开另一种颜色的花朵上取下成熟花药,放到去雄花朵的柱头上,授粉后仍旧套好纸袋,并在授过粉的花柄上挂一标签,以资识别。待豆荚开始长大时,才把纸袋去掉。这个豆荚中结的种子就是子一代(first filial generation,F_1)。把这种子种下,长成的植株就是 F_1 植株。孟德尔发现,不论用红花做母本,白花做父本,还是反过来,以红花为父本,白花为母本,正反交(reciprocal crosses)的 F_1 植株全部开红花,没有开白花的,也没有开其他颜色的花。这样,红花对白花来讲,是个显性性状(dominant character),因为红花的性状在 F_1 中显示出来;白花对红花来讲,是个隐性性状(recessive character),因为白花在 F_1 中没有显示出来。合起来讲,这是一对相对性状。

二、分离现象

F_1 的红花植株自花授粉,所得的种子和它们成长的植株叫作子二代(second filial generation,F_2)。F_2 中,除红花植株外,又出现了白花植株,这种白花植株和亲代的白花植株是一样的。在 F_2 中,隐性的白花性状又出现了,这种现象叫作分离(segregation)(图 2-1)。

我们平常使用的一些表达方式:"F_2 中分离出白花类型"(表示 F_2 个体间有差异),或"F_1 能分离出白花类型",讲的都是一回事。从这个事实可以看到:F_1 植株虽然表现为红花而非白花亲本的性状,但它们显然从白花亲本处得到了白花的遗传因子,而且这个遗传因子在植株内没有起变化,在植株

P	红花	×	白花
F_1		红花	
F_2	705 红花	:	224 白花

图 2-1 豌豆花冠颜色的遗传

的整个生活史中始终没有和代表红花的遗传因子相混合,未受红花因子的"沾染",F₂中的白花跟亲本的白花一样白,完全不带红色。这说明遗传绝不是"混合式"的,由此也得出"颗粒遗传"(particulate inheritance)这一重要概念:代表一对相对性状(如红花对白花)的遗传因子在同一个体内分别存在,不相沾染,不相混合。这个概念与"混合遗传"(blending inheritance)的概念是对立的,以后遗传学的发展愈来愈显示出这个概念的正确性和重要性。

孟德尔在豌豆中除了研究红花和白花这一对相对性状外,还研究了其他6对相对性状,它们的遗传方式和上述实验很相似。在F₁中可以看到显性现象,在F₂中出现分离现象。他的实验结果如表 2-1 所示。

表 2-1　豌豆杂交实验的 F₂ 结果

相对性状		F₂ 植株数	F₂ 中显性植株数		F₂ 中隐性植株数	
显性	隐性		数目	比例 /%	数目	比例 /%
饱满子叶	皱缩子叶	7 324	5 474	74.74	1 850	25.26
黄色子叶	绿色子叶	8 023	6 022	75.06	2 001	24.94
红花	白花	929	705	75.89	224	24.11
成熟豆荚不分节	成熟豆荚分节	1 181	882	74.68	299	25.32
未熟豆荚绿色	未熟豆荚黄色	580	428	73.79	152	26.21
花腋生	花顶生	858	651	75.87	207	24.13
高植株	矮植株	1 064	787	73.97	277	26.03
总和		19 959	14 949	74.90	5 010	25.10

在这 7 对相对性状中,每一对相对性状之间都可相互区分。以植株高矮这对相对性状来说,一般植物从高到矮往往是连续的,难以截然区分;但孟德尔所用的高植株在 2 m 左右,而矮植株则仅在 25～50 cm 之间,所以这对相对性状之间也可正确区分。

就这 7 对相对性状在 F₂ 中的分离比来看,显性植株都占75%左右,隐性植株都占25%左右。也就是说,都出现 3∶1,很有规律。为什么都出现 3∶1 呢?怎样来解释这个现象呢?

三、孟德尔假设

孟德尔为了解释这些结果,提出了下面 7 点假设:

① 遗传性状由遗传因子(hereditary determinant 或 factor)决定。(因为没有看到性状的混合,所以认为遗传因子的本质是颗粒式的。)

② 每个植株内有许多成对的遗传因子。一对遗传因子控制花冠颜色,一对控制种子形状,等等。(这个推理很容易想象:例如 F₁ 植株至少有一个遗传因子是决定隐性性状的,因为在以后的世代中显示了这个隐性性状;自然它们还有一个遗传因子是决定显性性状的,因为它们显示这个显性性状。)

③ 每一生殖细胞(花粉或卵细胞)只含有每对遗传因子中的一个。

④ 在每对遗传因子中,一个来自父本雄性生殖细胞,一个来自母本雌性生殖细胞。

⑤ 形成生殖细胞时,每对遗传因子相互分开(即分离),分别进入生殖细胞中。这就是我们现在公认的"孟德尔分离定律"。形成的生殖细胞只得到每对因子中的一个。

⑥ 生殖细胞的结合(形成一个新个体或合子)是随机的。

⑦ 红花因子和白花因子是同一遗传因子的两种形式,其中红花因子对白花因子为显性,反过来,白花因子对红花因子为隐性。这就是说,当植株中一个因子是红花,一个因子是白花时,这个植株表现为红花。两个因子都是红花当然表现为红花,只有两个因子都是白花时,才表现为白花。

例如,拿红花和白花的杂交试验来说,红花性状是显性性状,决定该性状的遗传因子用符号 C 来表示;白花性状是隐性性状,决定该性状的遗传因子用符号 c 来表示。按照前面的假设,亲代红花植株的细胞中有两个红花因子,写作 CC;亲代的白花植株的细胞中有两个白花因子,写作 cc。红花植株产生的生殖细胞或配子(gamete)中,只有一个 C;白花植株产生的生殖细胞或配子中,只有一个 c。受精时,雌雄配子相互结合,成为合子(zygote),两个因子加在一起,成为 Cc。合子发育成 F_1 植株,因为红花因子 C 对白花因子 c 是显性,所以 F_1 的植株都开红花。

F_1 产生的配子,只能得到两个遗传因子中的一个。这时因子 C 与 c 就分离,产生两种配子(雌雄配子都是两种),一种有 C,一种有 c。两种配子的数目相等,是 $1:1$。

因为雌雄配子各有两种,受精时就可有 4 种不同的组合:① C 雌配子与 C 雄配子结合,形成 CC;② C 雌配子与 c 雄配子结合,形成 Cc;③ c 雌配子与 C 雄配子结合,形成 cC;④ c 雌配子与 c 雄配子结合,形成 cc。

因为配子的结合是随机的,所以这 4 种受精方式的发生机会相等,即各为 1/4。而上面第 2 和第 3 两种受精方式所产生的合子是相同的,都是 Cc,所以 F_2 植株中,1/4 是 CC,2/4 是 Cc,1/4 是 cc。但 C 对 c 是显性,所以 1/4 CC 和 2/4 Cc 都是开红花的,只有 1/4 cc 是开白花的。所以 F_2 中红花植株与白花植株的比例是 $3:1$(图 2-2)。

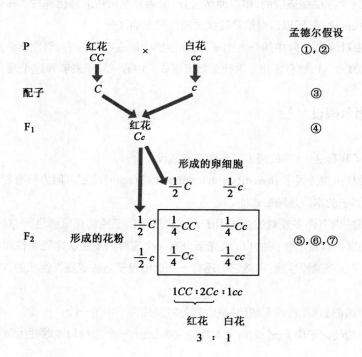

图 2-2 豌豆花冠颜色的分离和孟德尔的假设(7 点假设见前文说明)

四、基因型和表型

孟德尔的遗传因子,现在称为基因(gene)。基因这个术语是丹麦的约翰森最初提出。决定同一性状的一对遗传因子,如红花因子 C 和白花因子 c,是一个基因的不同形式,C 和 c 是一对等位基因(allele)。高株基因 T 和矮株基因 t 也互为等位基因,但高株基因不是红花基因的等位基因。

亲代红花植株是 CC,白花植株是 cc,F_1 红花植株是 Cc,这些叫作基因型(genotype),或称遗传型。基因型是生物体的遗传组成(genetic constituent),是肉眼看不到的,要通过杂交试验才能鉴定。基因型 CC 和 Cc 表现为红花,基因型 cc 表现为白花,这些花色叫作表型(phenotype)或表现型。表型是表现出来的性状,是肉眼可以看到的,或可用物理、化学方法测定。

不同的基因型表现为不同的表型,如 CC 表现为红花,cc 表现为白花。也有不同的基因型表现为相同的表型的,如 F_1 植株的基因型是 Cc,但它们的表型跟亲代基因型 CC 的表型相同,都是红花。CC 和 cc 这两种基因型,由两个同是显性或同是隐性的基因组合而成,叫作纯合子(homozygote);Cc 这种基因型,由一个显性基因和一个隐性基因组合而成,叫作杂合子(heterozygote)。由单独一对等位基因控制的性状(如 C 和 c 控制的花冠颜色)属于孟德尔性状(Mendelian character)。

五、孟德尔假设的验证

孟德尔只是做了杂交试验,他所看到的只是亲代、F_1 和 F_2 个体的表型,以及 7 对相对性状所共有的独特比例 3∶1。他看到的只是这些表型,图 2-2 全是根据见到的事实而推想出来的。我们可以试图追索他当时的思考过程:这个假设不是一步就在脑中想定的,而是根据实验事实一步步推想而成的。

但是一种假设,不仅要说明已得到的实验结果,而且还应该能够预期另一些实验的结果。

假使上面说明的假设是正确的,那么 F_1 红花植株跟亲代白花植株回交,后代植株的花色该怎样呢?按照假设,F_1 的基因型是 Cc,可以形成两种配子(C 和 c),数目相等。亲代白花植株的基因型是 cc,只产生 c 的配子。所以 F_1 红花植株与亲代白花植株交配,后代应该一半的基因型是 Cc,开红花;一半的基因型是 cc,开白花。实验结果共得 166 个后代植株,其中 85 开红花,81 开白花,与所预期的完全符合,说明杂合子的确产生两种配子,而且数目相等(图 2-3)。

这种基因型未知的显性个体(此处是 F_1 红花植株)与隐性纯合子交配,以鉴定显性个体基因型的方法,叫作测交(test cross)。遗传学上常用这个方法测定显性个体的基因型。

还有,F_1 自花授粉得到 F_2,在表型上只有两种,红花和白花。但表型为红花的植株中,有两种不同的基因型,一种是 CC,一种是 Cc,两者的比例是 1∶2(见图 2-2)。如果 F_2 红花植株再进行自花授粉,应该有 1/3 的红花植株产生的子三代(third filial generation,F_3)全是红花植株,而 2/3 的红花植株产生的 F_3 有红花植株和白花植株,比例也是 3∶1。因为 1/3 的红花植株的基因型是 CC,自花授粉,F_3 当然还是 CC,都是开红花的;2/3 的红花植株的基因型是 Cc,自花授粉,应该和 F_1 自花授粉一样,也是 Cc 与 Cc 交配,得到的 F_3 的基因型应该是 CC,Cc,Cc 和 cc,3 份是红花,

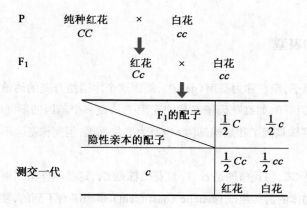

图 2-3　豌豆花冠颜色的测交试验

1 份是白花。而 F_2 白花植株的基因型是 cc，自花授粉的后代应该全部开白花。那么实验的结果怎样呢？

前面讲过孟德尔得到 929 个 F_2 植株，其中 705 是红花植株，他在这 705 个植株中任意选取100 株，让它们自花授粉，把得到的种子种下，得 F_3。他发现这 100 个 F_2 红花植株中，有 36 个植株的 F_3 全为红花植株，有 64 个植株的 F_3 有 3/4 是红花，1/4 是白花。36∶64 接近 1∶2。而 F_2中的白花植株自花授粉后，后代全部是白花（图 2-4）。

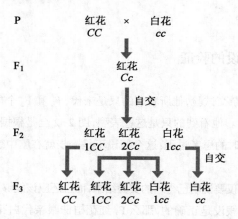

图 2-4　豌豆花冠颜色的杂交实验中 F_3 的分离

在 F_2 中，1/3 红花的 F_3 均为红花，2/3 红花的 F_3 中又分离出 3∶1 的红花与白花；白花的 F_3 均为白花。

孟德尔的一对相对性状的实验结果，后人把它归纳为孟德尔第一定律，又称分离定律（law of segregation）。简单地讲，分离定律是杂合子形成配子时，每对等位基因相互分开进入不同的配子中，两种配子数目相同。详细地讲，一对基因在杂合状态中保持相对的独立性，在配子形成时，可独自地分离到不同的配子中去。在一般情况下，杂合子的配子分离比是 1∶1，F_2 基因型分离比是 1∶2∶1，F_2 表型分离比是 3∶1。分离出来的隐性纯合子和隐性亲本在表型上是一样的，隐性基因并不因为和显性基因在一起而改变它的性质。

六、配子形成时发生分离的证明

孟德尔之后，许多科学工作者在各种生物——从病毒、细菌到人类中做了许多实验，都证实了分离定律。分离定律假定，分离发生在配子形成的时候，那么有没有直观的证据，能够证明这个假定呢？

但是,基因所控制的性状,通常不在配子时期表达,要在个体发育的某个时期才表达出来。例如,豌豆的红花性状要在开花的时候才显示出来。那么有没有一些基因所控制的性状,在配子时期就表达出来呢?有的,请看下面的例子。

水稻(*Oryza sativa*)有糯性品系和非糯性品系。糯性品系的米粒含有支链淀粉,用稀碘液处理后,米粒呈红褐色,这是碘液原有的颜色。非糯性品系的米粒含有直链淀粉,用稀碘液处理后,米粒呈蓝黑色,这是直链淀粉和碘液起化学反应的结果。

根据杂交试验的结果知道,非糯性对糯性是显性。如用非糯性品系做母本,用糯性品系的花粉来杂交;或者用糯性品系做母本,用非糯性品系的花粉来杂交,所结的种子都是非糯性。把这种非糯性的杂交种子种下去,长成 F_1 植株。抽穗时,套上纸袋,让它们自花授粉,结果稻穗上的谷子,3/4 是非糯性,1/4 是糯性,可见非糯性与糯性的遗传是由一对基因控制的(图 2-5)。

非糯性和糯性的遗传实验有个好处,非糯性基因(Wx)和糯性基因(wx)的作用在花粉中已经表现出来了。我们把亲代非糯性品系的花粉放在载玻片上,加一滴碘液,放在显微镜下看,所有的花粉都染成蓝黑色,糯性品系的花粉加上碘液,没有一粒花粉染成蓝黑色,全是红褐色。非糯性品系与糯性品系杂交,得到 F_1 种子后,它们的基因型是 $Wxwx$。把它们种下,得到 F_1 植株,取它们的花粉放在载玻片上,加一滴碘液,在显微镜下检查,大约半数花粉是蓝黑色,半数花粉是红褐色。这进一步证明了孟德尔的假设,F_2 分离的原因是 F_1 配子的分离,而且配子分离的比例是 1:1。

这种配子分离的情况在玉米、高粱、黍等其他禾本科作物中也有同样的表现。

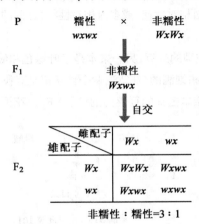

图 2-5　水稻非糯性和糯性的遗传

七、分离比实现的条件

假使我们研究一对性状的遗传,在 F_1 中看到显性现象,在 F_2 中看到 3:1,那么下列的几个条件一定是满足的:

(1) F_1 个体形成的两种配子的数目是相等的,它们的生活力是一样的。

(2) F_1 的两种配子的结合机会是相等的。举例来说,C 配子跟 C 配子或 c 配子的结合机会是相等的,c 配子跟 C 配子或 c 配子的结合机会也是相等的。

(3) 3 种基因型个体的存活率到观察时为止是相等的。举例来说,基因型 CC,Cc 与 cc 的个体的存活率是一样的。

(4) 显性是完全的。也就是说,C 对 c 是完全显性的。

应该指出,即使上面列举的几个条件均满足了,我们在 F_2 中得到的 3:1 往往也是近似的,这是什么原因呢?因为花器官形成的雌、雄配子非常多,但能够参加受精并发育成新植株的却很少。这就意味着,要从无数的雌、雄配子中抽取极为少数的一部分来,这样,具有不同基因的配子参与受精的机会就不可能完全相等。例如,在红花植株与白花植株的交配中,每一株 F_1 红花植株形成了无数的 C 配子与 c 配子,而在参加受精并发育成新个体时,数目不可能是完全一致的。因为参加受精的 C 配子与 c 配子数不是完全相等的,所以在 F_2 中,红花植株与白花植株的比例只可能与 $3:1$ 近似了。

第二节　自由组合定律

上面所讲的一些杂交试验中,孟德尔把注意力集中在一对相对性状。在说明了一对相对性状的遗传规律后,孟德尔就从简单到复杂,从分析到综合,进一步研究两对相对性状的遗传。

一、两对性状的自由组合

我们之所以要用杂交方法来育种,常常是因为两个亲本品种各具有一个优良性状,而我们想把两个优良性状结合在一起,这就是两对相对性状(或多对相对性状)之间的关系问题,孟德尔也研究了这方面的问题。

实验用的一个亲本是子叶黄色和饱满的豌豆,另一亲本是子叶绿色和皱缩的豌豆。把这两个亲本杂交,得到 F_1。F_1 豆粒全是黄色和饱满的(注意这两个性状都是豆粒内子叶的性状,直接表现在 F_1 种子。所谓 F_1 种子,就是在亲本植株的豆荚内的种子),F_1 自花授粉,得到 F_2 种子(即 F_1 植株的豆荚内的种子),共计 556 粒豆粒,其中有黄满和绿皱,也有黄皱和绿满,一共 4 种(图 2-6)。

其中黄满和绿皱两种是亲本原有的性状组合,叫作亲组合(parental combination),而黄皱和绿满是亲本品种原来所没有的性状组合,叫作重组合(recombination)。从 F_2 中重组类型的出现可以得出颗

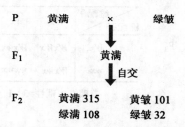

图 2-6　豌豆两对性状的杂交实验

粒式遗传的另一基本概念:决定不同性状的遗传因子在遗传传递上有相对独立性,可以完全拆开。在这个例子中,黄色可以和饱满拆开而和皱缩组合,绿色可以和皱缩拆开而和饱满组合。这也是混合式遗传完全没有预期到,而且也不能解释的。

那么怎样定量分析这个实验的结果呢?

我们先看黄和绿这一对相对性状。黄是显性,F_1 应该全是黄的,F_2 应该 $\frac{3}{4}$ 是黄的,$\frac{1}{4}$ 是绿的。

事实上,F_1 全是黄的,F_2 556 粒豆粒中,416 粒是黄的,140 粒是绿的,的确是 $\frac{3}{4}$ 和 $\frac{1}{4}$。

再看另一对相对性状满和皱。满是显性,F_1 应该全是满的,F_2 中应该 $\frac{3}{4}$ 是满的,$\frac{1}{4}$ 是皱的。

事实上,F_1 全是满的,F_2 556 粒豆粒中,423 粒是满的,133 粒是皱的,的确也是 $\frac{3}{4}$ 和 $\frac{1}{4}$。

因为不同对的相对性状可以相互组合,如果组合是随机的,那么在 $\frac{3}{4}$ 黄的里面,应该有 $\frac{3}{4}$ 满, $\frac{1}{4}$ 皱;在 $\frac{1}{4}$ 绿的里面,也是 $\frac{3}{4}$ 满, $\frac{1}{4}$ 皱。反过来也是一样,在 $\frac{3}{4}$ 满的里面,应该有 $\frac{3}{4}$ 黄, $\frac{1}{4}$ 绿;在 $\frac{1}{4}$ 皱的里面,也有 $\frac{3}{4}$ 黄, $\frac{1}{4}$ 绿。总而言之,把两对相对性状合起来看,如果组合是随机的,应该是:

$$黄满 = \frac{3}{4} \times \frac{3}{4} = \frac{9}{16} \qquad 绿满 = \frac{1}{4} \times \frac{3}{4} = \frac{3}{16}$$

$$黄皱 = \frac{3}{4} \times \frac{1}{4} = \frac{3}{16} \qquad 绿皱 = \frac{1}{4} \times \frac{1}{4} = \frac{1}{16}$$

事实上正是如此,这 556 粒豌豆中 315 粒为黄满,108 粒为绿满,101 粒为黄皱,32 粒为绿皱,正好接近 $\frac{9}{16}$, $\frac{3}{16}$, $\frac{3}{16}$ 和 $\frac{1}{16}$,即 9:3:3:1。

从定量数据看来,这两对相对性状不但可以拆开进行重组,而且是自由组合的。

二、对自由组合的解释

子叶黄色和绿色是一对相对性状,决定这对相对性状的基因用 Y 和 y 表示;子叶饱满和皱缩是另一对相对性状,决定这对相对性状的基因用 R 和 r 表示。这样,亲本黄满的基因型是 $YYRR$,产生的配子只有一种,全为 YR;亲本绿皱的基因型是 $yyrr$,产生的配子也只有一种,全是 yr。YR 配子与 yr 配子结合,产生的 F_1 基因型是 $YyRr$,表型是黄满。

F_1 植株的基因型是 $YyRr$。它们形成配子时,如单看 Y 和 y,应该 $\frac{1}{2}$ 配子带有 Y 基因, $\frac{1}{2}$ 配子带有 y 基因;如单看 R 和 r 也是一样,应该 $\frac{1}{2}$ 配子带有 R 基因, $\frac{1}{2}$ 配子带有 r 基因。现在把 Yy 和 Rr 合起来看,如果 Y 和 y 的分离与 R 和 r 的分离彼此独立,则在 $\frac{1}{2}$ 带 Y 的配子中,应有 $\frac{1}{2}$ R 和 $\frac{1}{2}$ r, $\frac{1}{2}$ 带 y 的配子中也应有 $\frac{1}{2}$ R 和 $\frac{1}{2}$ r。换句话说,应该是 $\frac{1}{4}$ YR, $\frac{1}{4}$ Yr, $\frac{1}{4}$ yR 和 $\frac{1}{4}$ yr,就是说,产生 4 种配子,数目相等,比例是 1:1:1:1。

雌配子是这 4 种,雄配子也是这 4 种,可有 16 种组合。从图 2-7 可以看到,表型上 9 种是黄满,3 种是黄皱,3 种是绿满,1 种是绿皱,与实验结果符合。

三、两对基因杂种的基因型和表型

要在 F_2 中得到 9:3:3:1 的表型分离比,F_1 配子的分离比必须是 1:1:1:1。这一点可用测交试验进行验证,即 F_1 黄满植株($YyRr$)与双隐性植株($yyrr$)杂交。测交结果应该得到 $\frac{1}{4}$ 黄

P　黄满　*YYRR*　×　绿皱　*yyrr*

配子　*YR*　*yr*

F_1　*YyRr*　黄满

↓自交

配子 \ 配子	*YR*	*Yr*	*yR*	*yr*
F_2 *YR*	*YYRR* 黄满	*YYRr* 黄满	*YyRR* 黄满	*YyRr* 黄满
Yr	*YYRr* 黄满	*YYrr* 黄皱	*YyRr* 黄满	*Yyrr* 黄皱
yR	*YyRR* 黄满	*YyRr* 黄满	*yyRR* 绿满	*yyRr* 绿满
yr	*YyRr* 黄满	*Yyrr* 黄皱	*yyRr* 绿满	*yyrr* 绿皱

图 2-7　豌豆两对性状的杂交试验中两对基因的独立分离

满(*YyRr*)，$\frac{1}{4}$黄皱(*Yyrr*)，$\frac{1}{4}$绿满(*yyRr*)，$\frac{1}{4}$绿皱(*yyrr*)。孟德尔得到的实际数字是：55 粒黄满，49 粒黄皱，51 粒绿满，52 粒绿皱，的确和预期一致(图 2-8)。

由 F_1 自花授粉得到的 F_2 中，绿皱豆粒(*yyrr*)长成的植株自花授粉后，在 F_3 豆粒中是不会分离的。

但绿满豆粒却有两种基因型，其中$\frac{1}{3}$豆粒的基因型是 *yyRR*，$\frac{2}{3}$豆粒是 *yyRr*。前者两个基因都是纯合的，后代无分离现象。后者在 *y* 方面(绿色)是纯合的，后代无分离，在 *R* 和 *r* 方面(满和皱)却是杂合的，F_3 中应作 3∶1 的分离，$\frac{3}{4}$是绿满，$\frac{1}{4}$是绿皱。

F_2 中的黄皱豆粒也有两种基因型，其中$\frac{1}{3}$是 *YYrr*，$\frac{2}{3}$是 *Yyrr*。前者自花授粉后无分离，后者在满或皱这一对性状上不分离，在黄或绿这一对性状上要分离。

F_2 中的黄满豆粒有 4 种基因型，其中$\frac{1}{9}$是 *YYRR*，$\frac{2}{9}$是 *YYRr*，$\frac{2}{9}$是 *YyRR*，$\frac{4}{9}$是 *YyRr*。第一种自花授粉后不分离，第二种在满皱这一性状上要分离，第三种在黄绿这一性状上要分离，而第四种在满皱和黄绿这两对性状上都要分离(表 2-2)。

F_1 黄满 *YyRr*　×　P绿皱 *yyrr*

绿皱植株的配子 \ F_1植株的配子	*YR*	*Yr*	*yR*	*yr*
yr	*YyRr* 黄满 1	∶ *Yyrr* 黄皱 1	∶ *yyRr* 绿满 1	∶ *yyrr* 绿皱 1

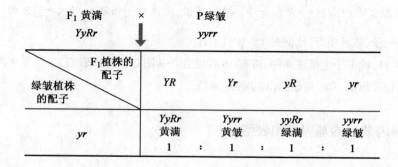

图 2-8　两对基因杂种的测交

表 2-2　两对基因杂种的 F_2 表型和基因型

表型	基因型		F_3 的分离情况
9 黄满	9Y_R_	1 YYRR	不分离
		2 YYRr	在满皱这一性状上要分离
		2 YyRR	在黄绿这一性状上要分离
		4 YyRr	在黄绿、满皱这两性状上都要分离
3 黄皱	3Y_rr	1 YYrr	不分离
		2 Yyrr	在黄绿这一性状上要分离
3 绿满	3yyR_	1 yyRR	不分离
		2 yyRr	在满皱这一性状上要分离
1 绿皱	1 yyrr		不分离

F_3 的分离情况可用 F_2 植株的自花授粉来验证。孟德尔得到 F_3 的实际数据见表 2-3。

表 2-3　两对基因杂交 F_3 表型

F_2 种子表型	F_2 植株数目	F_3 种子表型种类	从 F_3 种子看 F_2 基因型
黄满	38	全部黄满	YYRR
黄满	65	黄满,黄皱	YYRr
黄满	60	黄满,绿满	YyRR
黄满	138	黄满,黄皱,绿满,绿皱	YyRr
黄皱	28	全部黄皱	YYrr
黄皱	68	黄皱,绿皱	Yyrr
绿满	35	全部绿满	yyRR
绿满	67	绿满,绿皱	yyRr
绿皱	30	全部绿皱	yyrr

验证结果又和预期完全符合。

孟德尔所研究的 7 对相对性状中,任取两对性状进行杂交试验,彼此间都是自由组合,这种情况在不同生物的不同性状间也常常看到。后人把这种现象归纳为孟德尔第二定律,或称自由组合定律(law of independent assortment)。这定律可表达为"不同对等位基因在形成配子时自由组合"。但在 20 世纪初生物学家们很快就发现了这个定律的例外,同时也搞清了这个定律的适用范围,使遗传学大大向前发展,这要留待后面章节进行说明。

四、多基因杂种

从上面看来,两对基因的遗传,在表面上稍稍复杂些,但在原则上还是简单的。在任何情况下,我们只需把注意力集中于一对基因,如果是纯合的,就没有分离,如果是杂合的,就有分离。假使 F_1 是两对基因的杂合子(如 $YyRr$),那么就产生 4 种配子(如 YR, Yr, yR, yr),配子相互结合,有 16 种组合,F_2 有 9 种基因型,如显性完全时,F_2 的表型分离比是 $(3+1)^2=9 + 3 + 3 + 1$,有 4 种不同的表型。如 F_1 是 3 对基因的杂合子,那么就产生 8 种配子,有 64 种组合,在 F_2 时有 27 种基因型,如显性完全时,有 8 种表型,它们的比例是 $(3+1)^3$ 的展开。F_1 是 4 对以上基因的杂合子的情况就不再一一说明了。现在总结成一张表,可以一目了然(表 2-4)。

表 2-4　杂交中包括的基因对数与基因型和表型的关系

杂交中包括的基因对数	显性完全时 F_2 的表型数	F_1 杂种形成的配子数	F_2 的基因型数	F_1 配子的可能组合数	表型分离比
1	2	2	3	4	$(3+1)^1$
2	4	4	9	16	$(3+1)^2$
3	8	8	27	64	$(3+1)^3$
4	16	16	81	256	$(3+1)^4$
⋮	⋮	⋮	⋮	⋮	⋮
n	2^n	2^n	3^n	4^n	$(3+1)^n$

从上表看来,杂交是增加变异组合的主要方法,所以育种上常常应用这种方法。通过杂交,通过基因的自由组合,可以形成对人类有利的新品种。

例如,有一个小麦品种能抵抗霜害,但容易感染锈病,另一个小麦品种能抵抗锈病,但不能经受霜冻,让这两个品种杂交,就可能在 F_2 中找到既能抵抗霜害,又能抵抗锈病的类型。当然也可在 F_2 中出现既容易感染锈病又不耐霜冻的类型和其他类型。这里,育种工作者可以通过选择的方法,选留所需要的植株,淘汰不符合要求的植株。

在农牧业上,上述的方法被广泛应用,许多优良的动、植物品种就是通过这样的方法培育成功的。

第三节　遗传学数据的统计处理

孟德尔对他自己所得的分离比例并未做过统计学分析,而且也没有认识到这种处理的必要性。但他已经看到分离比如 1∶1、3∶1 等都是要子代个体数较多时才比较接近,子代个体数不多时,常有明显的波动。例如,结饱满豆粒的豌豆植株与结皱缩豆粒的豌豆植株杂交,得到 253 个 F_1 植株,上面共结 7 324 粒 F_2 种子,其中 5 474 粒是饱满的,1 850 粒是皱缩的,相当接近 3∶1。但从每个 F_1 植株分别计算 F_2 的分离,那就可看到有波动。孟德尔在上述杂交试验中,随机挑出 10 个 F_1 植株,F_2 的分离如表 2-5。

表 2-5　F_1 单株分离比例

F_1 植株号码	饱满豆粒	皱缩豆粒	F_1 植株号码	饱满豆粒	皱缩豆粒
1	45	12	6	26	6
2	27	8	7	88	24
3	24	7	8	22	10
4	19	10	9	28	6
5	32	11	10	25	7

孟德尔在论文中还提到,最极端的数字为 43 满与 2 皱,14 满与 15 皱,可见从单个 F_1 植株的后代来计算 F_2 的分离,波动很大。

20 世纪初期,孟德尔定律被重新发现后,遗传学工作者在自己的实验中也碰到这种现象。他们最初唯有尽可能得到较多的后代个体,来掩盖这种机遇性的波动。但这样做有两个缺点,首先在实践上有一定的限制,后代个体数不可能很多,但更重要的是逻辑缺点。对这种机遇性的波动,必须有严格的逻辑处理。而且不久又发现各种新的分离比例,如 13:3,15:1 等,后来又发现孟德尔定律有真正的例外,这些都使分离比例的机遇性波动问题更加迫切地需要解决。遗传学工作者不久就发现,当时的概率论和统计学方法已能圆满地解决这些比较简单的问题了。

一、概率

所谓概率(probability),是指在反复实验中,预期某一事件的出现次数的比例,它是生物统计学中最基本的概念。要说明这个概念,先从孟德尔的实验数据讲起。

我们可以把表 2-5 的数据逐株积加,成表 2-6 的形式。从表 2-6 可见,F_2 种子中显性种子的频率始终在 0.750 左右波动。但随着 F_2 种子数的逐渐增加,波动范围越来越小,也就是说频率逐渐逼近 0.750。在这种情况下,按照概率一词的一般定义,我们就说 F_2 种子中显性种子的概率是 0.750,即 3/4。

表 2-6　F_1 单株分离比例的积加

	饱满豆粒	皱缩豆粒	总数	饱满豆粒频率
第一个 F_1 植株	45	12	57	0.789
最初 2 个 F_1 植株总和	72	20	92	0.782
最初 3 个 F_1 植株总和	96	27	123	0.780
最初 4 个 F_1 植株总和	115	37	152	0.757
最初 5 个 F_1 植株总和	147	48	195	0.754
最初 6 个 F_1 植株总和	173	54	227	0.762
最初 7 个 F_1 植株总和	261	78	339	0.770
最初 8 个 F_1 植株总和	283	88	371	0.763
最初 9 个 F_1 植株总和	311	94	405	0.768
最初 10 个 F_1 植株总和	336	101	437	0.769
⋮	⋮	⋮	⋮	⋮
最初 253 个 F_1 植株总和	5 474	1 850	7 324	0.747

所以孟德尔定律也可说是概率定律、统计定律,正像物理学和化学中的大多数定律一样。由于遗传学实验往往以个体为单位,单位数目比物理学和化学实验中单位数目小得多,所以机遇性波动的现象特别明显,特别需要用统计学方法来处理实验数据。

现在从概率来考虑遗传比例。遗传比例的决定主要根据概率的两个基本法则:

(1) 相乘法则　这一法则认为,两个(或两个以上)独立事件同时出现的概率是它们各自概率的乘积。例如,豌豆豆粒从子叶颜色看,一半是黄色的,一半是绿色的;又从豆粒充实程度看,一半是饱满的,一半是皱缩的。如果一个性状并不影响另一性状,那么一粒豌豆可以同时是黄色和饱满的。因豆粒是黄色的概率是 $\frac{1}{2}$,是饱满的概率也是 $\frac{1}{2}$,所以豌豆豆粒是黄色而又饱满的概率是 $\frac{1}{2} \times \frac{1}{2} = \frac{1}{4}$。因为黄绿和满皱是两个独立事件,黄或绿的发生并不影响满或皱的出现,所以黄满这两性状同时出现的概率就是它们各自概率的乘积。

此外,我们也可问某一事件不出现的概率。例如,豌豆豆粒又黄又满的概率是 $\frac{1}{4}$,那么这一事件不出现的概率是多少? 也就是问,豌豆豆粒是满的,但不是黄的;或者是黄的,但不饱满;或两者都不是的概率是多少? 因为所有事件的总概率是 1,而其中 $\frac{1}{4}$ 是黄色而饱满,这样 $1 - \frac{1}{4}$ 或 $\frac{3}{4}$ 就是某个豌豆豆粒又黄又满这一事件不出现的概率。

(2) 相加法则　如两个事件是非此即彼的,或相互排斥的,那么出现这一事件或另一事件的概率是两个个别事件的概率之和。用上面的豌豆例子来说,一粒豌豆不可能既是黄色又是绿色——如果是黄色就非绿色,如果是绿色就非黄色,两者是互斥事件。所以在这种情况下,豆粒是黄色或绿色的概率是它们各自概率之和,即 $\frac{1}{2} + \frac{1}{2} = 1$。另一方面,如果豆粒只有黄色和绿色时,那么豆粒既非黄色又非绿色的概率是 $1 - 1 = 0$。

二、遗传比例的计算

根据孟德尔定律,我们已经知道基因型 Aa 的亲本可以产生两型配子,A 和 a。如果这样一个个体自体受精,或和一个相同杂合子交配,预期在子代中可以出现 3 种不同的基因型 AA,Aa 和 aa。如基因 A 对 a 是显性,子裔将出现两种不同表型,A(AA,Aa)和 a(aa),这儿 A 和 a 代表表型。另一方面,基因型 Aa 的亲本和 aa 的亲本交配,子代也可出现 A 和 a 两种表型。所以如亲本的基因型未知时,子裔中出现 A 和 a 这两种表型,有两种可能的假设。可是我们怎样在这两种可能假设间作出判断呢?

要对这个问题作出解答,一个办法是根据每一假定,求出预期的基因型和表型的比例。我们假定 Aa 亲本产生两种配子,A 和 a,数目相等。aa 亲本只产生一种配子,a。配子相互结合,形成合子。因为两亲配子的形成是独立事件,有它们各自的概率,又因为两配子的结合,是两个独立事件同时发生的结果,所以一个特定合子的形成概率相当于构成它们配子的概率的乘积。

要计算有关的数值,我们可以用棋盘法,像上面已讲到过的那样,把每一亲本的配子放在一边,注上各自的概率(P)。如一个亲本形成的两种配子是 A 和 a,概率相等,这样每一配子的概率是 $\frac{1}{2}$。棋盘的每一格中填上形成的合子,它的概率是两个配子的频率的乘积。上面提到过的两个假设,可分别列成棋盘,如图 2-9。

在 $Aa \times Aa$ 交配中,可形成 4 种合子,概率都是 $\frac{1}{4}$。然而这些合子都是互斥事件,一个 Aa 合

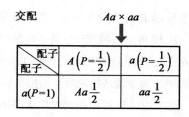

图 2-9 根据两种不同假设，
计算形成的合子的概率

子,不可能同时是 aA,AA 或 aa。所以一个合子是 Aa 或 aA(即杂合子)的概率是 $\frac{1}{4}+\frac{1}{4}$,即 $\frac{1}{2}$；

是 AA,Aa 或 aA 的概率是 $\frac{1}{4}+\frac{1}{4}+\frac{1}{4}$,即 $\frac{3}{4}$；是 AA,Aa,aA 或 aa 的概率当然等于 1。然而应

该注意到,在基因 A 对 a 是显性的情况下,纯合子 AA 和两杂合子 Aa,aA 的表型是相同的,显性

表型 A 出现的概率是 3 个互斥事件之和,得到的总概率是 $\frac{1}{4}+\frac{1}{4}+\frac{1}{4}=\frac{3}{4}$。

在 $Aa\times aa$ 交配中形成两种合子,频率相等。一种合子是显性 A 表型,另一种合子是隐性 a

表型,这两种表型的概率都是 $\frac{1}{2}$。这样两个假设的差异可以由每一假设所产生的表型比例看到：

一种情况,表型比 A：a=3：1；另一种情况,表型比 A：a=1：1。

棋盘法(punnett square)也可用来计算两对自由组合的基因的分离。例如,两对基因杂合子

$AaBb$ 产生 4 种配子：AB,Ab,aB,ab,频率相等。这样两个杂合子杂交时,形成 4×4 的棋盘格,每

两个配子的结合各有 $\frac{1}{4}\times\frac{1}{4}=\frac{1}{16}$ 的概率。上面计算孟德尔的两对基因杂种的基因型和表型频

率就是应用这个方法。

一个杂交中有关的基因对数在两对以上时,用棋盘格计算预期比例就显得繁琐,例如,3 对

基因的差异就要有一个 8×8 的棋盘格。相差的基因对数再多,就显得更为复杂。一个比棋盘格

简易的方法是把每对基因分别考虑,单看一对基因的差异,可有 6 种不同的交配形式,每一种交

配形式所产生的子代都有它独特的基因型和表型的组合(图 2-10)。

如果亲代的每一性状的基因型已经知道,而且每对基因与另一对基因都是自由组合的,那么

预期子代的基因型和表型比例可用分支法(branching process)来推算(图 2-11)。例如在孟德尔

所做的两对基因杂交实验中,黄(Y)对绿(y)是显性,满(R)对皱(r)是显性。F_1 双杂合子($YyRr$)自

亲代	子代	
	基因型	表型
1. $AA\times AA$	全 AA	全 A
2. $AA\times aa$	全 Aa	全 A
3. $AA\times Aa$	1AA：1Aa	全 A
4. $aa\times aa$	全 aa	全 a
5. $aa\times Aa$	1Aa：1aa	1A：1a
6. $Aa\times Aa$	1AA：2Aa：1aa	3A：1a

图 2-10 涉及一对等位基因(A/a)的 6 种不
同交配方式及杂交结果

每种交配所产生的子代的基因型和表型都有
所不同。

花授粉时,F$_2$ 将出现 9 种基因型和 4 种表型,各有一定的频率。现在两对基因分别考虑,每对基因 ($Yy×Yy$ 和 $Rr×Rr$)将产生 3 种不同基因型,比例是 1：2：1,两种不同表型,比例是 3：1(见图 2-10,第 6 交配)。因为每对基因出现的概率跟另一对基因出现的概率是相互独立的,所以 F$_2$ 的基因型和表型的概率就是相应概率的相乘结果。

这个方法也可用在两对以上基因的差异,而且双亲不一定对每对基因都是杂合子。例如一个亲本的基因型是 $AAbbCc$,另一亲本的基因型是 $aaBbCc$,两个亲本杂交,它们的子代的基因型和表型就会像图 2-12 那样。

其他各种杂交组合,不论差异的基因对数是多少对,都可应用分支法简便而准确地把杂交子代的基因型和表型比例推算出来。

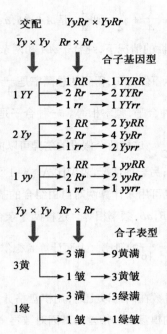

图 2-11　用分支法推算孟德尔两对基因杂种产生的基因型和表型

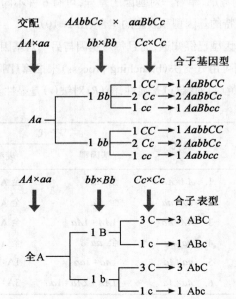

图 2-12　用分支法推算 3 对基因杂交产生的基因型和表型

A 代表 A/a 基因对的显性表型(AA 或 Aa 决定),a 代表隐性表型(aa 决定)。同样,B 和 C 代表显性表型,b 和 c 代表隐性表型。

三、二项式展开

很多遗传学问题不单是有关某一事件出现的概率，有时也牵涉到某些事件组合出现的概率。例如，一个 $Aa \times aa$ 交配，有两个子裔，要知道这两个子裔具有某种遗传组成的概率，就是要推算两个子裔都是 Aa，或两个子裔都是 aa，或一个子裔是 Aa，另一个子裔是 aa 的概率。因为一个子裔出现某一基因型并不影响另一子裔的基因型，所以这些是独立事件。在这样一个交配中，出现两个子裔都是 Aa 的概率就是每一 Aa 子裔出现的概率相乘，$\frac{1}{2} \times \frac{1}{2} = \frac{1}{4}$。所以两个子裔出现各种基因型组合的概率，考虑到顺序，应该像下面这样：

第一个子裔	第二个子裔	概率
Aa	Aa	$\frac{1}{2} \times \frac{1}{2} = \frac{1}{4}$
Aa	aa	$\frac{1}{2} \times \frac{1}{2} = \frac{1}{4}$
aa	Aa	$\frac{1}{2} \times \frac{1}{2} = \frac{1}{4}$
aa	aa	$\frac{1}{2} \times \frac{1}{2} = \frac{1}{4}$

假使我们不管顺序先后，把相应的数值累加起来，我们就得到下面的概率分布：

两个子裔都是 Aa 的概率 $= \frac{1}{4}$；

一个子裔是 Aa，另一是 aa 的概率 $= \frac{2}{4}$；

两个子裔都是 aa 的概率 $= \frac{1}{4}$。

这个分布型式是 $1:2:1$，是二项分布 $(p+q)^2 = 1p^2 + 2pq + 1q^2$ 的系数。如果我们用 Aa 代替 p，用 aa 代替 q，那么 $[(Aa)+(aa)]^2 = 1(Aa)(Aa) + 2(Aa)(aa) + 1(aa)(aa)$。

这一结果用文字来说明是这样的：一个 $Aa \times aa$ 交配，产生两个子裔时，预期两个子裔都是 Aa 的可能组合数是 1，一个是 Aa 另一个是 aa 的可能组合数是 2，而两个都是 aa 的可能组合数是 1，总共的可能组合数是 4。如果用 $\frac{1}{2}$ 代替 p 和 q，那么 $(p+q)^2 = \left(\frac{1}{2}\right)^2 + 2\left(\frac{1}{2}\right)\left(\frac{1}{2}\right) + \left(\frac{1}{2}\right)^2 = \frac{1}{4} + \frac{2}{4} + \frac{1}{4}$，这就是一个 $Aa \times aa$ 交配产生两个子裔时，各种基因型组合的概率。

如果一个 $Aa \times aa$ 交配，有 3 个子裔，要推算 3 个子裔间基因型的各种组合，就相当于 $(p+q)^3$ 的展开：

3 个子裔都是 Aa 的概率 $= p^3 = \left(\frac{1}{2}\right)^3 = \frac{1}{8}$；

2 个子裔是 Aa，1 个是 aa 的概率 $= 3p^2q = 3\left(\frac{1}{2}\right)^2\left(\frac{1}{2}\right) = \frac{3}{8}$；

2 个子裔是 aa，1 个是 Aa 的概率 $=3pq^2=3\left(\dfrac{1}{2}\right)\left(\dfrac{1}{2}\right)^2=\dfrac{3}{8}$；

3 个子裔都是 aa 的概率 $=q^3=\left(\dfrac{1}{2}\right)^3=\dfrac{1}{8}$。

这就是一个 $Aa\times aa$ 交配产生 3 个子裔时，各种基因型组合的概率。

这样，子裔的每一特定组合的概率，都可用这一组合的二项分布系数在全部可能组合数中的比例来表达。例如，有 4 个子裔时，4 个子裔的基因型都是 Aa 的概率是 $\dfrac{1}{16}$，因为这相当于 $(p+q)^4=\left(\dfrac{1}{2}+\dfrac{1}{2}\right)^4$ 展开的第一项 $\left(\dfrac{1}{2}\right)^4=\dfrac{1}{16}$，或相当于 $\left[(Aa)+(aa)\right]^4$ 展开的第一项 $1(Aa)(Aa)(Aa)(Aa)$，系数是 1，而总共可能的组合数是 16。

一般地说，设 p 为某一基因型或表型出现的概率，而 q 或 $1-p$ 是另一基因型或表型出现的概率，$p+q=1$。这样，这些事件的每一组合的概率就可用二项分布的展开式来说明。如果不考虑出现的顺序，基因型或表型的每一特定组合的概率可从二项分布的通项公式算出：

$$\frac{n\,!}{s\,!\,(n-s)\,!}\,p^s q^{n-s}$$

其中，n 是子裔的数目，s 是有某一基因型（例如 Aa）或表型的子裔数，p 是该基因型或表型的出现概率，而 $n-s$ 是有另一基因型（例如 aa）或表型的子裔数，q 是另一基因型或表型的出现概率。符号 ! 是阶乘，就是从一个数目开始，按整数顺序相乘，一直到 1，例如，$n=5,5!=5\times4\times3\times2\times1=120$。应该注意到，0 的阶乘（0!）等于 1。如在 $Aa\times aa$ 的交配中，产生 4 个子裔，问这 4 个子裔都是 Aa 的机会是多少？因为 Aa 的概率 $p=\dfrac{1}{2}$，$s=4$，所以这一项的概率是：

$$\frac{n\,!}{s\,!\,(n-s)\,!}\,p^s q^{n-s}=\frac{4!}{4!\ 0!}\left(\frac{1}{2}\right)^4\left(\frac{1}{2}\right)^0=\frac{1}{16}=0.062\,5$$

子裔中 Aa 和 aa 个体的各种可能组合，都可用同样方法直接求得。例如，从 $Aa\times aa$ 的一个交配中，产生 5 个子裔，其中 3 个是 Aa，2 个是 aa，概率是：

$$\frac{5!}{3!\ 2!}\left(\frac{1}{2}\right)^3\left(\frac{1}{2}\right)^2=\frac{5}{16}=0.312\,5$$

四、适合度测验

像上面所说明的那样，杂交实验中，子代预期的遗传比例可以根据棋盘法或分支法正确地推算，子裔中基因型或表型的各种组合的概率也可根据二项式分布简单地求得。在这基础上，我们可进一步计算实得比例对理论比例的适合度，那就是说，根据实得比例符合理论比例的程度如何，从而判断这次实验结果是否可用这个理论比例来说明，还是必须抛弃这个理论比例，认为另有其他理论比例，或者这次实验结果根本不能用孟德尔定律来说明。

我们试用遗传学上一个具体实验来说明这种方法。

水稻植株中，有的对白叶枯病病菌有抗性，而有的敏感。根据遗传学分析知道，在水稻成株时，抗性性状为显性，抗性植株的基因型有两种，一为纯合子 SS，一为杂合子 Ss，而敏感性状是隐性,敏感植株的基因型为纯合子 ss,所以水稻对白叶枯病的抗性性状属于孟德尔性状,是由单一基因控制的。

现在设有两株水稻,一为抗性植株,一为敏感植株。把它们杂交,得到 20 个植株,其中 14 株是抗性植株,6 株是敏感植株。敏感植株的基因型为 ss,而抗性植株的基因型有两种可能,一为纯合子 SS,一为杂合子 Ss,但因杂种后代中除出现抗性植株外,还出现了敏感植株,所以亲本抗性植株的基因型应为 Ss。根据理论推算,在 $Ss \times ss$ 的杂交中,子裔的基因型 Ss 与 ss 之比应为 $1:1$(图 2-10,第 5 次配)。现有 20 个子代植株,应该是 10 株抗性型和 10 株敏感型,而实验中实际得到的是,14 株抗性型和 6 株敏感型。问实得比例与理论比例适合的程度如何?换句话说,就是问实验所得数据是否与"抗性型与敏感型仅有一对基因之差,且实验中所用的亲代植株的基因型是 Ss"这一假设相符合。

如果这个杂交就是 $Ss \times ss$,子代中抗性型与敏感型的概率各为 $\frac{1}{2}$。20 株植物的各种组合的概率就是 $(p+q)^n = \left(\frac{1}{2} + \frac{1}{2}\right)^{20}$ 的展开(表 2-7)。

表 2-7 $\left(\dfrac{1}{2} + \dfrac{1}{2}\right)^{20}$ 的展开

组合	20 抗 0 敏	19 抗 1 敏	18 抗 2 敏	17 抗 3 敏	16 抗 4 敏	15 抗 5 敏	14 抗 6 敏	13 抗 7 敏
概率	0.000 001	0.000 02	0.000 2	0.001	0.005	0.015	0.037	0.074

组合	12 抗 8 敏	11 抗 9 敏	10 抗 10 敏	9 抗 11 敏	8 抗 12 敏	7 抗 13 敏	6 抗 14 敏	5 抗 15 敏
概率	0.120	0.160	0.176	0.160	0.120	0.074	0.037	0.015

组合	4 抗 16 敏	3 抗 17 敏	2 抗 18 敏	1 抗 19 敏	0 抗 20 敏	合计
概率	0.005	0.001	0.000 2	0.000 02	0.000 001	1.000

理论比为 $1:1$ 时,20 个子代中得到 14 株抗性型和 6 株敏感型的概率是:

$$\frac{20!}{14! \; 6!} \left(\frac{1}{2}\right)^{14} \left(\frac{1}{2}\right)^{6} = 0.037$$

也就是说,平均每做 100 次实验中,大概有 3 次或 4 次实验会得到这样的结果,这样的概率当然很小,看来这样的实验数据跟理论比例 $1:1$ 似乎是不相符合的。

可是单是计算实得比例这一项的概率,就作为适合度测验的根据,有一个很明显的缺点,因为植株数目增加时,即使是完全符合理论比例的资料,它们的概率也不断下降。例如,在一对基因回交实验中,如实际分离比刚好 $1:1$,那是完全符合理论比例的,可是得到这一分离比的概率也随着个体数的增加而逐渐下降(表 2-8)。

表 2-8 回交后代中,个体数不同时,完全符合理论比例 $1:1$ 的出现概率

回交后代个体数	2	4	6	8	10	20	40	80
得到完全符合 $1:1$ 比例的概率	0.500	0.375	0.312	0.273	0.246	0.176	0.125	0.089

从上表可看到,当理论比例为1∶1,2个子代个体分离为1个与1个时,出现概率是0.50。而子代个体数增加到80时,分离比为40个与40个的出现概率只有0.09。可见单是根据实得比例的出现概率,很容易被引入歧途,显然不能用于适合度测验。

如果我们根据理论比例和子代个体数,用二项式展开法求出子代中各种组合的概率,然后将实得比例与理论比例相比较,把有同样偏差或更大偏差的那些组合的概率加起来,这样,不论子代个体数的多少,完全符合理论比例的概率是一个常数。所以进行适合度测验时,不是单单计算某一实得比例的概率,而是计算偏差与实得比例一样大或更大的概率。

在上述的水稻抗性的一对基因回交实验中,从对理论比例1∶1的偏差来说,更多的抗性型和更多的敏感型是同样的偏差,所以把有14株以上抗性型或14株以上敏感型的那些组合的概率加起来,就是有着同样偏差或更大偏差的概率。这概率如用 P 表示,则如表2-9所示,$P = 0.116$。

表2-9 在水稻抗性型与敏感型($Ss \times ss$)的回交中,与实得比例(14∶6)有着相同或更大偏差的理论比例的积加概率

组合	20抗 0敏	19抗 1敏	18抗 2敏	17抗 3敏	16抗 4敏	15抗 5敏	14抗 6敏
概率	0.000 001	0.000 02	0.000 2	0.001	0.005	0.015	0.037
组合	6抗 14敏	5抗 15敏	4抗 16敏	3抗 17敏	2抗 18敏	1抗 19敏	0抗 20敏	合计
概率	0.037	0.015	0.005	0.001	0.000 2	0.000 02	0.000 001	0.116

这样看来,实得比例和理论比例符合的情况并不像最初想象的那样坏,而且一般并不认为太坏。的确,0.116的概率是比较低,不过如果我们认为这样的资料与理论比例不符合,那么在每9次实验中就得有一次发生错误。这在大多数场合是常有的事,因而我们不能认为实得数据与理论比例间有显著的差异。

那么怎样的数据才被认为不符合理论比例呢?换句话说,怎样的概率水平才被看作与假设有显著差异而把理论比例加以否定呢?这要从两方面来考虑:一方面,我们希望把否定假设的概率水平定得低些,这样,错误地否定原来是正确的分离比的机会就小了;可是另一方面,又不能把否定假设的概率水平定得太低,因为这样做时,又会偏向另一边,不敢否定本来是错误的假设,从而错误地接受了不正确的分离比。统计学家权衡了这两方面的得失,一般同意,当 $P < 0.05$ 时,认为实得资料与理论比例间有显著的差异,应把假设的分离比否定;如 $P < 0.01$ 时,认为实得数据与理论比例间有极显著的差异,自然更有把握可把假设的分离比否定了。例如,在水稻抗性植株与敏感植株的杂交中,如子代的20株植物分离为15株抗性型和5株敏感型,则偏差跟15∶5一样大或更大的概率是0.042,表明实得比例与理论比例1∶1间有显著的差异,因而认为所得的分离数据不能用一对基因的回交来说明。

五、用卡平方来测定适合度

用二项式展开的方法来进行适合度测验,在子代个体数较多时非常费力,而且当子代个体数分成两类以上时更为困难。统计学上有简单的近似法,不论子代个体数分成几类,都可

以用一个指数来表示实得数与理论数的差异。这个指数就叫作卡平方，一般写成χ^2。χ^2的定义是：

$$\chi^2 = \sum \frac{(实得数 - 预期数)^2}{预期数}$$

仍以上述的水稻的抗性实验为例，实得比例为 14∶6，按 1∶1 的假设，预期数应为 10∶10，把这些数据代入上式，得

$$\chi^2 = \frac{(14-10)^2}{10} + \frac{(6-10)^2}{10} = 3.20$$

如实得比例为 15∶5，则

$$\chi^2 = \frac{(15-10)^2}{10} + \frac{(5-10)^2}{10} = 5.00$$

算出χ^2后，查χ^2表（表 2-10）。表中数字是各种χ^2值。P就是上一节中所说：实得数与理论数相差一样大以及更大的积加概率。n表示自由度，意思是在各项预期值决定后，实得数中有几项能自由变动。在分离比例的适合度测验中，自由度一般等于子代分类数减 1。在上述一对基因回交实验中，子代分成两类，自由度$n=2-1=1$，因为这两个实得数值中，只有一个可以自由变动。例如，若以抗性型植株数为可以自由变动的一项，则敏感型植株数就不能自由变动。因为抗性型植株数确定后，敏感型植株当然也就确定下来。例如，抗性型植株数为 14，则敏感型植株必为 6，因为子代总数是一定的。自由度n可写在χ^2的右下角，若$n=1$，则写成$\chi^2_{[1]}$。

表 2-10　χ^2表

n＼P	0.99	0.95	0.50	0.10	0.05	0.02	0.01
1	0.000 16	0.003 9	0.15	2.71	3.84	5.41	6.64
2	0.020 1	0.103	1.39	4.61	5.99	7.82	9.21
3	0.115	0.352	2.37	6.25	7.82	9.84	11.35
4	0.297	0.711	3.36	7.78	9.49	11.67	13.28
5	0.554	1.145	4.35	9.24	11.07	13.39	15.09
⋮	⋮	⋮	⋮	⋮	⋮	⋮	⋮
10	2.558	3.940	9.34	15.99	18.31	21.16	23.21

注：表内数字是各种χ^2值，n是自由度，P是在一定自由度下χ^2大于表中数值的概率。

上例实得数 14∶6 时，$\chi^2_{[1]}=3.20$，从表中自由度$n=1$那一行来看，当$\chi^2_{[1]}=3.84$时，$P=0.05$，$\chi^2_{[1]}=2.71$时，$P=0.10$，现在$\chi^2_{[1]}=3.20$，所以P在 0.05 与 0.10 之间。上一节中用二项式展开法求得$P=0.116$，所以两种方法有些出入，这是因为χ^2法是个近似法。事实上，子代个体数越多，则χ^2法越可靠。一般规定，如果有一项预期数小于 5 时，就不宜用χ^2法，当个体数小时，为了精确起见，宁可用二项式展开法。但一般应用时，χ^2法已经足够近似了。如以$P<0.05$为显著性的标准，那么实得比 14∶6 与理论比 1∶1 之间没有显著差异，这一结论与由二项式展开法求得的是一致的。

如实得数为 15∶5 时，$\chi^2_{[1]}=5.00$，从表上知道P在 0.05 与 0.02 之间，表明实得比例与理论

比例之间有显著差异,所以实得数据不宜用一对基因的回交来解释,这个结论也与由二项式展开法求得的一致。

子代个体分类在两项以上,计算方法也一样。

例如,香豌豆(*Lathyrus odoratus*)的花冠有紫色的和红色的,这是由一对基因决定的;花粉的形状有长形的和圆形的,这也是由一对基因决定的。英国遗传学家贝特森和庞尼特(Reginald Crundall Punnett, 1875—1967)把紫色圆形的植株与红色长形植株杂交,得到的 F_1 全是紫色长形的。把 F_1 植株自花授粉,得到 F_2,共计 419 株,其中紫色长形 226,紫色圆形 95,红色长形 97,红色圆形 1(图 2-13),问 F_2 分离比例是否符合 9:3:3:1?

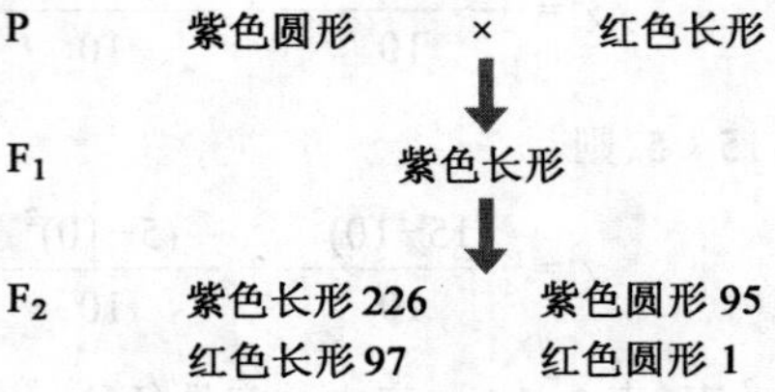

P	紫色圆形	×	红色长形
F₁		紫色长形	
F₂	紫色长形 226	紫色圆形 95	
	红色长形 97	红色圆形 1	

图 2-13 香豌豆两对性状的杂交试验

先计算预期数:

紫色长形 $419 \times \dfrac{9}{16} = 235.69$, 紫色圆形 $419 \times \dfrac{3}{16} = 78.56$,

红色长形 $419 \times \dfrac{3}{16} = 78.56$, 红色圆形 $419 \times \dfrac{1}{16} = 26.19$。

然后写成表 2-11 的形式,可得:

$$\chi^2_{[3]} = 32.40, \quad n = 3, \quad P < 0.01。$$

表 2-11 两对基因杂种 F_2 资料的 χ^2 测验

	紫长	紫圆	红长	红圆	合计
实得数	226	95	97	1	419
预期数	235.69	78.56	78.56	26.19	419
实得数 − 预期数	−9.69	16.44	18.44	−25.19	0
$\dfrac{(实得数 − 预期数)^2}{预期数}$	0.40	3.44	4.33	24.23	32.40

从 χ^2 表上看,$\chi^2_{[3]} = 11.35$ 时,$P = 0.01$,所以 $\chi^2_{[3]} = 32.40$,$P < 0.01$。因此我们可以说,实得数与预期数相符合的机会明显地小于 1%,实得数据与理论比例的差异,不可能由于机会所造成,因此在这种情况下,两对基因自由组合的假设大可怀疑。事实上,这是自由组合定律方面第一次发现的明显例外。这是由于非等位基因间的连锁造成的,关于这一点将在连锁交换一章中详加讨论。

在本节结束的时候,再强调一下:在进行这种适合度测验时,必须懂得这种方法的真正意义。例如,孟德尔的饱满豌豆与皱缩豌豆的杂交实验中,有一个 F_1 植株自交,得到 43 饱满:2 皱缩,似乎很不符合 3:1。以 3:1 为理论比例计算,$\chi^2 = 10.19$,$P < 0.01$。这结果似乎与预期数差异"很显著",是不是意味着这些结果不符合 3:1 呢? 如果你一共只观察一个子代植株,得到 43:2,则根据 χ^2 计算,P 值的确太小,所以值得怀疑。但孟德尔这个实验一共观察了 253 个 F_1 植株,则 253 中有一个如此大的偏差,就不很奇怪。相反,如果 253 个 F_1 植株每株都极符合 3:1 的 F_2 分离,那倒反而不符合理论分离比,应该被怀疑,为什么预期应有的偏差看不到,是否作者有意选择

数据,把偏差较大的 F_2 家系全部丢弃呢?如果这样,这当然是一个非常不科学的做法。

科学工作者不是单凭 χ^2 测验来证明或否定一个假设的,应该根据重复实验、别种试验,以及科学上已有的别种论据来全面考虑。如果根据 χ^2 测验要否定一个假设,应该提出另一个假设,并做实验证明它。χ^2 测验结果只是科学论据之一,仅此而已。

第四节　孟德尔遗传与人类疾病

人类的许多遗传性疾病的遗传方式遵循孟德尔定律,这类疾病被称为孟德尔遗传疾病(Mendelian disease),又称单基因病(single-gene disease/monogenic disease),是指由一个基因的差异引起的遗传疾病。孟德尔遗传疾病有两个基本特征:①具有明确的显隐性关系;②后代有可预测的基因型和表型比例。但是,这里需要指出的是,尽管在孟德尔遗传分析中我们常说一个基因决定了一个性状,但生物的某一性状往往不是由单基因所决定的,而是一系列基因共同或相互作用的结果。研究者在考察某个性状决定基因的遗传方式时,是以其他基因相同或正常为前提条件,再进行目的基因的独立遗传分析的。

人类孟德尔遗传疾病的研究通过系谱分析(pedigree analysis)进行,即观察出现该疾病的家系中疾病的传递规律。系谱是根据遗传亲缘关系绘制出来的家族成员图谱。系谱分析常从先证者(propositus)入手,调查其所在家系成员的亲缘关系及疾病发生状况,按照一定格式绘制出图谱。先证者是指在家族中最先被发现具有某一特定性状或疾病的个体。常用的系谱符号见图2-14。

根据致病基因所在染色体及其突变类型,可以将人类孟德尔遗传疾病分为四大类,包括常染色体显性遗传(autosomal dominant inheritance)、常染色体隐性遗传(autosomal recessive inheritance)、X 连锁显性遗传(X-linked dominant inheritance)和 X 连锁隐性遗传(X-linked recessive inheritance)。由于 Y 染色体较短,Y 连锁的遗传(Y-linked inheritance)疾病较罕见。

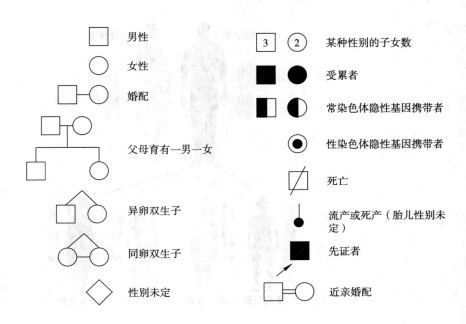

图 2-14　系谱分析常用符号

一、常染色体显性遗传

亨廷顿舞蹈病（Huntington's disease，HD）最早是由美国医生 George Huntington 于 1872 年报道的。患者神经系统逐渐退化，神经冲动弥散，动作失调，出现不可控制的颤搐，并能发展成痴呆，甚至死亡。HD 高发于美洲和欧洲，中年发病居多。HD 的致病基因 *HTT* 位于 4 号染色体的短臂，杂合子和纯合子都患病，是典型的常染色体显性遗传病。研究发现 *HTT* 内部有一个三核苷酸（CAG）的串联重复，患者携带的突变基因内 CAG 的重复数目从正常人的 35 以下增加到 40 以上，且重复数越高的患者发病越早，症状越严重。图 2-15 给出了一个 HD 家庭的系谱图，从中我们可以总结出常染色体显性遗传病的基本遗传特征：①患者必然有一个亲代患病；②患者的同胞、子女中均有患病个体，且男女没有差别。

我们假设常染色体显性遗传疾病的致病基因为 *H*，正常等位基因为 *h*，一个患病父亲（*Hh*）和一个正常母亲（*hh*）生育的孩子中，50% 会患病（*Hh*），50% 表现正常（*hh*），且患病概率与性别无关（图 2-16）。除了 HD，常见的人类常染色体显性遗传病还包括多囊肾病（polycystic kidney disease）、多发性家族性结肠息肉癌（hereditary nonpolyposis colorectal cancer）、马方综合征（Marfan syndrome）、多指／趾症（polydactyly）等疾病。

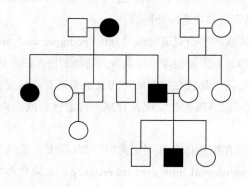

图 2-15　一个 HD 家庭的家系图

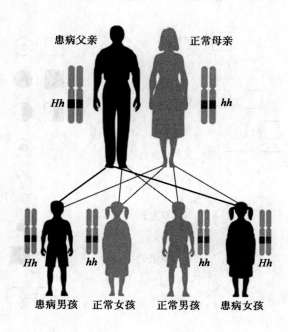

患病父亲　　　正常母亲

Hh　　*hh*

Hh　　*hh*　　*hh*　　*Hh*

患病男孩　正常女孩　正常男孩　患病女孩

图 2-16　常染色体显性遗传疾病的遗传规律

二、常染色体隐性遗传

囊性纤维化(cystic fibrosis,CF)是白种人中最常见的致死性常染色体隐性遗传病,患者会出现外分泌腺的功能紊乱,黏液腺增生,分泌液黏稠。不同器官病变程度不一,主要见于肺、胰及肠道,可发生慢性阻塞性肺病、胰功能不全及肝硬化,并导致死亡。CF致病基因定位于7号染色体的长臂,编码囊性纤维化穿膜传导调节蛋白(cystic fibrosis transmembrane conductance regulator,CFTR),这是一个氯离子通道蛋白,参与了氯离子的跨膜运输。常见CFTR编码基因的突变的是非移码的三核苷酸缺失,导致CFTR第508位的苯丙氨酸缺失,影响其正常转运功能。图2-17给出了一个CF家庭的系谱图,患者的双亲都是CF突变基因的携带者,他们表型正常。

我们假设常染色体隐性遗传疾病的致病基因为 r,正常等位基因为 R,一个携带者母亲(Rr)和一个携带者父亲(Rr)生育的孩子中,25%会患病(rr),50%是表型正常的携带者(Rr),还有25%是完全正常的个体(RR)。常染色体隐性遗传疾病的特点是:不是每个世代都出现患者,而且患病概率在男女中没有差别(图2-18)。除了CF,常见的人类常染色体隐性遗传病还包括半乳糖血症(galactosemia)、苯丙酮尿症(phenylketonuria)、白化病(albinism)等疾病。

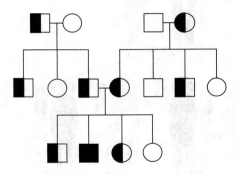

图2-17　一个CF家庭的家系图

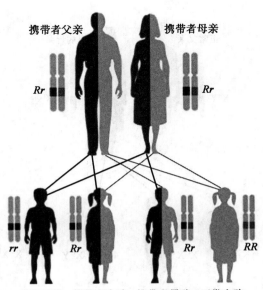

图2-18　常染色体隐性遗传疾病的遗传规律

患病男孩　携带者女孩　携带者男孩　正常女孩

三、X 连锁显性遗传

抗维生素 D 佝偻病（vitamin D resistant rickets）是一类肾小管遗传缺陷性疾病，常见的低血磷性抗维生素 D 佝偻病（hypophosphatemic rickets）属于 X 连锁显性遗传疾病。患者由于磷酸盐再吸收障碍，肾小管磷重吸收率明显降低，尿磷大量丢失，血磷降低。重症患者可表现为严重骨骼畸形、侏儒症、剧烈骨痛等。致病基因 *PHEX* 定位于 X 染色体短臂，编码产物参与磷酸盐、骨矿物质和维生素 D 的代谢。由于是显性遗传，所以不管男女，只要存在致病基因就会发病，但由于致病基因位于 X 染色体上，因此拥有两条 X 染色体的女性的发病率高于男性。图 2-19 和图 2-20 分别给出了父亲患病的家系和母亲患病的家系的系谱图（假设突变基因为 *C*，正常基因

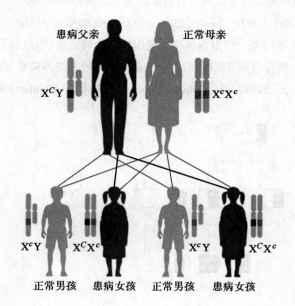

图 2-19　父亲为 X 连锁显性遗传病患者的遗传规律

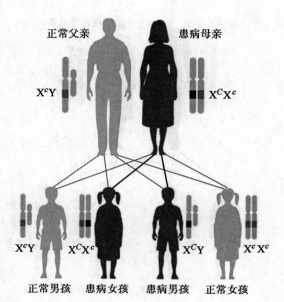

图 2-20　母亲为 X 连锁显性遗传病患者的遗传规律

为 *c*)。当父亲患病而母亲正常时,所有的女孩因为继承了父亲携带突变基因的 X 染色体,都是患病者,而所有的男孩继承了父亲的 Y 染色体和母亲的任意一条正常 X 染色体,都是正常个体(图 2-19)。当母亲患病而父亲正常时,情况则完全不同。母亲的两条 X 染色体会随机传递给男孩或女孩,因此无论男女,他们获得携带突变基因的 X 染色体的机会均为 1/2,有 50% 的概率患病,50% 的概率正常(图 2-20)。常见的人类 X 连锁显性遗传疾病还包括遗传性肾炎(hereditary nephritis)、色素失调症(incontinentia pigmenti)等疾病。

四、X 连锁隐性遗传

血友病(hemophilia)属于一种先天性出血性疾病,患者常常自发性出血或某处破裂后流血不止,尤以关节腔、肌肉、皮下黏膜及泌尿系统最易出血,最后因流血过多而死亡。血友病的致病原因是凝血因子(blood clotting factor)基因突变导致人体内凝血因子水平降低或缺乏,从而导致出血。根据出现缺陷的凝血因子的不同,血友病主要分为甲型血友病(凝血因子Ⅷ缺陷)和乙型血友病(凝血因子Ⅸ缺陷),两者的致病基因都定位于 X 染色体的长臂。

血友病最著名的一个例子是英国"皇家病",英国皇室与欧洲贵族家庭的联姻导致了血友病在欧洲贵族中的蔓延。图 2-21 给出了系谱图,维多利亚女王是一个血友病致病基因的携带者,她的多个儿子和外孙均死于血友病,而多个女儿和孙女是表型正常的携带者。

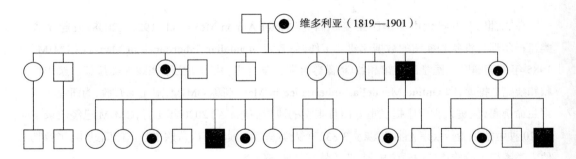

图 2-21　英国皇室血友病的系谱图

X 连锁隐性遗传病的遗传规律为:当父亲正常而母亲是携带者时,母亲的两条 X 染色体会随机传递给男孩或女孩,因此无论男女,他们获得携带突变基因的 X 染色体的机会均为 1/2,但是又因为是隐性致病基因,所有的女孩都是正常的杂合子,而所有的男孩均为患病者(图 2-22)。如果母亲正常而父亲是患者者,父亲携带突变基因的 X 染色体就会传递给所有女孩,使她们成为表型正常的携带者,而所有的男孩只继承了父亲的 Y 染色体,完全正常(图 2-23)。

总的来说,X 连锁隐性遗传病中患病男性远多于女性,因为男性只需要一条携带疾病基因的 X 染色体就会发病,而女性需要两条。常见的人类 X 连锁隐性遗传疾病还包括 6- 磷酸葡糖脱氢酶缺乏症(glucose-6-phosphate dehydrogenase deficiency)、无汗性外胚层发育不良症(ectodermal dysplasia I)、红绿色盲(red-green color blindness)、进行性假肥大性肌营养不良(Duchenne muscular dystrophy)等疾病。

视频 4
单基因疾病的分类与特点

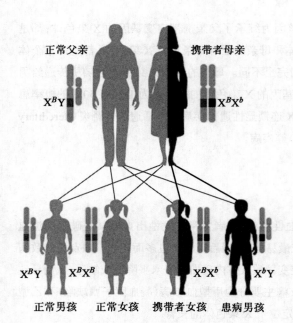

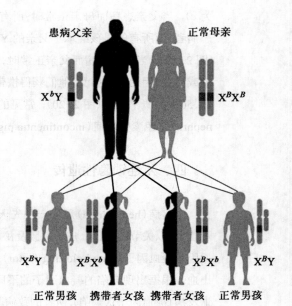

图 2-22　母亲为 X 连锁隐性疾病基因携带者的遗传规律　　　　图 2-23　父亲为 X 连锁隐性疾病患者的遗传规律

五、人类孟德尔遗传性状和疾病数据库

在 20 世纪 60 年代由美国医生麦库西克（Victor Almon McKusick，1921—2008）发起了人类孟德尔遗传性状和疾病的数据库建立工作，命名为 Mendelian Inheritance in Man，简称 MIM。1985 年由美国国立医学图书馆和约翰·霍普金斯大学合作，共同建立了在线人类孟德尔遗传性状和疾病数据库，即 Online Mendelian Inheritance in Man，简称 OMIM，对全球开放，为研究者探索生命奥秘，促进人类健康提供重要而且丰富的遗传信息。到 2020 年 1 月，OMIM 已经收录了 5 520 种孟德尔遗传疾病 / 性状，涉及 3 832 个人类基因。读者可以从这个数据库网站中，了解其他人类孟德尔遗传疾病的致病机制、遗传特征等详细信息。

习题

1. 为什么分离现象比显、隐性现象更有重要意义？

2. 在番茄中，红果色(R)对黄果色(r)是显性，问下列杂交可以产生哪些基因型，哪些表现型，它们的比例如何？

(1) $RR \times rr$　　(2) $Rr \times rr$　　(3) $Rr \times Rr$　　(4) $Rr \times RR$　　(5) $rr \times rr$

3. 下面是紫茉莉的几组杂交，基因型和表型已写明。问它们产生杂种后代的基因型和表型怎样？

(1) $Rr \times RR$　　(2) $rr \times Rr$　　(3) $Rr \times Rr$

　　粉红　红色　　白色　粉红　　粉红　粉红

4. 在南瓜中，果实的白色(W)对黄色(w)是显性，果实盘状(D)对球状(d)是显性，这两对基因是自由组合的。问下列杂交可以产生哪些基因型，哪些表型，它们的比例如何？

(1) $WWDD \times wwdd$　　(2) $WwDd \times wwdd$　　(3) $Wwdd \times wwDd$　　(4) $Wwdd \times WwDd$

5. 在豌豆中，蔓茎(T)对矮茎(t)是显性，绿豆荚(G)对黄豆荚(g)是显性，圆种子(R)对皱种子(r)是显性。现在有下列两种杂交组合，问它们后代的表型如何？

(1) $TTGgRr \times ttGgrr$　　(2) $TtGgrr \times ttGgrr$

6. 在番茄中，缺刻叶和马铃薯叶是一对相对性状，显性基因 C 控制缺刻叶，基因型 cc 是马铃薯叶。紫茎和绿茎是另一对相对性状，显性基因 A 控制紫茎，基因型 aa 的植株是绿茎。把紫茎、马铃薯叶的纯合植株与绿茎、缺刻叶的纯合植株杂交，在 F_2 中得到 9∶3∶3∶1 的分离比。如果把 F_1：(1)与紫茎、马铃薯叶亲本回交；(2)与绿茎、缺刻叶亲本回交；(3)用双隐性植株测交时，后代表型比例各如何？

7. 根据第6题的题干内容分析下表中番茄的5组不同交配的结果，写出每一交配中亲本植株的最可能的基因型。(这些数据不是实验资料，是为了说明方便而假设的。)

亲本表型	F_1 数目			
	紫茎缺刻叶	紫茎马铃薯叶	绿茎缺刻叶	绿茎马铃薯叶
a. 紫茎缺刻叶 × 绿茎缺刻叶	321	101	310	107
b. 紫茎缺刻叶 × 紫茎马铃薯叶	219	207	64	71
c. 紫茎缺刻叶 × 绿茎缺刻叶	722	231	0	0
d. 紫茎缺刻叶 × 绿茎马铃薯叶	404	0	387	0
e. 紫茎马铃薯叶 × 绿茎缺刻叶	70	91	86	77

8. 纯种的紫茎番茄植株(AA)与绿茎的番茄植株(aa)杂交，F_1 植株是紫茎。F_1 植株与绿茎植株回交时，后代有482株是紫茎的，526株是绿茎的。问上述结果是否符合1∶1的回交比例，用 χ^2 测验。

9. 真实遗传的紫茎、缺刻叶植株($AACC$)与真实遗传的绿茎、马铃薯叶植株($aacc$)杂交，F_2 结果如下：

紫茎缺刻叶	紫茎马铃薯叶	绿茎缺刻叶	绿茎马铃薯叶
247	90	83	34

问这两对基因是否是自由组合的? 进行 χ^2 测验。

10. 一个合子有两对同源染色体 A 和 A′ 及 B 和 B′,在它的生长期间,

(1) 你预测在体细胞中是下面的哪种组合:AA′BB,AABB′,AA′BB′,AABB,A′A′B′B′,还是另有其他组合?

(2) 如果这个体成熟了,你预期在配子中会得到下列哪些染色体组合:(a)AA′,AA,A′A′,BB′,BB,B′B′;(b)AA′,BB′;(c)A,A′,B,B′;(d)AB,AB′,A′B,A′B′;(e)AA′,AB′,A′B,BB′?

11. 如果一个植株有 4 对基因是显性纯合的,另一植株有相应的 4 对基因是隐性纯合的,把这两个植株相互杂交,问 F_2 中表型和父本、母本完全相同的各有多少?

12. 如果两对基因 A 和 a,B 和 b,是独立分配的,而且 A 对 a 是显性,B 对 b 是显性。

(1) 从 $AaBb$ 个体中得到 AB 配子的概率是多少?

(2) $AaBb$ 与 $AaBb$ 杂交,得到 $AABB$ 合子的概率是多少?

(3) $AaBb$ 与 $AaBb$ 杂交,得到 AB 表型的概率是多少?

13. 遗传性共济失调(hereditary ataxia)的临床表型是四肢运动失调,呐吃,眼球震颤。本病有以显性方式遗传的,也有以隐性方式遗传的。下面是本病患者的一个家系。你看哪一种遗传方式更可能? 请注明家系中各成员的基因型。如这病是由显性基因引起,用符号 A;如由隐性基因引起,用符号 a。

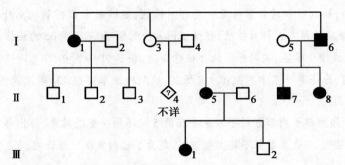

14. 下面家系的个别成员患有极为罕见的病,已知这病是以隐性方式遗传的,假设患病个体的基因型是 aa。

(1) 注明 I-1, I-2,II-4,III-2,IV-1 和 V-1 的基因型。

(2) V-1 个体的弟弟是杂合子的概率是多少?

(3) V-1 个体的两个妹妹全是杂合子的概率是多少?

(4) 如果 V-1 与 V-5 结婚,那么他们第一个孩子患病的概率是多少? 如果他们第一个孩子已经出生,而且已知有病,那么第二个孩子患病的概率是多少?

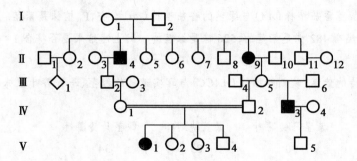

15. 假设地球上每对夫妇在第一胎生了儿子后,就停止生孩子,性别比例将会有什么变化?

16. 你认为孟德尔的豌豆杂交实验能够取得重大遗传发现的原因是什么?

17. 判断以下4个家系中,遗传疾病最可能的遗传方式,并简述理由。

(1)

(2)

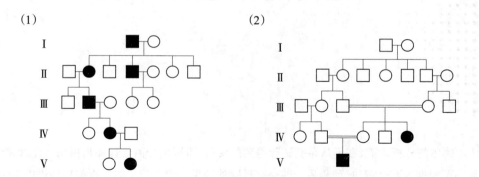

(3)

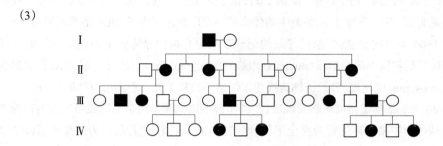

(4)

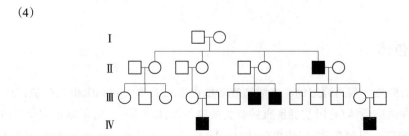

18. 假设你在科研中遇到了一种新的疾病,尚无研究报道。

(1) 如何判定该疾病是遗传性的还是散发性的?

(2) 如何判定该疾病是孟德尔遗传还是非孟德尔遗传?

(3) 如果该疾病属于孟德尔遗传,如何判定致病基因是显性还是隐性?

数字课程学习

📝 在线自测   🔖 习题答案

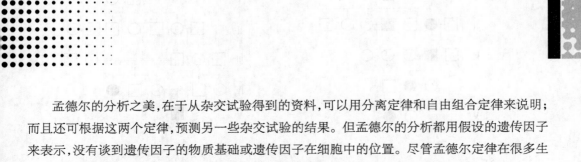

第三章
遗传的染色体学说

孟德尔的分析之美,在于从杂交试验得到的资料,可以用分离定律和自由组合定律来说明;而且还可根据这两个定律,预测另一些杂交试验的结果。但孟德尔的分析都用假设的遗传因子来表示,没有谈到遗传因子的物质基础或遗传因子在细胞中的位置。尽管孟德尔定律在很多生物中得到证实,但下一个问题是:细胞中的什么结构可以和遗传因子,也就是基因相对应?

早在 1900 年以前,生物学家就仔细地记录了细胞分裂时显微镜下可以观察到的一系列变化。他们注意到细胞内的细胞核(nucleus)和细胞质(cytoplasm)的明显区别,也在分裂时看到染色体(chromosome)的出现,并且详细地描述了细胞分裂和受精过程中染色体的行为。

在 1900 年孟德尔定律被重新发现后,萨顿和博韦里就注意到杂交试验中基因的行为跟配子形成和受精过程中染色体的行为完全平行,他们在 1903 年提出假设,认为孟德尔假设的遗传因子在染色体上。为了更好地理解这个假设,我们先详细说明细胞分裂中的染色体行为。

第一节　染色体

每种生物的染色体数是恒定的。多数高等动植物是二倍体(diploid),也就是说,每一体细胞中有两组同样的染色体(有时与性别直接有关的染色体,即性染色体,可以不完全相同)。亲本的每一配子带有一组染色体,叫作单倍体(haploid),用 n 来表示。两个配子结合后,具有两组染色体,恢复成二倍体,用 $2n$ 表示。例如,玉米的二倍体染色体数是 20 ($2n=20$),即有 10 对染色体(图 3-1)。人的染色体数是 46($2n=46$),即有 23 对染色体(图 3-2)。但多数微生物的营养体是单倍体,例如,粗糙链孢霉的单倍体染色体数是 7。表 3-1 把各种生物的染色体数择要列出。

染色体在复制以后,含有纵向并列的两条姐妹染色单体(sister chromatid),只在着丝粒(centromere)区域仍连在一起。着丝粒在染色体上的位置是固定的。着丝粒把染色体分成长臂(long arm)和短臂(short arm)。着丝粒的位置在染色体中间或中间附近时,染色体两臂的长度差不多,这种着丝粒叫作中间着丝粒或亚中间着丝粒。着丝粒的位置靠近染色体的一端时,根据着丝粒离开端部的远近,分为近端部着丝粒和端部着丝粒。着丝粒所在的地方往往表现为一个缢痕,所以着丝粒又称初级缢痕(primary constriction)。

有些染色体上除了初级缢痕以外,还有一个次级缢痕(secondary constriction),连上一个叫作

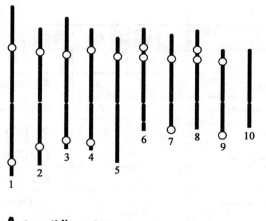

图 3-1　玉米染色体的模式图

玉米的染色体共 10 对(2n=20),这里只画每对
中的一条,共 10 条,分别给以 1～10 的号码。
根据染色体的相对长度、着丝粒的位置、核仁
形成区的有无和结节的分布,可以把这 10 条
染色体相互区分开来。

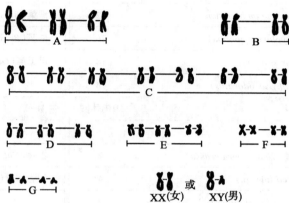

图 3-2　正常人体细胞的中期染色体模式图

每对染色体含有两条同源染色体,每条同源染
色体含有两条染色单体,经着丝粒连接。根据
染色体的相对长度和着丝粒位置,把染色体顺
序地排成 23 对,共 8 组。A～G 组是 22 对常
染色体,标有 X 和 Y 的是一对性染色体。

表 3-1　多种生物的染色体数

生物	二倍体数	生物	二倍体数
动物			
人(*Homo sapiens*)	46	豚鼠(*Cavia cobaya*)	64
川金丝猴(*Rhinopithecus roxellanae*)	44	兔(*Oryctolagus cuniculus*)	44
猕猴(*Macaca malatta*)	42	家鸽(*Columba livia domestica*)	约 80
黄牛(*Bos taurus*)	60	鸡(*Gallus domesticus*)	约 78
猪(*Sus scrofa*)	40	火鸡(*Meleagris gallopavo*)	约 80
狗(*Canis familiaris*)	78	鸭(*Anas platyrhyncho*)	约 80
猫(*Felis domesticus*)	38	家蚕(*Bombyx mori*)	56
马(*Equus calibus*)	64	家蝇(*Musca domestica*)	12
驴(*Equus asinus*)	62	果蝇(*Drosophila melanogaster*)	8
山羊(*Capara hircus*)	60	蜜蜂(*Apis mellifera*)	32 ♀,16 ♂
绵羊(*Ovis aries*)	54	蚊(*Culex pipiens*)	6
小家鼠(*Mus musculus*)	40	佛蝗(*Phlaeoba infumata*)	24 ♀,23 ♂
大家鼠(*Rattus norvegicus*)	42	淡水水螅(*Hydra vulgaris*)	32
水貂(*Mustela vison*)	30		

生物	二倍体数	生物	二倍体数
植物			
洋葱（*Allium cepa*）	16	蚕豆（*Vicia faba*）	12
大麦（*Hordeum uulgare*）	14	菜豆（*phaseolus vulgaris*）	22
水稻（*Oryza sativa*）	24	向日葵（*Helianthus annuus*）	34
小麦（*Triticum vulgare*）	42	烟草（*Nicotiana tabacum*）	48
玉米（*Zea mays*）	20	番茄（*Solanum lycopersicum*）	24
金鱼草（*Antirrhinum majus*）	16	松（*Pinus sp.*）	24
陆地棉（*Gossypium hirsutum*）	52	青菜（*Brassica chinensis*）	20
中棉（*Gossypium arboreum*）	26	甘蓝（*Brassica oleracea*）	18
豌豆（*Pisum sativum*）	14	月见草（*Oenothera biennis*）	14
香豌豆（*Lathyrus odoratus*）	14		

生物	单倍体数	生物	单倍体数
微生物			
粗糙链孢霉（*Neurospora crassa*）	7	衣藻（*Chlamydomonas reinhardi*）	16
青霉（*Penicillium sp.*）	4	酿酒酵母（*Saccharomyces cerevisiae*）	17
曲霉（*Aspergillus nidulans*）	8		

随体（satellite）的远端染色体小段。次级缢痕的位置也是固定的。在细胞分裂将结束时，核内出现一个到几个核仁，核仁总是出现在次级缢痕的地方，所以次级缢痕也叫作核仁形成区（nucleolus organizer region）（图 3-3）。

真核生物的染色体主要由 DNA 和蛋白质组成。在蛋白质分子的作用下，DNA 被包装成染色体的结构（图 3-4），储藏在狭小的细胞核中。关于真核生物 DNA 的包装过程，我们将留到基因组一章进行详细介绍。

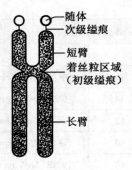

随体
次级缢痕
短臂
着丝粒区域
（初级缢痕）
长臂

图 3-3　染色体模式图

每一中期染色体有两染色单体，中间相连的地方是初级缢痕，也就是着丝粒区域。这个染色体还有一个次级缢痕，通常就是核仁形成区。

图 3-4　染色体显微结构的模式图

每一染色单体是一条重复地折叠着的 DNA-蛋白质纤丝。在着丝粒区域，两染色单体的纤丝并合在一起。

第二节 细胞分裂

细胞靠分裂而增殖。像细菌这样的原核生物,体细胞和生殖细胞不分,细胞的分裂就是个体的繁衍。而在高等生物中,由两个配子结合而成的合子是单细胞,单细胞长成胚,最后长成一个成熟的个体的过程,就是由一个细胞分成两个,两个分为 4 个,最后成为具有亿万细胞的个体的过程。也就是说,成人身体内的 10^{14} 个细胞就是由单一细胞——受精卵分裂而来的。

一、细菌的二分分裂

细菌属于原核生物(prokaryote)细胞。原核细胞与真核细胞不同:①原核细胞缺少某些细胞器,如真核细胞中含有的线粒体、叶绿体等;②细菌染色体位于细胞内的核区(nuclear area)中,核区外面没有核膜,所以有原核之称。细菌和其他原核细胞采用二分分裂(binary fission)的方式实现增殖。

每一原核细胞中通常只有一条染色体。这条染色体结构简单,是一个裸露的 DNA 分子。有时单一细菌细胞中可以含有两条或两条以上的染色体,但位于各自核区中。利用电子显微镜观察,细菌染色体附着在一个称为间体(mesomere)的圆形结构上,该结构是由细胞质膜内陷而成的(图 3-5)。染色体一分为二后,原有染色体和新复制的染色体分别附着在与膜相连的间体上。细菌分裂时,细胞延长,带着原有染色体的细胞质膜部分与带着新复制的染色体的另一细胞质膜部分彼此远离,当两染色体充分分开时,中间发生凹陷,细菌细胞分成两个,这样每一染色体分别处在两个细胞中。

图 3-5 细菌细胞的二分分裂

细菌染色体附着在称作间体的细胞质膜陷入部分。(a)单一染色体附着在细胞质膜间体上。(b)染色体复制,两子染色体(daughter chromosome)分别附着在间体上,两间体间的细胞质膜延伸。(c)每一染色体进入一个子细胞(daughter cell)。(d)形成两个子细菌,各有一染色体附着在细胞质膜间体上。

二、真核细胞的有丝分裂

真核细胞的增殖是通过有丝分裂(mitosis)来完成的。有丝分裂的结果是把一个细胞的整套染色体均等地分向两个子细胞,所以新形成的两个子细胞在遗传物质上与原来的细胞相同。有丝分裂可分为两个时相,即分裂间期(interphase)和有丝分裂期(mitotic phase,M 期)。

（1）分裂间期　我们通常讲的细胞核的形态和结构，都是指的间期核。间期是指两次分裂的中间时期。间期时细胞核中一般看不到染色体结构，这时细胞核在生长增大，代谢很旺盛，贮备了细胞分裂时所需的物质。很多实验证明，DNA在间期进行复制合成，由原来的一条成为两条并列的染色单体。间期又可细分为三个时期，即合成前期（gap 1 phase，G₁期），这时细胞代谢旺盛，不断生长，但DNA没有开始合成；进入合成期（synthetic phase，S期）时DNA才开始合成，为细胞分裂做准备；然后是合成后期（gap 2 phase，G₂期），细胞继续生长，同时进行蛋白质合成，完成分裂前的其他准备（图3-6）。有丝分裂各个时期的长短因各种生物而不同（表3-2），如蚕豆（*Vicia faba*）的根尖细胞，合成前期是5.0 h，合成期是7.5 h，合成后期是5.0 h，间期总长17.5 h，而人的骨髓细胞的间期达40～50 h。

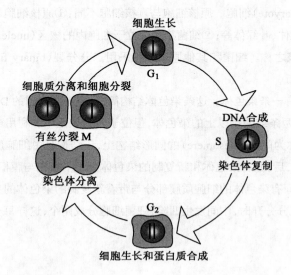

图3-6　真核细胞有丝分裂周期

真核细胞的有丝分裂可分为G₁期（细胞生长）、S期（DNA合成）、G₂期（蛋白质合成）及M期（染色体分离及细胞质分离）四个时期。前三个时期属于分裂间期。

表3-2　几种生物的细胞周期（单位：h）

细胞类型	G₁	S	G₂	M	合计
蚕豆根尖细胞	5.0	7.5	5.0	2.0	19.5
小家鼠L细胞	9～11	6～7	2～4	1	18～23
人骨髓细胞	25～30	12～15	3～4	2	42～51

间期结束后，进入有丝分裂期（图3-7）。有丝分裂期又分为前期、前中期、中期、后期、末期。

（2）前期（prophase）　核内的染色质细丝开始螺旋化，染色体缩短变粗。染色体逐渐清晰起来，着丝粒区域也变得相当清楚。每一染色体含有纵向并列的两条染色单体。在动物和低等植物细胞中，中心体参与纺锤体（spindle）的组装。在分裂间期，中心体也完成复制，一分为二。在分裂前期，两个中心体分开，向细胞两极分开移动。此时，微管（microtubule）也从中心体辐射出来。高等植物细胞内看不到中心体，但仍可看到纺锤体的出现。

（3）前中期（early metaphase，prometaphase）　核仁消失，核膜崩解。中心体到达细胞两极，由中心体发出的纺锤体微管捕获到染色体的着丝粒并与之结合，完成纺锤体的组装。此时的染色体散乱分布在纺锤体中部。

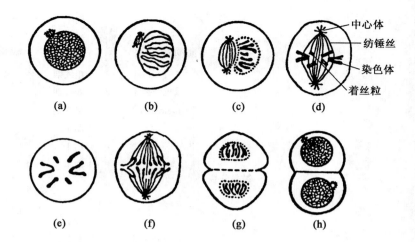

图 3-7　有丝分裂图解

(a) 间期：不分裂的细胞。(b) 前期：染色体出现，呈细线状，中心体分开。(c) 前中期：染色体缩短变粗，核膜将近消失，纺锤体形成。(d) 中期：核膜消失，染色体排列在赤道面上。(e) 中期（极面观）。(f) 后期：并列的两染色单体分别向两极移动。(g) 末期：染色体到达两极。核膜渐次出现，胞质分割。(h) 核进入休止状态，胞质分割将近完成，一个细胞分裂为两个子细胞，子细胞的染色体数目跟原来细胞一样。

(4) 中期（metaphase）　染色体向赤道面移动，着丝粒区域排列在赤道面上。此时计算染色体数目最为容易（图 3-7d, e）。

(5) 后期（anaphase）　每一染色体的着丝粒一分为二，相互分离。着丝粒分开后，即被纺锤丝拉向两极，相连的染色单体也跟着分开，分别向两极移动。

(6) 末期（telophase）　染色体到达两极，染色体的螺旋结构逐渐消失，另一方面又出现核的重建过程。这正是前期的倒转。最后两个子核的膜重新形成，核仁重新出现，纺锤体也跟着消失。

分裂期所需的时间，也随生物的种类而异。如蚕豆根尖细胞的分裂期约需 2 h。

(7) 胞质分裂（cytokinesis）　两个子核形成后，接着便发生细胞质的分裂过程。动物细胞在赤道区域收缩，以后收缩深化，最后将细胞分成两个。植物细胞在两个子核的中间区域形成细胞板，最后成为细胞壁，将母细胞分隔成两个子细胞。这样细胞分裂结束。

有丝分裂前期时，每个染色体的两条染色单体在形态和组成上一模一样，所以末期时两个子细胞内的染色体在数目和形态上也完全一样。由于这个缘故，有丝分裂保证了细胞内染色体精确地分配到子细胞中去。

三、减数分裂

减数分裂是一种特殊的真核细胞的细胞分裂方式，在配子形成过程中发生。这一过程的特点是，连续进行两次核分裂，而染色体只复制一次，结果形成 4 个核，每个核只含有单倍数的染色体（n），即染色体数减少一半，所以叫作减数分裂（meiosis）。另外一个特点是，前期特别长，而且变化复杂，其中包括同源染色体的配对、交换与分离等。两个配子（n）结合成合子后，染色体数恢复为 $2n$。

整个过程可分为下列几个时期：

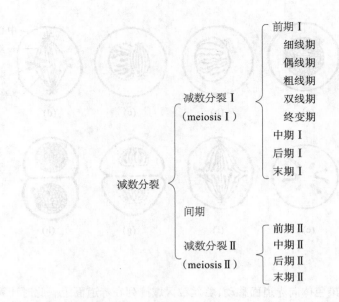

图 3-8 是拟南芥花粉母细胞减数分裂各个阶段的染色体照片。下面谈谈各个时期的变化，我们把注意力放在染色体上。

（1）细线期（leptotene） 第一次分裂开始时，染色质浓缩为几条细而长的细线，但相互间往往难以区分。虽然染色体已在间期时复制，每一染色体已含有两染色单体，但在细线期的染色体上还看不出双重性。

（2）偶线期（zygotene） 染色体的形态与细线期没有多大变化。两条相同染色体，即同源染

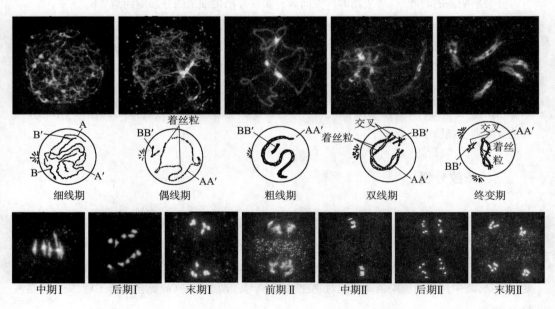

细线期　　偶线期　　粗线期　　双线期　　终变期

中期Ⅰ　　后期Ⅰ　　末期Ⅰ　　前期Ⅱ　　中期Ⅱ　　后期Ⅱ　　末期Ⅱ

图 3-8　减数分裂图解

照片显示的是拟南芥花粉母细胞在减数分裂各个阶段经 DAPI 染色后的染色体形态（引自 Wang 等，2014）。示意图所示的是减数分裂前期Ⅰ的五个阶段，以含有同源染色体 AA′ 和 BB′ 的细胞（2n=4）为例。

色体（homologous chromosomes）开始配对，在两端先行靠拢配对，或者在染色体全长的各个不同部位开始配对。这种配对是专一性的，只有同源染色体才会配对，配对最后扩展到整条染色体上。两条同源染色体的配对过程被称为联会（synapsis）。联合过程中会出现联会复合体（synaptonemal complex），包括两个侧体（lateral element）和一个中体（central element）（图3-9），主要由蛋白质组成。该结构到双线期和终变期时消失，它的形成可能与同源染色体配对和染色体交换有关。完成联会后，两条同源染色体并排排列在一起，被称为双价体（bivalent）。

（3）粗线期（pachytene）　染色体继续缩短变粗。在光学显微镜下可以看到，这一时期的每条染色体由两条姐妹染色单体组成，它们在着丝粒处相连。这样，每对同源染色体由4条染色单体组成，称为四联体（tetrad）。四联体形成后，四联体中的非姐妹染色单体之间可以发生交换，彼此间互换相等的染色体区段。这种交换以联会复合体为中介，可以改变单倍染色体组的遗传信息，是生物进化中遗传变异的重要来源。我们将在连锁与交换一章中详细讨论这种交换的遗传效应。

（4）双线期（diplotene）　双价体中的两条同源染色体开始分开，但分开又不完全，并不形成两个独立的单价体，而是在两个同源染色体之间的若干处发生交叉（chiasmata）并相互连接。交叉是染色单体发生交换（crossing over）的场所（图3-10）。

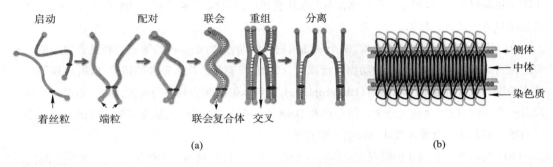

(a)　　　　　　　　　　　　(b)

图3-9　联会过程与联会复合体

（a）同源染色体在减数分裂前期同源染色体互作的全过程。（b）联会复合体由两个侧体和一个中体组成（引自Wang等，2014）。

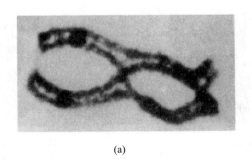
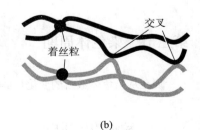

(a)　　　　　　　　　　　　(b)

图3-10　同源染色体之间的交叉

（a）显微镜下的同源染色体与交叉。（b）同源染色体与交叉的模式图。

在双线期中,交叉数目逐渐减少,在着丝粒两侧的交叉向两端移动。这个现象称为交叉端化(terminalization of chiasmata),或简称端化。同时,染色体也跟着缩短变粗,螺旋化程度加深。

(5) 终变期(diakinesis) 两条同源染色体仍有交叉联系着,所以仍为 n 个双价体。染色体变得更为粗短,螺旋化达到最高,以致有时染色体中的染色单体都看不清了。交叉的端化仍旧继续进行。这时核仁和核膜开始消失,双价体开始向赤道面移动,纺锤体开始形成。分裂进入中期Ⅰ。

(6) 中期Ⅰ 各个双价体排列在赤道面上。纺锤体形成,纺锤丝把着丝粒连向两极。两个同源染色体上的着丝粒逐渐远离,双价体开始分离,但仍有交叉联系着,不过交叉数目已大为减少,一般都移向端部。

(7) 后期Ⅰ 双价体中的两条同源染色体分开,分别向两极移动,每一染色体有两染色单体,在着丝粒区相连(相当于有丝分裂前期的一条染色体)。这样,细胞两极得到 n 条染色体,所以说在后期Ⅰ时染色体发生减数了。至于双价体中哪一条染色体移向哪一极,则完全是随机的。

(8) 末期Ⅰ 核膜重建,核仁重新形成,接着进行胞质分裂,成为两个子细胞。染色体渐渐解开螺旋,纤丝折叠程度降低,又变成细丝状。这里要注意到,末期Ⅰ与有丝分裂末期的区别:末期Ⅰ的染色体只有 n 个,但每条染色体含有两条染色单体,而有丝分裂末期的染色体有 $2n$ 个,每条染色体只有一条染色单体。

(9) 间期 在第一次分裂之末,两个子细胞进入间期,这时细胞核的形态与有丝分裂间期相似。但有许多生物,例如大多数动物进行减数分裂时,没有第一次末期和随后的间期,后期染色体直接进入减数分裂Ⅱ的晚前期(late prophase),染色体仍旧保持原来的浓缩状态。不过无论有没有一个间期,在两次减数分裂之间都没有 DNA 合成的 S 期,自然也就没有染色体的复制。所以减数分裂间期跟有丝分裂间期是很不相同的。

(10) 前期Ⅱ 前期Ⅱ的情况完全和有丝分裂前期一样,也是每一染色体具有两条染色单体,所不同的是只有 n 条染色体罢了。

(11) 中期Ⅱ—末期Ⅱ 它们的过程完全和有丝分裂一样,因此不再细述。所不同的就是染色体数目在第一次分裂过程中已经减半,所以第二次分裂时只有 n 条染色体。

一次减数分裂形成 4 个子细胞,因为细胞分裂两次,染色体只复制一次,每个子细胞中只有 n 条染色体。

第三节 染色体周期

现在从染色体数目的变化($2n \rightleftharpoons n$)来看生物个体的生活史。

一、动物的生活史

多细胞动物在雄性性腺(即睾丸)中有精原细胞(spermatogonium),在雌性性腺(即卵巢)中有卵原细胞(oogonium),它们的染色体数目与体细胞一样,因为它们也是通过有丝分裂而产生的。精原细胞和卵原细胞经过多次有丝分裂后停止分裂,开始长大,分别成为初级母细胞,在雄性称为初级精母细胞(primary spermatocyte),在雌性称为初级卵母细胞(primary oocyte)。

初级精母细胞(2n)通过减数分裂 I 而产生两个次级精母细胞(secondary spermatocyte)(n),再通过减数分裂 II 而产生 4 个精细胞(spermatid)(n)。精细胞通过一系列的变化,包括细胞质和细胞器的变化,细胞核不再变化而形成精子,这个过程叫作精子形成(spermatogenesis)。

初级卵母细胞(2n)经过第一次分裂,产生两个细胞,它们在体积上大小悬殊,大的叫作次级卵母细胞(secondary oocyte)(n),小的叫作第一极体(first polar body)(n)。次级卵母细胞再经过一次分裂,也产生两个大小悬殊的细胞,大的叫卵细胞(n),小的叫第二极体(second polar body)(n)。第一极体有再分裂一次的,也有不分裂的,跟第二极体一起都退化了。所以每个初级卵母细胞经过减数分裂,只产生一个有效的配子——卵细胞(n)。

在受精时,精子进入卵细胞内,使卵细胞成为受精卵,也就是合子。精子的细胞核和卵细胞的核融合,成为合子的细胞核。精细胞核内的单倍体染色体数和卵细胞核内的单倍体染色体数相加而成为合子核内的二倍体染色体数。合子经过有丝分裂而产生下一代个体的体细胞,这些细胞也都是二倍体。

有了上面这些说明,我们先用家蚕(*Bombyx mori*)为例简要介绍动物的生活史(图 3-11)。家蚕的性细胞形成和受精过程和其他多数动物一样,都是由种系细胞(germ-line cell)完成的。在胚胎发育的早期,种系细胞就分化出来,只有这些细胞能进行减数分裂,并形成配子。但是这种可能性的实现一定要在身体的体细胞部分经过无数次的有丝分裂后达到成熟的时候。

我们再详细介绍人类精子、卵细胞的形成过程(图 3-12)。在人类胚胎发育的第 2 周,外胚层中部分细胞分化形成原始生殖细胞(primordial germ cell,PGC),它们在胚胎发育第 4 周迁移至卵黄囊,在第 5 周末到达正在发育的原始性腺,并进一步分化形成卵原细胞或精原细胞。在迁移和分化的过程中,PGC 通过旺盛的有丝分裂不断增加细胞数量。

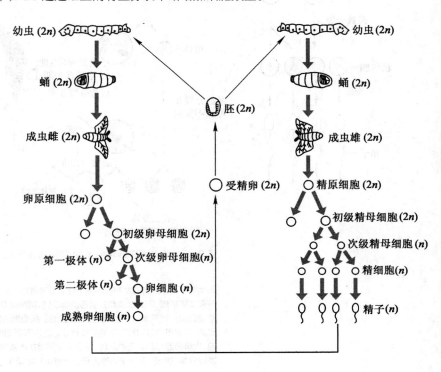

图 3-11 动物生活史(以家蚕为例)

精原细胞经过减数分裂,形成 4 个精子。卵原细胞经过减数分裂,只形成一个有功能的卵细胞。精子和卵细胞的染色体数都是 n,卵细胞受精后,形成二倍体合子,染色体数是 2n。

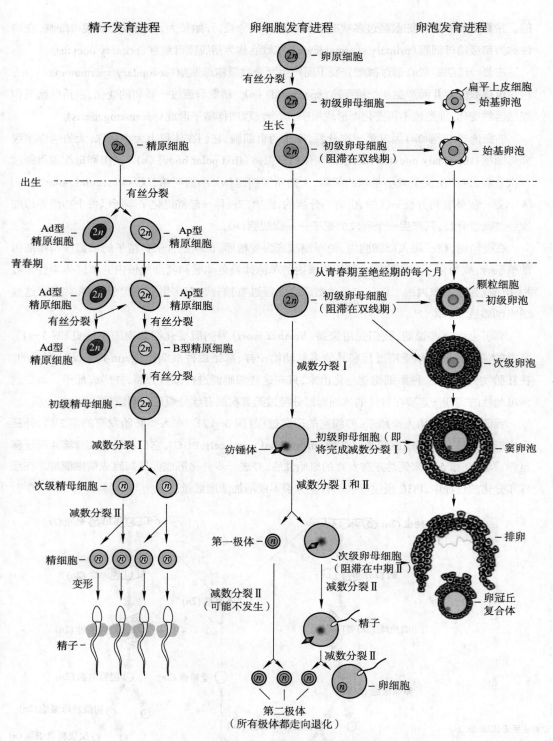

精子发育进程　　　卵细胞发育进程　　卵泡发育进程

(2n) – 卵原细胞

有丝分裂

(2n) – 初级卵母细胞 ⟶ 扁平上皮细胞
　　　　　　　　　　　　 – 始基卵泡

生长

(2n) – 精原细胞　　(2n) – 初级卵母细胞　　　 – 始基卵泡
　　　　　　　　　　　（阻滞在双线期）

出生 -

有丝分裂

Ad型 – (2n)　　(2n) – Ap型
精原细胞　　　　　 精原细胞

青春期 -

　　　　　　　　　　　从青春期至绝经期的每个月

Ad型 – (2n)　　(2n) – Ap型　　(2n) – 初级卵母细胞　　　 – 颗粒细胞
精原细胞　　　　　 精原细胞　　　　　　（阻滞在双线期）　　　 – 初级卵泡

有丝分裂　　　有丝分裂

Ad型 – (2n)　　(2n) – B型精原细胞　　　　　　　　　　　　　 – 次级卵泡
精原细胞

有丝分裂

初级精母细胞 – (2n)

减数分裂 I　　　　　　　减数分裂 I　　　　　　　　　　　　 – 窦卵泡
　　　　　　　纺锤体 – 　　初级卵母细胞（即
　　　　　　　　　　　　将完成减数分裂 I）

次级精母细胞 – (n)　(n)　　减数分裂 I 和 II

减数分裂 II　　　　　　　　　　　　　　　　　　　　　　　 – 排卵

精细胞 – (n)(n)(n)(n)　第一极体 – (n)　　次级卵母细胞
　　　　　　　　　　　　　　　　　　（阻滞在中期 II）　　　 – 卵冠丘
变形　　　　　　　　　　　　　　 减数分裂 II　　　　　　　 复合体

　　　　　　　　减数分裂 II
　　　　　　　（可能不发生）　　　　 精子

精子 – 　　　　　　　　　　　　　　　　 减数分裂 II
　　　　　　　　　　　(n)(n)(n)　(n) – 卵细胞
　　　　　　　　　第二极体
　　　　　　　（所有极体都走向退化）

图 3-12　人类精子和卵细胞发育的基本过程示意图

人类精子和卵细胞的发育都起始于胚胎发育早期。左图：精原细胞进入青春期后先通过有丝分裂实现扩增，再通过减数分裂形成精细胞，精细胞变形后成为精子。右图：卵原细胞在胚胎阶段完成扩增积累，成为女性生殖储备池。胚胎期的卵原细胞已进入减数分裂 I，停滞在双线期，在卵巢中以始基卵泡的形式存在。进入青春期后，始基卵泡自主发育，依次经过初级卵泡、次级卵泡和窦卵泡的阶段，每个月经周期在激素作用下实现排卵。在这个发育的过程中，减数分裂继续进行，在排卵期卵母细胞停留在中期 II，直至成功受精后完成全部减数分裂。

XY 型胚胎中精原细胞发育分化为成熟精子的过程与 XX 型胚胎中卵原细胞分化为成熟卵细胞的过程截然不同(图 3-12)。在 XY 胚胎时期,PGC 迁移至原始性腺后持续进行旺盛的有丝分裂并分化为精原细胞。胎儿出生后 2 个月左右,精原细胞分化形成两种精原干细胞(spermatogonial stem cell,SSC)(2n):核染色深暗的 Ad 型精原细胞(dark type A spermatogonia)(2n)和核染色浅淡的 Ap 型精原细胞(pale type A spermatogonia)(2n),它们都被包裹在曲细精管壁外围的基底层中。进入青春期后,Ap 型精原细胞能够通过多次有丝分裂形成 B 型精原细胞(type B spermatogonium)(2n),后者再经有丝分裂形成初级精母细胞(2n),并连续经过减数分裂 Ⅰ、Ⅱ形成精细胞(n),并在进入曲细精管的中央腔前完成变态过程,形成可以游动的成熟精子(sperm)。Ad 型精原细胞通过有丝分裂不断形成新的 Ad 型精原细胞和 Ap 型精原细胞,维持精原干细胞的数量。对于一个健康成年男性,从精原干细胞发育至精子的全过程为 48～64 天,且每天可以产生 0.45 亿～2 亿个成熟精子。成熟精子经阴道进入女性体内后停留在输卵管的峡部,待女性排卵后游向输卵管壶腹部,并经历精子获能(capacitation)和顶体反应(acrosome reaction)后才能与卵细胞结合得到受精卵(2n)。

对于一个 XX 型胚胎,从卵原细胞分化形成成熟卵细胞则需要至少十余年的时间。从胚胎发育第 3 个月开始,卵原细胞在分裂增殖的同时进一步分化:一些卵原细胞分化成为初级卵母细胞(2n),并进入减数第一次分裂的前期。在胚胎发育第 5 个月,卵巢中卵原细胞数量达到最大,约 700 万个。与此同时,细胞死亡也逐渐开始,大量卵原细胞和初级卵母细胞走向闭锁(atretic)。在胚胎发育第 7 个月,存活的初级卵母细胞全部进入减数分裂 Ⅰ 的前期。胎儿出生前后,每个初级卵母细胞均被单层扁平上皮细胞包围,形成相互独立的原始卵泡(primordial follicle),数量为 70 万～200 万个,它们构成了卵巢的生殖储备池。在卵母细胞成熟抑制剂(oocyte maturation inhibitor,OMI)的作用下,所有卵母细胞发育停滞在双线期直至排卵。

女性出生后,大多数始基卵泡在个体发育过程中继续走向闭锁。青春期开始后,每个月有 15～20 个原始卵泡被激活,依次经历初级卵泡(primary follicle)(单层扁平上皮细胞分化成立方形颗粒细胞)、次级卵泡(secondary follicle)(多层颗粒细胞)、窦卵泡(antral follicle)(内部出现卵泡腔)的发育阶段,重新启动减数分裂并在排卵前约 3h 停滞在中期 Ⅱ,最终每个月仅有 1～2 个成熟的卵母细胞被排出,进入输卵管等待受精。当卵母细胞成功受精后,减数分裂再次启动形成成熟的卵细胞(n),并释放第二极体。如果卵母细胞未成功受精,则会在排卵后 24h 左右降解。可见,人类卵细胞发育的过程非常漫长,且女性一生的排卵数不足 500 个。卵细胞成功受精后,受精卵经输卵管进入子宫,着床并发育,形成下一代。

二、植物的生活史

植物的生活史比动物复杂。现在以玉米为例进行说明(图 3-13)。

玉米的同一植株上着生雄花序和雌花序,它们分别产生小孢子和大孢子,所以玉米植株是雌雄同株的,是孢子体。

雄花序着生在茎的端部。在雄花里,雄蕊花药的表皮下有孢原细胞。孢原细胞经过几次分裂,成为小孢子母细胞(microsporocyte)(2n)。小孢子母细胞经过减数分裂,形成 4 个小孢子——花粉粒(n)。小孢子经过一次有丝分裂,产生两个单倍体核。其中一个核不再分裂,成为管核或营

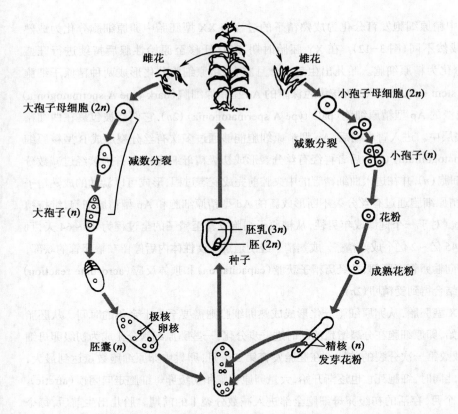

雌花
雄花
大孢子母细胞(2n)
小孢子母细胞(2n)
减数分裂
减数分裂
小孢子(n)
大孢子(n)
花粉
成熟花粉
胚乳(3n)
胚(2n)
种子
极核
卵核
精核(n)
胚囊(n)
发芽花粉

图 3-13　植物生活史(以玉米为例)

玉米等高等植物并不具有明显的种系,组成花器官的营养细胞(2n),有些分化为大孢子母细胞,有些分化为小孢子母细胞,然后进行减数分裂,形成大孢子和小孢子。大孢子和小孢子通过有丝分裂,成为胚囊和花粉粒。受精时,花粉粒中的一个精核与胚囊中的一个卵核结合形成胚(2n)。花粉粒中另一精核与胚囊中的两个极核结合,形成胚乳(3n)。这是显花植物特有的双受精现象。

养核(n),另一核再进行一次有丝分裂,成为两个精核(n)。这样,雄配子体——成熟花粉粒含有 3 个单倍体核。

雌花序着生在玉米植株上部叶腋间。在雌花里,雌蕊基部的子房中有孢原细胞。孢原细胞发育成为大孢子母细胞(macrosporocyte)(2n)。大孢子母细胞经过减数分裂,产生 4 个单倍体核(n),其中 3 个退化,留下来的一个大孢子又经过三次有丝分裂,形成有 8 个单倍体核的胚囊。在这 8 个核中,位于顶端的 3 个核发育成为反足细胞(antipodal cell),两个核移至中部,成为极核(endosperm nuclei),还有 3 个核移至胚囊底部,构成两个助核和一个卵核(female gametic nucleus),分别发育成助细胞和卵细胞。成熟的胚囊包括 7 个细胞,又称为雌配子体。

受粉后,花粉萌发,花粉管沿着花柱长到胚囊。在那里,一个精核跟卵核结合,产生二倍体核(2n),另一精核跟两个极核结合,产生一个三倍体核(3n)。两个精核分别跟胚囊中的卵核和极核结合的过程,叫作双受精(double fertilization)。

通过多次的有丝分裂,二倍体核形成胚,三倍体核形成胚乳。胚和胚乳合在一起,就构成种子。种子萌芽,长成新的植株。

三、动、植物生活史的比较

讲了动物和植物的生活史后,现在把动物和植物的性细胞各个时期作一对照表(表 3-3)。通过比较使大家对于动物和植物的生活史有一个更为清晰的概念。

表 3-3　动物和植物的性细胞各时期的对照表

雌		雄	
动物	植物	动物	植物

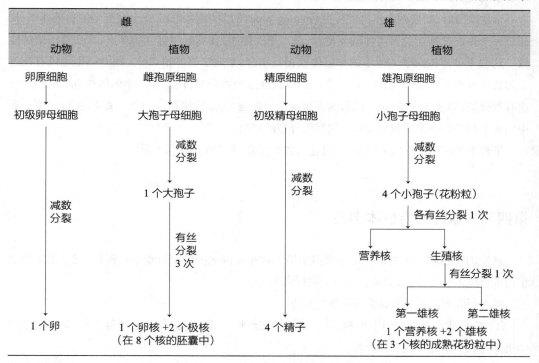

卵原细胞	雌孢原细胞	精原细胞	雄孢原细胞
↓	↓	↓	↓
初级卵母细胞	大孢子母细胞	初级精母细胞	小孢子母细胞

减数分裂（雌植物）→ 1 个大孢子 → 有丝分裂 3 次

减数分裂（雄植物）→ 4 个小孢子（花粉粒）→ 各有丝分裂 1 次 → 营养核 / 生殖核 → 生殖核有丝分裂 1 次 → 第一雄核 / 第二雄核

减数分裂（雌动物）→ 1 个卵

减数分裂（雄动物）→ 4 个精子

1 个卵核 +2 个极核（在 8 个核的胚囊中）

1 个营养核 +2 个雄核（在 3 个核的成熟花粉粒中）

四、真菌类的生活史

真菌的生活史是单倍体世代占优势，双倍体世代时间较短。现在以粗糙链孢霉（*Neurospora crassa*）为例加以说明（图 3-14）。

粗糙链孢霉的孢子或菌丝的片段落在面包等营养物上面，孢子萌发，菌丝生长。菌丝相互交织在一起，形成菌丝体。菌丝的细胞壁间隔不完全，所以菌丝的细胞质是连续的，每一菌丝细胞

图 3-14　真菌生活史（以粗糙链孢霉为例）

粗糙链孢霉有两个交配型，A 和 a。这两交配型能各自无性生殖，形成菌丝，长出分生孢子（*n*）。分生孢子散布开去，继续无性生殖，或进行有性生殖。有性生殖时，来自一交配型的分生孢子进入另一交配型的菌丝团——子实体中，与其中的核融合，成为合子（2*n*）。因为细胞质主要来自子实体，所以视子实体为雌体，视分生孢子为雄体。合子经过一次减数分裂和一次有丝分裂，形成有 8 个子囊孢子的子囊。子囊孢子萌发，开始新一轮的无性生殖。

分生孢子（*n*）　　受精　　分生孢子（*n*）

菌丝（*n*）　　　　　　　　菌丝（*n*）

交配型A　　核融合　　交配型a

子实体　　　　　　　子实体

合子（2*n*）

减数分裂 I 结果（*n*）

减数分裂 II 结果（*n*）

子囊孢子萌发菌丝生长（*n*）　　　　子囊孢子萌发菌丝生长（*n*）

有丝分裂后形成的子囊孢子（*n*）

是多核的,但每个核的染色体数是单倍的(n)。

有性繁殖时,需要两个不同交配型(mating type)的菌丝体参加。一个交配型的单倍体核(n)通过另一相对交配型的子实体的受精丝,进入子实体中,在那里有丝分裂多次,产生若干单倍体核。这些单倍体核跟子实体中的单倍体核相互结合,形成二倍体核($2n$)。粗糙链孢霉只有在这个短暂时间内是二倍体世代。每一个二倍体核经过减数分裂,产生 4 个单倍体核(n),再经过一次有丝分裂,形成 8 个核(n)。最后这些核成为子囊孢子,顺次排列在一个子囊中,所以一个子囊中的 8 个孢子是一次减数分裂和一次有丝分裂的产物。

子囊孢子在适宜环境中萌发,通过连续的有丝分裂,产生新的菌丝体。

第四节　遗传的染色体学说

遗传的染色体学说的证据最早来源于染色体和基因之间的平行现象。例如,配子形成和受精时染色体的行为,跟杂交实验中基因的行为平行。

两者行为间的平行现象表现在下列几点:

(1) 染色体可在显微镜下看到,有一定的形态结构。基因是遗传学的单位,每对基因在杂交中仍保持它们的完整性和独立性。

(2) 染色体成对存在,基因也是成对的。在配子中只有一个等位基因,也只有一对同源染色体中的一条。

(3) 个体中成对的基因一个来自母本,一个来自父本,染色体也是如此,两个同源染色体也是分别来自父本和母本。

(4) 不同对基因在形成配子时的分离组合与不同对染色体在减数分裂后期的分离组合,都是独立的。

因此,萨顿和博韦里在 1903 年提出遗传的染色体学说,认为基因在染色体上。萨顿指出,如果假定基因在染色体上,那么就可十分圆满地解释孟德尔的分离定律和自由组合定律。

分离定律,即一对基因杂合子的配子分离比为 $1 : 1$。假定控制豌豆子叶黄绿颜色的一对基因 Y 和 y 在某对染色体上,我们现在把注意力集中在这对染色体上,把豌豆的 7 对染色体中的其余 6 对置之不理(图 3-15)。这样,亲代黄子叶豆粒长成的植株中,每个细胞内这一对染色体的

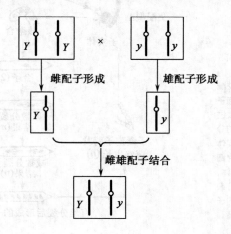

图 3-15　根据基因在染色体上的假设,看一对基因杂合子的形成

两个成员都带有 Y,经过减数分裂而产生的每个配子中只有一条这种染色体,所有配子在这条染色体上都带有基因 Y。亲代绿子叶植株的所有配子在这条染色体上都带有基因 y。F$_1$ 植株的每个细胞内也有这样一对染色体,其中一条从黄子叶植株来,带有 Y,另一条从绿子叶植株来,带有 y。F$_1$ 植株的初级性母细胞中的染色体与体细胞一样。在减数分裂 I 中期,这一对染色体各有两条染色单体并相互配对(图 3-16)。在减数分裂 I 后期,这对同源染色体分别进入一个次级性母细胞。一个次级性母细胞带有 Y,而它产生的两个配子也带有 Y;另一个次级性母细胞带有 y,由它所产生的两个配子也带有 y。F$_1$ 植株的每个初级性母细胞都产生 4 个配子,其中 2 个带有 Y,2 个带有 y。n 个初级性母细胞产生 $4n$ 个配子,其中 $2n$ 带有 Y,$2n$ 带有 y,即 1:1。可见基因的分离是染色体分离的结果。

现在再看自由组合定律,即两对基因杂合子的配子分离比为 1:1:1:1。图 3-17 表示豌豆中黄圆和绿皱杂交所得的 F$_1$ $YyRr$ 植株中性母细胞的减数分裂。假定基因 Y 和 y 在一对较长的染色体上,而基因 R 和 r 在一对较短的染色体上。就这两对染色体而言,初级性母细胞的减数分裂 I 有两种可能情况,它们的机会是相等的,即各为 1/2:一半性母细胞按图 3-17 左栏的方式分裂,每个性母细胞所产生的 4 个配子中,2 个是 YR,2 个是 yr;另一半性母细胞按 3-17 右栏的方式分裂,每个性母细胞所产生的 4 个配子中,2 个是 Yr,2 个是 yR。所以 4 种配子的比例是 1:1:1:1。可见基因的自由组合源于染色体的独立分配。

所以只要假定基因在染色体上,就可十分圆满地解释孟德尔的两个定律。

萨顿这个假设引起了广泛的注意,因为这个假设十分具体,染色体是细胞中具体可见的结

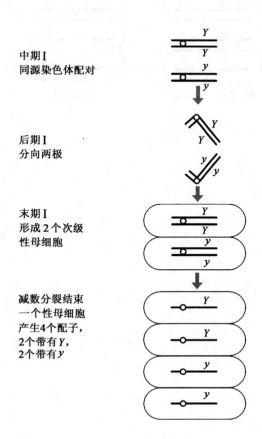

中期 I
同源染色体配对

后期 I
分向两极

末期 I
形成 2 个次级
性母细胞

减数分裂结束
一个性母细胞
产生 4 个配子,
2 个带有 Y,
2 个带有 y

图 3-16 一对基因杂合子形成配子时,染色体的分离和基因的分离

构。但要证实这个假设,进一步自然要把某一特定基因与特定染色体联系起来,首先做到这一点的是美国遗传学家摩尔根,这要留到连锁与交换一章再讨论。

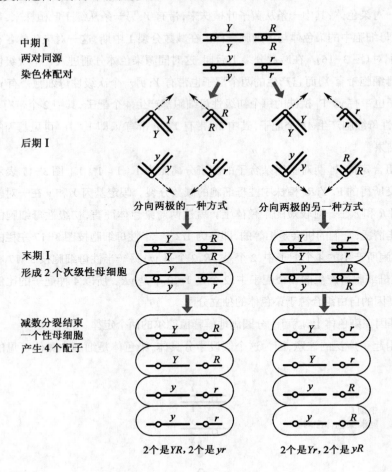

图 3-17　两对基因杂合子形成配子时,染色体的独立分配和基因的自由组合

习题

1. 有丝分裂和减数分裂的区别在哪里? 从遗传学角度来看,这两种分裂各有什么意义? 无性生殖会发生性状分离吗? 试加以说明。

2. 水稻正常的孢子体组织中染色体数目是 12 对,问下列各组织的染色体数目是多少?

(1) 胚乳;(2) 花粉管的管核;(3) 胚囊;(4) 叶;(5) 根端;(6) 种子的胚;(7) 颖片。

3. 用基因型 *Aabb* 的玉米花粉给基因型 *AaBb* 的玉米雌花授粉,你预期下一代胚乳的基因型是什么类型,比例如何?

4. 某生物有两对同源染色体,一对染色体是中间着丝粒,另一对是端部着丝粒,以模式图方式画出:

(1) 减数分裂 I 的中期图;

(2) 减数分裂 II 的中期图。

5. 蚕豆的体细胞有 12 条染色体,也就是 6 对同源染色体(6 个来自父本,6 个来自母本)。一个学生说,在减数分裂时,只有 1/4 的配子的 6 条染色体完全来自父本或母本,你认为他的回答对吗?

6. 在玉米中:

(1) 5 个小孢子母细胞能产生多少配子?

(2) 5 个大孢子母细胞能产生多少配子?

(3) 5 个花粉细胞能产生多少配子?

(4) 5 个胚囊能产生多少配子?

7. 马的二倍体染色体数目是 64,驴的二倍体染色体数目是 62,请回答:

(1) 马和驴的杂种的体细胞染色体数是多少?

(2) 如果马和驴杂种在减数分裂时染色体很少配对或没有配对,说明马 - 驴杂种是可育还是不育?

8. 在玉米中,与糊粉层着色有关的基因很多,其中三对是 *A/a*,*I/i* 和 *Pr/pr*。要糊粉层着色,除其他有关基因必须存在外,还必须有 *A* 基因存在,而且不能有 *I* 基因存在。如有 *Pr* 存在,糊粉层紫色。如果基因型是 *prpr*,糊粉层是红色。假使在一个隔离的玉米试验区中,基因型 *AaprprII* 的种子种在偶数行,基因型 *aaPrprii* 的种子种在奇数行。植株长起来时,允许天然授粉,问在偶数行生长的植株上的果穗的糊粉层颜色怎样? 在奇数行上又怎样? (提示:糊粉层是胚乳的一部分,所以是 3*n*。)

9. 兔的卵没有受精,经过刺激,发育成兔。在这种孤雌生殖的兔中,其中某些兔的有些基因是杂合的。你怎样解释? (提示:极体受精。)

数字课程学习

✎ 在线自测   ↷ 习题答案

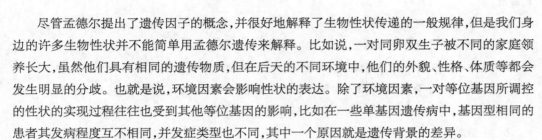

第四章
孟德尔遗传的拓展

　　尽管孟德尔提出了遗传因子的概念，并很好地解释了生物性状传递的一般规律，但是我们身边的许多生物性状并不能简单用孟德尔遗传来解释。比如说，一对同卵双生子被不同的家庭领养长大，虽然他们具有相同的遗传物质，但在后天的不同环境中，他们的外貌、性格、体质等都会发生明显的分歧。也就是说，环境因素会影响性状的表达。除了环境因素，一对等位基因所调控的性状的实现过程往往也受到其他等位基因的影响，比如在一些单基因遗传病中，基因型相同的患者其发病程度互不相同，并发症类型也不同，其中一个原因就是遗传背景的差异。

　　因此，基因型和表型之间并不是一对一的关系。在本章中，我们将看到从基因型到表型的实现过程受到环境因素和遗传因素的双重影响，一方面环境因素能够调节基因的表达过程，另一方面，不同等位基因之间可以相互作用，共同调控某一性状。

第一节　环境的影响和基因的表型效应

一、环境与基因作用的关系

　　从远古时代起，人们就知道，生物体必须在一定的环境中发育。事实上，生物的各种性状特点必须在一定的环境条件之下才能实现。而且更重要的是，环境条件不同也可使性状发生变化，正像基因型不同可造成性状差异一样。

　　玉米中有些隐性基因（如其中一对是 aa）使叶内不能形成叶绿体，造成白化幼苗，它的显性等位基因 A 是叶绿体形成的必要条件。AA 种子在不见光的暗处发芽，长成的幼苗也是白化；而在光照下发芽，则长成绿色幼苗。由此可见，基因型相同的个体在不同条件下可发育成不同的表型。所以 A 基因是决定叶绿体形成的必要非充分条件。具有 A 基因的个体（AA 或 Aa 个体），不但有可能形成叶绿体，也有可能不形成叶绿体，只要不给光线，就能实现这后一种可能性。基因型不是决定某一性状的必然实现，而是决定一系列发育的可能性，究竟其中哪一个可能性得到实现，要看环境而定。因此我们说，基因型决定着个体的"反应规范"（reaction norm），即基因型决定着个体对这种或那种环境条件的反应。AA 和 Aa 个体与 aa 个体的反应规范是不同的：前者在光照下反应为绿色，黑暗中反应为白色；后者则在光照下反应为白色，黑暗中反应也为白色。AA 个体和 Aa 个体的反应规范相同，但基因型不同，这可以从它们后代的有无分离得知。另外也可看到，*AA* 种子和 *aa* 种子由于基因型不同而在发育上有差异，但这种差异只有在一定的条件下，即光照下，才能表现；在另一种条件下，如在黑暗处，它们就不表现出差异。这又是基因型不同而表型相同的一个例子。

相同基因型个体的表型差异不仅来自环境因素，还有遗传因素，即与该性状表现有关的其他非等位基因。有时候，这些遗传因素可以改变生物的细胞内环境，从而对基因的表型效应（phenotypic effect）产生影响。比如，我们已经知道香豌豆中 *C/c* 等位基因影响花色，而有一隐性基因 *d* 也能影响花冠的颜色。红花植物（*CC* 或 *Cc*）如有 *dd* 基因，它的花色比 *DD* 或 *Dd* 的植株蓝些。这是因为 *dd* 植株的细胞液 pH 比 *DD* 或 *Dd* 植株平均略高，使细胞液趋向碱性，而花青素的反应一般在酸性带红色，在碱性带蓝色，所以 *D/d* 被称为修饰基因（modifier gene）。修饰基因的作用是引起内部环境的变化，改变另一基因（*C/c*）的表型效应。又如，斑秃（pattern baldness）属于常染色体显性遗传。但是，在男性中只要携带一个斑秃基因就表现出秃顶，而在女性中秃顶只有在纯合个体中才表现出来，且程度较轻，只是头发稀少。这是因为雄性激素能够促进该基因的表达，而雄性激素也是由其他遗传因素决定的。更多的遗传因素对表型的影响体现在非等位基因之间的作用关系上，这些知识将在本章第五节作具体介绍。

对一般生物来讲，几乎任何外部环境条件都可以在一定范围内任意变动，但个体的基因型却在其亲代配子受精时就已决定。因此可以说，生物体的基因型是发育的内因，而环境条件是发育的外因。表型是发育的结果，也是基因型与环境相互作用的结果。这个结论澄清了一个概念，我们不能说哪些性状（或变异）是遗传的，哪些性状（或变异）是不遗传的，只能说在某一特定条件下，个体间性状发育的差异主要是由基因型的差异所决定，还是主要由环境条件的差异所决定。事实上，生物体没有一个性状的发育是与遗传无关的，也没有一个性状的发育是与环境条件无关的。

二、性状的多基因决定

孟德尔在植物杂交论文中，把杂交中有关的遗传因子用符号 *A*，*a* 或 *B*，*b* 表示，并没有给予描述性的名称。以后遗传学家往往根据影响的性状来命名遗传因子，例如，把控制水稻非糯性胚乳和糯性胚乳中淀粉性质的基因分别称为粳稻基因和糯稻基因，记作 *Wx* 或 *wx*，把影响豌豆子叶黄色或绿色的基因称为黄豌豆基因或绿豌豆基因，记作 *Y* 或 *y*。可是这样就给人以一种印象，好像水稻中单是 *Wx* 基因或 *wx* 基因就可决定粳或糯稻的性状，豌豆植株中单是 *Y* 基因或 *y* 基因就可决定黄豌豆或绿豌豆的性状，而事实并非如此。我们可以说，水稻中非糯性或糯性的性状，以及豌豆中黄子叶或绿子叶的性状跟个体的许多基因都有关系，只不过在 *Wx* 和 *wx*，或 *Y* 和 *y* 这对基因有差异时，显现出有关的性状差异来。

举一个具体的例子：玉米（图 4-1）中 A_1 和 a_1 这对基因决定花青素的有无，A_2 和 a_2 这对基因也决定花青素的有无，*C* 和 *c* 这对基因决定糊粉层颜色的有无，*R* 和 *r* 这对基因决定糊粉层和植株颜色的有无……当 A_1，A_2，*C* 和 *R* 这 4 个显性基因都存在时，胚乳是红色，但如有另一显性基因 *Pr* 存在时，胚乳成为紫色，所以胚乳的紫色和红色由 *Pr* 和 *pr* 这对基因决定，但前提是至少 A_1，A_2，*C* 和 *R* 这 4 个显性基因都存在，否则即使有 *Pr* 存在，不要说不显示紫色或红色，而是无色了。换言之，紫色胚乳的植株的基因型必须是 $A_1\_A_2\_C\_R\_Pr\_$，这儿 $A_1\_$ 代表 A_1A_1 或 A_1a_1，即一个基

因是 A_1,另一基因可以是 A_1 或 a_1,余类推。所以"Pr 决定紫色,pr 决定红色"这种说法是简单化的说法。比较详细一些的说法应当是:"在其他基因都相同的情况下,两个个体间某一性状的差异可由一对基因的差异决定"。这一点和我们在介绍"单基因疾病"时的说明是一致的。

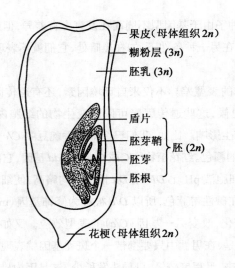

果皮(母体组织 $2n$)
糊粉层 ($3n$)
胚乳 ($3n$)
盾片
胚芽鞘
胚芽   胚 ($2n$)
胚根
花梗(母体组织 $2n$)

图 4-1 玉米籽粒的解剖结构及其相应的染色体数目

虽然性状由很多基因决定,可是我们在写某一个体的基因型时,非但不可能把所有基因全部写出,而且也没有必要。在任何杂交试验中,只要写出与分离比有关的那些基因就可以了。仍用玉米胚乳颜色的例子:如果只研究紫色和红色,则只要把个体基因型分为 $PrPr$,$Prpr$ 和 $prpr$ 3 种就可以了,A_1,A_2,C,R 等基因都不必写出。但是我们在这儿还要再次强调,影响每一性状的基因数往往很多,用某一性状来称谓基因只是为了说明的方便罢了。

三、基因的多效性

一个性状可以受到若干基因的影响,相反地,一个基因也可影响若干性状。上面谈到的豌豆的红花基因(C)就不只与一个性状有关,这个基因不但控制红花,而且还控制叶腋的红色斑点、种皮的褐色或灰色。此外,它还控制其他性状,只不过没有上述 3 个性状这样明显而已。我们把单一基因的多方面表型效应叫作基因多效性(pleiotropism)。

基因的多效现象极为普遍,为什么会这样呢?这是因为生物体发育中各种生理生化过程都是相互联系、相互制约的。基因通过生理生化过程而影响性状,所以基因的作用也必然是相互联系和相互制约的。由此可见,一个基因必然影响若干性状,只不过程度不同罢了。我们举一个例子来说明存在相互制约的生理过程。

有一种翻毛鸡,羽毛是反卷的。这种鸡与正常的非翻毛鸡有一对基因的差别,翻毛鸡是 FF,正常鸡是 ff,F 对 f 是不完全显性(见本章第二节)。FF 与 ff 交配,得到杂合子 Ff,是轻度翻毛(图 4-2);F_2 1/4 翻毛,2/4 轻度翻毛,1/4 正常。Ff 与 ff 回交,得 1/2 轻度翻毛,1/2 正常。这些结果可用一对基因的差异来解释。

翻毛鸡与正常

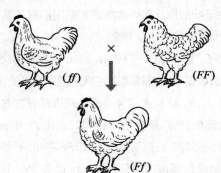

P

(ff)   ×   (FF)

F_1

(Ff)

图 4-2 非翻毛鸡与翻毛鸡交配,F_1 是轻度翻毛

鸡在许多性状上有差别。在小鸡尚未长出硬羽之前,两者已有许多差别,长出硬羽以后,由于羽毛的差别,更引起一系列的其他差别。首先,翻毛鸡的羽毛保持体温的能力不如正常鸡的羽毛,身体热量散失较多,因此翻毛鸡的体温比正常鸡低。体温散失多了,会促进代谢作用来补偿消耗。这样一来,一方面使心跳增加,心脏慢慢扩大,心脏的形状也发生改变,血液增加,与血液有重大关系的器官——脾也因之慢慢扩大;另一方面,代谢作用增强,必然要多吃东西,因而使消化器官、消化腺和排泄器官都发生变化。最后,代谢作用又影响了肾上腺、甲状腺等重要的内分泌腺体,因而使生殖能力降低。

在前面提到的 OMIM 数据库中,已知近千个人类基因的变异与两种及以上的疾病/性状相关。因此说,在不同物种中,一个基因影响很多性状,而一个性状又由很多基因控制的现象普遍存在。

四、表现度和外显率

有些基因在不同个体中的表达很一致,但另外一些基因的表型效应在不同个体中有各种变化。这种变化有时来源于环境因子的变动,有时是其他基因的影响,有时是环境和基因的共同作用。具有相同基因型的个体间基因表达的变化程度称为表现度(expressivity)。在黑腹果蝇中有 20 多个基因与眼的色泽有关,这些基因的表现度很一致,虽然随着年龄的增加,眼的色泽可能稍为深些。另一方面,黑腹果蝇中有一个细眼(lobe eyes)基因影响复眼的大小和形状,它的表型变化则很大:可使眼变得只有针尖大小,也可使眼保持相当大,几乎跟野生型没有差别。人类的成骨不全(osteogenesis imperfecta)是显性遗传病,受单个基因控制,杂合子患者可以同时有多发性骨折、蓝色巩膜和耳聋等症状,也可只有其中一种或两种临床表现(图 4-3),表现度很不一致。

基因表达的另一变异方式是不完全外显(incomplete penetrance)。外显率(penetrance)的定义是某一基因型个体显示预期表型的比例。如某个显性基因的效应总是表达出来,则外显率是 100%。但是有些基因的外显率要低些。由于修饰基因的存在,或者由于外界因素的影响,使某基因的预期性状没有表达出来,这个基因的外显率降低。黑腹果蝇中,隐性的间断翅脉基因 i(interrupted wing vein)的外显率不全,只有 90%。这就是说,90% 的 ii 基因型个体有间断翅脉,其余 10% 是野生型表型,但这些表型正常的果蝇也有同样的遗传组成 ii,它们的子代也有 90% 是有间断翅脉的。人的克鲁宗综合征(Crouzon syndrome)是显性遗传病。根据显性遗传方式,应该代与代间连续,但偶尔会出现代与代间不连续现象(图 4-4)。如把致病的显性基因记作 Cd,则家系中 II-2 个体的基因型为 $Cdcd$,因为他把 Cd 从他母亲(I -2)传给他的儿女(III-2,

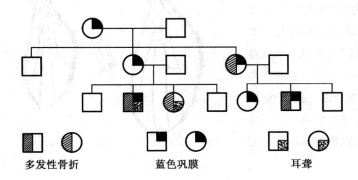

图 4-3 一个成骨不全患者的家系(李璞提供)

这是一种显性遗传病,患者父母至少有一方是患者。但是,家系中不同患者的临床表现有差别,说明表现度的变化很大。

多发性骨折　　　蓝色巩膜　　　耳聋

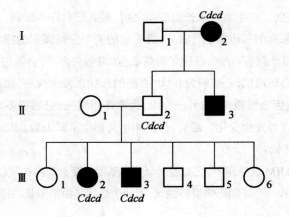

图 4-4 一个克鲁宗综合征的家系（任在镐、刘祖洞等）

Ⅱ-2 个体带有显性致病基因，但他的表型是正常的，所以出现了越代遗传现象。Ⅲ-1,Ⅲ-4 等个体是否有这个致病基因不能肯定。

Ⅲ-3），所以他本人应带有显性基因 Cd，但他的表型仍属正常，表明他应为患者而显性基因的效应未能外显，出现越代现象。

视频 5
表现度和外显率

五、拟表型

前面已讲过，表型是基因型和环境相互作用的结果。这就是说，表型受两类因子的控制：①基因型——遗传；②环境。所以常常遇到这样的情况：基因型改变，表型随着改变；环境改变，表型也常随着改变。环境改变所引起的表型改变，有时与由某基因引起的表型变化很相似，这叫作拟表型（phenocopy）。

例如，黑腹果蝇（*Drosophila melanogaster*）野生型（++）是长翅的，而突变的类型，即突变型（*vgvg*）是残翅的，长翅对残翅是显性。用一定的高温处理残翅果蝇的幼虫，以后个体长大，羽化为成虫后，翅膀接近于野生型（图 4-5）。不过它们的基因型还是 *vgvg*，因为它们和一般突变型个体（*vgvg*）交配，并在常温下培育子代时，子代个体的翅膀都是残翅的，所以在这个例子中，用高温处理残翅个体，可使突变型个体接近野生型的表型。

人有一种隐性遗传病，叫作海豹肢畸形（phocomelia），患者的臂和腿部缺失。这种畸形以前断断续续也有所发生，那是由于隐性基因纯合化的缘故。可是到了 20 世纪 60 年代，患者例数突然增多，引起了人们的重视。经过调查研究，知道增多的原因是妇女在妊娠早期，特别是在第 3～5 周时，服用一种称为反应停（thalidomide）的药物，这种药在发育关键时刻延缓了胎儿四肢的发育，导致了海豹肢畸形。这是药物引起的表型变化，使正常个体模写了突变型的表型。

研究拟表型的意义有下列两点：①什么时候进行人工处理，可以引起表型改变，由此可以推测基因在什么时候发生作用。②用一些什么物理条件或化学药剂处理，可以引起哪一些表型，或类似哪一类突变型，由此可以推测基因怎样发挥作用。

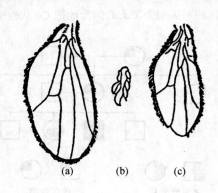

图 4-5 果蝇翅的类型

（a）正常翅。（b）残翅。（c）残翅果蝇的幼虫在高温下饲养，发育形成的翅接近于野生型。

第二节　显隐性关系的相对性

在孟德尔记录的豌豆 7 对相对性状中,显性现象都是完全的,杂合子(如 Cc)与显性纯合子(如 CC)在性状上几乎完全不能区别。但后来发现有些相对性状中,显性现象是不完全的,或者显隐性关系可以随所依据的标准而改变。这是孟德尔遗传定律的进一步发展和扩充。

一、不完全显性

显性遗传时,杂合子 Aa 的表型跟显性纯合子 AA 一样,因为在杂合子中隐性基因的作用没有表达出来。可是孟德尔也发现,豌豆的开花时间这个性状不表现为完全的显隐性关系。他曾对开花时间这一性状进行了一些杂交试验,可惜没有完成。在孟德尔以后,不同的遗传学家进行了这方面的实验,发现开花时间受不同遗传因子的影响,其中一对等位基因是 A 和 a。纯合子 AA 和 aa 的开花时间相差 5 天。把这两亲本杂交,得到杂合子 Aa,它们的开花时间大致在两亲之间。如果我们把 aa 植株的开花时间记作 0(早),那么不同基因型的开花时间是:Aa 约 3.7 天(中),AA 约 5.2 天(晚)。

把杂合子自花授粉,得下述比例:

$$Aa \qquad \times \qquad Aa$$
$$\downarrow$$

基因型	$1aa$	:	$2Aa$	:	$1AA$
表型	早		中		晚

虽然基因型的比例跟孟德尔的一对基因杂交中显性完全时的期待值一样,但表型比例不是通常的 3∶1,而是 1∶2∶1 了。因为一个基因对另一基因的显性不完全,所以 3 种不同基因型可以相互区别开来;换一种说法,3 种表型直接反映 3 种不同的基因型。

孟德尔时期以后,遗传学家在动植物的不同性状上都找到不完全显性的例子。在家蚕($Bombyx\ mori$)中,皮肤斑纹的种类很多,黑缟蚕的各个环节都有一黑色带,仅节间膜部分是白色;白蚕的表皮中没有黑色素的沉积,各个环节都呈白色。把黑缟蚕与白蚕杂交(图 4-6),F_1 全是淡黑缟,它们的色斑在两亲之间,稍稍偏向黑缟斑。F_1 的雌蚕与雄蚕相互交配,得到 F_2,其中 1/4 个体是黑缟斑,2/4 个体是淡黑缟,1/4 个体是白蚕。如我们假定黑缟蚕的基因型为 $p^s p^s$,白蚕的基因型为 pp,则 F_1 的基因型为 $p^s p$。因为 p^s 对 p 是不完全显性,所以 F_1 的表型是淡黑缟。F_1 个体相互交配,得到 F_2,其中 1/4 个体是 $p^s p^s$,表现为黑缟斑;2/4 的个体是 $p^s p$,表现为淡黑缟;1/4 个体是 pp,表现为白蚕(图 4-7)。可见在 F_1 的时候虽然表现为中间性状,但在产生 F_2 的时候,黑缟蚕基因(p^s)与白蚕基因(p)不是又分离了吗?这说明杂种呈淡黑缟,并非是两种基因的掺和沾染,而是由于显性基因的显性不完全。杂合子中显性性状不能完全掩盖隐性性状的现象称为不完全显性(incomplete dominance)。

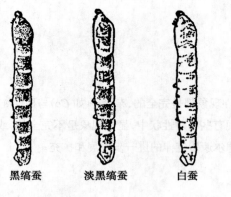

黑缟蚕　　　淡黑缟蚕　　　白蚕

图 4-6　家蚕的皮斑

黑缟蚕与白蚕杂交，F₁ 是淡黑缟。淡黑缟的
皮斑颜色在两亲之间，偏向黑缟斑。

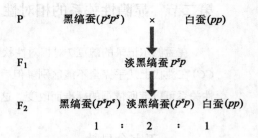

P	黑缟蚕($p^s p^s$)	×	白蚕(pp)

F₁　　　　　　　　　　淡黑缟蚕 $p^s p$

F₂　　　黑缟蚕($p^s p^s$)　淡黑缟蚕($p^s p$)　白蚕(pp)

　　　　　　1　：　　　2　：　　1

图 4-7　家蚕的黑缟斑纹的遗传

二、镶嵌显性

亚洲瓢虫又名异色瓢虫（*Harmonia axyrid*），属于昆虫纲鞘翅目，广泛分布于多个亚洲国家。异色瓢虫的鞘翅呈现色彩丰富的斑点，大致可分为黄底型（鞘翅以黄色为底色，上面分别带有 0～19 个黑色斑点）和黑底型（鞘翅以黑色为底色，上面有大小、位置、数目不同的橙色色斑）两大类。黄底型为隐性纯合个体，基因型为 ss，黑底型由显性基因控制，不同黑底型的显性基因不同，与 s 隐性基因共同构成复等位基因（见本章第四节）。我国著名遗传学家谈家桢先生（1909—2008）通过对瓢虫色斑的研究，发现了至少 19 种色斑决定基因，而且这些等位基因之间表现为镶嵌显性（mosaic dominance）的遗传关系。

瓢虫鞘翅色斑的镶嵌显性包括"包括式"（inclusive）与"重叠式"（overlapping）两种类型。包括式即一种等位基因的表型性状（色斑）完全被另一种等位基因的性状（相同位置不同大小的色斑）"包括"了，比如黑缘型瓢虫（即鞘翅仅前缘部分为黑色，基因型 $S^A S^A$）与二窗厚黑缘型瓢虫（即每瓣鞘翅仅中央区域有一个黄色窗口，其余均为黑色，基因型 $S^C S^C$）杂交，得到 F₁ 都是 $S^C S^A$ 杂合子，表现型是二窗型，因为这种类型的黑底区域包括了另一种类型的黑底区域，而 F₁ 自交得到的 F₂ 会出现二窗型（$S^C S^C$、$S^C S^A$）和黑缘型（$S^A S^A$）两种类型，比例为 3：1（图 4-8）。值得一提的是，尽管包括式镶嵌遗传的性状比例与完全显性遗传的结果是一致的（3：1），但是得到这一比例的过程略有不同。重叠式即杂交个体的性状（色斑）表现为两种等位基因所控制的色斑的重叠结果，如黑缘型瓢虫（$S^A S^A$）和均色型瓢虫（即鞘翅仅后缘部分为黑色，基因型 $S^E S^E$）的杂交 F₁ 的表型是鞘翅前后端都为黑色的新类型，表现为两种亲本性状的嵌合体，而 F₁ 自交得到的 F₂ 发生分离，出现黑缘型、新类型和均色型 3 种类型，比例为 1：2：1（图 4-9）。与不完全显性和共显性一样，重叠式镶嵌显性的表型比例与基因型比例相同，因为杂合子和野生型的表型效应是不同的。

三、并显性

血型（blood type）是血液的性状之一，由遗传因素控制。狭义的血型概念指的是红细胞血型，即红细胞表面抗原，它是由遗传因素所决定的个体差异之一。广义的血型概念指血液、体

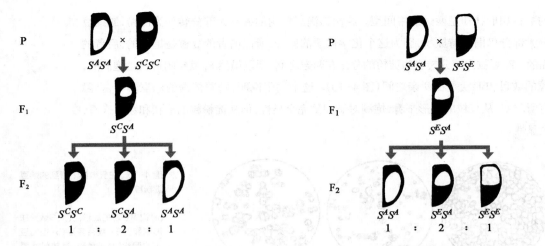

图 4-8　异色瓢虫色斑的镶嵌遗传——包括式遗传　　　　图 4-9　异色瓢虫色斑的镶嵌遗传——重叠式遗传

液、分泌液、排泄物及组织细胞表面由遗传所控制的个体性状。奥地利科学家兰德施泰纳（Karl Landsteiner，1868—1943）于 20 世纪上半世纪先后发现了 ABO 血型系统、MN 血型系统、Rh 血型系统等，为临床输血做出了巨大贡献，被称为"血型之父"。迄今，在红细胞表面已发现了 25 个大类的 270 种抗原。

　　这里，我们以 MN 血型系统为例介绍并显性（codominance）等位基因关系。人群中有 M 型、N 型和 MN 型 3 种类型的个体。M 型个体的红细胞上有 M 抗原，N 型有 N 抗原，MN 型既有 M 抗原又有 N 抗原。这些血型由一对等位基因决定，这对基因记作 L^M 和 L^N，通常也记作 M 和 N。表 4-1 表示某次调查中 6 种婚配方式的家庭资料，包括父母和子女的 MN 血型类型。

表 4-1　MN 血型的遗传（采自 Stern，1973）

表型	基因型	家庭数	实得子女数			理论比		
			M	MN	N	M	MN	N
M × M	$L^M L^M \times L^M L^M$	24	98	—	—	全	—	—
N × N	$L^N L^N \times L^N L^N$	6	—	—	27	—	—	全
M × N	$L^M L^M \times L^N L^N$	30	—	43	—	—	全	—
M × MN	$L^M L^M \times L^M L^N$	86	183	196	—	1	1	—
N × MN	$L^N L^N \times L^M L^N$	71	—	156	167	—	1	1
MN × MN	$L^M L^N \times L^M L^N$	69	71	141	63	1	2	1

　　我们着重观察 M × N 这一婚配型式。M 型的人的基因型是 $L^M L^M$，N 型的人的基因型是 $L^N L^N$，两人结婚，所生的子女的基因型是 $L^M L^N$，表型是 MN 型，表明这一对等位基因在杂合子中都显示出相对应的表型，这就是并显性现象。

四、显隐性可随所依据的标准而更改

　　在孟德尔的豌豆试验中，饱满豆粒对皱缩豆粒是完全显性，F_1 豆粒全是饱满的，但是 F_1 豆粒中淀粉粒的数目和形状却是两亲的中间型。纯质饱满豆粒内的糖分大部分转变为淀粉,皱缩豆粒内的糖分大部分仍旧保持原状,因为这个化学性质的差异,所以前者的豆粒是饱满的,后者的豆粒是皱缩的。F_1 豆粒内糖分转变为淀粉的分量在两亲之间,所以虽然 F_1 豆粒的形状是饱满的,但是淀粉粒的数目和形状是在两亲之间(图 4-10)。这个例子说明,随着依据的标准不同,显隐性关系会有所改变:从豆粒的外形来看,饱满对皱缩是完全显性,但从淀粉粒的形状和数目来看,却是不完全显性。

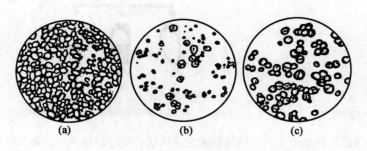

(a)　　　　　　　(b)　　　　　　　(c)

图 4-10　在显微镜下看到的豌豆淀粉粒

(a)饱满豆粒的淀粉粒(大多数是球形到卵圆形,数目多)。(b)皱缩豆粒的淀粉粒(多角形,有放射状裂纹,数目少)。(c)F_1 豆粒的淀粉粒(形状和数目在前两者之间)。

再举一个例子:人类中有一种血液系统的孟德尔疾病,叫作镰状细胞贫血(sickle cell anemia)。该病由一对隐性基因 $HBB^s HBB^s$ 控制,患者严重贫血,发育不良,关节、腹部和肌肉疼痛,多在幼年期死亡。把这种病人的血液放在显微镜下观察,不使接触氧气,全部红细胞都变为镰状,所以这种病叫作镰状细胞贫血。杂合子的人($HBB^A HBB^s$)表型正常,没有上面提到的病症。但是,把他们的血液放在显微镜下检验,不使接触氧气,也有一部分红细胞成为镰状(图 4-11)。从这个例子看来,所谓显性其实是相对的。由临床角度来看,纯合子 $HBB^s HBB^s$ 是镰状细胞贫血的患者,而杂合子 $HBB^A HBB^s$ 和纯合子 $HBB^A HBB^A$ 的人都没有临床症状,所以 HBB^s 对 HBB^A 是隐性。从红细胞是否出现镰状来看,纯合子 $HBB^s HBB^s$ 和杂合子 $HBB^A HBB^s$ 的人的红细胞在缺氧状态下,都出现镰状,所以 HBB^s 对 HBB^A 是显性。可是从红细胞呈现镰状的数目来看,纯合子 $HBB^s HBB^s$ 的人的红细胞在缺氧的状态下,全部呈镰状,杂合子 $HBB^A HBB^s$ 的人的红细胞在缺氧状态下,只有一部分红细胞出现镰状,而正常的人 $HBB^A HBB^A$ 的红细胞不出现镰状,所以 HBB^s 对 HBB^A 是不完全显性(表 4-2)。这样看来,所谓显隐性关系,因所依据的标准而定,标准不同,显隐性关系也就改变了,只有等位基因的分离现象才有普遍意义。

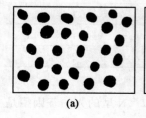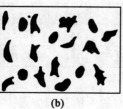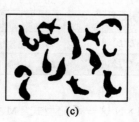

(a)　　　　　　　(b)　　　　　　　(c)

图 4-11　人的红细胞

(a)正常人($HBB^A HBB^A$)的红细胞,都是正常的。(b)杂合子($HBB^A HBB^s$)的红细胞,一部分红细胞镰状化。(c)镰状细胞贫血患者($HBB^s HBB^s$)的红细胞,全部镰状化。

表 4-2　基因的显隐性与所依据标准的关系

依据的标准	$HBB^A HBB^A$	$HBB^A HBB^s$	$HBB^s HBB^s$	HBB^s 对 HBB^A
从临床角度看	无临床症状	无临床症状	贫血患者	隐性
从镰状细胞有无来看	无	有	有	显性
从镰状细胞数目来看	无	少	多	不完全显性

五、显性与环境的影响

显性有完全的,如豌豆子叶的饱满与皱缩(R 对 r);有不完全的,如家蚕的黑缟对白蚕(p^s 对 p);有并显的,如 MN 血型的遗传。我们又从镰状细胞贫血这一疾病的遗传中知道,根据所依据的标准不同,HBB^s 对 HBB^A 可以是显性的,可以是不完全显性的,也可以是隐性的。

在某些情况下,即使所依据的标准固定,显隐性关系也不是恒定不变的。显隐性关系可以受环境的影响,或为其他生理因素,如年龄、性别、营养、健康状况等所左右。

如在曼陀罗(*Datura stramonium*)中,茎的颜色有紫色和绿色两种,它们是一对相对性状。在夏季温度较高时,杂种的茎是紫色的,紫茎是完全显性。但在温度较低、光照较弱时,杂种的紫色就比较浅,紫茎基因已不是完全显性了。可见环境条件改变时,等位基因间的显隐性关系也可相应发生改变。

在石竹(*Dianthus barbatus*)中,花的白色和暗红色是一对相对性状。让开白花的植株跟开暗红色花的植株杂交,F_1 的花最初是纯白的,以后慢慢变为暗红色。也就是说,在个体发育中,显隐性关系也可以相互转化。

在奶牛品种爱尔夏牛(Ayrshire cattle)中,毛被的红褐色与红色是一对相对性状。杂种的毛皮色斑与性别有关,雄牛是红褐色,而雌牛是红色。这个例子说明,基因的表达与内环境有关,可能是在激素的影响下雄牛中红褐色基因是显性,而在雌牛中红色基因是显性。可见等位基因的显隐性关系是动态的,并不像孟德尔当时对 7 对性状所想象的那样绝对化。

第三节　致死基因

孟德尔的论文被重新发现后不久,法国生物学家屈埃诺(Lucien Cuénot, 1866—1951)就发现小鼠(*Mus musculus*)中黄鼠不能真实遗传,不论黄鼠与黄鼠相交,还是黄鼠与黑鼠相交,子代都出现分离:黄鼠 × 黑鼠→黄鼠 2 378,黑鼠 2 398;黄鼠 × 黄鼠→黄鼠 2 396,黑鼠 1 235。

从上面第一个交配看来,黄鼠很像是杂种,因为与黑鼠的交配结果,下代分离为 1∶1。如果黄鼠是杂合子,则黄鼠与黄鼠交配,子代的分离比应该是 3∶1,可是从上面第二个交配的结果看来,倒是与 2∶1 很适合。那么这是怎么一回事呢？以后研究发现,在黄鼠 × 黄鼠的子代中,每窝小鼠数比黄鼠 × 黑鼠少一些,大约少 1/4,这表明有一部分合子——纯合子黄鼠在胚胎期死亡了。所以上述的杂交结果可说明如下:

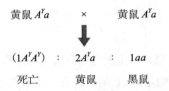

那就是说,黄鼠基因 A^Y 影响两个性状:毛皮颜色和生存能力。A^Y 在体色上有显性效应,它对黑鼠基因 a 是显性,杂合子 $A^Y a$ 的表型是黄鼠。但黄鼠基因 A^Y 在致死作用方面有隐性效应,因为只有纯合子 $A^Y A^Y$ 才引起合子的死亡。

上面讲过的镰状细胞贫血也是隐性致死的,即纯合子 *HBB*ˢ*HBB*ˢ 是致死的。这类基因被称为致死基因(lethal gene)。植物中常见的白化基因也是隐性致死的,因为不能形成叶绿素,最后植株死亡。另一方面,基因的致死作用也有在杂合子中表现的,就是所谓显性致死(dominant lethal)。如人的结节性硬化症(tuberous sclerosis, TS)基因只要一份拷贝就可引起皮肤的畸形生长、严重的智力缺陷和多发性肿瘤,所以这对基因的杂合子个体在很年轻时就丧失了生命。

致死基因的作用可以发生在不同的发育阶段,在配子期致死的,称配子致死(gametic lethal);在胚胎期或成体阶段致死的,称合子致死(zygotic lethal)。黄鼠基因 *A*ᵞ 的致死作用发生在胚泡(blastocyst)植入子宫壁后不久,可能的原因是对胚泡的滋养层发生产生不利影响,导致胚胎死亡,所以是合子致死。

基因的致死效应往往跟个体所处的环境有关。某些基因几乎在任何环境都是致死的,而其他一些基因就不是这样,在某一环境中是致死的,在另一环境中具有正常的生活力。举例来说,园艺学家选育的花卉,色泽鲜艳夺目,花形丰富多彩,可是这些表型只有在园丁的精心培植下才能很好地繁殖,如听之任之,就会被淘汰。这就是说,决定美丽的花色和花形的基因在某一环境中能使植株很好地生长发育,可是在另一环境中就成为致死的了。

在杂交试验中,有时发现观察到的分离比与预期有一定的偏差。例如,在 *Aa*×*aa* 的交配中,如 *A* 对 *a* 为完全显性,子代 *Aa* 与 *aa* 之比应为50%∶50%,可是常常会观察到60%∶40%,70%∶30% 等,可能的原因包括等位基因 *a* 是低生活力的或亚致死的。那就是说,致死现象仅出现在一部分个体上。亚致死现象(partial lethality)的致死率可在 0~100% 之间变动,取决于个体所处的生活环境以及个体遗传组成中的其余基因——遗传背景。由此可见,3∶1 的分离比是有条件的,其中一个条件就是各基因型的生活力(至少到观察时)是相等的。

第四节 复等位现象

上面所讲的总是一对等位基因,如豌豆的红花基因与白花基因,果蝇的正常翅基因与残翅基因。其实一个基因可以有很多等位形式(allelic form)或相(phase),如 $a_1, a_2, \cdots, a_n$,但就每一个二倍体细胞来讲,最多只能有其中的两个,而且分离的原则也是一样的。像这样,一个基因存在很多等位形式,称为复等位现象(multiple allelism)。

一、瓢虫的鞘翅色斑

在异色瓢虫中,鞘翅的色斑类型很多。上面已提到过黑缘型和均色型,现在再介绍另一个色斑类型——黄底型。黄底型的基因型是 *ss*,它的鞘翅底色上有微小的黑色斑点。现在来看这3个色斑类型间的相互关系。

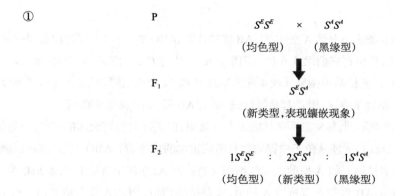

① P $S^E S^E$ × $S^A S^A$

（均色型）　（黑缘型）

F₁ $S^E S^A$

（新类型，表现镶嵌现象）

F₂ $1 S^E S^E$ ： $2 S^E S^A$ ： $1 S^A S^A$

（均色型）　（新类型）　（黑缘型）

这种遗传方式在前面已介绍过。

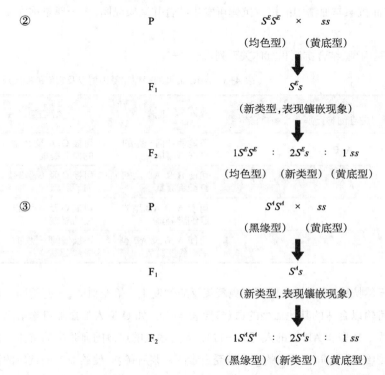

② P $S^E S^E$ × ss

（均色型）　（黄底型）

F₁ $S^E s$

（新类型，表现镶嵌现象）

F₂ $1 S^E S^E$ ： $2 S^E s$ ： $1 ss$

（均色型）　（新类型）（黄底型）

③ P $S^A S^A$ × ss

（黑缘型）　（黄底型）

F₁ $S^A s$

（新类型，表现镶嵌现象）

F₂ $1 S^A S^A$ ： $2 S^A s$ ： $1 ss$

（黑缘型）　（新类型）（黄底型）

像这样，S^E, S^A, s 就构成一个复等位基因系列。对这一复等位基因系列来讲，每一个体只可能有其中的两个基因，或相同，如 $S^E S^E$，$S^A S^A$，ss；或不同，如 $S^E S^A$，$S^E s$，$S^A s$，所以一共可构成 $\dfrac{n(n+1)}{2} = \dfrac{3(3+1)}{2} = 6$ 种不同的基因型。因为 S^E、S^A、s 这 3 个基因相互都表现镶嵌显性现象，所以表型也有 6 种。

像瓢虫的色斑基因那样，一组等位基因的数目在两个以上，作用互相类似，都影响同一器官的形状和性质，在遗传学上叫作复等位基因（multiple alleles）。

二、ABO 血型

在复等位基因方面，最值得注意的例子是人的血型。前面已谈过 MN 血型，现在来谈另一血型——ABO血型。

按照ABO血型，所有的人可分为A型、B型、AB型和O型。ABO血型由3个复等位基因决定，这3个复等位基因是I^A，I^B和i，它们组成6种基因型。由于I^A与I^B之间表现并显性，而且I^A和I^B对i都是完全显性，所以6种基因型只显现4种表型：I^AI^A和I^Ai表型相同，都是A型；I^BI^B和I^Bi也相同，都是B型；I^AI^B杂合子中，I^A和I^B都是显性，表型是AB型；ii的表型是O型。

ABO血型与MN血型不同，MN血型在红细胞上有抗原，但人体内没有天然的抗体，只有把人的血细胞注入兔子血液后，才能从兔子中提取含有相应抗体的抗血清。ABO血型则在红细胞上有抗原，体内还有天然抗体。如A型的人的红细胞上有抗原A，血清中有抗B抗体β；B型的人有抗原B，抗A抗体α；AB型的人有抗原A和B，没有抗体，而O型的人没有抗原，有抗体α和β。这种相互关系的原因还不十分清楚，可能是人体对环境中天然存在的A和B抗原类似物的反应结果。红细胞表面抗原与血清中的相应抗体可发生结合并聚集成团，这一现象称为凝集反应（agglutination）。

现在把4种血型的基因型、结合抗原和抗体关系列成表4-3。

表4-3　ABO血型的表型和基因型以及它们的凝集反应

表型 （血型）	基因型	抗原 （在红细胞上）	抗体 （在血清中）	血清	红细胞
AB	I^AI^B	A，B	—	不能使任何一型的 红细胞凝集	可被O、A及B型 的血清凝集
A	I^AI^A I^Ai	A	β	可使B及AB的 红细胞凝集	可被O及B型的 血清凝集
B	I^BI^B I^Bi	B	α	可使A及AB的 红细胞凝集	可被O及A型的 血清凝集
O	ii	—	α,β	可使A、B及AB型 的红细胞凝集	不被任何一型的 血清凝集

因为ABO血型有天然抗体，所以输血时要避免凝集反应的发生。输全血时，最好输同一血型的血。如有必要，也可输以合适的其他血型的血（参照表4-3）。如O型人的血除可输给同型的人以外，还可输给A型、B型和AB型的人（图4-12）。因为输入的血液的血浆中的抗体一部分被不亲和的受血者的组织吸收，同时输入的血液被受血者的血浆所稀释，使给血者的抗体的浓度很大程度地降低，不足以引起明显的凝血反应，所以在决定输血后果上，红细胞的性质比血清的性质更为重要。但是从上面的说明看来，供血者的抗体如存在的话，是不能完全忽视的，所以不同血型的人之间的输血，如可能的话，还是以避免为好。

从遗传上来看，如A型男人与B型女人结婚，他们生了一个O型的儿子，那么这3人的基因型是怎样的？

O型儿子的基因型是ii，他的一个i来自父亲，另一个i来自母亲，所以A型父亲的基因型应为I^Ai，B型母亲的基因型应为I^Bi。他们的血型的遗传方式如下：

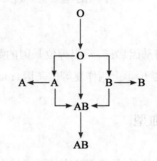

图4-12　ABO血型与输血

箭头方向表示可以输血。

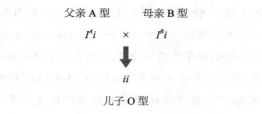

父亲 A 型　　母亲 B 型

$I^A i$　×　$I^B i$

↓

ii

儿子 O 型

从这个例子看来，虽然子女的血型不像父母，但确实实是遗传的。

又如，丈夫是 AB 型，妻子是 O 型，问一个 O 型的孩子可能是这对夫妻的子女吗？

AB 型丈夫的基因型是 $I^A I^B$，O 型妻子的基因型是 ii，则他们子女的基因型或为 $I^A i$，或为 $I^B i$，也就是说，他们子女的血型是 A 型或 B 型。

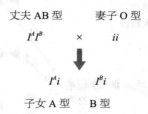

丈夫 AB 型　　妻子 O 型

$I^A I^B$　×　ii

↓

$I^A i$　　$I^B i$

子女 A 型　　B 型

根据血型的遗传方式，这对夫妻不可能有 O 型子女。可见不能简单地根据子女血型与双亲血型是否相同来判断遗传关系。

ABO 血型抗原是分布在红细胞表面的一类特异性跨膜脂多糖，A、B、O 抗原的糖链末端的糖基组成有所不同。如图 4-13 所示，ABO 抗原有一个共同的前体，被称为 H 物质，H 物质在糖基转移酶的作用下再连接一个单糖分子就形成 A 或 B 抗原。ABO 血型决定基因编码不同的糖基转移酶：I^A 编码 α-N- 乙酰 -D- 半乳糖胺转移酶（即 A 型转移酶），可将底物上的乙酰半乳糖胺转移到 H 物质上形成 A 抗原；I^B 编码 α-D- 半乳糖转移酶（即 B 型转移酶），可将半乳糖转移到 H 物质上形成 B 抗原；i 基因不编码任一种转移酶，不能形成 A 或 B 抗原，但保留了 H 物质（或称为 H 抗原）。因此，在 $I^A I^A$ 或 $I^A i$ 个体中，I^A 基因促进 A 抗原的形成，表现为 A 血型；在 $I^B I^B$ 或 $I^B i$ 个体中，I^B 基因促进 B 抗原的形成，表现为 B 血型；在 $I^A I^B$ 个体中，两种转移酶都存在，可以形成 A、B 两种抗原，表现为 AB 血型；在 ii 个体中，没有任何一种转移酶，也就没有 A 抗原或 B 抗原，因此表现为 O 血型。

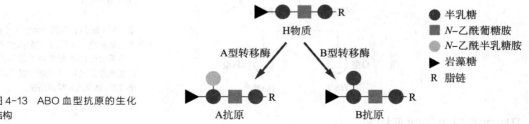

图 4-13　ABO 血型抗原的生化结构

三、孟买型与 H 抗原

事实上，O 型血个体没有抗原 A 和 B 是简单化的说法。从 ABO 血型抗原生化性质分析，我们知道 O 型的人也有相应的抗原，这个抗原就是 H 物质。因为每个人都携带 H 物质（包括 O 型人在内),所以在正常情况下找不到抗 H 的抗体,从而也就无法检定 H 抗原的存在。

后来发现从植物种子抽提出来的一类蛋白质——植物凝集素(lectin)——可以检出 H 物质的存在。又知道 H 物质是 ABO 血型的前体分子,它的合成受到显性基因 H 的控制,在 I^A 基因或 I^B 基因作用下,H 物质又进一步形成 A 抗原和 B 抗原。ABO 血型的形成过程见图 4-14 所示。

图 4-14 表明,HH 和 Hh 个体能合成 H 物质,H 物质在 I^A 或 I^B 基因作用下形成 A 抗原或 B 抗原。而 hh 个体不能产生 H 物质,他们的红细胞不能被植物凝集素或其他抗 H 的抗体所凝集,这种人被称为孟买型(Bombay phenotype)。因为这一罕见的血型是在印度孟买发现的,所以有这个名称。孟买型的人没有 H 物质,即使有 I^A 或 I^B 基因,也不能形成 A 抗原或 B 抗原。

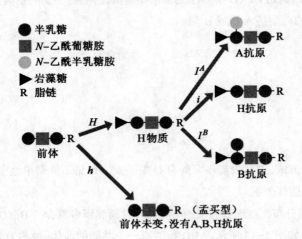

图 4-14　H、A 和 B 血型物质的生物合成和有关基因的作用位置

现在来观察一个孟买型个体的家系(图 4-15)。在这家系中,妇女 II-2 是 O 型,她的丈夫(II-1)是 A 型,他们生了一个 AB 型的孩子(III-2)。从家系分析来看,这妇女的真正血型应属 B 型,但她没有显性基因 H,不能形成 H 物质,从而也不能形成 B 抗原,在表型上显现为 O 型。她的基因型应该是 hhI^Bi。

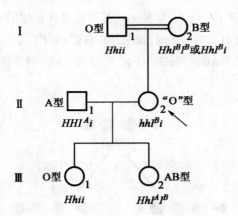

图 4-15　一个孟买型个体的家系(赵桐茂提供)

II-2 是先证者,是最先通过这个成员注意到这个家系的,用箭头表示。从家系分析知道,她带有 I^B 基因,但血型表型又受到 hh 基因型的抑制。请注意,她是近亲结婚所生。

四、Rh 血型与母子间不相容

在人类中,Rh 血型是独立于 ABO 血型和 MN 血型的另一血型系统。在这一血型系统发现以前,已经注意到,有时输血发生了反应,而且不能用 ABO 血型不合来说明。这种反应几乎总是发生在多次输血之后,或者发生在经产妇之中。在 Rh 血型发现后,血液学家就把这些现象与 Rh

血型系统联系了起来。

　　Rh 血型最初发现时，被认为是由一对等位基因 R 和 r 决定的。RR 和 Rr 个体的红细胞表面有 Rh 抗原，这些人是 Rh 阳性。rr 个体没有这种抗原，是阴性。在中国人中，Rh 阴性个体比较少见，大多数人是 Rh 阳性。

　　Rh 阴性个体在正常情况下并不含有对抗 Rh 阳性细胞的抗体，可是有两种情况可以产生抗体。一种情况是一个 Rh 阴性个体反复接受 Rh 阳性血液，这样可能在体内形成抗体，以后再输入 Rh 阳性血液时，就会发生输血反应。另一种情况是 Rh 阴性母亲怀了 Rh 阳性的胎儿，在分娩时，阳性胎儿的红细胞有可能通过胎盘进入母体血循环中，使母亲产生对 Rh 阳性细胞的抗体。但这并不影响母亲，因为母亲的红细胞并不含有 Rh 抗原。这对第一胎也没有影响，因为抗体是在胎儿出生后形成的。但在怀第二胎时，如胎儿仍为 Rh 阳性，则母亲血液中的抗体通过胎盘进入胎儿血液循环时，就可使胎儿的红细胞被破坏，造成胎儿死亡。在有些情况下，胎儿可以活着产下来，可是新生儿全身浮肿，有重症黄疸和贫血，肝、脾肿大，血液中有很多有核红细胞，被称为新生儿溶血症或胎儿骨髓成红细胞增多症（erythroblastosis fetalis）。这就是母婴间 Rh 血型的不相容现象（incompatibility）（图 4-16）。

　　知道了新生儿溶血症的发病机理和遗传关系以后，我们自然要问：如果 Rh 阴性女人跟 Rh 阳性男人结婚，从第二胎以后，是不是都会生出新生儿溶血症的患儿呢？回答是，比例不高。因为：

　　① Rh 抗原不是水溶性的，存在于红细胞的表面，只有带有 Rh 抗原的红细胞以足够的数量进入产妇血液中，才有可能形成抗体，但这种情况不是经常发生的。

　　② 即使有足够数量的、带有 Rh 抗原的红细胞进入产妇血液，有些产妇并不因此形成抗体。

　　③ 如父亲为 Rr，只有半数的胎儿是 Rh 阳性的。

　　④ 在所有可能发生 Rh 血型新生儿溶血症的胎儿中，又可以由于母婴在其他血型上的不相容而受到保护。例如，O 型 Rh 阴性女人怀有一个 A 型 Rh 阳性的胎儿，则在分娩时，即使有足够

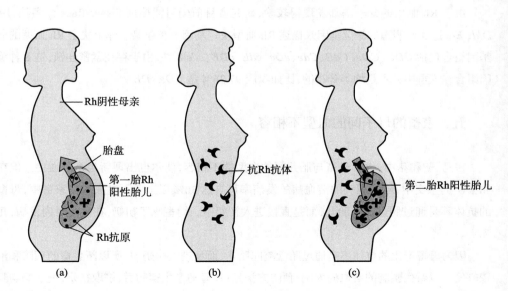

图 4-16　Rh 血型在母婴间的不相容现象

（a）第一次妊娠。（b）两次妊娠中间。（c）第二次妊娠。

数量的带有 A 抗原的胎儿红细胞进入母体,也迅速地被母体血液中的 α 抗体所破坏,这样就间接防止了 Rh 阴性孕妇对 Rh 阳性胎儿的免疫现象。

由于这些原因,新生儿溶血症的发病率并不高。

一旦出现了新生儿溶血症的患儿,就要用换血的方法来治疗。把胎儿的血液换为既无 Rh 抗体,又无 Rh 抗原的血,因此一定要换 rr 个体(而且不含 Rh 抗体)的血液。如果给患儿换 RR 或 Rr 个体的、带有 Rh 抗原的血液,那么因为患儿血液中有从母亲来的抗体,还会遭到破坏,仍旧不行。但 rr 个体很少,找到这种血液较不容易。

在这种病症的遗传学原因未查清以前,医学上也用换血的方法治疗,但那时只能盲目换血,所用的血大多来自 RR 或 Rr 个体,所以大都失败。现在搞清了遗传关系,治疗就很有把握了。

但是换血方法只是事后的补救,如何防患于未然呢?那就要对可能生育新生儿溶血症患儿的母亲,在第一胎分娩后的 48 h 内,把抗 Rh 的 γ 球蛋白注射到母亲的肌肉中去。那就是给产妇以一种抗体,使她自己开始产生抗体以前,就把不相容的 Rh 阳性红细胞排除了。这样怀第二胎时,阳性胎儿就像第一胎时的阳性胎儿一样,不会发生新生儿溶血症。

此外,母婴间在 ABO 血型上不同,如母亲为 O 型,胎儿为 A 型或 B 型,也可引起新生儿溶血症,但症状一般不像 Rh 引起的那样严重。

现在的研究发现,和 ABO 血型抗原不同,Rh 血型决定抗原是红细胞表面的一类跨膜糖蛋白。Rh 系统涉及相当数目的抗原类型,主要的有 5 个,即 D、C、c、E、e,不存在 d 抗原。其抗原性强弱顺序为 D、E、c、C、e。有无 D 抗原决定了红细胞属于 Rh 阳性还是阴性。现在知道,Rh 抗原是由两个紧密连锁的基因 RHD 和 $RHCE$ 控制的,定位于 1 号染色体的短臂。由于紧密连锁,RHD 和 $RHCE$ 基因在世代传递过程中不发生非等位基因间的重组。RHD 基因决定 D 抗原,$RHCE$ 基因及其等位基因决定了 CE、Ce、cE、ce 4 种复合抗原。在 Rh 阴性个体中发现 RHD 基因发生了缺失或无义突变,因此不能产生 D 抗原。

由于 Rh 血型的分子基础发现得较晚,研究者目前仍习惯根据 Fisher-Race 命名法,用 C/c、D/d、E/e 这 3 对假想的等位基因来描述 Rh 血型决定基因。单条染色体上决定 Rh 血型的非等位基因组合包括 CDE、CDe、CdE、Cde、cDe、cdE、cDE、cde 8 种,由于存在紧密连锁,这 8 种等位基因组合在人群中并不是均等分布的,比如汉族 97.36% 是 CDe/cDE。

五、家畜的母子间的血型不相容

在马、驴和猪中,由于母畜与胎儿间的血型的不相容,偶尔也出现新生畜溶血症。但在母马和公驴的杂交中,新生骡驹的溶血病的发病率可高达 30% 以上。不过在这类家畜中,母畜产生的抗体不是通过胎盘流向胎儿,而是直接进入初奶中。幼畜吃了初奶,在数小时内发病,几天内死亡。

因为母畜产生的抗体不是通过胎盘流向胎儿,而是进入初奶中,所以新生畜的预防和治疗比较方便。以新生骡驹的溶血病为例,预防方法是:在母马产生骡驹后,挤取初奶,把初奶与骡驹红细胞进行凝血反应,测定效价。效价高的初奶挤弃不用,对新生骡驹实行人工哺乳,待母马奶中抗体效价降到安全范围时,即可自由哺乳,这样就不会发生溶血病了。至于患病骡驹的治疗方法,一般是输以合适的马血。先检查患驹的血清中有无破坏给血马红细胞的抗体,如果没有这种抗体,那么这种马血是合适的,就把这种给血马的血液输入患驹。如骡驹病情较重,可先放出一部分血液,然后再输入合适的马血,这样奏效就更为快些。

六、自交不亲和

多数高等植物是雌雄同株的,很多低等动物是雌雄同体的,它们能同时产生两性配子。其中有些生物正常地进行自花授粉或自体受精,如孟德尔所用的豌豆就是这样,但也有一些生物是自交不育的,如海鞘($Ciona$)的同一个体的精卵不能接合。在高等植物中,烟草是自交不育的,已知至少有15个自交不亲和相关基因,它们是S_1,S_2,…,S_{15},构成一个复等位基因系列。

烟草的不亲和基因的作用是这样的,基因型S_1S_2的植株的花粉受到基因型S_1S_2的植株的花柱抑阻,不能参加受精,但基因型S_1S_3的花粉落在S_1S_2的柱头上时,S_1的花粉受到抑阻,而S_3的花粉不被抑阻,因而可以参加受精,生成S_1S_3和S_2S_3的合子(图4-17)。为了易于了解,我们把一部分的结果列于表4-4中。

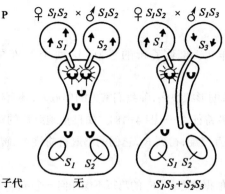

图4-17 在亲和(右)与不亲和(左)的交配中,单倍体花粉与双倍体花柱细胞间的相互作用

表4-4 烟草的不亲和基因的作用

♂ \ ♀	S_1S_3	S_1S_2	S_2S_3
S_1S_3	—	S_1S_3、S_2S_3	S_1S_2、S_1S_3
S_1S_2	S_1S_2、S_2S_3	—	S_1S_2、S_1S_3
S_2S_3	S_1S_2、S_2S_3	S_1S_3、S_2S_3	—

不亲和基因阻止自交,同样也阻止了营养繁殖的同一基因型的植株间相互交配。大的果园往往选择优良果树,用接枝法等大量繁殖,希望多结果、结好果。可是由于这些果树在遗传上相同,具有相同的 S 系列基因,从而不但自交不亲和,而且相互杂交也不亲和,以致这些果树结实率降低,或几乎不结果实。所以后来,苹果、梨、李、樱桃等果园里都添种了授粉植物,以便供应足量的合适基因型的花粉,促使果实正常发育。现在知道栽培植物中,大约有一半的属都含有自交不亲和的种。

芸薹属园艺植物大都自交不亲和,所以可利用自交不亲和基因的作用,来制造优质高产的杂种种子。以甘蓝为例：先育成对自交不亲和基因是纯合的自交系，例如，S_1S_1，S_2S_2……人们或者要问，不是说过自交不亲和吗？怎样能育成自交系呢？原来自交虽然是高度不育的，但 S 基因在花柱中发生作用的时间较迟，在蕾期自交是可以的。所以自交系可用蕾期自花授粉来育成和维持。具体方法是：选开花前 2～4 天的花蕾，用镊子把花瓣轻轻拨开，露出柱头，然后授予同株的新鲜花粉。纯质自交系育成后，再进行配合试验，选定那些种子互相杂交可以产生优良杂种的自交系。然后把选定的不同自交系种在一起，所结的种子就是我们所需要的杂种种子了。

第五节　非等位基因间的相互作用

两对基因是自由组合的，这并不意味着它们在作用上是没有关系的。在这些自由组合的基因中，有些基因影响着同一器官的形状和色泽，从而在它们之间出现了各种形式的相互作用。基因互作是指非等位基因之间通过相互作用影响同一性状表现的现象。

一、互补基因

两对非等位基因相互作用，出现了新的性状，这两个互作的基因叫作互补基因（complementary gene）。

（1）鸡冠形状的遗传　鸡冠的形状很多，除我们常见的单冠外，还有玫瑰冠、豌豆冠和胡桃冠等，这些不同种类的鸡冠是品种特征之一（图 4-18）。如果把豌豆冠的鸡跟玫瑰冠的鸡交配，F_1 的鸡冠是胡桃冠。F_1 个体间相互交配，得到 F_2，它们的鸡冠有胡桃冠、豌豆冠、玫瑰冠和单冠，大体上接近 9∶3∶3∶1。

在鸡冠的遗传方面，有两点值得注意：①F_1 的鸡冠不像任何一个亲本，而是一种新的类型；②F_2 出现两种新的类型，一种是胡桃冠，另外一种是单冠。那么怎样来说明这种遗传现象呢？

假定控制玫瑰冠的基因是 R，控制豌豆冠的基因是 P，而且都是显性的，那么玫瑰冠的鸡没有显性豌豆冠基因，所以基因型是 $RRpp$。与之相反，豌豆冠的鸡没有显性玫瑰冠基因，所以基因型是 $rrPP$。前者产生的配子全部是 Rp，后者产生的配子全部是 rP，这两种配子相互结合，得到的

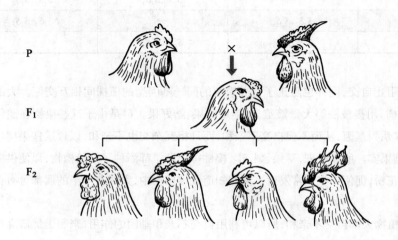

P

F_1

F_2

图 4-18　豌豆冠鸡与玫瑰冠鸡的交配结果

P：左边是豌豆冠，右边是玫瑰冠；F_1：胡桃冠；F_2：胡桃冠、玫瑰冠、豌豆冠和单冠。

F_1 是 $RrPp$，由于 R 与 P 的互补作用，出现了胡桃冠。F_1 的公鸡和母鸡都形成 RP，rP，Rp 和 rp 4 种配子，数目相等。根据自由组合定律，F_2 应该出现 4 种表型，胡桃冠（$R\_P\_$），玫瑰冠（R_pp），豌豆冠（rr_P）和单冠（$rrpp$）（图 4-19）。在这个例子中，R 与 P 是互补的，形成了胡桃冠，r 与 p 是互补的，形成了单冠，所以 R 与 P，r 与 p 是互补基因。

（2）香豌豆花色的遗传　香豌豆有许多品种，花色不同。有一白花品种 A 与普通红花品种杂交时，F_1 红花，F_2 红花比白花是 3∶1。另一白花品种 B 与普通红花品种杂交时，也是 F_1 红花，F_2 出现 3∶1 之比。但是白花品种 A 与白花品种 B 杂交，F_1 全是红花，F_2 红花比白花是 9∶7，这又是一个新的比例。

这个实验中最突出的还不是 F_2 比例，而是 F_1 的表型。从 F_1 的表型看来，可见白花品种 A 与白花品种 B 在基因型上是不同的，由不同的隐性基因决定。如果品种 A 和品种 B 在基因型上相同的话，F_1 的表型应该全是白花。因为品种 A 和品种 B 由不同的隐性基因决定，我们可以假定品种 A 有隐性基因 rr，品种 B 有隐性基因 cc，所以品种 A 的基因型应该是 $CCrr$，品种 B 的基因型应该是 $ccRR$。两品种杂交，F_1 的基因型是 $CcRr$，由于显性基因 C 与显性基因 R 的互补作用，所以花冠为红色。F_1 自交，F_2 中应该 9/16 是 $C\_R\_$，3/16 是 C_rr，3/16 是 $ccR\_$，1/16 是 $ccrr$。同样的，由于显性基因 C 与显性基因 R 间的互补作用，只有 9/16 的 $C\_R\_$ 在表型上是红花，其余 7/16 都是白花（图 4-20）。

图 4-19　鸡冠形状的遗传分析　　　　　　　图 4-20　香豌豆花冠颜色的遗传分析

二、修饰基因

有些基因可影响其他基因的表型效应，这些基因称为修饰基因。不同修饰基因的作用不同，有加强其他基因的表型效应的，称为强化基因；有减弱其他基因的表型效应的，称为限制基因；还有完全抑制其他基因的表型效应的，称为抑制基因。

我们在本章第一节中提到的香豌豆中 D/d 基因就是影响 C/c 基因的修饰基因。下面我们再举一个表型效应完全被抑制的例子。

家蚕有结黄茧的，有结白茧的，这也是品种特征之一。把结黄茧的家蚕品种跟结白茧的中国品种交配，F_1 全是结黄茧的，这表示中国品种的白茧是隐性的。但把结黄茧的家蚕品种跟结白茧的欧洲品种交配，F_1 全是结白茧的，这表明欧洲品种的白茧是显性的。把 F_1 结白茧的家蚕相互杂交，F_2 结白茧的与结黄茧的比例是 13∶3，这是一个新的比例。

这种遗传方式可以用图 4-21 说明。黄茧基因是 Y，白茧基因是 y。另外还有一个非等位的抑

制基因 I，有它存在时，可以抑制黄茧基因 Y 的作用，使 Y 不能显出作用来。根据这样的假定，黄茧品种基因型是 $iiYY$，显性白茧的基因型是 $IIyy$，两者之间相互杂交，F_1 的基因型是 $IiYy$，因为 I 对 Y 的抑制作用，Y 的作用不能显示出来，所以 F_1 的表型是白茧。F_1 的个体相互交

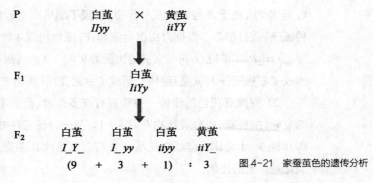

图 4-21　家蚕茧色的遗传分析

配，F_2 中应该 9/16 是 $I\_Y\_$，3/16 是 I_yy，1/16 是 $iiyy$，3/16 是 $iiY\_$。同样的，由于 I 对 Y 的抑制作用，所以 F_2 中表型比是白茧 13：黄茧 3。

三、上位效应

某对等位基因的表现，受到另一对非等位基因的影响，随着后者的不同而不同，这种现象叫作上位效应（epistasis）。

（1）隐性上位　在家兔中，灰兔与白兔杂交，F_1 全是灰兔，F_2 中出现灰兔 9：黑兔 3：白兔 4 的比例。这比例似乎也是从 9：3：3：1 衍生而来的，因为后面两项相加，就会得到 9：3：4 的比例。

在 F_2 中，有色个体（包括灰色和黑色）与白色个体之比是 3：1，而在有色个体内部，灰色个体和黑色个体之比也是 3：1，所以可以假设，这里包括两对基因之差。一对是 C 和 c，每一个体至少有一个显性基因 C 存在时，才能显示出颜色来。另一对是 G 和 g，只有当显性基因 C 存在时，才能显示不同作用。那就是说，当 C 存在时，基因型 GG 或 Gg 表现为灰色，gg 表现为黑色；当显性基因 C 不存在时，即在 cc 个体中，不论是 GG，Gg 还是 gg，都表现为白色，这些关系如图 4-22。

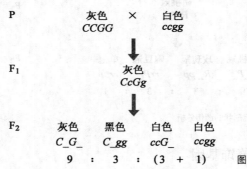

图 4-22　家兔毛色的遗传分析

这儿，基因 C 可能决定了黑色素的形成，而 G 和 g 控制黑色素在毛内的分布。没有黑色素的存在，就谈不上黑色素的分布，所以凡是 cc 的个体，G 和 g 的作用都表现不出来。

在这个例子中，C 和 c 这对基因中的隐性基因 c 可遮盖另一对非等位基因 G 和 g 的表现，这种现象叫作隐性上位（recessive epistasis）作用。其中 C 和 c 对 G 和 g 是上位，反过来，G 和 g 对 C 和 c 是下位，两对非等位基因的这种关系，就称之为上位效应。

在前述的孟买血型例子中，由于 hh 的存在，使 I^A 基因或 I^B 基因不能发挥作用，这也是隐性上位作用。

（2）显性上位　燕麦（$Avena\ sativa$）中，黑颖品系和黄颖品系杂交，F_1 全是黑颖，F_2 的分离比是：黑颖 12：黄颖 3：白颖 1。这又是一个新的比例，怎样来说明这样的分离比呢?

因为黑颖与非黑颖之比是 3：1，又在非黑颖内部，黄颖和白颖之比也是 3：1，所以可以假

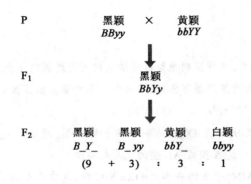

| P | 黑颖 | × | 黄颖 | |
| | $BByy$ | | $bbYY$ | |

| F_1 | | 黑颖 | | |
| | | $BbYy$ | | |

F_2	黑颖	黑颖	黄颖	白颖
	$B\_Y\_$	B_yy	$bbY\_$	$bbyy$
	(9	+ 3)	: 3	: 1

图4-23 燕麦颖壳颜色的遗传分析

定,这里包括两对基因之差:其中一对是 B 和 b,分别控制黑颖和非黑颖,另一对是 Y 和 y,分别控制黄颖和白颖。只要有一个显性基因 B 存在,植株就表现黑颖,有没有显性基因 Y 都一样。如果没有显性基因 B 的存在,即在基因型为 bb 的植株中,表现为黄颖还是表现为白颖,就得看有没有 Y 的存在而定。有显性基因 Y 存在时,表现为黄颖,没有 Y 存在时,表现为白颖。这样就能圆满地说明上述的杂交结果(图4-23)。

这个例子很容易理解:黑色素颜色很深,既有黑色素存在,有没有黄色素就区别不出。一定要没有黑色素,才看得出有没有黄色素。这里 B 和 b 对 Y 和 y 是上位,而 Y 和 y 对 B 和 b 是下位。因为 B 和 b 这对基因中的显性基因 B 可遮盖另一对非等位基因 Y 和 y 的表现,所以叫作显性上位(dominant epistasis)作用。

视频6
非等位基因间相互作用

基因相互作用的方式很多,在此不一一列举。但从上述几例已可看到,性状往往受到若干(其实是很多)基因的影响。发生基因互作的非等位基因仍遵循孟德尔分离和自由组合定律,后代的基因型及其比例一般仍是可预计的。

基因相互之间的作用体现在表型比例的衍变上,而基因型比例是不变的。造成两者不同变化的原因是非等位基因的基因产物可能参与了同一条生化代谢途径或信号转导途径,共同调控了某一表型。我们举个例子,在孟买血型中,H、h 基因和 I^A、I^B、i 基因(所编码的转移酶)分别处在 ABO 抗原合成途径的上、下游(见图4-14):上游有 H 基因存在时,I^A、I^B、i 基因发挥独特的作用,而如果上游仅有 h 基因,下游无论是 I^A、I^B 还是 i 基因都对抗原合成(表型)没有影响,均表现为 O 型。因此,隐性上位的基因互作以图4-24来描述更加清晰明了了。其他基因互作的关系也可以用不同的代谢途径去解释,在这里就不一一叙述了。因此,从生化代谢途径或信号转导途径更容易,也能更深入地理解非等位基因之间的相互作用。

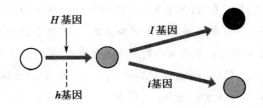

图4-24 基因互作关系中隐性上位的生化机制

习题

1. 从基因与性状之间的关系,怎样正确理解遗传学上内因与外因的关系?

2. 在血型遗传中,现把双亲的基因型写出来,问他们子女的基因型应该如何?

   (1) $I^A i \times I^B i$　　　(2) $I^A I^B \times I^B i$　　　(3) $I^B i \times I^B i$

3. 如果父亲的血型是 B 型,母亲是 O 型,有一个孩子是 O 型,问第二个孩子是 O 型的机会是多少? 是 B 型的机会是多少? 是 A 型或 AB 型的机会是多少?

4. 当母亲的表型是 ORh^-MN,子女的表型是 ORh^+MN 时,问在下列组合中,哪一个或哪几个组合不可能是子女的父亲的表型?

$$\text{ABRh}^+\text{M}, \text{ARh}^+\text{MN}, \text{BRh}^-\text{MN}, \text{ORh}^-\text{N}。$$

5. 某个女人和某个男人结婚,生了 4 个孩子,有下列的基因型:$iiRRL^M L^N$,$I^A i R r L^N L^N$,$iiRRL^N L^N$,$I^B irr L^M L^M$,他们父母亲的基因型是什么?

6. 已知兔子的毛色基因存在复等位现象,有 4 种等位基因类型,包括 C、c^{ch}、c^h、c。请通过下表中不同基因型兔子的表型判断 4 个等位基因之间的显隐性关系。

基因型	$CC\ Cc^{ch}\ Cc^h\ Cc$	$c^{ch}c^{ch}$	$c^{ch}c^h\ c^{ch}c$	$c^h c^h\ c^h c$	cc
表型	野生型棕毛兔	灰毛兔(毛白色,毛尖黑色)	浅灰色	爪等体端黑色的白毛兔	白毛兔

7. 兔子有一种病,叫作 Pelger 异常。有这种病的兔子,并没有什么严重的症状,就是某些白细胞的核不分叶。如果把患有典型 Pelger 异常的兔子与纯质正常的兔子杂交,下代有 217 只显示 Pelger 异常,237 只是正常的。你认为 Pelger 异常的遗传基础是什么?

8. 当有 Pelger 异常的兔子相互交配时,得到的下一代中,223 只正常,439 只显示 Pelger 异常,39 只极度病变。极度病变的个体除了有不正常的白细胞外,还显示骨骼系统畸形,生后不久就几乎全部死亡。这些极度病变的个体的基因型是什么? 为什么只有 39 只,你怎样解释?

9. 在小鼠中,有一复等位基因系列,其中 3 个基因如下:A^Y= 黄色,纯合致死;A= 鼠色,野生型;a= 非鼠色(黑色)。这一复等位基因系列位于常染色体上,列在前面的基因对列在后面的基因是显性。$A^Y A^Y$ 个体在胚胎期死亡。现在有下列 5 个杂交组合,问它们子代的表型如何?

   (1) $A^Y a$(黄)$\times A^Y a$(黄)　　　(2) $A^Y a$(黄)$\times A^Y A$(黄)　　　(3) $A^Y a$(黄)$\times aa$(黑)

   (4) $A^Y a$(黄)$\times AA$(鼠色)　　　(5) $A^Y a$(黄)$\times Aa$(鼠色)

10. 假定进行很多 $A^Y a \times Aa$ 的杂交,平均每窝生 8 只小鼠。问在同样条件下,进行很多 $A^Y a \times A^Y a$ 杂交,你预期每窝平均生几只小鼠?

11. 一只黄色雄鼠($A^Y\_$)跟几只非鼠色雌鼠(aa)杂交,你能不能在子代中同时得到鼠色和非鼠色小鼠,为什么?

12. 鸡冠的种类很多,我们在图 4-18 中介绍过 4 种。假定你最初用的是纯种豌豆冠和纯种玫瑰冠,问从什么样的交配中可以获得单冠?

13. Nilsson-Ehle 用两种燕麦杂交,一种是白颖,一种是黑颖,两者杂交,F_1 是黑颖。$F_2(F_1 \times F_1)$ 共得 560 株,其中黑颖 418,灰颖 106,白颖 36。

(1) 说明颖壳颜色的遗传方式。

(2) 写出 F_2 中白颖和灰颖植株的基因型。

(3) 进行 χ^2 测验。实得结果符合你的理论假定吗？

14. 在家蚕中，一个结白茧的个体与另一结白茧的个体杂交，子代中结白茧的个体与结黄茧的个体的比例是 3：1，问两个亲本的基因型怎样？

15. 在小鼠中，我们已知道黄鼠基因 A^Y 对正常的野生型基因 A 是显性，另外还有一短尾基因 T，对正常野生型基因 t 也是显性。这两对基因在纯合态时都是胚胎期致死，它们相互之间是独立地分配的。

(1) 问两个黄色短尾个体相互交配，子代的表型比例怎样？

(2) 假定在正常情况下，平均每窝有 8 只小鼠。问这样一个交配中，你预期平均每窝有几只小鼠？

16. 有一种观赏植物，纯合的蓝色品种与纯合的鲜红色品种杂交，F_1 均为蓝色。若让 F_1 蓝色与纯合鲜红色的品种杂交，子代的表现型及其比例为蓝色：鲜红色 =3：1。请问：

(1) 写出纯合蓝色品系和纯合鲜红品系的基因型。

(2) 请从生化角度解释 F_1 蓝色与鲜红品种杂交后得到蓝色：鲜红色 =3：1 分离比的原因。

(3) 若将 F_1 蓝色植株自花受粉，则 F_2 表现型及其比例最可能是什么？

17. 在一种植物中，叶子的颜色由 A,B,C,D 4 个基因控制，它们的突变型等位基因 a,b,c,d 不能完成相应的催化合成作用。一株基因型为 $AaBbCcDd$ 的植株和一株基因型为 $AaBbCcdd$ 的植株进行杂交，请问：

(1) 亲本的叶子的颜色是哪种？

(2) F_1 中白色叶子的比例占多少？基因型是什么？

(3) F_1 中红色、蓝色和紫色叶子的植物比例又是多少？对应的基因型是什么？

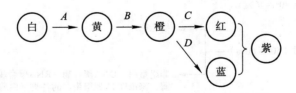

18. 后代中是否出现可预期的孟德尔分离比是我们判断孟德尔遗传规律最重要的依据。现有如下两种情况，请分析讨论：

(1) 某同学在进行单对因子杂交的验证性实验(已知该对因子遵循孟德尔遗传规律)，但实际结果与孟德尔分离比不符，给出至少 3 种可能的原因。

(2) 某学者在对一种尚未报道的相对性状的进行遗传规律研究，发现该性状的遗传并不符合孟德尔的分离比，给出至少 3 种可能的遗传模式或孟德尔遗传中的特例。

数字课程学习

✍ 在线自测　　　　🔖 习题答案

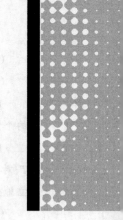

第五章
遗传的分子基础

前几章已说明了基因在染色体上,也讨论了基因与性状之间的关系。现在将进一步说明基因的化学本质是什么,基因是怎样控制性状的。

第一节　遗传物质是 DNA(或 RNA)

要了解基因的化学本质是什么,首先要考虑基因所在的染色体的化学成分。染色体的化学成分很复杂,由 DNA,两类蛋白质——组蛋白(histone)和非组蛋白(non-histone),以及 RNA 构成。DNA 和组蛋白结合在一起,构成染色体的主要部分,RNA 含量较低(图 5-1)。但这些组分的占比在不同物种、同一物种的不同细胞或同一细胞的不同周期时相中均有差别。

染色体的主要成分是 DNA 和组蛋白,虽然这两种成分都在基因功能上起着重要的作用,但实验证明,基因的主要特性由 DNA 决定,或者说遗传信息贮存在 DNA 中。

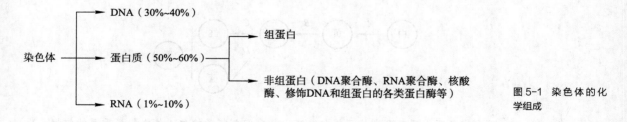

图 5-1　染色体的化学组成

一、DNA 是遗传物质的间接证据

间接证据很多,主要有下列各点:

(1) DNA 通常只在核中的染色体上找到。也有某些例外,如细胞质中的线粒体和叶绿体等有它们自己的 DNA,且这些结构能自体复制,有它们自己的遗传连续性。

(2) 同一种生物,不论年龄大小,不论身体的哪一种组织,在一定条件下,每个细胞核的 DNA 含量基本相同,而精子的 DNA 含量正好是体细胞的一半(表 5-1)。蛋白质等其他化学物质不符合这种情况。

表 5-1　几种生物的细胞中的 DNA 含量

生物种类	肾细胞	肝细胞	红细胞	精子
鲤鱼	—	3.0	3.3	1.6
家鸡	2.4	2.5	2.5	1.3
牛	6.4	6.4	—	3.3
人	5.6	5.6	—	2.5

① 表中数字表示每一细胞核中的 DNA 含量（单位：10^{-12} g）。
② 肝中除通常的二倍体（$2n$）细胞外，还有很多四倍体（$4n$）细胞。这使细胞的 DNA 平均含量高于二倍体含量。但研究个别细胞时，DNA 含量相当于二倍体，或相当于二倍体的倍数。

（3）同一种生物的各种细胞中，DNA 在量上恒定，在质上也恒定。相反地，蛋白质在量上不恒定，在质上也不恒定。例如，在某些鱼类中，它们的染色体的蛋白质一般都是组蛋白，且含有少量 RNA，而在成熟精子中，组蛋白完全不见了，全都是鱼精蛋白（protamine）了，RNA 的含量也测不出，可见蛋白质不是恒定的，不符合遗传物质对稳定性的要求。

（4）在各类生物中，能改变 DNA 结构的化学物质一般都可引起突变。

二、DNA 是遗传物质的直接证据

如果 DNA 的确是遗传物质，那么能不能把 DNA 和蛋白质分开，单独观察 DNA 的作用呢？这些实验首先在微生物中进行。下面我们就以微生物为例，证明遗传物质的确是 DNA（或 RNA）。

（1）噬菌体的感染　噬菌体的分子组成比较简单。T2 噬菌体约有 60% 蛋白质和 40%DNA，蛋白质构成它的外壳，而 DNA 藏在它的头部中。当一个噬菌体感染大肠杆菌（E.coli）时，它的尾部吸附在菌体上。细菌被感染后不再繁殖，在菌体内形成大量的噬菌体，接着菌体裂解，几十个到几百个跟原来一样的噬菌体就释放出来。

那么噬菌体感染细菌时，进入菌体的是蛋白质还是 DNA 呢？也就是说，在噬菌体的生活史中，连接亲代和子代噬菌体的物质是什么？

硫仅存在于 T2 的蛋白质组分中，因为构成蛋白质的氨基酸中，甲硫氨酸和半胱氨酸含有硫，而 T2 的 DNA 中不含硫；相反，磷主要存在于 DNA 组分中，至少占 T2 中磷含量的 99%。所以赫尔希和蔡斯（1952）用放射性同位素 ^{35}S 来标记蛋白质，^{32}P 来标记 DNA，研究 T2 噬菌体遗传信息的传递。把宿主细菌培养在含有 ^{35}S 的培养基中，或培养在含有 ^{32}P 的培养基中。宿主细菌在生长过程中，就被 ^{35}S 或 ^{32}P 标记上了。两种放射性同位素不能放在同一培养基中，因为两种同位素同时存在时，无法根据放射性进行区分。然后用 T2 噬菌体去感染标记了的细菌。噬菌体在细菌细胞内增殖、裂解后，释放很多子代噬菌体。这些子代噬菌体被宿主菌的放射性同位素标记上了，或被标上 ^{35}S，或被标上 ^{32}P。

实验的第二步，用标记了的噬菌体去感染未标记的细菌，然后测定宿主细胞的同位素标记。用 ^{35}S 标记的噬菌体感染时，宿主细胞内很少有同位素标记；而大多数的 ^{35}S 标记的噬菌体蛋白质附着在宿主细胞的外面——在感染噬菌体的外壳中。用 ^{32}P 标记的噬菌体感染时，在蛋白质外壳中很少有放射性同位素，而大多数的放射性标记在宿主细胞内（图 5-2）。也就是说，在感染时进入细菌的主要是 DNA，而大多数蛋白质留在细菌的外面。这样看来，噬菌体注入细菌的物质

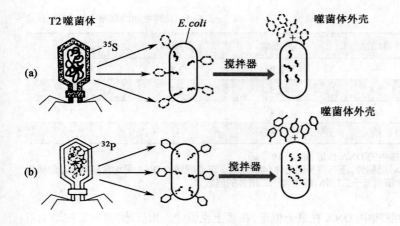

图 5-2 Hershey-Chase 实验证明 DNA 是遗传物质

（a）T2 噬菌体用 ^{35}S 标记，大多数放射性在细菌外面。（b）T2 噬菌体用 ^{32}P 标记，大多数放射性在细菌内部，并传给子代噬菌体。

是 DNA，释放的是跟原来一样的噬菌体，可见在噬菌体的生活史中，只有 DNA 是连续物质，所以说 DNA 是遗传物质。

（2）烟草花叶病毒的重建　对病毒的研究逐渐深入以后，发现许多病毒含有 RNA 和蛋白质，却没有 DNA。弗伦克尔 - 康拉特（Heinz Fraenkel-Conrat, 1910—1999）(1956) 应用 RNA 病毒进行病毒重建实验，证明在只有 RNA 而不具有 DNA 的病毒中，RNA 是遗传物质。

实验是用烟草花叶病毒（tobacco mosaic virus, TMV）进行的。TMV 是一种 RNA 病毒，它有一圆筒状的蛋白质外壳，由很多相同的蛋白质亚基组成；内部有一单链 RNA 分子，沿着内壁在蛋白质亚基间盘旋着（图 5-3）。TMV 约含有 6%RNA 和 94% 蛋白质。在这种 RNA 病毒中，遗传信息在 RNA 上，还是在蛋白质上呢？

将 TMV 在水和苯酚中振荡，把病毒的 RNA 和蛋白质分开，分别去感染烟草。单是病毒的蛋白质，不能使烟草感染；单是病毒的 RNA，可以使烟草感染，病毒 RNA 进入烟草细胞，进行繁殖，产生正常的病毒后裔。但是单是 RNA 的感染效率很差，可能是因为 RNA 裸露，在感染过程中容易被酶所降解。经 RNA 酶处理后的 RNA 完全失去感染力。

TMV 有很多株系，它们可以根据寄主植物的不同和在寄主植物叶上形成的病斑的差异来加

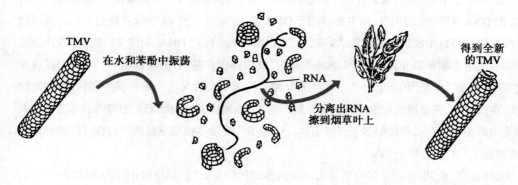

图 5-3　烟草花叶病毒中 RNA 是遗传物质的证据（一）

TMV 在烟草等的叶细胞中繁殖。病毒体是杆状的，有一蛋白质外壳，围绕着一个 RNA 核心。把病毒体在水和苯酚中振荡，可把病毒的蛋白质跟 RNA 分开。单用 RNA 擦在烟草的叶子上，烟草植株被感染后，产生很多全新的 TMV。

以区别。例如，有两株系，它们的外壳蛋白不同：S株系（standard strain）的外壳蛋白不具有组氨酸和甲硫氨酸，而HR株系（Holmes Rib-Grass strain）含有这两种氨基酸。两种株系感染烟草的情况如图5-4所示。弗伦克尔－康拉特利用分离而后聚合的方法，先取得S株系的蛋白质外壳和HR株系的RNA，然后把它们结合起来，形成杂种病毒（图5-5 a～c）。这类杂种病毒有着S株系的外壳，可被抗S株系的抗体所失活，但不受抗HR株系的抗体的影响。当杂种病毒感染烟草时，病斑与RNA来源——HR株系的病斑一样，从病斑分离的病毒可被抗HR株系的抗体所失活。可见，第二代病毒颗粒具有HR株系的RNA和HR株系的蛋白质外壳。把HR株系的蛋白质和S株系的RNA结合起来，形成杂种病毒（图5-5 d～f）。用重建的病毒来感染烟草，得到的病毒颗粒具有S株系的RNA和蛋白质外壳。

此外，小儿麻痹症病毒的RNA，脑炎病毒的RNA，都可单独地引起感染。所以我们可以这样

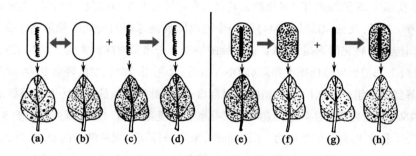

图5-4 烟草花叶病毒中RNA是遗传物质的证据（二）

（a）完整的S株系TMV可以使烟草生病，出现一种病斑。（b）单是S株系的蛋白质，不能使烟草生病。（c）单是S株系的RNA，可以使烟草生病，出现一种病斑，不过感染的能力很差。（d）把S株系的RNA和蛋白质加在一起，再去感染，可使烟草生病，出现一种病斑，而且感染能力比单用RNA好。（e）完整的HR株系TMV可使烟草生病，出现一种不同的病斑。（f）单是HR株系的蛋白质，不能使烟草生病。（g）单是HR株系的RNA，可以使烟草生病，但感染能力很差。（h）把HR株系的RNA和蛋白质加在一起，再去感染，可使烟草生病，出现一种病斑，而且效果比单用RNA好。

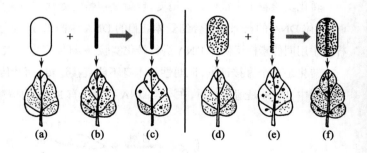

图5-5 烟草花叶病毒中RNA是遗传物质的证据（三）

（a）单是S株系TMV的蛋白质，不能使烟草生病。（b）单是HR株系的RNA可使烟草生病，出现的病斑与由HR株系所引起的一样，不过感染能力很差。（c）把S株系的蛋白质和HR株系的RNA加在一起，再去感染，可使烟草生病，出现的病斑与由HR株系所引起的一样，而且感染能力比单用HR株系的RNA好。子裔病毒颗粒具有HR株系的蛋白质和HR株系的RNA。（d）单是HR株系的蛋白质，不能使烟草生病。（e）单是S株系的RNA可使烟草生病，出现的病斑与S株系所引起的一样，不过感染能力很差。（f）把HR株系的蛋白质和S株系的RNA加在一起，再去感染，可使烟草生病，出现的病斑与由S株系所引起的一样，而且感染能力比单用S株系的RNA好。子裔病毒颗粒具有S株系的蛋白质和S株系的RNA。

说,在不含 DNA 而只含有 RNA 的病毒中,复制和形成新病毒颗粒所必需的遗传信息在 RNA 上。

(3) 肺炎链球菌的转化　DNA 是遗传物质的直接证据主要来自肺炎链球菌(*Streptococcus pneumoniae*)的转化实验。

肺炎链球菌能引起人的肺炎和小鼠的败血症(septicemia)。肺炎链球菌有很多不同菌株(strain),但只有光滑型(S)菌株能引起疾病。这些致病性菌株在细胞外面有多糖类的胶状荚膜,可使它们不被宿主的防御机构所破坏。当生长在合成培养基上时,每一细菌可形成一个明亮的光滑菌落。另外一些菌株没有荚膜,不引起病症,长成粗糙型(R)菌落。格里菲斯(1928)发现,将热杀死的 S 型细菌和活的无毒的 R 型细菌共同注射到小鼠中,不仅很多小鼠因败血症而死亡,而且从它们的心脏血液中找到活的 S 型细菌(图 5-6)。活的 R 型细菌,或死的 S 型细菌分别注射时,都不引起败血症。这说明,用热杀死的 S 型细菌把某些 R 型细菌转化(transformation)为 S 型细菌,S 型细菌有一种物质或转化因素能够进入 R 型细菌,并引起稳定的遗传变异。

随后,艾弗里等人(1944)进一步利用肺炎链球菌的转化实验证明了在不同肺炎链球菌之间传递的转化因素是 DNA。该实验的证据之一来自酶降解实验。对 S 型菌株分别进行如下处理:①利用脱氧核糖核酸酶降解 DNA 成分;②利用核糖核酸酶降解 RNA 成分;③利用蛋白酶降解蛋白质组分。然后与 R 型菌株混合培养,检测 R 型菌株转化为 S 型菌株的能力。结果发现,RNA 和蛋白质发生降解后菌株的转化能力不受影响,而 DNA 酶处理后的 S 型菌株几乎完全丧失了转化 R 型菌株的能力。所以推测,来自一种基因型的细胞的 DNA 掺入另一不同基因型的细胞中,可引起稳定的遗传变异;DNA 赋有特定的遗传特性,是遗传物质。

我们现在能够毫不迟疑地接受这个证据,认为 DNA 是遗传物质。但是在艾弗里等的实验刚发表的时候,人们还是以怀疑的眼光看待这个发现的。虽然已证明,DNA 酶破坏了转化作用,但仍有人争辩说,转化是 DNA 中污染的少量蛋白质的结果,蛋白质才是有转化作用的因素。随后科学工作者继续纯化 DNA 以证明蛋白质不可能是转化因素。到 1949 年,蛋白质杂质可降低到 0.02%,如此高度纯化的 DNA 不仅仍可引起转化,而且 DNA 纯度越高,转化效率也越高。

转化实验看上去很像定向诱变,也就是用特定处理方法诱发特定变异。其实这是由于转化时,供体 DNA 的一部分整合到受体细胞的 DNA 中的缘故。研究者很快又在肺炎链球菌和枯草杆菌中用同位素标记供体 DNA 进行转化实验,都证明了这一点。

转化是一个直接证据,证明性状本身不能直接遗传,而遗传物质才是可遗传的。在含 DNA 的生物中,DNA 是遗传物质,在不含 DNA 而只含有 RNA 的病毒中,RNA 是遗传物质。

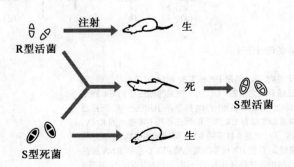

图 5-6　小鼠的肺炎链球菌转化实验

无毒的 R 型活菌和高温杀死的有毒的 S 型死菌在小鼠体内相互作用,产生有毒的 S 型活菌。

第二节 DNA 的分子结构与复制

DNA 是遗传物质，那么它的分子结构是怎样的，它能符合遗传物质的多样化的要求吗？它的复制方式是怎样的，它能符合遗传物质恒定性的要求吗？

一、两种核酸和它们的分布

DNA 和 RNA 都是核酸（nucleic acid）。在说明 DNA 的结构和复制以前，先说明一下这两种核酸的化学组成和它们的分布。

核酸是一种高分子化合物，它的单体是核苷酸（nucleotide）。每一核苷酸由 3 部分组成：一个磷酸分子、一个糖分子和一个碱基，碱基可以是嘌呤或嘧啶。

两种核酸的化学成分的相同和差异见表 5-2，化学结构式见图 5-7。

高等动、植物体内，绝大部分 DNA 在细胞核内的染色体上，它是构成染色体的主要成分。有少量 DNA 在细胞质中，存在于叶绿体、线粒体等细胞器内。RNA 在细胞核和细胞质中都有，核内则更多地集合在核仁上，少量在染色体上。细菌也含有 DNA 和 RNA。多数细菌病毒（噬菌体）只有 DNA；植物病毒大多数含有 RNA，少数含有 DNA；动物病毒有些含有 RNA，有些含有 DNA。

二、DNA 的化学结构

DNA 分子是核苷酸的多聚体。脱氧核糖核苷酸由碱基与脱氧核糖和磷酸连接起来构成。因为碱基通常有 4 种，所以脱氧核糖核苷酸也有 4 种，它们的名称是腺嘌呤脱氧核苷酸、胞嘧啶脱氧核苷酸、鸟嘌呤脱氧核苷酸和胸腺嘧啶脱氧核苷酸。更确切地说，DNA 分子就是这 4 种脱氧核苷酸的多聚体（图 5-8），所以也叫作多核苷酸（polynucleotide）。

表 5-2　核苷酸的化学组成

核酸种类	核苷酸			
	核苷			
	碱基		糖	磷酸
DNA	嘌呤 { 腺嘌呤（adenine, A） 鸟嘌呤（guanine, G） 嘧啶 { 胞嘧啶（cytosine, C） 胸腺嘧啶（thymine, T）		脱氧核糖 （deoxyribose）	磷酸
RNA	嘌呤 { 腺嘌呤（A） 鸟嘌呤（G） 嘧啶 { 胞嘧啶（C） 尿嘧啶（uracil, U）		核糖 （ribose）	磷酸

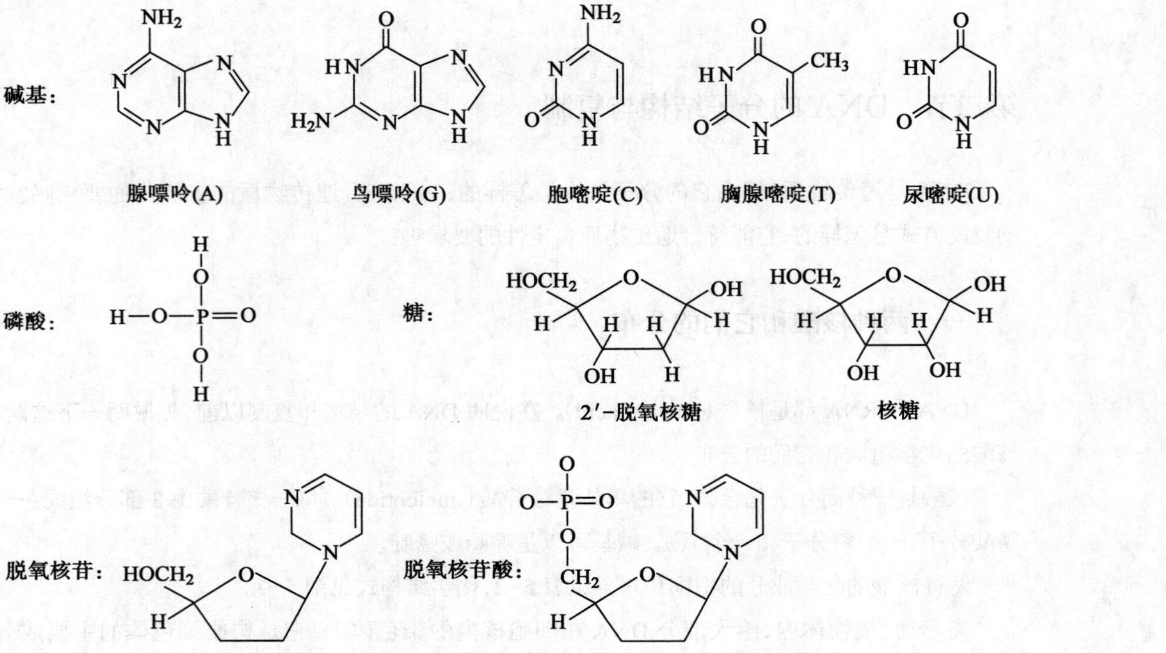

图 5-7 DNA 和 RNA 的成分

DNA 分子的单体是核苷酸,核苷酸的组成成分是 4 种含氮碱基(腺嘌呤、鸟嘌呤、胞嘧啶和胸腺嘧啶)、磷酸和脱氧核糖。在 RNA 分子中,其组成成分中尿嘧啶代替胸腺嘧啶,核糖代替脱氧核糖。

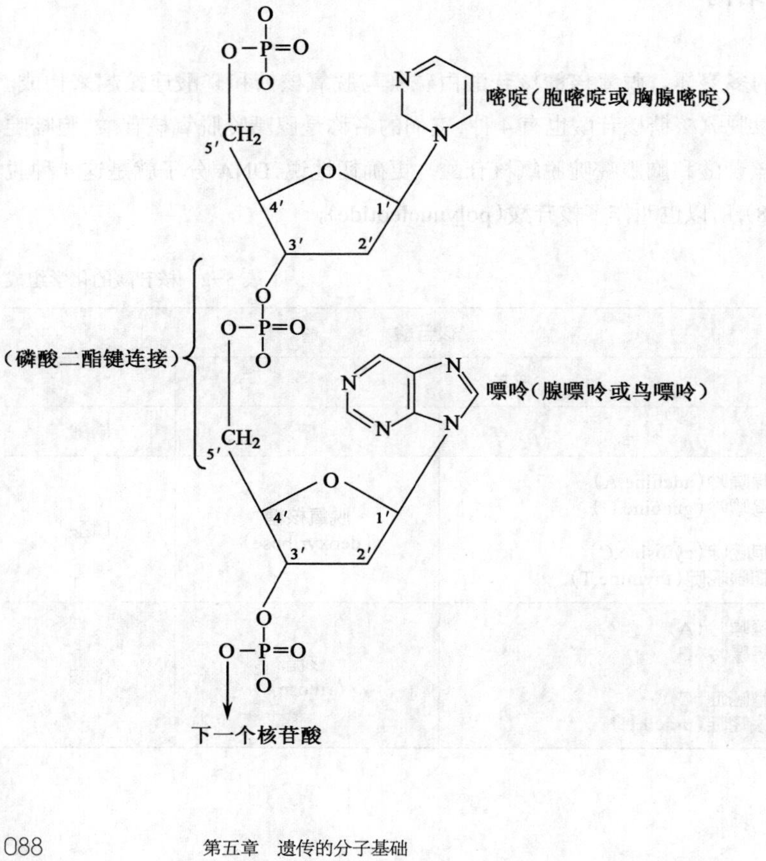

图 5-8 DNA 的一级结构

DNA 的主干由磷酸和脱氧核糖交互组成,磷酸和脱氧核糖由 3′,5′- 磷酸二酯键连接。碱基接在每一脱氧核糖的 1′ 碳原子上。

核苷酸单体的连接依赖于磷酸残基。每一磷酸残基通过磷酸二酯键（phosphodiester bond）把一个脱氧核糖分子的 3′- 碳原子与下一个脱氧核糖的 5′- 碳原子相连接（图 5-8）。这一点很重要，因为这个不对称性，所以 DNA 分子有极性（polarity）。如果 DNA 分子从碳原子在 5′ 位置的那一端开始，那么分子的另一端一定有一个碳原子在 3′ 位置。由于这种极性，如果一个核苷酸与其他核苷酸的位置关系颠倒了，那么这个核苷酸就不能连接到延伸中的多核苷酸链上。

三、DNA 的模型

DNA 分子的结构是沃森和克里克最初阐明的。他们从两个线索开始：

（1）大量的结晶资料已经累积起来。用 X 线照射 DNA 分子，观察射线在照相底片上产生的点子，计算点子的分散角度。每一点子的分散角度代表 DNA 分子中的一个原子的位置或若干原子团（group of atoms）的位置。这个技术极为复杂，计算点子的分散角度的程序也极为繁重。所得的数据表明，DNA 分子是细长的，由两条链组成，互相平行。

（2）查加夫（1949—1951）通过研究不同生物的 DNA，得到几个实验法则：① T+C 量（嘧啶核苷酸总数）总是等于 A+G 量（嘌呤核苷酸总数）；② A 量总是等于 T 量，C 量总是等于 G 量，但 A+T 量不一定等于 C+G 量。

沃森和克里克的 DNA 双螺旋模型就是根据这些线索推导出来的。这个模型的主要特点如下：

第一，DNA 分子是互相旋转的两条长链，成为一种双螺旋（double helix）形式（图 5-9、图 5-10）。每一条链的主线代表交互存在的糖和磷酸，两条链的极性是相反的。就是说，一条链的原子顺序正好与另一条链的原子顺序相反，这两条链是反向平行的（antiparallel）。碱基的排列位置跟主线成直角，向 DNA 分子的中央突出。一条链上的碱基总是跟另一条链的同一水平上的碱基配对，每对碱基由弱氢键（weak hydrogen bond）联结起来（图 5-11）。所有的碱基都是这样一对对地配对，所以 DNA 分子的双链是由碱基对（base pair）的氢键联结在一起的。

腺嘌呤与胸腺嘧啶通过两个氢键配对，鸟嘌呤与胞嘧啶通过 3 个氢键配对。氢键比连接每一核苷酸的原子共价键弱得多，但已足够保证 AT 以及 GC 配对的专一性。由于 AT 对只有 2 个氢键，而 GC 对有 3 个氢键，所以 GC 对丰富的 DNA 比 AT 对丰富的 DNA 更稳定些。

第二，碱基的配对不是随机的。嘌呤和嘌呤结合在一起，位置不够，而嘧啶和嘧啶结合在一起，位置有余。而且有两个氢键的碱基（A 或 T）通常不能和有 3 个氢键的碱基（C 或 G）配对，所以 A 只能与 T 配对，C 只能与 G 配对。就是说，如在一条链上，某一碱基是 A，则另一条链上与它相对的必是 T。同理，与 T 相对的必是 A，与 C 相对的必是 G，与 G 相对的必是 C。所以 DNA 分子中两条链是互补的，可简单地写成：

$$\cdots\cdots A—A—C—C—G—C—A—T—T—\cdots\cdots$$
$$\cdots\cdots T—T—G—G—C—G—T—A—A—\cdots\cdots$$

所以这个模型要求腺嘌呤和胸腺嘧啶的分子数相等，胞嘧啶和鸟嘌呤的分子数相等，这正是查加夫所观察到的。应该注意到，DNA 分子中碱基顺序没有限制，所以 A+T 量不一定要等于

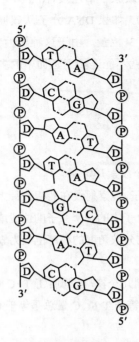

图 5-9　DNA 分子的二维结构

DNA 分子包括两条多核苷酸链，极性相反。互补的碱基对由氢键（用虚线表示）联结在一起。D，脱氧核糖；P，磷酸；A，腺嘌呤；T，胸腺嘧啶；G，鸟嘌呤；C，胞嘧啶。

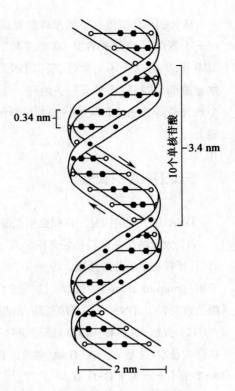

图 5-10　DNA 分子长链一个片段的示意图

两条螺旋的带代表糖和磷酸交互地存在着的主线。碱基（六边形）连接在脱氧核糖（圆）上，碱基与碱基由弱氢键（虚线）互相联结起来。每两对碱基间的距离是 0.34 nm，每一螺旋的纵距是 3.4 nm。

G+C 量，这也是跟查加夫的数据符合的。

一对核苷酸的相对分子质量约为 700，DNA 的相对分子质量据估计为 $3 \times 10^{6 \sim 12}$，所以一个 DNA 分子大致上有 4 000～40 亿个核苷酸对。一个 DNA 分子是很细很细的纤丝，从地球到太阳那样的长度，还没有半克重，所以显而易见，DNA 分子在细胞中是折叠又折叠，反复地折叠着的。

两条 DNA 链反向平行，一条走向是 5′→3′，另一条走向是 3′→5′，两条互补链相互缠绕，形成双螺旋。这种双螺旋构型可有几种形式，其中 3 种具有生物学上的重要性。

（1）B-DNA　这是 Watson-Crick 模型，是右手螺旋。在正常生理状态时，DNA 分子大都属于这种形式，碱基的平面对 DNA 分子的中轴是垂直的。事实上，细胞内 B-DNA 分子每转一圈

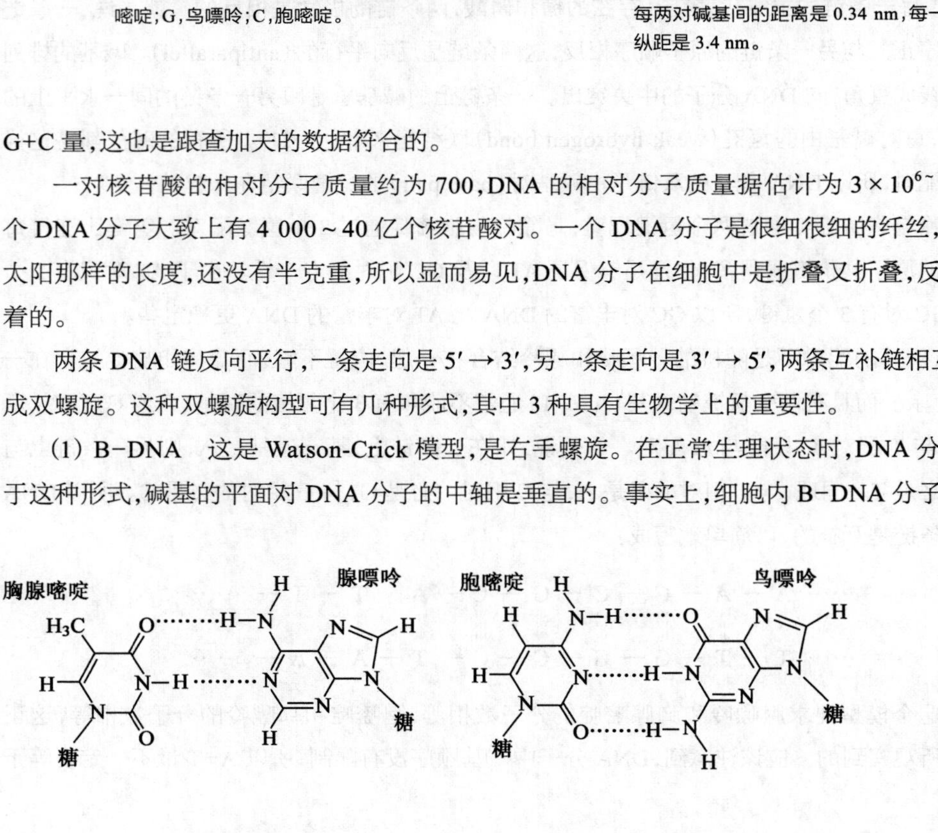

图 5-11　DNA 中碱基对间的氢键联结

平均包括 10.4 核苷酸对(nucleotide pair),也可说是 10.4 碱基对,而不是恰好 10 碱基对。

(2) A-DNA 这种构型也是右旋,每转一圈大约含有 11 个碱基对。在高盐分时,或在脱水状态时,DNA 常以 A 型方式存在。活体中 DNA 分子可能很少以 A 型方式存在,但在活体中 DNA-RNA 异源双链(heteroduplexes,即 DNA 链的碱基与 RNA 链的碱基互补配对)或 RNA-RNA 双链是以这种方式存在的,所以这种构型也值得注意。

(3) Z-DNA 现已证明,某些 DNA 顺序存在着一种独特的左旋双螺旋形式,称作 Z-DNA。这里 Z 表示糖-磷酸主干呈 Z 字形,这种构型的双链中碱基平面对螺旋中轴不再成直角。Z-DNA 每转一圈约有 12 碱基对。这种构型可能与真核生物的基因活性有重要关系。

以前认为 DNA 的结构形式是恒定不变的,现在看来这种看法需要修改。DNA 的构型可以从一种形式动态地转变为另一种形式,这种转变与基因活性的调节有密切关系。

四、DNA 的变性和复性

将双链 DNA 在中性盐溶液中加热,DNA 分子的共价键不受影响,而互补碱基对间的氢键则被打开,从而使两条多核苷酸链分开成为两条单链,这叫作 DNA 变性(denaturation)。

变性后成为单链的 DNA,在适当条件下又能回复成为双链 DNA,这称为 DNA 复性(renaturation)或退火(annealing)。把 DNA 放在含有 0.18 mol/L NaCl 和 0.018 mol/L 柠檬酸钠的溶液中,以 100℃加热 10 min,可以完全分开成为单链。变性后的 DNA 如果慢慢冷却,经过 10 h 以上,DNA 复性完全,互补的碱基间又形成氢键。但是如果将加热到 100℃的溶液迅速冷却,则 DNA 仍然保持单链状态。

利用加热使溶液中 50% 的 DNA 分子成为单链所需温度称为解链温度(melting temperature),记作 T_m。因为 DNA 分子中,A 与 T 配对,氢键数是两个,G 与 C 配对,氢键数是 3 个,所以 GC 含量愈多,DNA 稳定性愈高,越不容易由热或碱引起变性。

因为变性和复性仅影响互补碱基对间氢键的打开和重新形成,所以通过变性和复性可用来制备单链 DNA,进行多核苷酸链间的分子杂交,测定异源双链的同源性,以及估算 GC 碱基对在 DNA 链中所占的比例等。

五、DNA 的复制

如果遗传信息存在于 DNA 分子的碱基顺序上,那么这个顺序在细胞分裂时必须保持不变,所以一个 DNA 分子复制时,产生的两个子分子必须互相一样,而且也与亲代分子相同。

(1) Watson-Crick 模型中双链的互补性是复制方式的基础 DNA 复制时,碱基对间的氢键断裂,两条核苷酸链的旋绕松开,碱基显露出来。形象地说,DNA 分子像拉链一样被拉开了(图 5-12)。核苷酸链上的碱基显露后,它们按照互补配对的要求,吸引带有互补碱基的核苷酸:腺嘌呤吸引胸腺嘧啶核苷酸,鸟嘌呤吸引胞嘧啶核苷酸,等等。然后在邻接的核苷酸间形成磷酸二酯键,这样一条新的互补核苷酸链就出现了,当这过程完毕时,新形成的两个 DNA 分子相互一样,也与亲代分子一样。

DNA 复制时,每个分子都以它自己为模板,这种复制形式叫作半保留复制(semi-conservative

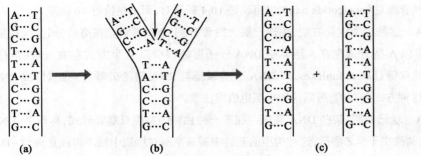

图 5-12 DNA 的复制

亲代 DNA 分子(a)的双链打开,每一条链作为新链合成的模板(b),最后形成两条相同的新 DNA 分子(c)。

replication),因为原来两条链虽然保持完整性,但它们互相分开,作为新链合成的模板,各自进入子 DNA 分子(daughter DNA molecules)中。

(2) DNA 的酶促合成 科恩伯格(Arthur Kornberg, 1918—2007)(1957)最先发现 DNA 聚合酶(DNA polymerase),并在试管中用脱氧核苷酸成功合成了 DNA。

科恩伯格先把高能的磷酸基团接到 4 种脱氧核苷酸上,合成 4 种脱氧核苷三磷酸(deoxyribonucleoside triphosphate)。他把这些化合物放入试管中,添加从 *E. coli* 分离的 DNA 聚合酶以及 Mg^{2+},此外再加入从细胞中抽提出来的 DNA 作为合成的引物(primer)和模板(template),最后合成了许多新的 DNA(图 5-13),其碱基组成比例与模板 DNA 相同(表 5-3)。换句话说,新合成 DNA 的特异性不取决于试管中原来的 4 种脱氧核苷三磷酸含量的比例,也不取决于 DNA 聚合酶的来源,而是取决于加进去的少量模板 DNA。

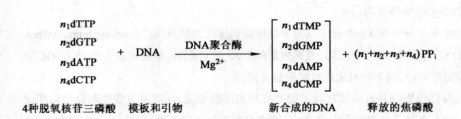

图 5-13 DNA 酶促合成的化学反应式

在反应式中,n_1,n_2,n_3 和 n_4 分别代表聚合过程中所消耗的 4 种脱氧核苷三磷酸摩尔数以及掺入新合成 DNA 中的 4 种脱氧核苷单磷酸摩尔数。

表 5-3 在体外合成 DNA 时模板 DNA 和合成 DNA 的碱基比例

DNA 种类 \ DNA 碱基	A	T	G	C
T2 噬菌体				
模板 DNA	1.31	1.32	0.67	0.70
合成 DNA	1.33	1.29	0.69	0.70
大肠杆菌				
模板 DNA	1.00	0.97	0.98	1.05
合成 DNA	1.04	1.00	0.97	0.98
牛胸腺 DNA				
模板 DNA	1.14	1.05	0.90	0.85
合成 DNA	1.12	1.06	0.85	0.85

关于 DNA 的酶促合成，还有一点要加以说明，那就是关于添加的 DNA 的作用。添加的少量 DNA 有两个作用：①作为合成反应的起始点，即作为引物。脱氧核苷三磷酸通过磷酸二酯键把脱氧核苷单磷酸(deoxyribonucleoside monophosphate)接到多核苷酸链的 3′—OH 末端，所以一定要有一段 DNA 短链的存在，才可开始 DNA 合成。②作为新合成的 DNA 链的模板。进行聚合时，脱氧核苷三磷酸根据模板链的碱基顺序，通过氢键的形成与模板链配对，并以其磷酸与引物链的 3′—OH 末端相结合，进行聚合反应，所以结果新合成的 DNA 链与模板链是互补的(图 5-14)。

(3) 关于半保留性复制的实验　梅塞尔森(Matthew Stanley Meselson，1930—)和斯塔尔(Franklin William Stahl，1929—)(1958)用实验方法证明，DNA 复制的确是半保留性的。他们把 *E.coli* 培养在含有重同位素(^{15}N)的培养基中。在细菌的生长过程中，重同位素进入含氮碱基，然后掺入新合成的 DNA 链中。在 ^{15}N 中经过多次细胞分裂，细菌细胞的 DNA 充分地被 ^{15}N 标记上了。然后把这些细胞移入正常的轻同位素(^{14}N)的培养基中，经过一次或两次细胞分裂后抽取细菌样本，从每一样本中提取 DNA，进行氯化铯(CsCl)梯度离心。

CsCl 以超速离心时，盐离子由于强大的离心力被拉向离心管底部，同时溶液中存在着的扩散作用又与离心力相对抗，使 Cs^+ 和 Cl^- 分散在整个溶液中。CsCl 溶液经过多小时离心后，溶液达到一种平衡状态，扩散和沉淀的两个相对力量间保持平衡，出现 CsCl 的一个连续的浓度梯度：溶液的密度在离心管底部最大，在离心管顶部最小。如果 DNA 分子溶解在 CsCl 溶液中，它们将逐渐集中在一条狭窄的带上，处在某一特定条带的 DNA 分子的密度恰好与那一点上的 CsCl 密度相等。所以 DNA 用重同位素 ^{15}N 标记后，在离心管中形成的一条带，位置较低，可以称为重带(heavy band)；而含有 ^{14}N 的轻 DNA 在离心管中也形成一条带，位置较高，可以称为轻带(light band)。

梅塞尔森和斯塔尔发现(图 5-15)，细菌在 ^{15}N 中经过多代培养后，移到 ^{14}N 中培养一代，从这些细胞抽取的 DNA 形成一条带，位置在重带与轻带之间。如果复制是半保留的，这恰恰是所预期的，因为每一 DNA 分子中，应该一条链是 ^{15}N 重链，一条链是 ^{14}N 轻链。在 ^{14}N 中生长两代以后，从这些细胞抽取的 DNA 形成两条带，一条仍在中间位置，另一条在轻带位置，这个观察又跟预期相符合。

还有更使人信服的，他们从在 ^{14}N 中生长一代的细胞抽取 DNA，通过热变性使 DNA 双链分开，然后离心。这时他们观察到两条带，一条是重的，一条是轻的，证明第一代杂种分子是半保留性复制的产物，它们的双链中，一条来自亲代(^{15}N)，一条是新合成的(^{14}N)，所以可以记作 ^{15}N/^{14}N。

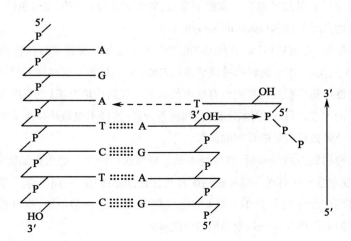

图 5-14　DNA 酶促合成中新链延伸时的结构示意图

右侧是引物链，链上的游离 3′-OH 与已进入的核苷酸 5′- 磷酸之间形成磷酸二酯键。这样，核苷酸逐个连接上去，DNA 链随之以 5′ → 3′ 方向延伸。新合成链的碱基顺序由左侧的模板链决定。

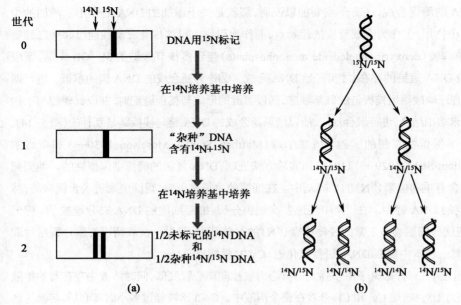

图 5-15 Meselson-Stahl 实验的结果和解释

(a)从不同世代的细胞抽取 DNA,跟 CsCl 溶液混合,然后进行离心。高速长时间离心使 CsCl 在离心管中形成一个密度梯度。这时 DNA 沉降在 CsCl 的一定密度处,这密度相当于它自己的密度。因为 DNA 吸收紫外线,所以用一光源系统照射离心管,在照相底板上记录 DNA 带的位置。(b)实验结果说明,每一 DNA 分子以半保留方式复制,所以在 ^{14}N 中生长一代,所有的分子有一重链(^{15}N)和一轻链(^{14}N);在 ^{14}N 中生长两代,DNA 分子复制两次,第一次复制后,形成 $^{14}N/^{15}N$ 杂种分子,再复制一次,形成一个 $^{14}N/^{15}N$ 杂种分子和一个 $^{14}N/^{14}N$ 轻链分子。

(4) 高等生物中染色体的复制　　DNA 复制也曾在一些植物中研究过。在这些实验中,观察单位不是 DNA 分子,而是含有 DNA 的染色体(Taylor,1957)。

染色体用放射性胸腺嘧啶核苷标记,因为这种核苷只进入 DNA 中。放射性是从氚(^{3}H)来的,氚取代了氢的位置,代入的氚很稳定,很少跟溶液中的氢交换,所以氚可有效地标记掺入的胸腺嘧啶核苷的位置,从而可以标记 DNA。将要观察的材料做成片子,用乳胶紧紧地覆盖在玻片上。经一定时间,DNA 中氚核裂解后放出的 β 粒子使乳胶中的银离子还原。将乳胶显影,拿有标本的玻片和显影后的乳胶同时在显微镜下观察,就可正确地确定氚在染色体中的位置。这种显影方法称为放射自显影技术(autoradiography)。

进行实验时,把蚕豆(Vicia faba)幼苗培养在含有 ^{3}H- 胸腺嘧啶核苷的培养基(也叫热培养基)上,DNA 复制时,^{3}H- 胸腺嘧啶核苷掺入 DNA 中。培养一定时间后,蚕豆根尖细胞的染色体都带有放射性。然后把幼苗移到含有秋水仙碱的非放射性培养基(也叫冷培养基)中。秋水仙碱抑制纺锤丝的形成,所以染色体分裂,但细胞不分裂,这样不仅姐妹染色单体留在同一细胞中,而且存在的染色体数目可反映复制的次数。

根尖细胞移到冷培养基后,在冷培养基上继续进行分裂。把根尖细胞制片、染色,并进行放射自显影,观察第一次有丝分裂和第二次有丝分裂,结果如图 5-16 所示。第一次分裂中期,两条染色单体都均匀地标记上了 ^{3}H- 胸腺嘧啶核苷;而第二次分裂中期,可以看到一个染色体中,有一条标记了的染色单体和一条未标记的染色单体。

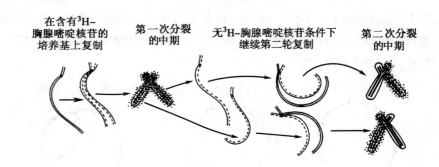

图 5-16　蚕豆根尖细胞染色体(经³H- 胸腺嘧啶核苷标记)在有丝分裂中的情况(引自 Taylor,1957)

实线表示未标记的 DNA 链,虚线表示有标记的 DNA 链。虽然 DNA 链未能在显微镜下看到,但是却可完美地说明观察到的标记型式。在标记后的第一次分裂中期,两条染色单体都有标记,而在标记后的第二次分裂中期,只有一条染色单体有标记。

在含有³H-胸腺嘧啶核苷的培养基上复制　　第一次分裂的中期　　无³H-胸腺嘧啶核苷条件下继续第二轮复制　　第二次分裂的中期

这些结果可以这样说明:在间期的 G_1 期,染色体未复制,每一染色体是一条 DNA 双链,进入 S 期后,DNA 双链在³H- 胸腺嘧啶核苷存在下复制,所以经 G_2 期而进入标记后第一次分裂期时两条染色单体都被标记上了。第二次复制是在没有放射性胸腺嘧啶核苷的培养基中进行,所以到第二次分裂期时只有一条染色单体是被标记的。这个实验在染色体水平上证明了 DNA 双链的复制是半保留的。

一种新的染色方法可以不用放射自显影技术直接观察染色体的半保留复制。这种方法是,让染色体在含有 5- 溴脱氧尿嘧啶核苷(5-bromodeoxyuridine,BrdU)的培养液中经过两次复制,然后用吉姆萨(Giemsa)染色,结果就出现所谓色差染色体(harlequin chromosome)。因为在 BrdU 中所合成的 DNA 链着色很浅,跟原来的链明显不同。色差染色体的结果与放射自显影所得的结果一样,都证明 DNA 的复制是半保留的(图 5-17,并请参照图 5-16)。

(5) 由放射自显影看 DNA 复制　E.coli 的染色体是环状的双链 DNA。凯恩斯(John Cairns,1922—2018)(1963)用放射性同位素标记 E.coli 染色体,他发现两个圆形的链在复制时分开,每条链分别复制,出现 Y 形复制叉(replication fork)。

凯恩斯的实验过程和解释是这样的:细菌细胞在含³H- 胸腺嘧啶核苷的培养基中生长,DNA 复制时,放射性同位素掺入 DNA。理论上所有新合成的子 DNA 都含有一条放射性(热)链和一条非放射性(冷)链。在热培养基中经过不同时间的培养和不同次数的复制后,从细菌细胞抽取 DNA,转移到膜上,经过放射自显影后,在电子显微镜下进行观察。

在³H- 胸腺嘧啶核苷中进行一次复制,在放射自显影图上看到一圈小点,他的解释是,DNA 在热培养基中复制一次后,一条 DNA 链是旧的,没有放射性,另一条 DNA 链是新合成的,有放射性,所以在电子显微镜下是一个由小点构成的圆圈(图 5-18)。

图 5-17　人淋巴细胞的色差染色体(张思仲提供)

细胞在含有 BrdU 的培养液中经过两个周期,每一染色体的两个单体中,一个单体的双链中仍有一条链未被取代,所以着色较深,而另一单体的双链都被 BrdU 所取代,所以着色很浅,这种染色体称为色差染色体。请注意:图中用箭头表示的染色体发生了姐妹染色单体互换(sister chromatid exchange,SCE)。SCE 的意义尚不清楚。目前认为实验中出现的 SCE,可能是由于 DNA 的断裂和随后的愈合。

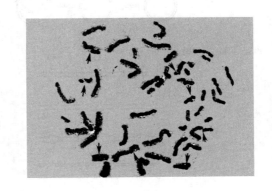

在第二次复制周期中出现了眼球状的结构,两侧各有一个 Y 形复制叉。还有,放射自显影图中 3 个区段的粒子密度不同:如图 5-19 所示,圆形小点的外圈代表一条非放射性的旧链和一条放射性的新链,所以粒子密度小些。中间的一个弧形代表两条新链,分别在第一和第二复制周期合成,所以粒子密度较大。

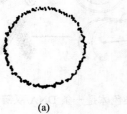   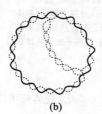

图 5-18 *E.coli* 在热培养基中复制一次后的放射自显影图(a)及解释图(b)

图 5-19 *E.coli* 在热培养基中进入第二次复制周期的放射自显影图(a)及解释图(b)

(6) 复制的起始点与复制子 *E.coli* DNA 复制时,"眼球"的大小可以不同,但每一个 DNA 分子的"眼球"数仅限于一个。可见 DNA 的复制从一点开始,随着复制叉同时向两侧移动,"眼球"部分渐渐扩大,最后成为两个环状分子,复制完毕(图 5-20 a)。噬菌体和质粒的环状 DNA 大都以这种方式复制,但也有复制从起始点发动后仅向一方进行的。

E.coli、噬菌体以及质粒 DNA 都是独立复制的,这种独立复制的单位称为复制子(replicon)。复制子需要有复制起始点(origin of replication)、与复制有关的蛋白质,如 DNA 聚合酶等起始 DNA 复制。一旦复制开始,即进行到底;也就是说,复制由起始点进行调节。

高等生物的 DNA 是一个很大的分子,长度可达 *E.coli* DNA 的数百倍,在分子内有好几个起始点(图 5-20 b)。根据放射自显影推断,起始点与起始点之间的距离随生物种类而异,大致间隔 $3 \times 10^4 \sim 8 \times 10^5$ 碱基对,相当于 *E. coli* 染色体全长的 1% ~ 20%。

高等生物的染色体是多复制子(multi-replicon),原核生物的染色体是单复制子,两者是不同的。因此,尽管每个复制叉的移动速度以细菌为快,但染色体全长的复制速度还是高等生物快。此外,染色体的复制速度随细胞种类和生理状态而异,但这不是由于复制叉移动速率(即复制速率)不同,而是由复制从哪个起始点开始决定的。

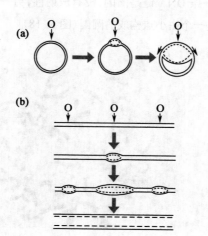

图 5-20 DNA 复制模式中单复制子与多复制子的差异

(a) *E. coli* 染色体 DNA 的复制。(b) 高等生物染色体 DNA 的复制。图中 O 代表复制起始点。

（7）DNA 聚合酶　　DNA 复制的特点是以 DNA 自体作为模板,但在 DNA 聚合反应中还需要蛋白质,其中一类重要蛋白质是催化核苷酸聚合的 DNA 聚合酶。

有趣的是,尽管科恩伯格最早成功完成了 DNA 的体外合成实验,但后来的实验却发现,他所使用的 DNA 聚合酶 I（DNA polymerase I）并非是 *E. coli* 的 DNA 复制关键酶。第一项重要的实验证据来自德卢西亚（Paula Delucia）和凯恩斯（1969）对 *E. coli* 的 *polA* 突变体菌株的研究。由于 *polA* 基因负责编码 DNA 聚合酶 I,*polA* 突变体丧失了该酶 $5' \rightarrow 3'$ 的 DNA 聚合酶活性,但是在这样的变异菌株中,DNA 复制照常进行。也就是说,*E. coli* 的 DNA 复制可以不依赖于该酶的聚合酶活性。后来发现,原来 *E. coli* 内部含有另外 4 种 DNA 聚合酶:DNA 聚合酶 II（DNA polymerase II）、DNA 聚合酶 III（DNA polymerase III）、DNA 聚合酶 IV（DNA polymerase IV）和 DNA 聚合酶 V（DNA polymerase V）。而真正发挥 DNA 复制作用的是 DNA 聚合酶 III,它在细胞内含量较低,但具有 3 种重要的酶活性:$5' \rightarrow 3'$ 聚合酶活性,$3' \rightarrow 5'$ 外切核酸酶（exonuclease）活性和仅对单链 DNA 发挥作用的 $5' \rightarrow 3'$ 外切核酸酶活性,这些酶活性是其介导 DNA 复制作用所必需的。相反,DNA 聚合酶 I、II、IV 和 V 则主要在 DNA 损伤修复中发挥了重要作用,不同的 DNA 损伤需要不同聚合酶的参与,其详细讨论可见第十二章重组与修复。

高等的真核生物细胞中含有更多的 DNA 聚合酶,迄今已经鉴定出至少 15 种不同的 DNA 聚合酶,分别被命名为 DNA 聚合酶 α、β、γ、δ、ε、ζ、η、θ、ι、κ、λ、μ、σ、φ……这些 DNA 聚合酶和细菌的 DNA 聚合酶最大的不同在于,核 DNA 的复制需要不止一种 DNA 聚合酶的参与（如 α 参与引物合成,δ 和 ε 参与链延伸等）。此外,DNA 聚合酶 γ 参与线粒体 DNA 复制,β、ζ 和 η 则与 DNA 修复有关。

（8）DNA 链的延伸　　构成 DNA 的两条核苷酸链是反向平行的,因此复制叉两侧推进时,如在起始点的一侧合成方向为 $5' \rightarrow 3'$,那么在另一侧,合成方向必然为 $3' \rightarrow 5'$。可是已知的 DNA 聚合酶只能以 $5' \rightarrow 3'$ 方向合成 DNA。后来的研究发现,DNA 一条链的合成是连续的,而另一条链的合成是不连续复制（discontinuous replication）。在不连续合成的链上,先合成 DNA 短链,随后与已有的 DNA 长链结合。日本分子生物学家冈崎夫妇（Reiji Okazaki,1930—1975 和 Tsuneko Okazaki,1933— ）（1967）证明,DNA 链的不连续合成确实存在,这样的 DNA 短链被称为冈崎片段（Okazaki fragment）。

图 5-21 是 *E. coli* DNA 复制过程的模式图。随着复制叉的移动,分开的两条 DNA 链分别合成一条新的互补链。在复制起始点的一侧,DNA 合成的方向与复制叉移动的方向相同,这条链被称为前导链（leading strand）;但在另一侧,DNA 合成的方向与复制叉移动的方向相反,这条链被称为后随链（lagging strand）。深入研究又发现,DNA 复制需要先形成由若干核苷酸而成的 RNA 引物（RNA primer）。为什么先要合成 RNA 引物? 那是因为 DNA 聚合酶不能独立开始新 DNA 的合成。*E. coli* 以 100 到 200 核苷酸的间隔形成这样的 RNA 引物。催化 RNA 引物合成的是称作引物酶（primase）的特殊 RNA 合成酶。引物酶以 DNA 为模板合成一小段 RNA,形成 DNA-RNA 杂合链。随后 DNA 聚合酶利用 RNA 链的 3′ 端羟基连接脱氧核苷酸,延伸 DNA 新链。

在后随链的不连续合成中,每个冈崎片段都需要一条 RNA 引物,当后面合成的一条冈崎片段在 $5' \rightarrow 3'$ 延伸中遇到前面一条冈崎片段 5′ 端的 RNA 引物时,负责 DNA 合成的 DNA 聚合酶 III 就会终止这条片段的合成,转而由 DNA 聚合酶 I 负责切除 RNA 引物并在该位置重新合成 DNA。这个 DNA 聚合酶 I 具有两种酶活性:一个是在 $5' \rightarrow 3'$ 方向降解多核苷酸链的外切核酸

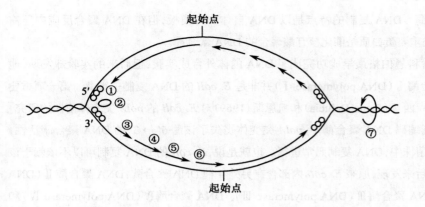

图 5-21 *E. coli* DNA 复制模式图

起始点

起始点

①单链 DNA 结合蛋白,有保护单链免受降解等的作用。②解旋酶的参与,使复制叉处双螺旋松开。③在引物酶作用下,引物 RNA 合成。④由于 DNA 聚合酶Ⅲ的作用,冈崎片段形成。⑤通过 DNA 聚合酶Ⅰ的作用,引物 RNA 被除去,同时间隙被填补。⑥连接酶的作用,使不连续的短链连接成为 DNA 新链。⑦由于拓扑异构酶的参与,有利于复制叉前沿的 DNA 双螺旋打开。

酶活性,另一个是在同一方向合成 DNA 链的聚合酶活性。由于这两个酶活性,RNA 被除去,同时由于 DNA 链的延伸,填补了留下的空隙,最后由连接酶(ligase)将 DNA 短链与原有的 DNA 长链结合。因为在结合之先,RNA 引物已被切除,所以完成的 DNA 链中看不到 RNA 部分。

DNA 复制还有许多其他蛋白质参与。DNA 双螺旋必须在复制过程中旋转,因为两条链是相互缠绕的。这是由一类拓扑异构酶(topoisomerase)来完成的。它可把环状 DNA 从一种构型变为另一种构型(图 5-22)。例如,拓扑异构酶Ⅱ或促旋酶(gyrase)可以促使松环 DNA(relaxed DNA)形成超螺旋 DNA(supercoiled DNA)。超螺旋的形成,出现很大的扭力,使双链 DNA 易于解开。为了把 DNA 双链分开成为单链,还需要解旋酶(helicase)的参与。此外,DNA 的复制还与其他一些蛋白质有关。通过上述这些蛋白质的协同作用,正确的复制过程才得以进行。

(9) DNA 复制过程的概括　　DNA 的复制过程是:DNA 双链解开,每一条链作为新链合成的模板,最后形成两个相同的 DNA 分子。

图 5-21 中,下方一条链的起始点右侧,在 DNA 聚合酶的参与下,新链连续合成,方向为 5′→3′。在复制叉前沿由于拓扑异构酶的作用,形成超螺旋,大大地增加了扭力,再加上解旋酶等的参与,使亲代双螺旋松开。松开后露出的单链部分由单链 DNA 结合蛋白(single-stranded DNA binding protein)协助,保持稳定,促使 DNA 合成连续进行。而在起点左侧,新链必须间断合成,因为所有 DNA 聚合酶是以 5′→3′ 方向合成的。所以只有在模板链的新区段松开后,新链片段才可开始合成。合成时先要有引物酶,在引物酶的催化下,以 DNA 为模板,合成一段 RNA 短链,作为引物。RNA 引物合成后,接着在 DNA 聚合酶Ⅲ的催化下,以 DNA 为模板,合成冈崎片段或 DNA 短链。当后一 DNA 短链合成后,在 DNA 聚合酶Ⅰ的参与下,前一 DNA 短链的 RNA 引物被降解,切除后留下的空隙被填补。然后在连接酶的催化下,不连续的短链连接成为 DNA 新链(图 5-23)。最后两条新合成的链连同各自的模板链,形成两个相同的 DNA 分子。

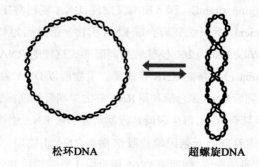

松环DNA　　　　　　超螺旋DNA

图 5-22　拓扑异构酶介导环状 DNA 分子的超螺旋形成和解除

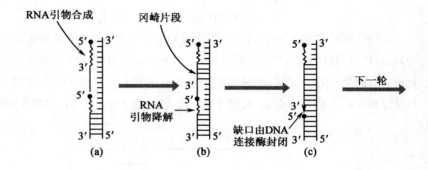

图 5-23　DNA 的不连续复制

(a)先合成 RNA 短链(波浪线表示)作为引物,引发 DNA 短链(直线表示)的合成。(b)后一 DNA 短链合成完毕时,前一 DNA 短链的 RNA 引物被降解。(c)两合成短链间的缺口由 DNA 连接酶封闭。

第三节　基因的本质

上面谈了 DNA 的结构与复制,现在要谈基因的本质。

一、基因与 DNA

在染色体中高度盘曲着的 DNA 分子是一条很长的双链。基因是 DNA 分子的片段,但这个片段没有固定的长度。不同基因在序列长短、组成结构和产物性质等方面千差万别。

(1)核酸测序　要证实基因是 DNA 分子的一个区段,一个方法是测定基因的核苷酸顺序和由它所决定的蛋白质的氨基酸顺序,然后根据遗传密码,比较两者的顺序,看是否互相对应。关于 DNA 如何指导蛋白质的合成,我们将在基因表达调控一章作详细介绍。

英国生物化学家桑格对核酸和蛋白质的序列测定都做出了巨大贡献。桑格于 1975 年提出了利用测定 DNA 链的长度来推断碱基序列的方法:即利用高分辨率的凝胶电泳分离不同大小的核苷酸序列,所有核苷酸序列的末端都标记了同位素(如 ^{32}P),因此可以通过放射自显影得到图像,最后根据胶片上的核酸影像的位置高低读出核苷酸的顺序。在电泳分离前,可以通过两种方法制备核苷酸样品:第一种方法是美国分子生物学家马克西姆(Allan Maxam,1942—)和吉尔伯特(1977)发明的化学断裂法(chemical cleavage method),即采用不同的化学反应使待测定的核苷酸链分别在 A、T、C、G 处断裂,然后根据断裂片段的大小判断断裂位点的碱基组成;第二种方法是桑格和库森(Alan R. Coulson)(1977)发明的双脱氧法(dideoxy termination method)或链终止法(chain termination method),即在体外以待测核苷酸链为模板进行 DNA 合成,通过掺入不同的单核苷酸使得 DNA 合成分别在 A、T、C、G 处终止,然后根据合成片段的大小判断合成终止末端的碱基组成。下面我们先介绍如何利用化学断裂法测定 DNA 序列。

测定 DNA 的碱基顺序时,先要获得单链 DNA 片段。通常 DNA 片段长度为 100～200 核苷酸,于其 5′端用 ^{32}P 标记,如

$$^{32}\text{P—TCAGCCCCATGGTTAAGA}$$

经某种化学处理,使 DNA 片段中含 T 的地方被切断,产生一系列随机片段:

$$^{32}\text{P—T}$$

$$^{32}\text{P—TCAGCCCCAT}$$

$$^{32}\text{P—TCAGCCCCATGGT}$$

^{32}P—TCAGCCCCATGGTT

放射性标记的单链 DNA 片段还需用另外 3 种不同的化学降解法处理,在核苷酸链的其他 3 个碱基(C、A、G)处随机切断。然后各种处理所产生的 DNA 随机片段混合物分别用同一凝胶进行电泳。因为 DNA 长度不同,迁移的距离不同,长度短的移动速度快,即使只有一个碱基之差也可从迁移距离上鉴别。所以从底部开始依次读取,就可得出片段的碱基顺序(图 5-24)。

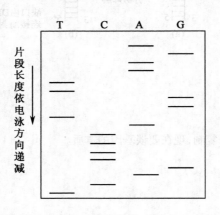

图 5-24　DNA 片段碱基顺序的测定

放射性标记的单链 DNA 片段用 4 种化学降解法处理,使核苷酸片段在特定碱基(T、C、A 或 G)处随机切断,产生不同长度的片段。通过电泳把不同长度的片段分开。根据所得的电泳凝胶的放射自显影照片,从底部最短的条带向上,一条条依次地读取,即可得出碱基顺序 5′-TCAGCCCCATGGTTAAGA-3′。

（片段长度依电泳方向递减）

RNA 的序列测定可以直接利用化学或酶学方法将 RNA 进行切割,通过电泳收集同一长度的 RNA 片段,再分别进行碱基序列测定。或者利用分子克隆(molecular cloning)技术在体外条件下以 RNA 为模板合成互补 DNA(complementary DNA,cDNA),再将 cDNA 插入到细菌内染色体外的环状 DNA 分子——质粒(plasmid)中,利用 *E.coli* 进行质粒扩增。通过这种方法可以富集和 RNA 序列一致的 DNA 片段,供碱基序列测定之用。获得合适的 RNA 或 cDNA 序列后,具体的测序方法和 DNA 测序基本相同。

(2) 基因与多肽　噬菌体 MS2 是一种很小的 RNA 噬菌体,它的 RNA 不仅是遗传物质,而且同时还是 mRNA。MS2 的 RNA 很容易在 *E.coli* 细胞中复制,而且 RNA 分子很小,仅有 3 569 个碱基,含有 4 个基因,分别编码 A 蛋白(也叫成熟蛋白)、外壳蛋白、裂解蛋白和 RNA 复制酶。当 MS2 侵染雄性 *E.coli* 时,一个早期基因——RNA 复制酶基因先合成复制蛋白。该蛋白质与细菌细胞中某些蛋白质组合,形成一种复合酶,以病毒 RNA 为模板催化合成很多 RNA 分子。随后晚期基因启动,合成 A 蛋白、外壳蛋白和裂解蛋白。A 蛋白、外壳蛋白负责装配新的病毒粒子,裂解蛋白负责裂解 *E.coli* 细胞。

在说明了 MS2 的遗传组成后,我们可来考察基因与多肽间的共线性(colinearity)。美国分子生物学家菲耶尔(Walter Fiers,1931—2019)团队等经过多年工作,于 1972 年 5 月报道了 MS2 的整个外壳蛋白基因的碱基顺序,随后他们测定了整个 RNA 分子的核苷酸顺序。把 MS2 的一部分核苷酸顺序和一部分有关的氨基酸顺序并列起来观察,我们可以在分子水平上对基因的本质有进一步的认识(图 5-25)。

从图 5-25 中可以看到:

① RNA 的核苷酸顺序和蛋白质的氨基酸顺序可以完全对应起来。例如,外壳蛋白有 129 个氨基酸,与这 129 个氨基酸相对应的核苷酸序列就是一个外壳蛋白基因。

② mRNA 的起始密码子是 AUG,而终止密码子是 UAA、UAG 和 UGA。

③ 基因与基因间有基因间区域(intergenic region)。

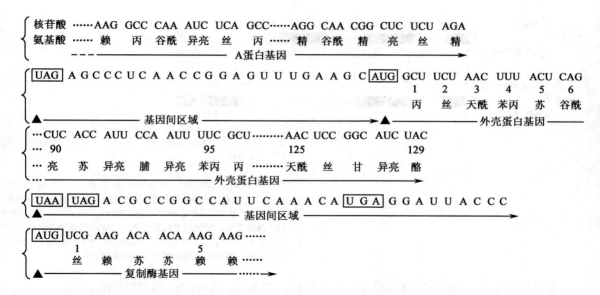

图 5-25 噬菌体 MS2 的部分核苷酸顺序和相应的氨基酸顺序

比较 RNA 的核苷酸顺序和蛋白质的氨基酸顺序,可见两者是相对应的。外壳蛋白基因和复制酶基因的起始密码子都是 AUG,合成的蛋白质按理应由甲酰甲硫氨酸开始,但甲酰甲硫氨酸可在翻译后(或翻译时)切除(详见第十五章),所以外壳蛋白的第一个氨基酸为丙氨酸,复制酶的第一个氨基酸为丝氨酸。外壳蛋白有两个串联的终止密码子,而且第二个终止密码子后面的第七个三联体又为一个终止密码子,这可能使翻译程序在正确位置停止更为可靠。

(3) 割裂基因与重叠基因　进入 20 世纪 70 年代,基因操作技术发展起来,以前难以分析的高等生物的基因也可以分析了。结果,基因概念得到了进一步发展。

从 mRNA 链的起始密码子 AUG 开始到终止密码子为止的连续核苷酸密码所对应的基因序列称为编码序列或编码区(coding sequence,CDS)。细菌、病毒等的编码序列是连续的,其中的核苷酸顺序都翻译为蛋白质;但在真核生物中,多数基因在转录为初级转录物(primary transcript)后,其中的一部分序列在 mRNA 加工过程中被切除,也就不能翻译为蛋白质。真核基因转录后不被切除、保留在成熟 mRNA 中的基因序列被称为外显子(exon);被切除、未保留在成熟 mRNA 中的部分则被称为内含子(intron),也曾被称为间插顺序(intervening sequence)。可见,真核基因的编码序列会被内含子隔开,因此被称为割裂基因(split gene)(我们将在基因组一章详细介绍割裂基因的发现过程)。

不同真核基因外显子和内含子的组成不同。例如,人的血红蛋白分子有 4 条多肽链,其中两条 α 链各有 142 个氨基酸,两条 β 链各有 147 个氨基酸。这两种肽链分别由 α- 珠蛋白基因和 β- 珠蛋白基因编码。以 α_1- 珠蛋白编码基因 *HBA1* 和 β- 珠蛋白编码基因 *HBB* 为例(图 5-26),它们各有 3 个外显子和 2 个内含子,编码序列(黑框)被内含子(细线)间隔开。再如,人的视网膜母细胞瘤(retinoblastoma,RB)基因长达 200 kb(kilo base pair,千碱基对),其中含有 26 个内含子。但高等生物的基因中也有不具有内含子的,如组蛋白基因等,这类基因为数较少。

据研究,内含子的突变率比外显子高。这可能表明非编码的内含子 DNA 更易发生突变而不受选择上的限制,从而更有利于形成进化上有用的新基因。

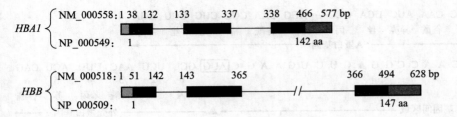

图 5-26　人 α_1-珠蛋白编码基因 HBA1、β-珠蛋白编码基因 HBB 的结构示意图

示意图由方框和细线组成。方框代表外显子,其中黑色方框代表编码序列,灰色方框代表外显子中的非翻译区(untranslated region, UTR)。方框上方的数字标识的是 mRNA 的碱基序号,下方数字标识的是多肽的氨基酸序号。细线代表内含子,其中,HBA1 的两个内含子分别为 117 bp 和 149 bp 长,HBB 的两个内含子分别为 130 bp 和 850 bp 长。基因结构示意图的左侧给出的是 GenBank 登录号。

　　桑格和他的同事们在 1977 年还测定了噬菌体 ϕX 174 DNA 的全序列。这种噬菌体是单链环状 DNA 分子,它含有的碱基数还不到 5400 个,可是却编码 9 种蛋白质,这是一个令人感到迷惑不解的事。根据 ϕX 174 DNA 编码的 9 种蛋白质的相对分子质量,可以估计出编码这些蛋白质所要的核苷酸数,而得出的核苷酸数明显地超出 ϕX 174 DNA 分子所能容纳的数量。但在其核苷酸全序列被测定以后,这个看似矛盾的问题立即迎刃而解了。ϕX 174 的一种蛋白质的编码顺序内可以存在着另一种蛋白质的遗传信息,这就是重叠基因(overlapping gene)。这里应当指出,用两个不同阅读框编码两种不同的蛋白质,只是表明基因是重叠的,但每一阅读框的密码子还是不重叠的。图 5-27 表示 D 基因和 E 基因的阅读框是重叠的,所以它们是重叠基因。

　　在病毒中发现重叠基因,看来这是节约空间的一个有效方法。但在这种情况下,一个碱基的改变可能会影响有关的两个重叠基因,所以可能因此受到严格的限制。

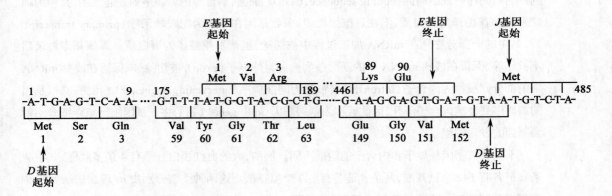

图 5-27　ϕX 174 DNA 中 D 基因和 E 基因的开始和终止

核苷酸顺序的编码从 D 基因的起始密码子算起。E 基因从第 179 号核苷酸开始,其可读框跟 D 基因岔开。E 基因包含在 D 基因之内,其编码的蛋白质的大小约为 D 基因的 60%。D 基因与 J 基因首尾重叠,D 基因的终止点也就是 J 基因即将开始之处。

二、生化突变型与一个基因一个酶假说

基因的作用是决定某种酶或其他蛋白质的合成,从而通过生理生化过程,表现出某一性状。如果某一基因发生了突变,不能形成某种酶,或形成的酶的活性改变了,就出现生化突变型。例如,粗糙链孢霉($Neurospora$ $crassa$)的野生型(或原养型)是能合成泛酸的,有关的基因突变后,不能合成泛酸,这就是一种生化突变型。要这种生化突变型能够生长,也就是要这种泛酸依赖型能够生长,一定要在基本培养基(minimal medium)[即仅含有糖,氮源(如硝酸铵、酒石酸铵),某些无机酸、无机盐及生物素的培养基]中添加泛酸。而未突变的野生型是能在基本培养基(未添加泛酸)上生长的。

我们现在再举一个粗糙链孢霉的生化突变型的例子。粗糙链孢霉有很多精氨酸依赖型,已知是由几个非等位的基因控制的。根据生物化学知识可知,在哺乳动物的肝中,精氨酸通过如图5-28所示的步骤合成。

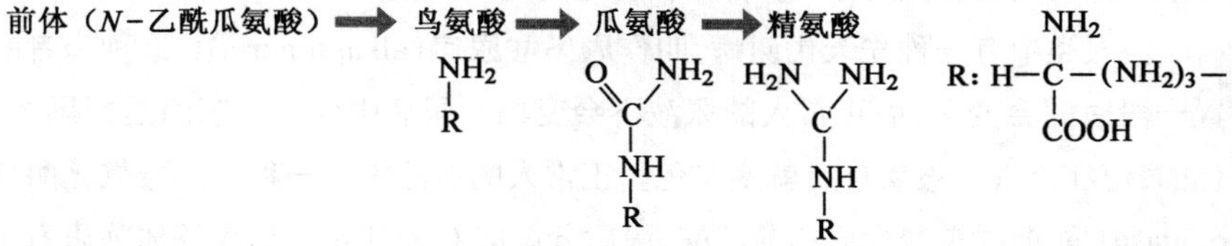

图5-28 精氨酸合成的生化途径简图

现在我们可以利用粗糙链孢霉的精氨酸依赖型来检验上面的假说。在基本培养基中分别添加鸟氨酸、瓜氨酸、精氨酸,看不同菌株能否生长,结果如表5-4。

表5-4 粗糙链孢霉精氨酸依赖型的不同菌株对添加的氨基酸的反应

菌 株＼添加的氨基酸	鸟氨酸	瓜氨酸	精氨酸
Ⅰ(arg_3 突变)	—	—	生长
Ⅱ(arg_2 突变)	—	生长	生长
Ⅲ(arg_1 突变)	生长	生长	生长

这些结果表明:对于菌株Ⅲ,自前体到鸟氨酸的反应受阻;对于菌株Ⅱ,自鸟氨酸到瓜氨酸的反应受阻;对于菌株Ⅰ,自瓜氨酸到精氨酸的反应受阻。概括起来:

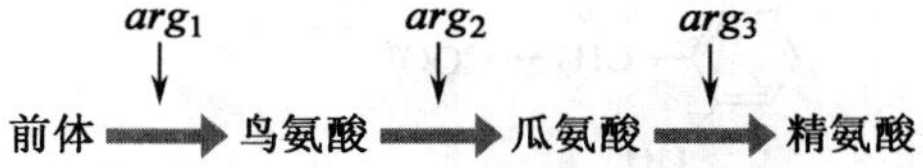

换句话说,基因 arg_1 突变后,不能由前体转变成鸟氨酸,但鸟氨酸以后的化学反应能正常地进行,所以不仅供应精氨酸后能生长,而且供应鸟氨酸或瓜氨酸后也能生长。基因 arg_2 突变后,不能由鸟氨酸转变为瓜氨酸,但瓜氨酸转变为精氨酸的化学反应可照常进行,所以供应瓜氨酸或精氨酸都能生长。基因 arg_3 突变后,不能由瓜氨酸转变为精氨酸,所以只有供应精氨酸才能生长。

那么这些基因如何控制生化反应的呢? 原来基因决定酶的形成,酶控制生化反应,从而控制

代谢。20世纪30年代,比德尔和塔特姆利用粗糙链孢霉的生化突变型提出了"一个基因一个酶"(one gene-one enzyme)假说。根据这个假说,粗糙链孢霉中精氨酸合成过程可以写成下面的式子:

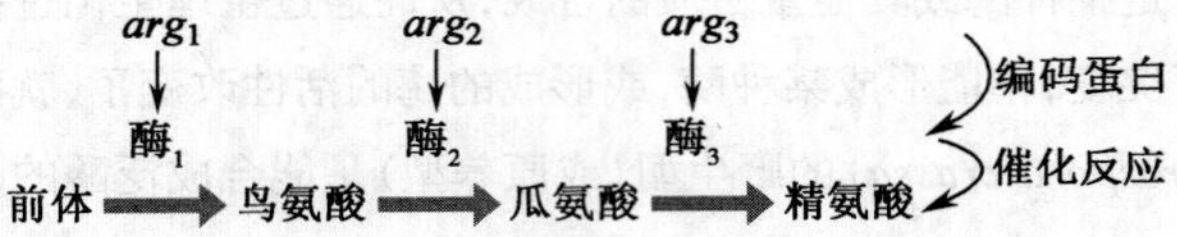

三、人的先天代谢缺陷

人体中苯丙氨酸的代谢有几条路线(图5-29)。某些苯丙氨酸构成我们身体的蛋白质,某些苯丙氨酸转变为酪氨酸,最后成为黑色素。某些酪氨酸构成我们身体的蛋白质,某些酪氨酸上的氨基为一个氧原子所代替,氧化成为对羟苯丙酮酸,再通过尿黑酸、乙酰乙酸而逐步降解为 CO_2 和水。这条代谢途径的每一步都需要特定的酶,这些酶在正常人体中都能产生。

但人类中有一种先天代谢病,叫作尿黑酸尿症(alkaptonuria)。这种患者的尿液在空气中放置一段时间会变黑,而正常人的尿液不会变黑。尿液中变黑的东西是尿黑酸,尿黑酸本身是无色的,但在空气中被氧化后就变黑色。正常人的血液中有一种尿黑酸氧化酶(homogentisic acid oxidase),能把尿黑酸变成乙酰乙酸,最后分解成 CO_2 和水。尿黑酸尿症患者不能形成尿黑酸氧化酶,因此尿黑酸不能进一步转变,就直接在尿液中排泄出来。

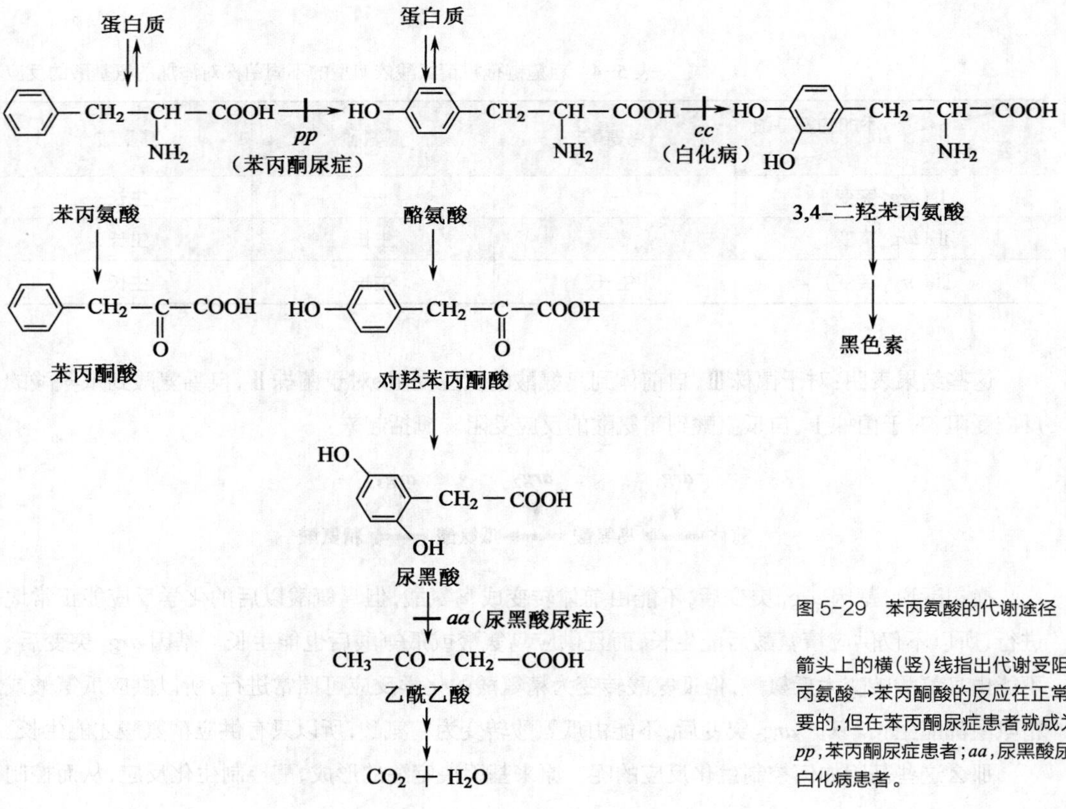

图5-29 苯丙氨酸的代谢途径

箭头上的横(竖)线指出代谢受阻的地方。苯丙氨酸→苯丙酮酸的反应在正常人中是不重要的,但在苯丙酮尿症患者中就成为重要的了。*pp*,苯丙酮尿症患者;*aa*,尿黑酸尿症患者;*cc*,白化病患者。

如果把尿黑酸尿症基因写作 a，那么尿黑酸尿症患者的基因型是 aa，正常人的基因型是 AA 或 Aa，一定要有 A 基因才能形成尿黑酸氧化酶，才能不患尿黑酸尿症病。A 相对 a 显性。

白化病（albinism）也是由于同样的原因。白化病患者黑色素合成发生障碍或几乎不能形成黑色素。全白化的人皮肤很白，带粉红色，头发淡黄色，眼睛的虹膜粉红色，怕光，视力也差些。上面已谈到，黑色素的前体是酪氨酸，酪氨酸经过酪氨酸酶（tyrosinase）的作用成为二羟苯丙氨酸，然后再通过酪氨酸酶系的作用，最后形成黑色素。

白化病患者不能显示出酪氨酸酶的作用。如果我们把决定酪氨酸酶的基因称为 C，则正常人的基因型是 CC 或 Cc，而白化病的人是 cc，因为白化病患者没有 C 基因，就没酪氨酸酶，不能形成黑色素。

还有苯丙酮尿症（phenylketonuria）也是由于一个隐性基因引起的。pp 个体不能形成苯丙氨酸羟化酶（phenylalanine hydroxylase），不能把苯丙氨酸转变为酪氨酸，所以血液中苯丙氨酸累积起来，进一步引起下列变化：①过量的苯丙氨酸损害中枢神经系统，影响智力发育；②苯丙氨酸不能变成酪氨酸，只能通过苯丙氨酸转氨酶的作用，变为苯丙酮酸，在小便中排出，所以叫作苯丙酮尿症；③血液中苯丙氨酸太多，抑制酪氨酸代谢，抑制酪氨酸变成黑色素，皮肤中的黑色素特别少，所以患者的肤色和发色很浅。

既然苯丙酮尿症是由苯丙氨酸过量引起的，那么可否从食物中去除苯丙氨酸呢？苯丙氨酸是必需氨基酸之一，是构成蛋白质的一种原料，而人又是苯丙氨酸依赖型，自己不能制造，必须由食物供应。不过一般饮食中所供应的苯丙氨酸往往过量，所以如能在婴儿期及早诊断明确，控制食物中的苯丙氨酸的分量，就不会过量摄入苯丙氨酸，因而可以防止对中枢神经系统的损害。这是遗传病可以防治的一个例子。

除了氨基酸代谢，脂肪和糖类代谢也可由于缺乏适当的酶而受到阻碍。例如极少数婴儿不能利用半乳糖，所以不能喂以人奶和牛奶，因为奶中含有乳糖，乳糖分解后会产生半乳糖。如果喂以奶类，血中半乳糖水平显著升高，随后排出于尿中。临床症状一般很严重，呕吐和腹泻，肝逐渐肿大，白内障，生长延缓，智能低下，往往导致婴儿期死亡。如这种婴儿的食物中完全没有乳糖和半乳糖，血中半乳糖水平很快降低，健康状况大大改进。如发现得早，食物中不含有半乳糖，则生长发育可以相当正常。如治疗稍迟，肝已某种程度受损，白内障，智能低，一生如此，不能恢复。不能同化半乳糖的病，叫作半乳糖血症（galactosemia）。

半乳糖既可以在身体中形成半乳糖脂，后者是构成神经系统的重要原料，又像其他糖类一样，可以作为能量的来源。把半乳糖导入糖类的代谢途径中，通常需要半乳糖先转变为葡萄糖衍生物，它的代谢途径如下：

① 半乳糖 +ATP $\xrightarrow{\text{半乳糖激酶}}$ 1- 磷酸半乳糖 +ADP

② 1- 磷酸半乳糖 + 尿苷二磷酸葡糖 $\xleftrightarrow{\text{1- 磷酸葡糖尿苷转移酶}}$ 尿苷二磷酸半乳糖 + 1- 磷酸葡糖

③ 尿苷二磷酸半乳糖 $\xleftrightarrow{\text{异构酶}}$ 尿苷二磷酸葡糖

那么半乳糖血症的人究竟缺少哪种酶，使半乳糖的代谢受阻呢？表 5-5 是对一些临床患者和正常人的分析结果。

表 5-5　红细胞溶血后半乳糖酶活性比较

	平均活性 μmol·L⁻¹ 转换 /(h·g 细胞)(37℃)		
	半乳糖激酶	1- 磷酸葡糖尿苷转移酶	异构酶
正常人(*GG*)	0.10	4.8	0.32
半乳糖血症患者(*gg*)	0.08	< 0.02	0.35
患者的父母(杂合子 *Gg*)		2.9	

从上表可以看到,半乳糖激酶和异构酶的活性在正常人和患者中是相同的,但转移酶的活性在 3 种人中差异很大,正常人最高,患者最低,而杂合子约为正常人的一半。因为患者的转移酶活性很低,所以 1- 磷酸半乳糖很少转变为 1- 磷酸葡糖,1- 磷酸半乳糖就堆积起来,抑制了葡萄糖代谢途径中磷酸葡糖变位酶的作用,阻碍了 1- 磷酸葡糖向 6- 磷酸葡糖的转变,葡萄糖代谢受阻,所以半乳糖血症患者就出现上述各种严重症状。

上面所讲的先天代谢缺陷都是由于一种酶的缺陷而造成的,由隐性基因所控制。事实上,早在 20 世纪初,当孟德尔的工作被重新发现后不久,英国医生加洛德就通过对上述的尿黑酸尿症、白化病等人类代谢疾病的研究提出了“一个突变基因一种代谢障碍”(one mutant gene-one metabolic block)的假说。尽管当时对生化代谢途径还知之甚少,但这一假说第一次提示了基因的功能。到了 20 世纪 30 年代,随着生化理论和技术的发展,这一假说被发展成了“一个基因一个酶”假说,在分子水平揭示了基因的功能。再后来,人们又发现大量的酶以及其他蛋白质都是由两条甚至更多的不同肽链组成的多聚体,这些肽链有时相同(形成同源多聚体),更多的时候相互不同(形成异源多聚体),如我们前面所提的血红蛋白就是 α 链和 β 链构成的四聚体。不同的肽链由不同的基因编码,所以“一个基因一个酶”假说又被进一步修改为“一个基因一条多肽”(one gene-one polypeptide)。有趣的是,随着我们对生命本质的不断探索,基因的概念还将继续被修改。近年来的研究逐渐发现了许多不具有蛋白质编码功能的非编码 RNA(non-coding RNA,ncRNA),它们同样是基因的产物,更参与了细胞内许多重要的生命活动。关于 ncRNA 的内容,我们将在基因组和基因表达调控两章中作详细介绍。

四、位置效应与顺反子

在前面一节,我们从代谢功能、编码功能的角度定义了基因,提出了基因的本质,但是基因的内部结构是怎样的呢? 这段 DNA(或 RNA)序列的内部具有怎样的构造? 这些内部构造又决定了基因的哪些特性? 为了回答这些问题,我们将在下文中从结构角度分析基因的行为和特征。

(1)位置效应　果蝇中,棒眼性状(Bar)的遗传方式是伴 X 显性,它是由 X 染色体的微小重复引起。突变体的复眼数减少,复眼像棒状,所以有这个名称。

果蝇的唾腺染色体上有明显的横纹,大小和位置固定,可用作染色体区段的识别标志(详见染色体畸变一章)。如图 5-30,X 染色体有一“16A”区域。当该区域发生重复,出现相邻的两份拷贝时,出现棒眼性状。如果这个区域回复为 1 份时,复眼正常,而当这区域增至 3 份时,出现重棒眼性状,复眼数目进一步减少。

斯特蒂文特(1927)通过杂交,得到各种等位基因型,其中棒眼(*B*)、重棒眼(*BB*)和野生型(+)

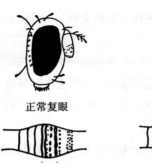
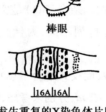

正常复眼　　　　　　　　棒眼

正常X染色体片段　　发生重复的X染色体片段

图 5-30　黑腹果蝇的正常复眼和棒眼

可以以各种方式组合起来。他为了了解各种基因型的复眼大小,计算了复眼中的小眼数,结果见表 5-6。

表 5-6　黑腹果蝇复眼中的平均小眼数

雌蝇			雄蝇		
基因型	16A 区域的数目	小眼数	基因型	16A 区域的数目	小眼数
+/+	2	780	+	1	740
+/B	3	360	B	2	90
+/BB	4	45	BB	3	30
B/B	4	70			
BB/BB	6	25			

斯特蒂文特根据这个结果分析得到,棒眼基因(B)是不完全显性,棒眼杂合子($+/B$)的小眼数比纯合子(B/B)多得多。而且他特别观察到,B 基因位置的不同,对表型也有显著影响。例如 B/B 个体和 $BB/+$ 个体都有 4 个"16A"区域,可是小眼数不同,这就叫作基因的位置效应(position effect)。

在 $+/BB$ 个体中,两个 B 在同一染色体上,借用化学上的术语,是处于顺式(cis)位置,对小眼数的影响大些,而在 B/B 个体中,两个 B 在不同染色体上,称为反式($trans$)位置,对小眼数的影响要小一些。这说明"16A"区域在染色体上的排列影响最后的表型。可见基因在染色体上的位置有功能上的意义。

(2) 顺反子　曲霉 *Aspergillus nidulans* 的菌丝是单倍体。菌丝的顶部形成一连串的细胞,即分生孢子。孢子萌发,又长成菌丝。如果把两个单倍体菌株混合培养,有时不同菌株的菌丝互相融合,使两种不同的核处于同一细胞质中。这种情况叫作异核体(heterokaryon)。在异核体中,两个核偶尔会发生融合,形成二倍体核。它们的菌丝产生二倍体分生孢子。这种孢子就可分离出来,长成二倍体菌落,进行遗传学分析。

在曲霉中,曾经发现许多依赖腺嘌呤的营养缺陷型,要在培养基中加些腺嘌呤才能生长。其中两个缺陷型对应的突变基因 ad_{16} 和 ad_8 在第一染色体上。这两缺陷型的杂合子仍旧是缺陷型,这表明 ad_{16} 和 ad_8 是等位的。可是它们的后代中大约出现 0.14% 的野生型,这又表明 ad_{16} 和 ad_8 不是在同一染色体的同一位置上,两者之间可以发生交换。因为这交换不是发生在减数分裂中,而是出现在二倍体菌丝的有丝分裂中,所以叫作体细胞交换(somatic crossing over)或有丝分裂交换(mitotic crossing over)。

我们现在把体细胞交换的过程和所得的结果图示如图 5-31。杂合子(2)和(4)是野生型,这表明 ad_{16} 和 ad_8 都是隐性的。杂合子(1)是突变型,当然也很容易理解。可是把(3)和(4)相比,两者的基因型相同,单是排列不同,为什么顺式排列($ad_{16}ad_8/++$)是野生型,而反式排列($ad_{16}+/+ad_8$)是突变型呢?

顺式杂合子(4)是野生型,而反式杂合子(3)是突变型,顺式和反式的表型效应不同,似乎很难理解。这是因为我们把 ad_{16} 和 ad_8 分别来考虑,把它们看作是两个基因座(locus)上的两个基因,认为 $ad_{16}/+$ 的表型应该是野生型,$ad_8/+$ 的表型也应该是野生型,现在反式杂合子(3)是突变型,就不好理解。但是如果把 ad_{16} 和 ad_8 看作是一个作用单位——顺反子(cistron)——中的两个位点,那么这个现象就容易说明(图 5-32)。

在顺式杂合子(4)中,一个顺反子的两个位点都发生突变,而另一顺反子正常,所以杂合子的表型是野生型。而在反式杂合子(3)中,两个顺反子各有一个位点发生突变,没有一个顺反子具有形成正常表型所需的遗传信息,所以它的表型是突变型。

根据上面的顺反实验(cis-trans test),我们可以这样说,如果把作用单位——顺反子看作一个基因,那么基因内的不同位点上可以发生突变,基因内的不同位点间亦可以发生重组。

(3)互补实验　噬菌体 T4 感染 E. coli,可以引起溶菌。有一组 T4 突变型能够产生大而边缘清楚的噬菌斑,叫作快速溶菌(rapid lysis,r),而野生型噬菌体的噬菌斑小而边缘模糊。噬菌体染色体的好几个不同座位都可发生突变,引起速溶。本泽(Seymour Benzer,1921—2007)(1960)对一组叫作 rⅡ 的速溶突变型进行了详细而深入的研究。

突变型 rⅡ 能在 E. coli 菌株 B 上生长,形成大而清楚的噬菌斑,但不能在 E. coli 菌株 K(λ)上生长,这里 K(λ)表示该菌株带有噬菌体 λ,是溶原菌。另一方面,野生型 rⅡ⁺ 在菌株 B 和 K(λ)

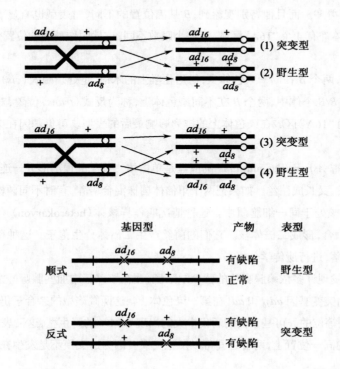

图 5-31　曲霉中体细胞交换的过程及结果

ad_{16} 和 ad_8 是两个腺嘌呤缺陷型突变基因。两缺陷型菌株杂交,二倍体杂种是缺陷型,但在后代中还会出现少量野生型。

图 5-32　顺式杂合子和反式杂合子的表型分析

上都能生长,形成小而模糊的噬菌斑。它们的关系见表 5-7。

表 5-7 T4 的突变型 rⅡ 和野生型 rⅡ⁺ 在不同菌株上的噬菌斑

		E.coli 菌株	
		B	K(λ)
T4 噬菌体品系	rⅡ	+（大而清楚）	－
	rⅡ⁺	+（小而模糊）	+（小而模糊）

因为 rⅡ 的生长是有条件的,所以可用选择技术,把重组子检出。本泽把不同的 rⅡ 突变型一对对地进行杂交,测量每对突变位点间的重组频率。方法是这样的:将每对 rⅡ 突变型(如 r^x, r^y)品系对 *E. coli* 菌株 B 进行复感染。感染一定要同时进行,否则要出现排斥现象,超感染(superinfection)的噬菌体很快地被宿主的 DNA 酶破坏,因而不能参加重组。形成噬菌斑后,收集溶菌液——子代噬菌体。把溶菌液接种在 *E.coli* 菌株 B 上,估计溶菌液中的全部病毒数,因为两个 rⅡ 突变型(r^x, r^y)和重组子 r^+(或 $r^x r^y$)都能生长;同时把溶菌液接种在 *E. coli* 菌株 K(λ)上,估计野生型重组子 r^+ 数,因为只有 r^+ 重组子能够生长(图 5-33),而双突变型重组子($r^x r^y$)不能检出。所以我们估计总重组子的方法是,把 r^+ 重组子的数目乘以 2,再除以总噬菌斑数,公式如下:

$$\frac{2 \times (r^+ 噬菌斑数)}{总噬菌斑数} = \frac{2 \times 在 \textit{E. coli } K(λ) 上才能生长的噬菌斑数}{在 \textit{E. coli } B 上才能生长的噬菌斑数} \times 100\%$$

现举例说明计算方法。两突变型 r^x 与 r^y 杂交,将溶菌液稀释到 10^{-6},取其 0.1 mL 涂布在 B 株上,生成的噬菌斑数为 525;又将溶菌液稀释为 10^{-2},取其 0.1 mL,接种于 K(λ)株上,得噬菌斑数为 370,则这两突变位点间的重组率为

$$\frac{2 \times 370 \times 10^2}{525 \times 10^6} \times 100\% = 0.014\ 1\%$$

应用上述方法,即使低至 0.0001% 的重组率也可简单而正确地检出。根据很多两点杂交的结果,可以作一连锁图(图 5-34)。从图上可以看到,图距基本上是相加的。例如,*r47* 与 *r104* 间的图距是 1.3,*r104* 与 *r101* 间的图距是 1.0,而位于两边的 *r47* 与 *r101* 间的图距是 2.2,很接近 1.3 与 1.0 之和。

本泽又注意到,rⅡ 突变型可以分成两组——A 和 B。A 组的一个突变型和 B 组的一个突变型同时感染 *E. coli* K(λ),可以互补。所谓互补(complementation),就是两个突变型同时感染 *E. coli*

图 5-33 噬菌体基因重组值测定的实验方法

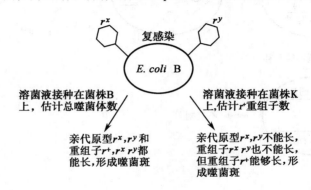

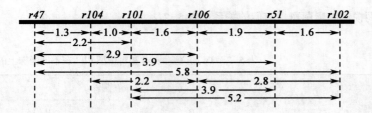

图 5-34 噬菌体 T4 的 rⅡ 区域的部分遗传学图

两 rⅡ 突变型间的距离以重组值表示，去掉 %。图距大致上是相加的。

K(λ)时，可以互相弥补对方的缺陷，共同在菌体内增殖，引起溶菌，释放原来的两个突变型。可是 A 组内的两个突变型，或 B 组内的两个突变型不能互补。可见 A 组的一个功能有缺陷，可为 B 组所补偿；而 B 组的一个功能有缺陷，可为 A 组所补偿（图 5-35）。

很有意义的是，实验结果显示，所有 A 组突变型都在 rⅡ 区域的一边，是一个作用单位，所有 B 组突变型都在 rⅡ 区域的另一边，是另一个作用单位，所以 rⅡ 区域包括两个顺反子。

一旦我们接受基因是一个作用单位，我们就可应用互补实验来确定有同一表型效应的两个突变型是等位的，还是非等位的（图 5-36）。详细地说，就是看反式排列时是否有互补效应，如反式时互补，说明两突变位点处于不同的顺反子中，如不互补，说明它们属于同一顺反子。已知两个突变型属于同一顺反子后，就可进一步用标准的重组作图法来看是否属于同一位点：如有重组，表明这两突变型处于不同的位点；如测不出重组值，就把它们放在同一位点上。

现在再回过来讲本泽关于 T4 的 rⅡ 实验。本泽分析了 rⅡ 区域大约 2 000 个突变型，知道这些突变分布在 308 个位点上，分属两个相邻的顺反子。他估计，rⅡ 区域有 400～500 个突变位点，他把这些突变位点叫作突变子（muton）。根据他的定义，突变子是基因内部序列改变后可以产生非野生型表型的最小单位。

应用重组作图法，计算野生型的出现频率，推算重组值，确定连锁基因的图距和顺序。两个最远的突变型间约有 10% 的重组值，而两个最近的突变型间约有 0.01% 的重组值，但很多突变型之间的两点杂交实验中，没有发现重组子，表明这些突变型是在同一位点上。本泽把基因内出现重组的最小区间称为重组子（recon），所以重组子是基因内不能由重组分开的遗传单位。关于连锁重组以及重组作图的方法，我们会在连锁交换一章中作更系统的介绍。

(a) rⅡA和rⅡB的突变型可以互补

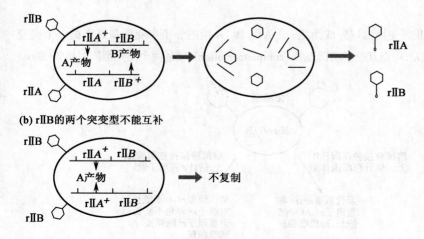

(b) rⅡB的两个突变型不能互补

不复制

图 5-35 噬菌体 T4 的 rⅡA 与 rⅡB 突变型间的互补

(a)当 *E. coil* K(λ)被 rⅡA 和 rⅡB 突变型同时感染时，rⅡA 突变型有完整的 rⅡB⁺ 基因，能产生 rⅡB⁺ 基因产物（B 产物）；同样的，rⅡB 突变型能产生 rⅡA⁺ 基因产物（A 产物）。因为这两基因产物都存在，所以能进行复制，溶菌后，释放 rⅡA 和 rⅡB 突变型。(b)两个感染的噬菌体突变型都是属于 rⅡB 时，只能产生 rⅡA⁺ 基因产物（A 产物），噬菌体不能复制，不发生溶菌。

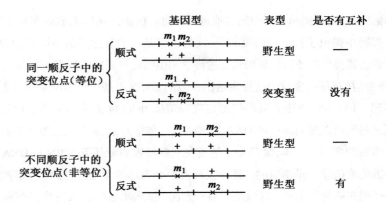

图 5-36 利用互补实验证明两个突变型的等位关系

m_1 和 m_2 是两个突变。两突变型杂交,反式杂合子是突变型,说明 m_1 和 m_2 是等位的;反式杂合子是野生型,说明 m_1 和 m_2 是非等位的。顺式杂合子均为野生型。

五、基因概念的发展

在前面的内容中,我们列举了大量的实验工作说明基因的本质和特点。现在我们从历史的角度简要回溯一下基因概念发展的历程。

在孟德尔提出了性状由成对遗传因子决定,遵循分离定律和自由组合定律之后,丹麦植物学家约翰森在 1909 年首次提出基因一词,用于描述孟德尔所说的遗传单位。但基因是否真的存在呢? 1910 年,摩尔根利用果蝇中红眼、白眼的相对性状和杂交实验,指出基因确实存在,基因在染色体上呈直线排列,而且基因能够决定生物的性状。摩尔根和弟子们继续以果蝇为研究材料开展实验,1915 年出版《孟德尔遗传的机制》(Mechanism of Mendelian Heredity),1926 年出版《基因论》(The Theory of the Gene),极大地丰富了孟德尔遗传的理论,阐明基因是遗传物质重组、突变和功能的最小单位,简称为"三位一体"的基因概念。

在这之后,多项生物化学研究进展为进一步明确基因属性提供了关键性证据。20 世纪 40 年代,艾弗里等人的肺炎双球菌实验证明遗传物质的属性是 DNA。50 年代,DNA 双螺旋结构的发表提供了基因能够自我复制的结构基础。60 年代,中心法则的提出进一步明确了基因和多肽之间的对应关系。与此同时,遗传学家则是从遗传分析的角度对基因的遗传属性进行了深入探索。先是马勒的弟子、美国遗传学家奥利弗(Clarence Paul Oliver,1898—1991)在 30 年代末,利用不同眼色突变的果蝇品系进行研究,结果发现一个基因的内部也可以发生重组。换句话说,基因不再是重组的单位。随着连锁交换的进一步研究,遗传学家发现重组可以在任意的核苷酸对之间发生,这一属性我们且留到连锁交换一章再做详细介绍。1941 年,比德尔和塔特姆利用粗糙链孢霉的生化突变型提出了"一个基因一个酶"假说,为基因是功能的单位做了很好的诠释,基因能够对应特定的产物酶,这是基因发挥表型效应的关键原因。1950 年,麦克林托克报道了玉米籽粒色斑不稳定遗传,发现了基因在染色体上可移动的证据(详见第十二章重组与修复),这说明基因在染色体上的位置并不是一成不变的。1955 年,本泽以 T4 噬菌体为材料提出了顺反子的概念。根据他的实验结果,生物学家进一步意识到基因内部可以有不同位点的多个突变,基因也不是突变的最小单位。可见,经过 30 余年的发展,摩尔根时期的基因概念有了巨大的飞跃,基因是决定一个酶的遗传信息单位,但基因的内部可以发生重组,基因在染色体上的位置可能发生移动,基因内部可以有多种不同类型的突变形式。

在接下来的 20 年中,分子遗传学技术不断发展,更多的基因研究深入到分子层面,关注基因的结构与表达,揭示了基因的其他重要特点。例如,1961 年,雅各布和莫诺在大肠杆菌的乳糖诱导实验中提出了操纵子模型,第一次提出了基因的表达受到环境因素的调控。时至今日,基因的表达调控手段及其机制仍然是遗传学和生物化学的研究热点。事实上一个等位基因能否表达(在合适的时间、合适的位置表达出合适的量),而不是一个等位基因是否存在,决定了表型能否实现。1977 年,桑格和同事们测定完噬菌体 ΦX174 的全部序列之后发现了基因重叠现象,即不同基因可以使用重叠的 DNA 序列进行遗传信息的编码。这意味着基因在染色体上并不是完全串联的排列。同年,夏普和罗伯茨在观察到腺病毒基因的 RNA-DNA 杂交结果后,提出真核基因的编码序列是割裂的。这个发现有两个深远的意义:一方面遗传学家意识到真核基因的编码序列在染色体上不是连续的。另一方面,由于割裂的存在,内含子有机会出现不同的切除方式,一个基因可能会产生多个成熟的 mRNA,对应多个多肽产物。真核生物利用这种方法增加遗传信息多样性是如此的"智慧",让研究者们惊叹,我们留到基因表达调控一章再和大家做详细介绍。

毫不夸张地说,基因概念的发展历史几乎就是遗传学前 100 年的发展历史,离开基因就无法理解遗传变异,也就无法学习和研究遗传的规律了。但基因概念的发展从未停止,我们将在后面的章节中继续和大家一一介绍。

第四节　重组 DNA 技术

随着遗传因子——基因的本质被不断揭示,对特定基因(片段)进行克隆和分析的需求也不断增长。在这样的背景下,重组 DNA 技术(recombinant DNA technique)于 20 世纪 70 年代兴起,它是指在体外将不同来源的 DNA 进行剪切和重组,形成嵌合 DNA 分子(chimeric DNA molecule),然后将之导入宿主细胞,使其扩增表达,从而使宿主细胞获得新的遗传特性,形成新的基因产物。重组 DNA 技术的发展反过来促进了我们对基因性质及功能的研究。

重组 DNA 技术有 3 个基本步骤:①从合适材料分离或制备目的基因或特定 DNA 片段;②目的基因或 DNA 片段与载体连接,构成重组 DNA 分子;③重组 DNA 分子引入宿主细胞,在其中扩增和表达。

一、限制性内切酶

在说明如何得到目的基因以前,先介绍一些 DNA 操作中常用的工具酶——限制性内切核酸酶(restriction endonuclease),简称限制性内切酶或限制酶(图 5-37)。

DNA 是生物大分子,进行 DNA 操作时,必须加以切割。这就需要内切核酸酶把 DNA 链在特定部位切断。这样的酶长时间求之而未得,直到 1970 年初才分离得到,这可以说是开拓基因操作新领域的关键。

限制性内切酶能识别 DNA 的特定碱基序列,并在特定位点切断 DNA 链。限制性内切酶识别的碱基顺序视酶的种类而定,可包括 4 至 7 个碱基顺序。这些碱基顺序大都沿中心轴回转 180° 可以相反重合,具有回文对称性。切断点也由酶的种类决定,有两条链在同一位置切断的,

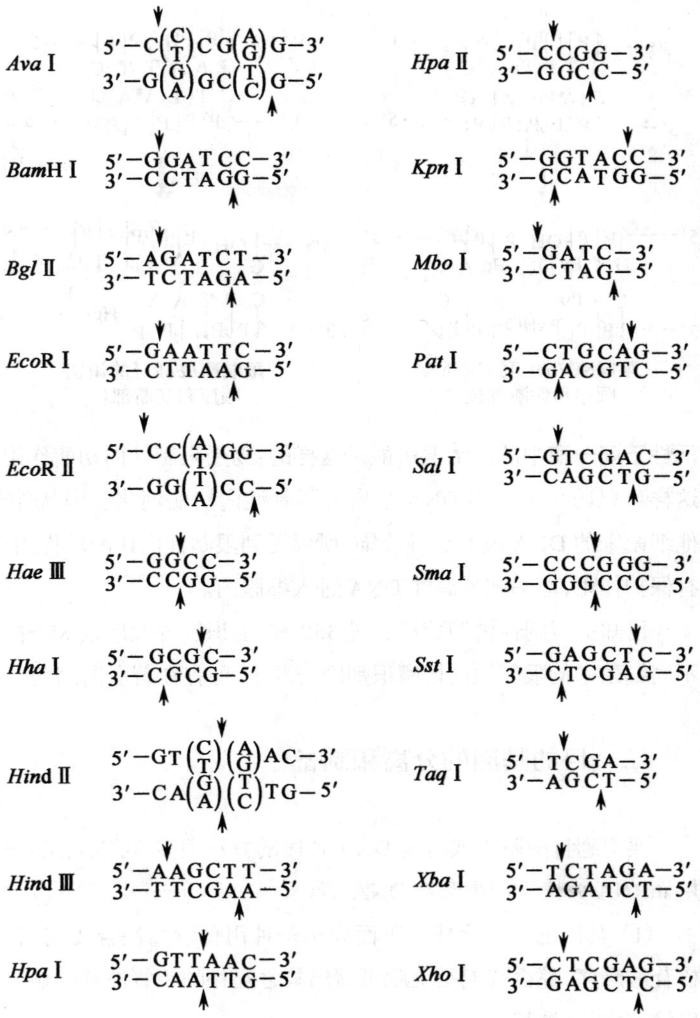

$$Ava\ \text{I} \quad \begin{matrix}5'-C\binom{C}{T}CG\binom{A}{G}G-3'\\3'-G\binom{A}{G}GC\binom{T}{C}G-5'\end{matrix} \qquad Hpa\ \text{II} \quad \begin{matrix}5'-CCGG-3'\\3'-GGCC-5'\end{matrix}$$

$$Bam\text{H I} \quad \begin{matrix}5'-GGATCC-3'\\3'-CCTAGG-5'\end{matrix} \qquad Kpn\ \text{I} \quad \begin{matrix}5'-GGTACC-3'\\3'-CCATGG-5'\end{matrix}$$

$$Bgl\ \text{II} \quad \begin{matrix}5'-AGATCT-3'\\3'-TCTAGA-5'\end{matrix} \qquad Mbo\ \text{I} \quad \begin{matrix}5'-GATC-3'\\3'-CTAG-5'\end{matrix}$$

$$Eco\text{R I} \quad \begin{matrix}5'-GAATTC-3'\\3'-CTTAAG-5'\end{matrix} \qquad Pat\ \text{I} \quad \begin{matrix}5'-CTGCAG-3'\\3'-GACGTC-5'\end{matrix}$$

$$Eco\text{R II} \quad \begin{matrix}5'-CC\binom{A}{T}GG-3'\\3'-GG\binom{T}{A}CC-5'\end{matrix} \qquad Sal\ \text{I} \quad \begin{matrix}5'-GTCGAC-3'\\3'-CAGCTG-5'\end{matrix}$$

$$Hae\ \text{III} \quad \begin{matrix}5'-GGCC-3'\\3'-CCGG-5'\end{matrix} \qquad Sma\ \text{I} \quad \begin{matrix}5'-CCCGGG-3'\\3'-GGGCCC-5'\end{matrix}$$

$$Hha\ \text{I} \quad \begin{matrix}5'-GCGC-3'\\3'-CGCG-5'\end{matrix} \qquad Sst\ \text{I} \quad \begin{matrix}5'-GAGCTC-3'\\3'-CTCGAG-5'\end{matrix}$$

$$Hind\ \text{II} \quad \begin{matrix}5'-GT\binom{C}{T}\binom{A}{G}AC-3'\\3'-CA\binom{G}{A}\binom{T}{C}TG-5'\end{matrix} \qquad Taq\ \text{I} \quad \begin{matrix}5'-TCGA-3'\\3'-AGCT-5'\end{matrix}$$

$$Hind\ \text{III} \quad \begin{matrix}5'-AAGCTT-3'\\3'-TTCGAA-5'\end{matrix} \qquad Xba\ \text{I} \quad \begin{matrix}5'-TCTAGA-3'\\3'-AGATCT-5'\end{matrix}$$

$$Hpa\ \text{I} \quad \begin{matrix}5'-GTTAAC-3'\\3'-CAATTG-5'\end{matrix} \qquad Xho\ \text{I} \quad \begin{matrix}5'-CTCGAG-3'\\3'-GAGCTC-5'\end{matrix}$$

图 5-37　几种常用的限制性内切酶

箭头表示识别顺序中的切断部位。请注意：有些限制性内切酶为平切型，如 *Hae* III，但大多数限制性内切酶为错切型，如 *Ava* I。错切型限制性内切酶在 DNA 双链上造成交错切口，使形成的两限制片段产生黏性末端，即具有自身互补的单链末端。

切口为平切类型，如图 5-38 中的 *Hind* II，也有两条链的切断位点相隔几个碱基的，切口属错切类型，如图 5-38 中的 *Eco*R I 。

酶的名称是由细菌学名加上菌株名和号数构成，例如 *Hind* II 是最早发现的限制性内切酶之一，是从 *Haemophilus influenzae* Rd 菌株中分离的。又如 *Eco*R I 是最为常用的限制酶之一，是从有 R 质粒的 *E.coli* 菌株分离的。

细菌细胞除了含有限制性内切酶以外，还存在有所谓修饰酶（modification enzyme）。修饰酶也能识别特定碱基顺序，但它的作用是在特定部位将碱基甲基化（methylation）。例如使腺嘌呤成为 6- 甲基腺嘌呤，或使胞嘧啶成为 5- 甲基胞嘧啶，从而不受限制性内切酶的作用。

例如，*Haemophilus influenzae* Rd 菌株有一对修饰酶和限制性内切酶，其中修饰酶是 *Hind* I，限制酶是 *Hind* II。*Hind* II 识别由 6 碱基对组成的特定碱基序列，以平切方式切断 DNA 双链，但 *Hind* I 将其中碱基之一腺嘌呤甲基化，成为 6- 甲基腺嘌呤（图 5-38）。一旦被 *Hind* I 修饰后，该 6 碱基对已不能被 *Hind* II 切断。*Eco*R I 的识别部位也受其他修饰酶的修饰，在识别部位中存在的 4 个腺嘌呤中，中间 2 个可被甲基化（图 5-38）。

限制性内切酶和修饰酶常以成对方式存在于细胞内。其中也有集限制性内切酶和修饰酶的图中上部为两种限制酶识别图示：

左侧：
5′ ---P P P P P--- 3′
G T PyPu A* C
C A* PuPy T G
3′ ---P P P P P--- 5′

↓

5′ ---P P OH P P--- 3′
G T Py   Pu A C
C A Pu   Py T G
3′ ---P P P HO P P--- 5′

限制酶Hind Ⅱ的识别顺序和切断部位

右侧：
5′ ---P P P P P--- 3′
G A A* T T C
C T T A* A G
3′ ---P P P P P--- 5′

↓

5′ ---P OH   P P P P--- 3′
G   A A T T C
C T T A A   G
3′ ---P P P P P HO   P--- 5′

限制酶EcoR Ⅰ的识别顺序和切断部位

图 5-38　两种限制性内切酶的识别顺序和切断部位

磷酸二酯键结合的切断都发生在 3′—OH 与磷酸之间，生成的 DNA 片段的 5′ 端是磷酸，3′ 端是—OH。请注意，*Hind* Ⅱ的切口是平切方式，*Eco*R Ⅰ的切口是错切方式。因为许多限制酶在 DNA 双链上产生交错切口，所以限制片段形成自身互补的单链末端。Pu 代表嘌呤 A 或 G；Py 代表嘧啶 T 或 C。受到修饰后，A* 可成为 6- 甲基腺嘌呤。一旦发生修饰，限制酶就无法再进行切割。

活性于同一酶中的。情况可能是这样的：易受限制性内切酶作用的部位预先由修饰酶加以修饰，这样可以防止细胞内 DNA 被自身限制性内切酶消化。但从外部侵入的噬菌体 DNA 以及由其他细菌来的 DNA 没有这种修饰，所以受到限制性内切酶的作用后即被分解。可见限制性内切酶有保护作用，能抑制外源性 DNA 进入细胞内。

已知的限制性内切酶已超过 350 种，但识别的顺序仅 85 种左右。这是因为在很多情况下从不同细菌来的限制性内切酶识别同一顺序，即存在着所谓同切点酶（isoschizomer）之故。

二、目的基因的分离和制备

要得到目的基因或特定 DNA 片段的方法很多，可以人工合成，可以从基因组中分离，也可以用 mRNA 为模板获得互补 DNA 等。

（1）基因的人工合成　　下面介绍一种用化学酶法合成基因。如果我们知道了某种 tRNA 的核苷酸顺序，那么我们马上就可写出与之互补的脱氧核苷酸顺序。这样，我们就有可能从核苷酸出发，合成这种基因。

用化学方法合成寡核苷酸的小片段，并使寡核苷酸小片段间部分互补。通过碱基配对，互补的区段形成双链。添加连接酶，促使小片段核苷酸互相连接。重复这些步骤，就能连接成长链（图5-39）。Khorana 等就用这种方法合成了丙氨酸 tRNA（tRNA^Ala）的基因。

但这个方法现在已不常用，除了要合成小片段 DNA。已经有了其他比较容易的方法来获得目的基因或特定 DNA 片段。

（2）基因分离　　分离和制备的策略随基因类别和目的要求而异。

①　单链酶法　DNA 双链中，G≡C 碱基对有 3 个氢键，A═T 碱基对仅有两个氢键，所以

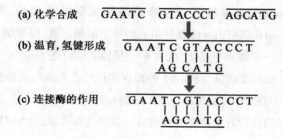

(a) 化学合成　$\overline{GAATC}$　$\overline{GTACCCT}$　$\overline{AGCATG}$

(b) 温育，氢键形成
$\overline{GAATC\ GTACCCT}$
|||||
$\overline{AG\ CATG}$

↓

(c) 连接酶的作用
$\overline{GAATCGTACCCT}$
|||||||
$\overline{AGCATG}$

图 5-39　tRNA^Ala 的编码 DNA 双链的合成示意图（部分 DNA 双链）

（a）先合成寡核苷酸小片段。（b）在缓慢的冷却过程中，互补的区段形成双链。（c）然后通过核苷酸连接酶的作用，在邻近的核苷酸间形成共价键，把相邻的核苷酸区段连接起来。

DNA 分子中 G≡C 碱基对含量高时,稳定性高。当 DNA 分子加热处理时,双链上 A═T 碱基对含量较高的区段首先变性,双链分开成为单链,而 G≡C 碱基对含量较高的区段在这一温度下仍保持双链状态,这样就有可能把 DNA 不同部分区分开来。例如海胆 rRNA 基因含有相当高的 G≡C 碱基对,约占其碱基总量的 65%。当我们用热处理海胆 DNA 分子时,因为 rRNA 基因部分含有的 G≡C 碱基对特别丰富,所以所需的解链温度较高。在合适的热变性条件下,A═T 碱基对含量高的区段可局部打开,形成单链,这时可用专门降解单链的 S1 核酸酶处理,仅保留 G≡C 含量高的双链部分,再通过 CsCl 梯度密度离心,即能获得 rRNA 基因。

② 反转录(reverse transcription)法 细胞生物学家早就知道,有些细胞执行特定功能,含有特定的单一基因产物,例如,家蚕绢丝腺细胞产生大量丝素蛋白(fibroin),哺乳动物胰岛细胞分泌大量胰岛素,红细胞富含血红蛋白等。这类特化细胞含有制造特定蛋白质的大量 mRNA,所以从这类细胞制备 mRNA 比较容易。

mRNA 的 3′ 端附有多聚 A,所以通过含有寡 dT 柱后,可以把 mRNA 与其他 RNA(主要是 rRNA)分开。得到 mRNA 后,以它为模板,在反转录酶(reverse transcriptase)作用下,合成 cDNA。反转录酶跟其他 DNA 聚合酶一样,起反应时要有引物存在,由于 mRNA 3′ 端带有多聚 A,有 200 个碱基左右,可以跟寡 dT 杂交,起到引物的作用,在反转录酶催化下,合成互补 DNA 链。其次,经碱处理,除去 RNA 链。这样得到的 cDNA 3′ 端发生折叠,在分子内部形成部分双链,再经 DNA 聚合酶的作用,可合成完整的双链。折转部分以及留下来的单链部分,用 S1 核酸酶切除。图 5-40 表示整个操作过程,单拷贝基因的制备常用这种方法。这样得到的 cDNA 可插入质粒,再导入细菌中,需要时即可扩增,得到大量 cDNA。但是应该注意到,cDNA 仅仅是跟 mRNA 互补的 DNA,不是基因本身。mRNA 5′ 端邻近部分在制备 cDNA 过程中往往丢失,高等生物的 DNA 在转录后,内含子部分被切除,才成为成熟的 mRNA,所以用上述方法制备的 DNA 丢失了内含子部分。又基因两侧的启动区和终止区也没有了,因此也无法了解有关基因调控部分的结构。要解决这些问题,必须构建基因组文库,以便从中筛查含有完整基因或完整基因不同区段的重组质粒。

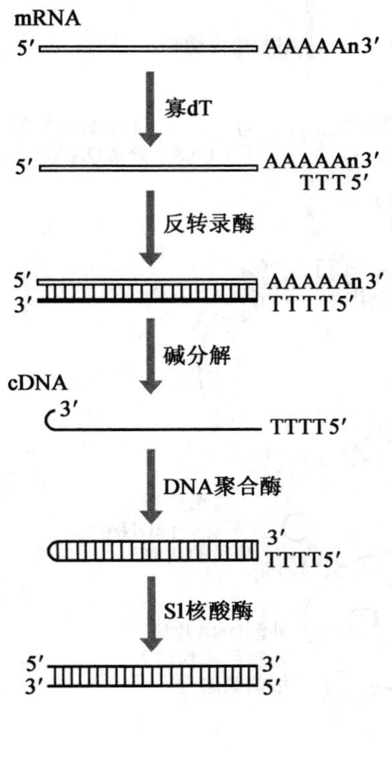

③ 重组 DNA 技术与目的基因的制备 所需要的基因或 DNA 片段得到后,必须与载体连接起来,形成重组 DNA 分子,导入宿主细胞,进行扩增,以获得大量目的基因或 DNA 片段。

重组 DNA 技术中所用的载体主要是质粒和噬菌体。质粒是闭环 DNA 分子,能独立复制,如 F 质粒、R 质粒等。质粒能在菌株间、甚至在种间传递抗生素耐性,具有独特的限制性酶切位点。

图 5-40 反转录法制备 cDNA 的流程图

一条寡 dT 短链与 mRNA 的多聚 A 尾杂交。寡 T 区段作为反转录酶作用的引物,反转录酶以 mRNA 为模板合成互补 DNA 链。产生的 cDNA 末端有一发夹形环。碱处理后,mRNA 链降解,发夹形环成为 DNA 多聚酶的引物,在该酶的作用下完成配对的另一条链的合成。然后单链环由 S1 核酸酶切除,形成双链 DNA 分子。

很多质粒经过遗传改造后具有选择性遗传标记,并有一些可供利用的限制性酶切位点,实验工作者可以根据需要选用。例如广泛应用的质粒 pBR 322(plasmid number 322 produced by Bolivar and Rodriguez)就是根据需要改建的,有 5 个独特的酶切位点和两个抗生素抗性基因。质粒经某一限制性内切酶切割,然后把目的 DNA 片段插入,在连接酶的参与下,再形成环状,成为重组 DNA 分子。

病毒,特别是噬菌体,也被广泛地用作载体。病毒比质粒大,遗传上也较复杂,但易于感染宿主细胞。遗传上改造过的 λ 噬菌体用得很多,这种噬菌体的中央部分不是必需的,可以切除,插入外源 DNA,而且插入的片段往往可以大一些。还有,为了特殊需要,还可应用其他形式的载体。例如黏粒(cosmid)是噬菌体与质粒的组合,它有质粒的很多优点,又可包装到噬菌体头部,便于进入宿主细胞。

重组 DNA 分子构建成功后,要导入宿主细胞进行扩增,以取得所需要的 DNA 片段(图 5-41)。如载体为病毒,可以通过感染导入宿主细胞;如果是纯化的 DNA,如质粒 DNA,可通过转化或转染(transfection)进入宿主细胞。把细胞置于 Ca²⁺ 存在情况下,在低温中用 DNA 处理,效果可以提高,因为这种处理可以使宿主细胞的细胞膜出现漏隙,DNA 易于进入,结果自然有助于目的基因的制备。

④ 从基因组文库筛查目的基因　什么是基因组文库(genomic library)?把某种生物的基因组 DNA 切成适当大小,分别与载体组合,导入微生物细胞,形成克隆(clone)。汇集这些克隆,应包含基因组中的各种 DNA 顺序,每种顺序至少有一份代表。这样的克隆片段的总汇,称为基因

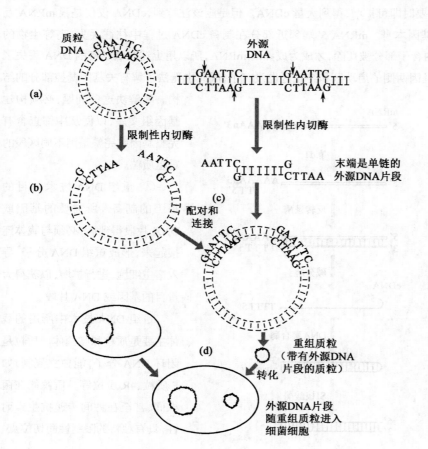

图 5-41　重组 DNA 技术流程图

(a)用限制性内切酶处理,把质粒 DNA 和外源 DNA 在标有箭头处切断。这里假定,质粒只有这种内切酶的一个切割点。(b)切断后, DNA 分子有"黏性的"单链末端,外源 DNA 的长度看两切割点间的距离而定。(c)在外源 DNA(供体)和质粒 DNA(受体)的黏性末端间形成氢键,再经 DNA 连接酶的作用,在供体和受体的邻接核苷酸间形成共价键。(d)通过转化,把带有外源 DNA 的重组质粒导入没有质粒的细菌细胞中。质粒进入新宿主细胞后,在一定条件下,增加拷贝数,扩增所需的 DNA 片段。

组文库。

把基因组中不同 DNA 片段克隆到载体后,希望尽可能多地把全基因组 DNA 包括进去。例如人的单倍体基因组约有 3.0×10^9 bp,如切成长度为 15～20 kb 的 DNA 片段,并克隆到 λ 噬菌体中,大约 10^6 个独立的重组载体就足以保证全部基因组在这克隆集合体中至少有一份代表了。

建成基因组文库后,要从中选出含有目的基因的克隆,实非易事。一个简单有效的方法是噬菌斑杂交法(plaque hybridization)。先把带有重组载体的细菌接种在平板上,待形成噬菌斑后,取一张易于 DNA 结合的硝酸纤维素薄膜覆盖在培养基表面,使分布在培养皿中的噬菌斑 DNA 影印在薄膜上。然后揭下这张薄膜,置于碱溶液中使 DNA 变性。膜在 80℃中真空干燥,使单链 DNA 附着于膜上。将膜放在含有同位素标记的单链核酸探针溶液中温育,这种探针能与目的 DNA 顺序互补。探针可以是从某些组织中分离出来的 mRNA,也可以是根据所需基因的蛋白质产物的氨基酸顺序而合成的寡聚脱氧核糖核酸(oligodeoxynucleotide),或为来自另一克隆 DNA 的限制性酶切片段。待放射性探针与膜上互补的 DNA 顺序杂交后,洗去过剩的探针,用放射自显影法来检测膜上哪一部分与探针杂交,从而可以知道培养皿上哪个位置的噬菌斑带有需要检出的 DNA。接着从平板上挑出相应的噬菌斑进行扩增,即可得到所需的外源 DNA 或目的基因(图 5-42)。

如载体为质粒时,可同样地进行检出。先把含有重组质粒的细菌涂平板,再把细菌菌落(或克隆)影印到硝酸纤维素薄膜。把薄膜上的细菌原位溶菌,将其 DNA 变性,然后用探针进行菌落杂交(colony hybridization),放射自显影后,挑选出相应的菌落,进行扩增,同样可以得到目的基因或所需 DNA 片段。

利用重组 DNA 技术不仅可以更直接、便捷地研究基因的结构和功能,而且能够在临床患者身上进行基因诊断,在生产实践中合成特定蛋白质,等等。现今,重组 DNA 技术还在不断发展之中,以重组 DNA 为基础的其他遗传学实验技术也是日新月异,这都极大地促进了遗传学理论的发展,并对其他研究和生产领域产生了积极作用。在本书中,受篇幅所限,我们暂不对这些新的技术内容作更多的介绍。

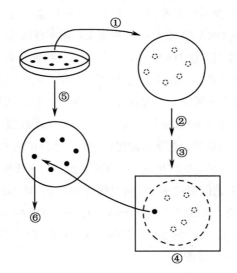

图 5-42 噬菌斑杂交法

①把噬菌斑转移到硝酸纤维素薄膜上。②碱变性后,与 ^{32}P 标记的探针(例如 cDNA)温育。③洗净干燥后,紧贴 X 光底片,使之感光。④放射自显影。⑤平板保存于 4℃。⑥把对应于放射自显影底片上的噬菌斑分离出来。

第五节　基因型分型技术

在摩尔根和他的弟子揭示了基因可在自发或诱发的条件下发生各种类型的突变之后,他们设计了多种突变检测技术来鉴定某个特定突变型等位基因的存在,例如 Muller-5 技术可以用来检测 X 染色体连锁的隐性突变，尤其是致死突变。在他们之后，比德尔和塔特姆(1945)利用不同培养基的设计实现了粗糙链孢霉的营养突变菌株的筛选。这些突变检出的工作充分依靠了不同等位基因的表型效应不同，且能通过适当技术检测。随着分子遗传学技术如重组 DNA 技术的不断发展，更多的遗传分析研究直接关注 DNA 水平的遗传变异而非表型变化。鉴定 DNA 有无变异、区分不同类型的突变型等位基因成为了新的遗传学分析需求，一系列基因型分型(genotyping)技术应运而生，推动了基因结构和功能的深入研究。

视频 7
基因型分型
技术

基因型分型指利用分子生物学方法分析样本的 DNA 序列，从而确定其基因型的实验过程。简言之，就是确定基因的 DNA 序列组成，从而明确其中是否携带变异以及携带怎样的变异信息。当下的基因型分型技术各式各样，面向各行各业的不同需求。我们按照技术发展的时间顺序，介绍几种代表性的检测技术。

一、Southern 印迹

Southern 印迹(Southern blotting)又称 DNA 印迹，是一种基于分子杂交的基因型分型技术。1975 年，牛津大学的分子生物学家萨瑟恩(Edwin Mellor Southern，1938—)以 rRNA 的编码基因为例，建立了将 DNA 转移到硝酸纤维素膜上，再利用 DNA-DNA 杂交检测特定 DNA 片段的方法。这种方法也直接以 Southern 的名字进行了命名。后来人们利用和 Southern 印迹类似的杂交方法去分析 RNA 和蛋白质，将 RNA 的印迹分析称为 Northern 印迹(Northern blotting)，常规蛋白质印迹分析称为 Western 印迹(Western blotting)，双向电泳后蛋白质分子的印迹分析称为 Eastern 印迹(Eastern blotting)。

印迹法(blotting)是一种将凝胶电泳技术、固定化技术及分子亲和技术融合一体的综合性技术(图 5-43 a)。在获得特定的 DNA 样本之后，一般会采用限制性酶切消化的方法进行预处理，这是因为直接从组织或细胞中提取的 DNA 样本分子量很大，很难分离。酶解后利用凝胶电泳技术将 DNA 样本分离。凝胶内部是有着特定孔径的胶体组织，在电场的作用下，带负电的 DNA 向正极移动，由于不同相对分子质量大小的 DNA 受到的阻力不同，迁移率就不同，从而实现分离。在胶里预先混入核酸的荧光染料，用紫外线照射电泳后的凝胶就可以肉眼观察所有的 DNA，它们通常连续分布，呈现弥散条带。接下来需要将已按大小分离的 DNA 样品转移到固相载体上，这一过程就是印迹，可以通过毛细作用或电场作用。通常用来转移 DNA 的固相载体是硝酸纤维素膜和尼龙膜等，转移后的固相载体表面可以保持电泳分离的 DNA 类型，且它们的分布及活性均不变。印迹完成后，利用高浓度的无关 DNA(如鲑鱼精 DNA)对膜进行封闭，再与已标记同位素的 DNA 探针进行杂交。杂交的过程中，DNA 探针利用互补配对原则识别与之互补的序列，并结合在膜上，经放射自显影成像。

显然，Southern 印迹可以检测不同样本中是否含有具有特定寡核苷酸序列的基因片段，从而确定该样品属于野生型或突变型。如果不同样本中存在不同类型的突变，可通过设计不同的 DNA 探针加以区别(图 5-43 b)。因此探针的设计是 Southern 印迹技术的核心之一。

随着 Southern 印迹技术的推广，生物学家发现了新的问题：Southern 印迹的实验操作较为复杂，同时可检测的样本数量较小，不能适用于大量样本的快速检测。20 世纪 90 年代，同样基于 DNA 杂交原理的 DNA 芯片(DNA chip)技术成功开发和应用于基因型分型。DNA 芯片又

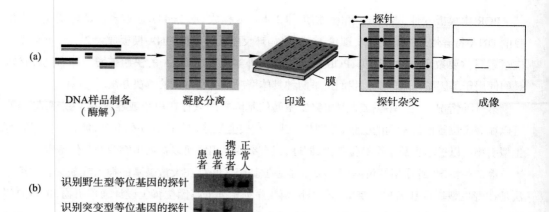

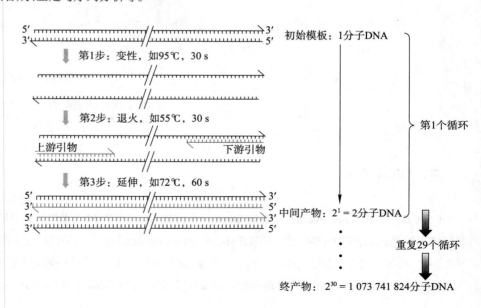

图 5-43　Southern 印迹

（a）Southern 印迹基本流程。（b）利用 Southern 印迹对 4 名戈谢病（Gaucher disease）家系成员进行基因型分型（图片引自 Theophilus 等，1989）。

称 DNA 微矩阵（DNA microarray），它是将一系列已知序列的 DNA 探针分子以高密度固定于支持物上，通过与标记的 DNA 样品分子进行杂交实现标记 DNA 的序列分析。DNA 芯片技术的重要特点就是高通量、大规模、平行化和集约化，但是与此同时，芯片杂交的非特异性要显著高于Southern 印迹，芯片杂交结果需要的分子生物学实验加以佐证。

二、聚合酶链式反应

1985 年，美国生物化学家穆利斯（Kary Banks Mullis，1944—2019）成功开发出聚合酶链式反应（polymerase chain reaction，PCR）技术，这是一种在体外利用 DNA 聚合酶，将少量 DNA 模板通过循环反应特异性扩增的实验方法，也是当下最常见的分子生物学技术之一，被广泛用于基因的分离、合成、鉴定与序列分析等。

图 5-44　PCR 基本流程

PCR 的链式反应包括变性、退火和延伸 3 个基本步骤。经过 1 个循环的反应，1 分子的 DNA 可以扩增为 2 个。以此类推，经过 30 个循环，1 分子 DNA 理论上可以扩增至 10 亿多个 DNA。

PCR 由模板变性、退火结合和引物延伸 3 步反应构成（图 5-44），通过多次循环使模板中的目的 DNA 特异性地扩增出来。理论上，30 个循环反应就可以把 DNA 模板放大 2^{30} 倍，而整个反应过程只需要数十分钟。可见，PCR 技术能在体外实现目的 DNA 的快速扩增。那么这种技术是如何用于基因型分型的呢？我们试举两种具体情况来说明常见的解决办法。

第一种情况，野生型等位基因和突变型等位基因之间只存在单个或连续的少数碱基差异。可以在突变位置设计不同的引物，分别与野生型和突变型等位基因的序列互补，那么有且只有野生型引物可以扩增出野生型等位基因，同理，只有突变型引物可以扩增出突变型等位基因。

第二种情况，野生型等位基因和突变型等位基因之间存在大量碱基的插入或缺失。常用办法是在野生型等位基因和突变型等位基因两侧序列相同的基因位置上设计通用引物，扩增内部序列。任何一种基因型都能有扩增产物，但是由于插入或缺失，突变型的扩增产物大小与野生型明显不同，通过凝胶电泳进行鉴定。在前面章节的学习中，已知亨廷顿舞蹈病的发病机制是 *HTT* 基因内部过多的三核苷酸（CAG）的串联重复数目，通过 PCR 方法可以根据扩增产物的大小快速鉴定亨廷顿舞蹈病家系成员的基因型（图 5-45）。

从以上两种情况的分析中不难发现，利用 PCR 实验进行基因型分型，引物的设计是至关重要的。

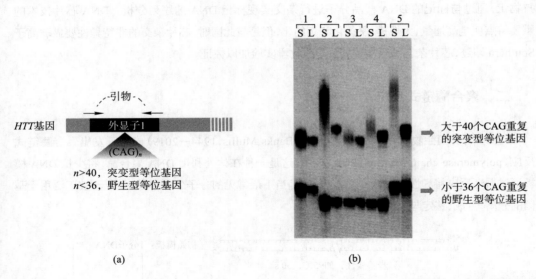

图 5-45　利用 PCR 技术进行 *HTT* 不同等位基因的基因分型

（a）*HTT* 基因与 PCR 引物。（b）利用 PCR 技术对 5 名亨廷顿舞蹈病患者的精子（S）和淋巴母细胞（L）进行 *HTT* 的基因分型（引自 Duyao 等，1993）。

三、DNA 测序

DNA 测序（DNA sequencing）即测定 DNA 序列的技术。传统测序技术包括化学断裂法和双脱氧链末端终止法，又被称为一代测序（first-generation sequencing）。我们已经在前面介绍了化学断裂法，现在再向大家介绍双脱氧链末端终止法，这个方法从 1977 年桑格发明后流行至今。

我们首先在常规的 PCR 反应体系中加入少量双脱氧核苷酸（dideoxynucleotide triphosphate， ddNTP)混合物,这类核苷酸因为缺少了 3′ 羟基,不能继续形成磷酸二酯键,因此可终止延伸反应。同时,各个 ddNTP 用不同的荧光分子进行标记,便于识别。由于 DNA 聚合酶不区分 dNTP 和 ddNTP,当少量的 ddNTP 被掺入到 PCR 体系中后,就会得到以 ddNTP 结尾的各种长度大小的 PCR 产物。经过电泳分离之后,不同大小的片段依次排开。与此同时,机器探头可以通过 4 种 ddNTP 上携带的荧光分子进行碱基序列的分辨,从而读取正确的序列信息(图 5-46 a)。

由于 DNA 测序直接读取了被测 DNA 的全部序列信息,因此可以用于基因型判断(图 5-46 b)。不难看出,DNA 测序在基因型分型中的适用范围更广,它能够检测出不超过 1 000 bp 大小的任何形式的突变。另一方面,Southern 印迹需要根据突变位点设计互补的探针,PCR 需要根据突变性质设计引物,但 DNA 测序只需要一个测序引物,就能在突变未知的情况下直接进行操作,并在基因型分型的同时获得突变的具体信息。

除了以上 3 种常用的基因型分型技术,当下基因型分型技术的发展迅速,渗透到了基础研究、生产实践和临床医学等领域。例如,生物学家通过诱变获得了某基因的突变杂合子拟南芥(但事先并不知晓会发生何种表型变化),可以利用基因型分型快速鉴定自交 F₁ 中哪些是野生型,哪些是杂合子和突变纯合子(而不需要依赖表型分析进行判断)。又如,在临床上,基因型分型技术被应用于各类遗传测试(genetic testing),又称为 DNA 测试(DNA testing),指的是从 DNA 水平对人类遗传性疾病进行分析检测的方法。遗传测试根据对象不同可以分为新生儿筛查(newborn screening)、产前诊断(prenatal diagnosis)和携带者测试(carrier testing)。新生儿筛查和产前诊断对新生儿和胚胎的临床常规诊断具有重要的辅助价值,而特定遗传病患者群的携带者测试在人群疾病风险预测中具有重要作用。遗传测试的先驱,华人医学家简悦威(1936—)在 20 世纪 70 年代最先利用杂交技术、限制性内切酶酶切技术和 Southern 印迹开发了 α- 地中海贫血、镰状细

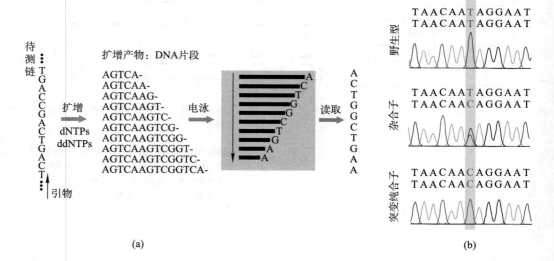

(a)   (b)

图 5-46　利用 Sanger 测序进行基因分型

(a) Sanger 测序基本原理的示意图。在引物和 ddNTPs 存在的条件下,PCR 反应形成大小不同的产物。经电泳分离后,可根据产物大小和 ddNTP 标记的荧光信号读取 DNA 顺序。(b) Sanger 测序代表性结果,依次显示的是野生型、杂合子和突变纯合子的基因片段的测序结果,灰色标出的是差异位点。

胞贫血和 β- 地中海贫血等孟德尔疾病的基因型分型方法,并成功应用于产前诊断。

我们在前序章节中介绍过镰状细胞贫血的发病机制是 β- 珠蛋白编码基因 *HBB* 内部发生了一个单核苷酸突变。生物学家分析该突变所在位置发现这个位点的改变造成了野生型等位基因内部一个 *Mst* Ⅱ 酶切位点发生了丢失(图 5-47 a)。先利用 PCR 技术将这一段序列扩增出来,再经过 *Mst* Ⅱ 酶切处理,通过电泳技术检测酶切后的产物大小,就可以实现基因型分型并完成遗传测试了(图 5-47 b)。野生型纯合子(*HBB^A HBB^A*)的两条 DNA 链都含有酶切位点,因此均被切割成较小的片段;镰状细胞贫血(*HBB^S HBB^S*)的两条 DNA 链都因为突变丢失了酶切位点,因此酶解后的片段较大;而携带者(*HBB^A HBB^S*)两种片段类型都有(图 5-47 c)。利用这种基因型分型技术,可以对镰状细胞贫血家系中未出生的胚胎进行产前诊断,提前获知胚胎的基因型和患病风险。在这个基因型分型的案例中,我们还看到了一种特殊的现象,即遗传变异可以造成内切酶酶解后片段大小不同,关于这个知识点,我们留到连锁交换一章再作详细介绍。

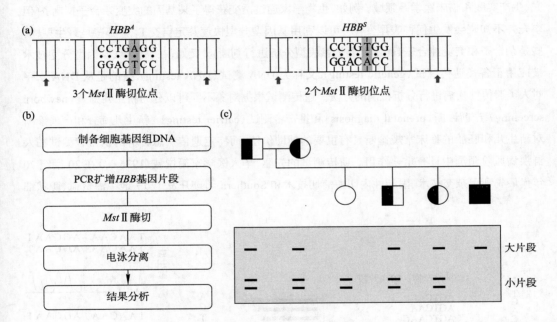

图 5-47　利用 PCR 技术和限制性酶切方法进行镰状细胞贫血的遗传测试

(a)野生型 β- 珠蛋白编码基因 *HBB^A* 和导致镰状细胞贫血的突变型 β- 珠蛋白编码基因 *HBB^S* 的序列对比。灰色阴影标识的是变异碱基。箭头所指的是基因序列中的 *Mst* Ⅱ 酶切位点。(b)镰状细胞贫血遗传测试的代表性流程。(c)一个假想的镰状细胞贫血家系及其遗传测试的结果。

习题

1. 解释下列名词：半保留复制、顺反子、突变子、重组子。

2. 哪些实验证明 DNA 是双螺旋结构？这种结构在遗传学上有什么意义？

3. 摩尔根曾提出，基因是功能单位，基因是突变单位，基因是重组单位，即三位一体。利用现代的遗传学观点，你如何看待摩尔根提出的这 3 点基因属性，请简述理由？

4. 从经典遗传学到分子遗传学，基因的概念有什么发展？现在基因的概念是怎样的？

5. 有一简单的 4 核苷酸链，碱基顺序是 A—T—C—G，问：①你能识别这条短链吗？是 DNA 还是 RNA？②如以这条短链为模板，形成一条互补的 DNA 链，它的碱基顺序怎样？③如以这条短链为模板，形成一条互补的 RNA 链，它的碱基顺序怎样？

6. DNA 双链的两条互补链带有相同的遗传信息吗？请说明。

7. 在双链的 DNA 分子中 $(A+T)/(G+C)$ 是否与 $(A+C)/(G+T)$ 的比例相同？请解释。

8. $E.\ coli$ 的染色体含有长度约为 1 100 μm 的 DNA，问这条染色体有多少核苷酸对？（提示：DNA 双链的每两对碱基间的距离是 0.34 nm。）

9. 粗糙链孢霉的许多不同的营养突变型能在添加精氨酸的基本培养基上生长，其中一些也能在添加其他物质的基本培养基上生长（+），如下表所示：

突变类型	生长反应				
	基本培养基	谷氨半醛	鸟氨酸	瓜氨酸	精氨酸
$arg\text{-}8,\text{-}9$	−	+	+	+	+
$arg\text{-}4,\text{-}5,\text{-}6,\text{-}7$	−	−	+	+	+
$arg\text{-}2,\text{-}3,\text{-}12$	−	−	−	+	+
$arg\text{-}1,\text{-}10$	−	−	−	−	+

你认为精氨酸的代谢途径是怎样的？

10. 如果黑尿酸尿症患者的食物中含有大量的苯丙酮酸，他们尿中尿黑酸的排泄量会增加吗？如果含有大量的对羟苯丙酮酸，他们尿中尿黑酸的排泄量会增加吗？

11. 有时由于基因突变，发生代谢障碍，有化学物质积聚，这个事实对于我们说明单个基因突变的多效现象有什么启发？

12. 什么叫 DNA 的重链（H）、轻链（L）？

13. 培养粗糙链孢霉时，在培养基中添加生物素，但培养青霉菌时在培养基中不需要添加生物素。是不是在青霉菌细胞的生化反应中，生物素不起作用呢？把你的解答延伸到其他生物中。

14. 假使一个基因决定一个多肽，那么为什么一个基因不决定一个性状呢？

15. 有一基因型 $\dfrac{+\ a}{b\ +}$，如果发现互补作用，表示什么意思？如果没有互补作用，又是什么意思？

16. 已知 a_1、a_2 和 b 都是隐性突变，且仅有 a_1 和 a_2 位于同一基因内部。请写出下列 4 种基因型所对应的表型，并简述理由。

顺式杂合子：(1) $\dfrac{a_1\quad a_2\quad +}{+\quad +\quad +}$ (2) $\dfrac{a_1\quad +\quad b}{+\quad +\quad +}$

反式杂合子:(3) $\dfrac{a_1 \quad + \quad +}{+ \quad a_2 \quad +}$ 　　　　(4) $\dfrac{a_1 \quad + \quad +}{+ \quad + \quad b}$

17. 科学家在一次大规模的诱变筛选中获得了导致果蝇眼睛颜色变为白色的两个隐性纯合突变品系,分别用 m_1m_1 和 m_2m_2 表示。请问如何利用杂交实验鉴别这两个突变位于两对非等位基因内部,还是位于同一基因内部? 请给出实验的具体步骤和结果分析。

18. 简述重新组 DNA 技术的原理、操作方法及应用。

19. 简述至少 3 种常用的基因型分型的方法,并谈谈它们的不同。

20. 已知镰状细胞贫血症的发病原因是 β- 珠蛋白编码基因的单核苷酸突变(GAG → GTG),该突变可以造成野生型等位基因内部一个 Mst Ⅱ 酶切位点的丢失。下图是研究者对 4 份 DNA 样本进行基因分型的结果,研究者首先对 β- 珠蛋白编码基因进行 PCR 扩增,再经 Mst Ⅱ 酶切后电泳分离,结果如右图所示。请判断各泳道所对应 DNA 样品(A、B、C 和 D)的基因型。

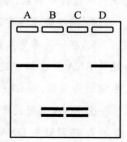

数字课程学习

✑ 在线自测　　　　✂ 习题答案

第六章
性别决定与伴性遗传

　　显微镜下染色体的行为与杂交实验中基因的传递方式是平行的,这意味着,基因可能在染色体上。在这一章中将着重介绍性别决定的机理和伴性遗传的规律,并进一步证明基因的确在染色体上,这将使我们对遗传的染色体理论有进一步的理解。

第一节　性别决定

　　各种两性生物中雌雄个体的比例大都是 1∶1,这是个典型的孟德尔比例,所以有人猜测,性别和其他性状一样,也是按照孟德尔方式遗传的。1∶1 是测交比例,这意味着某一性别(例如雌性)是纯合子,而另一性别(例如雄性)是杂合子。麦克朗(Clarence Erwin McClung,1870—1946)(1901)在直翅目昆虫中首次发现性染色体后,就自然地把性别决定与性染色体联系起来。

一、性染色体

　　体细胞中染色体数是成双的,有 n 对,生殖细胞中染色体数是成单的,有 n 条。可是事实并非全然如此。详细地说,体细胞中有一对染色体的形状相互间往往不同。形成配子时,一部分配子中有一条染色体往往跟另一部分配子中它的同源染色体在形态上有所不同。这一对形态上相互不同的染色体,就是性染色体(sex chromosome),因为它们跟性别决定直接有关。性染色体以外的染色体,被称为常染色体(autosome)。

二、性染色体与性别决定

　　很多高等植物和某些低等动物是雌雄同花、同株或同体,它们的体细胞中所有染色体都成对,形态上也相同。它们在一个个体中能同时形成雌雄两性配子,所以对它们来说,不是性别决定问题,而是性别分化问题。但是很多动物和某些植物是雌雄异体或异株,它们的体细胞中有一对染色体在雌雄个体中有差异,它们的性别不同由染色体的差异决定。但除此以外,性别决定的方式还有很多,有根据受精与否决定的,有根据环境影响决定的,还有根据基因的差别决定的,等等。现在先介绍性别由性染色体的差异来决定的两种形式,其他决定方式留待这一章的较后部分再讲。

(1) **XY 型性别决定** 人的体细胞中有 46 条染色体,可配成 23 对,其中 22 对在男性和女性中是一样的,叫作常染色体。另外一对是性染色体,在女性中成对,叫作 X 染色体,而在男性中,X 染色体只有一条,与一条很小的 Y 染色体成对(见图 3-2)。经过减数分裂形成生殖细胞时,男性可以产生两种精子,一种是 22+X,一种是 22+Y,两种精子的比例相等;而女性只能产生一种卵子,就是 22+X。带有 X 的卵子与带有 X 的精子结合得到 XX 合子,发育成为女性;带有 X 的卵子与带有 Y 的精子结合,得到 XY 合子,发育成为男性。这种性别决定形式如图 6-1 所示。

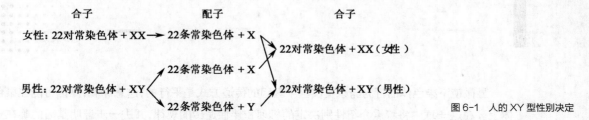

图 6-1 人的 XY 型性别决定

这是 XY 型性别决定,雄是异配性别(heterogametic sex),可以产生两种不同的配子,雌是同配性别(homogametic sex),只能产生一种配子。

XY 型性别决定在生物界中较为普遍,很多雌雄异株植物、昆虫,某些鱼、两栖类和全体哺乳动物的性别决定都是 XY 型。在人中,子女的性别是由精子带有 Y 还是不带有 Y 来决定的。

黑腹果蝇的性别决定也属于 XY 型(图 6-2)。黑腹果蝇的每一体细胞中有 8 条染色体,可配成 4 对。其中 3 对在雌雄果蝇中是一样的,是常染色体,另外一对是性染色体,在雌果蝇中是 XX,在雄果蝇中是 XY(图 6-3)。

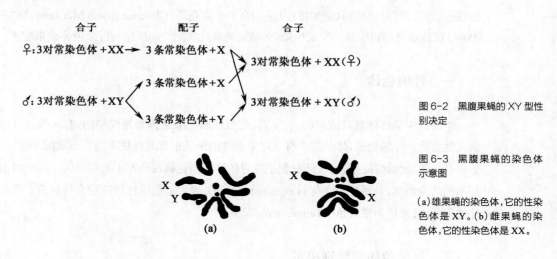

图 6-2 黑腹果蝇的 XY 型性别决定

图 6-3 黑腹果蝇的染色体示意图

(a)雄果蝇的染色体,它的性染色体是 XY。(b)雌果蝇的染色体,它的性染色体是 XX。

(2) **ZW 型性别决定** 这一型的性别决定方式刚好和 XY 型相反。现在用家蚕的性别决定为例来加以说明。

家蚕的体细胞染色体数是 28 对,其中 27 对是常染色体,另外一对是性染色体。在雄蚕中,性染色体成对,叫作 ZZ(也有叫作 XX 的),在雌蚕中不成对,叫作 ZW(也有叫 XY 的)。所以雄蚕只能产生一种精子,即 27+Z,而雌蚕可以产生两种卵,一种是 27+Z,一种是 27+W,两种卵的比例相等。带有 Z 的卵跟带有 Z 的精子结合,得到 ZZ 合子,发育成为雄蚕;带有 W 的卵跟带有 Z 的精子结合,得到 ZW 合子,发育成为雌蚕(图 6-4)。

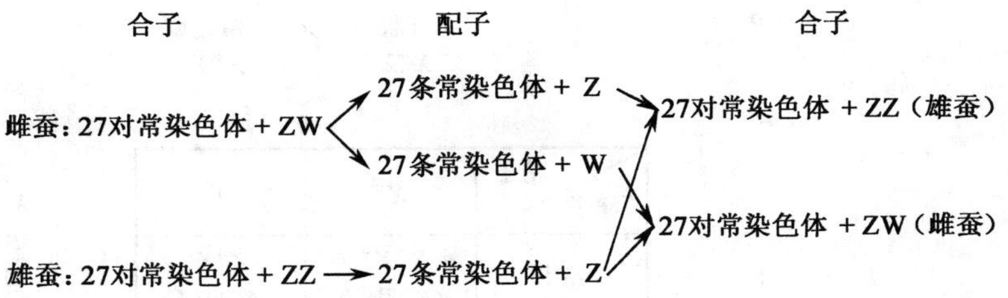

27条常染色体 + Z ⟶ 27对常染色体 + ZZ（雄蚕）

雌蚕：27对常染色体 + ZW

27条常染色体 + W ⟶ 27对常染色体 + ZW（雌蚕）

图 6-4　家蚕的 ZW 型性别
决定

雄蚕：27对常染色体 + ZZ ⟶ 27条常染色体 + Z

这是 ZW 型性别决定。这里雌是异配性别，雄是同配性别。所以下代个体的性别是由卵细胞决定的，看卵细胞带的是 Z 染色体，还是 W 染色体。这一型性别决定方式多见于鳞翅目昆虫，某些两栖类、爬行类和鸟类等。

第二节　伴性遗传

既然很多生物有性染色体，那么如果基因在染色体上，有些基因就有可能在性染色体上。在性染色体上的基因所控制的性状在遗传方式上自然跟常染色体上的基因有所不同。性染色体上基因的遗传方式有一特点，就是跟性别相联系，这种遗传方式称为伴性遗传（sex-linked inheritance）。我们在孟德尔定律一章中已经介绍了一些人类伴性遗传疾病，在本节中我们再以其他生物为例，介绍几个伴性遗传的案例。

一、果蝇的伴性遗传

摩尔根在 1905 年发现果蝇是极好的实验材料，它体型小，饲养容易，生活史短，在 25℃时经 12 天就可以完成一个世代，进而繁殖第二代。果蝇生命力强，每个雌体能产生几百个后代。果蝇作为遗传学实验材料还有许多其他优点是摩尔根当时没有想到的，果蝇现在仍然是遗传学研究的好材料。

果蝇的野生型眼色都是红色，但是摩尔根在研究的早期（1910）发现一只雄蝇，其复眼的颜色完全白色。这只白眼雄蝇与正常的红眼雌蝇交配时，F_1 不论雌雄都是红眼，但 F_2 中雌的全是红眼，雄的半数是红眼，半数是白眼。这显然是个孟德尔比例——如果雌雄不论，则 F_2 中 3 红眼：1 白眼。与一般孟德尔比例不同之处是，白眼全是雄蝇。

另外，摩尔根也做了测交试验。最初出现的那只白眼雄蝇和它的红眼女儿交配，结果产生 1/4 红眼雌蝇，1/4 红眼雄蝇，1/4 白眼雌蝇，1/4 白眼雄蝇，这也是孟德尔比例。

摩尔根根据实验结果，提出他的假设：控制白眼性状的基因 w 位于 X 染色体上，是隐性的。因为这对等位基因在 X 染色体上，所以为明确起见，记作 X^w，野生型等位基因记作 X^+，Y 代表 Y 染色体。因为 Y 染色体上不带有这个基因的显性等位基因，所以最初发现的那只雄蝇的基因型是 $X^w Y$，表现为白眼，跟这只雄蝇交配的红眼雌蝇是显性基因的纯合子，基因型是 $X^+ X^+$。这儿白眼基因 X^w 是突变基因，红眼基因 X^+ 是野生型基因。

白眼雄蝇与纯种红眼雌蝇交配（图 6-5），白眼雄蝇的基因型是 $X^w Y$，产生两种精子，一种精子带有 X，上面有 w 基因，一种精子带有 Y，上面没有相应的基因。红眼雌蝇的基因型是 $X^+ X^+$，产

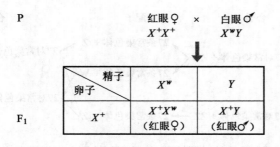

图 6-5　白眼雄蝇与纯种红眼雌蝇杂交，F₁不论雌、雄，都是红眼

P　　红眼♀　×　白眼♂
　　　X^+X^+　　　X^wY

X^+,带有野生型(红眼)基因的 X 染色体;X^w,带有突变型(白眼)基因的 X 染色体;Y,Y 染色体上面没有相应等位基因。

精子＼卵子	X^w	Y
X^+	X^+X^w（红眼♀）	X^+Y（红眼♂）

F₁

生的卵都带有 X，上面都有一野生型基因。两种精子(X^w 和 Y)与卵(X^+)结合，子代雌蝇的基因型是 X^+X^w，因为 + 对 w 是显性，所以表型是红眼，子代雄蝇的基因型是 X^+Y，所以表型也是红眼。

F₁ 的红眼雌蝇与红眼雄蝇交配时，红眼雌蝇(X^+X^w)产生两种卵子：一种是 X^+，一种是 X^w；红眼雄蝇也产生两种精子，一种是 X^+，一种是 Y。卵子与精子相互结合(图 6-6)，形成 4 种合子，长大后，雌蝇都是红眼(X^+X^+ 和 X^+X^w)，而雄蝇中一半是红眼(X^+Y)，一半是白眼(X^wY)，表型比例是 2∶1∶1。

在摩尔根所做的测交实验中，F₁ 红眼雌蝇与白眼雄蝇交配，F₁ 红眼雌蝇的基因型是 X^+X^w，产生两种卵子，一种是 X^+，一种是 X^w；白眼雄蝇的基因型是 X^wY，产生两种精子，一种是 X^w，一种是 Y。雌雄配子结合 (图 6-7)，下一代有 4 种表型：红眼雌蝇 (X^+X^w)、白眼雌蝇 (X^wX^w)、红眼雄蝇 (X^+Y)、白眼雄蝇(X^wY)，比例是 1∶1∶1∶1。

摩尔根圆满地解释了他的实验结果，他为了验证他的假设，设计了 3 个新的实验：

① 根据假设，F₂ 雌蝇虽然都是红眼，但基因型有两种，半数是 X^+X^+，半数是 X^+X^w(图 6-6)，所以 F₂ 雌蝇与白眼雄蝇做单对交配时，应当半数 F₂ 雌蝇所产的后裔全部是红眼，半数 F₂ 雌蝇则与 F₁ 雌蝇测交所产的后代一样(图 6-7)，是 1/4 红眼雌蝇∶1/4 白眼雌蝇∶1/4 红眼雄蝇∶1/4 白眼雄蝇。

② 根据假设，白眼雌蝇与红眼雄蝇交配时，子代中雌蝇都是红眼，雄蝇都是白眼(图 6-8)。

③ 根据假设，白眼雌蝇和白眼雄蝇交配时，子代雌雄都是白眼，而且以后也能真实遗传，成为稳定的品系。

这 3 个实验中，以第二个实验最为关键。实验的结果跟预期完全符合，假设得到证实。

F₁　　红眼♀　×　红眼♂
　　　X^+X^w　　　X^+Y

精子＼卵子	X^+	Y
X^+	X^+X^+（红眼♀）	X^+Y（红眼♂）
X^w	X^+X^w（红眼♀）	X^wY（白眼♂）

F₂

图 6-6　F₁ 红眼雌蝇与红眼雄蝇交配结果

F₂ 雌蝇全为红眼，而雄蝇中，红眼和白眼各占一半。

F₁　　红眼♀　×　白眼♂
　　　X^+X^w　　　X^wY

精子＼卵子	X^w	Y
X^+	X^+X^w（红眼♀）	X^+Y（红眼♂）
X^w	X^wX^w（白眼♀）	X^wY（白眼♂）

图 6-7　白眼雄蝇与 F₁ 红眼雌蝇交配结果

下代雌蝇和雄蝇中，红眼和白眼各占一半。

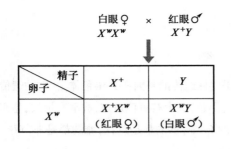

白眼♀　×　红眼♂
X^wX^w　　X^+Y

卵子 ＼ 精子	X^+	Y
X^w	X^+X^w（红眼♀）	X^wY（白眼♂）

图 6-8　白眼雌蝇与红眼雄蝇交配结果

子代雌蝇是红眼,雄蝇是白眼

摩尔根这项工作的意义是:第一次把一个特定基因与一个特定的染色体联系起来。性染色体所携带基因的遗传遵循伴性遗传的遗传规律。因为有关的基因在 X 染色体上,所以为明确起见,现在称为 X 连锁遗传。

二、高等植物的伴性遗传

种子植物大部分是雌雄同株的,但是也有是雌雄异株的,例如菠菜、大麻等。

一般雌雄异株植物的两条性染色体在细胞学上区别不大。例如蝇子草属 *Silene latifolia* 的雄性植株是异配的(XY),Y 染色体比 X 染色体稍稍大些(图 6-9)。在减数分裂的时候,X 也跟 Y 配对,不过分离较早,在常染色体还没有分开的时候,两个性染色体就分向两极,表明 X 染色体跟 Y 染色体的同源部分是很短的,其余部分已互相分化了。

蝇子草的叶子形状有阔叶和细叶两型。如把阔叶的雌株跟细叶的雄株交配,子代全部是阔叶的雄株。如把杂合的阔叶雌株跟阔叶的雄株交配,子代雌雄都有,但雌株全是阔叶,而雄株中阔叶和细叶约各占半数。这样复杂的遗传方式究竟是怎样发生的呢？从上面的实验结果看来,阔叶和细叶这一对性状跟性别有关。所以如果假设阔叶由基因 B 引起,细叶由基因 b 引起,B 相对 b 完全显性,位于 X 染色体的已分化部分上,Y 染色体上没有相对应的基因;此外再加上一个假设,带有基因 b 的花粉是致死的,这样上述的杂交实验,就可圆满地说明(图 6-10)。

实验1　　阔叶♀　×　细叶♂
　　　　　X^BX^B　　X^bY

雌配子 ＼ 雄配子	[X^b]	Y
X^B	—	X^BY（阔叶♂）

实验2　　阔叶♀　×　阔叶♂
　　　　　X^BX^b　　X^BY

雌配子 ＼ 雄配子	X^B	Y
X^B	X^BX^B（阔叶♀）	X^BY（阔叶♂）
X^b	X^BX^b（阔叶♀）	X^bY（细叶♂）

Y

X

图 6-9　蝇子草雄株的减数分裂相染色体

含有常染色体 11 对和性染色体 1 对(XY)。

图 6-10　蝇子草的阔叶型和细叶型的伴性遗传

X^B,带有基因 B 的 X 染色体;X^b,带有基因 b 的 X 染色体;
[X^b],基因 b 导致花粉致死。

三、鸡的伴性遗传

上面讲过鸟类的性别决定,如果伴性遗传的基因在 Z 染色体上,它的遗传方式又将怎样呢?

举个例子来说,芦花鸡的绒羽为黑色,头上有黄色斑点,成羽有横纹,是黑白相间。如用雌的芦花鸡与雄的非芦花鸡交配,得到的 F_1 中,雄的都是芦花,雌的都是非芦花。F_2 中,雌鸡中一半是芦花,一半非芦花,雄鸡中也是如此。

这个遗传现象如何解释呢? 可假定芦花基因 B 在 Z 染色体上,而且是显性。这样,雌的芦花鸡的基因型是 Z^BW,雄的非芦花鸡的基因型是 Z^bZ^b。两者交配,F_1 雄鸡的基因型是 Z^BZ^b,是芦花;雌鸡的基因型是 Z^bW,是非芦花。F_2 中,雌鸡的基因型一半是 Z^BW,是芦花;一半是 Z^bW,是非芦花;雄鸡的基因型一半是 Z^BZ^b,是芦花,一半是 Z^bZ^b,是非芦花(图 6-11)。

在芦花斑纹遗传的这个例子中,决定性状的基因在 Z 染色体上,所以更确切地讲,应为 Z 连锁遗传(Z-linked inheritance)。

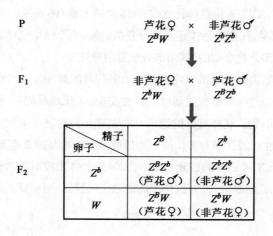

图 6-11 鸡的芦花斑纹的遗传

Z^B,带有芦花基因 B 的 Z 染色体;Z^b,带有非芦花基因 b 的 Z 染色体。

在养禽场里,为了提高鸡的生产性能,可供利用的一个交配是芦花母鸡 × 非芦花公鸡。它们的子代生命力强,而且在孵化时只要根据绒羽上有没有黄色头斑,就可把雏鸡的雌雄区别开来了。

第三节 遗传的染色体学说的直接证明

萨顿在 1903 年提出遗传的染色体假说时,相关证据还只是基因的行为一般与染色体的行为平行。虽然这个假设极为合理,但当时没有人认为这是一个可被检验的假设,因为还没有人能把某一特定基因与某一特定染色体联系起来。摩尔根在 1910 年在果蝇中发现的白眼性状的遗传方式,第一次把一个特定基因(w)与一特定染色体(X 染色体)联系起来,再加上其他伴性遗传的发现,尤其是 ZW 型性别决定方式和它的伴性遗传的发现,使一些对遗传的染色体学说持怀疑态度的人接受了这个学说。伴性遗传基因的行为和性染色体的行为完全平行,而且 XY 型生物和 ZW 型生物在细胞学上情况相反,在遗传学上情况也完全平行地相反,这对当时绝大多数生物学家来讲是足够可靠的证明了。但是仍有少数科学家持怀疑态度，认为两者的平行只是偶然的巧合而已。直至摩尔根的学生布里奇斯在 1916 年发现的果蝇 X 染色体不分开现象，才无可辩驳地证明了遗传的染色体学说。

用白眼雌蝇（X^wX^w）与红眼雄蝇（X^+Y）交配，子代雌蝇是红眼（X^+X^w），雄蝇是白眼（X^wY）（见图 6-8）。布里奇斯做了很多这样的交配，发现有少数例外。大约每 2 000 个子代个体中，有一个白眼雌蝇或红眼雄蝇。这些例外子代的表型跟它们的同一性别的亲本一样，所以雌蝇是偏母的（matroclinous），雄蝇是偏父的（patroclinous），这些例外子代，叫作初级例外子代（primary exceptional progeny）。

偏父的雄蝇总是不育的，而偏母的白眼雌蝇是可育的。将这种初级例外的白眼雌蝇与正常红眼雄蝇交配，4% 的子代是偏母的白眼雌蝇和偏父的红眼雄蝇，这样又出现了例外的子裔，不过这次频率较高，而且雄蝇也是可育的。这些初级例外雌蝇的例外子裔称作次级例外子裔（secondary exceptional progeny）（图 6-12）。怎样来解释这些例外后裔呢？

那些例外的白眼既然是雌蝇，必然有两个 X 染色体。它们既然是偏母的，也就是在表型上像它们的母亲，那么这两个 X 染色体上必然都带有白眼基因 *w*。同样的，那些例外的红眼既然是雄蝇，必然有一个 X 染色体。既然是偏父的，也就是在表型上像它们的父亲，那么这个 X 必然是从父亲来的。但是这种情况是怎样造成的呢？假定，极少数初级卵母细胞的减数分裂不正常，一对 X 染色体在后期 I 时不分向两极，而是进入同一极：①或是全部进入次级卵母细胞，这样就得到两个 X 的卵细胞，②或是全部进入第一极体，这样就得到没有 X 的卵细胞。在后期 I 时，一对同源染色体进入同一极的现象叫作不分离（nondisjunction）（图 6-13）。

这两种例外的卵细胞可以被带有 X 的精子受精，也可以被带有 Y 的精子受精。XX 卵被 Y 精子受精，则得 XXY 个体，这是例外的白眼雌蝇。无 X 卵被 X 精子受精，得到有 X 而无 Y 的个

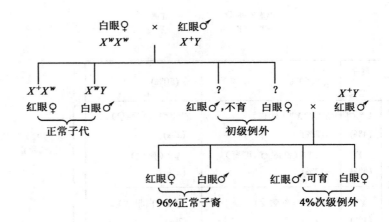

图 6-12　白眼雌蝇与红眼雄蝇交配中的例外子裔

子代出现少数例外个体，它们是偏母的白眼雌蝇和偏父的红眼雄蝇。

图 6-13　果蝇 X 染色体不分离的遗传效应

减数分裂时卵的两个 X 染色体的不分开，结果产生有两 X 的卵和无 X 的卵。这两种卵受精后，产生初级例外个体：偏母的白眼雌蝇和偏父的红眼雄蝇。

	精子 / 卵子	X^+	Y
不分开	X^wX^w	$X^+X^wX^w$（死亡）	X^wX^wY（白眼♀）
	O	X^+O（红眼♂，不育）	YO（死亡）

体（XO），这就是例外的红眼雄蝇。另外还可能有 Y 无 X 的受精卵（YO），它们不能发育成为成虫；也有 3 个 X 的受精卵（XXX），大多数也死亡，偶尔有发育成为成虫的，表现为红眼雌蝇。

　　初级例外雄蝇的不育是容易说明的，只要假定雄蝇有育性，一定要有 Y 染色体的存在，事实也的确如此。说到可育的 XXY 雌蝇，它们在进行减数分裂时，在大多数情况下，两 X 配对，而 Y 游离，这样将形成等量的 X 卵和 XY 卵。然而我们知道，X 与 Y 可以配对，所以如我们假定大约有 16% 的 X^wX^wY 雌蝇中 X^w 和 Y 配对，而另一 X^w 可随机地分向任何一极，那么这样配对时，一半（8%）将形成 X^w 卵和 X^wY 卵，而另外一半（8%）将形成 X^wX^w 卵和 Y 卵（图 6-14）。

　　后面两种卵子，X^wX^w 和 Y 在受精后，有一半机会将产生合子 $X^+X^wX^w$ 和 YY，这些很可能早期死亡，而另外一半机会将形成合子 X^wX^wY 和 X^+Y，偏母的雌蝇和偏父的雄蝇，这些就是次级例外个体。现在我们可以了解，为什么次级例外个体中的雄蝇（X^+Y）是可育的，因为它们从 XXY 母亲那里得到一个 Y（图 6-15）。

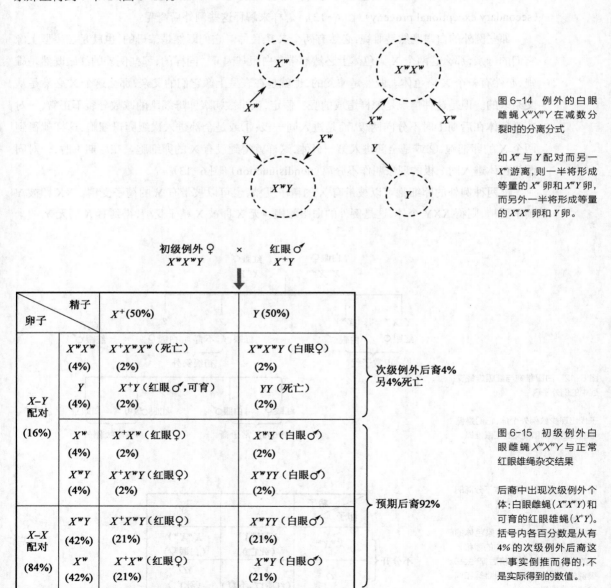

图 6-14　例外的白眼雌蝇 X^wX^wY 在减数分裂时的分离分式

如 X^w 与 Y 配对而另一 X^w 游离，则一半将形成等量的 X^w 卵和 X^wY 卵，而另外一半将形成等量的 X^wX^w 卵和 Y 卵。

初级例外♀　×　红眼♂
X^wX^wY　　　　X^+Y

卵子 ＼ 精子		X^+(50%)	Y (50%)	
X–Y 配对 (16%)	X^wX^w (4%)	$X^+X^wX^w$（死亡）(2%)	X^wX^wY（白眼♀）(2%)	次级例外后裔4% 另4%死亡
	Y (4%)	X^+Y（红眼♂,可育）(2%)	YY（死亡）(2%)	
	X^w (4%)	X^+X^w（红眼♀）(2%)	X^wY（白眼♂）(2%)	预期后裔92%
	X^wY (4%)	X^+X^wY（红眼♀）(2%)	X^wYY（白眼♂）(2%)	
X–X 配对 (84%)	X^wY (42%)	X^+X^wY（红眼♀）(21%)	X^wYY（白眼♂）(21%)	
	X^w (42%)	X^+X^w（红眼♀）(21%)	X^wY（白眼♂）(21%)	

图 6-15　初级例外白眼雌蝇 X^wX^wY 与正常红眼雄蝇杂交结果

后裔中出现次级例外个体：白眼雌蝇（X^wX^wY）和可育的红眼雄蝇（X^+Y）。括号内各百分数是从有 4% 的次级例外后裔这一事实倒推而得的，不是实际得到的数值。

到现在为止,我们假定红眼基因($+$)和白眼基因(w)在 X 染色体上,又假定卵子在减数分裂时偶尔出现不分离现象,从而圆满地说明了例外个体的出现原因。布里奇斯推论,如果上述假设是正确的,那么他可作如下预期,并能通过观察成虫的性原细胞来验证他的预期。

① 遗传学上检出的初期例外雌蝇和雄蝇,应该是 XXY 和 XO。在显微镜下观察,丝毫不差。

② 遗传学上检出的次级例外雌蝇和雄蝇,应该是 XXY 和 XY,在显微镜下观察,果然如此。

③ 例外白眼雌蝇的红眼女儿中,应该一半是 XXY,一半是 XX。在显微镜下观察,确是这样。

④ 例外白眼雌蝇的白眼儿子中,一半也会产生例外的后裔。会产生例外后裔的全部白眼儿子应该是 XYY。在显微镜下观察,完全证实。

视频 8
摩尔根与基因论

这样,如假定 w 和 $+$ 确实在 X 染色体上,上述例外现象就可用卵子进行减数分裂时性染色体的不分离现象来说明,而且根据不分离现象所作的各项预期又得到了细胞学观察的证实。这就无可辩驳地证明了基因在染色体上。

第四节 其他类型的性别决定

在有雌雄性别的物种中,几乎都有性染色体的存在,但这并不是说只有性染色体能影响性别发育。性别是一个复杂的发育性状,除了性染色体可以决定性别以外,常染色体上的基因也可以影响性别,受精与否以及环境的变化等也可影响性别。

一、蜂的性别决定

蜂类的性别决定,不仅与染色体数有关,而且也与环境有关。

蜜蜂(*Apis mellifera*)是我们熟悉的益虫,蜂后和雄蜂交配后雄蜂就死了,蜂后得到了足够一生需要的精子,可以用上四五年。她产下来的每一窝卵中,有少数是不受精的,这些卵发育成为雄蜂,它们的染色体数是 $n=16$。

受精卵可以成为正常能生育的雌蜂(蜂后),也可成为不育的雌蜂(工蜂),这主要靠环境——蜂王浆——的影响。蜂王浆是工蜂头部的一些腺体产生的。孵化中的工蜂,只吃两三天蜂王浆,且质差而量少,孵化后经 21 天才成为成虫。可是对于未来的蜂后则不是那样,她的蜂房由工蜂为之扩大,蜂王浆供应 5 天且质好而量多。蜂后从卵中出来经 16 天就能生育,长得比同窝的工蜂大而丰满。这样,蜂后和工蜂的染色体数虽然都是 $2n=32$,但是由于环境影响的不同,或者发育为蜂后,或者发育为工蜂(图 6-16)。

到这儿读者或许要问:单倍型雄蜂是怎样形成单倍体精子的? 原来雄蜂的精母细胞也经过相继的两次分裂。第一次分裂时出现单极纺锤体,仅在细胞的一极挤出一个无核的细胞质芽体,不发生染色体减数。第二次分裂时,则按正常的方式进行,但这次分裂实质上相当于一般有丝分裂。所以结果每一精母细胞仅形成两个精细胞,各保有雄蜂原来的单倍染色体数。

工蜂
（不育的雌蜂）
32条染色体
加2~3天的蜂王浆

蜂后
（可育的雌蜂）
32条染色体
加5天的蜂王浆

雄蜂
（可育的雄蜂）
16条染色体
加任何食料

图6-16　蜜蜂的性别决定

二、后螠的性别决定

性别还可由环境决定，海生螠虫后螠（*Bonellia viridis*）就是一个经典的例子（图6-17）。这种螠虫不但在性别决定方式上特殊，而且两个性别的体型大小悬殊，也特别引起人们的注意。雌虫体大，有5 cm 长，身体像一颗豆子，口吻很长，远端分叉。雄虫很小，生活在雌虫的子宫中，像一种寄生虫。这种螠虫的性别决定原来全凭机遇。自由游泳的幼虫

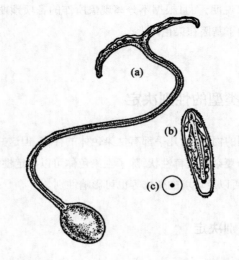

图6-17　后螠的两性个体

(a)雌体，它有很长的口吻。图比实际的大小大些。(b)雄体，身体退化，缺乏消化器官。(c)雄体的实际大小（指中间一点）。

是中性的；如果它落在海底，就成为雌虫；如果它落在雌虫口吻上，它就发育成为一个雄虫。如果将已经落在雌虫口吻上的幼虫从口吻上移去，让它在离开雌虫的情况下继续发育，它就发育成为间性，而且程度是由它们待在雌虫吻上的时间长短来决定的。

雌虫的口吻上有一种激素类化学物质，能够影响幼虫的性别分化。这是环境在性别决定上发挥重要作用的例子。不过也有证据说，幼虫是落在海底，还是附在雌虫口吻上，也有其遗传基础。如果这样，在这个由环境决定性别的例子中，遗传也同样起着作用。

三、高等植物的性别决定

雌雄异株的植物中，有时也会出现雌雄同株的情况。例如菠菜（*Spinacia oleracea*）除了纯粹的雌株和纯粹的雄株以外，还出现雄花多而雌花少的，雌花和雄花大致相等的，以及大部分是雌花，只在枝端着生雄花等3种雌雄同株类型，这表明性别的分化也是植物进化过程中自然发生的。在实际栽培中，雄株抽薹早，是不受欢迎的，所以想通过人工选择，选出雄株较少的品种，这样做也获得了一定程度上的成功，可是选择一放松，雄株又增加了。

与女娄菜和菠菜不同,玉米是雌雄同株的。顶生的垂花是雄花序,侧生的穗是雌花序。已知玉米中有若干基因可以改变玉米植株的性别,也就是能把雌雄同株转变为雌株或雄株。例如基因 *ba* 在纯合时,植株没有雌花序,成为雄株。基因 *ts* 在纯合时,垂花成为雌花序,不产生花粉。因而 *babatsts* 的植株是雌株,它没有果穗,但在垂花上产生卵细胞,而 *babaTsTs* 植株是雄株(图6-18)。我们适当地改变玉米的基因型,让雌株 *babatsts* 跟雄株 *babaTsts* 交配,后代植株中雌雄的比例是1:1。这样就在玉米中建立起一个新的性别决定系统。植株的性别由 *Tsts* 的分离决定。*ts* 基因所在的染色体就成为"性染色体",雄株可以产生 *Ts* 和 *ts* 两种配子,所以雄株是异配性别,跟蝇子草和菠菜的雄株一样(图6-19)。

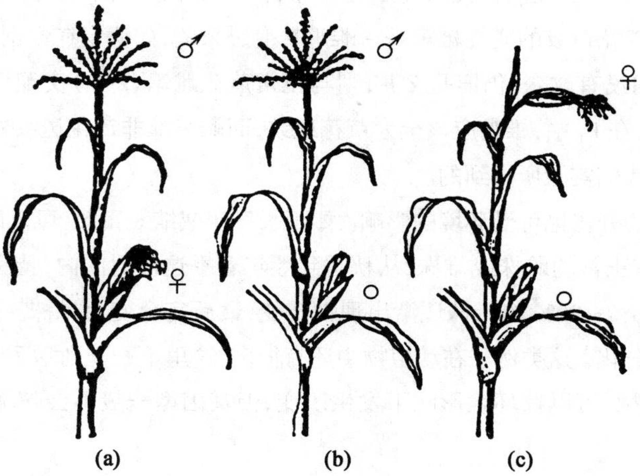

图 6-18　玉米的 3 种性别类型

(a) 雌雄同株,基因型一般是 *BaBaTsTs*,这是常见的正常植株。(b) 雄性植株,基因型 *babaTsTs* 或 *babaTsts*,长雌花序的地方不能长出雌花序。(c) 雌性植株,基因型 *babatsts*,在长雄花序的地方结出种子。

图 6-19　*Ts* 基因决定的玉米性别

通过基因型的改变,可把玉米从雌雄同株变为雌雄异株;如图所示的交配中,后裔中雌株和雄株的比例是相等的。

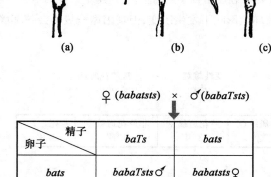

卵子＼精子	*baTs*	*bats*
bats	*babaTsts* ♂	*babatsts* ♀

四、环境对性别分化的影响

我们现在再举几个例子来说明环境对性别分化的影响。

牛一般是怀单胎的,但有时也可怀双胎,如怀双胎,且性别不同时,生下的雌犊往往受到影响,虽然外部生殖器基本上像正常雌性,但性腺很像睾丸,所以没有生育能力。众所周知,牧场里只选留极少数雄犊,所以对个别雄犊的不育并不介意,而对雌犊则尽量多留,以增加牛奶产量。可是现在一胎生下雌雄两犊时,偏偏雄犊不受影响,而雌犊的性别分化受到影响,这是什么原因呢? 原来牛怀双胎时,两个胎儿的胎盘是共通的,绒毛膜的血管相互连通,所以引起了两种结果:①当两个胎儿的性别不同时,往往雄性胎儿的睾丸先发育,先分泌雄性激素,通过绒毛膜血管,流向雌性胎儿,从而影响了雌性胎儿的性腺分化,使性别分化趋向间性,失去生育能力。②细胞也可通过这种吻合的绒毛膜血管,流向对方,在孪生雄犊中曾发现有 XX 组成的雌性细胞,在孪生雌犊中曾发现有 XY 组成的雄性细胞。鉴于 Y 染色体在哺乳动物中具有强烈的雄性化作用,所以 XY 组成的雄性细胞可能会干扰孪生雌犊的性别分化,造成不育。异性双胎中雌犊不育的这个事实清楚地告诉我们,虽然性别在受精时已经决定,但是性别分化的方向可以受到激素或外来异性细胞的影响而发生变更。

雌鸡停止产卵,并开始向雄鸡转化,这样的例子也时有所闻;可是性别的转变往往不完全,不能进行遗传学研究。我们偶然得到一只非芦花斑纹的变性雄鸡,以前产过卵,后来不产卵了,逐渐向雄鸡变化,最后能和雄鸡交配。把这只非芦花变性雄鸡跟芦花雌鸡交配,得到的 F_1 中,雄的全为芦花斑纹,这和上述的伴性遗传结果一样;可是雌鸡的斑纹有两种,有的是非芦花斑纹,有的却是芦花斑纹,显然和上述的伴性遗传方式有所不同。那么如何来解释这种例外的结果呢?

我们这只非芦花斑纹的变性雄鸡是由雌鸡转变过来的,如假定在性别转变过程中,性别是改变了,但遗传结构没有改变,仍旧是 Z^bW,则与正常芦花雌鸡(Z^BW)交配后,下代应得如图 6-20 结果。那就是说,在 F_1 中,雄鸡应该全为芦花斑纹,而雌鸡除非芦花斑纹外,还应该有芦花斑纹,这样的结果正是我们实验所得到的。

植物性器官的分化也可受环境的影响。如延长日照或缩短日照,可以改变大麻的性别。大麻在夏季播种,只有正常的雌株或雄株,从秋季到翌年春季这段时间内,特别是在 12 月里,把大麻播种在温室里,50% ~ 90% 的雌株逐渐出现性转变,最后完全变为雄株。这些实验表明,日照长短可以影响性别分化。这类例子在动植物中还有很多,这里不一一列举了。综上,我们得出结论,性别也是一种表型,可以在环境影响下发生改变,但基因型一般不会随环境改变而发生相应的改变。

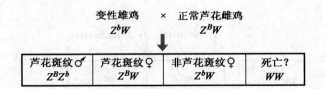

变性雄鸡	×	正常芦花雌鸡	
Z^bW		Z^BW	

芦花斑纹♂ Z^BZ^b	芦花斑纹♀ Z^BW	非芦花斑纹♀ Z^bW	死亡? WW

图 6-20 非芦花变性公鸡与正常芦花母鸡交配(刘祖洞、梁志成, 1980)

第五节 人类的性别决定

人的性别主要由性染色体决定,性染色体的数目有了增减,性别决定的机制会受到干扰,进而影响性别分化的过程,导致各种性别畸形的出现。

一、几种性别畸形

现在以比较常见的几种性别畸形为例,略加说明如下。

(1) 克兰费尔特综合征(Klinefelter syndrome) 又称先天性睾丸发育不全。患者的外貌是男性,身长较一般男性为高,但睾丸发育不全,不能看到精子形成。用组织学方法检查,精细管玻璃样变性,尿中促性腺激素的排泄量上升,常出现类似女性的乳房,智力一般较差。患者无生育能力。他们的体细胞染色体数是 $2n=47$,除可看到 22 对常染色体和 1 对 X 染色体外,还有 1 条 Y

染色体,所以性染色体组成是 XXY,一般记作 47,XXY。

(2) XYY 综合征(XYY syndrome) 外貌男性,症状类似克兰费尔特综合征患者。部分患者的智力稍差。行为异常,性情粗暴,常有攻击性行为。有生育能力,但所生男孩中有部分仍为 XYY 患儿。他们的体细胞染色体数是 $2n=47$,除了可以看到 22 对常染色体外,还可看到 1 条 X 和 2 条 Y,一般记作 47,XYY。

(3) 特纳综合征(Turner syndrome) 又称先天性卵巢发育不全。患者的外貌像女性,身长较一般女性为矮,第二性征发育不良,卵巢完全缺失,或仅存少量结缔组织。原发性闭经,无生育能力。婴儿时颈部皮肤松弛,长大后常有蹼颈,肘外翻,往往有先天性心脏病。智力低下,但也有智力正常的。她们的体细胞染色体数是 $2n=45$,包括 22 对常染色体和 1 条 X 染色体,性染色体组成是 XO,一般记作 45,X。

特纳综合征患者(XO 个体)的发生率远比克兰费尔特综合征患者(XXY 个体)为低,这可能是 XO 受精卵的致死率较高的缘故。

从上面几种性别畸形看来,我们可以这样说:①多一条性染色体,或少一条性染色体,常使性腺发育不全,失去生育能力。②Y 染色体有特别强烈的男性化作用,因为有 Y 染色体存在时,性别分化就趋向男性,体内出现睾丸,外貌也像男性;而没有 Y 染色体存在时,性别的分化就趋向女性,体内出现卵巢,外貌也像女性。③少一条性染色体的影响比多一条性染色体的影响要大些,所以 XO 个体远比 XXY 个体少见。

我们应该注意到,虽然人和果蝇都是 XY 型性别决定,但在人中 Y 染色体在性别决定上所起的作用很重要,有 Y 染色体存在就有睾丸组织,没有 Y 染色体存在就没有睾丸组织,而 XO 个体是不育女性;而在果蝇中,Y 只跟育性有关,所以 XO 个体是不育的雄蝇。表 6-1 列举了两者的异同。

表 6-1 人和果蝇的几种性别畸形的比较

	XO	XXY	XYY	备注
人	不育女性	不育男性	可育男性	Y 决定雄性性别
果蝇	不育雄蝇	可育雌蝇	可育雄蝇	Y 决定育性

二、遗传变异与人类性别决定

Y 染色体虽有强烈的男性化作用,但它的作用也不是绝对的。因为某些个体有 XY 型性染色体组成,身体内有睾丸,可是外貌跟正常女性一样,有丰满的乳房和女性外生殖器。"她们"常因闭经和不育来找医生。现在通过家系分析知道,像这样的"睾丸女性化"(testicular feminization)是基因突变的结果。

图 6-21 就是我们详细分析过的一个家系。

这个家系中的睾丸女性化患者的性染色体组成是 XY,本来应该是男性,而事实也与这个推测相符合,因为这个家系中女性特别多。具有 XY 性染色体组成的人中,有一部分人的 X 染色体上有突变基因 *tf*,而 Y 染色体上没有相应的基因,所以就表现为睾丸女性化患者。而她们的母亲的一个 X 染色体上虽然也有这样的一个突变基因(*tf*),但另一 X 染色体上具有显性的正常基因

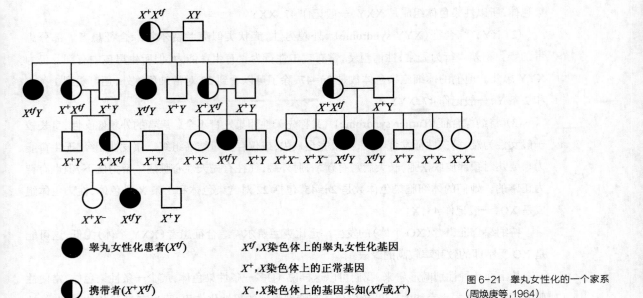

● 睾丸女性化患者(X^{tf})

◐ 携带者(X^+X^{tf})

X^{tf}, X 染色体上的睾丸女性化基因

X^+, X 染色体上的正常基因

X^-, X 染色体上的基因未知(X^{tf} 或 X^+)

图 6-21 睾丸女性化的一个家系
(周焕庚等,1964)

(+),所以她们的母亲是正常的女性,但是突变基因 *tf* 的携带者(X^+X^{tf}),正因为这个缘故,她们的母亲所生的子女性别比例是 3:1(图 6-22)。

后来在一小家鼠系中,也发现了睾丸雌性化个体。那么怎么会在小家鼠中发现的呢? 原来最初在统计雌雄比例时,发现雌性家鼠的比例远远地超过半数,而且在其中某些雌鼠中,显示出跟雄鼠一样的 X 连锁基因的效应。检查它们的性染色体组成,显示是 XY。这样就告诉我们,X 染色体上可能有一睾丸雌性化基因,在 XY 组成的个体中显示出睾丸雌性化的效应来。以后的遗传学实验证实,睾丸雌性化基因的传递方式的确是 X 连锁的。

这种小家鼠在外观上跟正常雌鼠没有区别,只是其中某些个体的阴道没有开口。它们不跟正常雄鼠交配和打架,它们的尿液中没有雄性外激素(pheromone),精子形成过程无法进行到减数分裂时期。利用这些动物材料进行遗传学实验,可以加深我们对于人类性别决定的认识。

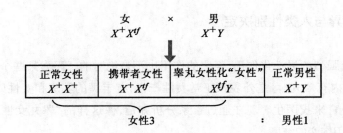

图 6-22 睾丸女性化基因携带者的遗传特点

我们在遗传学的研究中,有时会发现例外的现象,好像某一遗传学规律需要修改了。但是经过深入研究,却使我们对于有关遗传学规律更加坚信了。例如上面谈到过果蝇的 X 染色体的不分离现象,现在我们再来看一个人类方面的例子。

例如进行性假肥大性肌营养不良(Duchenne muscular dystrophy,DMD),一般在三岁左右发病。这种疾病大多是由 X 连锁的隐性基因控制的。患者的腰带和肩带最先受到影响,假性肥大,特别是小腿更为明显,以后逐渐进展,骨骼变形,最后呼吸道感染或营养不良,多在二十岁前后死亡。

有一个 DMD 家系,根据分析,知道是 X 连锁遗传的(图 6-23)。这性状一般仅在男性中出现,患者的基因型是 $X^{md}Y$,只要 X 染色体上有一隐性肌营养不良基因就显示出病症来,而女性中很少会有,因为基因型 X^+X^{md} 的女性在表型上是正常的。现在有一家系中有一女性患者,而她的父亲是正常的,那么这个现象怎样解释呢? 后又发现这个女性较矮,性发育不良,检查她的染色体,知道她是特纳综合征患者(XO),这样疑团就迎刃而解了。因为她只有一个 X,所以跟男性一样,这 X 上带有隐性基因 md 时,就直接在表型上显示出来了。

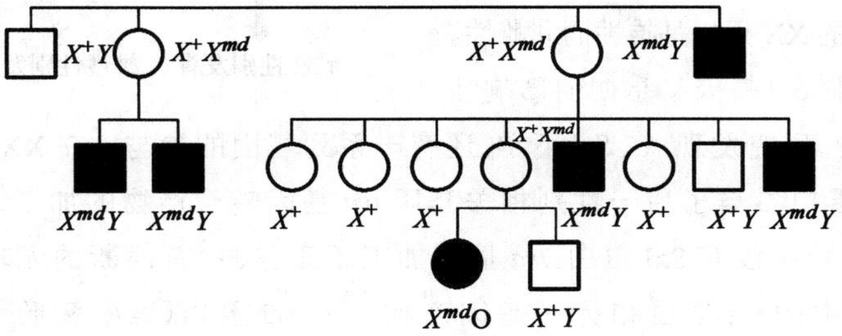

图 6-23 一个 DMD 家系

X^{md},X 染色体上带有 DMD 致病等位基因 md;X^+,X 染色体上带有与 md 相对应的正常基因。

第六节 基因与性指数

随着遗传学的发展,人们逐渐认识到由染色体决定的性别发育实际上是一系列性别相关基因调控的发育过程,环境因素可以通过影响这些性别相关基因的表达或相互作用从而实现对性别发育的调控。研究还发现,性别相关基因不仅位于性染色体上,常染色体上也有影响性别发育的关键基因,也就是说,常染色体也参与性别发育的调控。下面我们就以果蝇和人为例,详细介绍与性别决定有关的基因行为。

一、果蝇的性指数

前面我们已经提过,果蝇的性别决定是 XY 型,XX 个体是雌蝇,XY 个体是雄蝇。1932 年,布里奇斯进一步揭示果蝇的性别是由早期胚胎的性指数(sex index)所决定的,即 X 染色体的数目与常染色体组数的比例(X:A)。在一只二倍体果蝇中,如果它只有一条 X 染色体,则 X:A = 1:2 = 0.5,即 1 条 X 染色体与两套常染色体组数的比值为 0.5,这只果蝇会发育成为雄性;如果它有两条 X 染色体,则 X:A = 2:2 = 1,即两条 X 染色体与两套常染色体组数的比值为 1,这只果蝇发育成为雌性。因此说,果蝇的性别决定既与 X 染色体的数目有关,也与常染色体组的套数有关,而与 Y 染色体的有无没有关系,Y 染色体只决定雄蝇的可育性。XO 的果蝇是不育的雄性,而 XXY 的果蝇是正常的雌性。

那么,X:A 这一比值是如何调控果蝇的性别发育的呢? 这其中涉及了一系列基因的"级联"反应(图 6-24)。首先,X:A 的比值决定了 X 染色体连锁基因产物和常染色体基因产物之间的相对丰度,X:A 比值高时,充足的 X 染色体连锁基因产物可以和受精卵中积累的母体效应基因(详见遗传与个体发育一章)产物相互作用,激活性别相关基因 *Sxl* 的早期(受精后 2 h 内)转录,*Sxl* 的早期表达产物随后参与了自身 mRNA 的加工成熟,最终合成大量的 Sxl 蛋白质,促进雌性果蝇的性别分化。但在 X∶A 比值低时,没有充足的 X 染色体基因产物的积累,也就不能在早期激活 *Sxl* 基因的表达,亦没有 Sxl 蛋白质的积累,果蝇发育成为雄性。因此,*Sxl* 基因突变的 XX 果蝇是雄性而非雌性。

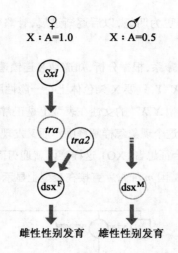

图 6-24　果蝇的性别决定途径

那接下来,*Sxl* 基因又是如何影响性别发育的呢? 研究发现,在 *Sxl* 下游,还有一系列基因的参与。在 XX 胚胎中,由早期转录产生的 Sxl 蛋白参与了另一性别相关基因 *tra* 基因转录产物的加工,得到有功能的 tra 蛋白,而 XY 胚胎中没有 Sxl 蛋白,*tra* 基因加工不正常,只有截断的无功能的多肽产物。随后,XX 个体中的 tra 蛋白和另一基因产物——tra2 蛋白(雌雄胚胎均表达)共同调控下游 *dsx* 基因产物的加工成熟,得到雌性特异的 dsx 蛋白(dsx^F),它可以抑制雄性性别发育,因此胚胎发育成雌性。而在 XY 胚胎中,由于没有 tra 蛋白,dsx 被加工成了另一种形式的 dsx 蛋白(dsx^M),它可以抑制雌性性别发育,因此胚胎发育成雄性。可见,果蝇的性别决定的"级联"反应是一系列性别相关基因共同调控的结果,最后由 dsx 蛋白的性质决定性别发育的方向。如果一只果蝇的胚胎缺失了 *dsx* 基因,那么它将同时发育出雌性和雄性的特征。

二、人类的睾丸决定因子

哺乳动物的性别决定分为初级性别决定(primary sex determination)和次级性别决定(secondary sex determination),前者是性腺的发育,后者是性腺以外的第二性征的发育,受性腺分泌的激素所调控。和果蝇不同,人类的性别决定由 Y 染色体决定,XXY 个体是男性,而 XO 个体是女性。在没有 Y 染色体的胚胎中,性腺原基发育成卵巢,卵巢产生的雌激素促使米勒管(中肾旁管)发育成阴道、宫颈、子宫和输卵管。如果有 Y 染色体,性腺原基则发育成睾丸,分泌出抗米勒激素,抑制雌性生殖器官的生成,同时分泌睾酮,促进胎儿生成附睾、输精管、精囊等雄性生殖器官。

人 Y 染色体上的关键性别决定因子,即睾丸决定因子(testis-determining factor,TDF)的基因克隆经历了几个研究阶段。研究者先是从一些 Y 染色体缺失的 XY 突变个体中发现,仅有 Y 染色体短臂而没有 Y 染色体长臂的个体是男性,仅有 Y 染色体长臂没有 Y 染色体短臂是女性,说明 TDF 编码基因位于 Y 染色体的短臂。后来利用 DNA 原位杂交的方法将 TDF 区域缩小至 35 kb 的 Y 染色体区域。具体方法是,利用覆盖 Y 染色体短臂不同区域的特异 DNA 探针与 XX 男性和 XY 女性患者的 DNA 样本进行分子杂交,发现所有 XX 男性中在 X 染色体或常染色体上出现了一些杂交信号,说明有 Y 染色体片断易位(详见染色体畸变一章)到了这些染色体上,能够表达 TDF，促进雄性特征的发育。而所有的 XY 女性中，在 Y 染色体上都出现了一定的缺失，不能正常表达 TDF，抑制了雄性特征的发育而促进了雌性特征的发育。仔细分析后又发现，XX 男性在 X 或常染色体上增加的片段与 XY 女性 Y 染色体上缺失的是相同的 Y 染色体区段，长度约 35 kb。1990 年，研究者从 35 kb 的 Y 染色体区域中分离出了编码 TDF 的候选基因（Sinclair，1990），称为 Y 染色体性别决定区（sex-determining region of Y，SRY）（图 6-25）。SRY 编码一条由 204 个氨基酸组成的多肽，是一个有功能的 DNA 转录因子，只在睾丸中特异表达。由于人 SRY 基因紧挨着 X 染色体和 Y 染色体能够发生重组交换的拟常染色体区（pseudoautosomal region），因此有时候会因为不正常交换从 Y 染色体转移到 X 染色体上，形成含有缺乏 SRY 的 Y 染色体的配子以及含有 SRY 的 X 染色体的配子，导致 XY 女性和 XX 男性个体的出生。

　　尽管 SRY 基因和雄性性别发育之间的调控关系已毋庸置疑，但是临床上会遇到个别 XY 女性中未发现 SRY 基因的缺失或异常的现象，或者是 XX 男性却不携带 SRY 的情况，这又是什么原因造成的呢？原来，和果蝇性别发育所需的级联反应类似，人类性别发育也是一个级联反应，SRY 调控雄性性别的分化还依赖于下游一系列基因的表达和相互作用，当这些基因异常时，即使 SRY 完全正常，也会导致雄性性征发育的失败。现在知道 SRY 可以激活 SOX9（SRY related HMG-box gene 9）基因的表达，随后，SOX9 又可以激活 FGF9（fibroblast growth factor 9）的表达，后者参与了性腺的分化。此外，在 SRY、SOX9、FGF9 顺序激活的同时，与雌性性征发育相关的基因，如 WNT4（wingless-type MMTV integration site family，member 4）等，则被抑制，进一步保证了性别发育的方向。值得一提的是，SOX9 和 FGF9 基因均位于常染色体上，换句话说，常染色体也参与了人的性别发育。即使 Y 染色体完整无缺，SRY 基因序列正常，如果常染色体上的 SOX9 或 FGF9 发生了缺失突变，也会导致睾丸发育受阻，同时，位于 X 染色体上的 WNT4 不再受到抑

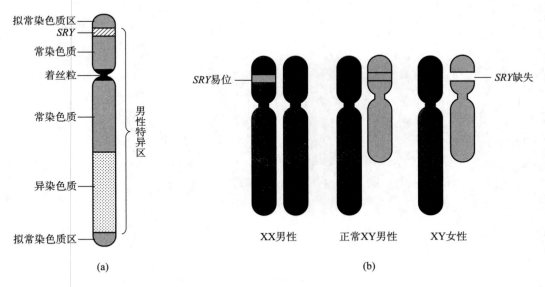

图 6-25　人的性别决定

（a）Y 染色体示意图，Y 染色体的两端是拟常染色体区，可以和 X 染色体的两端区域联会配对并发生交换。其余部分是男性特异区。SRY 基因位于 Y 染色体短臂邻近拟常染色体的区域。（b）正常 XY 男性的性染色体与 XX 男性、XY 女性的性染色体组成。

制作用,可以促进卵巢的发育。

随着分子遗传学的不断发展,基因调节性别发育的分子途径以及相应的生化代谢途径会更加清晰。性别是生物众多性状中的一种,是由染色体及其携带的基因所决定的,但在性别分化这一性状实现的过程中,亦会受到环境因素的影响。

习题

1. 哺乳动物中,雌雄比例大致接近 $1:1$,怎样解释?

2. 你怎样区别某一性状是常染色体遗传,还是伴性遗传的? 举例说明。

3. 在果蝇中,长翅(Vg)对残翅(vg)是显性,这基因在常染色体上;红眼(W)对白眼(w)是显性,这基因在 X 染色体上。果蝇的性别决定是 XY 型,雌蝇是 XX,雄蝇是 XY,问下列交配所产生的子代,基因型和表型如何?

(1) $WwVgvg \times wvgvg$ (2) $wwVgvg \times WVgvg$

4. 纯种芦花公鸡和非芦花母鸡交配,得到 F_1。F_1 个体互相交配,问 F_2 的芦花性状与性别的关系如何?

5. 在鸡中,羽毛的显色需要显性基因 C 的存在,基因型 cc 的鸡总是白色。已知,羽毛的芦花斑纹是由伴性(或 Z 连锁)显性基因 B 控制的,而且母鸡是异配性别。一只基因型是 ccZ^bW 的白羽母鸡跟一只芦花公鸡交配,F_1 都是芦花斑纹,如果这些子代个体相互交配,它们的子裔的表型分离比是怎样的? (注:基因型 $C\_Z^bZ^b$ 和 C_Z^bW 鸡的羽毛是非芦花斑纹。)

6. 在火鸡的一个优良品系中,出现一种遗传性的白化症,养禽工作者把 5 只有关的公禽进行检测,发现其中 3 只带有白化基因。当这 3 只公禽与无亲缘关系的正常母禽交配时,得到 229 只幼禽,其中 45 只是白化的,而且全是母的。育种场中可以进行一雄多雌交配,但在表型正常的 184 只幼禽中,育种工作者除了要消除白化基因外,想尽量多地保存其他个体。你看火鸡的这种白化症的遗传方式怎样? 哪些个体应该淘汰,哪些个体可以放心地保存? 你怎样做?

7. 有一视觉正常的女子,她的父亲是色盲。这个女人与正常视觉的男人结婚,但这个男人的父亲也是色盲。问这对配偶所生的子女视觉如何?

8. 一个没有血友病的男人与表型正常的女人结婚后,有了一个患血友病和克兰费尔特综合征的儿子。说明他们两人的染色体组成和基因型。(提示:在形成卵子的第二次减数分裂时,X 染色体可发生不分离现象。)

9. 植物 *Lychnis alba* 是雌雄异株。把阔叶雌株与窄叶雄株杂交,得到的 F_1 雌雄植株都是阔叶的,但 F_2 雄性植株有两种类型——阔叶和窄叶,你怎样解释? 哪一个性别是异配性别(XY),哪一个性别是同配性别?

10. 下面是一个 DMD 家系,是一个女人和两个男人在两次分别的婚姻中产生的。你认为哪种遗传方式最有可能。请写出家系中各成员的基因型。

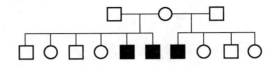

11. 请问:①双亲都是色盲,他们能生出一个色觉正常的儿子吗? ②双亲都是色盲,他们能生出一个色觉正常的女儿吗? ③双亲色觉正常,他们能生出一个色盲的儿子吗? ④双亲色觉正常,他们能生出一个色盲的女儿吗?

12. 在黑腹果蝇中,截刚毛(bobbed bristles)基因存在于 X 和 Y 的同源区域,所以 X 和 Y 上都有这基因。这基因记作 bb,它对野生型基因(+)为隐性。隐性纯合子的刚毛短而细。如果将截刚毛雌蝇($X^{bb}X^{bb}$)与纯合子正常刚毛雄蝇(X^+Y^+)交配,问 F_1 和 F_2 的基因型和表型的比例如何?

13. 火鸡的卵有时能孤雌生殖,这有 3 个可能的机制:①卵没有经过减数分裂,仍为二倍体;②卵核被极体受精;③卵核染色体加倍。你预期每一假设机制所产生的子代的性比如何?(假定雏鸡要能活下去,一个 Z 染色体是必须存在的。)

14. 在小家鼠中,有一突变基因使尾巴弯曲。现在有一系列杂交实验,结果如下:

杂交	亲代		子代	
	雌	雄	雌	雄
1	正常	弯曲	全部弯曲	全部正常
2	弯曲	正常	1/2 弯曲,1/2 正常	1/2 弯曲,1/2 正常
3	弯曲	正常	全部弯曲	全部弯曲
4	正常	正常	全部正常	全部正常
5	弯曲	弯曲	全部弯曲	全部弯曲
6	弯曲	弯曲	全部弯曲	1/2 弯曲,1/2 正常

问:①这突变基因是显性还是隐性?②是常染色体遗传,还是伴性遗传?③表中 6 个杂交中,亲代和子代的基因型各如何?

15. 假设果蝇的 X 染色体(X)和常染色体组(A)的组成分别为(1X,2A)、(2X,2A)、(3X,3A)、(2X,4A)、(4X,4A),试分析这些果蝇的性别表型。

16. 一只性染色体组成为 XY 的小鼠胚胎,如果 Y 染色体上缺失了 *Sry* 基因,它将发育成雌鼠还是雄鼠?另一只性染色体组成为 XY 的小鼠胚胎的 *Sry* 基因正常,但它常染色体上的 *Sox9* 基因缺失,这只小鼠又将发育成什么性别?

数字课程学习

在线自测　　　　习题答案

第七章
连锁交换与连锁分析

遗传的染色体学说建立以后,进一步就要了解染色体与基因的关系。一个生物有很多基因,而染色体数目比较少,这又怎样解释呢? 正如布里奇斯研究果蝇眼色的遗传时发现了例外个体,使他注意到了新的现象一样,遗传学工作者研究两对基因的杂交,发现有时候 F_2 分离比例与预期的 9∶3∶3∶1 有非常显著的差异,这使他们注意到了连锁现象。连锁现象不仅证明了一条染色体带有很多基因,而且证明了这些基因在染色体上是以直线方式排列的。

第一节　连锁与交换

连锁现象是贝特森和庞尼特(1906)最初发现的。他们研究香豌豆的两对性状的遗传时发现来自同一亲本的基因较多地连在一起,这就是所谓基因的连锁(linkage),但是他们未能提出正确的解释。摩尔根(1910)发现果蝇白眼性状的伴性遗传后,同年又发现几个伴性遗传的性状。他进一步同时研究了两对伴性性状的遗传,发现凡是伴性遗传的基因,相互之间都是连锁的。这就证实了同一染色体上的基因有连锁现象。

这里应用玉米的例子,从遗传学上说明连锁现象,并在细胞学上加以解释。

一、连锁

用玉米研究基因的连锁,好处很多:①很多性状可在种子上看到,种子虽然长在母本的果穗上,但已是下一代了;②同一果穗上有几百粒种子,便于计数分析;③雌、雄蕊长在不同花序上,去雄容易,杂交也方便;④玉米是一种经济作物,有些实验结果可直接应用到生产上。

我们现在来看玉米籽粒的两对相对性状的遗传情况:①糊粉层有色的种子(C)对糊粉层无色的种子(c)是完全显性;②饱满种子(Sh)对凹陷种子(sh)是完全显性。

有色饱满粒的植株与无色凹陷粒的植株杂交,如果两对基因是独立分配的,F_1 应该产生 4 种配子——CSh、Csh、cSh、csh,而且它们的比例相等。要检验这个假定是否成立,最简易的方法是把 F_1 植株跟双隐性植株杂交,看测交一代中 4 种籽粒的比例是否相等。因为双隐性个体只能产生一个配子 csh,这两个基因都是隐性的,F_1 植株所产生的 4 种配子 CSh、Csh、cSh、csh 跟双隐性植株所产生的 csh 配子结合时,测交一代的表型能够如实反映配子类型(图 7-1)。

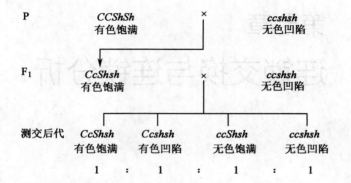

图 7-1 有色饱满植株与无色凹陷植株的 F₁ 的测交理论结果

如果有关的两对基因自由组合，预期测交后代比例为 1∶1∶1∶1。

但是实验的结果不是这样。在测交后代中，与亲代相同的类型比预期多得多，而亲代没有的新类型比预期少。这表明 C 与 Sh，c 与 sh 倾向于相互结合在一起，仅以某一较低的比例分开，两者之间有一定程度的连锁。所以我们换一个写法，把同一条染色体上的两个基因写在一起，中间用斜线隔开，并把实验所得数据写出来（图 7-2）。

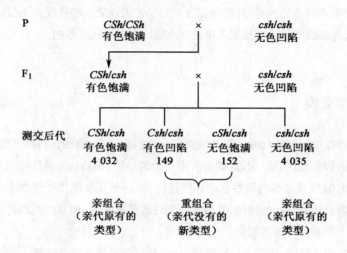

图 7-2 有色饱满植株与无色凹陷植株的 F₁ 的测交真实结果

两个非等位基因之间存在连锁，测交子代中亲组合比重组合多得多。

根据上面的数值进行计算，发现有色饱满和无色凹陷的籽粒比较多，这些是亲代原有的组合，它们在总数中占 96.4%，而有色凹陷和无色饱满的籽粒比较少，这些是亲代没有的新组合，它们在总数中只有 3.6%，即

亲组合
CSh　4 032
csh　4 035
}　8 067　8 067/8 368 = 96.4%

重组合
Csh　149
cSh　152
}　301　301/8 368 = 3.6%

这样的比值显然跟两对基因是独立分配的假定不相符合。

如换一种交配方式，把无色饱满粒的植株与有色凹陷粒的植株杂交，F₁ 跟双隐性植株杂交，则得另一组结果（图 7-3）。

把亲组合与重组合分别加起来，并计算它们的百分比，得

亲组合
Csh　21 379
cSh　21 906
}　43 285　43 285/44 595 = 97.06%

$$\text{重组合} \quad \begin{matrix} CSh & 638 \\ csh & 672 \end{matrix} \Big\} \quad 1\ 310 \quad 1\ 310/44\ 595 = 2.94\%$$

可见不论用哪种交配方式,结果都是一样:亲组合的比例很高,占 97% 左右,而重组合的比例很低,仅占 3% 左右。重组合类型明显少于亲组合类型,说明有连锁存在。

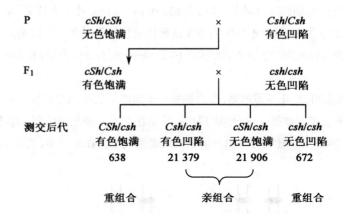

图 7-3　无色饱满植株与有色凹陷植株的 F_1 测交的真实结果

两个非等位基因之间仍然存在连锁,测交子代中亲组合比重组合多得多。

二、交换

带有亲本原有基因组合的配子比带有新的基因组合的配子多,这个情况在动植物的连锁遗传实验中都可看到。而且每一对连锁基因的重组频率是固定的,或者说,连锁强度是固定的,但不同基因间的连锁程度却是不同的。

如果假定,相互连锁的基因是在同一染色体上,那么为什么不是 100% 连锁,而仍有一定比例的重组呢?例如 c 与 sh 间有 97% 保持亲本原有的组合,而有 3% 相互分开,重新组合,形成亲代所没有的新组合,那又如何解释呢?

让森斯(Frans Alfons Janssens,1865—1924)(1909)通过观察两栖类和直翅目昆虫的减数分裂,在摩尔根等确立遗传的染色体学说之前,提出了交叉型假设(chiasmatype hypothesis)。这个假设有两个要点:

① 在减数分裂前期,尤其是双线期,配对中的染色体不是简单地平行,而是在某些点上显出交叉缠结的图像。每一点上的这样一个图像称为一个交叉,是同源染色体间对应片段发生交换的地方(图 7-4)。

② 相互连锁的两个基因位于同一染色体的不同位置,如果这两个位置之间发生交换,就导致这两个连锁基因的重组(recombination)。

以后的研究证实了这两点假设。现在我们仍以玉米的 sh—c 的连锁为例,用图解方式说明交叉与交换的关系。

有色饱满粒的植株与无色凹陷粒的植株杂交,F_1 植株用双隐性植株测交,各杂交植株用双线

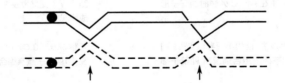

图 7-4　同源染色体交换的示意图

有两个交叉(用箭头指出),表示非姐妹染色单体间发生过交换。

期时的 4 条染色单体表示,并在染色单体旁注明有关的基因符号(图 7-5)。

　　F₁ 植株的性母细胞在减数分裂时,如交叉出现在 *sh—c* 外侧,那么这两基因之间没有交换,形成的配子都是亲组合(图 7-6)。如交叉出现在 *sh—c* 内部,两条非姐妹染色单体就在这两基因之间发生交换,所形成的配子中,有一半是亲组合,另一半是重组合(图 7-7)。

　　如 F₁ 植株的性母细胞在减数分裂时,有 6% 在 *sh—c* 间形成一个交叉,染色单体在 *sh—c* 间发生了交换,那么在所形成的配子中,有 3% 是亲代没有的重组合。F₁ 植株的配子与双隐性植株的配子随机组合,将得到如图 7-8 的结果。由于 *sh—c* 间有 3% 重组,我们可以说,*sh* 与 *c* 间的交换值是 3%。

　　根据上面的说明,有几点很清楚:①交换是一个精确的过程,交换后不多一个基因,不少一个基因。②交换发生在减数第一次分裂的前期,发生在非姐妹染色单体间。③在连锁的基因间每发生一个交叉,得到一半重组类型和一半非重组类型配子。在本例中,假定 6% 细胞在 *sh—c* 间

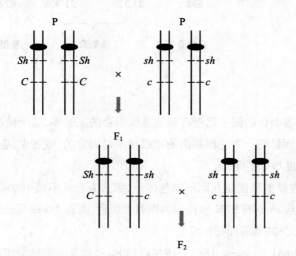

图 7-5　玉米的有色饱满植株与无色凹陷植株杂交,F₁ 用双隐性植株测交

用双线期染色体表示。

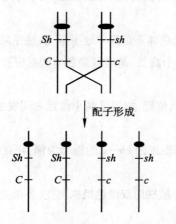

图 7-6　交叉发生在 *sh—c* 外侧时的配子形成情况

尽管有重组事件发生,但如果只考察 *Sh/sh* 和 *C/c* 这两对等位基因的组合情况,4 种配子都是亲组合

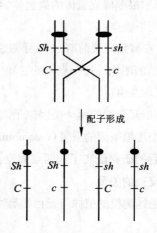

图 7-7　交叉发生在 *sh—c* 内部时的配子形成情况

考察 *Sh/sh* 和 *C/c* 这两对等位基因的组合情况,两种配子是亲组合,两种配子是重组合

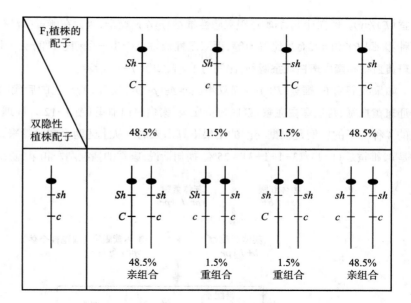

图 7-8　F₁有色饱满的双杂合玉米植株测交后代分离比

如 F₁ 植株在减数分裂时有 6% 在 *sh—c* 间形成一个交叉,则用双隐性植株测交时,测交后代将出现3%的重组合。

有一交叉,因此重组率或交换率是3%。

因为测交比例直接反映配子的分离比例,所以实际操作中,将 F₁ 有色饱满植株(CSh/csh)用双隐性植株(csh/csh)测交(图 7-2),重组率或交换率可直接用下式简易地求得:

$$\frac{重组合}{亲组合 + 重组合} = \frac{301}{8\ 067+301} = 3.6\%$$

一般地说,交换率愈小,基因间的连锁愈易察觉,测交比例与 1:1:1:1 相差愈大;交换率愈大时,例如超过 40% 接近 50% 时(但不会超过 50%),基因间的连锁愈难察觉,测交比例与 1:1:1:1 很接近,需要有大量的测交后代,否则不易鉴别。

三、雌雄的连锁不同

很多动物如鸡、小鼠、猫、人等,连锁基因的重组率在雌雄中大致上是一样的。但也有极少数的动物的交换值在雌雄间不同,例如雄果蝇和雌家蚕中通常不发生交换,基因完全连锁,不发生重组。

黑腹果蝇中,突变型体色黑体(b)对野生型体色"略近灰体"($+$)是隐性,又突变型眼色紫眼(pr)对野生型眼色红眼($+$)是隐性。如把黑体红眼($b+/b+$)与灰体紫眼($+pr/+pr$)杂交,F₁ 是灰体红眼($b+/+pr$)。现在如把 F₁ 雄蝇($b+/+pr$)与双隐性雌蝇(bpr/bpr)交配,因为雄蝇不发生交换,所以只产生两种精子,即 $b+$ 和 $+pr$,而且比例相等,而双隐性雌蝇只产生一种卵,即 bpr,所以测交后代只有灰体紫眼和黑体红眼两种,比例为 1:1,如图 7-9 所示。

但是,如果我们用 F₁ 雌蝇($b+/+pr$)跟双隐性雄蝇(bpr/bpr)交配,所产生的后代会出现 4 种表型。实验结果如图 7-10 所示。根据图 7-10 的数据,计算重组率,得$(1+1)/(1+19+19+1) = 5\%$。图中 F₁ 雌蝇所产生的 4 种配子的比例是根据测交的结果推算出来的。

现在再来看家蚕的一个例子。家蚕中,血液黄色(Y)对白色(y)是显性,幼虫皮斑普通斑(P)对素白斑(p)是显性,如果让普通斑黄血蚕(PY/PY)跟素白斑白血蚕(py/py)杂交,F₁ 是普通斑黄血蚕（*PY/py*）。现在让 F₁ 的雌蚕跟双隐性雄蚕（*py/py*）交配，因为在雌蚕中没有交换，所以只产生两种卵，即 *PY* 和 *py*，而且比例相等，而双隐性雄蚕只产生一种精子，即 *py*，所以测交后代只有普通斑黄血蚕和素白斑白血蚕两种，比例为 1∶1，如图 7-11 所示。

如果我们用 F₁ 雄蚕（*PY/py*）跟双隐性雌蚕（*py/py*）交配，所产生的后代则出现 4 种表型，即普通斑黄血蚕、普通斑白血蚕、素白斑黄血蚕、素白斑白血蚕（图 7-12）。同理，图中 F₁ 雄蚕所产生的 4 种配子的比例是根据交配的结果推算出来的。从上述两个实验看来，*p*—*y* 间重组率，雌蚕是 0，雄蚕是 (1+1)/(3+1+1+3) = 25%。换句话说，家蚕的情况刚好和果蝇相反，雌的连锁完全，

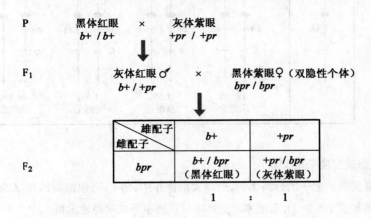

图 7-9　F₁ 双杂合子为雄蝇时的测交结果

测交后代只有两种表型，比例为 1∶1，没有重组类型出现，表现为完全连锁。

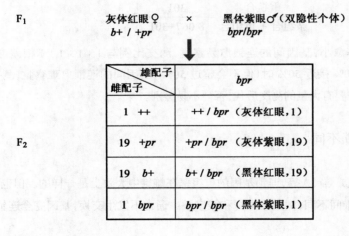

图 7-10　F₁ 杂合子雌蝇与双隐性雄蝇的测交结果

测交后代有 4 种表型，亲组合比重组合多得多，表现为紧密连锁。

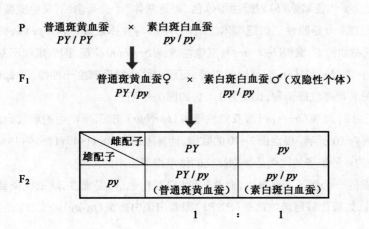

图 7-11　F₁ 杂合子雌蚕的测交结果

测交后代只有两种表型，比例为 1∶1，没有重组类型出现，表现为完全连锁。

普通斑黄血蚕♂ × 素白斑白血蚕♀（双隐性个体）
PY / py   py / py

图 7-12 F₁杂合子雄蚕的测交结果

雌配子 \ 雄配子	3 PY	1 Py	1 pY	3 py
F₂ py	PY / py（普通斑黄血蚕）	Py / py（普通斑白血蚕）	pY / py（素白斑黄血蚕）	py / py（素白斑白血蚕）

出现了重组类型，但亲组合比重组合多，表现为不完全连锁。

                     3   :   1   :   1   :   3

雄的连锁不完全。

    所以在果蝇中用双杂合子雄蝇与双隐性雌蝇交配，在家蚕中用双杂合子雌蚕与双隐性雄蚕交配，每次都能毫无疑问地察觉连锁。但这对估计重组率毫无用处，因为在雄果蝇和雌家蚕中两对基因要么是连锁而重组率为 0，要么自由组合而重组率为 50%。因此，在果蝇中，所谓重组率，都是指雌蝇的重组率；在家蚕中，所谓重组率，都是指雄蚕的重组率。

四、连锁群

    遗传学工作者用上述方法对许多生物中的很多基因进行实验后，得出两条行之有效的规则：①如果 A 基因与 B 基因连锁，B 基因与 C 基因连锁，那么 A 基因与 C 基因连锁。②如果 A 基因与 B 基因连锁，B 基因与 C 基因不连锁，那么 A 基因一定不与 C 基因连锁。这两条规则当然与染色体机制完全符合。这样就得出"连锁群"（linkage group）的概念。设有 A，B，C，D 4 个基因，A 与 B 连锁，C 与 D 连锁，而 A 与 C 不连锁，则 A 和 B 属于同一连锁群，C 和 D 属于另一连锁群。

    果蝇由于雄体完全连锁，连锁群的测定稳定可靠。摩尔根等在 1914 年已发现果蝇一共只有 4 个连锁群。到 1942 年为止，在果蝇中至少测定了 494 个基因，分别属于这 4 个连锁群之一。

    连锁群的次序一般按发现先后而定。果蝇只有 4 对染色体，很容易想到每个连锁群相当于一对染色体。第一连锁群包括全部伴性遗传的基因，肯定是相当于 X 染色体。第四连锁群的基因数最少，可能相当于那对最小的点状染色体，以后的实验证实了这些猜想。第二和第三连锁群分别相当于两对大的 V 形染色体。

    凡是在遗传学上充分研究过的生物中，连锁群的数目理论上应该等于单倍体染色体数（n），而事实确是如此（表 7-1），这也是遗传的染色体理论的有力证据。人有 22 对不同的常染色体以及一对性染色体，已绘制出了 24 个连锁群（22+X+Y）。

表 7-1   几种生物的连锁群数目等于单倍体染色体数目

生物种类	连锁群数	单倍体染色体数	生物种类	连锁群数	单倍体染色体数
小鼠	20	20	番茄	12	12
黑腹果蝇	4	4	豌豆	7	7
玉米	10	10	粗糙链孢霉	7	7
大麦	7	7			

五、三点试验与基因直线排列

到现在为止,还未曾说明重组率大小是由什么因素决定的。摩尔根(1911)曾提出设想,重组率可能是由两个基因在染色体上的距离决定的,这个设想可以用实验方法来验证。研究重组值问题,最容易想到的方法就是研究几个相互连锁的基因间的重组率之间的关系。例如 a, b, c 这3个基因是相互连锁的,则可研究 $a—b, b—c, a—c$ 这3个重组率之间的关系,需要做3次试验。但是摩尔根和他的学生斯特蒂文特等早就发现,可以把这3个基因包括在同一次交配中,例如用三杂合子 $abc/+++$ 或 $ab+/++c$ 与三隐性个体 abc/abc 测交。这种试验叫作三点测交(three-point test cross),简称三点试验。进行这种试验,一次试验就等于3次"两点试验",而且还有另外两个优点:

① 一次三点试验中得到的3个重组率是在同一基因型背景,同一环境条件下得到的;而3次"两点试验"就不一定这样。重组率既受基因型背景的影响,也受各种环境条件的影响。所以严格地讲,只有从三点试验所得到的3个重组率才是可以相互比较的。

② 通过三点试验还可得到3次两点试验所不能得到的资料,就是关于双交换的资料,这在下面将要谈到。

现在拿黑腹果蝇中的一些三点试验的实得数据来说明。3个突变基因是 ec (echinus,棘眼),sc (scute,缺少某些胸部刚毛)和 cv (crossveinless,翅上横脉缺失),都是 X 连锁遗传的。把棘眼果蝇与缺胸刚毛、缺横脉果蝇杂交,得到三杂合子 $ec++/+sc\ cv$(不代表基因的次序,因为在未做试验之前是不知道的)。三杂合子与三隐性雄蝇($ec\ sc\ cv$/Y,这儿 Y 代表 Y 染色体)交配,试验中实得的个体数如表7-2。

表7-2　三杂合雌蝇与三隐性雄蝇交配,得到的测交子代的数据

表型			实得数
ec	$+$	$+$	810
$+$	sc	cv	828
ec	sc	$+$	62
$+$	$+$	cv	88
$+$	sc	$+$	89
ec	$+$	cv	103
	合计		1 980

因为三隐性雄蝇产生的配子,或为 $ec\ sc\ cv$,3个基因都是隐性,或为 Y,上面不带有相应的等位基因,所以三杂合子雌蝇所产生的各种配子跟三隐性雄绳所产生的配子结合时,雌蝇的各配子的比例能如实地在表型比例上反映出来。我们根据表 7-2 中的测交子代的个体数目就能求得3个重组率。先来计算 $ec—sc$ 的重组率。我们不看 $cv/+$,把它放在括号中,只考虑 $ec—sc$ 这一对。

ec	+	(+)	810
+	*sc*	(*cv*)	828
ec	*sc*	(+)	62
+	+	(*cv*)	88
+	*sc*	(+)	89
ec	+	(*cv*)	103
1			1 980

亲组合是 810+828+89+103=1 830，重组合是 62+88=150，所以 *ec—sc* 间的重组率是 150/（1 830+150）=7.6%，去掉 % 后，就是两基因在遗传学图上的图距（map distance）。

$$\underset{7.6}{\overset{ec \qquad sc}{\vert \hspace{3em} \vert}}$$

现在再来计算 *ec—cv* 的重组率，这时我们忽略 *sc*/+：

ec	(+)	+	810
+	(*sc*)	*cv*	828
ec	(*sc*)	+	62
+	(+)	*cv*	88
+	(*sc*)	+	89
ec	(+)	*cv*	103
			1 980

亲组合是 810+828+62+88=1 788，重组合是 89+103=192，所以 *ec—cv* 间的重组率是 192/（1 788+192）=9.7%，*ec* 与 *cv* 在遗传图上的图距是 9.7。

$$\underset{9.7}{\overset{ec \qquad cv}{\vert \hspace{3em} \vert}}$$

得到 *ec—sc* 间的图距是 7.6，*ec—cv* 间的图距是 9.7 之后，我们可以有两种画法：

现在来看 *sc—cv* 间的重组率是多少？用同样方式，这次是忽略 *ec*/+。

(*ec*)	+	+	810
(+)	*sc*	*cv*	828
(*ec*)	*sc*	+	62
(+)	+	*cv*	88
(+)	*sc*	+	89
(*ec*)	+	*cv*	103
			1 980

亲组合是810+828=1 638，重组合是62+88+89+103=342，所以 *sc—cv* 间的重组率是342/1 980=17.3%，图距是17.3。现在我们知道图应该这样画了：

图中，3个重组率间的关系十分清楚，即 *sc—cv* 的重组率等于 *sc—ec* 重组率与 *ec—cv* 重组率之和（7.6%+9.7%=17.3%）。我们把这种关系说成是直线关系，就上述试验来说，这3个基因的直线顺序是 *sc—ec—cv*。根据摩尔根的假设，就是基因在染色体上按这个次序直线排列。

现在按照 *sc—ec—cv* 的顺序，把表7-2的资料重新排列，算出百分数，并注明重组发生在哪两个基因之间，这样重组率的计算就显得更为方便了（表7-3）。

表7-3　三点试验中，重组率的计算（+*ec*+/*sc*+*cv* × *sc ec cv*/Y）

表型			实得数	比例	重组发生在		
					sc—ec	*ec—cv*	*sc—cv*
+	*ec*	+	810 ⎫	82.7%			
sc	+	*cv*	828 ⎭				
sc	*ec*	+	62 ⎫	7.6%	√		√
+	+	*cv*	88 ⎭				
sc	+	+	89 ⎫	9.7%		√	√
+	*ec*	*cv*	103 ⎭				
合计			1 980	100%	7.6%	9.7%	17.3%

在上面这个试验中，测交后代中只有6种表型，因此重组率之间的关系比较简单。在多数三点试验中，回交后代可以有8种表型，现在试举一例说明。

这次3个基因是 *ec*（棘眼），*ct*（cut，截翅）和 *cv*（横脉缺失）。把棘眼、截翅个体与横脉缺失个体交配，得到三杂合子（*ec ct*+/++*cv*）。三杂合雌蝇与三隐性雄蝇（*ec ct cv*/Y）测交，测交后代有8种表型（表7-4）。

表7-4　三点试验中，重组率的计算（*ec ct*+/++*cv* × *ec ct cv*/Y）

表型			实得数	比例	重组发生在		
					ec—ct	*ec—cv*	*ct—cv*
ec	*ct*	+	2 125 ⎫	81.5%			
+	+	*cv*	2 207 ⎭				
ec	+	*cv*	273 ⎫	10.1%	√	√	
+	*ct*	+	265 ⎭				
ec	+	+	217 ⎫	8.3%	√		√
+	*ct*	*cv*	223 ⎭				
+	+	+	5 ⎫	0.1%		√	√
ec	*ct*	*cv*	3 ⎭				
合计			5 318	100%	18.4%	10.2%	8.4%

图 7-13　果蝇 X 染色体上 *ec*,
cv,*ct* 3 个基因的图距

$$
\begin{array}{ccc}
ec & cv & ct \\
\quad 10.2 & \quad 8.4 & \\
\end{array}
$$

所得的后代数据（表 7-4）当然不符合孟德尔的 3 对基因独立分配的测交比例。我们仍旧用上

ec—ct 的重组率并不刚好等于另外两个重组率之和。

面讲过的方法,每次只注意两个基因对间的重组,而把第三个基因对暂时忘掉。先看 *ec—ct* 的重组率,*ec+* 和 *+ct* 是重组的个体,重组率是 10.1%+8.3%=18.4%。用同样方法,计算 *ec—cv* 的重组率,*ec cv* 和 *++* 是重组子,重组率是 10.1%+0.1%=10.2%。最后计算 *ct—cv* 的重组率,*ct cv* 和 *++* 是重组子,重组率是 8.3%+0.1%=8.4%。然而 *ec—cv* 的重组率(10.2%)和 *ct—cv* 的重组率(8.4%)加起来,等于 18.6%,比 *ec—ct* 的重组率(18.4%)大(图 7-13),这是什么缘故呢?

我们注意到,有 8 只果蝇(+++ 和 *ec ct cv*),计算时用过两次,计算 *ec—cv* 的重组率时用到它,计算 *cv—ct* 的重组率时又用到它,可是计算 *ec—ct* 的重组率时却没有把它计算在内,而实际上染色体在 *ec—ct* 间已有过两次交换。现在我们看图 7-14,对 *ec—ct* 来讲,双交换的结果对它们来说等于不交换。只有当基因对 *cv/+* 存在时,我们才能认出双交换。所以如有双交换的存在,在计算 *ec—ct* 间的距离时,一定要加上两倍的双交换数(2×0.1%),即 18.4%+2×0.1%=18.6%。因为每个双交换包括 *ec—ct* 间发生的两次单交换,而这两次单交换是在计算 *ec—ct* 间的重组率时所没有估计在内的。

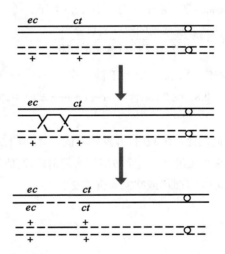

图 7-14　*ec—ct* 之间的双交换相当于不交换

三点试验使我们有可能觉察两边两个基因对间的双交换。三点试验中,两边两个基因对间的重组率一定等于另外两个重组率之和减去两倍的双交换率。在我们这个例子中,*ec—ct* 间的重组率是:

$$10.2\% + 8.4\% - 2 \times 0.1\% = 18.4\%$$

这个法则就叫作基因直线排列定律,是斯特蒂文特在 1913 年最初确立的。

在任何三点试验中,在测交后代的 8 种可能的表型中,个体数最少(甚至完全没有)的两种表型是双交换的产物。根据这一点,不必计算重组率,一眼就能正确无误地断定这 3 个基因的次序。例如在上面这个例子中,三杂合亲本的基因型是(*ec ct +* / *+ + cv*),而三隐性个体的基因型是(*ec ct cv*/Y),这儿基因型外面加上括号,表示基因在染色体上的相对顺序不明。现在从表 7-4 知道,表型 +++ 和 *ec ct cv* 个体数目最少,应是双交换产物。由此可以推论,基因 *cv* 一定位于中间,而

3 基因的相对顺序是 *ec cv ct*，这样，交配型就可改写为：

$$ec + ct/ + cv+ \quad \times \quad ec\ cv\ ct/Y$$

这自然跟我们在上面已经得出的结论完全一致。

用三点试验（或多点试验）来判断基因的顺序是很可靠的，但是得到三杂合子不很容易，所以常常要根据 3 次两点试验来判断 3 个基因的相对顺序，因为重组率最大的两个基因总应该位于两边。可是前面讲过，同样两个基因对间的重组率在不同实验中可能有些波动，因此当 3 点中有两点相当"接近"时，重组值很小，例如小于 3% 时，根据 3 次两点试验判断 3 个基因的顺序，就不是那么可信了。

我们已经看到，双交换频率很低，这就是说，在三点试验中，中间一个基因跟它两旁的两个基因同时分开的机会很小。如果两个基因对间的单交换并不影响邻近两个基因对间的单交换，我们预期双交换的频率就是两个单交换频率的乘积，可是实际上观察到的双交换频率往往低于预期值。例如在 *ec—cv—ct* 试验中，*ec—cv* 间的重组率是 10.2%，*cv—ct* 间的重组率是 8.4%，如果一次交换不影响它的邻近再发生一次交换，那么这 3 点之间发生双交换的概率应该是 10.2%×8.4%=0.86%，但实验所得到的双交换只有 (5+3)/5 318=0.15%，可见每发生一次单交换时，它的邻近也发生一次交换的机会要减少一些，这种现象叫作干涉（interference）。像 *sc—ec—cv* 试验中，预期双交换频率是 7.6%×9.7% = 0.74%，但实验中一个双交换个体也没有，所以"干扰"是完全的。一般用并发率（coincidence）来表示干涉的大小，公式如下：

$$并发率 = \frac{观察到的双交换百分率}{两个单交换百分率的乘积}$$

并发率愈大，干涉愈小；并发率 = 1，表示没有干涉。在 *ec—cv—ct* 的试验中，并发率 = 0.15%/0.86%=0.17，干涉 = 1−0.17 = 0.83 或 83%；而在 *sc—ec—cv* 试验中，并发率 = 0/0.74%=0，干涉 =1−0=100%。

从一般实验结果来看，基因间的距离缩短时，并发率降低，干涉值上升。所以 3 基因间发生交换的距离短时，双交换的发生很少或没有。这个效应使人们猜想，可能染色单体有某种物理学上的韧性，可在某一距离范围内妨碍"弯曲"或交换的重复发生。

六、连锁图

根据基因在染色体上直线排列的定律，我们可以把每个连锁群画成一个连锁图（linkage map），或称遗传学图（genetic map）。这种图是大量实验材料的简明总结，是以后实验工作和育种工作的重要参考资料。

已知一对染色体上有几个基因时，利用三点试验可以测定基因在染色体上的次序和它们相互之间的距离。基因在染色体上的相对距离由重组率决定，把重组率去掉 % 后作为图距。例如 *sc—ec—cv* 的试验中，*sc—ec* 间的重组率是 7.6%，图距即为 7.6，*ec—cv* 间的重组率是 9.7%，图距即为 9.7。在有些材料中或某些基因对间有时不能进行三点试验，不易得到三隐性个体或双隐性个体，那也可以根据 3 个两点试验，分别求得重组率，并决定有关基因的次序。

例如在玉米中，花青素基因（*a*）、棕色中脉基因（*bm*）和易碎胚乳基因（*bt*）都在第 5 连锁群上，*a* 和 *bm* 间的重组值是 6%，*a* 和 *bt* 间的重组率是 7%。单是这样的资料，还不能把 3 个基因画在连锁群上,因为有两种排列都适合(图7-15 Ⅰ、Ⅱ)。可是知道 *bm* 和 *bt* 间的重组值是 1% 后,*a*—*bm*—*bt* 的次序就可确立了(图7-15Ⅲ)。利用同样的方法,还可把其他基因放上去,这样就作成了遗传学图(图7-16)。

关于遗传学图,还要补充说明几点:①基因在遗传学图上有一定的位置,这个位置叫作基因座(locus)。一般以最先端的基因位置为 0,但随着研究进展,发现有基因在更先端的位置时,把 0 点让给新的基因,其余的基因位置作相应的移动。②重组率在 0 到 50% 之间,但在遗传学图上,可以出现 50 单位以上的图距。例如玉米第 1 连锁群上,*sr* 与 bm_2 间的图距是 172,但实际上 *sr* 与 bm_2 间的重组率不超过 50%,这是因为这两基因间发生了多次交换的关系,所以由实验得到的重组率与遗传图上的数值不一定是一致的。遗传图上数值对应的基因间的重组率只限于邻近的基因座间。

七、重组率与交换率

对于重组率与交换率的关系,要多说几句。重组率或重组值是指双杂合子测交产生的重组型配子的比例,即

$$重组率 = \frac{重组配子数}{总配子数(亲组合 + 重组合)} \times 100\%$$

上面已说明,重组是交换的结果,所以重组率(recombination fraction)通常也称作交换率(crossing over percentage)或交换值。可是仔细推敲起来,这两个数值是不尽相同的。

如果我们假定,沿染色体纵长的各点上交换的发生大体上是随机的。那么可以这样认为,如果两个基因座相距很近,由交换而分开较少,重组率就低;如果两基因座离开很远,交换发生的次数较多,重组率就高。所以可以根据重组率的大小计算有关基因间的相对距离,把基因顺序地排列在染色体上,绘制出基因图。遗传学家就是这样做的。

可是如果有关的两个基因座在染色体上分开较远,例如重组率在 12%~15% 以上,那么进行杂交试验时,其间可能发生双交换或四交换等更高数目的偶数交换,形成的配子却仍然是非重组型的。这时如简单地把重组率看作是交换率,那么交换率就要被低估了。因为遗传图是以 1% 交换率作为图距单位的,所以如交换率低估了,图距自然也随之缩小了,这就需要校正。校正的公式较多,可根据自己得出的连锁与交换试验的结果,提出适用于某一生物的校正公式。一般来说,一个合适的校正公式应该满足下列两个条件:①最大的重组率不超过 0.5 或 50%,因为这数值说明两个基因之间遵循自由组合;②较小的重组率应该大致上是加性的。现在常用的较简单的公式是霍尔丹(John Burdon Sanderson Haldane,1892—1964)推导的作图函数:

$$R = \frac{1}{2}(1 - e^{-2x})$$

式中,*R* 代表重组率,*x* 代表交换率,e 是自然对数的底。该式表示重组率与图距的关系,而图距的单位是 1% 交换率。

现在来说明一下 Haldane 曲线(图7-17)的几点性质:

① 曲线的起始一小段基本上是直线,斜率接近于 1,重组率可以直接看作是图距,所以重组

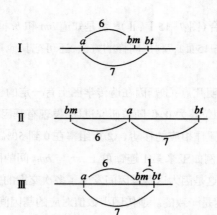

图 7-15 玉米第 5 连锁群上 3 基因的定位

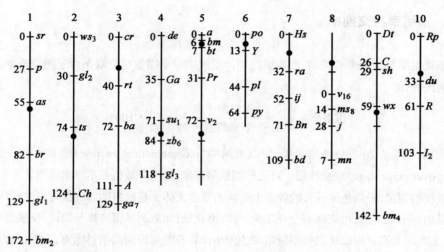

基因符号	名称	基因符号	名称	基因符号	名称
sr	条纹叶	Ga	配子体因子	bd	果穗分叉无花丝
p	果皮颜色	su	糖质胚乳	ms	雄性不育
as	不联会	zb	斑状条纹	j	日本型条斑
br	短节植株	a	花青素	mn	小型
gl	发光幼苗	bt	易碎胚乳	Dt	斑点
bm	褐色中脉	Pr	紫糊粉层	C	有色糊粉层
ws	白色叶鞘	v	嫩绿苗	sh	凹陷胚乳
ts	雄花序结籽	po	多次有丝分裂	wx	糯质胚乳
Ch	褐色果皮	Y	黄胚乳	Rp	抗锈病
cr	皱缩叶	pl	紫色植株	du	黯色胚乳
rt	无次生根	py	矮小植株	R	花青素
ba	不孕杆	Hs	多毛叶鞘	I	金黄色苗
A	花青素	ra	分叉果穗		
ga	配子体因子	ij	埃型条斑		
de	缺陷种子	Bn	褐糊粉层		

图 7-16 玉米 10 个连锁群的遗传学图

仅标出已正确定位的基因中的一部分,圆形黑点表示着丝粒。连锁群上的数字是图距单位,遗传学上最先端的一个基因为零点,由此算起,依次累加。只有第 9 连锁群上的零点同时也是细胞学上的零点。

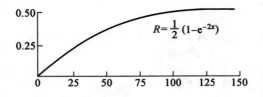

率是加性的。

图 7-17 重组率与图距的关系

纵轴是 R，代表重组率；横轴是 $100x$，代表图距，x 是交换率。

② 在曲线的曲度较大的区域，重组率就不是加性的了。当图距比较大，两端的基因的重组率就要小于相邻两个重组率之和，即 $R_{ab}+R_{bc} > R_{ac}$，例如 a、b、c 是 3 个连锁基因，两两间的重组率 R 如下：

$$a \xleftarrow{\quad 0.23 \quad} b \xleftarrow{\quad\quad 0.32 \quad\quad} c$$
$$\xleftarrow{\quad\quad\quad\quad 0.40 \quad\quad\quad\quad}$$

请注意，R 值是非加性的，$0.23+0.32 > 0.40$。现在把 Haldane 公式加以改写：

$$x = -\frac{1}{2}\ln(1-2R)$$

把上面 R 值代入公式，我们可以求得 3 个连锁基因间的 x 值如下：

$$\xleftarrow{\quad 0.31 \quad}\xleftarrow{\quad\quad 0.51 \quad\quad}$$
$$\xleftarrow{\quad\quad\quad 0.81 \quad\quad\quad}$$

现在 $0.31+0.51$ 稍大于 0.81，x 值大致上恢复成为加性的了。

③ 标记基因间的图距很大时，重组率与图距无关，接近或等于 1/2。

所以重组率大致代表交换率，但当重组率逐渐增大时，重组率往往小于交换率，需要加以校正。在实际应用时，还要看研究的生物而定。像黑腹果蝇那样，各染色体上定位的基因已经很多，标记的区域已划分得很细，就无需用作图函数来校正了。但对一种新的生物开始进行连锁研究，可供利用的标记基因很少，这时最好用作图函数来加以校正，以得到更接近实际的图距。

八、孟德尔研究过的 7 对基因位于 7 对不同染色体上吗

研究遗传学问题也像研究其他自然科学问题一样，大都是从众多类似现象中抽出若干现象加以观察，归纳出一般规律，然后从这规律出发，演绎说明其他类似现象。孟德尔就是用这种方法研究了豌豆的 7 种单因子杂种的分离方式，在这基础上进而研究了两因子杂种和三因子杂种的分离方式。结果他得出结论说，一对因子的分离与另一对因子的分离是独立的，两者是自由组合的。这样的结论在相当一段时期内被认为是孟德尔研究过 7 对基因分别位于 7 对不同染色体上的证据。鉴于豌豆的单倍染色体数也恰好是 7，理所当然地会产生这样的问题：事情真有这样的巧合吗？

如图 7-18 所示，豌豆的单倍染色体组中共含有 7 条染色体，现在知道孟德尔遗传研究所利用的 7 对相对性状的决定基因分别定位在 6 条染色体上。子叶黄绿基因（I/i）定位于第 I 染色体，花冠红白基因（A/a）定位于第 II 染色体，植株高矮基因（Le/le）定位于第 III 染色体，豆粒满皱基因（R/r）和未熟豆荚绿黄基因（Gp/gp）定位于第 V 染色体。此外，Fas/fas（第 III 染色体）和 Fa/fa（第 IV 染色体）两对基因均能控制花腋生或顶生，而 P/p（第 VI 染色体）和 V/v（第 III 染色体）两对基因均能控制成熟豆荚是否分节，孟德尔研究所用的豌豆品系到底对应哪对基因差异暂不能确定。

我们知道孟德尔的两因子杂种研究的是豆粒满皱基因（R/r）和子叶黄绿基因（I/i）这两对基因的分离，而三因子杂种研究的是豆粒满皱基因（R/r）、子叶黄绿基因（I/i）和花冠红白基因（A/a）

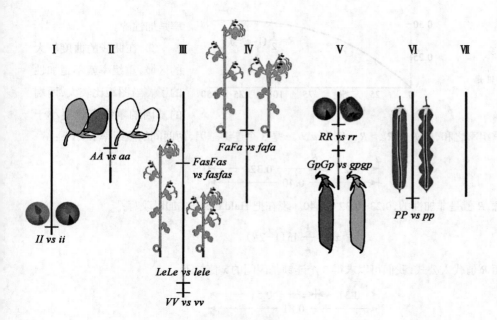

图 7-18 豌豆的染色体图（引自 Ellis 等，2011）

图中标出了孟德尔研究的 7 对相对性状以及这些性状决定基因所在的染色体位置。

这 3 对基因的分离。结果发现，F$_2$ 分离数据均符合自由组合的原则。乍看之下，这和连锁定律揭示的某些基因之间相互连锁的规律有矛盾，但实际并非如此。不难发现，豆粒满皱基因（R/r）、子叶黄绿基因（I/i）和花冠红白基因（A/a）这 3 对基因恰巧分别位于 3 对不同的染色体上，因此，它们之间的确可以自由组合。

那么，我们不禁好奇，孟德尔是否有研究过其他的两因子杂种呢，比如豆粒满皱和未熟豆荚绿黄这两对性状，它们的决定基因（R/r 和 Gp/gp）均位于第 V 染色体，且距离较近，可能存在一定的连锁。如果用这两个相对性状做两因子杂交实验，我们推测所得数据将与自由组合的理论比例有明显差异。

那时孟德尔会不会碰到不符合自由组合的比例，而又没有想到连锁，从而把难以解释的资料弃置一旁呢？这是一个疑案。但鉴于他的论文上有这样一句话："用豆粒性状进行试验，可以最简单和最正确地达到试验目的"，所以我们猜测他可能没有做过植株高矮和豆荚形状这种较复杂的两因子杂种分离试验。他可能单是根据已做过的一些两因子杂种和三因子杂种的分离试验，对所得的结果加以归纳，推而广之，演绎地认为所有 7 对基因间都是自由组合的。不过不论怎样，孟德尔从两因子和三因子杂交试验归纳出来的自由组合原则在一定范围内（请读者想一想，这范围指什么？）是正确的，是经得起考验的。

视频 9
孟德尔工作的质疑

第二节 真菌类的连锁分析

粗糙链孢霉（*Neurospora crassa*）属于真菌类中的子囊菌（Ascomycetes），它是遗传分析的又一种好材料，这是因为：①它是单倍体，没有显隐性的复杂问题，基因型直接在表型上反映出来。②一个小囊中的孢子是一次减数分裂的产物，易于分析配子比例。二倍体合子是两个不同减数分裂产生的配子相互结合的结果,遗传分析相对复杂。③个体小,长得快,易于培养,一次杂交可以产生大量后代,所以统计结果可靠性高,低至 10^{-8} 的低频率也可测出。④进行有性生殖,染色体的结构和功能类似于高等动植物。

单一减数分裂的 4 个产物留在一起,称作四分子。对四分子进行遗传学分析,称作四分子分析(tetrad analysis)。粗糙链孢霉的减数分裂的 4 个产物不仅留在一起,而且以直线方式排列在子囊中,这种顺序四分子(ordered tetrad)在遗传学分析上有很多好处:①这是遗传学分析的好材料,可以简单明了地看出分离比和计算重组率。②可以把着丝粒作为一个基因座,计算某一基因与着丝粒的重组率。③子囊中子囊孢子的正确对称性质,证明减数分裂是一个交互过程。④可以检验染色单体的交换有无干涉现象,而且还可用它来进行基因转变(gene conversion)的研究。关于基因转换在以后讨论。⑤四线分析(4-strand analysis)证明,每一交换只包括四线中的两线,但多重交换可以包括两线、三线或四线。

一、着丝粒作图

从野外采集的粗糙链孢霉能在简单的、成分清楚的培养基上生长和繁殖,一般称之为野生型或原养型(prototroph)。在实验室中得到的某一粗糙链孢霉菌株,一定要在培养基中添加某一营养物质才能生长,一般称之为营养缺陷型(auxotroph)。例如有一菌株一定要在培养基中添加赖氨酸才能生长,一般就称之为赖氨酸依赖型(lysine dependent)或赖氨酸缺陷型(lysine deficient)。

现在用一实验说明着丝粒作图(centromere mapping)。如把赖氨酸缺陷型(记作 lys^- 或 −)与野生型(记作 lys^+ 或 +)杂交,则所得子囊中的孢子,分离为 4 个黑的(+)与 4 个灰的(−)。野生型的子囊孢子成熟后是黑色的,但赖氨酸缺陷型的成熟较迟,所以灰色。根据黑色孢子和灰色孢子在子囊中的排列次序,共有 6 种子囊型:

$$
\text{非交换型} \begin{cases} (1) & + + - - \\ (2) & - - + + \end{cases}
$$

$$
\text{交换型} \begin{cases} (3) & + - + - \\ (4) & - + - + \\ (5) & + - - + \\ (6) & - + + - \end{cases}
$$

这儿,我们为了方便起见,只写下 4 个孢子对,而不把 8 个孢子的基因型都写出来。

我们顺便要提一提,(1)和(2)互为镜像,同样,(3)和(4)、(5)和(6)也互为镜像,说明减数分裂是一个交互过程。

那么子囊型(1)和(2)是怎样产生的呢? 从图 7-19 可以看到,减数分裂 I (此处简写为 M_1)时,带有 lys^+ 的两染色单体移向一极,而带有 lys^- 的两染色单体移向另一极。这样,就 lys^+/lys^- 这一基因对而言,在 M_1 时就分离了,所以子囊型(1)和(2)属于第一次分裂分离(first division segregation)。减数分裂 II (此处简写为 M_2)时,每一染色单体相互分开,所以在每一子囊中两个 lys^+ 的孢子排列在一起,两个 lys^- 的孢子排列在一起。再经过一次有丝分裂(此处简写为 M),最后形成 4 个孢子对,排列顺序是 ++−− 或 −−++。因为在形成这两种子囊型时,在着丝粒和基因

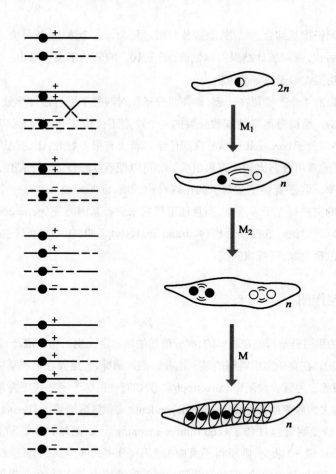

图 7-19　第一次分裂分离产生非交换型子囊类型

lys⁺ 和 *lys*⁻ 在后期 Ⅰ 时分离,此时带有 *lys*⁺ 的两染色单体分向一极,带有 *lys*⁻ 的两染色单体分向另一极。M₁ 时,双价体在赤道板上正常排列并发生规则分离。同源染色体间至少应有一个交叉,现在假定交叉不发生在 *lys*⁺/*lys*⁻ 与着丝粒间,两个 *lys*⁺ 连在同一着丝粒上,在后期 Ⅰ 时,一起移向一极,另外两个 *lys*⁻ 也一样,所以只产生子囊型(1)或(2),都是非交换型。

对 *lys*⁺/*lys*⁻ 间未发生过交换,所以称为非交换型。

　　至于子囊型(3)和(4)的形成经过,可看图 7-20。由于前期 Ⅰ 在着丝粒和 *lys*⁺/*lys*⁻ 之间有交叉,造成包括 *lys*⁺/*lys*⁻ 在内的染色区段的互换,在 M₁ 时,分到每一子核的两染色单体都是一个带有 *lys*⁺,一个带有 *lys*⁻,所以 M₁ 时没有出现分离现象。到 M₂ 时,带有 *lys*⁺ 的染色单体才和带有 *lys*⁻ 的染色单体相互分开。再经过一次 M,最后形成 4 个孢子对,排列顺序是 +-+-(或 -+-+)。所以就 *lys*⁺/*lys*⁻ 这一基因对来说,到 M₂ 时才出现分离现象,所以子囊型(3)和(4)属于第二次分裂分离(second division segregation)。因为这种情况是由于 *lys*⁺/*lys*⁻ 与着丝粒间发生一个交叉造成的,所以子囊型(3)和(4)是交换型。

　　还有(5)和(6)这两个交换型,也可以根据上面的图解画出来,我们在这里不再重复说明,由读者自己去画,作为练习。

　　因为有交换型出现,表明交换发生在两条非姐妹染色单体间。

　　在(3)~(6)的 4 种子囊型中,只有两对孢子交换位置,其余两对孢子维持原位。例如在交换型(3)中,如果说第 2 孢子对跟第 3 孢子对交换了位置,那么第 1 和第 4 两个孢子对维持原位。也就是说,每发生一个交叉,一个子囊中有半数孢子发生重组。所以在粗糙链孢霉中,着丝粒与有关基因的重组率可依下式计算:

$$基因与着丝粒的重组 = (\frac{交换型子囊数}{交换型子囊数 + 非交换型子囊数}) \times 100\% \times \frac{1}{2}$$

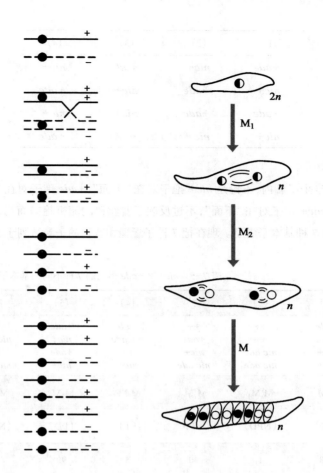

图 7-20　第二次分裂分离产生交换型子囊类型

lys^+ 和 lys^- 在后期 Ⅱ 时才分离,这时带有 lys^+ 的染色单体分向一极,而带有 lys^- 的染色单体分向另一极。交叉发生在 lys^+/lys^- 与着丝粒之间,所以子囊型(3)或(4)是交换型。

例如有 9 个子囊对 lys 基因是非交换型,有 5 个子囊对 lys 基因是交换型,那么交换型子囊的百分比是

$$\frac{5}{9+5} \times 100\% = 36\%$$

lys 与着丝粒间的重组率即为

$$36\% \times \frac{1}{2} = 18\%$$

换句话说,lys 与着丝粒间的图距是 18,这就是着丝粒作图。

二、粗糙链孢霉的连锁

着丝粒作图也可跟常规基因作图一起进行。例如有这样一个杂交,$nic+ \times +ade$,这儿 nic 是烟酸依赖型,要在培养基中添加烟酸才能生长,ade 是腺嘌呤依赖型,要在培养基中添加腺嘌呤才能生长。上面已讲过,一对基因杂交,有 6 种不同的子囊型,两对基因杂交,有 $6 \times 6 = 36$ 种不同的子囊型。但是,我们可以忽略半个子囊内的基因型次序,如子囊型(5)(表 7-5)实际代表了以下 4 种子囊类型:

(1)	(2)	(3)	(4)
+ade	nic+	+ade	nic+
nic+	+ade	nic+	+ade
+ade	+ade	nic+	nic+
nic+	nic+	+ade	+ade

这是因为,在半个子囊内,不论是 *nic+* 孢子对在"上面",+*ade* 孢子对在"下面",还是 +*ade* 孢子对在"上面",*nic+* 孢子对在"下面",不过反映了着丝粒的随机趋向而已,所以可把 36 种不同的子囊型归纳为 7 种基本子囊型。现在把 7 种子囊型和实得的子囊数列于表 7-5。

表 7-5　 nic+ × +ade 得到的 7 种不同的基本子囊型和相应的子囊数

子囊型	(1)	(2)	(3)	(4)	(5)	(6)	(7)
基因型 次序	+ade +ade nic+ nic+	++ ++ nic ade nic ade	++ +ade nic+ nic ade	+ade nic ade ++ nic+	+ade nic+ +ade nic+	++ nic ade ++ nic ade	++ nic ade +ade nic+
分离发生的时期	M_1M_1	M_1M_1	M_1M_2	M_2M_1	M_2M_2	M_2M_2	M_2M_2
子囊型分类	(PD)	(NPD)	(T)	(T)	(PD)	(NPD)	(T)
实得子囊数	808	1	90	5	90	1	5

考虑到各型子囊的起源(图 7-21),还有另一种分类:

① 亲二型(parental ditype, PD),它们只有两种基因型,而且跟亲代一样。包括子囊型(1)和(5)。

② 非亲二型(non-parental ditype, NPD),有两种基因型,都跟亲代不一样,是重组型。包括

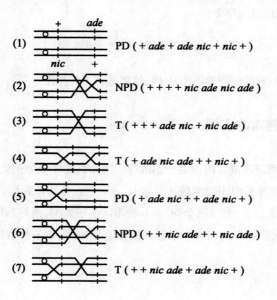

图 7-21　顺序四分子的重组子囊中孢子对的排列

子囊型(2)和(6)。

③ 四型(tetratype, T),有4种基因型,两种基因型跟亲代一样,两种基因型跟亲代不一样,包括(3)、(4)和(7)。

我们先计算 *nic* 与其着丝粒间的重组率:

$$\frac{交换型子囊数}{总子囊数} \times \frac{1}{2} = \frac{第二次分裂分离子囊数}{总子囊数} \times \frac{1}{2} = \frac{M_2}{总子囊数} \times \frac{1}{2}$$

$$= \frac{(4)+(5)+(6)+(7)}{总子囊数} \times \frac{1}{2} = \frac{5+90+1+5}{1\,000} \times \frac{1}{2} = 5.05\%$$

再计算 *ade* 与其着丝粒间的重组率:

$$\frac{M_2}{总子囊数} \times \frac{1}{2} = \frac{(3)+(5)+(6)+(7)}{总子囊数} \times \frac{1}{2} = \frac{90+90+1+5}{1\,000} \times \frac{1}{2} = 9.30\%$$

算出上述两个重组率后,还有3种可能性要考虑(图7-22)。在1 000个子囊中,有808个是亲二型,+/*nic* 和 +/*ade* 都是第一次分裂分离($M_1 M_1$),而重组型数目偏少,所以这两基因对不可能是自由组合,第一种可能性可以排除。那么第二种连锁关系有无可能呢? 我们把资料用另一种方式排列,得表7-6。

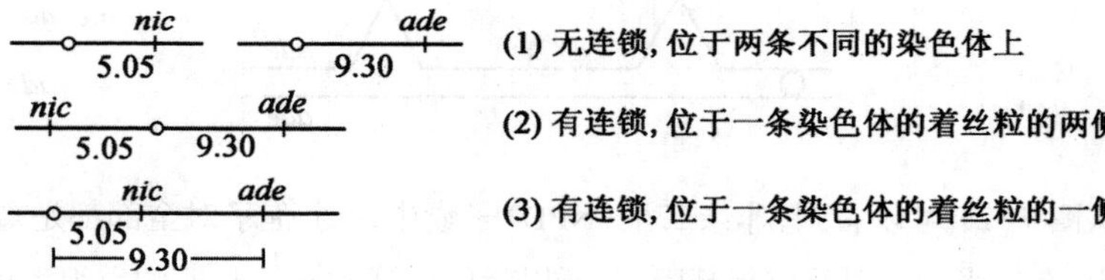

图7-22 着丝粒, *nic*/+ 和 *ade*/+ 间的3种连锁可能性

表7-6 粗糙链孢霉的 *nic*+ × +*ade* 的分离资料(按照分离时期来排列)

+/*nic*	+/*ade*	子囊数
M_1	M_1	809
M_1	M_2	90
M_2	M_1	5
M_2	M_2	96
		1 000

从表中看到,着丝粒—*nic*(·—*nic*)间不发生交换而着丝粒—*ade*(·—*ade*)间发生交换($M_1 M_2$)的子囊数是90/1 000,·—*ade* 间不发生交换而·—*nic* 间发生交换($M_2 M_1$)的子囊数是5/1 000,两子囊数相差悬殊,两者之比为 $\dfrac{90}{1\,000} : \dfrac{5}{1\,000} = 18:1$,远远超过两重组率之比 9.30% : 5.05%=1.84 : 1。这表明,·—*nic* 间的交换与·—*ade* 间交换不是相互独立的,而是密切相关的,所以认为 *nic* 与 *ade* 在着丝粒两侧的第二种可能性也可排除。

又从表7-6可以看到,·—*nic* 间发生交换时,大部分时间在·—*ade* 间也发生交换,101次中

有 96 次,那就是说,同一交换
使 +/nic 在 M₂ 分离,也使 +/
ade 在 M₂ 分离,这是强有力
的证据,证明是第三种的连
锁关系,即 nic 与 ade 位于着丝
粒的同一侧(图 7-23)。

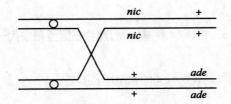

图 7-23 着丝粒与 nic/+、ade/+ 的位置关系

nic/+ 和 ade/+ 位于着丝粒的一侧。着丝粒—nic 的一个交换,也是着丝粒—ade 间的一个交换。

已经确定第三种可能性是正确的,我们就可以计算 nic 和 ade 间的重组率。可是简单地求两重组率之差,即将 9.30% 减去 5.05%,并不能得出正确的数值,它的理由我们已在果蝇的三点试验中说明过。

我们求·—ade 间的重组率时,是把所有第二次分裂分离型的子囊数加起来,除以二倍的总子囊数。这种计算方法会将少量在·—ade 间发生交换的子囊遗漏。例如子囊型(4)对 +/ade 来讲,是第一次分裂分离,但是我们确定了·—nic—ade 顺序后,知道这些子囊中发生了二线双交换(图7-24),可是在计算·—ade 间的重组率时,并没有把这两次单交换计算在内,因而使·—ade 间重组率的估计偏低。

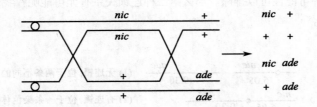

图 7-24 二线双交换示意图

子囊型(4)对 +/ade 来说是在 M₁ 分离,但同时考虑 +/nic 时,知道在这些子囊中实际发生了二线双交换。

从图 7-21 可以看到,非亲二型(NPD)子囊中,4 个孢子对全部都是重组基因型,而四型(T)子囊中,有一半孢子对是重组基因型,所以我们计算 nic—ade 间的重组率可用公式:

$$重组率 = \frac{NPD + \frac{1}{2}T}{总子囊数} = \frac{(1+1) + \frac{1}{2}(90+5+5)}{1\,000} = 5.2\%$$

现在我们可以画出最正确的遗传学图,如图 7-25 所示。

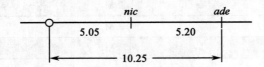

图 7-25 链孢霉中 nic/+、ade/+ 与着丝粒的遗传学图

三、染色单体干涉

上面已提到了,应用四分子分析也可以检验染色单体的交换有无干涉现象。详细地说,在两非姐妹染色单体间发生一个交换后,会不会影响相同两染色单体间发生第二次交换的出现概率。要了解这个问题,最好的办法是要知道第一个交换发生在两非姐妹染色单体间后,第二个交换发生在任意两非姐妹染色单体间是不是随机的,如图 7-26 所示。

如第二个交换发生在任意两个非姐妹染色单体间的机会是相等的,那么二线双交换∶三线双交换∶四线双交换之比应该是 1∶2∶1(图 7-26)。如果实得比例与理论比例有明显偏差,我

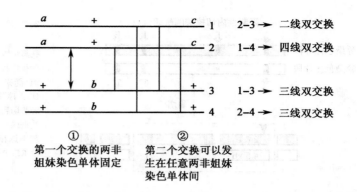

图 7-26　染色单体交换的干涉现象

图示第一个交换的发生固定后(2-3交换),第二个交换发生在任意两非姐妹染色单体间的 4 种可能性。这4 种可能性都可在子囊基因型上区分开来。

① 第一个交换的两非姐妹染色单体固定　② 第二个交换可以发生在任意两非姐妹染色单体间

们可以认为有染色单体干涉(chromatid interference)。

第三节　人类孟德尔遗传病的连锁分析

上文中我们利用模式生物介绍了不同基因对之间的连锁关系,以及如何利用连锁分析计算不同基因对之间的遗传距离的方法。在对模式生物进行研究时,我们常采用性状标记(如果蝇复眼的颜色、粗糙链孢霉的营养缺陷型等)来进行连锁分析,通过人为设计的杂交方案进行杂交,分析后代表型。但是,对于人类而言,一方面,我们不能采用指定婚配的方法,而且可供追踪的家系的数目和大小也非常有限,另一方面,人类有 23 对染色体,已知的性状标记在基因组中的覆盖度极低,很难仅利用它们实现人类的连锁分析。随着分子生物学技术的发展,许多分子水平的遗传标记被开发出来,极大地拓展了遗传标记的数量,被广泛应用到了人类连锁分析中。我们在这一节先简单介绍一种遗传标记,其他标记将在基因组一章中作详细介绍,再和读者们讨论如何利用分子遗传标记进行连锁分析。

一、限制性片段长度多态性

限制性片段长度多态性(restriction fragment length polymorphism,RFLP)是第一代分子遗传标记。前面章节中我们曾介绍过,限制性内切酶是一种能够在特定 DNA 序列上切割 DNA 分子的酶类,经它处理之后,一条 DNA 链可以被消化成为特异大小的限制性片段。在人类基因组中有很多无明显表型效应的碱基变化,这些变化有时可以产生新的限制性酶切位点,或者使原来存在的酶切位点发生丢失。新酶切位点的出现可使限制性片段(restriction fragment,RF)的长度缩短,而旧酶切位点的丢失可使限制性片段长度增大。这样一来,在不同个体的同一基因间或者同一个体的两个等位基因间会出现某一限制性内切酶产生的片段长度的不同,也就是出现了RFLP(图 7-27)。需要指出的是,RFLP 不是一种新的变异形式,而是碱基顺序改变的结果,由于碱基变异形成了不同长度的 RF,可以根据 RF 长度大小来表示不同形式的等位基因。

和传统的遗传标记不同,RFLP 是 DNA 水平的遗传标记,与基因的表达和表型的实现无关,因此无表型效应,更不受环境条件和发育阶段的影响。更重要的是,RFLP 遵循共显性的遗传方式,可以很容易地区分杂合子和纯合子,通过成熟的基因型分型技术如 Southern 印迹准确地

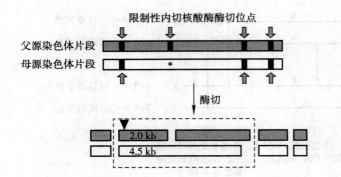

限制性内切核酸酶酶切位点

父源染色体片段
母源染色体片段

酶切

2.0 kb
4.5 kb

图 7-27　RFLP 示意图

在某个体的一条染色体片段上，来自父亲的 DNA 序列中存在 4 个特定限制性内切核酸酶酶切位点，而来自于母亲的 DNA 序列在 * 处与父源 DNA 序列有差异，造成了一个酶切位点的丢失。经酶切后得到的 RF 数目不同，大小亦不相同（虚线框内）。▼指示的是探针位置，酶切后通过凝胶电泳和 Southern 印迹可以鉴定该个体在这个 RFLP 标记上为 2.0 kb/4.5 kb 的杂合子。

进行 RFLP 基因型的鉴定。此外，非等位的 RFLP 标记之间互不干扰，可以同时进行多个 RFLP 的遗传分析。RFLP 来自于人类基因组自身的变异，全基因组中大约有 4 000 多个 RFLP，可以较好地覆盖整个基因组。因此，从 20 世纪 80 年代开始，RFLP 被广泛应用到了人类的遗传分析中。

二、连锁分析与孟德尔遗传病的间接遗传测试

在遗传的分子基础一章中我们曾以镰状细胞贫血的产前诊断为例，介绍过孟德尔疾病的遗传测试。深入分析该案例可以看出，准确的遗传测试需要提前获得患者携带的遗传变异的具体信息，并根据遗传变异位点设计合适有效的基因型分型方法。我们将这种直接分析样本 DNA 中是否携带致病性遗传变异位点的遗传测试方法称为直接的遗传测试。但在 20 世纪 80 年代，遗传学家遇到了新的问题：在一些孟德尔遗传病的发病机制未知，即基因的变异信息未知的情况下，能否通过遗传测试的改进实现产前诊断，避免患儿的出生呢？答案是肯定的。当遗传学家充分利用了遗传标记和连锁分析，一些问题迎刃而解，我们把这种改进的方法称为间接的遗传测试——在不知道致病基因的遗传变异信息的情况下，利用与疾病基因紧密连锁的遗传标记进行遗传测试。这其中运用到的核心连锁分析思想是：如果已知某遗传标记和致病基因紧密甚至完全连锁，那么即使不检测该致病基因的序列，也能在家系中根据父母和子女遗传标记的传递情况推导与之连锁的疾病基因的传递规律。我们再以另一种血液疾病为例详细介绍遗传测试操作与连锁分析的过程。

β- 地中海贫血（β- thalassemia）是一种遗传性溶血性贫血症，在我国南方发病率较高，本病目前尚无理想的治疗方法。其中 β- 地中海贫血是不能产生 β- 珠蛋白的一种重症贫血，是由 β- 珠蛋白基因部分缺失引起的，属常染色体隐性遗传。今举一例，有一孕妇以前生育过 β- 地中海贫血儿子，该患儿于生后一年死亡，她现在又怀孕，要求对她的胎儿进行产前诊断（图 7-28）。用限制性内切酶 Pst I 消化正常人基因组 DNA 后，与 β- 珠蛋白基因探针杂交，得到一条 4.4 kb 的 RF 信号带。孕妇及其丈夫已生育过一个 β- 地中海贫血儿子，因此他们都是 β- 珠蛋白基因携带者，基因型均为 $+/\beta^\circ$。经同样处理后，夫妻俩的 DNA 样品中出现 4.4 kb 和 3.7 kb 两条 RF 信号带，说明 3.7 kb 的 RF 条带与突变 β- 珠蛋白基因连锁，而 4.4 kb 的 RF 条带和正常 β- 珠蛋白基因连锁。抽取孕妇羊水，直接从羊水细胞中提取胎儿的 DNA，经 Pst I 酶切后，发现仅有 3.7 kb 的 RF 信号带，说明这一胎儿是一个突变 β- 珠蛋白基因的纯合子，因此也是一名 β- 地中海贫血患者。在这一诊断结果的指导下，家属要求进行人工流产，防止了患儿的出生。

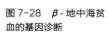

图 7-28　β - 地中海贫血的基因诊断

（a）基因结构示意图。（b）Southern 印迹结果。β，正常 β- 珠蛋白基因；β°，异常 β- 珠蛋白基因（有缺失）；Pst，Pst I 酶切位点。

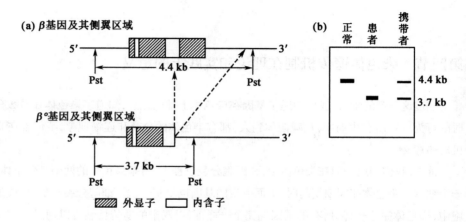

在上面的案例中，由于患者的 β- 珠蛋白基因内部发生了大段缺失，所以珠蛋白基因两侧的 Pst I 位点酶切后形成了大小不同的片段，换句话说，基因缺失形成了一个 RFLP，因此，RFLP 的基因型可以完全代表致病基因的等位形式。但是，如果 RFLP 和疾病基因并无直接联系，而是位于致病基因的周围，那么两者之间就有可能在世代传递中发生交换。在这种情况下进行基因诊断时，致病基因和 RFLP 的连锁程度愈是紧密，重组率愈低或愈接近于零，基因诊断的可靠性愈大。

我们再举一例，苯丙酮尿症是由于苯丙氨酸羟化酶（phenylalanine hydroxytlase，PH）基因异常引起的，因为 PH 基因编码的蛋白质将苯丙氨酸转化为酪氨酸的代谢反应仅局限在肝内进行，所以在羊水细胞中测不出 PH 活性，也就无法用生化手段对未出生胎儿进行疾病诊断。但是，我们仍然可以利用 PH 基因所在染色体邻近座位上的 RFLP 对 PH 基因进行基因诊断。

PH 基因所在染色体周围存在有 Msp I 的多态位点，利用 Msp I 限制性内切酶和 PH 基因探针可以特异性识别 PH 基因旁的 RFLP。在人群中，有些个体的两条同源染色体上各含有两个 Msp I 位点，杂交可以得到单一的 23 kb 的信号条带；又有些个体的两条同源染色体各含有 3 个 Msp I 位点，杂交可以得到单一的 19 kb 的信号条带；还有些个体的一条染色体上有两个 Msp I 酶切位点，另一条染色体有 3 个 Msp I 酶切位点，则为 23 kb 与 19 kb 的杂合子。

在一家系中，父亲是 23 kb 纯合子，母亲是 23 kb/19 kb 的杂合子，他们的一个患儿是 23 kb 纯合子，这表明在母方，突变基因与 23 kb DNA 相连锁，而正常基因与 19 kb DNA 相连锁。现在待诊断胎儿是 23 kb/19 kb 杂合子，其 19 kb RF 来自母方，此 RF 与正常基因相连，而另一 23 kb RF 来自父亲，此 RF 可能与突变基因相连，也可能与致病基因相连。由于该疾病是常染色体隐性遗传病，胎儿已有与 19 kb RF 相连的一个正常等位基因，所以隐性纯合子（患病）的可能性可以排除。通过出生前基因诊断，我们可以劝告孕妇继续妊娠，生下来的孩子的表型是正常的（图 7-29）。

图 7-29　苯丙酮尿症的基因诊断

（a）PH 基因及其侧翼区域的结构示意图。Msp，Msp I 酶切位点。（b）家系图：每个成员的 RF 大小已标出。（c）Southern 印迹结果。

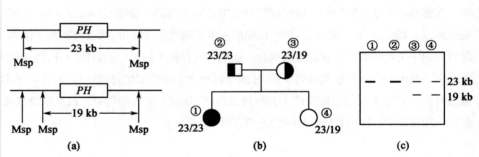

第四节　染色体遗传机制在理论和实践上的意义

经过这一章的学习,我们知道了基因在染色体上排成直线,知道了染色体在减数分裂和受精时的行为。在所有生物中,从噬菌体到人,都有染色体的分离和连锁现象,我们现在来看看这种机理的意义。

首先,我们知道基因在染色体上,在细胞分裂过程中,每条染色体的两个染色单体,各自进入一个细胞。染色体在间期复制时,上面所带的基因也复制一次。细胞分裂一次,形成的两个子细胞中,染色体完全一样,所有的基因也完全一样,所以双亲的遗传特性可以通过受精卵的连续有丝分裂而正确地传递下来。

生殖细胞形成时,进行减数分裂。在减数分裂时,不同对的染色体彼此独立分离,同时同源染色体间又可相互部分交换,这就造成多种配子,形成更多合子。这是生物变异的重要原因之一,为生物进化或培育新品种提供了丰富的素材。

其次,我们知道,有减数分裂才有分离现象,没有减数分裂,就没有分离现象。只有进行有性生殖的生物,才有减数分裂,才出现分离现象,这就能解释许多遗传现象。植物中的分根、插枝、嫁接等是无性繁殖,不进行减数分裂,所以没有分离,后代的基因型完全一样,遗传特性非常一致。

果树差不多都是很复杂的杂合子,如用种子繁殖,就有复杂的分离,无法保持母株所有的品质。所以要保持母株的特性,一定要用嫁接等无性繁殖的方法。

第三,我们知道,基因在染色体上作直线排列,这对育种工作者有一定帮助。在育种工作中,要把几个连锁的有利基因重新组合,或把有利和有害基因分开,最好能够预先了解有关基因间的重组率,以便在制定育种程序时加以考虑。如基因间的距离比较远,重组或分开都比较容易,育种工作当然容易取得成果,如果连锁相当紧密,重组或分开的机会较小,育种时间就要延长。

例如毡毛烟草(*Nicotiana glutinosa*)能抵抗烟草花叶病病毒,而烟草(*N. tabacum*)的栽培品种往往缺少这种抗性。为了把毡毛烟草的花叶病抗性转育到烟草的栽培品种中去,把毡毛烟草与烟草的栽培品种杂交,可是选育出的抗性植株对日烧病很敏感。测验结果表明,决定花叶病抗性的基因座跟决定日烧病敏感性的基因座是紧密连锁的。在这种情况下,为了不使育种时间延长,就要扩大选育对象,或采取另外措施,如后续章节将要谈到的辐射育种等。

最后,我们还要谈一点:为什么基因主要位于染色体上,而不是坐落在细胞中其他部分呢?这是因为基因位于染色体上时,每一基因座上的基因只要两份就可保证基因的正确分离和组合。在有丝分裂时,随着染色体的等分,位于其上的基因也均等地分向两极,所以就每一基因座而言,每一细胞都均等地得到两份。而在减数分裂中,随着同源染色体的分离,位于其上的基因也正确地分离,所以就每一基因座而言,每一性细胞都可正确地得到一份。而在雌雄配子的结合过程中,随着细胞中染色体数的恢复而重新组合。如果基因存在于细胞中的其他部分,例如在细胞质中,那么每一基因一定要有相当多的份数,才能保证每个子细胞都能分到一部分,可是还不能保证正确的分离。所以基因位于染色体上有材料上经济、分离上正确的优点。自从生物进化过程中出现这一策略以后,其在自然选择中就处于有利地位。

习题

1. 在番茄中，圆形(O)对长形(o)是显性，单一花序(S)对复状花序(s)是显性。这两对基因是连锁的，现有一杂交 $Os/oS×os/os$ 得到下面 4 种植株：圆形、单一花序(OS)23，长形、单一花序(oS)83，圆形、复状花序(Os)85，长形、复状花序(os)19。问：O—s 间的重组率是多少？

2. 根据上一题求得的 O—s 间的重组率，你预期 $Os/oS×Os/oS$ 杂交结果，下一代 4 种表型的比例如何？

3. 在家鸡中，白色由于隐性基因 c 与 o 的两者或任何一个处于纯合态，有色要有两个显性基因 C 与 O 的同时存在，今有下列的交配：

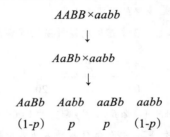

F_1 用双隐性个体 $ccoo$ 测交。做了很多这样的支配，得到的后代中，有色 68 只，白色 204 只。问：o—c 之间有连锁吗？如有连锁，重组率是多少？

4. 双杂合子产生的配子比例可以用测交来估算。现有一交配如下：

$$AABB×aabb$$
$$\downarrow$$
$$AaBb×aabb$$
$$\downarrow$$

$AaBb$	$Aabb$	$aaBb$	$aabb$
$(1-p)$	p	p	$(1-p)$

问：①独立分配时，$p=?$ ②完全连锁时，$p=?$ ③有一定程度连锁时，$p=?$

5. 在家鸡中，px 和 al 是引起阵发性痉挛和白化的伴性隐性基因，相应的野生型等位基因为 Px 和 Al。今有一双因子杂种公鸡 $pxAl/Pxal$ 与正常母鸡交配，孵出 74 只小鸡，其中 16 只是白化。假定小鸡有一半是母鸡，没有一只早期死亡，而 px 与 al 之间的重组率是 10%，那么在小鸡 4 周龄时，显出阵发性痉挛时，①在白化小鸡中有多少数目显出这种症状，②在非白化小鸡中有多少数目显出这种症状？

6. 因为 px 是致死的，所以该基因只能通过公鸡传递。上题的小公鸡既不显示 px，也不显示 al，因为它们从正常母鸡得到 Px、Al 基因。问多少小公鸡带有 px？多少小公鸡带有 al？

7. 在果蝇中，有一品系对 3 个常染色体隐性基因 a、b 和 c 是纯合的，但不一定在同一条染色体上，另一品系对显性野性型等位基因 A、B、C 是纯合子，把这两品系交配，用 F_1 雌蝇与隐性纯合雄蝇亲本回交，观察到下列结果：

表型	数目
$a\ b\ c$	211
$A\ B\ C$	209
$a\ B\ c$	212
$A\ b\ C$	208

问:①这 3 个基因中哪两个是连锁的? ②连锁基因间重组率是多少?

8. 在番茄中,基因 o (oblate = flattened fruit), p (peach = hairy fruit) 和 s (compound inflorescence) 是在第二染色体上。用 + 表示这 3 个基因的野生型等位基因。将一个 3 基因杂合子与隐性纯合个体进行测交,得到下列结果:

测交的子代表型	数目
+ + +	73
+ + s	348
+ p +	2
+ p s	96
o + +	110
o + s	2
o p +	306
o p s	63

问:①这 3 个基因在第二染色体上的顺序如何? ②两个纯合亲本的基因型是什么? ③这些基因间的图距是多少? ④并发率是多少?

9. 下面是位于同一条染色体上的 3 个基因的隐性基因连锁图,并注明了遗传图距。

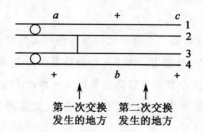

如果并发率是 60%,在 $\alpha\beta\gamma/+++\times\alpha\beta\gamma/\alpha\beta\gamma$ 杂交的 1 000 个子代中预期表型频率是多少?

10. 减数分裂过程中包括两次分裂,染色体的减数发生在减数分裂 I 的时候。我们已经知道基因在染色体上,既然染色体在第一次分裂时减数,为什么位于染色体上的基因有时可以在第二次分裂时分离呢? (提示:参考图 7-20。)

11. 某次交换如下图所示,设第一次交换发生在非姐妹染色单体 2—3 间,如第二次交换可发生在任意两非姐妹染色单体间,机会相等,请画出 4 种可能的双交换,并分别写出子囊的基因型。

12. 根据表 7-5 的资料,计算重组率,得到

·—nic   5.05%

nic—ade   5.20%

·—ade   9.30%

为什么 5.05%+5.20% > 9.30% 呢? 因为·—ade 间的重组值低估了。我们看下表:

子囊型	每一子囊被计算为重组子的染色单体数			子囊数	在所有子囊中被计算为重组子的染色单体数		
	·—nic	nic—ade	·—ade		·—nic	nic—ade	·—adc
2	0	4	0	1	0	4	0
3	0	2	2	90	0	180	180
4				5			
5				90			
6				1			
7				5			
			总计		202 +	208 ≠	372

这里，$\dfrac{202+208-372}{4\,000}=0.95\%$，是低估了的重组率。把这低估的数值加上去，就完全符合了：

$$5.05 \quad nic \quad 5.20 \quad ade$$

$$9.30+0.95$$

请在表中空白处填上数字。

13. 雌果蝇 X 染色体的遗传组成是

$$\frac{+\ +\ +\ +\ +\ +}{a\ b\ c\ d\ e\ f}$$

有一隐性致死基因 l 位于上面一条 X 染色体的某处，但不知其确切位置。经杂交后，统计此雌蝇产下的 1 000 个雄性子代，其表型如下：

表型	数目
a b c d e f	750
a b c d e	60
a b c d	20
a b c	30
d e f	70
c d e f	40
b c d e f	30
合计	1 000

为简易起见，不考虑多次交换，而且已经知道所给的基因顺序是正确的。请写出这些基因间的距离以及致死基因 l 的位置。

14. β 地中海贫血为一种常见的遗传性贫血症，重型患者（$\beta^{\mathrm{T}}/\beta^{\mathrm{T}}$，T 代表 thalassmia）常因心力衰竭而死亡。目前对此病尚无根治方法，仅能通过产前诊断，以防患儿出生。

曾溢滔等利用他们备有的几种 DNA 探针和几种限制性内切酶，对 5 例 β 地中海贫血家系的患者及其父母进行 RFLP 分析。根据所得结果，随即选用特定的限制性内切酶和探针对胎儿的绒毛或羊水细胞 DNA 进行产前基因诊断。

下面是选出的两个 β 地中海贫血家系。请根据 RFLP 分析结果,对要进行产前诊断的胎儿作出你的判断,并加以讨论。

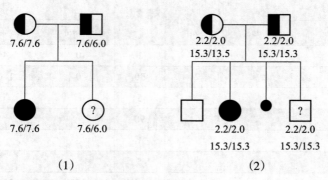

(1)　　　　　　　　　　(2)

家系(1):用限制性内切酶 $Hinc$ Ⅱ 和探针 $\Psi\beta_1$ 进行分析。

家系(2):用限制性内切酶 Ava Ⅱ 和探针 βIVS 以及限制性内切酶 $Hind$ Ⅲ 和探针 pRK28 进行分析。

家系(2)解答提示:

(1) β 珠蛋白基因簇上限制性酶切位点如下图:

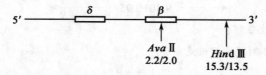

(2) 从 Ava Ⅱ 酶切位点多态性来看:患儿得父 2.2 与母 2.0,或得父 2.0 与母 2.2;胎儿也是如此,所以胎儿或为 β^+/β^+(正常纯合子),或为 β^T/β^T(为什么?)

再从 $Hind$ Ⅲ 酶切位点多态性来看:患儿从母亲得到的 15.3 这一染色体上有 β^T 基因,所以胎儿不可能是正常纯合子,从而必为 β^T/β^T(重型患者)。

15. 以 RFLP 为代表的分子遗传标记与传统标记相比,有哪些优点和缺点?

16. 下图所示的是某常染色体隐性遗传病的一个家系,在致病基因附近有两个完全连锁的 RFLP 遗传标记(Sph Ⅰ 和 $Hind$ Ⅲ)。分型结果如下,请判断孩子 2 和 3 的基因型和表型,并简要写出分析过程。

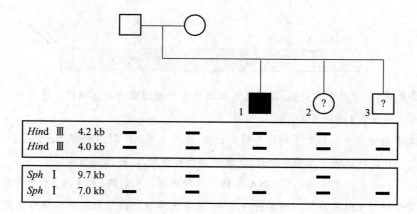

17. 下图的家系中表示了两种 X 染色体连锁的隐性遗传病的传递,请问:

(1) 请写出 I −1, I −2 个体的基因型。(甲病基因用 *A/a* 表示,乙病基因用 *B/b* 表示)

(2) III 代中,哪些个体是重组型?

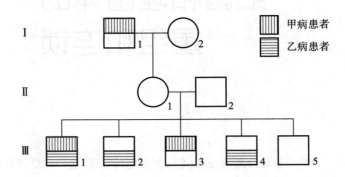

数字课程学习

✎ 在线自测   🔑 习题答案

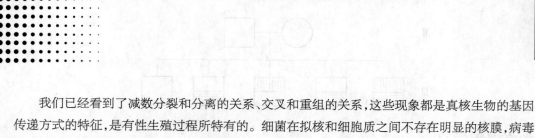

第八章
细菌和噬菌体的
重组和连锁

我们已经看到了减数分裂和分离的关系、交叉和重组的关系,这些现象都是真核生物的基因传递方式的特征,是有性生殖过程所特有的。细菌在拟核和细胞质之间不存在明显的核膜,病毒没有细胞结构,这类生物的基因传递方式显然是非减数分裂式的。我们将在这一章里讨论它们的遗传物质如何从一个世代到另一世代。

第一节　细菌和病毒在遗传学研究中的地位

细菌的结构简单,世代时间短,通常 20 min 一代,而且容易得到它们的生化突变型,所以细菌已成为最常用的遗传学实验材料之一。

细菌是单细胞生物,形状和大小变化很多,它的遗传物质是一个大型的环状核酸分子,称为基因带(genophore),也可称为染色体。细菌通常利用简单的二分分裂增殖,通过这种无性的分裂,一个细菌可在固体培养基上形成一个菌落。当某个细菌的遗传组成偶尔发生突变时,由这种突变细菌所形成的菌落就跟其他菌落不同了。如这种细菌的菌落或菌株丧失产生某种营养物质(如氨基酸)的能力,就称为营养缺陷型,相对于缺陷型,野生型菌株可以叫作原养型。

相当长的一段时间,人们认为细菌只是无性生殖的,各个细菌间没有遗传物质的交换。在1946 年,莱德伯格(Joshua Lederberg, 1925—2008)和塔特姆发现两型大肠杆菌(*Escherichia coli*)间有遗传物质的交换。他们观察到,如果一型大肠杆菌仅对某一化学成分是缺陷型,而另一型对另一化学成分是缺陷型,将它们混合后培养,偶尔会出现能自主产生两种化学成分的原养型细菌。

这些结果当然也可能是由于实验的误差,例如污染、新的突变或其他原因,但通过各种实验,他们可以肯定,上述原养型细菌的起源可归于细菌与细菌接触中遗传物质的直接交换。微生物遗传学家进一步研究清楚这些物质交换是怎样产生的,这也是我们这一章中要详述的内容。

病毒是比细胞更简单的一种生命存在形式。它们自身没有代谢机能,不能单独地生长和增殖,必须寄生在活细胞中,利用活细胞的代谢机器进行增殖。

病毒根据宿主细胞的不同,可以分为动物病毒、植物病毒和细菌病毒 3 种。细菌病毒又称噬菌体(bacteriophage,简写为 phage)。病毒的结构包括蛋白质的外壳和包裹在中间的病毒遗传物质——核酸分子,这个核酸分子也称为基因带或染色体。

病毒似乎是无性的,可是德尔布吕克(Max Ludwig Henning Delbruck,1906—1981)等发现,当具有不同特性的噬菌体被添加到细菌中一起培养,在它们的后裔中会出现不同于原有病毒性状的新组合。当排除了其他可能原因后发现病毒中也存在某种形式的遗传物质交换,这些过程也将在本章中讨论。

细菌和病毒结构简单,繁殖力强,世代时间短,培养要求和生理状态的变化多,大都能在一定成分的培养基上生长繁殖。因为细菌和病毒有这些特性,所以带来了细菌和病毒作为遗传学研究材料的优越性:

① 细菌本身和作为病毒宿主的细菌大都能合成全部氨基酸和维生素,能在一定成分的培养基上生长,所以容易找出营养缺陷型,并且不难找出各个营养缺陷型所需要的营养物质。

② 研究基因的作用时,常常要用到营养缺陷型,也常常需要对代谢产物或细菌本身进行化学分析。细菌繁殖迅速,代谢作用旺盛,在培养中短时间内能累积大量代谢产物,所以便于基因作用的研究。

③ 尽管细菌基因突变的频率很低,要在几十个培养皿中才能观察到一个突变型。但是如果所观察的性状是抗链霉素突变型,只要在培养基中加入链霉素,那么敏感的细菌就不能形成菌落,而只有发生抗性突变的细菌才能在培养基上长成菌落,所以可以在培养基中观察若干亿细菌中所发生的少数突变。这种选择性培养方法是遗传学研究中一个很有用的方法。

④ 研究基因的精细结构,必须获得某一基因内大量不同位点的突变型,然后通过重组分析测定它们的位置。由于这些突变发生在同一基因中,它们的位置非常接近,所以要观察极大量的子代才能发现少数重组子,这只有用细菌和噬菌体作材料,应用选择性培养的方法,才能做到。

⑤ 细菌的生命机制简单,便于着手研究。尽管在细菌中得到的结论不一定能应用到高等生物中,但是可以从中得到启发,推动高等生物中这些问题的研究。

此外,细菌和病毒作为遗传学研究的材料还有很多其他方便之处,如便于建立纯系,便于长期保藏等。细菌和病毒在医学上也很重要,研究它们还有实际意义。

第二节　细菌的遗传分析

细菌中,大肠杆菌是使用最为广泛的遗传学实验材料,因为它容易培养,可以在含有盐类和葡萄糖的简单培养基上生长,而且大肠杆菌也和人类的健康与生活息息相关。

一、细菌的杂交

细菌的杂交最初是在大肠杆菌中发现的。大肠杆菌有很多菌株,有的对抗生素是敏感的,有的则是有抗性的。例如在含有链霉素的培养基中,所有对链霉素敏感的细菌都会被杀死,但有链霉素抗性的细菌能够生长。有的营养缺陷型菌株在基本培养基上不能生长,需要添加一些特殊的物质,如氨基酸之类。例如野生型大肠杆菌能在基本培养基上生长,而甲硫氨酸营养缺陷型只能在加有甲硫氨酸的基本培养基上生长,生物素缺陷型只能在加有生物素的基本培养基上生长。

这些细菌菌株通常都能真实遗传,也就是说,子代细胞跟亲代细胞一样,有同样的生长需求。一旦我们知道了菌株间的遗传差异后,我们就可探讨细菌杂交以及是否有基因的交换了。

为了方便起见,这些菌株按照它们所短缺的、不能合成的物质来命名,取前面 3 个字母,右上角写上负号"−",或正号"+",负号代表缺陷型或突变型,正号代表野生型。例如上面已提到过的,甲硫氨酸缺陷型写作 *met*⁻,生物素缺陷型写作 *bio*⁻,而与它们相对的、能合成这种物质的野生型写成 *met*⁺ 和 *bio*⁺。对抗生素敏感或抗性的品系,也取前面 3 个字母,不过在右上角写上 s 或 r,分别代表敏感(sensitive)或抗性(resistant)。例如对链霉素敏感的写成 *str*ˢ,对链霉素抗性的写成 *str*ʳ。

现在看莱德伯格和塔特姆(1946)的一个实验:大肠杆菌 K-12 的两个菌株 A 和 B,菌株 A 需要在基本培养基上补充甲硫氨酸和生物素,菌株 B 需要在基本培养基上补充苏氨酸、亮氨酸和维生素 B_1(thiamine),因此它们的基因型可以写作:

菌株 A   *met*⁻ *bio*⁻ *thr*⁺ *leu*⁺ *thi*⁺
菌株 B   *met*⁺ *bio*⁺ *thr*⁻ *leu*⁻ *thi*⁻

菌株 A 与 B 在基本培养基上都不能生长,将它们分别涂布在基本培养基的固体平板上,培养几天后都没有看到任何菌落。若是把 A 和 B 混合培养在含有以上 5 种物质的液体培养基中,几小时后,离心培养物,把沉淀细胞洗涤后再涂布在基本培养基上,发现长出了菌落,频率是 10^7 中有一个(1×10^{-7})(图 8-1)。

1×10^{-7} 是一个很低的数值,从 1 000 万个细胞中挑出一个来,在果蝇等传统实验材料中很难

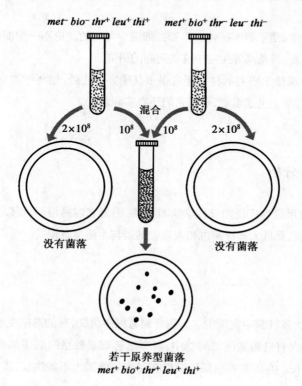

图 8-1 大肠杆菌重组的证明

不同的营养缺陷型细菌在完全培养液中混合培养过夜,离心洗去完全培养液后,各取 10^8 细胞混合后涂布在基本培养基上,可发现数十个原养型菌落。如将不同的营养缺陷型细菌独立培养,在离心洗涤后,各取 2×10^8 细胞,分别涂布于基本培养基上,看不到原养型菌落的出现。

做到这一点,可是在细菌中,由于只有原养型($met^+bio^+thr^+leu^+thi^+$)能在基本培养基上生长,即使比 $1×10^{-7}$ 还要低的频率都可轻而易举地挑出来,所以这种选择技术是非常有用的。

这种与亲代不同的能在基本培养基上生长的细菌是由于营养上的互补,即一些物质从一个菌株的细胞中泄漏出来而为另一菌株的细胞所吸收呢?还是菌株 A 和菌株 B 发生杂交,交换遗传信息后,出现重组,产生 $met^+bio^+thr^+leu^+thi^+$ 的细菌呢?我们再来看一个实验。

戴维斯(Bernard David Davis,1916—1994)设计了一种 U 型管,中间有过滤器隔开,滤器的孔很小,细菌不能通过,但培养液和营养物质可以通过(图8-2)。U 型管的一臂添加菌株 A,另一臂添加菌株 B。在 U 型管中培养一段时间,再测定每一臂的细菌,发现没有一个细菌能在基本培养基上生长。看来要有原养型细胞的形成,两个菌株间的直接接触是必不可少的。这个实验排除了营养互补的可能。

概括上面的两个实验,我们可以这样说,菌株 A 和菌株 B 通过接触后,可能就像高等生物的有性生殖过程一样,发生了杂交,遗传物质有了交换,产生与两个亲代菌株不同的野生型 $met^+bio^+thr^+leu^+thi^+$ 菌株。

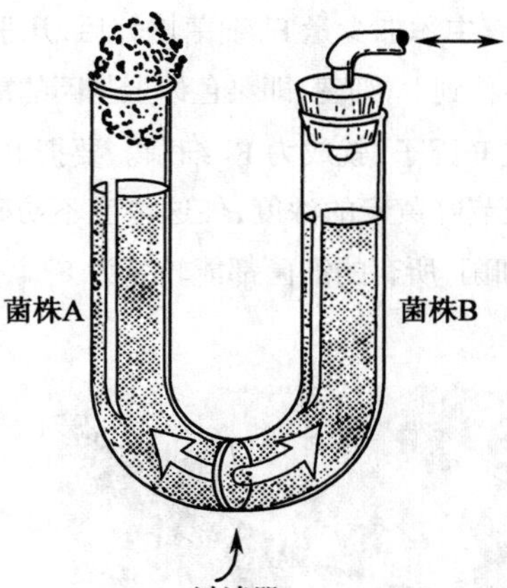

图 8-2　大肠杆菌的重组需要两种菌株的直接接触

一种 U 型管,一臂放菌株 A,一臂放菌株 B,中间由一滤器隔开。加压力或吸力后,培养液可以在两臂间流通,但细菌细胞不能通过。经几小时培养后,将菌液 A、B 分别涂布于基本培养基上,未见有原养型菌落的出现。

菌株A　　　菌株B　　　过滤器

二、F 因子与接合

在大肠杆菌的遗传学研究中,很早就知道,它们的遗传物质的传递方式跟具有典型减数分裂过程的生物不同。例如两个亲本类型对它们子裔的遗传贡献并不相等,有些亲代基因组合出现在子裔中,而另一些则不见了。而且所有在子裔中出现的基因都是连锁的。对这些特点有各种说法,直至哈耶斯(Willam Hayes,1913—1994)(1953)证明大肠杆菌有性的分化后,才逐渐清楚。他做了一个杂交实验,用的菌株跟莱德伯格和塔特姆用的相似:

菌株 A　　　　　菌株 B

$met^-thr^+leu^+thi^+ × met^+thr^-leu^-thi^-$

但是他用链霉素处理菌株 A 或菌株 B,这种处理并不杀死它们,只是阻碍它们的分裂。他将处理过的菌株 A 跟未处理的菌株 B 混合,或将处理过的菌株 B 跟未处理的菌株 A 混合,结果大不相同。菌株 B 经处理后,在基本培养基上没有活下来的;但是菌株 A 经过处理后,基本培养基上有活下来的,而且频率跟未经处理的对照一样。

这是怎么一回事呢？一个可能的解释是：大肠杆菌中遗传物质的交换不是交互的。事实上一个菌株(菌株 B)作为遗传物质的受体(recipient)，而另一菌株(菌株 A)是供体(donor)。供体经链霉素处理后不能分裂，但仍能转移基因，而受体未受处理，当然仍能分裂，所以接受转移过来的基因后，有可能在基本培养基上形成菌落。这种单向的基因交换可以比作性的差别，把供体看作是雄的，而受体是雌的。

随后的研究发现供体和受体间性行为的不同，是由一个微小的可转移的因子叫作 F 因子引起的。F 因子(F factor)又称性因子(sex factor)或致育因子(fertility factor)，它是能独立增殖的环状 DNA 分子。供体细胞含有 F 因子，记作 F^+。F^+ 细菌的表面有称作性伞毛(sex pili)的细长纤毛，由此与 F^- 细菌接合(conjugation)(图 8-3)。F 因子具有能形成性伞毛的基因，此外 F 因子还可改变细胞表面的构造，以防止 F^+ 细菌间的接合。因此接合仅发生在 F^+ 与 F^- 之间，而 F^+ 与 F^+ 间以及 F^- 与 F^- 间是不会发生的。

细菌分裂增殖时，从 F^+ 细菌产生 F^+ 细菌，从 F^- 细菌产生 F^- 细菌。但 F^+ 细菌与 F^- 细菌混合培养时，F^- 细菌变为 F^+ 细菌。这是因为 F^+ 细菌与 F^- 细菌接合，F 因子通过性伞毛从 F^+ 细菌转移到 F^- 细菌。在转移时，F^+ 细菌中的 F 因子复制，其中一个虽转移到 F^- 细菌，原来的细菌仍为 F^+。因此，在 F^- 细菌的培养液中添加少量 F^+ 细菌培养后，几乎所有的细菌都成为 F^+ 细菌，但细菌的染色体很少通过接合而转移到 F^- 细菌，即染色体上基因的重组率很低，还不到百万分之一。

另一方面，F^+ 细菌如果丢失 F 因子，就成为 F^- 细菌。要把 F^+ 细菌变为 F^-，最有效的方法是用吖黄素(acriflavine)处理。调节吖黄素的浓度，使这浓度不妨碍细菌的增殖，但可选择性地阻碍 F 因子的复制，如此培养 F^+ 细菌，所有的细菌都能转变为 F^-。

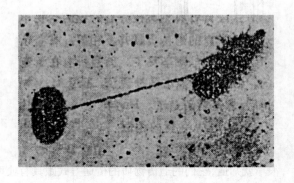

图 8-3　两个大肠杆菌发生接合的电镜照片(引自 Ayala 等,1984)

右侧是供体细胞(F^+)，左侧是受体细胞(F^-)。两者形态上不同，不是由于 F^+ 和 F^- 的不同，而是为了便于区别，选用了不同细菌。F^+ 细菌和 F^- 细菌的特征性区别是 F^+ 细菌的表面有性伞毛的存在，而 F^- 细菌没有性伞毛。F^+ 细菌跟 F^- 细菌的接触可能通过一条性伞毛实现。一旦接触后，性伞毛发生改变，成为两细胞间的原生质通道，由于它的性质，特称为接合管(conjugation tube)。接合管外面附着有对它特异性结合的噬菌体，在电镜下看得更清楚了。

三、高频重组与中断杂交技术

卡瓦利－斯福尔扎(Luigi Luca Cavalli-Sforza, 1922—2018)偶然间在菌株 A 中发现一个新菌株，跟菌株 B(F^-)杂交时，出现重组子的频率很高，几乎比 $F^+ \times F^-$ 杂交高 1 000 倍。这个新菌株就叫作高频重组(high frequency of recombination)菌株，或简称 Hfr 菌株。上面已谈到过，在 $F^+ \times F^-$ 杂交中，几乎所有 F^- 细菌都转变为 F^+，而在 Hfr$\times F^-$ 杂交中，尽管出现高频率的重组，但 F^- 细菌很少有转变为 F^+ 细菌的。这个问题曾使遗传学家感到迷惑不解。

(1)用中断杂交技术作连锁图　沃尔曼(Elie Wollman, 1917—2008)和雅各布研究了这个问题，他们想了解在交配中，Hfr 细菌什么时候把基因转移给 F^- 细菌。他们把如下两个菌株混在一起,进行杂交：

Hfr   F⁻

thr⁺ leu⁺ azi^r ton^r lac⁺ gal⁺ str^s × *thr⁻ leu⁻ azi^s ton^s lac⁻ gal⁻ str^r*

菌株的基因符号的说明见表 8-1。把这两菌株在培养液中进行通气培养,Hfr 细菌与 F⁻ 细菌开始接触,形成接合管。每隔一定时间取样,把菌液放在搅拌器内搅拌,断开接合管,使配对的细菌分开。然后稀释菌液,防止再度配对。把稀释后菌液涂布在含有链霉素但不含有苏氨酸和亮氨酸的培养基上。在这培养基上,带有 *thr⁺* 和 *leu⁺* 的 Hfr 菌对链霉素是敏感的,而带有 *str^r* 的 F⁻ 菌不能合成苏氨酸和亮氨酸,都不能生长,所以只有带有 *thr⁺* 和 *leu⁺* 的 Hfr 菌和带有 *str^r* 的 F⁻ 菌的重组子可以生长。重组子 *thr⁺ leu⁺ str^r* 的菌落影印培养(replica plating,使一系列培养皿的相同位置上出现相同菌落的接种培养方法)在若干不同的选择培养基(selective medium,即缺少一种或几种营养物质,而含有其他生长必需物质的培养基)上,分析 Hfr 染色体上其他非选择性标记基因进入 F⁻ 细菌的顺序和所需时间,绘制出连锁图。这种根据供体基因进入受体细胞的顺序和时间绘制连锁图的技术,称为中断杂交技术(interrupted mating technique)。

表 8-1 细菌杂交实验中所用的若干基因符号 *

ara	阿拉伯糖利用	*leu*	亮氨酸合成	*pyr*	嘧啶合成
arg	精氨酸合成	*lys*	赖氨酸合成	*rha*	鼠李糖利用
att	原噬菌体附着点	*mal*	麦芽糖利用	*str*	链霉素抗性
ade	腺嘌呤合成	*man*	甘露糖利用	*thi*	维生素 B₁ 合成
azi	叠氮化钠抗性	*met*	甲硫氨酸合成	*thr*	苏氨酸合成
bio	生物素合成	*mtl*	甘露糖醇利用	*ton*	噬菌体 T1 抗性
cys	胱氨酸合成	*pdx*	吡哆醇合成	*trp*	色氨酸合成
gal	半乳糖利用	*phe*	苯丙氨酸合成	*tsx*	噬菌体 T6 抗性
his	组氨酸合成	*pro*	脯氨酸合成	*tyr*	酪氨酸合成
lac	乳糖利用	*pur*	嘌呤合成	*xyl*	木糖利用

* 不同基因影响同一性状时,在基因符号后加一大写字母以资区别,如 *metA*,*metB* 等。

结果发现(表 8-2),在两菌株混合后 8 min 取样时,还未见有供体菌的非选择性标记基因进入 F⁻ 细胞。在混合后 9 min,开始出现少量叠氮化钠抗性菌落,但此时受体菌对 T1 噬菌体还是敏感的,说明 *ton^r* 基因尚未进入 F⁻ 细菌中。混合后 11 min 时,开始出现对 T1 噬菌体有抗性的菌落。混合后 18 min 和 25 min,又陆续出现乳糖能利用(*lac⁺*)和半乳糖能利用(*gal⁺*)菌落,而在这以前,全部菌落都属于不能利用型。

表 8-2 Hfr 的非选择性标记基因进入 F⁻ 所需的时间

时间 /min	转移的 Hfr 基因
<9	无
9	*azi^r*
11	*azi^r ton^r*
18	*azi^r ton^r lac⁺*
25	*azi^r ton^r lac⁺ gal⁺*

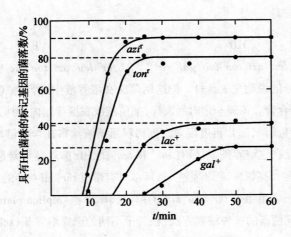

图 8-4　杂交中断后,对标记基因
进行鉴定

Hfr 菌株的各非选择性标记基因进
入 F⁻ 细菌中的时间不同,到达最高
水平的时间也不同。

从图 8-4 还可以看到,从 Hfr 菌株的基因在 F⁻ 细菌中出现开始,随着时间的推移,携带这一基因的菌落逐渐增加,直到某一百分数为止;而且某一基因出现的时间愈早,它所达到的百分数也愈高。例如叠氮化钠抗性基因出现最早,在 24 min 时就出现在大约 90% 的 F⁻ 菌落;半乳糖发酵基因出现最迟,即使在混合后 60 min 时取样,也只有 30% 的菌落属于半乳糖能利用型。

这些事实说明,Hfr 细菌的基因按一定的时间顺序依次地出现在 F⁻ 细胞中。由于基因是在染色体上,也就是说,染色体是从一端开始以线性方式进入 F⁻ 细胞中,这一端称为原点(origin)或 O。基因离开原点越远,进入 F⁻ 细胞越迟。离开原点较远的基因,可能在转移过程停止以前仍未转移,因而斜率较低,达到的最高值也较小(图 8-4)。

沃尔曼和雅各布认识到,根据中断杂交技术,用杂交后 Hfr 基因最初在受体细菌中出现的时间作为指标,可以绘制连锁图。这里距离的单位是 min,那就是说,如果 ton 在 azi 开始进入 F⁻ 细胞后 2 min 进入,那么 azi 和 ton 相隔 2 单位。注意这种连锁图是根据遗传学资料作成的,并不能准确反映基因间真实的物理距离(图 8-5)。

图 8-5　根据中断杂交技术制作
的大肠杆菌连锁图

基因距离(图距)的单位是 min,数
值注明在下方。

如果让 Hfr×F⁻ 杂交继续进行,长达 2 h,然后使之中断,这样发现某些 F⁻ 受体转变为 Hfr。换句话说,致育因子最后转移到受体,并使它们成为供体,但效率很低,是线性染色体的最后一个单位。

(2) 大肠杆菌的染色体呈环形　用不同 Hfr 菌株进行中断杂交实验,都可作成连锁图,可是基因转移的顺序、转移起点和转移方向却很不相同(表 8-3)。

乍一看,似乎很难理解,但如仔细比较基因转移顺序,却有一定线索可寻。每一 Hfr 菌株的基因顺序虽不相同,但不是随机的。例如所有 trp 基因的两侧都是 mal 和 gal;其他基因也是如此,除非它们是在连锁群的另一端。又例如两个菌株 H 和 P72 的次序是 O gal trp mal,而另外两个菌株 C 和 J4 的次序是 O mal trp gal,两者的转移顺序正好相反。还有,上面已提到过,致育因子是最后转移,所以总是在远离原点的另一端。

表 8-3　几个 Hfr 菌株的基因顺序

菌株	转移顺序
Hfr H	O *thr azi lac tsx gal trp mal xyl metB thi* F
Hfr C	O *tsx lac azi thr thi metB xyl mal trp gal* F
Hfr J4	O *thi metB xyl mal trp gal tsx lac azi thr* F
Hfr P72	O *metB thi thr azi lac tsx gal trp mal xyl* F

科学工作者把上面这些事实贯穿起来,提出假设:如果 F⁺ 雄性细胞的染色体是环状的,而且还有一个 F 因子,那么任何线性的 Hfr 染色体的形成都可用 F 因子插入环状染色体的不同地点来说明(图 8-6,另见图 8-15)。

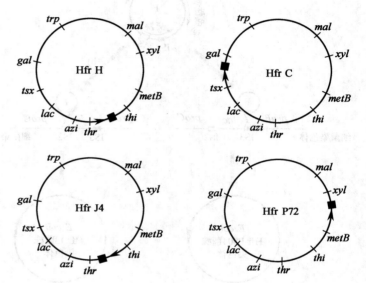

图 8-6　大肠杆菌的 4 种 Hfr 菌株的基因转移顺序很不相同,这些不同可以用 F 因子插入环形染色体的不同位置来说明(引自 Strickberger,1976)

实际上每一线性序列是同一圆形基因顺序的不同排列。小黑方块代表 F 因子插入环形染色体的位置,箭头表示各 Hfr 菌株的染色体的转移起点和方向。图中基因符号见表 8-1。

四、F 因子整合到细菌染色体的过程

细菌染色体是环状的,这是从遗传学资料推导出来的,这在当时是难以置信的概念,在若干年后才得到证实。F 因子的插入决定了 Hfr 染色体的极性,F 因子所在的地方是末端,而 F 因子的另一侧是原点,即 Hfr 菌株染色体转移的起点(图 8-6)。那么 F 因子是怎样插入到环状染色体上的呢?

现在知道,F 因子也是环状 DNA 分子,跟细菌的染色体一样。在环状的细菌染色体和环状的 F 因子间的一个简单交换,可形成一个较大的环(图 8-7)。

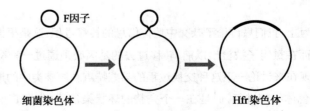

图 8-7　Hfr 形成过程

环状 F 因子通过交换整合到环状的细菌染色体中,形成 Hfr 染色体。

F 因子是质粒的一种。质粒是染色体外遗传因素,它可以自我复制,并在细胞分裂时分配到子细胞中。有的质粒除了可在染色体外自主复制以外,还可整合到染色体上,成为染色体的一部分,这样的质粒被特称为附加体(episome)。F 因子或 F 质粒在 F⁺ 细菌中存在于细胞质内,在 Hfr 细菌中整合到染色体,所以 F 质粒也是附加体的一种。

环状的 F 因子包括几个部分:①原点,F 因子自身转移的起点;②形成性伞毛的基因群,使细菌表面出现一至若干性伞毛,通过性伞毛与 F⁻ 细菌接合;③ DNA 复制酶基因,与 F 因子本身的复制有关;④插入序列(insertion sequence,IS),与其插入细菌染色体的过程有关(详见重组与修复一章)(图 8-8)。

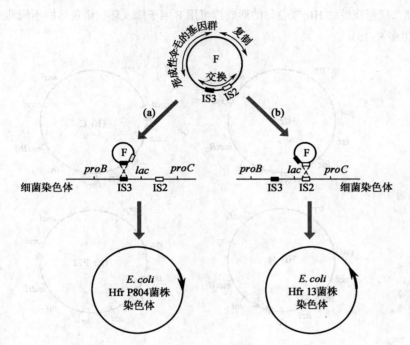

图 8-8　F 因子的结构及其整合到细菌染色体的过程(引自关口睦夫,1983)

F 因子在 F⁺ 细菌中以游离状态存在,整合时 F 的 IS 与细菌染色体的 IS 间发生一个简单的交换,F 因子整合到细菌染色体,F⁺ 菌成为 Hfr 菌。

F 因子含有的 IS 聚集于 F 因子的某个区域,另一方面,在大肠杆菌染色体的各个区域也有许多 IS 存在。如 F 因子内的一个 IS 与细菌染色体上的一个 IS 配对,发生交换,F 因子就整合到染色体上。IS 有极性,或者向左,或者向右,所以交换后整合到细菌染色体的 F 方向也就随着定了。如图 8-8(a)所示,F 因子的 IS3 跟染色体的 *proB* 和 *lac* 之间的 IS3 发生交换时,F 以顺时针方向插入 *proB* 与 *lac* 之间。若如(b)所示,则 F 的 IS2 跟 *lac* 与 *proC* 间的 IS2 配对,F 以逆时针方向插入 *lac* 与 *proC* 之间。结果两者的染色体转移方向正好相反。所以前述各 Hfr 菌株染色体的原点和转移方向的不同,可以认为是 F 因子整合到细菌染色体的不同 IS 部位的结果。

五、细菌基因的交换过程

到现在为止,我们只讨论了杂交中遗传信息的转移过程,这是根据杂交中产生的重组子推论出来的。然而在重组子被检出以前,转移过去的基因必须通过一种交换过程整合到受体的基因中去。我们现在来讨论一下这种交换过程的某些特点。原核类中的遗传交换并不像真核类那样在两整套染色体组间进行,而是在一个完整的环状染色体(称作 F⁻ 内基因子,endogenote)与一条来自供体细胞不完整的染色体（称作供体外基因子，exogenote）间进行，所以是在部分二倍体（partial diploid）或部分合子间进行（图 8-9）。大肠杆菌的性过程概括在图 8-10 中。

这儿还有一点要提出来说明：部分合子中完整的 F⁻ 染色体与部分 Hfr 染色体间发生单交换是没有用的，因为环断裂后，只能产生不平衡的部分二倍体线性染色体（图 8-11）。

只有 F⁻ 染色体与部分 Hfr 染色体间发生偶数的交换，才能产生有活性的重组子和片段（图8-12）。片段是部分基因组，也就是说，只有全部基因内容的一部分，大都在以后的细胞分裂中丢失。所以细菌的重组有两个特点：①只有偶数交换才能产生平衡的重组子；②相反的重组子不出现，所以在选择培养上只出现一种重组子。

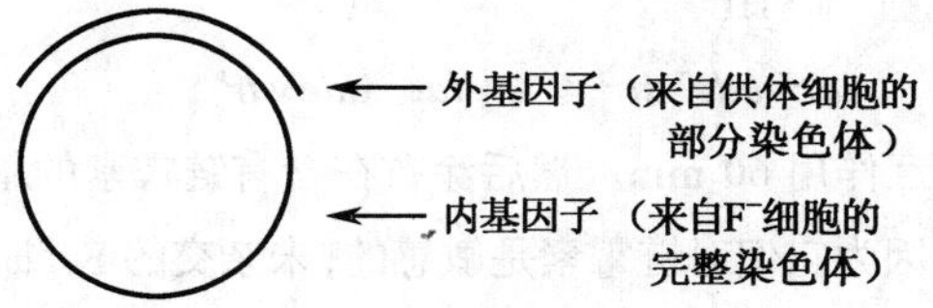

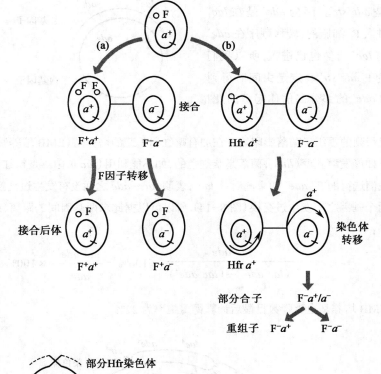

图 8-9　部分合子模式图

外基因子（来自供体细胞的部分染色体）

内基因子（来自F⁻细胞的完整染色体）

图 8-10　大肠杆菌的性过程模式图（根据 Suzuki 等改绘，1986）

(a)F⁺a^+ 细菌与 F⁻a^- 细菌配对，接合管形成，F⁺ 细胞中 F 因子复制，其中一个通过接合管进入 F⁺ 细菌。一般，转移只限于 F 因子，细菌染色体的转移频率极低。两个接合后体（exconjugant）都是 F⁺。(b)Hfr a^+ 与 F⁻a^- 杂交时，接合管形成，Hfr 染色体复制。一个拷贝的原点和附近的基因通过接合管进入受体细菌。在复制和转移过程中，接合管断裂，交配中细菌分开。Hfr 的部分染色体进入受体细菌，F 因子位于 Hfr 染色体的最后端，极少进入。形成的部分合子中，完整的 F⁻ 染色体与 Hfr 的部分染色体发生重组，产生重组子。

图 8-11　单交换产生不平衡的线性染色体

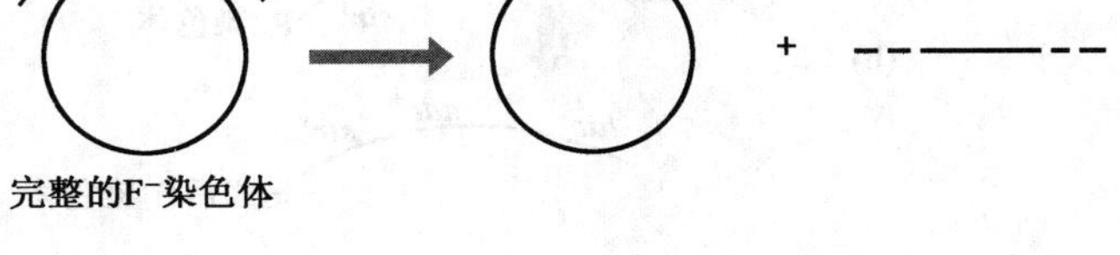

部分Hfr染色体

完整的F⁻染色体

图 8-12　双交换产生有活性的重组子和片段，片段在以后的细胞分裂中失去，所以相反的重组子不出现

部分Hfr染色体

完整的F⁻染色体

六、重组作图

在中断杂交实验中,可以根据基因转移的先后次序,以时间为单位,得出基因的连锁关系。如果两基因间转移的时间单位接近 2 min,那么用中断杂交技术测定基因间的图距就不很可靠。这时可用传统的重组作图法。

例如有两个基因,*lac* 和 *ade*,根据中断杂交实验,知道这两基因是紧密连锁的,而且就某些 Hfr 供体来说,*ade* 是 *lac* 之后进入 F⁻ 受体的。这样我们就可以做如下杂交实验:

$$\text{Hfr} \qquad\qquad \text{F}^-$$
$$lac^+\ ade^+\ str^s \quad \times \quad lac^-\ ade^-\ str^r$$

把这两型细菌混合,使相互作用 60 min。然后涂布在含有链霉素的基本培养基上。在这种培养基上,Hfr 细胞都被杀死,因为它们对链霉素是敏感的,未杂交的 F⁻ 细胞也被杀死,因为它们是腺嘌呤缺陷型,所以选出来的重组子都是 ade^+str^r。因为 ade^+ 是在 lac^+ 之后进入 F⁻ 细胞的,转移顺序在 ade^+ 前面的 lac^+ 自然也已进入,所以我们选出的 $F^-ade^+str^r$ 一定是由同时得到 lac^+ 和 ade^+ 的部分二倍体起源的(图 8–13)。

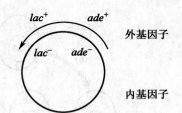

图 8-13 $lac^+\ ade^+/lac^-\ ade^-$ 的部分二倍体

把得到的重组子菌落影印培养在加有曙红和美蓝的培养基(EMB 培养基)上,鉴定能否利用乳糖。如能发酵乳糖(lac^+),菌落是紫红色的;如不能利用(lac^-),菌落是粉红色的。

我们选得的 $F^-\ ade^+$ 如果同时是 lac^+,表明 *lac*—*ade* 之间没有发生过交换;如果是 lac^-,表明在这两个基因之间发生过交换(图 8–14),所以可以据此求两基因间的距离,或所谓重组率,用下式表示:

$$\frac{lac^-ade^+}{(lac^+ade^+)+(lac^-ade^+)} \times 100\% = \frac{lac^-ade^+}{ade^+} \times 100\%$$

根据 EMB 培养基上克隆数目最后计算得重组率为 22%。

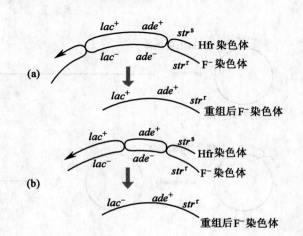

图 8-14 重组后标记基因 ade^+ 进入受体染色体的过程

(a)重组子同时含有供体标记基因 lac^+,基因型是 lac^+ade^+。(b)重组子只含有 ade^+,基因型是 lac^-ade^+。

像 *lac* 和 *ade* 这样两个基因座,根据中断杂交技术中的时间单位方法,距离是 1 min,用重组方法,重组率是 22%,时间单位和重组率的关系,大致上是,1 个时间单位(1 min)相当于 20% 重组率。用重组率所测得的基因间距离和由 Hfr 基因进入 F⁻ 细菌的时间先后所测得的基因间距离基本上是符合的。

遗传学家在 20 世纪 80 年代根据中断杂交实验、基因重组实验以及其他基因定位实验的结果,绘制出大肠杆菌的环状遗传学图,包括 52 个准确定位的基因座和数百个初步定位的基因(图 8-15)。

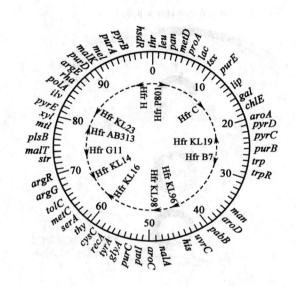

图 8-15 大肠杆菌 K-12 的环状遗传学图(引自 Gardner,1984)

外圈内的阿拉伯数字标明基因在图上的位置。图距单位是 min,根据中断杂交技术的结果定下来的。从 *thr* 基因座起算,把它的位置定为 0 min,循着时针方向依次递加,直到 100 min。图上标明了共 52 个确切的基因座,是菌株 K-12 连锁图上的常用界标。内圈表示几个 Hfr 菌株染色体的进入位置和转移方向。

七、性导

在 1959 年阿德尔贝格(Edward Allen Adelberg,1920—2009)在大肠杆菌中发现一种新的 F 因子。正常的 Hfr 菌株只有在性接合之末,才把性因子转移进去。而有一个 Hfr 菌株,它的性因子的转移频率似乎跟 F⁺ 菌株一样高。这种新的 F 因子像它的原来 Hfr 状态一样,以同一方向和顺序把细菌染色体转移过去,但是效率比普通 Hfr 低得多。这种新 F 因子转移到 F⁻ 细胞后,使 F⁻ 细胞变为 F⁺ 细胞。由此看来,这种新的性因子似乎已从稳定的 Hfr 状态转变为细胞质中的 F⁺ 状态。但是这种新的 F 因子仍能在同一地点整合到细菌的染色体上,回复到 Hfr 状态,又以高频率转移细菌染色体。这种新的 F 因子被称为 F′ 因子(F-prime factor)。

原来,整合在 Hfr 中的 F 因子可以反过来从细菌染色体中通过交换解离出来,成为游离的 F 因子。但是,有时候,F 因子的交换解离过程会发生错误,部分细菌染色体片段随同 F 因子一起脱离染色体,这就形成了 F′ 因子。具体的过程如图 8-16 所示。在某一 Hfr 菌株中,*lac*⁺ 基因座接近 Hfr 染色体的末端,也就是说,*lac*⁺ 是最后转移的基因。F 因子从染色体上解离时将 *lac*⁺ 所在的基因片段一起切下,形成 F′ 因子。携带该 F′ 因子的细菌与 F⁻*lac*⁻ 细菌发生接合后,可以高频率地将 *lac*⁺ 基因转移到受体细菌中,而且 F′ 因子与受体细菌的染色体形成了部分二倍体 *lac*⁺/*lac*⁻。

利用 F′ 因子进行细菌间基因的转移叫作性导(sexduction,F-duction)。有些 F′ 因子带有大部分的细菌染色体,如适当标记,可在部分二倍体中进行广泛的重组研究。

最后,把雄性菌株的不同致育因子 F′、Hfr、F 的关系概述如下(图 8-17)。

（1）F′是带有部分细菌染色体的 F 因子，它的性质介于 F 和 Hfr 之间。Hfr 可以形成带有部分细菌染色体的 F′ 因子，而 F′ 因子又可重新整合到细菌染色体上的原来位置，回复到以前的 Hfr 状态。

（2）F′ 因子连同它所带有的部分细菌染色体可一起转移到 F⁻ 细胞，其转移速率近于 F 因子。利用 F′ 可以形成部分二倍体，进行重组研究。F′ 因子偶尔也可把它所在的供体细菌的染色体转移到 F⁻ 细胞，基因的转移方向和顺序跟 F′ 所来自的 Hfr 一样。

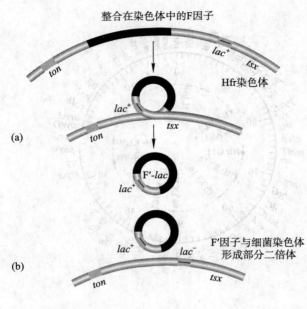

图 8-16　F′ 因子的形成过程

（a）Hfr 菌株中，F 因子的不精确解离将部分染色体基因片段一同切下（lac⁺），形成 F′ 因子。（b）在新的接合受体细菌中，F′ 因子与细菌染色体形成了部分二倍体。

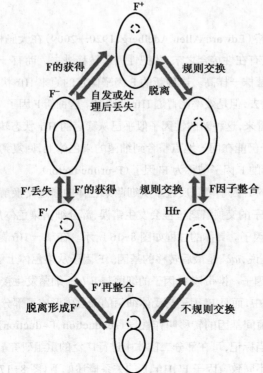

图 8-17　大肠杆菌不同致育因子间的关系

在大肠杆菌细胞内，小圆形（虚线）的 F 质粒和大圆形（实线）的细菌染色体间，通过交换和重组、整合和脱离，形成 Hfr、F⁺ 或 F′。

(3) 有 F 因子的细胞是 F⁺ 细胞,没有 F 因子的细胞是 F⁻ 细胞。每一 F⁺ 细菌有 1~3 个 F 因子,F 因子的复制是自主进行的。F⁺ 与 F⁻ 杂交,F 因子由 F⁺ 进入 F⁻,使受体细胞成为 F⁺,但供体细胞仍为 F⁺,且其染色体很少转移。F 因子可通过简单交换整合到细菌染色体上,形成 Hfr 染色体。反过来,通过简单交换,又可从 Hfr 染色体解离产生 F 因子。不同的 Hfr 菌株的染色体转移起始点和方向不同,这是由于 F 因子整合的位置和方向不同的缘故。

(4) Hfr 能以高频率把细菌染色体转移到 F⁻ 细菌中,而 F 因子因位于 Hfr 染色体的最末端,极少进入。F 因子很容易转移到 F⁻ 细胞中,但供体染色体的转移率很低。F′ 因子可以将自身连接的部分染色体基因以较高的频率转移到 F⁻ 细胞中。

第三节　噬菌体的遗传分析

很多细菌都能被噬菌体感染。噬菌体是化学成分最简单的生物,它没有一般的细胞结构,由核酸和蛋白质外壳构成。不同噬菌体的结构和大小差异悬殊,图 8-18 给出了几种噬菌体的形态和相对大小。

一、烈性噬菌体

烈性噬菌体(virulent phage)是使宿主菌发生裂解的噬菌体。它在侵染细菌时,先吸附到菌体表面的特异受体上,利用自身编码的酶的作用在细菌细胞壁上形成一个微孔,把它头部所含的遗传物质——核酸注入菌体内。噬菌体核酸所带的遗传信息把宿主菌的生物合成装置接收过来,停止合成细菌成分,转为合成更多的噬菌体成分,最后细菌细胞裂解,释放出很多子代噬菌体(图 8-19)。

虽然噬菌体非常小,只有在电子显微镜下才能看到,但它有一些特殊的遗传性状易于研究,例如噬菌斑形态。一个噬菌体裂解一个细菌后,子代噬菌体感染邻近的细菌,这些细菌又裂解,再侵染其他细菌,这是一个指数增加的现象。这种实验开始后,过一夜,第二天就可在长满细菌的不透明菌苔上看到一个圆形的透明区——噬菌斑(plaque)。一个噬菌斑中通常含有 $10^7~10^8$ 噬菌体,这是由一个噬菌体起源的。所以一个噬菌斑中的噬菌体在遗传上是均一的,相当于一个克隆。由于不同噬菌体的基因型不同,噬菌斑可以是大的或小的,边缘清晰的或模糊的,等等。除了噬菌斑,遗传上可以分析的噬菌体性状还有宿主范围(host range),某些细菌菌株不受噬菌体的吸附,而噬菌体能感染和裂解的细菌菌株也可以不同。

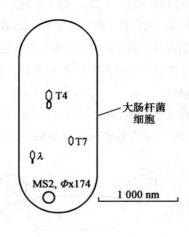

图 8-18　几种噬菌体的形状和它们的相对大小

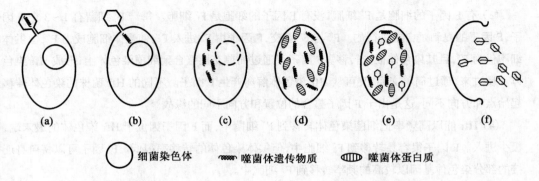

图 8-19 烈性噬菌体的生活史

（a）感染，噬菌体粒子以尾部吸附在菌体上，没有尾部的噬菌体可能直接吸附在菌体上，或通过性伞毛等。（b）噬菌体遗传物质进入细菌细胞质中。（c）细菌染色体断裂，噬菌体遗传物质复制。（d）噬菌体遗传物质继续复制，根据噬菌体的基因合成噬菌体蛋白质。（e）噬菌体遗传物质和噬菌体蛋白质结合，形成子代噬菌体。（f）菌体裂解，噬菌体释放出来。

二、噬菌体的基因重组

从野生型噬菌体可以分离出突变型，各突变型的性质可以传给后裔。用两种突变型噬菌体感染同一宿主菌，它们的后裔可以出现重组子。在 20 世纪 40 年代早期，德尔布吕克就注意到了噬菌体的这些性质，进行了遗传学分析。

我们现在来看烈性噬菌体 T2 的两对性状及其重组。

第一对性状有关宿主范围（h）。野生型 h^+ 噬菌体能侵染和裂解大肠杆菌菌株 B，但不能侵染菌株 B/2，因为菌株 B/2 的细胞表面能阻止噬菌体对它的吸附。所以把野生型噬菌体接种到 B 和 B/2 的混合培养物时，噬菌斑是半透明的。突变型 h 的宿主范围扩大，除了能够侵染菌株 B 外，还能侵染菌株 B/2，所以接种到 B 和 B/2 的混合培养物后，能够形成透明的噬菌斑。

另一对性状有关噬菌斑形态。野生型 r^+ 噬菌体在侵染细菌后，形成小噬菌斑，直径 1 mm 左右，周边有朦胧的光环。光环是这样形成的：早期受侵染的细菌裂解后，形成侵染中心，由此释放的噬菌体数量增多，往往有两个以上的噬菌体侵染一个细菌，这时出现溶菌阻碍现象，使宿主菌的裂解延迟，所以侵染中心的外周混有裂解的细胞和未裂解的细胞，从而在周边形成朦胧的光环。在众多的野生型小噬菌斑中，偶尔会出现直径约 2 mm 的大噬菌斑。这是由称为快速溶菌的突变型 r 噬菌体引起的。r 噬菌体即使有两个以上侵入宿主菌，也不会出现溶菌阻碍现象，所以 r 噬菌体形成的噬菌斑不仅大，而且边缘清晰。

进行重组实验时，将上述两个突变型亲本噬菌体（hr^+ 和 h^+r）同时感染菌株 B，噬菌体的浓度要高，细菌同时受到两种噬菌体的感染，称为混合感染（mixed infection）或双重感染（double infection）（图 8-20）。把释放出来的噬菌体（子代噬菌体）接种在同时长有菌株 B 和 B/2 的培养基上，可以看到 4 种噬菌斑（表 8-4，图 8-21）。

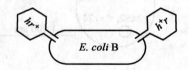

图 8-20　噬菌体的混合感染

表 8-4　$hr^+ \times h^+r$ 中出现的 4 种噬菌斑

表型	推导的基因型
透明,小	hr^+
半透明,大	h^+r
半透明,小	h^+r^+
透明,大	hr

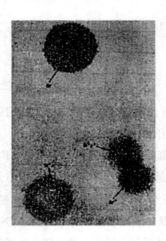

图 8-21　4 种噬菌斑照片(引自 Strickberger,1976)

把宿主范围突变型(hr^+)和快速溶菌突变型(h^+r)的噬菌体对菌株 B 和 B/2 进行混合感染,结果可以看到 4 种不同噬菌斑。

4 种噬菌斑中,透明而小(hr^+)和半透明而大(h^+r)是亲组合,半透明而小(h^+r^+)和透明而大(hr)是重组合。所以重组率可用下式计算:

$$重组率 = \frac{重组噬菌斑数}{总噬菌斑数} = \frac{(h^+r^+)+(hr)}{总噬菌斑数} \times 100\%$$

用上述公式求得的重组率,去掉 %,通常即可作为图距。不同的快速溶菌突变型在表型上不同,记作 r_a, r_b, r_c 等。用不同快速溶菌突变型(h^+r_x)与宿主范围突变型(hr^+)杂交,结果如表 8-5。

我们可以根据表 8-5 的结果,作一连锁图。亲组合(h^+r 和 hr^+)出现的频率愈高,重组合的频率愈低,重组率随 r 基因的不同而有变化。3 种不同的重组值,表示 3 个 r 基因的基因座是不同的,所以有 4 种可能的连锁图(图 8-22)。

我们能在这些可能的排列间作出抉择吗?首先我们只考虑 r_b, r_c 和 h,看排列顺序是 r_c—h—r_b,还是 h—r_c—r_b。我们进行杂交 $r_c r_b^+ \times r_c^+ r_b$,把得到的重组率跟 r_b—h 间的距离比较。如 r_c—r_b 的重组率大于 r_b—$h = 12.3$,我们可以认为 h 位于 r_b 和 r_c 之间,实验结果证明排列顺序是 r_c—h—r_b。

表 8-5　$h^+r_x \times hr^+$,出现的 4 种噬菌斑的数目和求得的重组率(r_x 代表不同的 r 基因)

杂交	每一基因型的 %				重组率
	h^+r^+	h^+r_x	hr^+	hr_x	
$h^+r_a \times hr^+$	12.0	34.0	42.0	12.0	24/100 = 24.0%
$h^+r_b \times hr^+$	5.9	32.0	56.0	6.4	12.3/100.3 = 12.3%
$h^+r_c \times hr^+$	0.7	39.0	59.0	0.9	1.6/99.6 = 1.6%

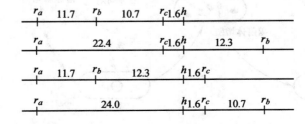

图 8-22　r 基因与 h 基因的连锁图

根据 3 个 r 基因与 h 的重组值,可以有 4 种不同的基因顺序。

剩下来的问题是 r_a 在 h 的哪一边？靠近 r_b 还是靠近 r_c？这个问题不能单把 r_a 跟 r_b 和 r_c 杂交来回答，因为资料得不出明确的答案。当很多不同的 T2 品系被发现后，我们才发现两种排列顺序都是正确的。为什么 r_a—r_c—h—r_b 和 r_c—h—r_b—r_a 都正确呢？原来 T2 噬菌体的连锁图也是环状的

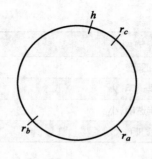

图 8-23　T2 的连锁图（只标注 4 个基因）

（图 8-23）。事实上，T2 连锁群的图距总长约有 1 500 图距单位。

三、溶原性细菌

烈性噬菌体感染细菌后，总是使菌体裂解。而另一类噬菌体感染细菌后，除偶尔情况外，不出现溶菌现象。这一类噬菌体被称为温和噬菌体（temperate phage）。

温和噬菌体感染细菌后，可采取两种增殖周期中的一种（图 8-24）。其中一种是溶菌周期，细菌受到感染后，菌体内噬菌体迅速增殖，菌体被裂解，子代噬菌体释放出来。这一周期是温和噬菌体偶尔自发产生的，但是烈性噬菌体所必然采取的。另一种是溶原周期，细菌受噬菌体感染后，好像未被感染一样，细菌继续增殖。这时受感染的细菌具有下列两个特征：

① 细菌细胞内已有了侵入的噬菌体，再也不会受到同一种噬菌体的侵染，也就是说，有了免疫性。这种免疫性的特异程度很高。例如受 λ 噬菌体侵染的细菌仅对 λ 噬菌体有免疫性，对其他温和噬菌体就没有免疫性，仍可被感染。

② 这种细菌即使没有外来噬菌体的感染，偶尔也会自发地释放噬菌体。如用紫外线照射，或以丝裂霉素 C 等化学药剂处理，进行诱导，则能释放成熟噬菌体。

像这样，有些细菌带有某种噬菌体，但并不立即导致溶菌，这种现象称为溶原性（lysogeny），而这样的细菌称为溶原性细菌或溶原菌（lysogenic bacteria）。受温和噬菌体感染的细菌，几乎都成为溶原菌，而且能把这种特性传给子代细胞。从单个溶原菌开始的培养中，所有的细菌都是溶原菌，只要不进行诱导，溶原性可以半永久性地传下去。

细菌的溶原性能一代代传下去，在诱导后又能产生成熟的噬菌体，所以细菌细胞内必然含有

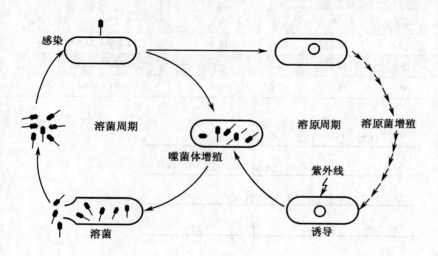

图 8-24　温和噬菌体的溶菌周期和溶原周期

温和噬菌体侵染细菌后，或进入溶菌周期，噬菌体增殖，菌体裂解后，成熟噬菌体释放出来。或进入溶原周期，溶原性形成，溶原菌特性一代代传下去；但在紫外线诱导时，或在偶尔自发溶菌时，即转入溶菌周期。"○"表示原噬菌体。

无感染能力的噬菌体。如把处于这种状态的噬菌体称为原噬菌体（prophage），那么原噬菌体以何种方式存在于细菌细胞内呢？它在细胞质中是否有多份拷贝？它是否与染色体联系在一起呢？现在知道，溶原菌中原噬菌体的存在形式有两种：一种是染色体外以游离形式存在，另一种是整合到细菌染色体上。原噬菌体在细菌细胞中采取哪一种形式视噬菌体的种类而定。P1 以游离状态存在，而 λ 以及 φ80、μ 等以整合状态存在（图 8-25）。

图 8-25　溶原菌中原噬菌体的存在形式

(a) 游离于细胞质中，复制与细菌染色体不同步。原噬菌体数一般比染色体多。(b) 整合到细菌染色体中，复制与染色体同步。整合的位置视噬菌体的种类而定。

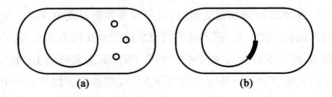

事有巧合，莱德伯格等所用的原始大肠杆菌菌株对于 λ 温和噬菌体来说是溶原菌。λ 噬菌体是一种富有特点的噬菌体，受到了广泛的研究。值得注意的是，如果 F⁺ 与 F⁻ 细胞间进行杂交，发现杂交结果与所用的溶原菌菌株有关。如 F⁺×F⁻(λ)，即 F⁻ 细胞是带有 λ 噬菌体的溶原菌时，可偶尔产生溶原性重组子；而反交 F⁺(λ)×F⁻，即 F⁺ 细胞是带有 λ 噬菌体的溶原菌时，几乎不产生溶原性重组子。那么这些结果该如何解释呢？

当 Hfr 菌株被用于遗传学分析以后，这些结果就容易理解了。在杂交 Hfr×F⁻(λ) 中，Hfr 基因转移到 F⁻ 细胞，所以有 Hfr 基因的溶原性 F⁻ 重组子很容易得到。然而在反交 Hfr(λ)×F⁻ 中，Hfr 菌株的前端基因可在 F⁻ 受体中出现，但后端基因的重组子得不到。因为溶原性 Hfr 跟非溶原性 F⁻ 受体杂交时，经过一定时间，λ 原噬菌体进入一个无免疫能力的细胞，原噬菌体随即开始复制，使细胞裂解，释放出游离的噬菌体，这个现象叫作合子诱导（zygotic induction）。原噬菌体进入非溶原性细胞后，使受体细胞裂解，这样在 λ 噬菌体转移以后才进入 F⁻ 细胞的 Hfr 后端基因就无法得到了。上面谈到的 F⁺(λ)×F⁻ 几乎不出现溶原重组子，就是因为 λ 进入 F⁻ 细胞后，使 F⁻ 细胞裂解，所以就得不到溶原性重组子了。

通过中断杂交技术可以证明，λ 原噬菌体在一特定时间进入 F⁻ 细胞，这时间跟 *gal* 的进入时间密切有关，表示 λ 原噬菌体所在的地点就在 *gal* 基因座的附近。关于这一点，下一节中还要谈到。

四、转导

细菌杂交发现以后，过了几年又发现了转导（transduction）。转导是指以噬菌体为媒介，将细菌的小片段染色体或基因从一个细菌转移到另一个细菌的过程。转导有两种，一为普遍性转导，一为特异性转导。

（1）普遍性转导　细菌杂交是在大肠杆菌中发现的。1951 年，莱德伯格和津德（Norton David Zinder，1928—2018）为了了解鼠伤寒沙门氏菌（*Salmonella typhimurium*）中是否也有同样现象，用沙门氏菌的两个突变菌株进行实验，一个菌株是 *phe⁻ try⁻ tyr⁻*，另一突变株是 *met⁻ his⁻*。这两菌株分别在基本培养基上培养时，没有发现野生型细胞。然而把这两突变株在基本培养基上进行混合培养时，大约在 10⁵ 细胞中得到一个原养型菌落，这个频率好像跟大肠杆菌的重组没有什么不同。

然而将这两菌株放入 U 型管的两臂,中间用一滤板隔开,防止细胞接触,结果也得到了野生型细胞。这说明沙门氏菌的基因重组不是通过细胞接合,而是通过过滤因子而发生的。之后发现这过滤因子就是噬菌体 P22——一种已知的沙门氏菌的温和噬菌体,因为:①过滤因子的大小和质量与 P22 相同;②过滤因子用抗 P22 血清处理后失活。这项实验虽然没有证明沙门氏菌中有接合现象,却发现了由噬菌体介导的基因转移过程——转导。

现在知道,P22 感染细菌细胞时,细菌染色体断裂成小片段。在形成噬菌体颗粒时,偶尔错误地将细菌染色体的片段,而不是其自己的遗传物质组合到头部。因为决定感染细菌能力的是外壳蛋白质,所以这种病毒或转导颗粒可以吸附到细菌细胞上,注入它们的内容物,现在这内容物包含了宿主细菌的部分基因。当转导中的噬菌体内容物注入一个受体细胞后,形成一个部分二倍体,然后导入的基因通过重组,整合到宿主菌的染色体上,就形成转导子(图 8-26)。

利用转导和部分二倍体,还可测定细菌基因间的连锁关系。例如,用大肠杆菌的 P1 噬菌体进行下列转导实验:

$$供体\ thr^+leu^+ara^+ \longrightarrow 受体\ thr^-leu^-ara^-$$

我们可以在受体中选择一个或几个供体的标记基因,然后鉴定非选择性标记基因的有或无(表 8-6)。

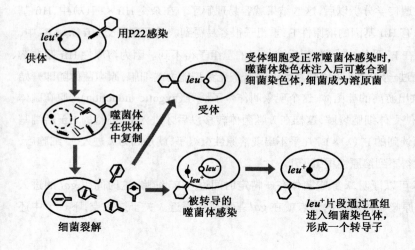

图 8-26 沙门氏菌的普遍性转导(引自 Smith-Keary,1975)

噬菌体 P22 感染野生型(leu^+)菌株,细菌染色体断裂成片段,小段细菌染色体偶尔组合到噬菌体头部。细菌裂解,释放出的转导颗粒再感染缺陷型受体细胞(leu^-,亮氨酸缺陷型),把从野生型供体来的染色体片段注入,形成部分二倍体。注入的染色体片段跟受体染色体的相应部分发生重组,把受体细胞转导为原养型(leu^+)。如果受体细胞被一正常的 P22 颗粒感染时,或使受体细胞裂解,或成为溶原菌。

图中文字:
leu^+ 用P22感染
供体
噬菌体在供体中复制
细菌裂解
受体细胞受正常噬菌体感染时,噬菌体染色体注入后可整合到细菌染色体,细菌成为溶原菌
leu^-
受体
被转导的噬菌体感染
leu^+ 片段通过重组进入细菌染色体,形成一个转导子

表 8-6 用 P1 进行的大肠杆菌的转导实验

选择标记	非选择标记
leu^+	50% azi^r,2% thr^+
thr^+	3% leu^+,0% azi^r
thr^+leu^+	0% azi^r

以 leu^+ 为选择标记,得知被转导的供体菌染色体中,同时有 50% 为 azi^r,2% 为 thr^+。这表明 leu 比较靠近 azi,而离 thr 较远。所以排列顺序是

thr   azi   leu

或

以 *thr*⁺ 为选择标记，发现同时被转导到受体菌的，有 3% 为 *leu*⁺，而未检出有 *azi*ʳ，这表明 *thr* 比较靠近 *leu*，所以基因顺序应该是：

如果同时选择 *thr*⁺ 和 *leu*⁺，则被转导的受体菌染色体中都没有包括 *azi*。这样看来，转移噬菌体所带有的供体菌染色体片段从 *thr* 开始，有时延伸到 *leu*，但没有扩展到 *azi* 的。根据细菌接合实验等，这段染色体长度相当于细菌染色体的 1/100，大致上也就是噬菌体染色体的长度。

一般地说，根据转导实验构建的遗传学图与依照接合实验作成的遗传学图是一致的，但前者更为精细些。

上面谈到的 P22、P1 这一类噬菌体可以转移细菌染色体的很多不同部分，所以称为普遍性转导（generalized transduction）。

（2）特异性转导　我们现在介绍另一类噬菌体，它们所进行的转导是特异性转导（specialized transduction）或局限性转导（restricted transduction），这类噬菌体只转移细菌染色体的特定部分。

上面讲到过的 λ 噬菌体是特异转导者的一个很好例子。大肠杆菌的一个溶原菌株 K-12(λ) 可由紫外线诱导用来进行转导。唯一成功的转导包括 *gal* 基因座。根据实验知道，λ 总是附着到 *gal* 座位的邻近位置，该位置含有 λ 噬菌体整合所需的特定序列。*gal*⁺ 供体→*gal*⁻ 受体的转导过程可用图 8-27 的模式简要地说明。转导过程中有一些值得注意的特点：

① 所有 *gal*⁺ 转导子对 λ 噬菌体的超数感染都是免疫的，但 *gal*⁺ 转导子在菌体裂解时不能产生成熟的 λ 噬菌体，可见带有 *gal*⁺ 的 λ 噬菌体是有缺陷的，记作 λd *gal*⁺（λ-defective *gal*⁺）。

图 8-27　λ 噬菌体的特异性转导的模式说明

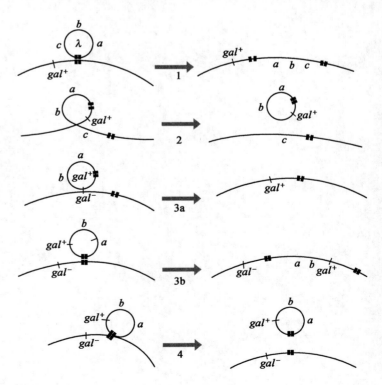

图中小黑方格代表整合位置（integration site）。1. λ 噬菌体附着到 *E.coli* 染色体的 *gal*⁺ 座位附近，噬菌体染色体通过交换整合到细菌染色体，成为原噬菌体。带有原噬菌体的细菌菌株 K-12 成为溶原菌 K-12(λ)。2. 通过不规则交换，产生转导噬菌体 λd *gal*⁺。转导噬菌体约丧失 25% 的噬菌体基因，却获得了整合位置附近的细菌基因 *gal*⁺ 等。3. 转导噬菌体 λd *gal*⁺ 感染 *gal*⁻ 细菌，形成转导子 λd *gal*⁺/*gal*⁻。转导子中少数是稳定的 *gal*⁺ 型，这是由 *gal* 座位上的重组形成的（3a）；但大多数是不稳定转导子，是 λd *gal*⁺/*gal*⁻ 型（3b）。4. 不稳定转导子在少数情况下会分离出 *gal*⁻ 细胞，这可用 λd *gal*⁺ 染色体的切除来说明，因为 λd 不能复制，所以在细胞分裂中丢失或被稀释。

② λd *gal*⁺ 转导颗粒丧失约 25% 的噬菌体染色体，但具有完整的 λ 外壳，所以仍能感染细菌。

③ 以 λd *gal*⁺ 转导颗粒去感染 *gal*⁻ 细菌，所形成的 *gal*⁺ 转导子中有相当一部分是不稳定的，能持续地产生 *gal*⁻ 分离子（segregant），这些不稳定转导子是部分二倍体，除了含有受体染色体上的 *gal*⁻ 外，还有 λd 原噬菌体上的 *gal*⁺，基因型为 λd *gal*⁺/*gal*⁻。

最后关于细菌和病毒的遗传分析还要说几句话。在 20 世纪 40 年代以前，人们认为细菌的分裂是无丝的（amitotic），那时自然不会想到细菌会有类似于性过程的现象。40 年代以后，由于细菌和病毒遗传学的迅速发展，不仅了解了细菌和病毒染色体的结构，还知道了细菌和病毒染色体的复制形式，而且还发现细菌有类似于性过程的现象，以及细菌和病毒的基因连锁和基因重组。学习细菌和病毒的遗传分析，不仅使我们认识到遗传规律在微生物和高等生物中的一致性，而且还使我们意识到，学习细菌和病毒的遗传分析方法，对我们的实验设计和结果分析也具有相当大的帮助与启发。

习题

1. 为什么说细菌和病毒是遗传学研究的好材料？

2. 大肠杆菌的遗传物质的传递方式与具有典型减数分裂过程的生物有什么不同？

3. 解释下列名词：F^-菌株，F^+菌株，Hfr 菌株；F 因子，F' 因子，质粒，附加体；溶原性细菌，非溶原性细菌；烈性噬菌体，温和噬菌体，原噬菌体；部分合子（部分二倍体）。

4. 部分合子在细菌的遗传分析中有什么用处？

5. 什么叫转导、普遍性转导、特异性转导（局限性转导）？

6. 转导和性导有何不同？

7. 一个基因型为 $a^+b^+c^+d^+e^+$ 并对链霉素敏感的大肠杆菌 Hfr 菌株与基因型为 $a^-b^-c^-d^-e^-$ 并对链霉素抗性的 F^- 菌株接合，30 min 后，用链霉素处理，然后从成活的受体中选出 e^+ 型的原养型，发现它们的其他野生型（+）基因频率如下：$a^+70\%$，$b^+0\%$，$c^+85\%$，$d^+10\%$。问：a、b、c、d 4 个基因与供体染色体起点（最先进入 F^- 受体之点）相对位置如何？

8. 为了能在接合后检出重组子，必须要有一个可供选择用的供体标记基因，这样可以认出重组子。另一方面，在选择重组子的时候，为了不选择供体细胞本身，必须防止供体菌株的继续存在，换句话说，供体菌株也应带有一个特殊标记，能使它自己不被选择。例如供体菌株是链霉素敏感的，这样当结合体在含有链霉素的培养基上生长时，供体菌株就被杀死了。问：如果一个 Hfr 菌株是链霉素敏感的，你认为这个基因应位于染色体的哪一端为好，是在起始端还是在末端？

9. 有一个环境条件能使 T 偶数噬菌体（T-even phages）吸附到寄主细胞上，这个环境条件就是色氨酸的存在。这种噬菌体称为色氨酸需要型（C）。然而某些噬菌体突变成色氨酸非依赖型（C^+）。有趣的是，当用 C 和 C^+ 噬菌体感染细菌时，将近一半的色氨酸非依赖型子代在进一步的实验中表现为基因型 C。你如何解释这个发现？

10. Doerman 用 T4 噬菌体的两个品系感染大肠杆菌。一个品系是小噬菌斑（m）、快速溶菌（r）和浑浊噬菌斑（tu）突变型。另一个品系对这 3 个标记都是野生型（+++）。把这种感染的溶菌产物涂平板，并分类如下：

	基因型		噬菌斑数
m	r	tu	3 467
+	+	+	3 729
m	r	+	853
m	+	tu	162
m	+	+	520
+	r	tu	474
+	r	+	172
+	+	tu	965
			10 342

问：①计算 m—r，r—tu 和 m—tu 的连锁距离。②你认为这 3 个基因的连锁序列怎样？③在这个杂交中，并发系数是多少？它意味着什么？

11. 用一野生型菌株抽提出来的 DNA 来转化一个不能合成丙氨酸（Ala）、脯氨酸（Pro）和精氨酸（Arg）的突变型菌株，产生不同转化类型的菌落，其数如下：

8 400	$ala^+pro^+arg^+$	840	$ala^+pro^-arg^-$
2 100	$ala^+pro^-arg^+$	1 400	$ala^+pro^+arg^-$
420	$ala^-pro^+arg^+$	840	$ala^-pro^+arg^-$
840	$ala^-pro^-arg^+$		

问:①这些基因间的图距为多少?②这些基因的顺序如何?

12. 利用中断杂交技术,检查了 5 个 Hfr 菌株(1,2,3,4,5),想知道这几个菌株把若干不同基因(F,G,O,P,Q,R,S,W,X,Y)转移到一个 F^- 菌株的顺序。结果发现,各个 Hfr 菌株都以自己特有的顺序转移,如下所示(各品系只记下最初转移进去的 6 个基因):

转移顺序	Hfr 菌株				
	1	2	3	4	5
第一	Q	Y	R	O	Q
第二	S	G	S	P	W
第三	R	F	Q	R	X
第四	P	O	W	S	Y
第五	O	P	X	Q	G
第六	F	R	Y	W	F

问:这些 Hfr 菌株的原始菌株的基因顺序如何? (提示:Hfr 品系是环状 DNA。)

13. 为了检出 λ 噬菌体的 4 个基因(co_1, mi, c 和 s)间的连锁关系,Kaiser 做了一个杂交实验,下面是杂交结果的一部分数据:

亲本	子代
(a) $co_1+ \times +mi$	5162 co_1+,6510 $+mi$,311 $++$,341 $co_1\ mi$
(b) $mi+ \times +s$	502 $mi+$,647 $+s$,65 $++$,56 $mi\ s$
(c) $c+ \times +s$	566 $c+$,808 $+s$,19 $++$,20 $c\ s$
(d) $c+ \times +mi$	1213 $c+$,1205 $+mi$,84 $++$,75 $c\ mi$

问:①每个杂交组合的重组率是多少?②画出 co_1,mi,c 和 s 4 个基因的连锁图。

14. 用 P1 进行普遍性转导,供体菌是 $pur^+nad^+pdx^-$,受体菌是 $pur^-nad^-pdx^+$。转导后选择具有 pur^+ 的转导子,然后在 100 个 pur^+ 转导子中鉴定其他供体菌基因有否也转导过来。所得结果如右表:

基因型	菌落数
nad^+pdx^+	1
nad^+pdx^-	24
nad^-pdx^+	50
nad^-pdx^-	25
合计	100

问:① pur 和 nad 的共转导频率是多少?② pur 和 pdx 的共转导频率是多少?③哪个非选择性基因座最靠近 pur?④ nad 和 pdx 在 pur 的同一侧,还是在它的两侧?⑤根据你得出的基因顺序,解释实验中得到的基因型的相对比例。

数字课程学习

✏ 在线自测　　　　🔑 习题答案

第九章
数量性状遗传

前几章中所讲的性状差异,大多是明显的不连续差异。例如水稻的粳与糯、鸡羽的芦花斑纹和非芦花斑纹,这类性状在表面上都显示质的差别,所以叫作质量性状(qualitative character)。质量性状的遗传可以比较容易地由分离定律、自由组合定律和连锁定律来分析。

除质量性状外,还广泛地存在着另一类性状差异,这些性状的变异呈连续状态,界限不清楚,不易分类,这类性状叫作数量性状(quantitative character)。动、植物的许多重要经济性状往往都是数量性状,如作物的产量、成熟期,奶牛的泌乳量,棉花的纤维长度、细度等,都属于数量性状。

质量性状的区别可以用文字描述,而数量性状的差异要用数字表示,如水稻种子的千粒重,不能明显地划分为"重"和"轻"两类。如果它们的千粒重在 25 g 到 35 g 之间,可以有 26 g,27.5 g,27.6 g……很难分类。

数量性状的遗传似乎不能直接用孟德尔定律来分析,但在 1909 年,尼尔松埃勒(Herman Nilsson-Ehle, 1873—1949)就指出,这类性状的遗传在本质上仍与孟德尔式的遗传一样,可以用多基因理论来解释。

第一节 数量性状的遗传学分析

一、数量性状的多基因假说

依据多基因假说(multiple gene hypothesis),每一个数量性状是由许多基因共同作用的结果,其中每一个基因的单独作用较小,与环境影响所造成的差异差不多,因此,各种基因型所表现的表型差异就成为连续的数量变异了。

例如玉米穗长度这一数量性状,我们假定它是由两对基因共同控制的,一对是 A 和 a,一对是 B 和 b。又假定 A 对 a 来讲,使玉米穗长度增加,而且是不完全显性。AA 植株的玉米穗最长,aa 最短,Aa 恰好是两者的平均。B 对 b 的作用也一样,而且 A 和 B 的作用在程度上也一样。又 A 和 B 不连锁,独立分离。假定两个亲本,一个是 $AABB$,平均玉米穗最长;一个是 $aabb$,平均玉米穗最短。杂交得到 F_1 是 $AaBb$,平均玉米穗长度在两个亲本之间。F_1 自交得 F_2,它的基因型和表型如图 9-1。

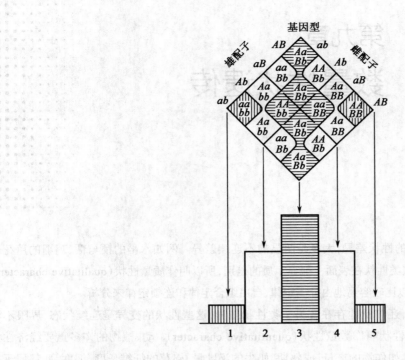

图 9-1 两对基因的独立分离,不完全显性现象的理论模型

A 和 B 的作用相等而且相加,表型按大写字母的数目可分为 5 类(1、2、3、4、5)。

从图 9-1 可见,因为 A 和 B 的作用相等而且可相加,所以 F_2 的表型决定于基因型中大写字母的数目,可分 5 类:

① 一个大写字母也没有($aabb$),占 1/16,其表型应该与玉米穗短的亲代植株一样;

② 一个大写字母($Aabb$ 和 $aaBb$),占 4/16;

③ 两个大写字母($AAbb$,$aaBB$ 和 $AaBb$),占 6/16,其表型应与 F_1 植株一样,即两个亲本的平均;

④ 三个大写字母($AABb$ 和 $AaBB$),占 4/16;

⑤ 四个大写字母($AABB$)占 1/16,其表型应与玉米穗长的亲本一样。

所以,如果 F_2 植株的确可以清清楚楚分成这 5 类,其比例应为 1:4:6:4:1。

如果基因的数目不止两对,而且邻近两类基因型之间的差异与环境所造成的差异差不多大小,那么 F_2 植株就不能清清楚楚分成 5 类。玉米穗的长度,从最短到最长呈连续分布,形似钟形,其中最短的很少,最长的也很少,两头少,中间多。总的平均数在中间,与 F_1 的平均数相等。

F_1 植株虽然基因型彼此全都相同(都是 $AaBb$),但由于环境的影响,也存在一些表型差异,玉米穗的长度也是连续变异的,两头少、中间多。但 F_2 与 F_1 不同,除了环境影响之外,还有基因型差异,所以虽然 F_2 的平均数与 F_1 一样,并且也是两头少,中间多,但总的变异范围要比 F_1 大。

现在看看这个简单化的模型与实际实验结果符合的程度如何。有这样两个玉米品系,一个玉米品系的穗是短的,长 5~8 cm;另一玉米品系的穗是长的,长 13~21 cm。将它们作为亲本,两亲本品系中各种长度的玉米穗分布情况,以及 F_1、F_2 的各种长度的玉米穗分布情况如表 9-1。

表 9-1　玉米穗长度的遗传

玉米穗长度 /cm	5	6	7	8	9	10	11	12	13	14	15	16	17	18	19	20	21
亲本短穗品系数量	4	21	24	8													
亲本长穗品系数量									3	11	12	15	26	15	10	7	2
F_1 数量					1	12	12	14	17	9	4						
F_2 数量			1	10	19	26	47	73	68	68	39	25	15	9	1		

　　表中数字是玉米穗数目,例如,测量了 57 个亲本短穗玉米的玉米穗,其中 4 个是 5 cm,21 个是 6 cm(这里的 5 cm 是指 4.50～5.49 cm,6 cm 是指 5.50～6.49 cm,其余类推)。

　　用图 9-2 表示这个实验的结果。实验结果符合我们的预期:两个亲本品系和 F_1 的变异范围都比较小,F_1 的平均数在两个亲本平均数的中间;F_2 的平均数差不多与 F_1 的平均数一样,但变异范围大得多,最短的与短穗玉米亲本近似,最长的与长穗玉米亲本相近。

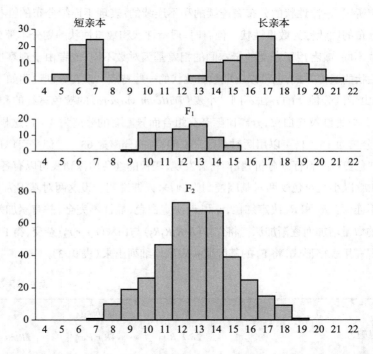

图 9-2　不同穗长度玉米品系的杂交结果

横坐标是穗长,单位 cm;纵坐标是玉米植株数。

　　数量性状的遗传实验结果大都如此。许多数量性状是由多基因控制的,每个基因间的相互作用在数量方面的表现,可以是相加的,可以是相乘的,也可能有更复杂的相互作用形式。

　　"多基因"既然很多,单个染色体上则可能有多个,那么必然有一部分"多基因"与某一普通基因的显隐性现象成为连锁。事实的确如此。有一种菜豆(*Phaseolus vulgaris*),种皮紫色的种子较大,种皮白色的种子较小。杂交后,在 F_2 中,紫色比白色为 3∶1,F_2 紫色个体自交得 F_3,其中 1/3 不分离,2/3 作 3∶1 的分离。所以知道紫色和白色是由一对基因控制的,孟德尔的单因子分析方法适用。PP(紫色纯合子)∶Pp(紫色杂合子)∶pp(白色纯合子)为 1∶2∶1。但菜豆的种子大小呈连续变异,其遗传情况符合多基因理论。将 F_2 植株按 PP、Pp 和 pp 分成 3 类,结果发现在这 3 类中,每一类的种子平均大小也是不同的,如表 9-2。可见控制种子质量的多基因中,有一部分与控制种皮颜色的 P 和 p 基因连锁。

表 9-2　菜豆种子质量的遗传与种皮颜色基因型的关系

F_2 植株数目	种皮颜色基因型	种子平均质量/g
45	PP（紫色）	0.307
80	Pp（紫色）	0.283
41	pp（白色）	0.264

这一类实验证明，控制数量性状的多基因也均位于染色体上，它们的传递法则（如分离、连锁等）也与遵循孟德尔遗传的基因是相同的。

二、数量性状与质量性状的关系

如前所述，遗传性状的分布有连续的和不连续的：表现不连续分布的性状称为质量性状；表现连续分布的性状称为数量性状。但有时，质量性状和数量性状的划分不那么容易，因为区分性状的方法不同，或者用于杂交的亲本间的相差基因对数不同，或者由于观察层次的不同，可以显示质量性状的遗传方式，也可以出现数量性状的一些特点。现在分别说明如下：

（1）由于区分性状的方法不同　小麦（*Triticum vulgare*）的粒色有红的和白的。红粒与白粒杂交，F_2 分离为红粒与白粒，分离比随杂交组合而异。有的分离为 3：1，这显然是一对基因决定的；有的分离为 15：1，可以用两对基因来说明；有的分离为 63：1，似乎可以用 3 对基因来解释。但如对红色麦粒进行仔细分析，我们将会发现，麦粒的红色由深到浅可以有各种不同程度。

现在就以小麦粒色受两对基因控制为例，来详细说明。设这两对基因为 R_1 和 r_1，R_2 和 r_2，它们相互不连锁。R_1 和 R_2 决定红色，r_1 和 r_2 决定白色，显性不完全，并有累加效应，所以麦粒的颜色随 R 的数量增加而逐渐加深。将红粒（$R_1R_1R_2R_2$）与白粒（$r_1r_1r_2r_2$）杂交，得 F_1（$R_1r_1R_2r_2$），F_1 自交，得 F_2。现在用表格形式，将 F_2 的基因型和表型详细列出来（表 9-3）。

表 9-3　两对基因决定的小麦粒色的遗传

基因型		$1R_1R_1R_2R_2$	$2R_1R_1R_2r_2$ $2R_1r_1R_2R_2$	$1R_1R_1r_2r_2$ $4R_1r_1R_2r_2$ $1r_1r_1R_2R_2$	$2R_1r_1r_2r_2$ $2r_1r_1R_2r_2$	$1r_1r_1r_2r_2$
基因型比例		1	4	6	4	1
显性基因数		4	3	2	1	0
表型比例	细分	1 深红	4 中红	6 浅红	4 淡红	1 白
	粗分		15 红			1 白

从表 9-3 可以清楚地看到，如麦粒颜色分为红色和白色两种，可以看作是质量性状；如将红色麦粒再加细分，从深红到淡红间有一系列变化，就表现出数量性状的特点。所以如区分性状时，采用非白即红的办法，就表现为质量性状，如采用定量的方法，就表现为数量性状。

（2）由于用于杂交的亲本间相差基因对数的不同　植株的高矮，一般多表现为数量性状。但是有些品种间杂交，可以明显地分为高矮两类，中间没有连续性变化，完全可以看作是质量性状。孟德尔的豌豆杂交实验中，高植株和低植株就是界限分明的质量性状。水稻的高品种和矮品种杂交，大都表现为数量性状遗传，可是也有表现为质量性状遗传的。如有一种水稻突变型，称作"万年青"，植株很矮，与普通水稻品种杂交时，F_2 分离为 3 高 1 矮，说明是一对基因决定的。

那么同样的一个性状，例如植株的高度，为什么有时表现为数量性状，有时表现为质量性状呢？

为简单起见，我们假定水稻植株的高矮由 3 对基因控制。高植株（$T_1T_1T_2T_2T_3T_3$）与矮植株（$t_1t_1t_2t_2t_3t_3$）杂交，得到 F_1，F_1 是 3 对基因杂合子（$T_1t_1T_2t_2T_3t_3$）。根据大写／小写基因的作用相等（即 $T_1 = T_2 = T_3 = T, t_1 = t_2 = t_3 = t$）而且可以累加的假定，$F_1$ 配子的种类和比例是 $\left(\dfrac{1}{2}T + \dfrac{1}{2}t\right)^3$ 的展开，而 F_2 的合子分布是 $\left(\dfrac{1}{2}T + \dfrac{1}{2}t\right)^6$ 的展开（表 9-4）。

表 9-4　3 对基因杂种（F_1）的配子分布及 F_2 的合子分布

F_1 配子	$\left(\dfrac{1}{2}T + \dfrac{1}{2}t\right)^3 = \left(\dfrac{1}{8}TTT + \dfrac{3}{8}TTt + \dfrac{3}{8}Ttt + \dfrac{1}{8}ttt\right)$						
F_2 合子	$\left[\left(\dfrac{1}{2}T + \dfrac{1}{2}t\right)^3\right]^2 = \left(\dfrac{1}{2}T + \dfrac{1}{2}t\right)^6$						
F_2 表型	$TTTTTT$	$TTTTTt$	$TTTTtt$	$TTTttt$	$TTtttt$	$Tttttt$	$tttttt$
F_2 频率	$\dfrac{1}{64}$	$\dfrac{6}{64}$	$\dfrac{15}{64}$	$\dfrac{20}{64}$	$\dfrac{15}{64}$	$\dfrac{6}{64}$	$\dfrac{1}{64}$

根据表 9-4 列出的 F_2 表型种类和频率，再根据植株高度随 T 基因数目的递加而增高的假设，对植株的高度分布可作如下说明：

$$\frac{1}{64}(6T, 0t) : \frac{6}{64}(5T, 1t) : \frac{15}{64}(4T, 2t) : \frac{20}{64}(3T, 3t) : \frac{15}{64}(2T, 4t) : \frac{6}{64}(1T, 5t) : \frac{1}{64}(0T, 6t)$$

最高　　　很高　　　高　　　中等　　　矮　　　很矮　　　最矮

F_2 这样的分布，已接近连续分布，再加上环境对基因作用的影响，自然表现出数量性状的特点了。

但是，如果更换杂交亲本的品系，将高植株（$T_1T_1T_2T_2T_3T_3$）与矮植株（$t_1t_1T_2T_2T_3T_3$）杂交，两亲仅有一对基因的差别，实际上就是高植株（T_1T_1）× 矮植株（t_1t_1），F_2 的分布应该是 $\left(\dfrac{1}{2}T + \dfrac{1}{2}t\right)^2 = \dfrac{1}{4}(TT) + \dfrac{2}{4}(Tt) + \dfrac{1}{4}(tt)$，相对地说就表现为不连续变异，也就是说成为质量性状了。

所以虽然性状本身由多对基因决定，应表现为数量性状，但如果用于交配的双亲就这一性状而言只有一对基因的差别，就会表现为质量性状。

（3）由于观察的层次不同　某些性状，如单胎动物的每胎仔数，一般为单胎，少数为多胎；又如某些哺乳动物的指（趾）数，多数个体有正常数目的指（趾）数，但少数个体出现多指（趾）。这些

"全或无"性状看似质量性状,但根据遗传学分析,不能归于简单的孟德尔式遗传。通常这类性状的遗传既受多基因的作用,又受环境的影响。那么这又如何解释呢?

我们假定,性状的差异在外观上虽是不连续的,而导致性状差异的基本物质的分布是连续的,而且还假定,在这连续分布上有一界标——阈值。当有关基本物质低于此阈值时,个体具有一种表型,而当有关基本物质高于此阈值时,个体呈现另一表型(图 9-3)。例如单胎动物的每胎仔数,可简单分为单胎和多胎,是不连续的,但其基本物质可能是引起超数排卵的激素水平,是连续分布的。当激素水平低于某一阈值时,每胎为一个胎儿,如激素水平超过某一阈值时,每胎仔数将会是两个或两个以上。又如动物的指(趾)数,多数个体有正常的指(趾)数,仅有少数个体出现多指(趾)。这个性状是非此即彼,是不连续的,而有关的基本物质可设想为一种形态建成物质,是连续分布的。当这种建成物质的水平低于某一阈值时,指(趾)数正常,如这物质的含量超过阈值,就出现多指(趾)。根据阈值模型(threshold model),我们可以这样理解,如基本物质的含量处于某一范围内,表型是正常的,如超过某一阈值,就出现畸形(当然也可反过来)。

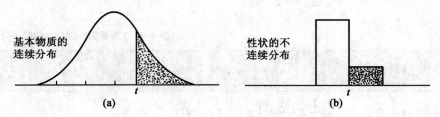

图 9-3　有些多基因控制的性状,在外观上表现为质量性状,但其基本物质或原因物质可能是连续分布的,接近正态分布(仿 Pirchner, 1983)

(a)假想的基本物质的连续分布。(b)性状的不连续分布。图示基本物质低于阈值 t 时,表现为一种性状;如超过阈值 t 时,就呈现另一性状。

根据上述阈值模型,虽然基本物质的含量呈连续分布,是由多基因控制的,但性状的改变仅发生在基本物质达到或超过某一阈值时,所以多基因控制的性状,在另一个观察层次上也可以表现为非此即彼,全或无的性状。

三、数量性状和选择

根据实际经验,在水稻穗选中,穗重而谷粒多的,其后代的穗的平均质量也大些。这是我们在选种中最基本的常识。可是有时穗选的效果很显著,产量有很大的提高;有时穗选的效果不显著,产量未能有所提高,这又是什么道理呢? 在 20 世纪初,约翰森就这个问题作了深入分析,得到了发人深思的结果。

他用集市上买来的菜豆做实验,这些菜豆有轻有重,参差不齐,轻的只有 0.15 g,重的可达 0.9 g。他从轻重不一的 19 粒菜豆出发,建立了 19 个纯系(pure line)。因为菜豆是高度自花授粉植物,每粒种子的后代应该都是纯合的,所以他将单粒种子的自交后代称为纯系。不同纯系间的平均粒重有明显差异,而在一个纯系内,豆粒也有轻有重,且呈连续分布,但其平均粒重与亲代几乎没有差异。所以约翰森认为,一个纯系内的粒重变异是不遗传的,而不同纯系间的变异至少一部分是遗传的。表 9-5 就是他的一个纯系的数据。在连续 6 年内,选出纯系内最大的种子和最小的种子分别种下,后代的种子平均质量始终都一样,没有什么区别。

表 9-5　在菜豆的一个纯系内进行选择的结果

年份	所选用的亲代种子平均质量 /g		所得子代种子平均质量 /g	
	轻的种子	重的种子	来自轻的种子	来自重的种子
第一年	0.30	0.40	0.36	0.35
第二年	0.25	0.42	0.40	0.41
第三年	0.31	0.43	0.31	0.33
第四年	0.27	0.39	0.38	0.39
第五年	0.30	0.46	0.38	0.40
第六年	0.24	0.47	0.37	0.37

在第一年,选一部分轻的种子,平均重 0.3 g,种下后得到子代种子平均重 0.36 g;又选一部分重的种子,平均重 0.4 g,种下后所得子代种子平均重 0.35 g。如此直到第六年,轻种子后代平均重 0.37 g,重种子后代平均重也是 0.37 g。

菜豆实验清楚地表明:性状的连续变异是遗传变异和非遗传变异共同作用的结果,但在一个自花授粉植物的单粒种子后代——纯系内,基因型是一致的,是高度纯合的,变异只是环境影响的结果,是无法遗传的,所以在纯系内进行选择是无效的。

不过像水稻和小麦那样的大田作物,虽说是自交植物,也有一定比例是异花授粉的,且自发的遗传变异——突变也偶尔发生,因此即使是自交植物,基因型完全一致的情况还是少有的。进行穗选,除能保持品种原有的优良特性外,有时还可有所改进。综上,如果性状差异主要是由于基因的差异造成的,那么选择肯定是有效的。一般讲,两个远缘品系杂交,F_2 中出现的不同基因型种类是极为众多的,所以,在杂种后代中进行选择是很有效的。

第二节　分析数量性状的基本统计方法

在数量性状的遗传中,不同基因型间的表型差异,受到环境的影响较大。例如一个个体的基因型中,有很多基因使它的高度增加,可是它在一个不良的环境中生长,该个体可能长得不高;而另一个个体的基因型中,使它的高度增加的基因很少,可是它在一个合适的环境中生长的话,也可以长得相当高。虽然当个体间的环境差异很小,而基因型间的差异很大时,可以把不同的基因型所表达的表型区分开来,但是当基因型的差异不大时,就不是那么容易区分开了。所以在多基因遗传中,不同基因型在环境的影响下,它们所决定的表型互相衔接起来成为连续的分布。这种表型的分布有可能反映内在的基因型分布,也有可能没有对应关系。表型和基因型的对应程度要看遗传与环境的相对作用而定。环境对性状的作用越大,表型分布和基因型分布的对应关系越不可靠。举例来说,如果高度很容易受到环境因素的影响,那么矮的表型不一定反映矮的基因型。

考虑到这些复杂情况,将通常用于质量性状的分析方法用于数量性状的分析就显得不合适了。针对数量性状的特点,在分析数量性状遗传时,要应用统计学方法。现在先介绍一些分析时要用的统计学知识。分析数量性状遗传最常用的两个参数是平均数和方差,同时也附带介绍标准误的算法。

一、平均数

平均数(mean)是某一性状的多个观察数的平均。例如在上面已提到过的短穗玉米例子中,测量了 57 个玉米穗,得到 57 个观察数,其中 4 个是 5 cm,21 个是 6 cm,24 个是 7 cm,8 个是 8 cm。它们的平均数是

$$\frac{4 \times 5 + 21 \times 6 + 24 \times 7 + 8 \times 8}{57} = 6.63$$

求平均数的公式是

$$\bar{x} = \frac{x_1 + x_2 + \cdots + x_n}{n} = \frac{\sum x}{n}$$

在这里,$\bar{x}$ 是平均数,x_1 是变量 x 的第一个观察数,x_2 是变量 x 的第二个观察数,$\cdots$,x_n 是变量 x 的第 n 个观察数,$\sum x$ 就是 n 个观察数的加和。

二、方差

在上面的玉米例子中,F_2 穗长的平均数差不多与 F_1 穗长的平均数一样,但变异范围大得多。F_2 中穗长最短的跟短穗玉米亲本近似,最长的跟长穗玉米亲本相近。所以要分析 F_1 和 F_2 的资料,单是计算平均数还不够,还要计算它们的变异程度。

那么怎样来测量变异呢?可用"变量(x)跟平均数($\bar{x}$)的偏差的平均平方和(mean square)"来表示。这个数值在统计学上叫作方差(variance),记作 s^2,如写成公式,就成为

$$s^2 = \frac{\sum (x - \bar{x})^2}{n}$$

请注意,公式中,分母用 n,这只限于平均数是由理论假定的时候。假使平均数是从实际观察数计算出来的,那么就要除以($n-1$)了。

为了计算方便起见,还可把上述公式的分子变换一下,成为

$$\sum (x-\bar{x})^2 = \sum (x^2 - 2x\bar{x} + \bar{x}^2)$$
$$= \sum x^2 - 2\bar{x} \sum x + \bar{x} n \bar{x}$$
$$= \sum x^2 - (\sum x)^2 / n$$

例如在上述的短穗玉米穗长的例子中,

$$\sum x^2 = 5^2 + 5^2 + 5^2 + 5^2 + 6^2 + \cdots + 8^2 = 2\,544$$
$$\sum x = 5 + 5 + 5 + 5 + 6 + \cdots + 8 = 378$$
$$n = 57$$

所以

$$s^2 = \frac{\sum x^2 - \frac{(\sum x)^2}{n}}{n-1} = \frac{2\,544 - \frac{(378)^2}{57}}{56} = 0.67$$

这里除以 $(n-1)$，而不是除以 n，因为平均值是从实际观察数计算出来的。

从公式和计算实例中可以看到，方差一定是正的。还有，如果观察数跟平均数的偏差大，方差就大，上面玉米例子中 F_2 穗长就是这种情况；如果观察数跟平均数的偏差小，方差小，玉米例子中 F_1 穗长就是这样。因此，方差可以用来测量变异的程度。

三、标准误

上面计算的方差，是就样本中个体观察数来说的，是表明各个观察数跟平均数的偏差程度，方差大，表示分布范围广，方差小，表示各观察值比较接近。除了个体观察数可以作为取得的一个样本外，平均数也可看作是从很多平均数中取得的一个样本，所以也有它自己的方差。显而易见的，平均数的方差要比个体观察数的方差来得小。在统计学上，平均数的方差是个体观察数的方差的 $\frac{1}{n}$，计算的公式是

$$s_{\bar{x}}^2 = s^2/n$$

这儿 $s_{\bar{x}}^2$ 代表平均数的方差。这个数值的平方根叫作标准误（standard error）。在短穗玉米穗长的例子中，标准误是

$$s_{\bar{x}} = \sqrt{0.67/57} = 0.11$$

一般生物学资料中，单注明平均数往往是不够的，应该加上标准误，表明平均数的可能变异范围，所以短穗玉米穗长的例子可写作

$$\bar{x} \pm s_{\bar{x}} = 6.63 \pm 0.11$$

有了上面这些基本的统计学方法。我们可以来讨论遗传变异和遗传率了。

第三节　遗传变异和遗传率

遗传变异来自分离中的基因以及它们与其他基因的相互作用。遗传变异是总的表型变异的一部分，表型变异的其余部分是环境变异。环境变异是由环境对基因型的作用造成的。

一、遗传率

因为方差可用来测量变异的程度，所以各种变异可用方差来表示。表型变异用表型方差（phenotypic variance, V_P）来表示，遗传变异用遗传方差（genetic variance, V_G）来表示，环境变异用环境方差（environmental variance, V_E）来表示。表型方差可以分为遗传方差和环境方差两部分，写成公式就成为

$$V_P = V_G + V_E$$

所谓遗传率（heritability，以 h^2 表示），就是遗传方差在总的表型方差中所占的比例，用公式表示是

$$h^2 = \frac{V_G}{V_P} \times 100\% = \frac{V_G}{V_G + V_E} \times 100\%$$

遗传率常用百分比表示。如果环境方差小，遗传率就高，表示表型变异大都是可遗传的。当环境方差较大的时候，遗传率就低，表示表型变异大部分是不可遗传的。

下面介绍遗传率的计算方法。如有一对基因 A、a，它们的 3 个基因型在表型上的平均效应是：$AA, a; Aa, d; aa, -a$。也可用图 9-4 表示。

图 9-4　表示 AA、Aa、aa 的性状计量的模式图

中间的 O 点是两亲本的中间值。杂合子 Aa 位于 O 点的右侧，距离为 d。

在这图中，偏差从 O 点算起，aa 在 O 的左侧，偏差为 $-a$，AA 在 O 点的右侧，偏差为 a，所以两个纯合亲本的中点是 $\dfrac{a+(-a)}{2}=0$，它们的距离是 $a-(-a)=2a$。

杂合子 Aa 位于 O 点的右侧，靠近 AA 一边，表示更像 AA 一些。Aa 离开两亲中点的显性偏差用 d 表示，如 $d=0$，没有显性，遗传变异完全由于相加的效应；如 $d=a$，完全显性。举个数字例子，如 AA、Aa、aa 的平均值是 20、17、10，则 $a=5, d=2$。

现在来计算 F_2 的方差（表 9-6）。F_2 中，存在着 $\dfrac{1}{4}AA, \dfrac{1}{2}Aa, \dfrac{1}{4}aa$；$f$ 是各基因型子代出现的频率，频率的总和 $\sum f = 1$；x 是观察值，在这里是各基因型的平均效应。F_2 的平均值是 $\bar{x} = \dfrac{1}{4}a + \dfrac{1}{2}d + \dfrac{1}{4}(-a) = \dfrac{1}{2}d$。$F_2$ 的遗传方差是：

$$\sum x^2 - \frac{(\sum x)^2}{n} = \frac{1}{2}a^2 + \frac{1}{2}d^2 - \frac{1}{4}d^2 = \frac{1}{2}a^2 + \frac{1}{4}d^2$$

表 9-6　F_2 平均值和遗传方差的计算

	f	x	fx	fx^2
AA	$\dfrac{1}{4}$	a	$\dfrac{1}{4}a$	$\dfrac{1}{4}a^2$
Aa	$\dfrac{1}{2}$	d	$\dfrac{1}{2}d$	$\dfrac{1}{2}d^2$
aa	$\dfrac{1}{4}$	$-a$	$-\dfrac{1}{4}a$	$\dfrac{1}{4}a^2$
合计	1		$\sum x = \dfrac{1}{2}d$	$\sum x^2 = \dfrac{1}{2}a^2 + \dfrac{1}{2}d^2$

本例中已算出，$a = 5$，$d = 2$，所以 F_2 的遗传方差是：

$$V_G = \frac{1}{2}(5)^2 + \frac{1}{4}(2)^2 = 13.5$$

如果控制同一性状的有 $A,a;B,b;\cdots;N,n$ 等多对基因，这些基因相互之间不连锁，没有相互作用，则 F_2 的遗传方差应为：

$$\frac{1}{2}a_a^2 + \frac{1}{2}a_b^2 + \cdots + \frac{1}{2}a_n^2 + \frac{1}{4}d_a^2 + \frac{1}{4}d_b^2 + \cdots + \frac{1}{4}d_n^2$$

现在设

$$a_a^2 + a_b^2 + \cdots + a_n^2 = V_A \qquad d_a^2 + d_b^2 + \cdots + d_n^2 = V_D$$

这里，V_A 是由基因的相加效应所产生的方差，即加性方差（additive variance）。V_D 是由基因在杂合态时的显性效应所产生的方差，即显性方差（dominance variance）。如果同时考虑到由环境影响所产生的环境方差 V_E，则 F_2 的表型方差是：

$$V_{F_2} = \frac{1}{2}V_A + \frac{1}{4}V_D + V_E$$

那么 V_E 怎样求呢？因为两个亲本都是纯种，我们可以认为每个亲本的基因型都是一样的，遗传变异对表型的影响等于 0，所以表型变异完全来自环境变异。此外，因为两个亲本都是纯种，所得的 F_1 杂合子的基因型也是一致的，所以同理，F_1 的表型变异也完全来自环境变异。根据这些关系，V_E 的计算可以根据实际情况，或依据两个亲本的表型方差（V_{P_1} 和 V_{P_2}）计算，或从两个亲本和 F_1 的表型方差（V_{F_1}）计算，即

$$V_E = \frac{1}{2}(V_{P_1} + V_{P_2}) \text{ 或 } V_E = \frac{1}{3}(V_{P_1} + V_{P_2} + V_{F_1})$$

有了这些计算公式，我们就可以用实际例子进行运算了。

例如，仍用短穗玉米和长穗玉米的杂交材料，现在再一次把全部数据抄下来。并把平均数、标准误和方差附在后面，看怎样从这个资料来求遗传率。根据表 9-7 求得 $V_{P_1} = 0.67$，$V_{P_2} = 3.56$，$V_{F_1} = 2.31$，$V_{F_2} = 5.07$。按表 9-8 所列项目分别填入并计算，最后根据定义计算遗传率：

$$h_B^2 = \frac{V_G}{V_P} \times 100\% = \frac{\frac{1}{2}V_A + \frac{1}{4}V_D}{\frac{1}{2}V_A + \frac{1}{4}V_D + V_E} \times 100\% = \frac{V_{F_2} - V_E}{V_{F_2}} \times 100\% = \frac{5.07 - 2.18}{5.07} \times 100\% = 57\%$$

这种计算求得的是广义遗传率（heritability in the broad sense），所以在 h^2 的下脚注以符号 B。

为什么叫作广义遗传率？因为在遗传方差中，包括了基因的相加效应的方差（V_A）和基因的非相加效应或显性效应等的方差（V_D）。但基因在杂合态时所表现的变异，只有一部分能遗传，那就是 V_A 部分，另一部分在纯合态时就要消失，那就是 V_D 部分，所以由基因的显性效应所表现的变异在选择上没有什么效果，只有相加效应那部分才是可靠的。在上面的公式中，把基因的相加效应的方差（V_A）和基因的非相加效应的方差（V_D）都算在一起，作为遗传方差，所以叫作广义遗传率。如只计算基因的相加效应的方差（V_A）部分在总的表型方差中所占的比例，那就是狭义遗传率（heritability in the narrow sense），记作 h_N^2。

表 9-7 短穗玉米和长穗玉米的杂交及其后代穗长的分布情况

长度 /cm ＼ 频率	亲（短）	亲（长）	F_1	F_2
5	4			
6	21			
7	24			1
8	8			10
9			1	19
10			12	26
11			12	47
12			14	73
13		3	17	68
14		11	9	63
15		12	4	39
16		15		25
17		26		15
18		15		9
19		10		1
20		7		
21		2		
n	57	101	69	401
$\bar{x} \pm s_{\bar{x}}$	6.63 ± 0.11	16.80 ± 0.19	12.12 ± 0.18	12.89 ± 0.11
V	0.67	3.56	2.31	5.07

表 9-8 方差成分的计算

项目	方差成分	方差的实验值
V_{F_2}	$\dfrac{1}{2} V_A + \dfrac{1}{4} V_D + V_E$	5.07
$\dfrac{1}{3}(V_{P_1} + V_{P_2} + V_{F_1})$	V_E	$\dfrac{1}{3}(0.67 + 3.56 + 2.31) = 2.18$

要计算狭义遗传率，先要分别求出 F_1 个体回交两个亲本后得到的子代个体的遗传方差。计算方法如下：设 F_1 个体 Aa 回交 AA 亲本的子代个体为 B_1，则 B_1 的遗传方差可按表 9-9 所示计算。

表 9-9　B₁ 的平均数和遗传方差的计算

	f	x	fx	fx^2
AA	$\dfrac{1}{2}$	a	$\dfrac{1}{2}a$	$\dfrac{1}{2}a^2$
Aa	$\dfrac{1}{2}$	d	$\dfrac{1}{2}d$	$\dfrac{1}{2}d^2$
合计	1		$\dfrac{1}{2}(a+d)$	$\dfrac{1}{2}(a^2+d^2)$

Aa 回交 AA，B_1 中有 $\dfrac{1}{2}AA$，$\dfrac{1}{2}Aa$，合计 $\sum f = 1$。B_1 的平均值是 $\overline{x} = \dfrac{1}{2}(a+d)$。$B_1$ 的遗传方差是：

$$\frac{1}{2}(a^2+d^2) - \frac{1}{4}(a+d)^2 = \frac{1}{4}(a-d)^2 = \frac{1}{4}(a^2-2ad+d^2)$$

B_1 的遗传方差有 ad 的存在，表示 a 和 d 两个成分是不能分割的。

又设 F_1 个体 Aa 回交 aa 亲本的子代个体为 B_2，则 B_2 的遗传方差可按同样方式计算（表 9-10）。

表 9-10　B₂ 的平均数和遗传方差的计算

	f	x	fx	fx^2
Aa	$\dfrac{1}{2}$	d	$\dfrac{1}{2}d$	$\dfrac{1}{2}d^2$
aa	$\dfrac{1}{2}$	$-a$	$-\dfrac{1}{2}a$	$\dfrac{1}{2}a^2$
合计	1		$\dfrac{1}{2}(d-a)$	$\dfrac{1}{2}(a^2+d^2)$

Aa 回交 aa，B_2 中有 $\dfrac{1}{2}Aa$，$\dfrac{1}{2}aa$，合计 $\sum f = 1$。B_2 的平均值是 $x = \dfrac{1}{2}(d-a)$，B_2 的遗传方差是：

$$\frac{1}{2}(a^2+d^2) - \frac{1}{4}(d-a)^2 = \frac{1}{4}(a+d)^2 = \frac{1}{4}(a^2+2ad+d^2)$$

B_2 的遗传方差也有 ad 的存在，可见 a 和 d 两个成分也不能分割。但是如果把 B_1 的遗传方差和 B_2 的遗传方差加在一起，求平均值，则得

$$\frac{1}{2}\left[\frac{1}{4}(a-d)^2 + \frac{1}{4}(a+d)^2 \right] = \frac{1}{4}(a^2+d^2)$$

现在 a 和 d 两个成分可用加法计算，可以分割开来了。

假设控制同一性状的基因有很多对，这些基因相互不连锁，也没有相互作用，再考虑到环境对基因型的影响，则回交一代的平均表型方差可以写成

$$\frac{1}{2}(V_{B_1} + V_{B_2}) = \frac{1}{4}V_A + \frac{1}{4}V_D + V_E$$

现在就可利用下述公式来计算狭义遗传率了：

$$h_N^2 = \frac{\frac{1}{2}V_A}{V_P} \times 100\% = \frac{\frac{1}{2}V_A}{\frac{1}{2}V_A + \frac{1}{4}V_D + V_E} \times 100\%$$

仍用一个例子来说明公式的运用。不过这次不再详细地把有关资料列出来，因为我们已知道了平均数和方差的算法，所以单把各有关项目的平均数和方差注明就可以了（表9-11）。

表9-11　小麦抽穗期的遗传学分析

世代	平均抽穗日期 （从某一选定日期开始）	表型方差 （实验值）
P_1（早抽穗品种）	13.0	11.04
P_2（晚抽穗品种）	27.6	10.32
$F_1(P_1 \times P_2)$	18.5	5.24
$F_2(F_1 \times F_1)$	21.2	40.35
$B_1(F_1 \times P_1)$	15.6	17.35
$B_2(F_1 \times P_2)$	23.4	34.29

相加的遗传方差的计算方式如表9-12。

表9-12　相加的遗传方差的求法

项目	方差成分	实验值
① V_{F_2}	$\frac{1}{2}V_A + \frac{1}{4}V_D + V_E$	40.35
② $\frac{1}{2}(V_{B_1} + V_{B_2})$	$\frac{1}{4}V_A + \frac{1}{4}V_D + V_E$	$\frac{1}{2}(17.35 + 34.29) = 25.82$
①-②	$\frac{1}{4}V_A$	14.53

计算狭义遗传率时，要使分子和分母中 V_A 的系数相同。把上述数值代入，得狭义遗传率

$$h_N^2 = \frac{\frac{1}{2}V_A}{\frac{1}{2}V_A + \frac{1}{4}V_D + V_E} \times 100\% = \frac{2 \times (14.53)}{40.35} \times 100\% = 72\%$$

可见小麦抽穗期的遗传率还是相当大的。

最后，还可利用上面求得的一些数据，求平均显性程度。根据定义，

$$平均显性程度 = \frac{d}{a} = \sqrt{\frac{V_D}{V_A}}$$

平均显性程度的具体计算方式如表9-13。

表 9-13 显性的遗传方差的求法

项目	方差成分	实验值
① V_{F_2}	$\frac{1}{2}V_A + \frac{1}{4}V_D + V_E$	40.35
② $\frac{1}{3}(V_{P_1} + V_{P_2} + V_{F_1})$	V_E	$\frac{1}{3}(11.04 + 10.32 + 5.24) = 8.87$
③	$\frac{1}{2}V_A$	$2 \times 14.53 = 29.06$
①-②-③	$\frac{1}{4}V_D$	2.42

把数值代入公式,我们得

$$平均显性程度 = \sqrt{\frac{V_D}{V_A}} = \sqrt{\frac{4 \times (2.42)}{2 \times (29.06)}} = 0.41$$

显性虽然不完全,但明显的是存在的,因为 F_1 的平均值(18.5)低于两亲的平均值[$\frac{1}{2}$(13.0 + 27.6)= 20.3]。表明早抽穗是不完全显性。

如果所有基因都没有显性,那么显性程度等于 0;如显性完全,那么显性程度等于 1;如有显性,但不完全,那么不管显性方向是正是负,都会得出不等于 0 的数值来。

估计遗传率的方法除上面介绍的几种以外,还有亲子相关、方差分析等方法,这儿不再详说了。现在列举人和几种经济动植物的生产性能的遗传率(表 9-14)。

视频 10
遗传率的定
义与计算

表 9-14 人和几种经济动植物的生产性能的遗传率

种类	性状	近似遗传率/%
人	身高	50
	出生时体重	50
奶牛	一年泌乳量	30
	乳脂率	50
	怀孕率	3
猪	一胎仔数	20
	六月龄时体重	30
鸡	卵重	60
	体重	31
	产卵数	30
	生存率	10
	孵化率	16
水稻	株高	86
	穗数	10
小麦	粒重	10
	穗长	60
玉米	产量	20
	株高	70
	穗的直径	70
烟草	株高	59
	叶数	65

从上表可以知道,随着性状的不同,遗传率的变化很大,有的性状的遗传率很高,如水稻的株高,高达 86%,而有的性状的遗传率很低,如奶牛怀孕率,仅为 3%。

遗传率怎样算高,怎样算低,没有统一标准。不过一般认为:高遗传率 > 50%;中遗传率 = 20%～50%;低遗传率 < 20%。

二、对遗传率的几点说明

遗传率是一个统计学概念,针对群体,而不适用于个体。例如人类身高的遗传率是 50%,并不是说某一个体的身高一半由遗传控制,一半由环境决定。这只是说,在群体身高总变异中,50% 与遗传差异有关,其余 50% 与环境因子的差异有关;或者说,群体中身高变异的 50% 是由遗传差异造成的。

因为遗传率是对特定群体而言的,是某一群体的遗传变异和环境变异在表型变异中所占的相对比例,所以如果遗传变异更改,或者环境变异更改,所得的遗传率自然也随之更改。因此,估算同一群体在两个不同环境中的遗传率,或者测定两个群体在同一环境中的遗传率,很可能得到不同的结果。

上面谈到过约翰森从大小不等的 19 粒菜豆,建立了 19 个株系,他称这些株系为纯系。一个纯系内的豆粒仍然参差不齐,例如在一个豆荚内由于豆粒所处的位置不同,豆粒大小相差悬殊,可是其平均粒重与亲代几乎没有差异,所以他认为纯系内豆粒变异是不遗传的($V_G = 0$),在纯系内选择无效。一个纯系内豆粒的表型变异应该说纯粹是由环境差异引起的($V_P = V_E$)。

一般地说,遗传率高的性状,选择较易;遗传率低的性状,选择难些,所以进行育种时,能够知道遗传率的大小是有帮助的。在育种时,如能运用杂交等方法,增加遗传变异,同时力求饲养方式和栽培条件等一致,使环境变异降低,这样遗传率增大,育种进度可以加快。

第四节　近亲繁殖和杂种优势

近亲繁殖和杂交的遗传学效应有显著的差别。近亲繁殖或近交(inbreeding)可以使原来杂交的生物增加纯合性(homozygosity),从而提高基因型的稳定性,但往往也会带来严重的衰退现象。杂交可以使自交的动植物增加杂合性(heterozygosity),出现杂种优势(heterosis),但杂种优势不能用有性繁殖方法固定下来。所以在动、植物的改良上,往往要交互地使用近交和杂交的方法,使我们能够得到近交和杂交的好处,但同时又能减少它们的不利影响。

一、近交和近交系数

近交是指有亲缘关系的个体相互交配,繁殖后代。因为有亲缘关系的个体在遗传上更相似些,所以近交的结果会增加纯合子的比例。在各类近交中,亲缘关系最近的交配是自交(selfing),就是同一个体产生的雌雄配子相互结合,繁殖下一代的新个体。

近交的遗传效应可用近交系数（coefficient of inbreeding）来表示。近交系数常记作 F，这是指一个个体从某一祖先得到一对纯合的，而且遗传上等同的基因的概率。同一基因座的两个基因如果分别来自无亲缘关系的两个祖先，即使这两个基因的结构相同，也不是遗传上等同的，只有同一祖先的特定基因的两个拷贝，才可称为遗传上等同的。

一个杂合子 Aa 自交时，下一代的基因型出现大家熟悉的 $1:2:1$ 分离比，其中一半是杂合子，一半是纯合子。杂合子 Aa 的两基因结构不同，当然不是遗传上等同的，但在纯合子 AA 和 aa 中，两个基因是等同的，因为这两基因是杂种亲本（Aa）仅有的那个基因（A 或 a）的两份拷贝，所以自交第一代个体中，纯合子的比例为 $\frac{1}{2}$，也就是具有遗传上等同的基因的个体比例，即近交系数 F。

纯合子杂交，只产生纯合子后代，这些纯合子的一对等位基因是遗传上等同的。自交第一代得到的 $\frac{1}{2}$ 纯合子将这样保持下去。此外每代从剩下的杂合子中再分离出 $\frac{1}{2}$ 纯合子来，这些纯合子的两基因自然也是遗传上等同的，所以自交第二代，$F = \frac{1}{2} + \frac{1}{2} \times \frac{1}{2} = \frac{3}{4}$。在以后的每一代中，$F$ 值将以上一代杂合子频率的 $\frac{1}{2}$ 的数值增加。经过 n 代自交后，杂合子的比例等于 $\left(\frac{1}{2}\right)^n$，其余的个体为 $1 - \left(\frac{1}{2}\right)^n$，这些都是纯合子，而且是遗传上等同的，所以在自交第 n 代，$F = 1 - \left(\frac{1}{2}\right)^n$（表 9-15）。

表 9-15　在逐代自交中杂合子 Aa 在群体中递减

世代	基因型			杂合子在群体中的比例	F
	AA	Aa	aa		
0	—	1	—	1	0
1	$\frac{1}{4}$	$\frac{2}{4}$	$\frac{1}{4}$	$\frac{1}{2}$	$\frac{1}{2}$
2	$\frac{3}{8}$	$\frac{2}{8}$	$\frac{3}{8}$	$\frac{1}{4}$	$\frac{3}{4}$
3	$\frac{7}{16}$	$\frac{2}{16}$	$\frac{7}{16}$	$\frac{1}{8}$	$\frac{7}{8}$
4	$\frac{15}{32}$	$\frac{2}{32}$	$\frac{15}{32}$	$\frac{1}{16}$	$\frac{15}{16}$
5	$\frac{31}{64}$	$\frac{2}{64}$	$\frac{31}{64}$	$\frac{1}{32}$	$\frac{31}{32}$
…	…	…	…	…	…
10	$\frac{1\,023}{2\,048}$	$\frac{2}{2\,048}$	$\frac{1\,023}{2\,048}$	$\frac{1}{1\,024}$	$\frac{1\,023}{1\,024}$
…	…	…	…	…	…
n	$\frac{2^n - 1}{2^{n+1}}$	$\frac{2}{2^{n+1}} = \frac{1}{2^n}$	$\frac{2^n - 1}{2^{n+1}}$	$\frac{1}{2^n}$	$1 - \frac{1}{2^n}$

二、近交系数的计算

上面已谈到自交后代的近交系数,现在要介绍一下近交系数的一般算法。

先以动物育种中常用的兄妹交配为例加以说明。图 9-5 是兄妹交配所生仔畜的家系图。这是一种新的家系图画法,为的是便于近交系数计算法的说明。在图中,P_1 和 P_2 是两个无血缘关系的亲本,它们各供应一个配子给同胞兄妹 B_1 和 B_2,而仔畜 S(或雌或雄)从 B_1 和 B_2 各得一个配子。因为 P_1 和 P_2 无血缘关系,所以我们假定它们在某一基因座上的一对基因不是遗传上等同的。P_1 的两个基因用 a_1a_2 表示,P_2 的两个基因用 a_3a_4 表示(这儿用不同下标 1、2、3、4 表明这些基因不是遗传上等同的,但这并不意味着这些基因在结构上不相同)。双亲的基因型是 a_1a_2 和 a_3a_4,它们的仔畜就应该是 $1/4\ a_1a_3$,$1/4\ a_1a_4$,$1/4\ a_2a_3$ 和 $1/4\ a_2a_4$。我们想知道的是,这对同胞兄妹所生的仔畜 S 对它们的亲畜 P_1 和 P_2 的任何一个等位基因是纯合子(a_1a_1、a_2a_2、a_3a_3 或 a_4a_4)的概率是多少?

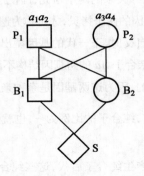

图 9-5　同胞兄妹交配所生仔畜中一个基因座上纯合的可能性

图中 B_1 和 B_2 为同胞,P_1 和 P_2 为它们的父母,S 是它们所生的仔畜。

从表 9-16 来看,有 $1/4 \times 1/4$ 的仔畜具有共同祖先 P_1 的一个等位基因 a_1 的两份拷贝;这就是说,这 1/16 的仔畜具有的一对等位基因不仅是纯合的,而且是遗传上等同的。我们把这些纯合的仔畜频率加起来,就得出兄妹交配所生仔畜的 F 值,即 $F = 4 \times \left(\dfrac{1}{4}\right)^2 = \dfrac{1}{4}$。

表 9-16　兄妹交配所生仔畜的 F 值

雌配子 ＼ 雄配子	父 a_1a_2 ——— 母 a_3a_4 兄妹的基因型 $\frac{1}{4}a_1a_3$	$\frac{1}{4}a_1a_4$	$\frac{1}{4}a_2a_3$	$\frac{1}{4}a_2a_4$
	$\frac{1}{4}a_1$	$\frac{1}{4}a_2$	$\frac{1}{4}a_3$	$\frac{1}{4}a_4$
$\frac{1}{4}a_1$	1	0	0	0
$\frac{1}{4}a_2$	0	1	0	0
$\frac{1}{4}a_3$	0	0	1	0
$\frac{1}{4}a_4$	0	0	0	1

$F = \left(\dfrac{1}{4}\right)^2 \times (4 \times 1) = \dfrac{1}{4}$,这是兄妹交配所生仔畜得到一对不仅是纯合的,而且是遗传上等同的基因的概率。

了解了近交系数的意义和算法后,我们可以用另一种简便的方法来算。仍用图 9-5,同胞兄妹的父畜 P_1 的某一基因座上的一对等位基因是 a_1a_2,而它们的母畜的相应等位基因是 a_3a_4。先计算同胞兄妹 B_1 和 B_2 所生仔畜 S 是 a_1a_1 的机会是多少。P_1 把 a_1 基因传给 B_1 的机会是 1/2,而 B_1 得到这基因后又把它传给 S 的机会也是 1/2;又 P_1 也把 a_1 传给 B_2,机会是 1/2,如 B_2 得到这基因后,又把这基因传给 S,机会又是 1/2。所以如要 S 的基因型是 a_1a_1,那么 P_1 的等位基因 a_1 一共要传递 4 步,每方亲本各 2 步。又因为每传递一步的概率是 1/2,所以通过所有 4 步的传递概率是 $\left(\dfrac{1}{2}\right)^4$。运用同样方法,我们可以计算 S 是 a_2a_2、a_3a_3 和 a_4a_4 的概率,自然也都是 $\left(\dfrac{1}{2}\right)^4$。从而同胞兄妹所生仔畜的纯合子总概率 $F = 4 \times \left(\dfrac{1}{2}\right)^4 = \dfrac{1}{4}$,这数值与上面得出的结果(表 9-16)完全一致。

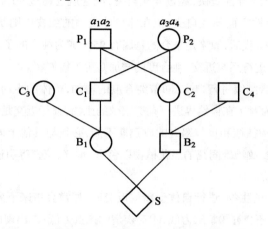

a_1a_2 a_3a_4

图 9-6　表兄妹结婚所生子女一个基因座上纯合的可能性

我们可以把这种方法推广到人类社会中最常见的表兄妹结婚(图 9-6),计算他们所生子女的近交系数。仍设共同祖先 P_1 和 P_2 的基因型是 a_1a_2 和 a_3a_4,那么后裔 S 在基因座上基因纯合且在遗传上等同的概率是多少?为了使这个近交后裔 S 的基因型成为 a_1a_1,共同祖先 P_1 的等位基因 a_1 必须传递 6 步,由 P_1 经 B_1 传给 S 计 3 步,由 P_1 经 B_2 传给 S 也计 3 步,所以总共传 6 步。因为每一步的传递概率是 1/2,所以通过所有 6 步的传递概率是 $\left(\dfrac{1}{2}\right)^6$。这个概率同样也适用于 a_2a_2,a_3a_3 和 a_4a_4,所以表亲结婚所生子女的近交系数是 $4 \times \left(\dfrac{1}{2}\right)^6 = 1/16$。以此类推,各种血缘个体间交配所生子裔的近交系数见表 9-17。

表 9-17　各种近交所生子裔的近交系数 F

交配型式	F	交配型式	F
自交	1/2	堂表兄妹(first cousins)	1/16
同胞兄妹	1/4	从表兄妹(second cousins)	1/64
叔父侄女	1/8	再从表兄妹(third cousins)	1/256

近交系数的高低既可表示群体中某一基因座上纯合子频率的增减,也可表示某一个体中全部基因座上纯合基因座比例的升降。

三、近交的遗传效应

在动、植物育种中,为了获得某种程度的纯合性,有时要进行系统的近交。如每代进行同一

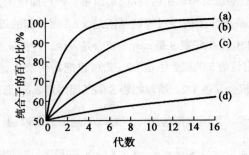

图 9-7　经过不同类型的近交，纯合子的百分比在世代中改变的情况

（a）自交，经过 6 代，纯合子的百分比几乎达到 100%。（b）兄妹交配，经过 10 代，纯合子的百分比才超过 90%。（c）半兄妹（同父异母或同母异父）交配，经过 16 代，纯合子的百分比才接近 90%。（d）表兄妹交配，经过 16 代以后，纯合子的百分比仍在 60% 附近。

形式的近交，群体的纯合度将逐代增加。图 9-7 表示自交、兄妹交配以及更远一些的近交的接近纯合性的情况。自交接近纯合性最快，经过 4 代自交，纯合度已超过 90%，经过 5 代，已超过 95%。兄妹交配在提高纯合性方面不及自交，但在非自体受精的生物中则是最强烈的近交了。进行系兄妹交配时，经过 11 代后，原来是杂合的基因有 95% 成为纯合的了，但仍有 5% 是杂合的。至于血缘更远的个体间进行系近交，纯合度的增加则更为缓慢了。

本来是杂交繁殖的生物，继续进行自交，随着纯合度的增加，机体的生活力就不断下降。达尔文很早就看到这一点，认为对于在自然界进行杂交繁殖的生物，强行近交是有害的。

事实上，雌雄同体的动物往往卵巢与睾丸的成熟期不同，必须与其他个体交配，互换生殖细胞，如蚯蚓等就是这样。大多数雌雄同花的显花植物以色彩、香气、花蜜等引诱昆虫，或雌雄蕊成熟期不同等，以保证异花授粉。

在自然界进行异体受精的生物，进行自体受精或近交时，通常会带来下列后果：①强健性降低（体弱）；②体重减轻（发育不良）；③繁殖力低；④对疾病的抵抗力低；⑤出现畸形等。

表 9-18 列出近交衰退的若干具体例子。由这表可以大致地看出近交系数的增加与被观察性状衰退之间的关系。

表 9-18　近交衰退的例子（近交系数每增加 10%，各项观察指标的降低情况）（引自 Falconer，1981）

物种	性状	减少量	减少率 /%
人	10 岁时身高 /cm	2.0	1.6
	智商 /%	4.4	4.4
牛	产奶量 /kg	13.5	3.2
绵羊	羊毛量 /kg	0.29	5.5
	1 岁体重 /kg	1.32	3.7
猪	每胎仔数 / 活产数	0.24	3.1
	154 天体重 /kg	2.6	4.3
小家鼠	每胎仔数	0.56	7.2
	6 周体重 /g	0.19	0.6
玉米	株高 /cm	5.65	2.3
	籽粒产量 /g·株$^{-1}$	9.65	6.8

不过如能进行严格的选择，淘汰分离出来的有害基因，近交也可育成优良的品系。家畜育种方面，通过进行兄妹、父女等极端近交育出了有名的牛、马、猪等，这类例子不在少数。如我国广

西的田林、环江一带,人们需要周转快的猪种,并喜欢吃肥嫩的乳猪,因此生产上重视选育早熟脂肪型的小猪,通过"以子配母"的近交,育成了著名猪种"香猪"。

在动物中,天然近交是很少的,而在植物中,天然近交是比较普遍的。几乎有半数的经济植物是自花授粉的,虽然还有各种程度的天然杂交。自交可以增进遗传的稳定性,杂交可以提高遗传的变异性,大多数自交植物保持一定比例的杂交,就能两蒙其益,在生存上是很有好处的。

四、杂种优势及其遗传理论

有时候两个亲本杂交,F_1 个体的某一数量性状并不等于两个亲本的平均,而是高于亲本的平均,甚至超出亲代范围,比两个亲本都高。一般认为,如杂种的活力超过双亲的中间值,就有杂种优势,即

$$\bar{x}_{F_1} > \frac{\bar{x}_{P_1} + \bar{x}_{P_2}}{2}$$

优势可以表现在生活力、繁殖率、x_p 抗逆性以及产量和品质上。优势程度通常以杂种超过两亲平均的百分数来表示。优势自然也可表现在生长速度、早熟性等方面。这时希望杂种向符合栽培要求或饲养目标的那个亲本发展。例如在早熟性方面,希望早日开花,早日抽穗,早日成熟等。杂种的生长期比两亲平均更短时,也是杂种优势,不过是一种负方向的杂种优势。

杂种优势见于种间杂种,如雌马与雄驴的 F_1——骡比两亲都强健,适于劳役,而又耐粗食。但杂种优势更多见于同一物种中不同品种间的 F_1,如猪的品种间杂种往往比两亲都大,而且生命力也强。

现在实验上用的动物材料,大都用两个纯系杂交的 F_1。F_1 动物除了具有实验上需要的遗传上纯一性以外,还具有生活力强、抗逆性强等优点,所以科学工作者喜欢用杂种动物做材料。

杂种优势的遗传机制一直还在研究之中,我们先和读者介绍两种论点:

(1)显性说 异花授粉的植物和异体受精的动物,杂合性程度很高。它们含有很多隐性的有害基因。近亲繁殖,特别是自交时,后代逐渐纯合化,分离出形态和生理状况不良的个体,使它们的生活力减退,适应度降低。所以近亲繁殖带来的不良效应和衰退是原来处于杂合状态的基因发生分离的结果。

近交系或自交系间进行杂交,从一亲本来的隐性有害基因与另一亲本来的显性有利基因组合,成为杂合态,隐性有害基因的效应被显性有利基因的效应所遮盖,所以杂种显示出优势来。但杂种优势的反应,要看近交系的基因型而定。某些杂交组合中,隐性有害基因被遮盖的很多,杂种的优势特别明显;而在另一些组合中,隐性有害基因被遮盖的不多,杂种的优势看不出来。

连续经过多代的自交或近交,得到自交系或纯系,它们的基因型基本上纯合化。我们现在假定,高产性能由很多基因决定。如某自交系对某些显性基因是纯合子,而另一自交系对另一些显性基因是纯合子,则这两自交系或纯系杂交,F_1 的基因型是 $AaBbCcDdEe\cdots$(图 9-8)。如果这些基因座位都呈显性表现,杂种的产量高出两亲的平均自不待说,而且还可比高产的亲本更高。总之,如双亲对很多座位

P $AAbbCCDDee\cdots \times aaBBccddEE\cdots$

        ↓

图 9-8 显性说的说明 F_1 $AaBbCcDdEe\cdots$(出现杂种优势)

上的不同等位基因是纯合子,形成杂种后,显性的有利基因的效应聚积起来,而隐性有害基因的作用被遮盖起来,出现了明显的优势。

这个假说叫作显性说(dominance hypothesis)(Bruce,1910)。对这一学说也有提出反对意见的,如果这个假说是正确的,应该可以得到对所有基因都是显性的纯合子,这些个体应该显现同F_1个体一样的优势,而且不会分离,优势也不会减退。然而事实上不能得到高产性能方面不分离的纯合子。所以遗传学家又作了补充说明(Jones,1917),认为优势有关的基因很多,分布在少数染色体上,一个连锁群含有若干显性基因,也含有若干隐性基因,表明要把所有显性基因都集合起来,事实上是不可能的。

对显性说的另一反对意见是,如果显性基因的聚积可以说明杂种优势,那么如基因座数是n,在杂种二代显性表型和隐性表型的频率应该是$\left(\dfrac{3}{4}+\dfrac{1}{4}\right)^n$的展开,表现为偏态分布(skewed distribution),但实际上不是如此,F_2的表型分布接近正态分布(normal distribution)。对于这一点可用连锁关系来补充说明,认为显性的有利基因和隐性的不利基因相互连锁着,而且有关的基因数很多,得到所有基因座都是显性纯合子的机会是非常小的,F_2表型分布在理论上不是偏态分布,应该接近于正态分布。

(2)超显性说 超显性说(overdominance hypothesis)是伊斯特(Edward Murray East,1879—1938)和沙尔(George Harrison Shull,1874—1954)在1918年分别提出的。这个学说认为基因处于杂合态时比两个纯合态都好。例如就a_1和a_2这对等位基因来说,杂合态a_1a_2的表型效应比两个纯合态a_1a_1和a_2a_2都好,而且这样的基因座位数越多,杂种的优势越大。所以如两个自交系对很多座位上的不同等位基因是纯合子,F_1的生活力或生产性能自然比两亲都显得优越了(图9-9)。

$$\text{P} \qquad a_1a_1b_1b_1c_1c_1d_1d_1e_1e_1\cdots \quad \times \quad a_2a_2b_2b_2c_2c_2d_2d_2e_2e_2\cdots$$
$$\downarrow$$
$$\text{F}_1 \qquad a_1a_2b_1b_2c_1c_2d_1d_2e_1e_2\cdots \text{(出现杂种优势)}$$

图9-9 超显性说的说明

伊斯特进一步还认为,杂种的优势要看每对等位基因的作用的差异程度,差异越大,F_1的优势越明显。例如有一复等位基因系列$a_1,a_2,a_3,a_4,\cdots$,差异逐渐增大,那么杂合子的优势按下列顺序逐渐升高:

$$a_1a_2 < a_1a_3 < a_1a_4 < \cdots$$

超显性说提出来的时候,具体例子几乎还不知道,以后支持这一假说的实验结果逐渐增多。例如支配玉米色素的基因,杂合子比显性纯合子更浓。在小麦纯系的叶绿体突变中,至少有两个例子是杂合子的叶绿体比纯合子大,而且数目多。这可能因为在杂合子中一个基因座的不同等位基因各有不同的作用,比纯合子中的单独作用对生活力或生产性能有利得多。

但是这个假说完全排除了显性基因在杂种优势中的作用。我们知道,杂种优势并不跟等位基因的杂合性始终一致的。例如,在自花授粉植物中,有一些杂种的表型不一定比它的纯合亲本更为优越。

除了显性说和超显性说,一些研究者认为上位作用也是杂种优势的遗传基础之一,即来自于双亲的非等位基因通过基因间互作使杂合子代的性状优于亲本。关于上位作用的学说我们在此不做更多的介绍。从杂种优势的种种表现看来,这 3 种假说都能说明一些问题,各有优势,但也都有不足。

由于作物的杂种优势在生产实践中的意义巨大,因此近年来,很多新的遗传学技术被应用到了作物杂种优势遗传基础的研究中,例如以分子遗传标记和连锁图谱构建为核心的数量性状基因座(quantitative trait locus,QTL)作图、基因组和转录组测序、表观遗传分析等。不同作物的研究数据在一定程度上支持了显性说、超显性说以及上位性说,但不同物种之间也存在明显差异,杂种优势的确切机制至今还不够清晰,有待进一步的研究。

五、杂种优势的实践利用

杂种优势在实践上非常重要,大家最熟知的例子就是杂种玉米。

玉米是异花授粉作物,在一般田间条件下只有 5% 自花授粉,所以一块玉米地上的植株差不多都是高度杂合的。19 世纪末期,对水稻、小麦等自花授粉作物搞单株选择,育成“纯系”,已成为育种的标准方法。这种育种的优点是基因型一致,品种的性质稳定。玉米虽也可用人工方法自花授粉,也有人一直想用这种方法搞玉米的纯系育种,但都不成功,因为玉米自花授粉后代总不如亲代,多代自花授粉后产量愈来愈低。

1908 年沙尔和伊斯特分别发现,玉米多代自交后,自交系产量愈来愈低,但两个自交系杂交得到 F$_1$,产量立刻大为增高。因此主张维持两个自交系(这两个自交系都是纯合子,基因型一致,不会分离),每年杂交得 F$_1$,把 F$_1$ 种子用于生产栽培。F$_1$ 植株的基因型都是一样的,因此,每年所得 F$_1$ 种子的性质稳定可靠,而且产量也高。

但这方法还不能直接用于生产。因为自交系结实率低,所以每次杂交所得种子太少,种子的生产成本太高。而要把杂种优势以纯系方式固定下来,又未成功。因为影响生产性能的基因很多,这些基因各自分布在一定数目的染色体上,相互连锁着。连锁着的基因之间虽然也有交换,但要把全部显性基因通过交换集中起来成为纯合子是极为困难的。况且上面已谈到过,杂种优势有的来自超显性,一旦成为纯合态就随之消失了,所以不得不另外开辟新的途径。到 1916 年,遗传学家又想出另一个方法,一直沿用至今,这就是双杂交。

这方法可用图 9-10 表示。维持 4 个自交系 A、B、C、D。每年 A 与 B 杂交,得(A×B)单交种。C 与 D 杂交,得(C×D)单交种,同时每年把去年所得两种单交种种子种下,相互杂交,得(A×B)×(C×D)双交种。这双交种就用于大田栽培,种子基地则每年培植自交系,并做单杂交和双杂交。一般所谓杂种玉米,就是双交种种子种出来的。杂种玉米产量比普通玉米高,生长一致,而且产量稳定,在不好的年份产量影响较小。我国各地推广杂种玉米已经取得很大成绩,种植面积已迅速扩大,发展前途是极为广阔的。

在动物方面,利用杂种优势最有成效的首推家蚕了。现在一般蚕农饲养的家蚕都是单交种。制造单交种以前,先要找出哪两个品种杂交后,F$_1$ 的杂种优势较强。一般是用中国系统的品种与日本系统的品种杂交,制成单交种,供给蚕农饲养。因为杂种饲养期短,抗病力强,丝量高,丝好,所以现在蚕农没有不饲养单交种的。

目前在生产实践上利用杂种优势的,除了玉米、家蚕以外,高粱也很突出。现在杂种水稻也已大面积推广,在产量和品质上都有提高,已走在世界的最前列。此外,家畜家禽,以及蔬菜作物

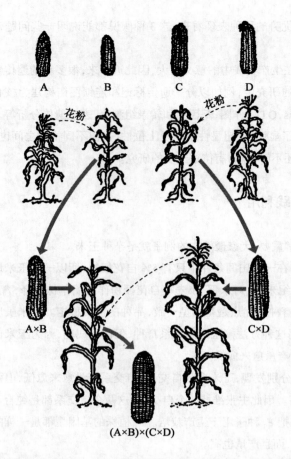

图 9-10　玉米双交种的制种过程

A、B、C 和 D 代表 4 个适宜的自交系,它们都是高度纯合化的纯系,生活力弱,产量低。A 和 B 是一个杂交组,结果产生出杂种 AB。C 和 D 是另一杂交组,结果产生出杂种 CD。然后把杂种 AB 与杂种 CD 交配,产生出杂种 ABCD,产量很高,这就是播种用的杂种种子。

(尤其是葱韭类和茄果类),也广泛地利用杂种优势。至于小麦、棉花和油菜的杂种优势的研究正在大力开展,并已取得初步成果,正式应用是很有希望的。

在杂种优势利用方面有这样一个原则:杂种优势的强弱与两亲本遗传差异的大小成比例。可是有时差异太大,特别是在种间杂交时,虽有强大的杂种优势,也会同时出现杂种弱势。例如雌马与雄驴杂交,F_1 个体——骡身强力壮,可是雄骡不育。但如能根据育种对象的不同,巧妙配合,还可两蒙其利。例如罗非鱼(Tilapia,又称非洲鲫鱼)的种间杂种就有这种可能。这类鱼原产非洲,现已广泛养殖于我国南方各地。罗非鱼繁殖很快,鱼池里不久就显得过于拥挤,相互间竞争激烈,每条鱼每年只能长 250 g 不到。可是如选择合适罗非鱼鱼种,进行种间杂交,产生的杂种雄鱼是不育的,可是长得快,又健壮。鱼池里放养这类杂种鱼,群体不扩大,鱼群密度合适,每条鱼每年可以长 1 000～1 500 g。这是一个利用杂种弱势、促使杂种优势充分表达的例子。

习题

1. 数量性状在遗传上有些什么特点，在实践上有什么特点？数量性状遗传和质量性状遗传有什么主要区别？

2. 解释名词：遗传率、广义遗传率、狭义遗传率、平均显性程度。

3. 自然界中杂交繁殖的生物强制进行自交或其他方式近交时生活力降低，为什么自然界中自交的生物继续自交没有不良影响呢？

4. 约翰森用菜豆做实验，得出纯系学说。这个学说的重要意义在哪里，它有什么局限性？

5. 纯种或自交系的维持比较困难，那么制造单交种或双交种时，为什么要用纯种或自交系呢？

6. 在数量性状遗传中，已知某小麦籽粒颜色是由 3 对等效可相加的等位基因控制，且基因作用可以相加，子代表型取决于等位基因中显性基因的个数。实验发现将纯系红粒小麦（*AABBCC*）与纯系白粒小麦（*aabbcc*）杂交，得到的 F_2 的表型颜色有深有浅，从深到浅的分离比为 $1 : 6 : 15 : 20 : 15 : 6 : 1$。请结合下图解释这一分离比的由来。

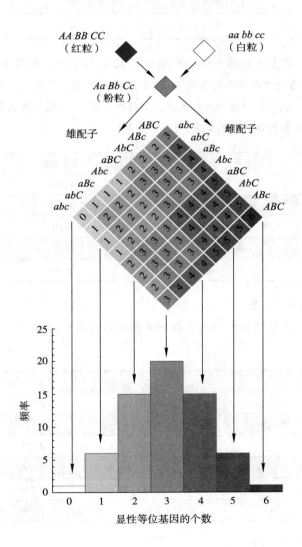

7. 假设多对等位基因控制了某一表型,用计量数值衡量各个等位基因对该表型的遗传贡献。如:A_0、B_0、C_0 等位基因的表型贡献各是 5 个单位,而 A_1、B_1、C_1 等位基因的表型贡献各是 10 个单位,请计算 $A_0A_0B_1B_1C_1C_1$ 和 $A_1A_1B_0B_0C_0C_0$ 两个亲本和它们 F_1 杂种表型的计量数值。设:①共显性;② A_1 对 A_0 是完全显性;③ A_1 对 A_0 是完全显性,B_1 对 B_0 是完全显性。

8. 根据上题的假定,导出下列的 F_2 频率分布,并作图。

计量数值	(1)	(2)	(3)
30	1/64	1/64	1/64
35	6/64	4/64	2/64
40	15/64	9/64	7/64
45	20/64	16/64	12/64
50	15/64	19/64	15/64
55	6/64	12/64	18/64
60	1/64	3/64	9/64

9. 上海奶牛的泌乳量比根赛牛(Guernseys)高 12%,而根赛牛的奶油含量比上海奶牛高 30%。泌乳量和奶油含量的差异大约各包括 10 个基因位点,均为共显性。在上海奶牛和根赛牛的杂交中,F_2 中有多少比例的个体的泌乳量跟上海奶牛一样高,而奶油含量跟根赛牛一样高?

10. 测量 101 只成熟的矮脚鸡的体重,得下列结果:

只数	体重 /kg
8	0.60
17	0.65
52	0.70
15	0.75
9	0.80

计算体重的平均数和方差。

11. 测量矮脚鸡、芦花鸡和它们的杂种中成熟公鸡的体重,得到下列的平均体重和表型方差:

	平均体重 /kg	方差
矮脚鸡	0.70	0.025
芦花鸡	3.30	0.125
F_1	1.70	0.075
F_2	1.80	0.300
B_1	1.25	0.200
B_2	2.40	0.250

计算显性程度以及广义和狭义遗传率。

12. 设亲本植株 AA 的高度是 20，aa 的高度是 10，F_1 植株 Aa 的高度是 17。计算 F_2 植株的平均高度和方差。

13. 假定有两对基因，每对各有两个等位基因，A/a 和 B/b，以相加效应的方式决定植株的高度。纯合子 $AABB$ 高 50 cm，纯合子 $aabb$ 高 30 cm，问：①这两个纯合子之间杂交，F_1 的高度是多少？②在 $F_1 \times F_1$ 杂交后，F_2 中什么样的基因型表现 40 cm 的高度？③这些 40 cm 高的植株在 F_2 中占多少比例？

14. 一连续自交的群体，由一个杂合子开始，需要经多少代才能得到大约 97% 的纯合子？

15. 预测双交种 (A×B)×(C×D) 产量的最好方法是求 4 个单交种 A×C、B×C、A×D 和 B×D 的产量的平均数，为什么？如 A 和 D 是姊妹自交系，B 和 C 也是姊妹自交系，为了使双交种的杂种优势最强，在这些可能的单交中，你将选哪两个单交种进行杂交？

16. 下面是一个箭头式的家系。家系中 S 是 D 和 P 的子裔，D 是 C 和 B 的子裔等。问：①谁是共同祖先？②谁是近交子裔？③计算近交子裔的近交系数。

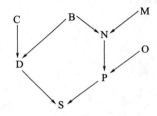

17. 请计算以下双重亲表兄妹的近交系数（常染色体和 X 染色体分别计算）。

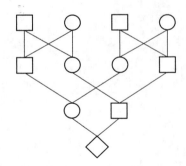

18. 请计算以下叔父侄女婚配的近交系数（常染色体和 X 染色体分别计算）。

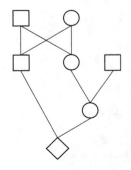

19. 请计算以下从表兄妹婚配的近交系数(常染色体和 **X** 染色体分别计算)。

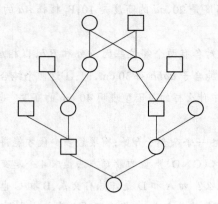

数字课程学习

📝 在线自测   🔗 习题答案

第十章
遗传物质的改变(一)
——染色体畸变

根据前几章中讲过的一些遗传学基本定律,我们知道分离与组合、连锁与交换,均可使子代得到新性状,或性状的新组合。但这些"新"性状,追溯起来并不是真正的新性状,其实都是祖先中原来有的。这两章我们将介绍真正的新性状的产生原因——遗传物质的改变。只有遗传物质的改变,才出现新的基因,形成新的基因型,产生新的表型。

遗传物质的改变就是变异。生物学家最早通过显微镜观察到了遗传物质水平的变异,包括染色体结构和数目的改变,这些变异相比我们在前序章节介绍的基因内部的变异显然要大很多,往往是多个基因和/或基因外序列同时受到影响,对个体的影响巨大,我们把这类变异称为染色体畸变(chromosomal aberration)或染色体变异(chromosomal variation)。

第一节 染色体结构的改变

染色体的结构变异主要包括缺失、重复、倒位、易位、环状染色体、双着丝粒染色体、等臂染色体和插入等(图10-1)。

(1)缺失(deletion) 染色体的片段出现丢失,片段内的基因和/或基因外序列减少为单拷贝(杂合缺失)或零拷贝(纯合缺失)。

(2)重复(duplication) 染色体的片段出现添加,片段内的基因和/或基因外序列增加为两个以上的多个拷贝。

(3)倒位(inversion) 染色体一个区段发生了180°颠倒,造成染色体内基因和/或基因外序列的重新排列,但它们的拷贝数没有变化。

(4)易位(translocation) 非同源染色体的不同片段之间的位置转移,造成非同源染色体间基因和/或基因外序列的重新排列,但它们的拷贝数通常也没有变化。

以上4种结构变异较为常见,我们会在本章后续内容中详细介绍它们。

其他结构变异类型还包括:①环状染色体(ring chromosome),指的是闭合成环的染色体,可能起源于单条染色体的长、短臂断裂后,含有着丝粒的中间片段的两端错误重接。②双着丝粒染色体(dicentric chromosome),指的是具有两个着丝粒的变异染色体,可能起源于两条染色体的断裂后,两个具有着丝粒的染色体片段重接。③等臂染色体(isochromosome),指的是一条染色体的两条臂在形态和遗传结构上完全相同,可能起源于在细胞分裂中着丝粒发生异常的横裂,得到

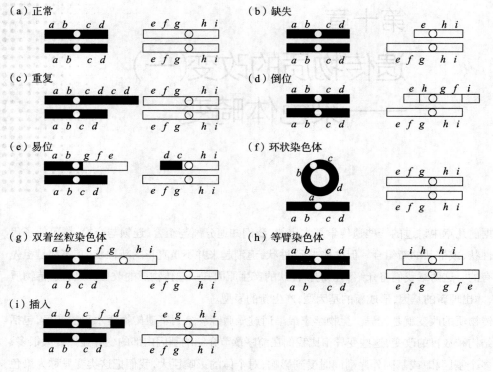

图 10-1 染色体结构变异的类型

(a) 两对正常染色体,*abcd* 表示一对染色体上的基因顺序,*efghi* 表示另一对染色体上的基因顺序。(b) 缺失杂合子,一条染色体缺失了 *fg* 片段。(c) 重复杂合子,一条染色体重复了 *cd* 片段。(d) 倒位杂合子,一条染色体上 *fgh* 片段发生颠倒。(e) 易位杂合子,两对染色体各有一条相互交换了 *cd* 和 *efg* 片段。(f) 环状染色体杂合子,一条染色体发生环化。(g) 双着丝粒染色体杂合子,两对染色体各自带着丝粒的片段 *ab·c* 和 *fg·hi* 融合到一起。(h) 等臂染色体,一对染色体的两条短臂 *hi* 相互连接,两条长臂 *efg* 相互连接。(i) 插入杂合子,一条染色体上的片段 *f* 插入到另一条染色体内部。

分别含有两个长臂、两个短臂的衍生染色体。④插入(insertion),指的是一条染色体的片段插入另一条染色体中间的现象,可能起源于一条染色体的两次断裂产生了一条染色体片段,又插入了发生一次断裂的另一条染色体内部,也是一种错误重接。

一、染色体畸变的研究材料和研究方法

每种生物的细胞都有一定数目的染色体,各条染色体的形态结构也是恒定的。如果它们的数目或结构改变了,就可以知道发生了畸变。

玉米是研究染色体畸变的好材料,玉米的 10 对染色体在形态上可以互相区别。特别是在减数分裂的粗线期,那时染色体是细长的染色丝,两条同源染色丝紧密地配合在一起。细长的细线上又有各种标记,如着丝粒的位置、两臂的相对长短、球节(knob)的存在与否,以及染色丝上着色较浓的染色粒(chromomere)的分布等(图 10-2)。对每一条染色体来讲,这些标记都是以一定的顺序直线排列的,所以如果这些标记不见了或重复出现,或者它们的原有排列顺序改变了,就是染色体畸变的明确证据。

果蝇的染色体在减数分裂时形状很小,不易研究。但是果蝇幼虫的唾腺细胞的核特别大,其中的染色体比减数分裂时的染色体和其他体细胞的染色体还要大上几百倍。

图10-3是黑腹果蝇的唾腺染色体照片。图10-4是普通染色体与唾腺染色体的对照模式图，该模式图说明了唾腺染色体是怎样形成的。唾腺染色体上有明显的横纹，横纹的相对大小和空间排列是恒定的，可以作为识别标志。这些横纹在染色后看得特别清楚，在不染色的活细胞中也易分辨。

　　一般认为唾腺染色体处于分裂间期或有丝分裂前期状态。由于唾腺细胞内的染色体连续复制，复制后形成的染色丝并不相互分开，而是纵向地密集排列在一起，所以唾腺染色体被称

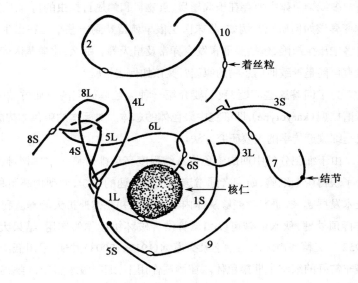

图10-2　玉米的粗线期染色体

图中描绘了玉米的粗线期染色体（10Ⅱ）和一个核仁。数字代表染色体号码；L，长臂；S，短臂。

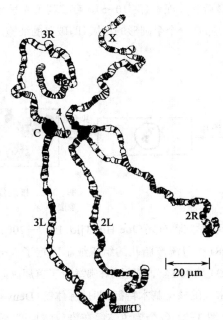

图10-3　黑腹果蝇唾腺染色体的显微照片

X，X 染色体，即第一染色体；2～4，第二，第三和第四染色体；L，左臂；R，右臂；C，染色中心。

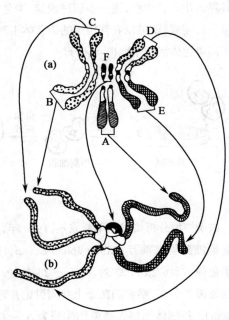

图10-4　黑腹果蝇的普通染色体与唾腺染色体的对照模式图

（a）分裂中期的普通染色体。（b）幼虫的唾腺染色体。A，X 染色体；BC，第二染色体；DE，第三染色体；F，第四染色体。

为多线染色体(polytene chromosome)。染色体的着丝粒及其邻近部分相互聚合,形成染色中心(chromocenter)。多线染色体中每一染色丝是一条与蛋白质结合在一起的 DNA 双链,在两条横纹之间的区域,螺旋化程度较低,而在横纹的地方,螺旋化程度要高一些。

因为同源的唾腺染色体总是像减数分裂期的粗线期染色体一样,紧密地结合在一起,所以当两条同源染色体之间有差别时,就很容易看出来。由于这些原因,唾腺染色体是研究果蝇染色体畸变的好材料。

多线染色体主要存在于双翅目、直翅目和鳞翅目昆虫的特殊组织细胞中,那其他生物的染色体变异该如何研究? 例如,临床医生很早就留意到一些婴儿在出生时表现出比孟德尔疾病严重得多的出生缺陷,包括多器官发育异常及早夭等。那么,比单基因变异严重得多的染色体畸变有没有可能是导致他们患病的原因? 又该如何去检验?

为了回答这些问题,我们要介绍一种染色体研究的重要方法——核型分析(karyotyping)。所谓核型(karyotype),即细胞中染色体的总体。对标本的染色体构成进行检查被称为核型分析,它是细胞遗传学的主要研究方法。

由于细胞分裂中期的染色体浓缩程度高且排列整齐,中期细胞常用来进行核型分析。最初为了获得中期细胞,研究者通常选用生长迅速的组织,如动物胚胎和植物根尖。后来,细胞培养技术发展起来,研究者能够从体内分离细胞并在体外扩大培养。利用化学试剂秋水仙碱对细胞进行预处理,秋水仙碱可以和微管结合破坏纺锤体的作用,结果大量细胞都停滞在分裂中期。1952 年美籍华裔细胞生物学家徐道觉(1917—2003)发现,采用低渗溶液预处理细胞能得到分散得非常好的细胞中期染色体。在渗透作用下,细胞吸水膨胀,再悬空滴到载玻片上,就能发生破碎并释放出染色体组,进一步通过固定、染色和洗涤,最后封片观察(图 10-5)。直接利用光学显微镜进行观察,就可以看到粗短的染色体相对集中地分布在一个个圆形的区域(即破碎的细胞),且不同染色体能清楚地相互区分。

培养细胞　　秋水仙碱　　中期细胞　　低渗溶液　　滴片　　染色观察

图 10-5　核型分析基本步骤示意图

由于核型分析技术的不断成熟,1956 年,美籍华裔科学家蒋有兴(Joe Hin Tjio,1919—2001)和瑞典细胞学家莱万(Albert Johan Levan,1905—1998)利用流产胎儿的组织细胞确定了人类的染色体数目应该为 23 对,而不是 24 对(Painter,1923)。1960 年,在美国丹佛举行了首届国际细胞遗传学会议,学者们在会上共同讨论并定义了正常人的核型基本特征,即丹佛体制(Denver system)。丹佛体制将人类染色体分为 A ～ G 共 7 组(图 3-2),各个染色体组在染色体长度、着丝粒的位置、有无随体等方面相互不同(表 10-1)。

在染色体分组的基础之上,细胞遗传学家进一步发展了染色体显带技术,借助特殊的染色体处理方法,通过染料将染色体沿长轴染成宽窄及明暗不同的条带,以供更加精细的染色体辨别和染色体变异鉴定。常见的显带技术有 G 显带(G banding),即将染色体经热、碱或蛋白酶等预处

表 10-1　人类染色体组

组号	染色体号	大小	着丝粒位置	随体	次级缢痕
A	1、2、3	最大	中央(1、3)及亚中央(2)	无	1 常见
B	4、5	次大	亚中央	无	无
C	6、7、8、9、10、11、12、X	中等	亚中央	无	9 常见
D	13、14、15	中等	近端	有	无
E	16、17、18	小	中央(16)、亚中央(17、18)	无	16 常见
F	19、20	次小	中央	无	无
G	21、22、Y	最小	近端	21、22 有	无

理后进行吉姆萨染色,从而获得带型。这些带纹不仅观察简便,而且标本易长期保存,被广泛应用到了核型分析的技术之中。

在显带技术的发展基础上,细胞遗传学家对显带的染色体模式作了详细规定,编撰成册,即《人类细胞遗传学命名的国际体制》(International System for Chromosome Nomenclature,ISCN)。ISCN 随着染色体观察技术的发展不断得到修正和完善。人类 23 对染色体根据 ISCN 规定的界标(对于识别染色体有重要帮助的染色体特征,如着丝粒、末端和恒定的条带等)划分成了长臂(用 q 表示)和短臂(用 p 表示),每条臂划分为若干个区(region)、带(band)、亚带(sub-band)和次亚带(sub-sub-band)。区表示相邻染色体界标之间的区域,带是显色技术下可见的条带。亚带和次亚带是利用高分辨显带技术显示的更加精细的条带。区和带的编号都以靠近着丝粒的位置为 1 开始编算。描述特定染色体位置时,依次写染色体号、长 / 短臂、区号、带号、小数点、亚带号、次亚带号(图 10-6)。核型分析和显带技术也为研究人类染色体结构和数目变异带去了很多便利,研究者根据 ISCN 的规则规定了常见染色体结构变异的书写方法(表 10-2)。

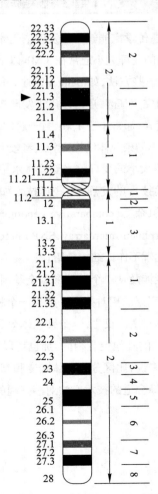

图 10-6　人类 X 染色体显带示意图

染色体左侧是各个显带的编号,右侧是区、带的范围。箭头所指染色体位置的完整表示为 Xp21.3,读作"X 染色体短臂 2 区 1 带 3 亚带"。

表 10-2　常见染色体结构变异的书写方法和含义

结构变异	表述范例	表述含义
缺失	46,XY,del(3)(q21q31)	46 条染色体,性染色体组成 XY。3 号染色体长臂的 2 区 1 带至 3 区 1 带发生了缺失。
重复	46,XY,dup(4)(q13q31)	46 条染色体,性染色体组成 XY。4 号染色体长臂的 1 区 3 带至 3 区 1 带发生了重复。
倒位	46,XX,inv(4)(q13q24)	46 条染色体,性染色体组成 XX。4 号染色体长臂的 1 区 3 带至 2 区 4 带发生了倒位。
相互易位	46,XY,t(4;20)(q25;q12)	46 条染色体,性染色体组成 XY。4 号染色体长臂的 2 区 5 带至末端,与 20 号染色体长臂的 1 区 2 带至末端发生了相互易位。
环状染色体	46,XY,r(2)(p21q31)	46 条染色体,性染色体组成 XY。2 号染色体短臂的 2 区 1 带至长臂的 3 区 1 带之间形成了闭合环。
双着丝粒染色体	46,XX,dic(5;9)(q31;q21)	46 条染色体,性染色体组成 XX。5 号染色体长臂 3 区 1 带至短臂末端,和 9 号染色体长臂 2 区 1 带至短臂末端之间形成了双着丝粒染色体。
等臂染色体	46,XX,i(12q)	46 条染色体,性染色体组成 XX。12 号染色体的长臂形成了等臂染色体。
插入	46,XY,ins(18;5)(q21;q31q35)	46 条染色体,性染色体组成 XY。5 号染色体长臂 3 区 1 带至 5 带插入到了 18 号染色体长臂 2 区 1 带的位置。

有了核型分析,借助光学显微镜,遗传学家能够准确发现染色体畸变。但这种技术显然也受制于显色技术和显微镜的分辨率,适用的变异大小通常在 3 Mb 以上。我们在遗传的分子基础一章中还介绍过基因分型技术。其中的一些方法,如 Sanger 测序,并不需要提前获知基因的变异方式,因此它不仅可以用于鉴定已知的突变基因,还可以用于发现新的基因突变。与核型分析相反,Sanger 测序能够发现的是较小的变异,通常小于 1 kb,且一般位于单个基因的内部。那么,比 3 Mb 小但比 1 kb 大的遗传变异,即较小的染色体结构变异或者较大的基因突变是否存在呢？答案自然是肯定的,我们现在将这类中等大小的变异称为亚显微水平的结构变异(submicroscopic structural variation)。随着现代生物学技术的发展,一些新技术如荧光原位杂交(fluorescence *in situ* hybridization,FISH)、比较基因组杂交(comparative genomic hybridization,CGH)、单核苷酸多态芯片(single nucleotide polymorphism microarray,SNP microarray)等能够有效检测介于 1 kb ~ 3 Mb 之间的遗传变异,我们在此暂不作详细的介绍。

需要再次强调的是,遗传变异可能涉及从单个核苷酸到全基因组的各个尺度。本章染色体畸变和下一章基因突变只是两个比较宽泛的相对概念。如果一个较大的基因发生变异,核型上可以分辨出来,那它也可以称为染色体畸变。反之,一个染色体畸变涉及的 DNA 区域内只有一个功能基因,表型与发生在该基因内部的其他突变相同,那也可以认为这种染色体畸变是一种新的等位基因类型。对于一名研究者来说,比区分染色体畸变和基因突变这两个概念更重要的是——认识到遗传变异的多样性并选择合适的技术方法对感兴趣的遗传变异进行有效的筛查、鉴定和研究。

二、缺失

当染色体的一个片段不见了,其中所包含的基因也随之丢失了。如果同源染色体中一条染色体有缺失,而另一条染色体是正常的,那么在同源染色体相互配对时,因为一条染色体缺了一个片段,它的同源染色体在这一段不能配对,因此拱了起来,形成一个弧状的结构,被称为缺失环(deletion loop)。缺失的横纹可以从缺失环上的正常染色体认出来(图 10-7)。

染色体片段缺失影响个体的生活力。如果缺失的部分太大,那个体通常是不能生活的。一般缺失纯合子的生活力比缺失杂合子的生活力更低,这是容易理解的,因为在纯合子中,缺失片段的两个拷贝都不存在,缺失基因所担负的重要机能都不能进行了。

一些不致死的缺失往往引起特殊的表型效应。例如,一个杂合子 *Aa*,如果缺失了带有显性基因 *A* 的染色体片段,隐性基因 *a* 就在表型上显现出来。在玉米中,糊粉层核是三倍体,如果除了显性基因 *C* 以外,其他对色素形成所需要的基因也都存在,那么基因型 *Ccc* 的糊粉层是有色的。假如带有显性基因 *C* 的那条染色体的端部有一缺失,那么在有丝分裂过程中,经过"断裂－融合－桥的循环"(breakage-fusion-bridge cycle)(McClintock,1938),显性基因 *C* 所在的染色体片段可能从某些细胞中消失,结果糊粉层表现为花斑。也就是说,一个籽粒的糊粉层上,有色组织和无色组织(有 *C* 基因和无 *C* 基因的细胞)掺杂在一起。图 10-8 说明了这样的花斑是怎样起源的。因为一个显性基因的缺失,致使原来不应显现出表型的一个隐性等位基因的效应显现了出来,这种现象叫作拟显性(pseudodominance)。又如在雌性果蝇中,*Notch*(缺刻翅)基因位于 X 染色体上,缺失 *Notch* 的杂合子翅缘上有一个明显的凹口,而纯合 *Notch* 缺失是致死的,所以它既是一个隐性纯合致死基因,又有显性的缺刻表型效应。将一种红眼缺刻翅雌蝇与白眼正常

图 10-7　黑腹果蝇幼虫唾腺染色体发生缺失的一段染色体

每条唾腺染色体由来自雌亲和雄亲的一对同源染色体组成。图中表示一条染色体缺少了一个片段,它的正常同源染色体在这一段不能配对,因而拱了起来,形成一个缺失环。

图 10-8　玉米的花斑型糊粉层颜色可能起因于"断裂－融合－桥的循环"的作用

基因 *C* 位于第 9 号染色体上,对于合成糊粉层颜色是必需的。它的等位基因 *c* 在纯合时,糊粉层是无色的。糊粉层核是 3*n*。(a)一个基因型 *Ccc* 的核;带有等位基因 *C* 的染色体在靠近基因 *C* 基因座的地方有个新近形成的断裂端。(b)在有丝分裂前期,带有基因 *C*(发生断裂的)的两个姐妹染色单体在断裂端的地方相互连接,发生"融合",形成一条双着丝粒染色单体。(c)在有丝分裂后期,融合染色单体的双着丝粒分别被两极的纺锤体微管牵引,在细胞两极间形成一个"桥"。随着纺锤体微管的不断牵拉,"桥"在新断裂点发生断裂,断裂后的染色单体分别移向细胞两极。其他成对的染色单体同时被牵向两极。(d)由于新断裂点位于两个基因 *C* 的同侧,因此,在分裂完成后形成的两个子核中:一个子核缺失了部分染色体片段,不含 *C* 等位基因,基因型为 *cc*,表型为无色;另一个子核的部分染色体重复,含有两个 *C* 等位基因,基因型为 *CCcc*,表型为有色。如此"断裂－融合－桥的循环"可以在糊粉层的发育过程中不断继续下去。

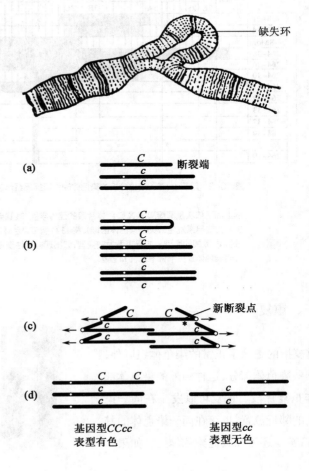

翅雄蝇杂交时,得到的部分 F_1 果蝇是白眼的。后来发现,该缺刻翅品系是一个染色体缺失的品系,缺失区域不仅包括 X 染色体 $3C_7$ 区域的 *Notch* 基因,还包括了相邻的 $3C_2$ 区域的 *white* 基因。由于缺失的存在,只携带一个 *white* 基因突变的杂合子代表现出了拟显性,为白眼。

在黑腹果蝇中,分析不同突变品系的拟显性表型特征及发生缺失的染色体区段可以反过来推导表型决定基因所在染色体位置,这种方法被称为缺失作图(deletion mapping)。如图 10-9,小眼不齐基因(*facet*,*fa*)在除 258-11、259-14 以外的品系中均出现拟显性现象,所以 *fa* 基因一定是在 $3C_7$ 这一横纹之中。

在人中,染色体缺失通常也显示有害影响。例如第 5 染色体短臂缺失($5p^-$)的儿童出现一系列症状,包括两眼距离较远,耳位低下,智力迟钝,生活力差等,患儿多在生命早期死亡(Lejeune,1963)。患儿最明显特征是哭声轻,音调高,很像猫叫,所以称为猫叫综合征(cri-du-chat syndrome)(图 10-10)。

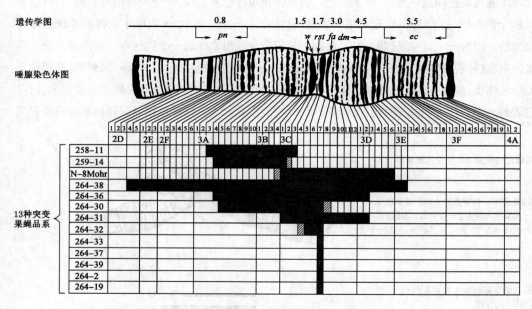

图 10-9　用于 *fa* 基因定位分析的染色体缺失果蝇品系示意图

从上而下依次是黑腹果蝇 X 染色体片段的遗传学图、唾腺染色体图和突变果蝇品系的染色体片段缺失示意图(灰框代表各突变品系发生缺失的染色体区域)。将 13 种携带染色体缺失的突变果蝇品系分别与小眼不齐纯合突变的果蝇杂交,分析 F_1 雌蝇的表型。如果表型为突变型,即出现拟显性现象,说明染色体缺失区域包含了 *fa* 基因;如果表型为野生型,说明染色体缺失部分不包含 *fa* 基因。

三、重复

重复指的是除了正常的染色体组以外,多了一些染色体部分,这种额外的染色体部分叫作重复片段。重复可以发生在同一染色体上的邻近位置,也可在同一染色体的其他地方,甚至还可在其他染色体上。如果一

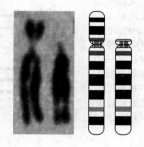

图 10-10　猫叫综合征患者第 5 染色体的照片(左,引自 Summit,1973)及示意图(右)

条染色体有重复的片段,而另一条染色体是正常的,那么在粗线期染色体或唾腺染色体上也会出现一个弧状的结构,不过这时拱出来的一段是重复的片段,因为正常的同源染色体上没有这一段,不能配对,所以就拱了出来。

染色体重复了一个片段,这个额外片段上的基因也随之重复了。重复的遗传学效应比缺失来得缓和,但重复太大,也会影响个体的生活力,甚至引起个体的死亡。

我们在图 10-8 中已经清楚地表明,在玉米中,"断裂－融合－桥的循环"可以产生缺失,同时也会引起重复。如果重复的片段包括糊粉层色素基因 C,那么一个核内显性基因的数目就会各种变化,或是一个、两个,或是三个、四个,甚至更多。当基因数目有这样一系列变化的时候,胚乳花斑上的色泽强度往往也出现从浅到深的程度变化,暗示着色泽的深浅可能跟显性基因的数目有对应关系。正常糊粉层中有一个显性基因 C 时,颜色最浅,当突变体细胞有两个显性基因 C,颜色深些,而有 3 个显性基因 C 时颜色最深,这为我们推断色泽强度和基因数目有对应关系提供了实验依据。

染色体某些区域的重复可以产生特定的表型效应。例如果蝇的显性基因 B(Bar,棒眼)的主要表型效应是使复眼中的小眼数减少,所以复眼呈棒状,而不是正常的卵圆形(见图 5-30)。从突变体的唾腺染色体来看,棒眼果蝇的 X 染色体上 16A 区的 4 个明显的横纹发生了重复。纯合的棒眼雌蝇(B/B)所产生的子裔中,大约有 1/1 600 的机会复眼极度细小,叫作重棒眼(BB,double bar)。检查这种个体的唾腺染色体,发现 16A 区域又重复了一次。可见 16A 区域的重复有累加作用,重复次数增加愈多,复眼中的小眼数减少愈多(图 10-11)。

从进化观点来讲,重复是很重要的,因为它们提供了额外的遗传物质,有执行新功能的可能。

图 10-11 黑腹果蝇中,棒眼基因(B)使复眼中小眼数减少,复眼成为棒状(引自 Darlington 和 Mather,1950)

从唾腺染色体来看,棒眼果蝇突变 X 染色体上 16A 区域 4 个明显横纹出现重复;重棒眼果蝇 X 染色体 16A 区域有 3 份。

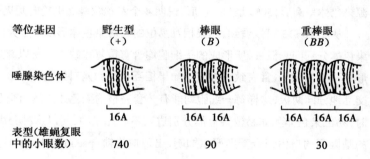

等位基因	野生型 (+)	棒眼 (B)	重棒眼 (BB)
唾腺染色体			
	16A	16A 16A	16A 16A 16A
表型(雄蝇复眼中的小眼数)	740	90	30

四、易位

一条染色体的一段错误连接到一条非同源染色体上去,叫作易位。如果两条非同源染色体互相交换染色体片段,叫作相互易位(reciprocal translocation)。假设一条染色体的顺序是 ABCDE,另一条染色体的顺序是 LMNO,则相互易位后,可能出现两条新顺序的染色体 ABCNO 和 LMDE(图 10-12)。相互易位的两个染色体片段可以是等长的,也可以是不等长的。

易位的细胞学效应比较复杂,我们这里的讨论只限于最常见的相互易位。相互易位的纯合子没有明显的细胞学特征,它们在减数分裂时的配对是正常的,所以跟原来的未易位的染色体相似,可以从一个细胞世代传到另一细胞世代。在易位杂合子中,在粗线期时,由于同源部分的紧密配对,出现了富有特征性的十字形图像。以后随着分裂过程的进行,十字形图像逐渐开放,成为一个圆圈或"8"字形(图 10-13)。在相互易位杂合子的花粉母细胞中,大约有 50% 的配对同

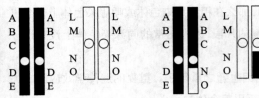
野生型纯合子

相互易位杂合子

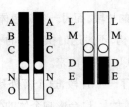
相互易位纯合子

图 10-12　易位染色体的纯合子
和杂合子

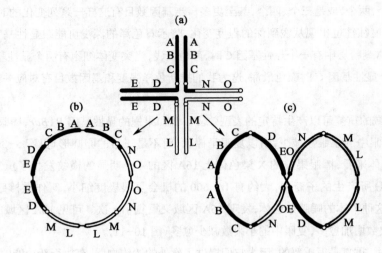

图 10-13　相互易位杂合子的同
源染色体的配对方式

一个相互易位杂合子在粗线期的
时候,由于染色体的同源部分相互
配对,出现十字形图像(a)。随着分
裂过程的前进,十字形图像逐渐开
放,到第一次分裂中期时,或形成
一个大圆圈(b),或出现一个"8"字
形图像(c)。为了简单起见,图像仅
用染色体表示,没有将染色单体表
示出来。

源染色体呈圆形,50% 呈"8"字形,说明 4 个着丝粒是随机趋向两极的(图 10-13)。

从图 10-13 可以看到,如果相互易位的两对染色体形成一个大圆圈,那么不论哪两个邻近的
染色体分到同一极去,所形成的子细胞均含有重复和缺失。所以邻近分离(adjacent segregation)
形成不平衡配子,常有致死效应。如果相互易位的两对染色体形成"8"字形,两个邻近的染色体
交互地分向两极,这样每一细胞均能有一套完整的染色体。然而交互分离(alternate segregation)
时,易位染色体和非易位染色体分别进入不同配子中,所以这种分离的结果是,非同源染色体上
的基因间的自由组合受到严重抑制,出现拟连锁(pseudolinkage),这是易位的一个遗传学效应。
这在雄果蝇中尤其清楚,因为雄果蝇没有交换,是完全连锁的。

例如雄蝇的第 2 和第 3 染色体的易位杂合子,在非易位的第 2 和第 3 染色体上分别带有基
因 bw(brown eye,褐眼)和 e(ebony body,黑檀体)。当易位杂合子雄蝇与纯合的隐性雌蝇回交时,
只产生野生型($bw/bw^+ e/e^+$)和双突变体($bw/bw\ e/e$);而单一突变型褐眼($bw/bw\ e/e^+$)、黑檀体($bw/
bw^+ e/e$)都不会在子裔中出现的。因为它们有缺失和重复,所以不能存活(图 10-14)。

上面已谈到,一个易位杂合子在形成配子时,一部分细胞中的染色体有缺失和重复,换句话
说,相互易位可以引起合子的不良遗传效应,甚至死亡。例如在人类中,发现有一个体,除有正常
染色体 7 和正常染色体 9 外,还有相互易位后形成的一个衍生染色体 7p$^+$ 和一个衍生染色体 9p$^-$
(图 10-15),是一个 7/9 易位携带者。该个体的遗传物质没有什么缺失和重复,我们称为是平衡的,
所以是表型正常的平衡易位携带者(balanced translocation carrier)。但是易位染色体以杂合态存
在,影响减数分裂时染色体的正常分离,所以平衡易位携带者除产生平衡配子外,还产生不平衡
配子(图 10-16)。平衡配子与正常配子结合,形成正常子代个体和平衡易位携带者,而不平衡配

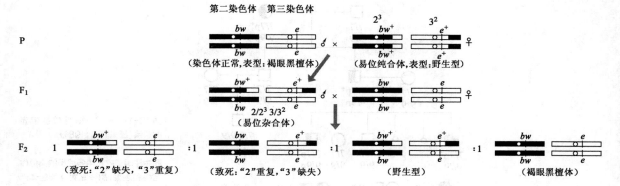

图 10-14　染色体易位引起的拟连锁现象

在黑腹果蝇中,易位杂合子雄蝇与纯合的隐性雌蝇测交,子代中只出现亲代类型,出现拟连锁现象。

图 10-15　人类的 7/9 染色体相互易位的起源

第 7 和第 9 染色体各有一个断裂,都发生在短臂上,但形成的断片长度不等。断片互换并愈合后,形成两个衍生染色体,一个是 $7p^+$(第 7 染色体短臂长度增加),一个是 $9p^-$(第 9 染色体短臂长度缩短)。

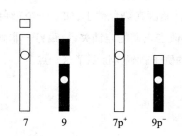

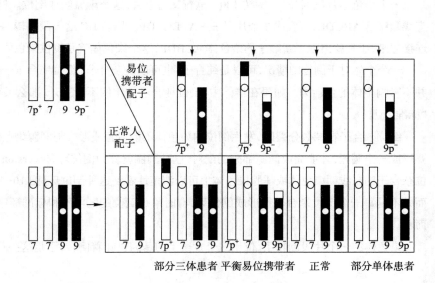

图 10-16　表型正常的 7/9 易位杂合子与正常个体的婚配子代的染色体类型

7/9 易位杂合子可产生 4 型配子,这 4 型配子与正常配子结合,产生的子代可有 4 种类型。

子与正常配子结合,形成有重复的个体和有缺失的个体。带有重复的个体是 9 号染色体部分三体,遗传物质不平衡,出现染色体病(chromosomal disease),患者具有多重畸形,智力严重迟钝;而带有缺失的个体是第 9 染色体部分单体,未被发现,可能早期流产。图 10-17 是第 9 染色体部分三体患者的一个家系。因为平衡易位携带者虽然表型正常,但结婚后有可能生育染色体病患儿,所以夫妇一方为平衡易位携带者时,应进行产前诊断,检查胎儿的染色体组成,以防止患儿的出生。

第一节　染色体结构的改变　　　　　　　　　　　　　　　　　237

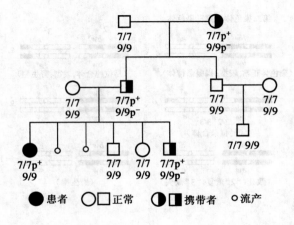

图 10-17　一个 7/9 易位携带者的家系（邱信芳等，1981）

图中注明了家系中各成员的染色体结构和表型，患者是第 9 染色体部分三体。

● 患者　　○□ 正常　　◖◧ 携带者　　◦ 流产

视频 11
染色体相互易位

相互易位的另一个遗传学效应是配子的部分不育（partial sterility）。例如把易位杂合子的玉米的花粉放在显微镜下观察，大约有一半的花粉特别小，经染色后，看不到淀粉的内含物。这些花粉粒之所以不育，也是因为由于邻近分离，它们含有的染色体带有重复和缺失的缘故。

易位还会改变非等位基因的连锁关系。基因在染色体上，如果一个染色体片段搭到另一非同源染色体上，那么这个片段上的基因就要改变它们的连锁关系，跟另一非同源染色体上的基因相互连锁了。我们在后面要讲的家蚕易位的例子就确实证明了这一点。

五、倒位

一个染色体片段断裂了，倒转 180°，重新又搭上去，这个现象叫作倒位。例如一条染色体的直线顺序是 ABCDE，断裂成 3 个片段——A、BC、DE。以后 BC 这一段倒转 180°，又跟 A 和 DE 连接起来，于是就出现了新顺序的染色体 ACBDE，这个染色体就是倒位染色体（图 10-18）。

一个个体对于倒位的情况，可以是纯合子，也可以是杂合子。倒位纯合子一般是完全正常的，并不影响个体的生活力。如果在群体中，倒位纯合子的比例不断上升，那么很可能倒过来，成为"标准"型。

倒位杂合子在减数分裂时，发生倒位的染色体不能以直线形式与同源染色体进行配对，通常要形成一个圆圈，才能完成同源部分的配对，这种圆圈就称为倒位环（inversion loop）。从一个倒位杂合子的粗线期染色体或唾腺染色体上可以清楚地看到这种倒位环（图 10-19、图 10-20）。然而并不是每一个倒位杂合子都形成倒位环，有时单是倒位的区段不和标准顺序的同源部分配对而已。

染色体的一个片段倒转了，位于这个片段上的基因也随着倒转，于是这些基因在连锁群中的

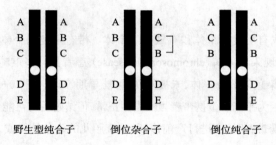

野生型纯合子　　　倒位杂合子　　　倒位纯合子

图 10-18　倒位染色体的纯合子和杂合子

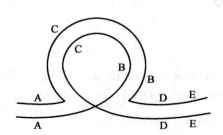

图 10-19　倒位杂合子在粗线期形成倒位环的示意图

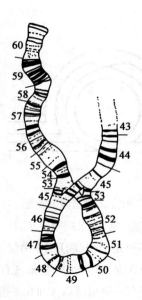

图 10-20　果蝇唾腺染色体上的倒位环

图上的数字是唾腺染色体上横纹的号码，从号码上可以看出，倒位部分包括横纹 45 号到 53 号。

顺序改变了，这些基因跟连锁群中其他基因的交换值也改变了。

　　一个倒位杂合子，如果着丝粒在倒位环的外面，那么在减数分裂后期 I 时，有时会出现一种特殊的图像，叫作"桥和断片"。如图 10-21，由于在倒位环内发生了一个交换，产生一条有两个着丝粒的染色单体，成为从一极跨向另一极的双着丝粒桥（dicentric bridge），另外还伴随着一个无着丝粒断片（acentric fragment）。无着丝粒的断片往往留在细胞质中，不能进入子细胞的核内，而有着两个着丝粒的桥被拉断后，虽然能进入子细胞的核内，但有很大缺失，往往使配子死亡。

　　一个倒位杂合子，如果着丝粒在倒位环的里面，那么在环内发生交换以后，虽然不会出现桥和断片，但也会使交换过的染色单体带有缺失或重复，形成不平衡的配子。这种配子一般也没有生活力（图 10-22）。

　　这样看来，不论着丝粒在倒位环的外面，还是在倒位环的里面，只要在环内有交换发生，那么交换过的染色单体都带有缺失和重复，进入配子后，往往引起配子的死亡，最后所得到的可存活配子几乎都是在环内没有发生过交换的。所以，倒位的一个重要的遗传学效应是可以"抑制"或

图 10-21　着丝粒在倒位环外面的倒位杂合子在倒位环内部发生交换，产生"桥和断片"

（a）一个倒位杂合子在减数分裂前期时，形成一个倒位环，着丝粒在倒位环的外面，环内发生一个交换。（b）在后期时，两个染色单体是正常的（ABCD 和 acbd），另外两个染色单体发生交换，成为双着丝粒桥（ABca）和无着丝粒断片（dbCD）。

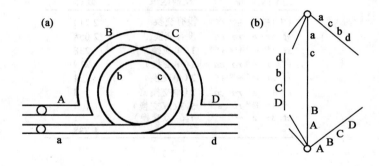

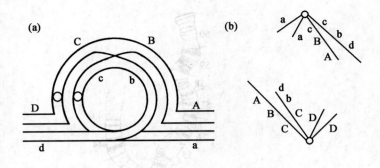

图 10-22 着丝粒在倒位环内部的倒位杂合子在倒位环内部发生交换，得到不平衡配子

（a）一个倒位杂合子在减数分裂前期时，形成一个倒位环。着丝粒在倒位环的里面，环内发生一个交换。（b）在后期时，两条染色单体是正常的（ABCD 和 acbd），另外两条染色单体发生交换，都带有缺失和重复（ABca 和 dbCD）。

大大地"降低"倒位环内基因的重组。

遗传学家曾经认为果蝇中存在着一种交换抑制因子（C，crossing over repressor），后来发现该类因子本身不过是一个（或几个）倒位。而所谓"抑制"交换，不过是因为在倒位杂合子中，在倒位环内发生单次交换的产物不能形成有活力的配子，因而好像交换被抑制了。

例如果蝇有一倒位品系，CⅢB，在第 3 染色体上有一倒位，但外观上是野生型。另有一纯合突变品系，第 3 染色体正常，突变基因是 st（scarlet，猩红眼），sr（stripe，条纹胸），e（ebony，黑檀体），ro（rough，毛糙眼）和 ca（claret，紫红眼）。把这两品系杂交，F_1 杂合子雌蝇回交纯合突变品系，如图 10-23 所示。在 $e—ro$ 区域以及 $ro—ca$ 区域没有单交换个体出现，表明倒位包括了这个区域。而倒位附近的 $sr—e$ 间，单交换数也降低很多，由预期的 8% 降低到 0.15%，说明倒位可能部分地伸展到这个区域。离开倒位稍远，在 $st—sr$ 间，交换值降低，由预期的 18% 减到 9.6%，然而还是很高，说明这个区域在倒位区以外。只发现有两个不寻常的基因型 $+^{st} +^{sr} +^{ca} ro\ e$；$st\ sr\ e\ +^{ro} +^{ca}$，可用倒位区内的双交换来说明，因为倒位区内两线双交换所形成的产物没有重复和缺失，是正常的。这一例子说明，倒位可以大大地降低倒位环内基因的重组。

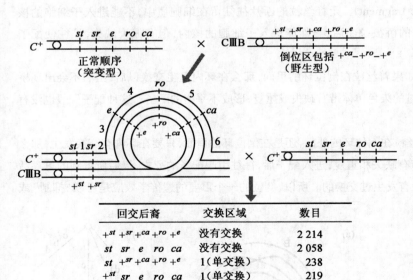

回交后裔	交换区域	数目
$+^{st} +^{sr} +^{ca} +^{ro} +^{e}$	没有交换	2 214
$st\ sr\ e\ ro\ ca$	没有交换	2 058
$st\ +^{sr} +^{ca} +^{ro} +^{e}$	1（单交换）	238
$+^{st}\ sr\ e\ ro\ ca$	1（单交换）	219
$st\ sr\ +^{ca} +^{ro} +^{e}$	2（单交换）	4
$+^{st} +^{sr}\ e\ ro\ ca$	2（单交换）	3
$+^{st} +^{sr} +^{ca}\ ro\ e$	5,3（双交换）	1
$st\ sr\ e\ +^{ro} +^{ca}$	4,6（双交换）	1
		4 738

图 10-23 黑腹果蝇的 st、sr、e、ro、ca 纯合突变品系的雄蝇 C⁺ 与基因顺序为 $+^{st}$、$+^{sr}$、$+^{ca}$、$+^{ro}$、$+^{e}$ 的倒位纯合子雌蝇 CⅢB 杂交结果（Sturtevant，1926）

可以看到，所有的交换产物基本上都在倒位区以外，可见倒位可以抑制倒位区内基因的重组。

六、平衡致死系

利用倒位的交换抑制效应,可以保存带有致死基因的品系。

带有致死基因的品系本来是不容易保存的。一般品系都以纯合子的形式保存下来,因为纯合子是真实遗传的。例如果蝇的白眼品系,在实验室培养瓶中,每只雌蝇都是 w/w,每只雄蝇都是 w/Y。每产生一代新个体时,几乎不需要逐只观察,可以完全移入新的饲养瓶。但致死基因就不是这样,它不能以纯合状态保存,因为纯合个体是致死的,所以只有以杂合状态保存。

例如果蝇中第 3 染色体上的 D(dichaete,展翅)是显性基因,但也是隐性致死基因。要培养这个品系,只能把 $D/+$♀ 与 $D/+$♂ 交配,下一代是 2/3 $D/+$,1/3 $+/+$(理应是 1∶2∶1,但 D/D 个体死亡)。在保存这个品系时,必须逐个观察每代个体,把 $+/+$ 个体淘汰,只让 $D/+$ 个体留种。如果不这样选择,则培养瓶中必然进行着自然选择。因为 $D/+$♀×$D/+$♂ 所产生的子代数只有 $+/+$♀×$+/+$♂ 所产子代数的 75%,所以如果不把 $+/+$ 个体人工淘汰,则饲养瓶中 $D/+$ 个体比例必然逐代降低,几代之后饲养瓶中主要是 $+/+$ 个体,而很少 $D/+$ 个体,也就是说,D 这个基因"遗失"了,再也找不回来,无法再对它进行研究(例如要把 D 在连锁图上定位,在唾腺染色体图上定位,研究它的致死作用的生理机理等)。

但是为了保存致死基因,每一代都要逐个观察是极费人力和时间的,在保存果蝇品系较多的遗传学实验室中这个问题尤其严重。摩尔根的学生马勒想出一个巧妙的办法,就是用另一致死基因来"平衡"待保存的致死基因,不过这第二个致死基因与第一个致死基因之间必须不发生交换重组才行。

例如可用 Gl(glued,黏胶眼)来"平衡"D 基因。Gl 也是第 3 染色体上的显性基因,但纯合致死。把 D 个体与 Gl 个体交配,挑选后代中既表现 D 又表现 Gl 的雌雄个体传代,后代全是 $D+/+Gl$,而不会有分离(图 10-24)。

其实并不是真的不分离,而是分离出来的纯合个体全部致死而已。这种永远以杂合状态保存下来,不发生分离的品系,叫作永久杂种(permanent hybrid),也叫作平衡致死系统(balanced lethal system)。

不过 D 与 Gl 之间必须不发生交换才行。因为一旦发生交换,则除了 DGl 染色体之外,还有 $++$ 染色体,则后代中就会出现 $++/++$ 个体;几代之后就又会把 D 和 Gl 这两个基因都淘汰掉。好在 D 与 Gl 两者在连锁图上位置极近,两者间几乎没有交换。可是并不是每个致死基因都能由它附近另一个致死基因来平衡的。利用倒位可以很好地解决这个问题。例如果蝇第 2 染色体上

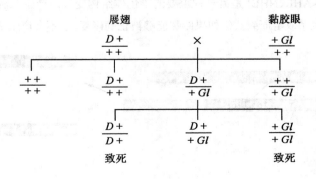

图 10-24 一个平衡致死品系($D+/+Gl$)的形成

倒位品系 Cy（curly，翻翅）在 II L（第 2 染色体左臂）有个倒位，在 II R（第 2 染色体右臂）也有个倒位，几乎可把整个第 2 染色体的交换全部抑制。而 Cy 的纯合是致死的，因此第 2 染色体上任何致死基因都可用 Cy 来平衡。

所以要保持一个平衡致死系统，必须满足下面两个条件：①一对同源染色体的两个成员各带有一个基因座不同的隐性致死基因。②这两个非等位的隐性致死基因始终处于两条同源染色体上。要满足第二个条件，通常要有一个"交换抑制因子"，使两个非等位的致死基因不致由于交换而分布在一个染色体上，倒位正是这样一个交换抑制因子。

视频 12
染色体倒位

七、染色体结构变异的发生机制

细胞内是如何产生不同类型的染色体变异的？ 当下的遗传学家还在继续研究这个问题。我们在这里先介绍两种主要的染色体结构变异产生机制——非等位同源重组（nonallelic homologous recombination，NAHR）和非同源末端连接（non-homologous end joining，NHEJ）。

前面已经提到，纯合棒眼果蝇的子裔中有一定比例的重棒眼果蝇，它的唾腺染色体上出现了三拷贝的 16A 区重复。这种重复的产生是因为在纯合棒眼果蝇的配子生成过程中，非等位的棒眼基因之间发生了交换，得到了一条含有三拷贝 16A 的染色体（图 10-25）。研究者最早将这种在同源染色体联会时发生差错，在不完全对等的位置上发生交换，称为不等交换（unequal crossover），现在称为 NAHR。NAHR 可以发生在减数分裂和有丝分裂的过程中，它是包括染色体重复在内的各类染色体结构变异的重要产生机制之一。发生 NAHR 的前提是染色体非等位的基因座上存在高度同源的较长的 DNA 序列（例如基因组内的低拷贝重复，我们将在基因组一章进行介绍），这是同源重组的结构基础。

我们利用图 10-26 进行细致的说明。假定有两条染色体，染色体 1 的直线顺序是 ABCD，染色体 2 的直线顺序是 LMNOPQ。如果在染色体 1 的 AB 和 CD 之间有一对正向重复的 DNA 序列，发生在重复序列之间的 NAHR 可以造成染色体（BC 片段）缺失（10-26a）。发生在两条同源染色体的非等位的重复序列之间的 NAHR 可以造成一条染色体（BC 片段）重复和一条染色体（BC 片段）缺失（10-26b）。如果在染色体 1 的 AB 和 CD 之间有一对反向重复的 DNA 序列，那么发生在重复序列之间的 NAHR 可以造成染色体倒位（BC 区域颠倒）（10-26c）。如果在染色体 1 的 BC 之间和染色体 2 的 NO 之间有一对正向重复的 DNA 序列，那么发生在重复序列之间的 NAHR 可以造成染色体相互易位，形成两条衍生染色体，直线顺序分别为 ABOPQ 和 LMNCD（10-26d）。

除了 NAHR，NHEJ 是另一种重要的染色体结构变异的产生机制。这种机制发生的前提是染色体发生了双链断裂。但如果断裂能够被正确修复，也不会产生变异。只有当断裂后发生了

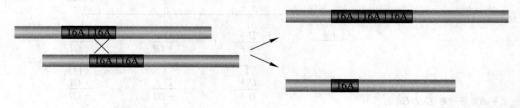

图 10-25　果蝇棒眼基因的不等交换

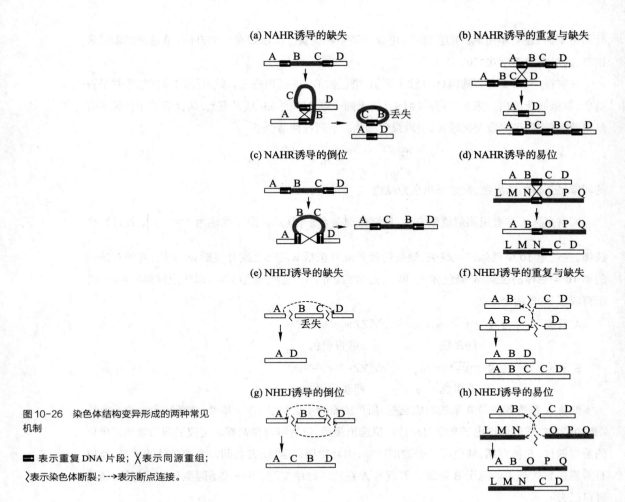

图 10-26　染色体结构变异形成的两种常见机制

▅▅ 表示重复 DNA 片段；✗ 表示同源重组；
⟩⟩ 表示染色体断裂；--→ 表示断点连接。

错误的修复，才能产生染色体结构变异。NHEJ 正是这样一类错误倾向性的 DNA 修复方式。我们仍然以染色体 ABCD 和染色体 LMNOPQ 为例。如果在染色体 1 的 AB 和 CD 之间各发生一个 DNA 双链断裂，非同源的 A 末端和 D 末端可能发生 NHEJ 形成 AD 片段，造成染色体（BC 片段）缺失（10-26e）。在染色体 1 的两条同源染色体的非等位位置上各发生了一个 DNA 双链断裂（一个在 BC 间，一个在 CD 间），同源染色体的非同源末端相连，形成了缺失染色体 ABD 和重复染色体 ABCCD（10-26f）。如果在染色体 1 的 AB 和 CD 之间各发生一个 DNA 双链断裂，丢失的 BC 片段颠倒 180° 后，非同源的 A 末端和 C 末端相接，B 末端和 D 末端相接，就造成染色体倒位（ACBD）（10-26g）。如果在染色体 1 的 BC 之间和染色体 2 的 NO 之间各产生了一个 DNA 双链断裂，非同源染色体的非同源末端发生了连接，就形成了衍生的易位染色体 ABOPQ 和 LMNCD（10-26h）。

除了 NAHR 和 NHEJ，复制叉停顿和模板转换（fork stalling and template switching，FoSTeS）以及我们将在后续章节介绍的反转录转座（retrotransposition）也是结构变异的形成机制，我们在此暂不作介绍。总之，染色体结构变异的产生与多样化的形成机制密不可分。

八、染色体结构变异在育种上的应用

染色体结构变异已被应用到生产上。例如养蚕业中，希望利用雄蚕进行生产，因为雄蚕的桑叶利用率高,还有单用雄蚕的茧缫丝,可以提高生丝质量。所以如有一个办法,单是选出雄蚕来饲养,这是蚕丝界所欢迎的。

在家蚕中,第 2 白卵基因(w_2)位于第 10 染色体的 3.5 基因座上。纯合子的卵在越冬时呈杏黄色,蚕蛾眼色纯白。第 3 白卵基因(w_3)位于同一染色体的 6.9 基因座上,纯合子的卵在越冬时呈淡黄褐色,卵色深浅变化较大,蚕蛾眼色黑色。下列各种杂合子

$$\frac{w_2\ +^{w_3}}{+^{w_2}w_3}\,,\ \frac{+^{w_2}w_3}{+^{w_2}+^{w_3}}\ 和\ \frac{w_2\ +^{w_3}}{+^{w_2}\ +^{w_3}}$$

的卵都呈正常的紫黑色,蚕蛾眼色全为黑色。

家蚕育种工作者用辐射诱变方法,反复处理杂合子$\left(\text{其基因型经推定为}\ \dfrac{w_2\ +^{w_3}}{+^{w_2}\ w_3}\right)$,通过严格选择,先使第 10 染色体产生缺失,缺失的片段或者包括 w_2 座位,或者包括 w_3 座位,并使有缺失的第 10 染色体易位到 W 染色体上,再经过系统选育,使生活力逐渐提高,以适应饲养的要求,终于育成了 A,B 两个系统:

A 系统　　♀♀ $Z\widehat{W+^{w_2}}/w_2+^{w_3}$　　♂♂ $ZZw_2+^{w_3}/w_2+^{w_3}$
　　　　　　　卵黑色　　　　　　　　　卵杏黄色

B 系统　　♀♀ $Z\widehat{W+^{w_3}}/+^{w_2}w_3$　　♂♂ $ZZ+^{w_2}w_3/+^{w_2}w_3$
　　　　　　　卵黑色　　　　　　　　　卵淡黄褐色

如将 A 系统雌蛾与 B 系统雄蛾交配,所产的蚕卵中,黑色的全为雄性,淡黄褐色的全为雌性(图 10-27)。然后通过电子光学自动选别机选出黑卵,进行孵育和饲养。比较黑卵和淡色卵孵化的蚕强健性,在稚蚕期,淡色卵的强健度稍差,但壮蚕期以后,两者之间没有本质性的差异,所以有希望用到生产上。至于 B 系统的雌蛾与 A 系统的雄蛾交配,下一代基因型和表型怎样,请读者自己去演算。

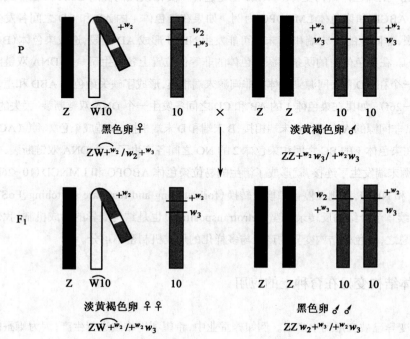

图 10-27　利用染色体的缺失和易位,育成家蚕的性别自动鉴别品系

它们产下的卵中,黑色卵是雄性的,黄褐色卵是雌性的。

第二节 染色体数目的改变

各种生物的染色体数目有多有少,但既然各种生物都是由共同祖先进化来的,那么在进化过程中染色体数目一定在发生变化。现在我们知道,不仅染色体结构会改变,染色体数目也会改变。

一、染色体数目变异的分类

各种生物的染色体数目恒定,如水稻(*Oryza sativa*)有 24 条染色体,配成 12 对,形成的正常配子都含有 12 条染色体。遗传学上把一个配子的染色体数称为染色体组(genome),用 n 表示。此术语是德国遗传学家温克勒(Hans Winkler,1877—1945)在 1920 年提出的,原意是整套染色体及其基因。现在,genome 又译作基因组,指的是单倍体配子中携带的全部遗传物质,包括全部基因及基因外序列(详见基因组一章)。一个染色体组由若干染色体组成,它们的形态和功能各异,但又互相协调,共同控制生物的生长和发育、遗传和变异。每个生物都有一个基本的染色体组,如玉米 $n=10$,兔子(*Oryctolagus cuniculus*)$n=22$,黑腹果蝇 $n=4$ 等。

知道了染色体组的含义以后,我们就可以导出整倍数改变和非整倍数改变的概念。凡是体细胞细胞核中含有一个完整染色体组的,就叫作单倍体(haploid),如蜜蜂(*Apis mellifera*)的雄蜂,$n=16$;含有两个染色体组的叫作二倍体,如人(*Homo sapiens*)$2n=46$;含有 3 个染色体组的叫作三倍体(triploid),如三倍体西瓜,$3n=33$,依此类推。这类染色体数的变化是以染色体组为单位的增减,所以称作倍数性改变,这类生物个体称为整倍体(euploid)。超过两个染色体组的,统称多倍体(polyploid)。另一类发生变化的染色体数不是完整的倍数,通常以二倍体($2n$)染色体数作为标准,在这基础上增减几个染色体,称为非整倍性改变,该类生物个体属于非整倍体(aneuploid)。例如 $2n-1$ 是单体(monosomy),$2n-2$ 是缺体(nullisomy),$2n+1$ 是三体(trisomy)等。常见的染色体数目变异,可按表 10-3 分类。

表 10-3　染色体数目变异的一些基本类型

类型	公式	染色体组
整倍体		
单倍体	n	(ABCD)
二倍体	$2n$	(ABCD)(ABCD)
三倍体	$3n$	(ABCD)(ABCD)(ABCD)
同源四倍体	$4n$	(ABCD)(ABCD)(ABCD)(ABCD)
异源四倍体	$4n$	(ABCD)(ABCD)(A'B'C'D')(A'B'C'D')
非整倍体		
单体	$2n-1$	(ABCD)(ABC)
三体	$2n+1$	(ABCD)(ABCD)(A)
四体	$2n+2$	(ABCD)(ABCD)(AA)
双三体	$2n+1+1$	(ABCD)(ABCD)(AB)
缺体	$2n-2$	(ABC)(ABC)

注:A、B、C、D 代表 4 条非同源染色体。

二、单倍体

单倍体只含有一个染色体组,所以只存在单套的基因。单倍体可以是正常的或异常的。如一些低等植物的配子体和一些昆虫的雄体(如蜂类等膜翅目昆虫),都是正常的单倍体。正常单倍体形成的配子仍为单倍体,这是因为在进化过程中它们的减数分裂过程已有了变化:把减数分裂Ⅰ省略了,所以形成的配子仍为单倍体。但本来是二倍体的生物成为单倍体后,情况就不是这样。在中期Ⅰ时,它们的染色体是单价体,没有可以配对的同源染色体,从而被随机分向两极,形成的配子是高度不育。因为每一染色体分到这一极或那一极的机会都是1/2,所有染色体都分到一极的机会就是 $(1/2)^{n-1}$,这里 n 等于单倍染色体数。如玉米 $n=10$,单倍体植株只有 $(1/2)^9$ $=1/512$ 的机会产生一个 $n=10$ 的有效配子,可见育性是很低的。

现在广泛地应用花药培养法来获得单倍体植株。单倍体自发的或经人工处理,可成为二倍体,该二倍体的全部基因都是纯合的,自交的后代不会分离。如果利用近交的方法来培育纯系,要经过很多代才能获得。利用单倍体植株,再经加倍,则要快得多,而且全是纯合的,所以是一条可利用的育种捷径。

但花药培养产生单倍体的技术并不是对所有生物或所有基因型都适用的。近来对一种重要作物——大麦开发出另一种有用技术。当二倍体大麦(*Hordeum vulgare*)用二倍体野生近缘种 *H. bulbosum* 授粉时,虽然也发生受精,但在随后体细胞分裂时,可能出于不同物种的染色体间的遗传不亲和性,*H. bulbosum* 的染色体率先从合子细胞中被排除,结果形成的胚胎是单倍性的。单倍性胚胎经秋水仙碱处理后可以加倍,得到二倍体植株。应用这一新技术已育成了一些大麦新品种,而且这技术还成功地推广到其他一些作物上。

三、同源多倍体

染色体已经复制,而细胞质不分离,可形成同源多倍体(autopolyploid),未减数分裂的配子相互结合,也可发育成多倍体。在同源多倍体中,所有的基因仍和原来的一样,只不过相同基因座上的基因拷贝数增加了而已。同源多倍体的可育性不高,例如在同源四倍体中,同样的4条染色体,在减数分裂Ⅰ时,要两条分向一极,两条分向另一极,才可产生平衡的可育配子。少数同源四倍体可以正常繁殖,如四倍体曼陀罗(*Datura stramonium*)($4n=48$),减数分裂Ⅰ时形成12个四价体,每个四价体中的两条分向一极,两条分向另一极,所以形成的配子是可育的;又如四倍体番茄($4n=48$),每个花粉母细胞几乎全是双价体,只有少数四价体,所以形成的配子大都也是可育的。

四倍体的基因分离比较复杂。对一对基因 A/a 来讲,二倍体只有一种杂合子,即 Aa;四倍体却有3种杂合子,即 $AAAa$(三显体,triplex),$AAaa$(二显体,duplex)和 $Aaaa$(单显体,simplex)。假定4条同源染色体在减数分裂后期Ⅰ时两两分离,染色体随机组合,则对一个基因座来讲,各种杂合子所产生的配子比例以及自交时后裔的表型比例如表10-4。我们现在以二显体($AAaa$)为例,用图10-28详细说明。

四倍体与二倍体杂交可以得到三倍体。三倍体多为同源三倍体(autotriploid),具有3个相同的染色体组。同源三倍体的育性很低,问题同样牵涉到减数分裂时染色体的配对和分离。3条

表 10-4　同源四倍体的各种杂合子的配子比例和自交后裔的表型比例

基因型	配子比例	自交后裔的表型比例 （假定只要有一个 A 基因，就可产生 A 表型）
$AAAa$	$1AA : 1Aa$	全部 A
$AAaa$	$1AA : 4Aa : 1aa$	35A : 1a
$Aaaa$	$1Aa : 1aa$	3A : 1a

同源染色体在第一次分裂前期时，或组成一个双价体和一个单价体，或组成一个三价体。在后期时，双价体分离正常，单价体一般随机进入两极中的一极；三价体一般是两条进入一极，一条进入另一极。所以如用 a_1、a_2 和 a_3 代表 3 条同源染色体，那么分离方式不外乎下列 3 种：

$$\frac{a_1 + a_2}{a_3} \qquad \frac{a_1 + a_3}{a_2} \qquad \frac{a_2 + a_3}{a_1}$$

结果得到平衡配子（$2n$ 或 n）的机会只有 $(1/2)^{n-1}$，而绝大多数配子的染色体数在 $2n$ 与 n 之间，是不平衡的，形成平衡合子的机会自然更少了，所以同源三倍体是高度不育的。例如同源三倍体的香蕉（*Musa nana*）（$3n=33$）、黄花菜（*Hemerocallis fulva*）（$3n=33$）、水仙（*Narcissus tazetta*）（$3n=30$）等都没有种子，只能依靠营养体来繁殖。

多倍体植株比起二倍体来，因为染色体数增多，所以细胞的体积要大些。多倍体植株的一般特征是茎粗、叶大、花大、果实大，但往往生长慢，矮生，成熟也较迟。

多倍体在动物中比较少见。这是因为动物大多数是雌雄异体，染色体稍微不平衡，容易引起不育，甚至使个体不能生活。多倍体个体通常只能依靠无性生殖来维持。例如甲壳类中，有一种丰年鱼（*Artemia salina*），二倍体个体（$2n=42$）进行两性生殖，而四倍体个体（$4n=84$）由单性生殖来繁殖。不过在这个例子中，有 84 条染色体的个体是否是同源四倍体，还有待于进一步实验的

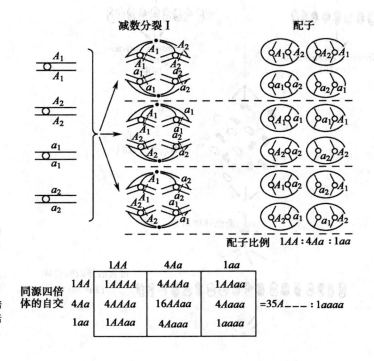

图 10-28 杂合的同源四倍体 $AAaa$ 的配子形成和自交后 35A : 1a 表型比例的产生

证明。此外,在蝾螈、蛙以及家蚕等物种中都发现过三倍体和四倍体,不过还没有听说这些三倍体可以一代代维持下去的。

四、异源多倍体

两个不相同的种杂交,它们的杂种再经过染色体加倍,就形成了异源多倍体(allopolyploid)。一个有名的例子就是萝卜甘蓝(*Raphanobrassica*), 萝卜(*Raphanus sativus*, 2n=18)和甘蓝(*Brassica oleracea*, 2n=18)杂交,所得的杂种是 2n=18(图 10-29)。这两个亲本属于十字花科中不同的属,是比较远缘的,萝卜的染色体和甘蓝的染色体之间没有对应性,F_1 杂种在减数第一次分裂时,形成 18 个单价体(18 Ⅰ)。后期时单价体的分离完全随机,非常不规则,因此 F_1 所产生的配子几乎全部不育。但这种杂种偶尔结了少数几粒种子,发芽后,有一棵植株长得株形很大,叶像甘蓝,根像萝卜,而且是可育的。检查它的染色体,发现是 2n=36。如果把萝卜的 9 条染色体写作 R,甘蓝的 9 条染色体写作 B,那么 F_1 杂种可写作 RB,而可育的 F_2 显然是由 F_1 的染色体加倍而成,可写作 RRBB。F_2 在减数分裂时,R 与 R 配对,B 与 B 配对,形成 18 个双价体(18 Ⅱ),后期时分离正常,每个配子都得到 18 条染色体,其中 9 条是 R,9 条是 B,所以是可育的。像这样的四倍体,它的染色体来自两个不相同的种,叫作异源四倍体。

异源多倍体在自然界中是比较多见的。在栽培作物中,普通小麦(*Triticum aestivum*)、陆地棉(*Gossypium hirsutum*)、海岛棉(*Gossypium barbadense*)、胜利油菜(*Brassica napus*)、烟草(*Nicotiana tabacum*)等都是异源多倍体。要证明某一个现有的种是异源多倍体,先做染色体组分析,然后根据分析结果,利用人工杂交重新合成这个种。

自然界中有一些种的染色体数目组成某种"多倍系列"。例如小麦属(*Triticum*)中,一粒小

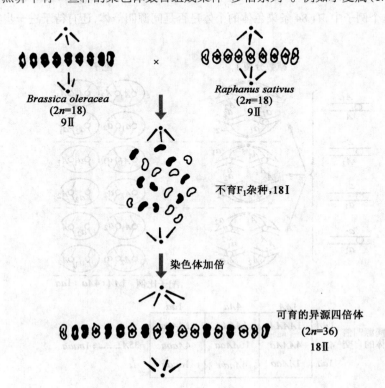

Brassica oleracea
(2n=18)
9 Ⅱ

×

Raphanus sativus
(2n=18)
9 Ⅱ

不育F_1杂种,18 Ⅰ

染色体加倍

可育的异源四倍体
(2n=36)
18 Ⅱ

图 10-29　异源四倍体萝卜甘蓝的起源

萝卜与甘蓝杂交,F_1 杂种不育,减数分裂中期 Ⅰ 时只形成 18 个单价体。染色体数加倍后,形成可育的异源四倍体,减数分裂中期 Ⅰ 时形成 18 个双价体。

麦（*T. monococcum*）的染色体数是 14，二粒小麦（*T. turgidum* ssp. *dicoccoides*）的染色体数是 28，而普通小麦（*T. aestivum*）的染色体数是 42，可分别把它们看作二倍体、四倍体和六倍体。所谓染色体组分析，就是将所要分析的多倍体的种和比它倍数低的种（尤其是二倍体种）进行杂交，然后观察杂种减数分裂中染色体配对情况。例如，为了分析普通小麦的染色体组，在小麦属和山羊草属（*Aegilops*）内几个有关种之间进行杂交，结果见表 10-5。

表 10-5　小麦属和山羊草属的几个种间杂种在减数分裂中期 I 时的染色体配对情况

亲本组合	杂种染色体数	配对情况	推定的染色体组
T. monococcum × *T. turgidum*	21	7 II+7 I	AAB
T. monococcum × *T. aestivum*	28	7 II+14 I	AABD
T. turgidum × *T. aestivum*	35	14 II+7 I	AABBD
T. turgidum × *Ae. tauschii*	21	21 I	ABD
T. monococcum × *Ae. tauschii*	14	14 I	AD
Ae. tauschii × *T. aestivum*	28	7 II+14 I	ABDD
T. turgidum × *Ae. speltoides*	21	7 II+7 I	ABB

从杂交结果看来，二粒小麦配子的 14 条染色体中，有 7 条与一粒小麦配子中 7 条染色体对应，另外 7 条不对应。如果把这对应的 7 条染色体合称为一个染色体组，用 A 表示，而把不对应的 7 条染色体也合称为一个染色体组，用 B 表示，那么一粒小麦的染色体组是 AA，二粒小麦的染色体组为 AABB。由一粒小麦与普通小麦，以及二粒小麦与普通小麦杂交的结果看来，普通小麦的 42 条染色体中有 14 条是 AA，另外 14 条 BB，还有 14 条既非 AA，又非 BB。从普通小麦、一粒小麦、二粒小麦与粗山羊草（*Ae. tauschii*）杂交结果看来，普通小麦中剩下的这 14 条染色体对应粗山羊草的染色体组，用 D 表示，因此普通小麦的染色体组是 AABBDD。

图 10-30 给出了研究者近年来提出的普通小麦的三套染色体组（A、B、D）与小麦属、山羊草属的祖先种之间的进化关系。首先，祖先 A 染色体组和 B 染色体组在约 650 万年前发生分化，在约 550 万年通过同倍体杂交物种形成（homoploid hybrid speciation，即没有发生染色体数目变化的杂交物种形成过程）的机制形成了 D 染色体组。现在的一粒小麦和乌拉尔图小麦（*T. urartu*）是由 A 基因组二倍体祖先进化而来的两个种（基因组为 AA）。在约 80 万年前，乌拉尔图小麦和拟斯卑尔托山羊草（*Ae. speltoides*）或其他已灭绝的近缘物种（基因组为 BB）发生了天然杂交和染色体加倍，形成了异源四倍体野生二粒小麦，基因组为 AABB。野生一粒小麦和野生二粒小麦先后被人类的祖先驯化，形成栽培种。到大约 40 万年前，栽培二粒小麦又偶然与另一种野生二倍体物种粗山羊草（基因组为 DD）发生天然杂交和染色体加倍，最终形成了异源六倍体普通小麦（基因组为 AABBDD）。由于普通小麦对环境的适应性更好，迅速取代了早先栽培的二倍体小麦和四倍体小麦，并一直延续至今，成为全球大面积种植的主要粮食作物。

在动物中，马蛔虫（*Parascaris equorum*）有 2*n*=2 和 4*n*=4 两种，这可能是动物中有倍数关系的唯一实例。在涡虫中，也有过报告说，一个属内的几个种的染色体呈倍数关系，但还没有一致的看法。据说有 44 条染色体的金仓鼠（*Mesocricetus auratus*）是异源四倍体，它是由普通仓鼠（*Cricetus cricetus*）（2*n*=22）与花背仓鼠（*Cricetulus barabensis*）（2*n*=22）的杂种经过染色体加倍

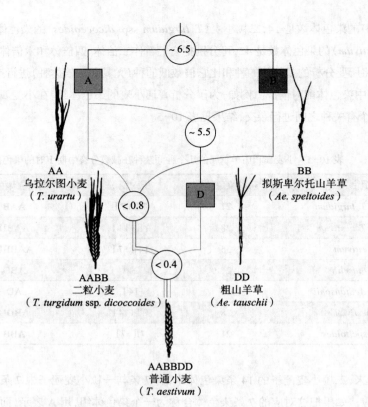

AA
乌拉尔图小麦
（*T. urartu*）

BB
拟斯卑尔托山羊草
（*Ae. speltoides*）

D

AABB
二粒小麦
（*T. turgidum* ssp. *dicoccoides*）

DD
粗山羊草
（*Ae. tauschii*）

AABBDD
普通小麦
（*T. aestivum*）

图 10-30　异源六倍体普通小麦
的起源途径（引自 Marcussen 等，
2014）

数字单位为百万年。

后形成的,但同样有待于实验的证明。总的看来,假使在动物中有以异源多倍体方式形成新种的话,也是极为罕见的。

五、多倍体的诱发与实践应用

要得到多倍体,可用高温、低温、离心、超声波、嫁接和切断等物理方法。例如把茄属植物的梢端切断,把长出来的侧枝除去,这样就从切断部分的愈伤组织长出不定芽。这些不定芽长成枝条,其中 10% 是四倍体,把这些枝条切下来,插枝,就可得到四倍体植株。

不过要得到多倍体,应用化学试剂更为有效,如秋水仙碱、萘骈乙烷、异生长素等,都可诱发多倍体,其中以秋水仙碱使用最为广泛。配制秋水仙碱水溶液(0.1 ~ 10 g/L),将萌芽阶段的种子浸在其中,处理一定时间后,取出洗净,然后播种。也可以采用其他处理方法,例如把秋水仙碱溶液注入幼植物体内,或切开幼苗的生长锥,滴入秋水仙碱溶液,或者在上面放一个沾有秋水仙碱溶液的棉花小球等。秋水仙碱的作用主要是抑制细胞分裂时纺锤体的形成,结果导致复制后的染色体仍留在一个细胞内,所以染色体数就加倍了。这种细胞维持原状,继续分裂,就形成多倍性的组织。如果秋水仙碱的作用继续存在,这些细胞又可形成染色体倍数更高的细胞。

根据组织培养等研究,植物的各种组织细胞在合适的培养条件下都有可能再生成一个完整植株,所以植物细胞具有全能性(totipotency)。此外,从多倍性组织分化出来的性细胞,有可能通过有性生殖方式把多倍性遗传下去。可是在高等动物中,细胞再生能力有限,且往往仅限于胚胎细胞或成体的未分化细胞,而且还不是全能的,所以诱发处理后形成的多倍性细胞难以繁衍下去。

植物多倍体在生产上有重要意义。如四倍体番茄所含的维生素 C 比二倍体大约多了一倍。四倍体萝卜的主根粗大,产量比最好的二倍体品种还要高。三倍体甜菜比较耐寒,含糖量和产量都较高,成熟也较早。三倍体的杜鹃花因为不育,所以开花时间特别长。还有三倍体西瓜,因为很少能产生有功能的性细胞,所以没有种子。

　　现在特别把同源三倍体无籽西瓜和异源八倍体小黑麦详细谈一谈。

　　(1) 无籽西瓜　一般将食用二倍体西瓜(*Cirrullus vulgaris*, 2n=22)在幼苗期用秋水仙碱处理,可以得到四倍体。四倍体植株的气孔大,花粉粒和种子也较大。把四倍体作为母本,二倍体作为父本,在四倍体的植株上就结出三倍体的种子(3n=33)。三倍体种子种下去后长出三倍体植株来。三倍体植株上的花一定要用二倍体植株的花粉来刺激,这样才能引起无籽果实的发育。因此必须把三倍体与二倍体相间种植,以保证有足够的二倍体植株的花粉传到三倍体植株的雌花上去。

　　在培植无籽西瓜时,还有下列几点要注意:

　　① 为了保证所结的种子是三倍体,可用显性基因来标记二倍体父本,跟隐性的四倍体母本杂交。例如:将果皮呈嫩绿色、无条纹(如马铃瓜,隐性性状)的四倍体母本与果皮具有深绿色平行条斑(如解放瓜,显性性状)的二倍体父本杂交,在四倍体母本上结出的是含有 3n 种子的西瓜,将这些 3n 种子播种得到三倍体植株,授粉后结出的就是无籽西瓜。由于无籽西瓜的果皮细胞都是 3n 的杂合子,因此表现为显性性状,具有深绿色平行条斑。

　　② 用于亲本的品种要选用合适,这样就有可能使无籽西瓜的产量超过一般二倍体西瓜两倍之多。不仅所结的瓜多,而且每个西瓜的质量也可增加。

　　③ 如以 ♀2n×♂4n,同样也可以得到 3n,但这种 3n 植株的雌花中的胚珠会生成硬壳,像有种子一样,所以这种杂交方案不能采用。

　　④ 三倍体植株的第一朵雌花的胚珠可能生成硬壳,所以最好摘去第一朵雌花。

　　(2) 小黑麦　异源多倍体的合成是作物育种中常用的方法,目的是要把两个亲本种的优良特性汇集在一起。可是事实并不理想,但小黑麦是个例外。普通小麦与黑麦(*Secale cereale*)杂交,并经染色体加倍,得到小黑麦(Triticale)。

　　小麦能否与黑麦杂交,是由小麦的可杂交基因决定的,与黑麦品种无关。这些含有可杂交基因的小麦品种就称为"桥梁品种"。桥梁品种间的杂交一代和它们的后代都很容易与黑麦杂交。非桥梁品种也可先与桥梁品种杂交,使可杂交基因传递给杂种后代,这样就可广泛利用小麦资源来与黑麦杂交,有效地解决了属间杂交不易成功的困难。

　　利用小麦品种间杂种第一代或第二代做母本,与黑麦进行杂交。普通小麦有 21 对染色体,它的雌配子有 21 条染色体,包括 3 个染色体组(ABD);黑麦有 7 对染色体,它的雄配子有 7 条染色体,是一个染色体组(R)。小麦的雌配子与黑麦的雄配子结合,所产生的 F_1 有 28 条染色体,包括 4 个染色体组(ABDR)。因为这 4 个染色体组来自不同属的种,染色体的结构和功能已有很大的分化,它们之间的同源性已经很少,所以在减数分裂时不能形成二价体,F_1 不育。当染色体加倍后,杂种的 28 条染色体成为 28 对,育性大大提高,能够结实繁殖后代了。因为小麦和黑麦的染色体基数都是 7,加倍后小黑麦的 28 对染色体是 7 的 8 倍,它们又来自不同的种,所以称它为异源八倍体小黑麦(图 10-31)。

　　染色体加倍后的八倍体小黑麦是纯种,它们的后代不出现分离现象,但是都表现不同程度的

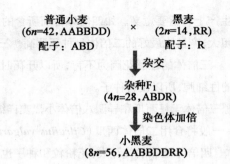

$$\begin{array}{ccc} \text{普通小麦} & & \text{黑麦} \\ (6n{=}42,\text{AABBDD}) & \times & (2n{=}14,\text{RR}) \\ \text{配子：ABD} & & \text{配子：R} \end{array}$$

↓ 杂交

$$\begin{array}{c} \text{杂种F}_1 \\ (4n{=}28,\text{ABDR}) \end{array}$$

↓ 染色体加倍

$$\begin{array}{c} \text{小黑麦} \\ (8n{=}56,\text{AABBDDRR}) \end{array}$$

图 10-31 异源八倍体小黑麦的合成（鲍文奎等）

结实率低和种子饱满度不高等共同缺点。但经过几年的连续选择,已成功地培育成小黑麦新品种。小黑麦新品种产量高,抗逆性和抗病性强,耐瘠耐寒,面粉白,蛋白质含量高,发酵性能好,茎秆可作青饲料,适于高寒山区种植,比当地小麦增产 30% ~ 40%,比黑麦增产 20% 左右。但为了使小黑麦在平原地区的产量赶上或超过普通小麦,还要继续选育,不断改进。

六、非整倍体

以上所讲的染色体数目变异是成套数目的改变,改变后的染色体数目还是整倍数的,所以都叫作整倍体。另有一种染色体数目的变异,是增减一条或几条染色体,增减后的染色体数目不是整倍数,所以叫作非整倍体。

二倍体缺一条染色体是单体($2n{-}1$)。大多数动、植物的单体都不能生活,甚至像玉米和番茄那样,虽然单倍体能够生活,但单体却活不下去。缺少单条染色体的影响比缺少一套染色体的影响还要大,说明遗传物质平衡的重要性。但在多倍体植物中,获得单体比较容易。例如小麦是异源六倍体,$2n{=}42$,理论上可得到 21 种不同的单体,事实上也得到了 21 种单体。这些单体虽然不很正常,但能活下去,并能很好地繁殖。可见遗传物质的缺失对多倍体的影响比对二倍体的影响来得小。

单体自交可得缺体($2n{-}2$),从小麦的 21 种不同单体可以得到 21 种不同的缺体。利用单体和缺体,可把基因定位在染色体上。例如小麦中发现一个新的隐性突变体,可以把它跟 21 种缺体杂交:如果跟某一种缺体的杂交中,突变性状在 F_1 显现出来,就知道这突变基因定位在缺体中没有的那对染色体上。

在有些二倍体植物中,偶尔出现三体($2n{+}1$)。三体也可从二倍体与三倍体的杂交中得到。例如曼陀罗(*Datura stramonium*)的三倍体植株用二倍体植株的花粉授粉,在所结的少量种子中,大约有 53% 的子裔是三体。这些三体植物的果形变异很大,可以分成 12 类,而曼陀罗的单倍体数也正好是 12,这表明每一条增加的染色体对果实形态都有不同的贡献。大多数其他植物中,不同的三体不易从外形上互相区分,不过增加的染色体往往使花粉和种子部分不育,这是所有三体植株的共同特性。

动物中也有非整倍体的例子。在黑腹果蝇中,X 染色体(第 1 染色体)和 Y 染色体多一个或少一个会影响生育力已在前面介绍过;V 形染色体(第 2 和第 3 染色体)多一个或少一个都是致死的;点状染色体(第 4 染色体)多一个或少一个可以生活,而且能够繁殖,可以用它们来进行遗传学研究(图 10-32)。

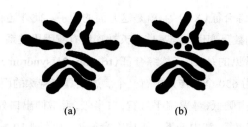
（a）　　　　（b）

图 10-32　黑腹果蝇的单体和三体

（a）第 4 染色体单体。（b）第 4 染色体三体。

第 4 染色体单体的果蝇身体小，刚毛细，生活力弱。如把果蝇的无眼个体（*ey/ey*，*eyeless*，复眼小或无）与正常个体交配，F₁ 为野生型，F₂ 分离为野生型 3：无眼 1（图 10-33）。但如将无眼个体（*ey/ey*）与第 4 染色体单体的正常个体（+）杂交，则 F₁ 分离为野生型 1：无眼 1（图 10-34）。

　　野生型 1：无眼 1 是单体果蝇的 F₁ 分离比。从上面的实验中，知道 *ey* 基因呈现单体的分离比，同时知道一个亲本的第 4 染色体是单数，所以这就证明，*ey* 基因在第 4 染色体上。

　　第 4 染色体三体的果蝇（2*n*+1）形态变化较小，身上刚毛稍稍粗些。如把无眼果蝇（*ey/ey*）与第 4 染色体三体的果蝇（+/+/+）交配，F₁ 全为野生型（图 10-35）。如把 F₁ 的三体果蝇（+/+/*ey*）与无眼果蝇（*ey/ey*）杂交，则下代分离为野生型 5：无眼 1（图 10-36）。野生型 5：无眼 1 是三体果蝇的测交分离比，与一般的测交分离比 1：1 不同。这同样证明了 *ey* 基因在第 4 染色体上。

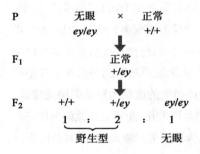

图 10-33　无眼个体（*ey/ey*）与正常个体的杂交结果

F₁ 为野生型，F₂ 分离为 3 野生型：1 无眼。

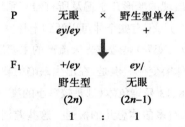

图 10-34　无眼个体（*ey/ey*）与第 4 染色体单体的野生型个体（+）的杂交结果

F₁ 出现 1：1 分离比。

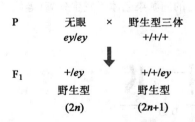

图 10-35　无眼个体（*ey/ey*）与三体野生型个体（+/+/+）的杂交结果

F₁ 的正常个体（2*n*）与三体（2*n*+1）都是野生型。

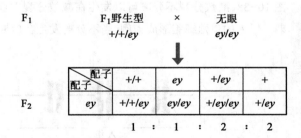

图 10-36　F₁ 三体野生型（+/+/*ey*）与无眼个体（*ey/ey*）的杂交结果

子代出现 5 野生型（三体果蝇 3：二体果蝇 2）：1 无眼（正常二倍体）。

七、人类的非整倍体

　　在人类的所有染色体中，已知性染色体数目的改变可以引起性别畸形，前述的克兰费尔特综合征（XXY）、XYY 个体和特纳综合征（XO）等，就是这方面的例子。此外还有很多报道表明，在 22 对常染色体中，个别染色体的数目变化也与某些先天性疾病有着因果关系。

在这些先天性疾病中，最常见的是 21 三体综合征（trisomy 21 syndrome），又称唐氏综合征（Down syndrome），发病率大约为 650 个活产儿中有一个。患儿具有特殊的面貌，头颅前后径短，枕骨扁平，眼小，两眼外侧高而内侧低，鼻梁扁平且宽，口半张，舌常伸出口外，舌有龟裂。掌纹和指纹特殊，常为通贯手。发育迟缓，智力低下。平均寿命很短，大约到 10 岁时已有 1/3 患者死亡。1956 年蒋有兴和莱万等确立了人类正常染色体数为 46 后不久，勒热纳（Jérôme Jean Louis Marie Lejeune，1926—1994）等分析唐氏综合征患者的染色体组成时发现：患者多了一个小小的近端着丝粒染色体——第 21 号染色体，所以这种患者的体细胞染色体数是 $2n+1=47$，属于 21 三体（trisomy 21），记作（47，XX 或 XY，+21）（图 10-37）。

此外，临床上还有两种常见的由非整倍性常染色体引起的先天性疾病——13 三体综合征（trisomy 13 syndrome）和 18 三体综合征（trisomy 18 syndrome）。13 三体综合征是 13 号染色体三体，记作（47，XX 或 XY，+13），发病率约为 1/5 000。患者头小、兔唇和（或）腭裂，先天性心脏病，严重智力迟钝等。患者常在出生后 3 个月内死亡，也有少数活到 5 岁的。18 三体综合征是由于 18 号染色体三体，记作（47，XX 或 XY，+18）。患者头小而长，大囟门，鼻梁窄而长，小嘴，腭狭窄，耳低位，短颈等，出现的畸形几乎遍及所有器官系统。这种综合征的发病率大约是 1/10 000，患者平均寿命为 6 个月，但有些个体可以活到十几岁。对临床数据的统计分析发现，人类染色体畸变（包括结构和数目变异）是造成先天流产的主要原因，而且在先天流产的胚胎中发现了几乎所有常染色体的三体突变体。但是，在出生缺陷的婴儿中，染色体畸变的比例相对基因突变较低，且临床可见 21、18、13 号染色体（都是较短小的染色体）三体的存活患儿，而鲜见其他染色体三体的存活患儿，亦未有多倍体患儿的报道。这些差别提示，当遗传物质变异程度较大，对基因组的功能造成严重影响时，会导致胚胎致死，而只有一些相对"轻微"的变异能够在出生后的胎儿中"保留"下来。

非整倍体的出现通常是由于配子形成时染色体不分开现象造成的，即减数分裂不分离。如图 10-38，减数分裂不分离可以发生在减数分裂Ⅰ（图 10-38a）或减数分裂Ⅱ（图 10-38b）的后期。以人的生殖细胞形成为例，当不分离发生在后期Ⅰ时，配对的同源染色体不发生分离（等位

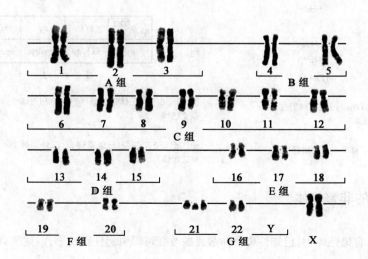

图 10-37　唐氏综合征患者（女性）的染色体组成

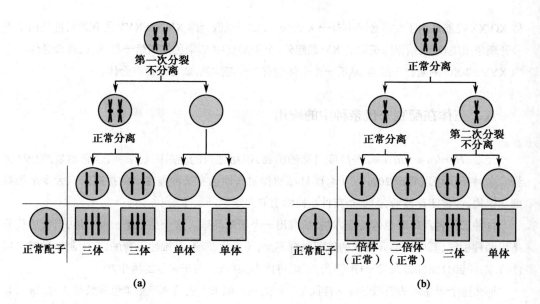

图10-38 减数分裂不分离诱导非整倍体产生的机制

图中仅画出发生数目变异的一对染色体。

基因不分离),而是被分配到同一个次级性母细胞中,在成熟的配子中将有 1/2 的配子含有($n+1$)条染色体,而另 1/2 含有($n-1$)条染色体,和正常配子结合后,得到 1/2 的三体和 1/2 的单体。当不分离发生在后期 II 时,同源染色体仍旧正常分配到次级性母细胞中(等位基因分离),但随后,在某一个次级性母细胞中出现了姐妹染色单体不分离,被分配到同一个配子中,因此在成熟的配子中,有1/2 的配子是正常的野生型配子(n),还有 1/4 配子含有($n+1$)条染色体,1/4 配子含有($n-1$)条染色体,和正常配子结合后,分别得到 1/2 正常二倍体、1/4 三体和 1/4 单体。

染色体不分开现象也可出现在合子形成以后的有丝分裂中。如出现在卵裂期或以后,就有可能形成由不同基因型细胞所组成的个体,也就是嵌合体(mosaic)。人类中最常见的嵌合体是性染色体嵌合体,他们的身体可以同时具有男性组织和女性组织。例如,有一型嵌合体是 XO/XYY,这种嵌合体可以用 XY 合子中 Y 染色体的不分开来说明(图 10-39)。这种个体的表型性别如何,要看有关组织的范围大小和所处位置而定。其他性嵌合体的起源也有不同的机制。如嵌合

图10-39 XO/XYY 染色体嵌合体的形成过程

有丝分裂时 Y 染色体由于不分开而同趋一极,产生一子细胞为 XYY,另一子细胞为 XO。这两细胞继续分裂,形成两个含有不同性染色体组成的细胞系。

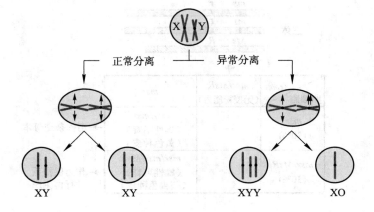

视频 13
非整倍体与
人类疾病

体 XO/XX 可能是由于女性合子中有一 X 丢失；又如三重嵌合体 XY/XO/XYY 的起源可能是由于不分开现象出现较迟，结果除正常的 XY 细胞外，个别细胞中 Y 染色体同趋一极，形成性染色体组成为 XYY 和 XO 的两种子细胞，从而一个个体中有 3 种细胞系，成为三重嵌合体。

八、三体在配制一代杂种中的应用

大麦（*Hordeum sativum*）是高度自交的植物，但用适当的品系配制杂种，也有明显的杂种优势。杂种不仅可以增产 20%～30%，而且品质和耐病性也有某种程度上的提高。但大麦是雌雄同花植物，往往闭花授粉，配制杂交种在技术上有困难。

育种工作者利用染色体畸变方法，培育出一个新的品系。这个品系是一种三体，自交后代分离出两种植株，其中大部分植株的雄蕊发育不全，不散发花粉，是雄性不育的，在配制杂种时可用作母本；少部分植株跟亲代一样，仍为三体，可作为保持系，用于来年的再生产。

那么这个新品系的细胞遗传学特征是怎样的呢？原来大麦的体细胞染色体数是 7 对，$2n=14$，而新品系除了正常的 14 条染色体外，还带有易位片段的额外染色体 1 条，成为 $2n+1$ 的三体。

该品系的某一对染色体上有紧密连锁的两个基因，一个是雄性不育基因（*ms*），使植株不能产生花粉，另一个是黄色基因（*r*），控制种皮颜色。这两基因的显性基因是能形成正常花粉的 *Ms* 和控制茶褐色种皮的 *R*，带有这两个显性基因的染色体片段通过易位搭到另一染色体片段上，形成了一个额外染色体，成为 $2n+1$ 的三体，如图 10-40 所示那样。三体植物在减数分裂时，形成 7 个双价体（7 Ⅱ），一个额外染色体因有易位片段往往形成单价体（1 Ⅰ）。在后期时，双价体中的两条同源染色体各自分向两极，而额外染色体随机分配，或分向这一极，或分向另一极，所以三体植株可以产生两种不同配子。其中一种配子含有一套正常染色体，其中一染色体上有 *ms* 基因和 *r* 基因（$n=7$）；另一种配子除含有一套正常染色体以及 *ms* 基因和 *r* 基因外，还含有一额外的易位染色体，上有 *Ms* 基因和 *R* 基因（$n=8$）。卵细胞中这两种配子比例大概是 7∶3，都可受精，但花粉中有额外染色体的配子不能授粉。结果自花授粉后所结的种子中，约有 70% 是有黄色种皮的雄性不育个体（*msr/msr*），余下的 30% 是有茶褐色种皮的花粉正常的个体（*msr/msr/MsR*），跟亲本完全一样。因为种皮有两种颜色，所以可用机械把两者分开。黄色种子是雄性不育系，植株长大后，如由另一合适的品系的花粉授粉，可配制一代杂种；而茶褐色种子可作保持系用，供第二年的再生产。因此，大麦中利用"三体"技术配制一代杂种，是相当成功的。

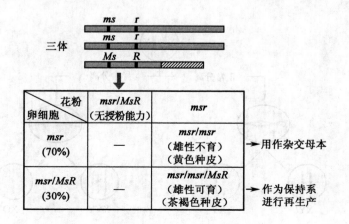

图 10-40　利用三体维持大麦雄性不育系的方法

ms，雄性不育基因；*Ms*，正常等位基因；*r*，种皮黄色基因；*R*，种皮茶褐色基因。图中斜线部分是额外染色体的易位部分。图中与标记基因无关的 6 对染色体省略。

九、人非整倍体细胞系与细胞学作图

前面我们介绍了如何利用果蝇的单体和三体材料将基因定位在染色体上,同理,利用人的非整倍体细胞系也可以将人类基因定位到特定的染色体上,并做成细胞学图。我们将在下文简要介绍这种早期的基因作图的方法。

有一种病毒——仙台病毒(*Sendai virus*)对细胞融合很有用处。病毒通常有一个特定附着点,附着到宿主细胞上,并由此进入细胞。仙台病毒有几个附着点,如果两个细胞靠近在一起,它就能同时附着到两个不同的细胞上。病毒比细胞要小得多,所以它所附着的两个细胞靠得很近很近,因而在某些情况下,两个细胞的膜可以融合。化学试剂聚乙二醇(polyethylene glycol,PEG)也可取代仙台病毒实现细胞融合。这种试剂可以使细胞膜部分降解,并在细胞间形成细胞质桥,从而提高细胞融合的效率。

如果把人体细胞和营养缺陷型的小鼠细胞(或仓鼠细胞等)混合培养,再加上促融因子——紫外线灭活的仙台病毒或 PEG,那么两种细胞就有可能融合。融合细胞中有两个核,称为异核体(heterokaryon)。异核体的两个核融合,形成杂种细胞。如果所用的小鼠细胞是营养缺陷型,那么要使这种细胞能够生长,非得在培养基上添加某种营养物不可。我们通过细胞融合技术,把小鼠细胞和人体细胞融合,形成杂种细胞,杂种细胞含有小鼠染色体和人染色体,小鼠的营养缺陷可由人染色体上的有关基因来弥补,所以培养基上即使不添加某种营养物质,杂种细胞也可保持下去。这种细胞往往有整套的小鼠染色体和丢失后保留下来的少许人染色体,其中当然含有能补偿小鼠营养缺陷的那条染色体。通过不同的选择技术,再加上机遇性的变化,可以形成各种杂种细胞系,它们含有不同数目和不同类型的人染色体(图 10-41)。

上述这些过程可以在显微镜下追寻。应用荧光染色法和其他特殊染色技术,可使染色体上呈现各种不同的分带。这些分带的位置、宽狭和浓淡等随染色体编号的不同而不同。但就某一种分带技术来说,每一染色体的分带模式是高度专一和恒定的。所以在杂种细胞中,不但小鼠染色体很容易跟人染色体区分开来,而且人染色体的丢失过程也可追寻,杂种细胞中保留下来的人染色体也比较容易辨认。

叙述到这里,我们可以说明怎样把人的基因定位在某一染色体了。假定某人体细胞有一个或几个标记基因,这些基因可能控制营养需要或药物代谢,也可能控制细胞表面抗原或异常蛋白的形成等。我们实验的目的是要把它们定位到特定的染色体上。

我们有了不同的杂种细胞系,每个细胞系中除了小鼠染色体外,还有少数人的染色体。我们检验这些细胞系,把每一细胞中某一标记基因的有或无与某一染色体的有或无联系起来,像表 10-6 所示那样,从而推断某一基因所在染色体。

我们可以看到,在不同的杂种细胞系中,基因 1 和 3 或一起出现,或共同不见,所以我们可以下结论说,这两基因是连锁的。还有,基因 1 和 3 的有或无直接跟第二染色体的有或无有关,所以我们可以认为这两基因是同线的,都在第二染色体上。根据同样的推理,我们可以说,基因 2 一定是在第一染色体上,但是基因 4 的位置尚不能确定。

可是细胞作图不能像连锁分析那样,把基因的顺序和基因间的距离都推算出来。利用其他技术,如染色体微小缺失法,可以将标记基因定位到更精细的染色体位置。例如,酸性磷酸酯酶

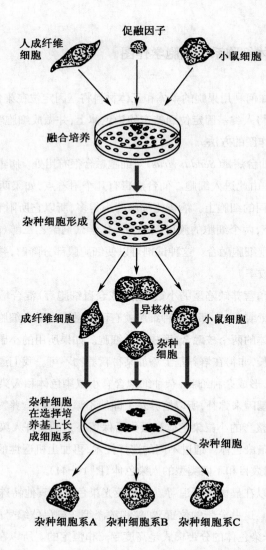

人成纤维
细胞　　促融因子　　小鼠细胞

融合培养

杂种细胞形成

成纤维细胞　异核体　小鼠细胞

杂种
细胞

杂种细胞
在选择培
养基上长
成细胞系

杂种细胞

杂种细胞系A　杂种细胞系B　杂种细胞系C

图 10-41　杂种细胞的形成

人的成纤维细胞与带有选择性遗传标记的小鼠细胞混合培养,在促融因子作用下,有些细胞融合,先形成异核体,然后是杂种细胞。细胞接种到选择培养基上,未融合的小鼠细胞和人体细胞被淘汰,只有杂种细胞能够生长。在传代培养中,杂种细胞内有些染色体丢失,保留整套小鼠染体和若干人染色体。人染色体的丢失是随机的,所以各杂种细胞系保留的人染色体是不同的,从而可用于细胞学作图。

表 10-6　杂种细胞中标记基因的存在与人染色体间的关系

		杂种细胞系				
		A	B	C	D	E
人基因	1	+	−	−	+	−
	2	−	−	−	+	−
	3	+	−	−	+	−
	4	+	+	+	−	−
人染色体	1	−	+	−	+	−
	2	+	−	−	+	−
	3	−	−	−	+	+

基因 *ACP1* 就是通过体细胞杂交技术和染色体微小缺失方法被正确地定位于 2p23 的,因为在一杂种细胞系中携带 2 号染色体(*ACP1* 所在染色体)的缺失体而不携带 *ACP1* 基因。

习题

1. 什么叫染色体畸变？

2. 解释下列名词：缺失，重复，倒位，易位。

3. 什么叫平衡致死品系？在遗传学研究中，它有什么用处？

4. 解释下列名词：单倍体，二倍体，多倍体；单体，缺体，三体；同源多倍体，异源多倍体。

5. 用图解说明无籽西瓜制种原理。

6. 异源八倍体小黑麦是如何育成的？

7. 为什么单倍体的个体多不育？是否有例外？请举例说明。

8. 有一玉米植株，它的一条第9染色体有缺失，另一条第9染色体正常，该植株对第9染色体上决定糊粉层颜色的基因是杂合的，缺失的染色体带有产生色素的显性基因 C，而正常的染色体带有无色隐性等位基因 c，已知含有缺失染色体的花粉不能成活。如以这样一种杂合子玉米植株作为父本，以 cc 植株作为母本，在杂交后代中，有10%的有色籽粒出现。你如何解释这种结果？

9. 已知某二倍体物种的两条野生型染色体的基因顺序分别为 12345·678 和 abcde·fgh（·表示着丝粒）。请判断以下畸变染色体的结构变异名称，并绘出畸变杂合子染色体联会时的形态。

(1) 1235·678　(2) 1232345·678　(3) 14325·678　(4) abcd5·678；1234e·fgh

10. 某实验小组利用 X 射线诱变野生型的雄性果蝇，然后将这些雄蝇与纯合隐性突变的雌蝇杂交，该雌蝇在 X 染色体上一共携带了 5 个隐性突变，具体顺序为：$y - cv - ct - sn - m$。分析杂交 F_1 雌蝇，发现大多数雌蝇都是野生型，但有一只雌蝇表现出 ct 和 sn 突变表型。该小组成员继续将这只例外的突变果蝇与野生型雄蝇杂交，得到的后代中雌、雄比例为 2∶1。

请问：(1) 那只例外的 $ct\ sn$ 突变雌蝇发生了何种变异？你的依据是？

(2) 请绘出例外的 $ct\ sn$ 突变雌蝇减数分裂时 X 染色体联会时的形态。

(3) 请写出例外的 $ct\ sn$ 突变雌蝇与野生型雄蝇杂交后代的全部类型（绘出染色体，并标示基因名称）。

11. 相互易位并不改变细胞内遗传物质的总量，但也可以引起严重的表型。例如，9 号染色体和 22 号染色体的相互易位可以导致慢性髓系白血病的发生。请问造成这一疾病表型的遗传机制是什么？

12. 在玉米中，蜡质基因和淡绿色基因在正常情况下是连锁的，然而发现在某一品种中，这两个基因是独立分配的。问：①你认为可以用哪一种染色体畸变来解释这个结果？②哪一种染色体畸变将产生相反的效应，即干扰基因之间预期的独立分配？

13. 曼陀罗有 12 对染色体，有人发现 12 种可能的"$2n+1$"型。问有多少个"$2n+1+1$"型？

14. 无籽西瓜为什么没有种子？是否绝对没有种子？

15. 有一个三倍体，它的染色体数是 $3n=33$。假定减数分裂时，或形成三价体，其中两条分向一极，一条分向另一极；或形成二价体与一价体，二价体分离正常，一价体随机地分向一极，问可产生多少可育的配子？

16. 同源三倍体是高度不育的。已知得到平衡配子（$2n$ 和 n）的机会仅为 $(1/2)^{n-1}$，问这数值是怎么求得的？又如假定只有平衡的配子是有受精功能的，且假定受精过程随机，问得到不平衡合子的机会是多少?

17. 为什么多倍体在植物中比在动物中普遍得多? 你能给出一些解释吗?

18. 有一种四倍体植物,它的两个植株的基因型是 *AAAa* 和 *Aaaa*。假定:① *A* 基因在着丝粒附近;② 各个染色体形成的姐妹染色单体各移向一极。则每个植株产生的各种双倍体配子比例如何?

19. 两个 21 三体的个体结婚,在他们的子代中,患唐氏综合征的个体占多少比例? (假定 $2n+2$ 的个体是致死的。)

20. 一对表型正常的男人与女人结婚后,生育了一个同时患有血友病和克兰费尔特综合征的儿子。请说明患儿及其父母的染色体组成和基因型。

21. 平衡易位杂合子$(7/7p^+, 9/9p^-)$形成生殖细胞,在粗线期时,其有关染色体的配对图形是怎样的?

22. 有一男子,他是一个 13、14 平衡易位携带者,他的染色体组成为 45,XY,−13,−14,t(13q;14q)。① 把有关染色体画出来。② 有关染色体在第一次减数分裂时配对的图像如何? ③ 可能的分离情况如何? 形成的配子中,有关染色体的组成如何? ④ 正常卵被这些精子受精后,子代有关染色体组成如何? 预期的子代表型效应如何?

[提示:可能的分离情况为:(14)对(14+13;13)(邻近分离);(14+13;14)对(13)(邻近分离);(13+14)对(13;14)(交互分离)。]

数字课程学习

✎ 在线自测　　　　🔖 习题答案

第十一章
遗传物质的改变(二)
——基因突变

在介绍了影响范围较大的染色体变异之后,这一章我们重点介绍基因突变。通俗地讲,基因突变指的是发生在基因内部的,较小的 DNA 序列信息的变化,通常可用 Sanger 测序的方法进行检出。有了基因突变的概念,就需要定义一个正常的等位基因形式。在遗传学研究中,研究者将自然界大量存在的或者实验室保存的标准品系的等位基因形式作为研究生物体基因变异的出发点或标准类型,它们被规定为野生型等位基因,一般记为 +,或者 A^+,ab^+ 等(简单起见,也可用大写英文字母表示野生型,例如 A、Ab 等)。任何偏离野生型等位基因的变异可以形成突变型等位基因,常用 − 号或者小写字母表示,如 a、ab 等。需要和读者说明的是,遗传学家在很多场合提到的基因突变是中性的,指的是基因从一种等位基因形式变成另一种等位基因形式的变异过程,变异的结局是否有害取决于变异的具体类型和位置等。

第一节　基因突变概述

基因突变在生物界中普遍存在,而且突变后所出现的性状跟环境条件之间看不出对应关系。例如有角家畜中出现无角品种,禾谷类作物中出现矮秆植株,有芒小麦中出现无芒小麦,大肠杆菌中出现不能合成某些氨基酸的菌株等,都看不出突变性状与环境之间的对应关系。

突变在自然情况下产生,称为自然突变或自发突变(spontaneous mutation);由人们有意识地应用一些物理、化学因素诱发的,则称为诱发突变(induced mutation)。

一、突变体的表型特性

突变后出现的表型变化多种多样。根据突变对表型的效应,可以分为:

(1) 形态突变(morphological mutation)　突变主要影响生物的形态结构,导致形状、大小、色泽等的改变。例如普通绵羊的四肢有一定的长度,但安康羊(Ancon sheep)的四肢很短,因为这类突变可在外观上看到,所以又称可见突变(visible mutation)。

(2) 生化突变(biochemical mutation)　突变主要影响生物的代谢过程,导致一个特定的生化功能的改变或丧失。例如粗糙链孢霉的生长本来不需要在培养基中另添氨基酸,而在突变后,一定要在培养基中添加某种氨基酸才能生长,这就属于生化突变。

（3）致死突变（lethal mutation）　突变主要影响生活力，导致个体死亡。致死突变可分为显性致死或隐性致死。显性致死在杂合态即有致死效应，而隐性致死则要在纯合态时才有致死效应。一般以隐性致死突变较为常见，如镰状细胞贫血症的基因就是隐性致死突变。植物中常见的白化基因也是隐性致死的，因为不能形成叶绿素，最后植株死亡。当然，有时致死突变不一定伴有可见的表型改变。

致死突变的致死作用可以发生在不同的发育阶段，在配子期、胚胎期、幼龄期或成年期都可发生。如蝇子草的细叶基因 b 是配子致死，而小鼠的黄鼠基因 A^Y 在纯合时是合子致死。

致死基因的作用也有变化。基因型上属于致死的个体，有全部死亡的，也有一部分或大部分死亡的。根据基因的致死程度，可以分为全致死（使 90% 以上个体死亡）、半致死（semilethal，使 50%～90% 个体死亡）和亚活力（subvital，使 10%～50% 个体死亡）等不同类型。

（4）条件致死突变（conditional lethal mutation）　在某些条件下是能成活的，而在另一些条件下是致死的。例如 T4 噬菌体的温度敏感突变型在 25℃ 时能在大肠杆菌宿主中正常生长，形成噬菌斑，但在 42℃ 时不能存活。

上面这样的分类，只是为了叙述和研究的方便，事实上这些突变类型之间是有交叉的。

突变可在个体发育的任何时期发生。如某一动物的性腺中某一个配子发生了基因突变，则与这个配子结合而产生的子代个体就是这突变基因的杂合子。发生在配子中的突变被称为种系突变（germline mutation）。这类突变发生得越早，可能影响越多的后代，甚至亲代自身的育性。又如，某一动物的受精卵在进行第一次核分裂时，一对子染色体中的一条发生突变，那么长成的个体中，有一半体细胞有该突变基因，就出现所谓嵌合体。这类突变则被称为体细胞突变（somatic mutation）。一般地说，在个体发育过程中，突变发生的时期越晚，则生物体表现突变的部分越少。例如有一种金银眼猫，猫一只眼的虹彩是黄褐色，另一只眼的虹彩是蓝色，就是个体发育较晚阶段发生突变的案例。又如，在植物里，一个幼芽在发育的极早时期发生突变，该芽长成枝条后，上面着生的叶、花和果实跟其他枝条不同，这叫作枝变或芽变。芽变往往自发产生，没有明显的外因。芽变在农业生产上占有重要地位，因为果树和花卉的许多新品种就是由芽变得来的。例如，温州早橘有许多品系来自温州蜜橘（*Citrus reticulata*）的芽变。一般芽变仅限于某一性状，或某一些相关性状，而其他许多性状仍跟原来品种一样，所以应用嫁接、压条等无性繁殖方法把这些优良性状保存下来，再经过适当选择，可以繁育成为新品种。

二、突变率

在正常的生长条件和环境中，突变率（mutation rate）往往是很低的。果蝇的 X 连锁隐性致死基因的突变率约为 0.1%，即每 1 000 个测验过的配子中，有 1 个 X 染色体有隐性致死突变。果蝇的第 2 染色体的自发致死突变率较高，约为 0.5%。果蝇的第 3 染色体的长短跟第 2 染色体相似，突变率也差不多。果蝇的第 4 染色体是点状染色体，突变率自然也较低。所以果蝇总的致死突变率约为 1%，即每 100 个配子中有 1 个配子带有新产生的致死突变。如果我们把产生半致死或亚活力效应的突变也包括在内，那么果蝇中自发产生有害效应的基因的总突变率约为 5%，即 20 个配子中有 1 个。

这 5% 的数值包括全部染色体基因座上的突变，所以每一基因座上的突变率应该低得多。

果蝇中,测得的单一基因座的突变率大致上在 10^{-5} 范围。生物的基因突变率随基因的不同也各异。例如在玉米中,蜡质基因 *wx* 的突变率几乎检测不到,而无色糊粉层基因 *r* 的突变率可高达每 10 万个配子中有 49 个突变(表 11-1)。

人类突变率的估计方法之一是根据家系中显性性状患儿的出现。在这些家系中,祖先各代没有这些性状,患者是由新产生的突变造成的,称为新生突变(*de novo* mutation)。如双亲一方也有同一遗传病,则这名患儿是由于继承了双亲之一携带的突变基因而患病,应除去不计。

例如软骨发育不全(achondroplasia)由常染色体基因显性突变引起,患者四肢粗短。根据调查(Mørch, 1941),在 94 075 个活产儿中,发现 10 例患者,其中两例的一方亲本也是患者,所以应该除去不计,其余 8 例的双亲正常,可认为是新生突变的结果。因为该病是显性遗传,而且外显率基本完全,所以某个新生儿被认定患有软骨发育不全时,就表示形成该儿童的两个配子中有一个配子发生了显性突变,因此该基因的突变率是

$$\frac{10 - 2}{2 \times (94\ 075 - 2)} = 4.3 \times 10^{-5}$$

尼尔(James van Gundia Neel, 1915—2000)根据多方面的资料,估计了人的 9 个不同基因的突变率,发现人类基因的突变率大致与果蝇基因的突变率相似,都在 10^{-5} 的范围(表 11-1)。

表 11-1　各种生物代表性基因座的自发突变率

生物	性状,突变基因	频率	单位
噬菌体			
T2	溶菌抑制　$r \rightarrow r^+$	1×10^{-8}	每次复制的突变基因频率
	宿主域　$h^+ \rightarrow h$	8×10^{-9}	
细菌			
Escherichia coli	乳糖发酵　$lac^- \rightarrow lac^+$	2×10^{-7}	每次分裂的突变细胞频率
	噬菌体 T1 敏感性　$T1^s \rightarrow T1^r$	2×10^{-8}	
	组氨酸需要型　$his^+ \rightarrow his^-$	2×10^{-6}	
	$his^- \rightarrow his^+$	4×10^{-8}	
藻类			
Chlamydomonais reinhardtii	链霉素敏感型　$str^s \rightarrow str^r$	1×10^{-6}	每次分裂的突变细胞频率
真菌			
Neurospora crassa	肌醇需要型　$inos^- \rightarrow inos^+$	8×10^{-8}	每个无性孢子的突变频率
	腺嘌呤需要型　$ade^- \rightarrow ade^+$	4×10^{-8}	
玉米			
Zea mays	皱缩种子　$Sh \rightarrow sh$	1×10^{-6}	每个配子的突变频率
	非紫色糊粉层　$Pr \rightarrow pr$	1×10^{-5}	
	无色糊粉层　$R^r \rightarrow r^r$	5×10^{-4}	
果蝇			
Drosophila melanogaster	黄体　$Y \rightarrow y$(雄蝇)	1×10^{-4}	每个配子的突变频率
	$Y \rightarrow y$(雌蝇)	1×10^{-5}	

生物	性状，突变基因	频率	单位
	白眼　$W \rightarrow w$	4×10^{-5}	
	褐眼　$Bw \rightarrow bw$	3×10^{-5}	
	黑檀体　$E \rightarrow e$	2×10^{-5}	
小鼠 *Mus musculus*	非鼠色　$a^+ \rightarrow a$	3×10^{-5}	每个配子的突变频率
	白化　$c^+ \rightarrow c$	1×10^{-5}	
人 *Homo sapiens*	甲型血友病　$h^+ \rightarrow h$	3×10^{-5}	每个配子的突变频率
	白化病　$a^+ \rightarrow a$	3×10^{-5}	
	甲腺综合征	2×10^{-6}	
	亨廷顿舞蹈病	5×10^{-6}	
	软骨发育不全	4×10^{-5}	
	大肠多息肉	2×10^{-5}	
	进行性假肥大性肌营养不良	1×10^{-4}	

　　玉米和小鼠的突变率与果蝇和人属于同一范围，但微生物的突变率明显较低，或许跟生活史较短有关。像细菌这类单细胞生物中，突变率是以细胞分裂为基础来计算的，而在像果蝇和小鼠这样的多细胞生物中，每一世代时间（generation time）包括很多次连续的细胞分裂，而在每一次细胞分裂中都可发生突变，突变率自然就要高些。

三、突变的性质

　　突变是可逆的。基因 A 可以突变为基因 a，基因 a 又可突变成原来的状态，A。通常将任何偏离野生型等位基因的突变（如 $+ \rightarrow a$）叫作正向突变（forward mutation），从突变类型向野生型类型的变化（如 $a \rightarrow +$）叫作回复突变（rescue mutation）。正突变和回复突变的频率一般不同。例如大肠杆菌中，野生型（his^+）突变为组氨酸缺陷型（histidine requirement，his^-）的正突变率是 2×10^{-6}，而由组氨酸缺陷型突变为野生型的回复突变率是 4×10^{-8}。

　　在鉴定回复突变时，应该注意区分以下两种类型：①真的回复突变，突变发生在同一基因座，跟正突变的位置一样；②抑制因子突变（suppressor mutation），突变发生在另一基因座上，但是掩盖了原来突变型的表型效应。在微生物中如果要鉴定抑制因子突变，通常可以用回复品系（revertant stock）与野生型杂交，观察子裔中有无突变型重新出现（图 11-1）。如果有突变型出现，这就意味着，抑制因子和原来突变已经相互分开，突变型重新出现。如果这种杂交的后代中没有突变型出现，则证明回复突变与抑制作用无关。

　　根据回复突变的出现，常常可以把点突变与较大的突变，例如缺失等，区分开来。因为缺失包括遗传物质的丧失，一个回复突变恰好补全了失去的全部遗传物质几乎是不可能的。相反的，由微小的化学改变引起的点突变，没有遗传物质的明显获得或缺失，是比较容易回复的，所以回复突变可以排除缺失或重复等。

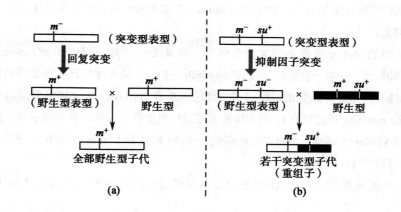

图 11-1 回复突变出现的两种机理以及在微生物中常用的区别方法

(a)突变基因座本身发生回复突变,$m^- \to m^+$,结果出现野生型表型。与野生型 m^+ 菌株杂交,子代全为 m^+,都是野生型(除非极偶然地出现新突变 m^-)。(b)突变型表型改变是由一个抑制因子基因座(su)的突变引起。当被抑制的 $m^- su^-$ 菌株跟野生型 $m^+ su^+$ 杂交,某些子裔由于重组将会出现突变型 $m^- su^+$,而且它们的出现频率比基因 m 的突变率高得多。

　　突变是多向的。一个基因可以向不同的方向发生突变,换句话说,它可以突变为一个以上的等位基因。例如基因 A 可以突变为等位基因 a_1, a_2, a_3······因而,在这个基因座上,群体中某个体的基因型可以是 AA,也可以是 Aa_1, Aa_2, a_1a_2······任意组合。

　　一个基因座上可以有两个以上的基因状态存在,叫作复等位基因,这在前面已介绍过。例如在小鼠中,影响毛色的复等位基因有 A^+(鼠色),A^Y(黄色),a(黑色) ······在家蚕中,影响幼虫皮斑的复等位基因有 p(白蚕),$+^P$(普通斑),p^S(黑缟)等 16 个。因为有复等位基因的存在,所以一个基因的突变可以是多方向的。例如黑腹果蝇的野生型红眼基因(w^+)可以突变为曙红眼基因(w^e),曙红眼基因又可回复突变为野生型基因,或突变为 w 座位上的其他等位基因,如杏色眼基因(w^a)、浅黄眼基因(w^{bf})等。这说明突变的多方向性(图 11-2)。

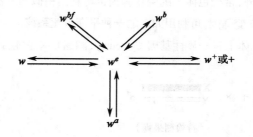

图 11-2 突变的多方向性

黑腹果蝇中,w^e 可以突变为 w 基因座上的其他等位基因,这些等位基因一般又可回复突变为 w^e。

第二节　突变的检出

　　从孟德尔的试验开始,要知道一个基因的存在,通常要依靠这个基因座上的不同等位基因所产生的表型改变,然后利用性状观察进行检验。如果某一基因座的所有等位基因在表型效应上是相似的,那么这样的基因因为在作用上缺乏独特的标志,始终作为正常表型的一部分,没有办法把它检查出来。换句话说,如果等位基因没有差异,就不能用孟德尔遗传实验方法检查出来;只有等位基因存在差异时,我们才可以推论有某一特定基因存在。所以这个时期查看基因突变,主要就是检出能产生新的表型效应的不同等位基因。

一、果蝇突变的检出

　　虽然摩尔根等已在果蝇中找到几百种突变型,并应用在遗传学研究上,但是定量地测定新突变,还有赖于摩尔根的学生马勒所发展的几种独创性的技术。

我们现在介绍如何用马勒发展的 Muller-5 技术来检出果蝇 X 染色体上的隐性突变,特别是致死突变。

果蝇的 Muller-5 品系在 X 染色体上带有 B(Bar,棒眼,显性)和 w^a(apricot,杏色眼,隐性)标记基因,此外还有一些倒位,可以抑制 Muller-5 的 X 染色体与野生型 X 染色体的重组。

实验时,把野外采集的或经过诱变处理的雄蝇与 Muller-5 雌蝇交配,得到 F_1 后,做单对交配(pair mating),通过观察 F_2 的分离情况可以检出携带特定基因突变的子裔。如有致死突变,F_2 中只有 Muller-5 雄蝇。如有隐性的可见突变,则 F_2 中除 Muller-5 雄蝇外,还会出现具有可见突变的雄蝇(图 11-3)。

这个技术的优点在于:①有无致死突变可以根据 F_2 中有无野生型雄蝇(即没有棒眼且红眼)进行简单客观地判断。②如有致死基因,致死基因(*)存在于 F_2 杂合子雌蝇($\underset{B \quad w^a}{\boxed{}^{*}}$)中,可供进一步研究。③可研究致死基因在杂合子中的作用。④也可检出可见突变,但同时具有致死作用时,则无法检出。

这个技术的缺点有:①只能检出完全致死(100% 致死)的隐性基因,而且这种致死作用要发生在成蛹期以前。②有时 Y 染色体上有些正常作用的基因,可降低 X 致死突变的作用。但我们要分析的主要是 F_2 的雄蝇的致死情况,所以有时结果受到影响,不能正确地估计隐性致死突变率。

除了 X 连锁隐性突变以外,常染色体上的突变基因也可利用相似的方法进行检验。例如要检出果蝇的第二染色体上的突变基因,可利用如下的一种平衡致死系统。

该品系中,一条第 2 染色体上有一显性基因 Cy(curly,翻翅),这是纯合致死的,同时还有一

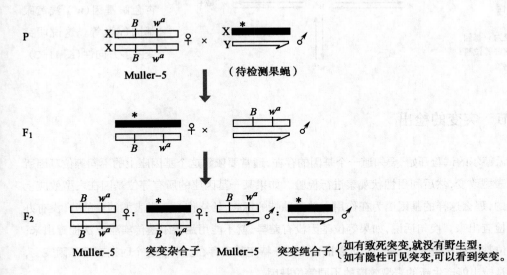

图 11-3 用 Muller-5 技术检出 X 连锁隐性致死突变和隐性可见突变

野外采集的或经过诱变处理的野生型雄蝇(待检测的 X 染色体用黑线表示,突变用 * 表示),跟 Muller-5 雌蝇交配。这些雌蝇的 X 染色体是纯合的,带有显性棒眼基因(B)和隐性杏色眼基因(w^a),以及一些倒位,可以抑制 F_1 杂合雌蝇的两 X 间的重组。F_1 雌蝇与 F_1 雄蝇做单对交配。每一 F_1 雌蝇携带一个待测定的 X 染色体。F_2 中 4 种果蝇可以通过表型加以区分。如果待测定的 X 染色体上没有隐性致死突变,F_2 将出现 $1:1:1:1$ 的表型比例。如果待测定的 X 染色体上带有隐性致死基因,那么 F_2 中没有野生型雄蝇,雌蝇的数目为雄蝇的两倍。如待测定的 X 染色体上有一隐性的可见突变,那么 F_2 雄蝇中除了 Muller-5 品系还可以看到突变体。

个大倒位可抑制整条第 2 染色体的重组。另一条第 2 染色体上有另一显性基因 S（star，星状眼），也是纯合致死的。这就是我们在前一章介绍过的平衡致死系统。

现在把该系统的雌蝇与要检验的雄蝇交配，在 F_1 中选取翻翅雄蝇，再与该系统的雌蝇单对交配，分别饲养（图 11-4）。在 F_2 中选取翻翅个体相互交配，在 F_3 时有以下几种情况：①如最初第 2 染色体上不带有致死基因，则有 33% 左右的野生型；②如最初第 2 染色体上带有致死基因，则只有翻翅果蝇；③如最初第 2 染色体上含有隐性可见突变，则除翻翅果蝇外，还有 33% 左右的突变型；④如最初第 2 染色体上含有半致死突变，则野生型很少。

图 11-4　果蝇第 2 染色体的隐性致死突变的检验

在 F_1 选翻翅雄蝇（$Cy/+$），与平衡致死系统的雌蝇单对交配，得到很多 F_2。在 F_2 中选翻翅个体（$Cy/+$），这些个体都带有要测定的同一第 2 染色体，进行相互杂交。如果待测定的第 2 染色体上没有隐性致死基因，F_3 将出现 1 野生型纯合子（$+/+$）：2 翻翅杂合子（$Cy/+$）。如果待测定的第 2 染色体含有隐性致死突变，F_3 中只有翻翅杂合子（$Cy/+$）。

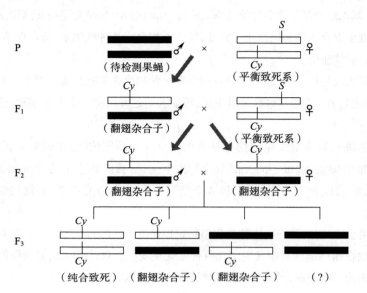

二、粗糙链孢霉突变的检出

粗糙链孢霉中，营养突变的筛选方法是比德尔和塔特姆（1945）最初发展出来的。该方法的基本原理是这样的：野生型菌株能合成一系列化合物，所以能在含有糖、某些无机酸和盐类、一种氮源和一种维生素——生物素（biotin）的基本培养基上生长，但大多数缺陷型菌株不能合成这种或那种化合物，因此不能在基本培养基上生长，但能生长在完全培养基上。所谓完全培养基，是在基本培养基中再添加酵母和麦芽抽提物，以及水解酪蛋白等，这种培养基含有各种氨基酸和维生素等。要检出营养突变时，可把粗糙链孢霉菌株分别接种在完全培养基和基本培养基上。如果在完全培养基上能够生长，而在基本培养基上不能生长，可进一步在基本培养基上添加单一维生素或氨基酸，如果在添加某一营养物后即可生长，就知道这个菌株不能合成该营养物，所以是该营养物的缺陷型。

具体做法如下：①培养野生型粗糙链孢霉，用 X 线或紫外线等照射分生孢子，或用化学药剂处理，引起突变。②把这些处理过的分生孢子与相对交配型的野生型粗糙链孢霉交配，由此长出子囊孢子。③从子囊中取出子囊孢子，分别培养在完全培养基上。粗糙链孢霉的突变型一般能在完全培养基中生长和发育。④从完全培养基上生长起来的粗糙链孢霉又形成分生孢子。取出一部分分生孢子培养在基本培养基里，观察它们的生长，如生长正常，表示没有发生突变；如果不能生长，表示已发生了突变（图 11-5）。

接着要分析发生了什么突变。把突变型的分生孢子从完全培养基里取出来,分别培养在不同的培养基上:

(1) 完全培养基(图 11-5,编号 11),突变型一般能在这里生长。

(2) 基本培养基(图 11-5,编号 10),突变型不能在这里生长。

(3) 基本培养基加上各种氨基酸(图 11-5,编号 9),如突变型还是不能在这里生长,表示加了氨基酸也没有用,因此可推测不是控制氨基酸合成的基因发生突变,突变菌株是能合成各种氨基酸的。

(4) 基本培养基加上各种维生素(图 11-5,编号 8),如突变型能在这里生长,表明突变型是控制某种维生素合成的基因发生了突变,它不能合成某种维生素,所以在基本培养基中添加了这种维生素后就能生长。

这样依次分析下去,还可知道具体是哪一种维生素不能合成。例如,如果发现它只能在含有泛酸(维生素 B_5)的基本培养基里生长,那就表明这种生化突变型是控制泛酸合成的基因发生了突变。

为了进一步确定发生的变异是否由一个基因控制的,还要做如下工作:把经过上述方法检查出来的突变型,跟不同交配型的野生型交配,看由此产生的子囊孢子表现出什么样的分离现象,如表现为 1:1 的分离,即 4 个是野生型,4 个是突变型,那就表明是一个基因的突变(图 11-6)。

利用上述的分析方法,比德尔和塔特姆提出了"一个基因一个酶"。随后,生物学家们利用类似的方法在粗糙链孢霉中发现了几百种生化突变型。对这些生化突变型的研究,不仅阐明了基因和代谢的一些关系,而且丰富了生物化学的相关内容。

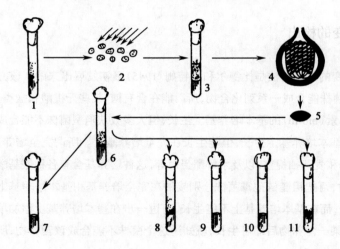

图 11-5 在粗糙链孢霉中诱发突变、检查突变和鉴定突变的方法

1. 培养野生型菌株。2. X 线或紫外线照射分生孢子。3. 照射过的分生孢子跟野生型交配。4. 子囊壳,内含许多成熟的子囊。5. 子囊孢子。6. 子囊孢子生长在完全培养基里。7. 基本培养基,在 6 中的分生孢子不能在这里生长,这表明突变发生了。然后从 6 中取出分生孢子,分别培养在 4 种培养基(8~11)里。8. 基本培养基加维生素。9. 基本培养基加氨基酸。10. 基本培养基。11. 完全培养基。照例,突变型不能生长在基本培养基,能生长在完全培养基。又发现它能生长在 8,不能生长在 9,这表示它需要维生素。

三、人突变的检出

在人中,上述方法均不适用,突变的检出得依靠家系分析和出生调查。一般来说,常染色体隐性突变难以检出,因为一个隐性性状的出现,很可能是由于两个杂合个体的婚配,而不是由于隐性突变的缘故。相反,显性突变的起源就比较容易检出,只要遗传方式规则,一个家系中,如果一个人有一显性突变性状,而他(或她)的父母是正常的,这就表明患者出现了一个新的突变(图 11-7)。

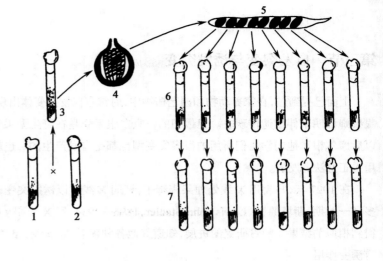

图 11-6 确定粗糙链孢霉生化突变型的方法

1. 野生型菌株。2. 突变型菌株,这里是不能合成泛酸的突变型。3. 野生型和突变型杂交的后代。4. 子囊壳,内含许多成熟的子囊。5. 一个子囊,含有 8 粒子囊孢子。6. 让这些子囊孢子分别生长在含有泛酸培养基的 8 个试管里,它们都能正常生长。7. 如果让它们生长在 8 个都不含有泛酸培养基的试管里,结果是一半能够生长,一半不能生长,表明突变型是一个基因突变,因为突变型和野生型杂交,产生 1∶1 的分离。

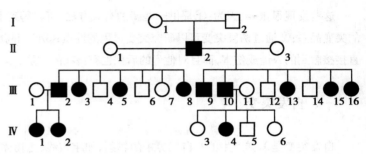

图 11-7 一个上睑下垂的家系,表现为显性遗传(刘祖洞等,1964)

从这家系来看,这个性状的遗传方式规则,家系中出现的第一个男性患者(Ⅱ-2)的父母正常,表明是一个新产生的突变。

如果显性性状的遗传方式不规则,例如双亲之一可能带有这个基因,但表型正常,突变性状没有表达出来,那显性性状的起源又将难以确定。

因为男性只有一个 X 染色体,所以 X 连锁隐性突变的起源有时也可从家系分析中检出。如果一个女性的一条 X 染色体上有一基因突变,她的半数男孩将遗传这个性状。然而 X 连锁性状的检出,也可发生误差,因为我们难以确定,杂合子女性所带有的突变基因是新产生的,还是从她的祖先传递下来的。所以人类中突变的检出,最可靠的还是限于显性基因。关于人的显性基因的突变率的计算,我们已在"突变率"一项中说明过。

随着生化技术的发展,研究者进一步利用各种蛋白质或酶的微小变异筛选人类突变。根据蛋白质在电场中的迁移率不同,可把某一蛋白质的微小差异检查出来,例如人的快速泳动和慢速泳动的葡糖-6-磷酸脱氢酶(glucose-6-phosphate dehydrogenase)等。这些微小差异都是遗传的,可在家系中一代代追寻。虽然这种变异通常并不产生形态上或生理上的效应,但是这种变异的存在,表明蛋白质中氨基酸排列顺序可以由突变而改变。但是,这个技术有一个限制,因为并不是所有氨基酸改变都可由电泳检出,所以单纯利用该技术会导致某一蛋白质的突变率可能被低估。但随着生化和分子生物学技术的不断进步,研究者对突变的原因、性质、种类、频率等有了更多的了解。由于 DNA 测序技术的快速发展,大量人突变检出可从基因水平直接开展,但筛选得到的 DNA 变异是否改变了表型效应,以及如何改变了表型效应,仍需要深入的遗传分析。

第三节 自发突变与诱发突变

上面已提到过,在家养动物和园艺植物中,时常有自发突变体出现。在1910年,摩尔根用白眼果蝇证明了伴性遗传现象。但最初的一只白眼果蝇是在野生型果蝇的培养瓶中自发出现的,以后摩尔根和他的学生们所用的很多突变型也都是自发产生的。也就是说,这些突变型并不是用人工方法诱发的。

在1927年,马勒用X线处理果蝇精子,证明X线可以诱发突变,显著地提高突变率。差不多同一时期,斯塔德勒(Lewis John Stadler,1896—1954)用X线和γ线处理大麦和玉米种子,也得到相似的结果。随着研究的进展,知道其他各种辐射,如α线、β线、中子、质子及紫外线等都有诱变作用。

这些发现很重要,因为:①提供一些新的有效方法,可以得到很多遗传学分析和育种上有用的突变品系;②通过诱发突变可以研究突变过程的性质;③证明高能辐射和许多化学品不仅能对直接接触到的人造成伤害,而且对他们的后代也有潜在的危险。

一、自发突变

自发突变是怎样产生的? 自然界中的辐射,如宇宙线、生物体内的放射性碳和钾等,可能是一种原因,但自然界中的电离辐射强度不足以说明自发突变的全部,可能只能说明其中的极小一部分。

温度的极端变化是另一种诱变因素。例如有人认为极端温度是黄鹌菜(Crepis)自发突变的重要因素。用极高的温度(例如40℃)或极低温度(例如0℃)处理生物材料,可增加突变率,但总的看来,温度在自发突变中的重要性还比不上自然辐射。

自从知道化学药品可以诱发突变后,人们不久就意识到周围环境中各种化学物质的潜在诱变性。不过自发突变不能单单归因于外界因素,也应考虑到体内或细胞内某些生理、生化过程所产生的物质的作用。支持这一论点的证据是:①植物的种子贮藏久了,突变率常常增加。例如在正常情况下,金鱼草的突变率大约是1%(包括所有的基因,如果每个基因的突变率是10万中1个,那么如果一个配子中共有1 000个基因的话,即可得到1%)。但种子贮藏6~9年后,突变率就从1%增加到1.6%~5.3%,贮藏10年后可达14.3%。②从陈种子中可提取一些诱变物质。例如从烟草的陈种子中压出油来,用这种油处理同一烟草品种的新鲜种子。从这些种子长出来的幼苗,突变种类跟自发突变相似,但突变频率增加。③把番茄种在很干燥的条件下,提高番茄细胞的渗透压,以后从它们的F_2和F_3中可以分离出大量突变体。

现代生物学家逐渐揭示了自发突变的机制——在细胞自身正常的代谢过程中,DNA一直承受着内源物质的持续攻击(Lindahl,1972)。以人为例,每个体细胞的DNA每天约产生7万个损伤位点,主要来自于代谢过程产生的活性氧化物(reactive oxygen substances,ROS)对碱基造成的氧化损伤,以及碱基水解、碱基烷化等。DNA的复制错误也是自发损伤的重要来源之一。仍以人为例,体细胞每分裂一次,就有6×10^9个核苷酸发生复制。DNA复制的过程中,DNA聚合酶的错误配对会导致单核苷酸替换(single nucleotide substitution)。最常见的是由嘌呤替代嘌呤以及嘧啶替代嘧啶,如 G 替代 A,T 替代 C,称为转换(transition)。此外,胞嘧啶由于自发去氨基化(deamination)可变成尿嘧啶。DNA 的跨损伤合成(translesion synthesis,TLS)也会导致 DNA在复制过程中产生自发突变。

尽管以上多种损伤威胁存在于细胞内部,但得益于 DNA 修复(DNA repair)机制和细胞程序性死亡(programmed cell death,PCD)机制的保护,绝大多数的损伤可以被及时、准确地修复,一些损伤严重、无法修复的突变细胞能够被生物体主动清除。据计算,在人的多种组织的干细胞中,每年每个细胞持续积累的新发突变仅为 40 个左右(Blokzijl 等,2016)。事实上,只有在损伤未修复,或在修复时引入了错误的情况下,才会造成 DNA 自发突变的积累。关于 DNA 修复和细胞程序性死亡的机理,我们留到后续章节再向读者做详细介绍。

二、辐射和紫外线照射诱变

生物体接触的辐射线有 X 线、α 线、β 线、γ 线,以及中子、质子等。辐射的生物学效应主要取决于它们所含的能量,以及能传递到细胞内原子和分子上的能量。

辐射所含的能量愈大,可使原子轨道上的电子变化以及分子共振态的改变愈强,因而诱变的效率更高。像 X 线、γ 线等是能量极高的辐射,能使轨道上电子完全离开原子,造成电离,所以这些辐射叫作电离辐射。电离辐射的诱变效率高,现在被广泛采用。

辐射剂量的单位用 r(roentgen,伦琴)表示。1 r 的照射可使 1 cm³ 的标准状态的干燥空气产生一静电单位(esu)的电离量。至于 1 r 的照射可以引起多少突变,随生物种类、照射器官和处理时间而有差异。现在选择几种代表性的生物,来看一看 1 r 的诱变率是多少。从表 11-2 看来,1 r 的诱变率大都在一亿分之一的范围内。

表 11-2　辐射剂量为 1 r 时的诱变率

生物种类	研究的基因座	照射对象	突变率
小鼠	常染色体隐性可见突变,7 个基因座的平均	精原细胞 精母细胞	2.6×10^{-7}
黑腹果蝇	常染色体隐性可见突变,9 个基因座的平均	卵母细胞 卵原细胞	1.4×10^{-8}
	常染色体隐性可见突变,9 个基因座的平均	成熟精子	6×10^{-8}
大肠杆菌	生化突变,30 种的平均		2.7×10^{-10}

诱发突变的种类跟自发突变很相似,这不仅在引起基因突变和染色体畸变这两大类上是这样,而且在引起这两大类的细分条目上也是如此。因此诱发突变并不产生特别的突变型,只不过增加突变的频率而已。一般地说,辐射剂量低时,诱发突变率是自发突变率的几十倍;辐射剂量高时,诱变率可达自发突变率的几百倍以上,所以辐射诱变在增加突变率上有很大作用。

电离辐射引起遗传损伤的途径,大部分还未了解,但是它们可能以两种方式改变染色体的结构:①直接方式,通过量子跃迁释放的能量击中染色体,好像子弹击中靶子一样;②间接方式,通过电离化(ionization)使细胞内发生化学变化,转而使染色体在复制时产生异常。一般分裂中的细胞比不分裂细胞对辐射敏感。用γ线来治疗肿瘤也是同样的理由,迅速分裂中的肿瘤细胞比不分裂的周围细胞对射线敏感得多。

电离辐射的遗传学效应在许多生物中都有研究,并得出两个重要结论:

第一,电离辐射可诱发基因突变和染色体断裂,它们的频率跟辐射剂量成正比。例如用2 000 r 的剂量处理果蝇精子,大约产生 6% 的 X 连锁隐性致死突变,而剂量为 4 000 r 时,频率大约增至 12%(图 11-8)。在相当大的一个剂量范围内,辐射剂量和突变率之间都存在线性关系。但是用高剂量辐射诱发 X 连锁隐性致死突变时,得到的突变率比预期低,这可能是因为在一个染色体上诱发了一个以上的致死突变。用 Muller-5 技术测定的,是带有一个或一个以上的隐性致死突变的 X 染色体频率,而不是测定隐性致死突变的实际频率。而且还应当注意到,虽然染色体断裂的频率与照射的剂量成正比,但是像倒位、易位和缺失等染色体结构变异就与辐射剂量不一定是线性关系了。

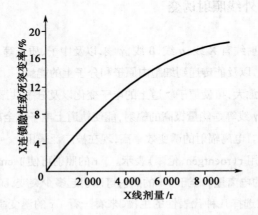

图 11-8 X 线辐射剂量与果蝇精子中 X 连锁隐性致死突变率的关系

第二,辐射效应是累积的。处理果蝇精子,诱发的突变数跟接受的照射量成正比,而跟照射的方式无关。低强度长期照射(慢性照射)与高强度短期照射(急性照射)诱发的突变数一样;连续照射与间歇数小时的分次照射,产生的突变数也一样。但在其他生物中,并不存在这样确切的关系。例如处理小鼠精原细胞时,慢性照射产生的突变率比同剂量的急性照射少。可以确定的是,一个细胞接受的辐射剂量即使只有很小的增加,该细胞发生突变的概率也会增加。

紫外线照射也可诱发突变,但不及电离辐射有效。紫外线的最有效波长是 270 nm,这个波长相当于核酸的吸收峰。紫外线也是电磁辐射,跟 X 线一样,但穿透性很弱。例如紫外线照射约有 30% 可以穿透过玉米花粉壁,但只有 8% 可以穿透过鸡蛋的卵黄膜。这样低的穿透性很难保证实验群体中每一细胞都接受同样的辐射量,所以紫外线很少用作高等生物的诱变剂,而多用在微生物、生殖细胞、花粉粒以及体外培养细胞等的诱变中。

三、化学诱变

最早知道的化学诱变剂是秋水仙碱,可以诱发多倍体。1943 年奥尔巴赫(Charlotte Auerbach,1899—1994)和罗布森(John Michael Robson,1900—1982)用果蝇做实验,发现芥子气(二氯二乙硫醚)可以诱发突变。他们的发现不是完全偶然的,因为已知芥子气跟 X 线一样,可以抑制细胞分裂,引起炎症,所以他们猜想,芥子气很可能也有诱变效应。不久又发现,芥子气和氮芥子气可引起染色体断裂。

化学诱变的发现开拓了人工诱变的新途径。化学诱变剂的应用,可大大提高突变率,而且处理比较方便:只要把化学诱变剂添加到培养基中,在上面培养孢子或细菌,或者把诱变剂配成溶液,把种子、芽或休眠的插条等浸渍在溶液中即可。

随着科学实验的进展,化学诱变剂的名单不断延长。大量化学品,其中很多是致癌剂(carcinogen),可以诱发突变。在这些化合物中,有的广泛地用于工业加工过程中,而另一些普遍地用作杀虫剂、杀菌剂和食物添加剂等(表 11-3),所以科学严格地鉴定可以诱变的化学品并采取防护措施是一项非常迫切的科学工作。有些化学诱变剂是高度有毒的,例如氮芥子气,可以在它们产生明显的遗传损害以前,就把它们鉴别出来。可是另一些化合物并不那么有毒,却是诱变剂,所以往往在它们造成严重遗传损害之前未能被检查出来。我们最关心的是各种化学品对人类的潜在遗传损害,但是因为不能用人做实验,所以只有根据其他生物的诱变实验的结果来推断。如发现一种化合物在细菌、果蝇或小鼠中具有诱变作用,我们就把它看作是人的潜在诱变剂,不用它,或者采取防护措施,以免危及人体。

表 11-3 一些化学诱变剂和它们的作用(主要根据 Smith-Keary,1975)

化学诱变剂	主要用途	有害效应
乙烯亚胺(ethylenimine)及其衍生物	纺织工业(染色,防皱防水);农业(杀虫剂和土壤团粒结构促进剂);石油工业	毒性和致癌剂;在多种生物中诱发突变,诱发人细胞的染色体畸变
三乙撑硫代磷酰胺(thiotepa)	纺织工业(染色,防火防水)	诱发小鼠突变和人细胞的染色体畸变
芥子气(mustard gas)	应用于塑料工业	各种生物的畸胎剂、致癌剂和诱变剂
亚硝胺(nitrosamine)	石油工业,线虫防治,火箭燃料,增塑剂;存在于很多食品和烟草中	在果蝇中有毒、致癌和诱变,但在细菌中不是,亚硝胺可能要由酶作用后才有活性
乙二胺四乙酸(ethylenediamine tetraacetic acid,EDTA)	促进色香的保持,广泛应用于食品工业	在高等生物中引起染色体畸变
克菌丹(captan)	农业和园艺上的杀真菌剂	有毒,引起畸胎;大肠杆菌诱变剂
链霉黑素(streptonigrin)	抗生素,癌化疗剂	致癌和诱变;引起高等生物细胞的染色体畸变
AF-Ⅱ(呋喃糠酰胺,furylfuramide)	食物添加剂,作为豆腐、火腿、香肠等保存剂	在实验动物中有致癌、诱变作用,能引起染色体畸变,但未发现有致畸作用

自发突变和诱发突变有一个共通的特征,就是随机性。所谓随机性,就是说,突变可以发生于不同发育时期的各种细胞,可以发生于细胞内的不同染色体,可以发生于染色体上的不同基因座,而且同一基因座上的基因又可突变成各种不同的等位基因。但是某些化学诱变剂的诱变作用具有一定的特点,例如生物碱咖啡因可以诱发染色体断裂和重组,但并不显著提高可见突变的发生率。又如一些核苷酸类似物,如脱氧尿核苷处理细胞时,会使细胞合成 DNA 时随机地掺入这种类似物,以代替正常的核苷酸,结果造成染色体畸变,而且断裂的地方有集中于染色体的某些区段的趋势。但即使在这种情况下,仍然不能说突变是不随机的。到现在为止,还没有发现哪

个诱变因素能使生物定向地产生更适应于该因素的一些突变。

四、诱变在育种上的应用

物理因素和化学因素可以诱发突变,使突变率大大提高,这样变异的来源就大为增多。通过人工选择再加上育种上的一些措施,可以培育出生产上需要的各种优良品种。

在微生物选种中,现在已广泛应用诱变因素来培育优良菌种。例如青霉菌的产量最初是很低的,生产成本也很高。后来交替地用 X 线和紫外线照射,以及用芥子气和乙烯亚胺处理,再配合选择,结果得到的菌种,不仅产量大大地提高了,而且混在青霉素制品中的一种黄色素也不再分泌了。人工诱变已经广泛地应用在各种抗生素菌种和其他工业微生物的育种上,使产品质量继续提高,生产成本不断下降。

在植物方面,应用诱变育种,也已培育出许多优良品种。这个方法特别有利于改进高产品种的个别不良性状。例如用 γ 线处理籼稻干种子,选出提前 15 天成熟的新品种,丰产性状仍旧保存下来。又如,一般米粒的蛋白质含量不高,而且所含的蛋白质较多地分布在米粒的外层,在碾成白米时,多已丧失。现在用诱变方法,得到新的水稻品种,不仅提高了米粒中蛋白质的含量,而且蛋白质分布在整个米粒中,所以碾成白米后,米粒中蛋白质含量提高很多。还有,用 γ 线和其他诱变剂处理大豆,培育出一个新品种,该品种具有改变了的酶系,在光合过程中消耗有机碳很少,被称为"非光呼吸作物"。光呼吸虽为植物正常生活所必需,但它的消耗过大,几乎用去了合成有机碳的一半,所以育成的非(或低)光呼吸作物可在同样的施肥和管理条件下,提高产量50%。诸如此类的例子是很多的。我国利用诱变育种的方法已先后育出了一百种以上的水稻、小麦、高粱、玉米、大豆等新品种,而且有些品种已大面积推广种植,在粮食增产上起了很大的作用。

在家蚕中,斯特伦尼科夫(Vladimir Strunnikov, 1914—2005)利用诱变技术研究出"性连锁平衡致死系",使孵出来的都是雄蚕。部分育种经过如下:应用电离辐射,得到几个 Z 染色体上具有隐性致死基因的品系,从中选出 Z 染色体左臂上带有隐性致死基因 l_1 或 l_2 的两个杂合子。这两品系虽各有一个致死基因,但不降低生活力。l_1 与 l_2 的基因座靠近,重组值很低。另外又由辐射诱变得到 ZW 易位的雌蚕,Z 染色体的一个片段易位到 W 染色体,该易位片段上带有与 l_1 和 l_2 相对应的正常等位基因(图 11-9)。

把 ZW 易位的雌蚕与一条 Z 染色体上带有致死基因 l_1(或 l_2)的雄蚕交配,得到的杂种中,雌蚕具有从母本来的 ZW 易位染色体和从父本来的带有 l_1(或 l_2)的 Z 染色体。雌蚕由于有 ZW 易位,除了一个正常 Z 染色体外,还有一个由于易位而获得的 Z 染色体片段,所以 Z 染色体部分重复,但它们仍是可育的。Z 染色体部分重复的杂种雌蚕再与一条 Z 染色体上带有致死基因 l_2(或 l_1)的雄蚕杂交,所得的杂合子中,雄蚕的两条性染色体 ZZ 分别具有 l_1 和 l_2 致死基因,这样就得到了平衡致死系:雌蚕带有 ZW 易位和一个标记有 l_1(或 l_2)的正常 Z 染色体,而雄蚕是致死基因 l_1 和 l_2 的杂合子。这种平衡系能真实遗传(图 11-9a)。将该系统的雄蚕与正常雌蚕杂交时,下代只有雄蚕(图 11-9b),因为雌蚕的 W 上没有 l_1 或 l_2 的等位显性基因,所以雌蚕全部死亡。

根据实验,可能仍有少数雌蚕活下来,这是由于父本雄蚕(l_1+/+l_2)的两致死基因间发生重组,形成不具有致死基因的雄配子(++),如果这种雄配子与带有 W 的雌配子结合,就有可能出生有生活力的雌蚕(图 11-10)。

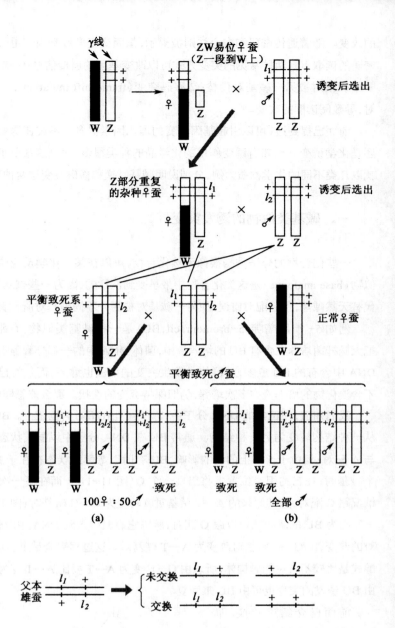

图 11-9 家蚕伴性平衡致死系的育成和利用
(Strunnikov, 1980)

(a) 平衡致死系的雄蚕对两个不同致死基因 (l_1、l_2) 都处于杂合态, 从而使具有不同致死基因的个体不致死亡, 同时由于两致死基因间的平衡效应, 使这品系可以自我保持下去, 子代的雄蚕像父本, 雌蚕像母本。(b) 平衡致死系雄蚕与正常雌蚕杂交时, 由于致死基因 l_1、l_2 位于 Z 染色体上, 所以雌蚕 (ZW) 全部死亡, 活下来的都是雄蚕 (ZZ), 可供生产用。

图 11-10 父本雄蚕中两致死基因发生重组, 可形成不带致死基因的雄配子

ZW 易位的平衡致死系已用于蚕种生产, 提供全是雄蚕的杂交种。但鉴于平衡致死系雌蚕有较大片段的重复, 不可避免地会影响其生活力, 所以还应继续选育, 增加雌蚕强健度。不过不论怎样, 斯特伦尼科夫的实验构思是巧妙的, 他所得到的性连锁平衡致死系如经过实质性的改进, 有可能在蚕丝业生产上发挥其应有作用。

第四节　突变的分子基础与遗传效应

沃森和克里克关于 DNA 的结构和复制的模型确立后, 分子生物学家清楚地认识到基因突变是由于 DNA 分子中核苷酸顺序的改变造成的。基因突变引起基因作用改变, 最后导致个体表型

的改变。随着遗传密码和中心法则被揭示,基因突变导致基因作用改变的原因自然落到了遗传密码的读取上。两种常见的突变方式可以改变基因的遗传信息:①碱基替换(base substitution),一个碱基对被另一碱基对代替;②移码突变(frameshift mutation),增加或减少一个或几个碱基对,导致阅读框的改变。

前面已提到过,可以引起基因突变的理化因素很多。不过在诱变机理方面了解比较清楚的还是化学诱变。已知有诱变作用的化学品的种类很多,而且这张单子还在不断延长。我们现在就以几类不同的化学物质为例,分别说明碱基替换和移码突变这两种基因突变方式。

一、碱基类似物的诱发突变

一些化合物的分子结构很像天然化合物,可以在某个化学反应中取代天然化合物。碱基类似物(base analogue)是这类化合物中最早受到注意的,因为一些碱基类似物可以在 DNA 复制中代替天然碱基,引起配对错误,使得一碱基对被另一不同碱基对所代替。

例如 5- 溴尿嘧啶(5-bromouracil,BU)是一种碱基类似物,它跟胸腺嘧啶有类似的结构。把大肠杆菌培养在含有 BU 的培养液中,菌体 DNA 中的一部分胸腺嘧啶便为 BU 所取代。一般,DNA 中含有的 BU 愈多,则群体中发生突变的细菌也愈多,而且将已经发生了突变的细菌换到不含溴化物的培养液中多次培养,仍旧保持突变的性状。那么该怎样解释这些现象呢?

我们知道,在正常的 DNA 分子中,T 和 A 处在相对的位置上。BU 像所有天然碱基一样,能从一种结构转变为另一种结构。通常 BU 在 DNA 分子中以酮式状态存在,这时它和 T 一样,能与 A 配对;但由于 5 位上的溴的影响,BU 有时以烯醇式状态存在于 DNA 中,当 DNA 复制到这个碱基时,在它的相对位置上将出现一个 G(图 11-11)。而在下一次 DNA 复制时,G 又按一般情况跟 C 配对,这样原来的 A—T 碱基对就转变为 G—C 碱基对(图 11-12)。

因为 BU 的烯醇式可以跟 G 配对,所以它有时掺入到 DNA 中取代 C 的位置,也可引起碱基对的改变,由 G—C 碱基对改变为 A—T 碱基对。这过程完全是上述过程的回复。因为 BU 的烯醇式是比较不常见的异构体,所以由 G—C 变为 A—T 要比 A—T 变为 G—C 少得多。尽管这样,由 BU 诱发的突变也可由 BU 来回复。

前面已介绍过转换,即嘌呤由嘌呤代替,嘧啶由嘧啶代替;而嘌呤为嘧啶代替,嘧啶为嘌呤代替,叫作颠换(transversion)(图 11-13)。BU 引起的碱基替换是转换。

另一碱基类似物——2-氨基嘌呤(2-aminopurine)对 T4 噬菌体和大肠杆菌等也是诱变剂,它的诱变作用也是引起碱基对的转换。

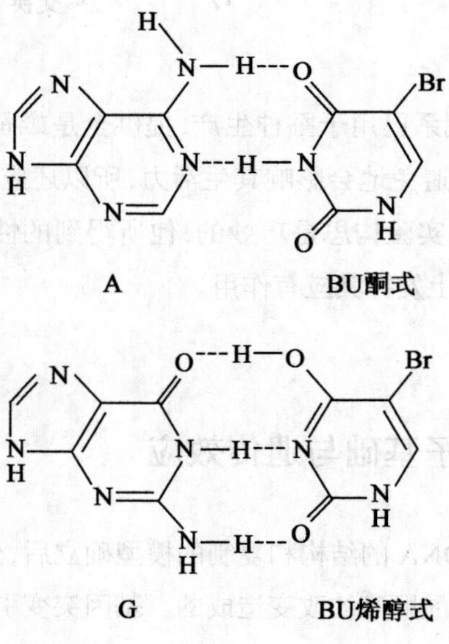

图 11-11　BU 的碱基配对方式

BU 以酮式存在时,与 A 配对;以烯醇式存在时,则与 G 配对。

图 11-12　BU 诱发突变的机理

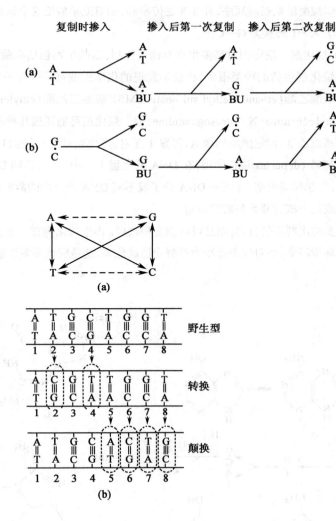

(a) 诱发 A—T 转换为 G—C。复制时,碱基类似物的常见异构体(酮式)代替天然碱基(胸腺嘧啶),掺入 DNA。掺入后第一次复制时,该类似物以烯醇式存在,跟一不同的天然碱基(鸟嘌呤)配对,从而在下一次复制时,导致碱基对的替换(复制误差,error of replication)。
(b) 诱发 G—C 转换为 A—T。复制时,出现配对错误,碱基类似物的稀有异构体(烯醇式)掺入 DNA。在掺入后第一次复制时,类似物又回复酮式结构,这时配对正常,从而导致下一次复制时出现碱基对替换(掺入误差,error of incorporation)。

图 11-13　碱基替换的几种可能形式

(a) 碱基的转换(虚线)和颠换(实线)。(b) 一段 DNA 双链中,碱基对替换的例子。

二、改变 DNA 化学结构的诱变剂

　　碱基类似物是诱变剂,因为它们取代复制中 DNA 的一个正常碱基;其他诱变剂,如亚硝酸、烷化剂(alkylating agent),它们的作用是改变核酸中的核苷酸化学组成,所以它们的作用与 DNA 的复制无关。

　　(1) 亚硝酸(HNO$_2$)　这是一种很有效的诱变剂,已知可以引起很多生物的突变,如烟草花叶病病毒,T2、T4 噬菌体,大肠杆菌等。

　　已知亚硝酸有氧化脱氨作用,能使 A 脱去氨基,成为次黄嘌呤(H),使 C 脱去氨基,成为 U(图 11-14),使 G 脱去氨基,成为黄嘌呤(X)。A 脱氨后生成的 H 跟 C 配对,C 脱氨后生成的 U 跟 A 配对。在下一次 DNA 复制时,C 又按一般情况跟 G 配对,A 也按通常情况跟 T 配对,这样前者就由原来的 A—T 转换为 G—C,后者由原来的 G—C 转换为 A—T,使 DNA 分子中核苷酸排列顺序发生变化。但 G 脱氨后生成的 X 仍和 G 一样,与 C 配对,因此 G 脱氨没有诱变作用。

用亚硝酸处理大肠杆菌的碱性磷酸酶缺陷株,能够得到生产这种酶的回复株。分析回复株中碱性磷酸酶的氨基酸顺序,并参照遗传密码,知道亚硝酸使这个缺陷型回复为原养型的机制主要是由于 A—T 转换为 G—C。

(2)烷化剂 烷化剂对很多生物有诱变作用,这些生物包括噬菌体、细菌、链孢霉、蚕豆和果蝇等。烷化剂包括的种类很多,有最早发现的化学诱变剂——芥子气,还有在工业上广泛应用的甲基磺酸乙酯(ethane methyl sulfonate,EMS)、硫酸二乙酯(ethylethane sulfonate)和亚硝基胍(N-methyl-N-nitro-N-nitrosoguanidine)等。烷化剂可能通过几种不同途径,引起突变:①给 G 添加甲基或乙基,使它的结构像 A,可跟 T 配对,产生配对误差(图 11-15);②烷化的 G 脱掉嘌呤造成脱嘌呤(depurination)作用,在 DNA 链上留下一个缺口,影响 DNA 的复制,或使核苷酸顺序缩短,引起移码突变;③同一 DNA 分子或不同 DNA 分子间的两链间形成交联(cross-linkage),使一个或几个核苷酸丢失或被切除。

很多烷化剂不仅有毒,而且可以诱变和致癌。由于烷化剂在工业上应用广泛,如果使用不当,可造成环境污染,会对使用者和附近群众造成危害,这是应该多多注意的。

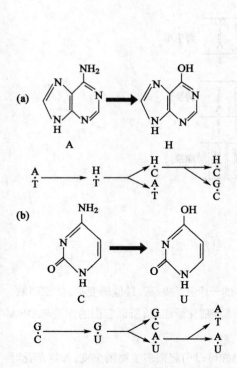

图 11-14 亚硝酸对 A 和 C 的脱氨基作用导致碱基对改变

(a)亚硝酸使 A 脱去氨基,成为 H,使 A—T 转换为 G—C。(b)亚硝酸使 C 脱去氨基,成为 U,使 G—C 转换为 A—T。

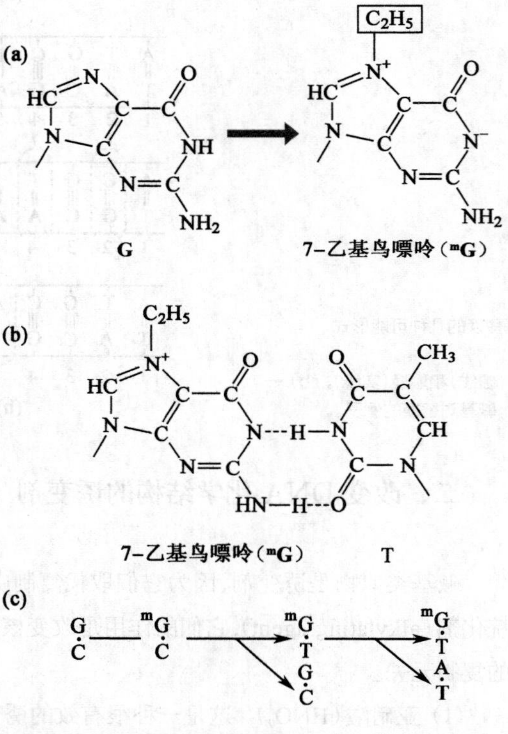

图 11-15 G 用烷化剂硫酸二乙酯处理后,配对行为改变,出现碱基转换

(a)G 的烷化。(b)ᵐG 与 T 配对。(c)配对行为改变,G—C 转换为 A—T(ᵐG 表示 7- 乙基鸟嘌呤)。

三、结合到 DNA 分子上的诱变剂

吖啶类是另一类重要的诱变剂,因为这类药物能使在细胞内生长的病毒出现移码突变。所谓移码突变,就是由于 DNA 分子的某一位置上缺失或插入一对或几对(非 3 倍数)核苷酸而造成遗传密码的移位。由于遗传密码以 3 个核苷酸为一组而且是连续的,所以在缺失或插入核苷酸之后的密码都成为错误密码,都将翻译为不正常的氨基酸,甚至提早终止。这种突变型称为移码突变型。例如一个正常基因的密码子是……UUU AAA UUU……当增加一个 A 时,就使编码顺序改变,成为……AUU UAA AUU U……这样就引起了基因突变。相反,失去一个核苷酸对,也将引起同样的遗传后果(图 11-16)。

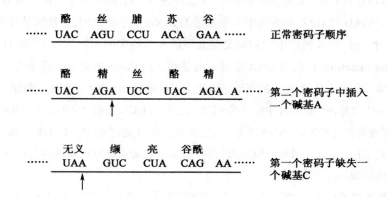

酪	丝	脯	苏	谷	
…… UAC	AGU	CCU	ACA	GAA ……	正常密码子顺序

酪	精	丝	酪	精	
…… UAC	AGA	UCC	UAC	AGA A……	第二个密码子中插入一个碱基A

无义	缬	亮	谷酰	
…… UAA	GUC	CUA	CAG	AA……	第一个密码子缺失一个碱基C

图 11-16　移码突变的示意图

吖啶类诱发突变的一个重要特征是,吖啶类化合物所诱发的突变型能用吖啶类回复,但不能由碱基类似物回复。这是因为吖啶类引起移码突变是通过增加或减少一个或几个碱基对实现的,所以增加一个碱基对的突变型可由邻近一个碱基对的缺失而使遗传密码又回复原来阅读框,出现回复突变,这自然不能由碱基对替换来实现。

吖啶类化合物包括原黄素(proflavine)、吖黄素(acriflavine)和吖啶黄(acridine yellow),是较为扁平的分子,能够与 DNA 结合,插入邻近碱基对间,使它们分开。吖啶类的诱变作用跟遗传重组有关,并且认为插入的吖啶分子使 DNA 双链歪斜,导致遗传交换时排列出现参差,结果出现不等交换,产生的两个重组分子,一个碱基对增加,一个碱基对减少(图 11-17)。

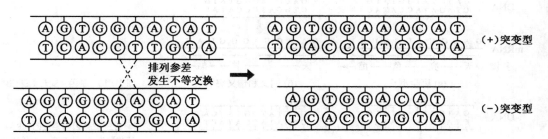

图 11-17　吖啶诱变机理的说明

四、基因突变与氨基酸顺序

蛋白质合成时，双链 DNA 上的遗传信息先传递给单链 mRNA，然后以 mRNA 为模板，合成多肽。mRNA 上的核苷酸以 3 个为一组，作为一个密码子，被一个特定的 tRNA 分子识别，并由它把正确的氨基酸接到延伸中的多肽链上。所以 DNA 分子的核苷酸顺序的改变，不论是起因于碱基替换，还是起因于移码突变，都有可能使该基因决定的多肽的氨基酸顺序发生改变。

不同碱基替换对多肽中氨基酸顺序的影响不同，可以是同义的，可以是错义的，也可以是无义的。同义突变（synonymous mutation）指不改变氨基酸序列的碱基替换，一般不易认出。因为虽然 DNA 组成变了，某一密码子不同了，但在多肽链中仍插入同一氨基酸。例如天冬氨酸由三联体 GAU 或 GAC 编码，DNA 中一个碱基对的替换，使 mRNA 密码子由 GAU 变为 GAC，因为密码子 GAU 和 GAC 都为携带天冬氨酸的 tRNA 分子所识别，这种氨基酸就像没有发生过碱基替换时一样，插入到野生型和同义突变型的多肽链中的相应位置上（图 11-18b）。错义突变（missense mutation）指的是 DNA 中碱基对替换，使 mRNA 的某一密码子改变，由它所编码的氨基酸不同。那就是说，改变了的密码子为完全不同的另一 tRNA 所识别。例如 DNA 中碱基对 T—A 被 G—C 代替，使 mRNA 中编码色氨酸的三联体 UGG 改变为 GGG，而 GGG 是甘氨酸的密码子，因而被带有甘氨酸的 tRNA 所识别，这样就出现错义突变（图 11-18b）。因为多肽链中氨基酸顺序决定它的二级、三级和四级结构，很多错义突变会造成蛋白质的部分或完全失活，从而表现出突变性状来。

碱基替换改变了 mRNA 上的一个密码子，成为 3 个终止密码子 UAG、UAA 和 UGA 中的任意一个时，就出现无义突变（nonsense mutation）。如无义突变出现在基因中间，翻译进行到终止密码子，肽链的延长停止，只能产生截断的多肽，往往没有活性（图 11-18c）。

移码突变时，DNA 分子中添加或减少一个（或几个）碱基对，它们的效应是使密码子读框改变，从添加或减少一个碱基对的那个密码子开始，一直到信息的末尾都出现误读，产生的多肽可能会有错乱的氨基酸顺序；或者在误读中出现无义密码子，多肽延伸提早停止，只形成无活性的多肽片段（图 11-18d）。这些突变往往会使合成的酶或蛋白质的活性降低，或完全失活，结果突

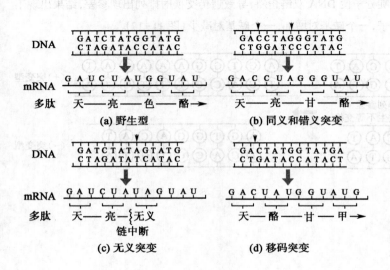

图 11-18　基因突变对氨基酸顺序的不同影响

（a）野生型基因和相应的 mRNA 的一小段核苷酸顺序，以及被这一小段所决定的多肽的氨基酸顺序。（b）天冬氨酸密码子发生一个同义突变，色氨酸密码子出现一个错义突变。（c）色氨酸密码子发生一个无义突变。（d）天冬氨酸密码子发生一个移码突变。DNA 链上的小箭头指出突变发生的地方。

变体不能存活，或显示出突变性状来。

五、基因突变与血红蛋白病

上面已简单地说明碱基替换或碱基增减可能是突变的原因，我们现在以血红蛋白病为例，说明这是由于血红蛋白基因中 DNA 碱基发生变化，引起 mRNA 中碱基的相应更改，导致血红蛋白分子中珠蛋白的结构发生变异而导致的疾病。

（1）错义突变　镰状细胞贫血主要发生在非洲，我国新疆地区也有发生。这是由一对突变基因 *HBB* 控制的，我们在前面已谈到过，纯合子 *HBB^S HBB^S* 的红细胞在缺氧时，都成为镰刀形，他们的红细胞中有一种不正常的血红蛋白，叫作血红蛋白 S（Hb S）。杂合子 *HBB^A HBB^S* 的红细胞在缺氧时，一部分成为镰刀形，他们的红细胞中有 40% 左右的异常血红蛋白 Hb S，还有 60% 左右是正常的成人血红蛋白 Hb A。而正常人的红细胞不会呈镰刀形，红细胞中的蛋白质都是正常的，都是 Hb A。

Hb A 和 Hb S 在电场中迁移率不同，所以不同基因型的人（*HBB^A HBB^A*，*HBB^A HBB^S*，*HBB^S HBB^S*）可以通过蛋白质电泳来鉴定（图 11-19）。Hb S 是最早发现的异常血红蛋白，以后由于实验技术的进展，新的异常血红蛋白不断被发现，如 Hb Siriraj、Hb Luhe 等，现在报道的异常血红蛋白已达数百种之多，而且还在继续增加中。

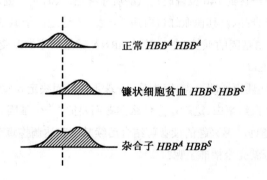

图 11-19　血红蛋白的电泳图（引自 Pauling 等，1949）

血红蛋白在 pH 6.9 的磷酸缓冲液中的电泳情况。正常血红蛋白向一极泳动，镰状细胞贫血患者的血红蛋白向另一极泳动，而杂合个体的血红蛋白正像两者的混合。

正常 *HBB^A HBB^A*
镰状细胞贫血 *HBB^S HBB^S*
杂合子 *HBB^A HBB^S*

分析 Hb A、Hb S、Hb Siriraj 和 Hb Luhe 的氨基酸组成，发现这些血红蛋白 β 链上有一个氨基酸的不同。现在把 β 链氨基端作为起点，将有关氨基酸列出来，看哪个氨基酸被替换了。

从表 11-4 可以看到，从 N 端算起，在 β 链的第 6 位上，Hb A 含有的氨基酸是谷氨酸，Hb S 含有的氨基酸是缬氨酸，可见只要有一个氨基酸的替换，就可使血红蛋白的性质改变，能够引起

表 11-4　正常和异常血红蛋白中氨基酸的改变与 mRNA 中碱基的替换

β 链氨基酸顺序	1	2	3	4	5	6	7	8
正常的氨基酸	缬	组	亮	苏	脯	谷	谷	赖
正常的密码子	GUA	CAU	CUU	ACU	CCU	GAA	GAA	AAA
Hb A	缬	组	亮	苏	脯	谷	谷	赖
Hb S	缬	组	亮	苏	脯	GUA 缬	谷	赖
Hb Siriraj	缬	组	亮	苏	脯	谷	AAA 赖	赖
Hb Luhe	缬	组	亮	苏	脯	谷	谷	CAA 谷胺

溶血性贫血这样严重的疾病。Hb Siriraj 和 Hb Luhe 则分别在第 7、8 位上发生了氨基酸替换。

（2）终止密码子突变　终止密码子（UAA、UGA、UAG）的一个碱基被取代，使突变后的密码子能编码某一氨基酸，这实际上也是碱基替换的一种，只不过替换的碱基是终止密码子中的碱基而已。

因为 Hb A α 链有 141 个氨基酸，β 链有 146 个氨基酸，所以 α 链的终止密码子在 142 位，β 链的终止密码子在 147 位。当终止密码子发生突变时，肽链合成将向 C 端延伸，直到遇到另一终止密码子为止。例如异常血红蛋白 Hb Constant Spring，α 链 142 位的 UAA 变为 CAA，终止密码子变为谷氨酰胺，肽链一直延伸到 173 位另一终止密码子为止，所以 Hb Constant Spring 的 α 链有 172 个氨基酸（图 11-20）。

（3）无义突变　血红蛋白病中，也有正常终止密码子前的某个碱基发生无义突变，成为新的终止密码子，因而使肽链缩短的情况。例如异常血红蛋白 Hb McKees-Rock 的 β 链只有 144 个氨基酸，这是由于 β 链 145 位的密码子 UAU 变为 UAA，成为另一终止密码子，所以肽链合成到 144 位氨基酸时提前终止，使 β 链 C 端少了两个氨基酸。

（4）移码突变　如果在正常密码子中插入或缺失 1~2 个碱基，那么其后面的碱基便依次推后或移前，结果三联体密码子的碱基成分便发生变化，由此决定的氨基酸也发生改变，而且肽链的合成也将不在原来的位置终止，而在移码后出现的新的终止密码子处终止，以致合成的肽链延长或缩短。例如异常血红蛋白 Hb Wayne 是 α 链 138 位 UCC 缺失一个 C，使 α 链的合成不在原来应该终止的地方停止，而一直到 146 位合成精氨酸后才终止，从而使 α 链延长（图 11-20）。

上述镰状细胞贫血的出现以及其他血红蛋白病的产生，不论是由于碱基替换，还是碱基的增减，都清楚地表明，血红蛋白基因的碱基改变，引起 mRNA 碱基顺序的改变，从而导致血红蛋白中珠蛋白氨基酸排列的改变。

在这一节结束的时候还要再说明一点，因为是 α- 珠蛋白基因决定 α 肽链，β- 珠蛋白基因决定 β 肽链，而不是决定整个血红蛋白，这就是为什么学者们要把"一个基因一个酶"假说改为"一个基因一条多肽"假说的道理。感兴趣的读者可结合后续基因表达调控章节，进一步思考"一个基因一条多肽"的表达是否就完全精准了呢？

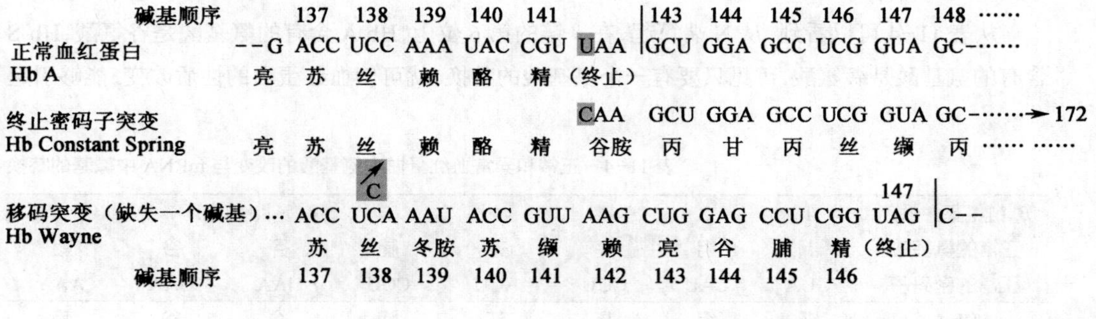

图 11-20　人类血红蛋白 α 链 mRNA 的终止密码子突变和移码突变

Hb Constant Spring，终止密码子的一个碱基替换导致肽链延长；Hb Wayne，缺失一个碱基导致移码突变后肽链延长。

习题

1. 解释下列名词：基因突变，自发突变，诱发突变，可见突变，生化突变，致死突变，回复突变，突变率，碱基替换（转换和颠换），移码突变，无义突变，错义突变，同义突变。

2. 从改变遗传信息的角度，基因突变可以分为哪几类？请分别描述它们的突变特点及遗传信息的变化。

3. 进行 Muller-5 测验时，要检验的雄蝇与 Muller-5 雌蝇交配得到 F_1 后，一定要做单对交配，观察 F_2 的分离情况。为什么一定要做单对交配？

4. 为什么多倍体可以阻止基因突变的显现？同源多倍体和异源多倍体在这方面有什么不同？

5. 在鸽子中，有一伴性的复等位基因系列，包括

B^A＝灰红色　　　　B＝野生型（蓝）　　　b＝巧克力色

显性可以认为是完全的，次序从左到右。我们已经知道鸟类的性决定是：♂ZZ，♀ZW。

基因型 $B^A b$ 的雄鸽是灰红色的，可是有时在它们的某些羽毛上出现巧克力斑点。请对这现象提出两个说明，一个从染色体方面，一个从基因方面。

6. 如果在遗传型 $B^A(-)$ 的雌鸽中出现斑点，这斑点往往是巧克力色，但在这类鸽子中有时也可看到蓝色斑点。这个事实对你的上述两个解释中哪一个有利？

7. 在一牛群中，外貌正常的双亲生产一头矮生的雄犊。这种矮生究竟是由于突变的直接结果，是由于隐性矮生基因的“携带者”的偶尔交配后发生的分离，还是由于非遗传（环境）的影响？你怎样决定？

8. 一野生型的雄果蝇与一个白眼基因纯合的雌果蝇杂交，子代中发现有一只雌果蝇具有白眼表型。你怎样决定这个结果是由于一个点突变引起的，还是由于缺失造成的？

9. 用 4 000 r 的 X 线照射，使处理过的果蝇配子中有 12% 发生了性连锁隐性致死突变。假定在没有照射过的果蝇配子中，几乎没有可检出的突变发生，又假定突变率与剂量之间有严格的线性关系，请问，用下列剂量进行照射时，预期发生的致死突变率各为多少？

(1) 1 000 r；(2) 2 000 r；(3) 5 000 r；(4) 6 000 r。

10. 原子弹在日本长崎和广岛爆炸后，最初的一个遗传学研究是调查受到过辐射的个体，了解他们的子女性比情况。为什么？

11. 在辐射的剂量效应中，一般认为易位的出现需要两个独立的断裂。所以易位的频率大致上与剂量的平方成比例。可是在多数实验中，易位的出现往往与剂量的 3/2 次方成比例。这可能是由于某些断裂重新愈合的结果。

现在有一实验，对果蝇的精子进行照射，在每 100 个存活的子代中，发现易位的数目如下：

照射剂量	500 r	1 000 r	2 000 r
未成熟精子	8	27	70
成熟精子	1	7	13

根据公式 $y = kD^2$，计算剂量 $D = 0.5$ kr（＝500 r）时的 k 值，然后利用这个 k 值计算 $D = 1$ kr 和 $D = 2$ kr 时的 y 值。把这些预期值与用公式 $y = kD^{3/2}$ 所得的数值相比较。你得出什么样的结论？

12. 在大肠杆菌的色氨酸合成酶的蛋白质 A 的某一位点（位置 223）上观察到下列氨基酸的替换：

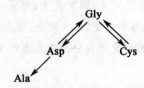

问：①假定每个氨基酸的替换只是由一个核苷酸的改变引起的。利用遗传密码表，指出什么密码子适合这系列的变化？②你预期哪两个突变结合能重组形成野生型（Gly）？③哪两个突变结合不能重组形成野生型？④上述氨基酸的改变中，哪一个表示碱基转换？哪一个是碱基颠换？

13. 某研究小组利用 Southern 印迹的方法对不同的囊性纤维化患者家系进行了研究。研究者针对 *CFTR* 基因突变特点设计了两种杂交探针，其中野生型探针 oligo-N 能够和野生型 *CFTR* 编码基因特异性结合；ΔF508 突变型探针 oligo-ΔF 能够与造成 *CFTR* 的 508 位苯丙氨酸缺失的突变等位基因特异性结合，结果如下图所示。我们用 *C* 表示野生型 *CFTR* 编码基因，*c* 表示造成 *CFTR* 的 508 位苯丙氨酸缺失的突变等位基因。请问：

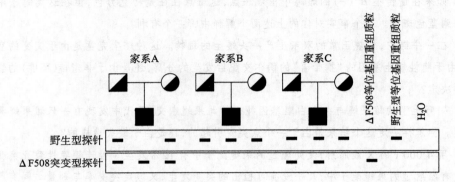

(1) 请写出家系 A 中父母和儿子的基因型。

(2) 请尝试解释 *CFTR* 的 508 位苯丙氨酸缺失突变导致囊性纤维化的遗传机制。

(3) 在家系 B 中，全部个体的 DNA 都仅与野生型探针有杂交条带，提示他们均不携带 *c*，如何解释子女患病的原因？

(4) 如何解释家系 C 中子女患病的原因？

14. 某同学在获得了一只携带点突变的杂合小鼠和一只携带 20 bp 缺失的杂合小鼠，为了实验需要，它将突变体分别与野生型小鼠杂交，得到了 F_1。为了确认子代的基因型，需要剪尾巴抽提基因组 DNA，做基因型分析。请你帮他设计不同的分子生物学实验方法分别鉴定点突变和缺失突变（结合第五章的相关知识）。

数字课程学习

✍ 在线自测　　　　　🔖 习题答案

第十二章
重组、转座与DNA损伤修复

我们在本书的多个章节都提到了重组现象，比如减数分裂中非姐妹染色单体的重组交换，细菌接合和转导中的同源重组等，但我们对重组的分子机制还了解甚少。我们将在这一章中简要介绍重组的分子机制，以及与DNA重组相关的一种特殊的DNA行为——转座。此外，基因突变的修复机制也与重组有关，我们在此章一并介绍。

另一方面，本章和前两章介绍的遗传物质的改变密切相关。减数分裂中的重组交换是真核细胞有性生殖过程中增加变异的重要手段；发生在单个基因内部的重组交换也可以产生基因突变，发生在不同基因之间的重组交换可以在子代中产生新组合，增加群体的遗传变异。使基因位置发生变化的转座也是一种有效的诱发突变方法，曾被大量用于模式生物的基因功能研究中。一些错误倾向性的DNA修复手段会直接产生基因突变。

第一节　重组的分子基础

重组或交换是遗传学的基本现象。一方面，它是遗传分析的主要手段，在遗传学研究中应用广泛；另一方面，动、植物育种工作者应用遗传重组，培育出优良的品种。在自然界中，遗传重组形成各种基因组合，通过自然选择，把能产生有利性状的基因组合选留下来，使生物不断地向前发展。

关于重组的机制研究还在继续。现在我们先评价有关基因重组的两个学说，然后再从分子水平对重组现象加以阐述。

一、基因重组的可能机制

关于基因重组的假设很多，但有两个模型受到广泛注意，一个是断裂愈合模型（breakage joining model），另一个是模写选择模型（copy-choice model）。

（1）染色体断裂愈合模型　这个模型是达林顿（Cyril Dean Darlington，1903—1981）（1937）提出来的。他观察到，减数分裂前期Ⅰ时，一对同源染色体相互吸引，进行联会，而当每一染色体分成两个单体时，两对染色单体又互相排斥。他根据这些现象，提出设想，认为在联会时，两同源染色体互相缠绕，形成相关螺旋，这时染色体内扭力和染色体间扭力保持平衡。但当染色体分成染色单体时，同源染色体间的引力被斥力代替，这时平衡受到破坏，只有当两个非姐妹染色单体在同一点上同时断裂时，平衡才得以恢复。染色单体断裂后，断裂端环绕未断裂的染色单体旋转，螺旋部分松开，在这一过程中，一条染色单体的断裂端跟另一非姐妹染色单体的相应断裂端接触，互相愈合，形成重组的染色单体(图 12-1)。根据这个断裂愈合模型，重组始终是交互的，而且每发生一次断裂愈合，在所形成的 4 条染色单体中，必然两条是亲代类型，两条是重组类型。

达林顿的模型能解释某些观察到的现象，但是重组并非始终是交互的，在一个减数分裂的 4 个产物中，不一定总是 2∶2 分离的，所以这个模型是不完全的。

(2) 模写选择模型　这一模型是贝林(John Belling，1866—1933)(1931)提出来的，之后为了说明细菌的重组，又得到了重视。这个模型认为，重组是复制的直接结果。复制时以每一亲本染色体为模板，形成一条子染色体。在复制过程中，子染色体可以调换模板，本来是以某一亲本染色体为模板，转而以另一亲本染色体为模板，所以形成的子染色体一部分以父本染色体为模板，一部分以母本染色体为模板。复制产生的 4 条染色体中，两条是重组类型染色体，两条是亲代类型染色体(图 12-2)。

这个模型虽能说明细菌和病毒的重组现象，但是这个模型也是不完全的。因为根据这个模型，每对姐妹染色单体中，只有一条染色单体可以参与交换，而另外一条染色单体应该保持亲本原型，而我们从真菌的四分子分析知道，三线或四线双交换也同样存在。还有，这个模型需要 DNA 的保留复制，而我们已清楚地知道，DNA 是半保留复制的。如果每一染色单体相当于一个 DNA 分子的话，那么这个模型要求重组染色体全是新 DNA，而亲本型染色体全是旧 DNA，这显然又跟事实不相符合。

利用四分子分析可以清楚地了解重组现象，因为减数分裂的产物可以分离出来加以分析。从这些分析知道，虽然重组是一个非常精确的过程，但有时也会出现不规则情况，产生异常分离，所以任何重组模型不仅需要说明正常的重组过程，还必须考虑到这些不规则现象，因此我们在讨

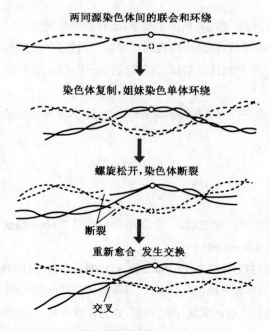

图 12-1　染色体断裂愈合模型示意图

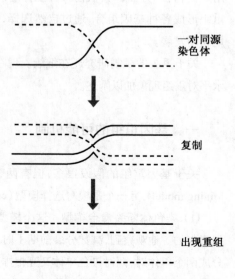

图 12-2　模写选择模型示意图

论重组的分子基础以前,先说明一下重组模型还应当兼顾到的基因转变(gene conversion)现象。

二、基因转变

重组通常是交互的。例如在一个杂合子中,如果一染色体把基因 A 交给它的同源染色体,则它的同源染色体必定把基因 a 交还给它。所以在真菌中,一个座位上的两等位基因分离时,应该呈现 2:2 分离。可是林德格伦(Carl Clarence Lindegren, 1896—1987)在酿酒酵母(*Saccharomyces cerevisiae*)中发现,有的子囊含有($3A+1a$)或($1A+3a$)的子囊孢子,而不是预期的($2A+2a$)。以后研究者在粗糙链孢霉中也发现这个现象(Mitchell, 1955),揭示了这个问题的重要意义,并进行了详细的分析。

链孢霉的杂交实验中所用的基因参与吡哆醇(pyridoxine,维生素 B_6)的合成。有一突变基因在某一位点上发生了突变,相应的突变株要在培养基中添加吡哆醇后才能生长,但对酸度是敏感的,改变酸度后,就不再是吡哆醇依赖型的了。该突变基因记作 *pdxp*。在一邻近的位点上,也有一突变基因,也是吡哆醇依赖型突变,但对酸度不敏感。该突变基因记作 *pdx*。这两个突变位点非常接近,可能属于同一顺反子。

将两个吡哆醇突变株杂交:+ *pdxp*×*pdx* +,取得子囊后,将 585 个子囊中的孢子依次分离出来,进行培养和鉴定。实验结果发现 4 个子囊中出现了野生型的孢子对,好像发生突变的两位点间有了重组(表 12-1),可是跟预期不符的是,没有发现重组后应该同时出现的双突变(*pdx pdxp*)孢子对(图 12-3)。实验分析方法是灵敏的,因此如果有双突变型的话,是能够检出的。还有这些情况也不能用突变来说明,因为它们的实际频率比这些位点的正常突变率高得多。

表 12-1　粗糙链孢霉的两突变株杂交(+ *pdx* × *pdxp* +)后出现野生型孢子对的子囊类型

孢子对	子　囊			
	1	2	3	4
第一对	+ *pdxp*	*pdx* +	+ +	*pdx* +
第二对	+ +	*pdx* +	+ *pdxp*	+ *pdxp*
第三对	+ *pdxp*	+ +	*pdx* +	+ +
第四对	*pdx* +	+ *pdxp*	*pdx* +	*pdx* +

注:每一子囊内的 4 个孢子对(8 个孢子)中,只有一个孢子对是完全野生型,但没有相对应的双突变型。

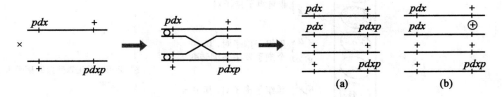

图 12-3　粗糙链孢霉的基因转变

两吡哆醇依赖型的突变株杂交时,由于重组,出现完全野生型的孢子对和双突变型孢子对(a)。发生基因转变后,*pdxp* 位点出现异常的 3:1 分离,但紧密连锁的 *pdx* 位点却显示正常的 2:2 分离(b)。基因的外面加一圆圈,表示发生了转变。

上面这些不寻常的情况,好像是一个基因转变为另一等位基因,所以称为基因转变。例如图12-3中,*pdxp* 转变为野生型(+)。基因转变往往伴有转换区外基因的重组,但区外基因的重组是正常的交互方式,所以虽然 *pdxp* 位点出现异常的 3∶1(或 6∶2)分离。但邻接的 *pdx* 位点仍显示正常的 2∶2 分离。

在粪生粪壳菌(*Sordaria fimicola*)中也发现了基因转变(Olive,1967)。粪壳菌的 *g* 基因座上,*g⁻*(*g*)决定子囊孢子灰色,而 *g⁺*(+)决定子囊孢子黑色。在 *g⁺* × *g⁻* 杂交中,他们分析了 200 000 子囊,发现有 0.06% 是 5∶3 分离,0.05% 是 6∶2 分离,还有 0.008% 是 3∶1∶1∶3 或异常的 4∶4 分离(图 12-4)。在异常的 4∶4 子囊中,虽然也有 4 个 *g⁺* 和 4 个 *g⁻*,但是排列方式特殊,一个孢子对中的两个孢子有着不同的基因型,而我们知道,每一孢子对都是一次有丝分裂的产物,它们应有同样的基因型。此外,虽然 *g*/+ 这对等位基因表现不寻常的分离,但是邻近的基因 *A*/*a* 呈现正常的分离(图 12-5),与粗糙链孢霉的情况一样。

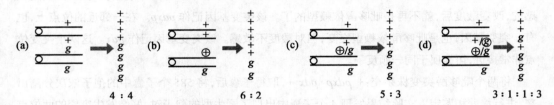

图 12-4　粪生粪壳菌的基因转变

转变的基因外面加一圆圈。(a)正常分离。(b)染色单体转变。(c)、(d)半染色单体转变。

在 6∶2(或 2∶6)子囊中(图 12-4b),减数分裂的 4 个产物中,有一个产物发生基因转变,所以是染色单体转变(chromatid conversion)。而在 5∶3(或 3∶5)或 3∶1∶1∶3 的子囊中(图12-4c 和图 12-4d),减数分裂的 4 个产物中,有一个或两个产物的一半出现基因转变,所以是半染色单体转变(half-chromatid conversion)。一个染色单体相当于一个 DNA 分子,转变可以影响一个 DNA 分子的双链,也可以仅仅影响其中的一条链。

在 5∶3 和 3∶1∶1∶3 的分离中,基因转变只影响半染色单体,所以分离一定发生在减数分裂后的有丝分裂中,所以叫作减数后分离(post-meiotic segregation)。

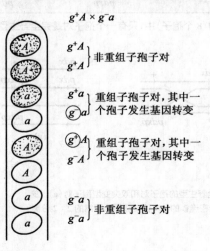

$g⁺A × g⁻a$

$g⁺A$
$g⁺A$ } 非重组子孢子对

$g⁺a$
$g⁻a$ } 重组子孢子对,其中一个孢子发生基因转变

$g⁺A$
$g⁻A$ } 重组子孢子对,其中一个孢子发生基因转变

$g⁻a$
$g⁻a$ } 非重组子孢子对

图 12-5　粪生粪壳菌的基因转变造成异常 4∶4 分离

一个子囊,*g⁺*(图中加点)和 *g⁻*(图中未加点)显示 3∶1∶1∶3 分离(或异常的 4∶4 分离),但 *A*/*a* 显示正常的 4∶4 分离。转变的基因用外面加圆圈来标明。在这个例子中,*g* 基因座发生基因转换,而旁侧的 *A* 基因座发生同源重组。

粪生粪壳菌的基因转变现象还有两个值得注意的特点：①显示 5：3 和 6：2 分离的子囊中，大约有 30% 也在 g 座位的两侧发生重组；②有基因转变的子囊中，基因转变和遗传重组都发生在同样两条染色单体的子囊比例竟高达 90%（见图 12-5）。换句话说，基因转变跟遗传重组是有关的。

　　基因转变在子囊菌 *Ascobolus immersus* 和果蝇中也有发现。如果有合适的检出方法，也有可能在其他生物中观察到。

三、遗传重组的分子基础

　　断裂愈合学说认为，遗传重组时，两染色单体在相同的点上断裂，然后以新的组合连接起来。如果染色单体不是在相应的点上断裂和愈合，那么形成的染色体将有重复和缺失，即发生我们前面所讲述的非同源末端连接。

　　四分子分析的结果使我们对重组现象有了进一步的认识。重组不仅有正常的交互方式，而且偶尔也有不规则的非交互方式，例如基因转变。基因转变往往与正常互换有关，两者有相当多的机会影响到相同的两条非姐妹染色单体。还有，有的子囊出现减数后分离，表明重组可以影响染色单体，也可影响半染色单体。

　　为了解释上面这些现象，一些学者提出了不同的重组模型，其中霍利迪（Robin Holliday，1932—2014）（1964）提出的一个重组模型受到多数学者的支持，以后又经过一些学者和霍利迪本人的修改，叫作异源双链或杂种 DNA 模型（heteroduplex or hybrid DNA model），适用于原核生物和真核生物。

　　根据这个模型，重组过程是这样的（图 12-6）：一对同源染色体有 4 条染色单体，每一染色单体是一条 DNA 双链，所以有 4 条 DNA 双链。在晚偶线期和早粗线期染色体配对时，内切核酸酶识别同源 DNA 分子上的相应断裂点，在断裂点的地方把磷酸二酯键切断，使两个非姐妹 DNA 分子各有一条链断裂。两断裂链从断裂点脱开，螺旋局部放松，然后在连接酶的作用下，断裂点以交替方式跟另一断裂点相互联结，形成一个交联桥（crossbridge），该结构又称为 Holliday 中间体（Holliday intermediate）。交联桥不是静态的，可向左右移动，移动后留下较大片段的异源双链。随后这交联桥的两臂环绕另外两臂旋转成为十字形，并在交联部分断开，消除交联体，恢复为两个线性 DNA 分子。断开方向或沿东西轴进行，或沿南北方向进行。如沿东西方向切断，则产生的两个异源双链的两侧基因为 AB 和 ab，仍保持亲代类型；如沿南北方向切断，则两侧基因为 Ab 和 aB，产生两个重组类型。但不论是哪种情况，在两个异源双链中，在 A 与 B 两基因座间都有一 DNA 片段是异源双链，也就是说，两条 DNA 单链的部分核苷酸片段分别来自不同的亲本。

　　因为异源双链中两核苷酸链分别来自不同亲本，所以如用于杂交的两亲本为 $g^+ \times g^-$，且两者有一对碱基之差：

$$g^+(+)\ \frac{\text{ACAGT}}{\text{TGTCA}},\ g^-(g)\ \text{是}\ \frac{\text{ACATT}}{\text{TGTAA}}$$

则异源双链 DNA 区域应为

$$\frac{\text{ACAGT}}{\text{TGTAA}}$$

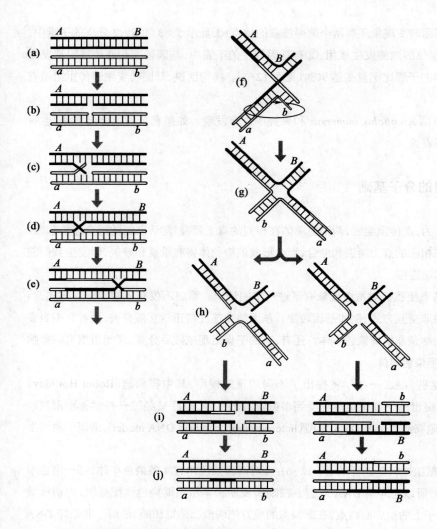

图 12-6　遗传重组的 Holliday 模型
(仿山口彦之,1979)

(a) 两条 DNA 双链,相当于减数分裂时两条染色单体,为简略计,图中只画出两条染色单体,另两条未画出。(b) 内切核酸酶识别每一 DNA 分子的相应断裂点,在每一分子的一条链的相同位点上造成切口,这两条链的极性相同。(c) 单链的游离端交换位置。(d) 单链连接,形成一个交联桥。(e) 交联桥的位置移动,形成较大区段的异源双链区。(f) ~ (g) 交联桥的两臂沿箭头方向旋转,呈现中空的十字构型。(h) 十字构型的两条单链保持完整,另外两条单链出现断裂。左侧的交联桥沿东西方向切断,右侧的交联桥沿南北方向切断。(i) ~ (j) DNA 修补合成。在 A 与 B 两基因座间的中间部分有一较大的异源双链 DNA 区域。至于两侧的标记基因可以不出现重组,仍保持亲代组合(左图);也可发生交换,出现重组类型(右图)。

其中的错配碱基对是 G—A,那么这样的错配部分如何修补,造成的结果又是如何呢?

异源 DNA 是不稳定的,不配对的核苷酸在 DNA 分子中造成歪斜,不配对的一小段由外切核酸酶切除,留下单链缺口。然后在 DNA 多聚酶的作用下,合成具有互补碱基的片段,填补缺口,再由连接酶把新合成的短链以共价键连接上去,成为连续的核苷酸链,完成修复过程。但是在修复时,由于切除的不配对碱基片段不同,可以有两种修复结果。例如错配的碱基对 G—A 的修复,如果切去 A 所在片段,则在染色单体中形成一个野生型基因(+);如果切去的是 G 所在片段,就会在染色单体中形成一个突变型基因(g)(图 12-7)。如果错配的核苷酸没有得到校正,杂种 DNA(杂种染色单体)留到下一次复制时,将产生两个不同的子染色单体,这样就出现半染色单体转变,一个孢子对中的两个孢子不同(图 12-8)。

图 12-7　异源 DNA 双链的两种校正方式

不配对的碱基对由外切核酸酶切除,新合成的互补短链(虚线部分)在连接酶的作用下连接上去。由于切去的不配对片段的不同,校正后或出现野生型,或出现突变型。

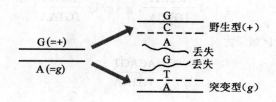

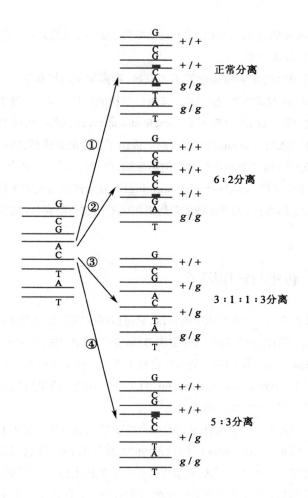

图 12-8 用遗传重组的异源 DNA 模型说明基因转变的起源

4 条染色单体全部画出,中间两条单体各有杂种 DNA 片段。校正的片段用粗线标出。①杂种分子校正,子囊孢子分离正常(4:4)。②两个杂种分子都校正为 +,子囊孢子出现 6:2 分离。③两个杂种分子都未校正,子囊孢子出现 3:1:1:3 分离。④一个杂种分子校正为 +,子囊孢子出现 5:3 分离。

　　这个杂种 DNA 模型清楚地说明重组是一个酶促过程,不仅 DNA 聚合酶是合成新的互补链所必需的,而且内切核酸酶、外切核酸酶和连接酶等也是 DNA 链的切割、断链的切除和愈合所必需的。

　　可见,杂种 DNA 模型不仅说明了遗传重组的过程,同时也解释了基因转变的现象,是比较完善的模型。在霍利迪提出此模型后不久,其他学者也提供了许多有力的实验证据。第一个重要证据来自 20 世纪 70 年代初,分子生物学家利用噬菌体和质粒 DNA 在电镜下观察到了交叉成十字构型的 Holliday 中间体(图 12-9),并在真核生物细胞中利用质粒 DNA 构建出了 Holliday 模型。随后,Holliday 模型中涉及的多种酶分子从细胞中分离得到,包括第一个重组酶 RecA,它可

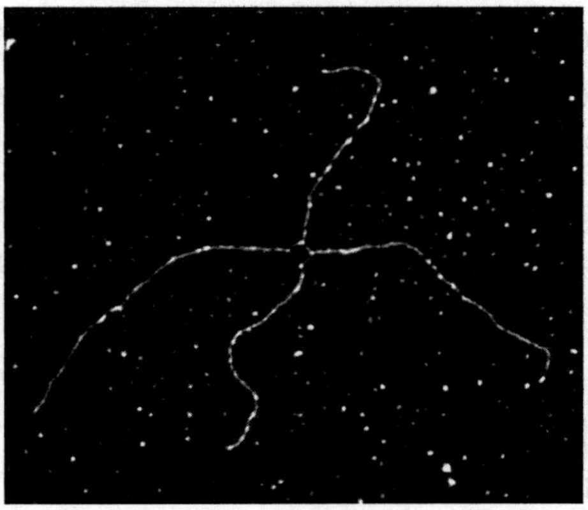

图 12-9 Holliday 模型中的十字构型中间体的电镜照片(引自 Potter 等,1979)

以促进 DNA 单链之间的交换,调节重组事件的起始,以及其他多种特异性识别 Holliday 结构的解旋酶、拓扑异构酶等。

随着分子生物学和遗传学的不断发展,更多的实验证据进一步提示,除了 Holliday 模型之外,染色体的同源重组可能也涉及其他分子机制。比如说,在酿酒酵母中发现,染色体重组不是由两条异源的 DNA 单链断裂(single-strand break,SSB)而是 DNA 双链断裂(double-strand break,DSB)起始的(Szostak,1983),据此提出了双链断裂模型:DNA 双链在断裂口扩大成缺口,然后入侵到另一条非姐妹染色单体的断裂端,修复补平,形成杂合双链。除了 DSB,发生在重复 DNA 中的单链复性(single-strand annealing)以及合成依赖型的单链复性也被认为是促进染色体同源重组的起始事件,但更精确的重组机制还有待这一研究领域的更多进展。

第二节　转座与转座因子

前面我们介绍了 DNA 重组的机理,它可以很好地解释减数分裂中同源染色体是如何发生交换的。在这一节中,我们将专门介绍和 DNA 重组密切相关的另一个重要的遗传学现象——转座(transposition)。我们把细胞中能改变自身位置的一段 DNA 序列叫作转座遗传因子,或简称转座因子或转座元件(transposable element,TE)。所谓转座,简单地说,就是 DNA 序列从基因组的一个位置跳跃到另一个位置的现象。

最早发现转座因子并提出基因在染色体上的位置不是固定不变的科学家是美国遗传学家麦克林托克(Barbara McClintock,1902—1992),她早在 1950 年就通过玉米籽粒色斑的不稳定性遗传的研究提出了控制生物性状的遗传因子在染色体上是"可动"的,能够从染色体的一个位置跳跃到另一个位置,或者从一个染色体跳跃到另一个染色体上。玉米中控制籽粒色斑的遗传因子被称作激活 - 解离系统(activator-dissociation system,Ac-Ds system),我们将在下文详细介绍其中的具体机制。

为了较好地了解转座因子的性质和转座的遗传学效应,我们先从简单的原核生物中的转座因子入手,再讨论较为复杂的真核生物中的转座因子。

一、原核生物中的转座因子

麦克林托克在 1950 年提出遗传因子可以转座的概念,这是超越时代的,当时遗传学家都报以怀疑的眼光。直到 20 世纪 60 年代初期,在大肠杆菌中发现了转座因子,此后陆续在酵母菌、果蝇以及哺乳动物中发现有转座因子的存在,生物学家们才对玉米的转座因子的分子机制有了进一步的认识。为便于在分子水平上阐明转座的机理,先以细菌的转座因子为例来加以叙述。

(1) 插入序列(insertion sequence,IS)　IS 是最简单的转座因子,最初是从大肠杆菌的 lac⁻ 突变体中发现的,这些突变体的基因内部或附近区域出现了一段自发插入的序列,破坏了 lac 基因的正常结构和相应的功能,因此被称为插入序列。这种突变体的回复突变率很高,进一步研究发现,原来是由 IS 的切除而引起的。

后来的研究发现,IS 是细菌染色体和质粒的正常组成部分,例如,大肠杆菌的染色体上有多种常见的 IS，且每种 IS 的拷贝数不等。正如我们在第八章介绍的，大肠杆菌的 F 因子上也有 IS。IS 的结构非常紧凑，如图 12-10a 所示，IS 的两端是短的反向重复（inverted repeat，IR）序列，它们一般相同或近乎相同，长度范围从几个 bp 到几十 bp 不等。IS 的反向重复序列对它的转座能力是必需的。此外，绝大多数 IS 内部编码一个转座酶（transposase），它是结合 IS 的末端并切割 DNA 的关键酶，也是转座所必需的。最后，IS 成功插入到基因组的另一个位置时，会在插入靶位点上生成新的正向重复（direct repeat，DR）序列（图 12-10b）。插入片段还可以从插入位点再切除，如果切除精确，可使 IS 诱发的突变回复为野生型；不精确切除可使插入位置附近的宿主基因发生缺失，造成突变表型。

（2）复合转座子（composite transposon，Tn）　复合转座子是细菌中的另一种转座因子。20世纪 30 年代，日本东京有一次痢疾流行。从患者排泄物分离到的痢疾菌（*Shigella dysenteriae*）竟同时具有多重耐性，对青霉素、四环素、链霉素、氯霉素和磺胺等都有抗性，而且这些抗性能以紧密连锁的方式一起遗传，甚至还可传递给其他肠道菌。这种现象很快引起遗传学家的注意，他们发现带有这些抗性的载体是一种质粒，很像大肠杆菌中的 F 因子，也是一种能独立复制的环状 DNA 分子。因为这种质粒能够传递抗性基因，所以称为 R 质粒（R 代表抗性）。

把 R 质粒的环状双链 DNA 分子加热变性，然后慢慢复性，在电镜下观察，发现复性后的质粒是哑铃状：两端各有一个单链环，一大一小；中间是一条双链的柄，也由两个反向重复顺序形成（图 12-11）。以后的研究发现，这两个反向重复序列事实上是一对逆向排列的 IS。因此整个质粒可以分为两部分：一部分是两个 IS 以及其中间带有的若干基因，如抗性基因 *str*^{r} 等，这部分合起来就是 Tn；而质粒的其余部分带有抗性转移因子（resistance-transfer factor，R factor，RTF），所以称为

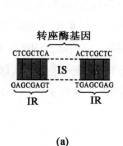

图 12-10　IS 结构示意图（a）和由于 IS 插入形成的靶位点的正向重复（b）

(a)

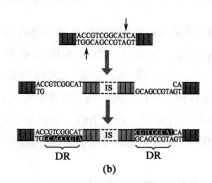

(b)

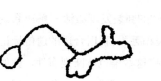

图 12-11　R 质粒变性后再复性的电镜照片示意图

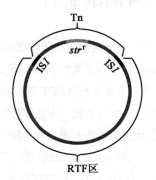

图 12-12　携带一个复合转座子的质粒

复合转座子包括 IS 和抗性基因两部分。

RTF 区,如图 12-12 所示。

Tn 比 IS 复杂一些,图 12-13 给出了一个典型的 Tn 的结构:它的内部除了含有转座酶编码基因,还带有同转座无关的一些结构基因,如抗药基因;Tn 的两端是两个 IS,构成了"左臂"和"右臂"。两个臂可以是正向重复,也可以是反向重复。位于两端的 IS 可以作为 Tn 的一部分随同转座,也可以单独作为 IS 而转座。转座子插入宿主的靶序列后,也造成靶序列的正向重复序列。Tn 内部所携带的抗药基因可以随着 Tn 的转座而在基因组中快速传播,这是上述痢疾流行的原因,也是自然界中细菌产生抗药性的主要原因之一。表 12-2 列举了一些常见的 Tn 及其组成情况。

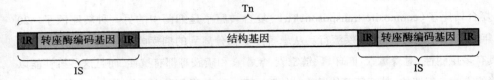

图 12-13 Tn 的一般结构示意图

表 12-2 一些常见 Tn 的结构组成

转座子	长度 /bp	结构基因	末端 IS	末端取向
Tn903	3 100	Kan[r]	IS903	反向
Tn9	2 500	Cam[r]	IS1	正向
Tn10	9 300	Tet[r]	IS10R,IS10L	反向
Tn5	5 700	Kan[r]	IS50R,IS50L	反向

不同细菌基因组内存在有十几种不同的 IS,各具有特定的碱基顺序,其大小因 IS 而异,几十到几千 bp 不等。Tn 的大小相对 IS 较大,也变化较大。它们可出现在基因组的不同位置,并且可以从一个位置转移到另一位置,但转移频率一般不高。它们整合的部位并不具有严格的顺序特征,但某些位置往往比另一些位置易于插入。IS 或 Tn 的插入常使插入区的基因失活,因为正常的转录和(或)翻译受到了阻碍。但偶尔也可由于插入激活有关基因的转录,因为 Tn 也可能带有它们自身 DNA 转录所必需的启动子顺序。

二、真核生物中的转座因子

转座因子在各类真核生物中的分布远比遗传学家原先预料的广泛,表 12-3 列举了几种模式生物中较常见、研究得也较透彻的转座因子。在下文中,我们将以玉米中的激活－解离系统、果蝇中的 P 因子等为例介绍真核生物中的转座因子的结构和行为特征。

(1) 玉米的激活－解离系统 麦克林托克是通过研究玉米染色体的断裂发现激活－解离系统(Ac-Ds 系统)的。她发现一些玉米品系的染色体不稳定,常发生断裂和丢失,利用合适的遗传标记(位于发生丢失的染色体片段上),如性状决定基因,可以很好地"追踪"这些染色体断裂事件。比如说第 9 号染色体短臂的断裂丢失可以用玉米籽粒三倍体胚乳的最外层——糊粉层的颜色来标识。

在了解麦克林托克的工作之前,我们先要介绍一下玉米的第 9 号染色体上与糊粉层颜色相关的基因组成,如图 12-14 所示,在这条染色体的短臂上,有 3 对与籽粒颜色有关的等位基因。

表 12-3　几类生物中常见的转座因子

生物	转座因子	机能
细菌	插入顺序(IS)	—
	转座子(Tn)	抗性
酵母	Ty 因子	引起突变
玉米	调控因子(Ac-Ds 系统)	籽粒色泽变化
果蝇	P 因子	杂交败育
哺乳类	前病毒,反转录转座子	致癌作用等

C 基因座上有两种等位形式,C^I 和 C,前者是一个显性抑制子,即单拷贝的 C^I 可以发挥显性抑制作用,抑制糊粉层颜色的发生。而 C 是一个隐性基因,只有在纯合时才能促进糊粉层颜色的发生。Bz 基因座上也有两种等位形式,Bz 和 bz,前者是一个显性基因,在没有 C^I 的前提条件下,单拷贝 Bz 就可以促进糊粉层发育为紫色,而 $bzbz$ 纯合子则能促进糊粉层发育为褐色。最后一个重要的基因是 Ds,它是染色体发生断裂的位点所在。

麦克林托克选择了这样一组杂交实验(图 12-15),她将 $CCbzbz$ _ _ 的母本(不含 Ds)与 $C^IC^IBzBzDsDs$ 的父本进行杂交,得到 F_1,观察 F_1 的籽粒颜色。在杂合子 $C^ICC\ BzbzbzDs$ _ _

图 12-14　玉米第 9 号染色体上与糊粉层颜色有关的基因组成

C^I 显性抑制基因,抑制糊粉层的颜色发生;C^I 的隐性等位基因 C,纯合时可以促进糊粉层的颜色发生;Bz 显性基因,促进糊粉层发育成紫色;Bz 的隐性等位基因 bz,纯合时促进糊粉层发育成褐色;Ds 解离因子,染色体断裂位点。

图 12-15　Ac-Ds 系统控制玉米籽粒颜色的机制

(a) F_1 三倍体细胞中没有发生断裂,由于存在一个 C^I 基因拷贝,发挥显性抑制作用,玉米籽粒为无色。(b) F_1 三倍体细胞在 Ds 处发生断裂(在 Ac 存在的条件下),丢失了 C^I 基因和 Bz 基因,C 基因座的抑制作用消失,$bzbz$ 纯合子促进糊粉层发育为褐色,无色的玉米籽粒上出现了褐色斑点或条纹。(c) 在一种突变品系中,Ds 在 Ac 的作用下插入到 Bz 基因的内部,造成了 Bz 基因的沉默,由于没有 C^I 基因,玉米籽粒表现为全褐色。但是,在籽粒的发育过程中,一些子细胞的 Ds 在 Ac 的作用下继续转座,可从 Bz 基因的内部精确解离出来,Bz 基因发生回复突变,促进糊粉层发育成紫色,褐色籽粒上出现紫色斑点或条纹。

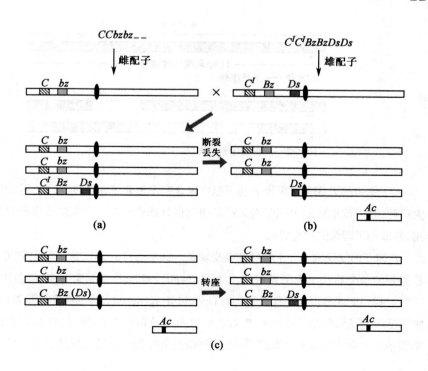

中,由于有一个 C^I 基因的作用,籽粒糊粉层应发育为无色(图 12-15a)。事实上,大多数籽粒的确如此,但是,她同时还发现了一些籽粒在无色背景上出现了褐色斑点或条纹,她推断这些褐色斑点所对应的细胞中,染色体在 Ds 基因处发生了断裂,丢失了 C^I 和 Bz 基因,丢失后的三倍体细胞的基因型为 _CC_bzbz,因此发育为褐色(图 12-15b)。而褐色色斑的大小则取决于这一断裂丢失事件发生的时期:如果在胚乳发育早期就发生了染色体的断裂丢失,那么这个变异细胞的所有子细胞都携带发生丢失的第 9 染色体,褐色色斑的面积就会较大,而如果在胚乳发育晚期才发生染色体的断裂丢失,那么发生丢失的子细胞群较小,褐色色斑也较小。

麦克林托克随后又发现单独的 Ds 并不能直接诱导染色体断裂,而是需要另一个因子的帮助,即 Ac,意为激活因子,Ac 位于另一条染色体上,存在于某些玉米品系中,只有在 Ac 存在的前提条件下,Ds 才能发生断裂。两者共同构成了一个控制籽粒颜色的系统,因此被称为控制因子。不仅如此,更深入的研究工作让她继续认识到 Ds 不仅能诱导染色体断裂,而是能够从染色体的一个位置上切离,转移到另一个位置。在一种特殊的玉米品系(基因型 CCCBzbzbzDs_ _)中,Ds 因子直接插入到了 Bz 基因的内部(当然是在 Ac 存在的条件下实现的),造成了该基因的插入失活,由于这一突变发生在配子时期,因此籽粒发育成全褐色。但是,在一些褐色籽粒上出现了紫色花斑,其原因是位于 Bz 基因内部的 Ds 因子发生精确解离(仍然是在 Ac 存在的条件下),从中跳跃出来,造成 Bz 基因的回复突变,促进子细胞发育成紫色(图 12-15c)。

1983 年,研究者成功克隆了玉米的 Ac 和 Ds 基因(Federoff,1983)。测序结果表明,Ac 长 4563 bp,含有 5 个外显子,内部编码转座酶,两端有 11 bp 构成的反向重复序列,是一种能够自主移动的调节因子(图 12-16)。和 Ac 不同,Ds 具有结构异质性,属于非自主移动的受体因子。不同的 Ds 长度在 0.5~4.0 kb 之间,与 Ac 有同源序列,保留了末端的反向重复序列,但缺失了转座酶的部分编码序列,因此不能自主移动。而 Ac 的基因产物(即转座酶)可以扩散到 Ds 元件上,与其结合并帮助其发生转座。

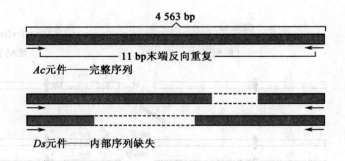

4 563 bp

11 bp末端反向重复

Ac元件——完整序列

Ds元件——内部序列缺失

图 12-16　Ac 和 Ds 元件的结构示意图

(2) 果蝇的 P 因子　果蝇的基因组中也含有多种转座元件,但其中,还数对 P 因子的研究最为广泛,利用改造后的 P 因子对果蝇基因组进行诱变分析的反向遗传学研究也得到了广泛的应用,并取得了理想的研究成果。

P 因子的发现源于一个特殊的杂交现象。20 世纪 70 年代,遗传学家发现一些不同品系的黑腹果蝇的杂交后代出现了异常的性状(Kidwell,1977),比如频繁突变,染色体断裂,更重要的是不育。我们把这种现象称作杂种不育(hybrid dysgenesis)。根据杂交后是否产生不育后代,遗传学家把果蝇品系分为了两大类,P 品系和 M 品系。杂交实验显示只有 M 品系的雌蝇和 P 品系的雄蝇杂交才会得到杂种不育的后代,其他杂交条件得到的后代都是表型正常的。通过对不同突

296　　　第十二章　重组、转座与 DNA 损伤修复

变品系的进一步研究和分子杂交实验,遗传学家随后发现造成这一特殊表型效应的"罪魁祸首"是一个具有转座活性的转座因子,P 因子。

图 12-17 给出了 P 因子的结构示意图。P 因子全长 2 907 bp,末端含有 31 bp 大小的反向重复序列,内部含有一个转座酶的编码基因,由 4 个外显子(0,1,2,3)和 3 个内含子组成。P 因子编码的转座酶能够结合到 P 因子的末端,介导其在基因组中的转座。黑腹果蝇的基因组中除了有拷贝数不定的完整 P 因子,往往还有许多不完整的 P 因子,它们保留了末端的反向重复序列,但内部的转座酶编码基因含有大段缺失,不具有编码功能。但在完整 P 因子存在的条件下,不完整的 P 因子也能在基因组中发生转座。

携带完整 P 因子的果蝇即为 P 品系,不携带完整 P 因子的即为 M 品系。M 品系的雌蝇和 P 品系的雄蝇杂交的 F_1 果蝇出现杂种不育的原因是,P 因子在发育中的生殖细胞系中发生转座,染色体出现断裂和重排,导致大量生殖细胞无法发育成熟,因此出现不育性状。

通过前面几种转座因子的学习,我们不难发现,转座对基因组的影响要比单个的基因突变或移码突变严重得多,转座往往给基因组带来明显的有害变异,甚至大段染色体的重排,因此,转座因子不容易通过自然选择而被固定在基因组中。但是,让遗传学家感到非常意外的是,在 1950 年前野外捕获的黑腹果蝇基本不携带 P 因子,但此后 P 因子成功侵入黑腹果蝇基因组(从 *Drosophila willistoni* 果蝇的水平转移),并仅用数十年时间就扩散到了全部的黑腹果蝇品系中。深入的研究揭示,P 因子成功入侵果蝇基因组是由于 P 因子能够自行负调控其转座能力,严格控制其在基因组的数目和稳定性,保证 P 品系果蝇的存活力。

P 因子的转座活性主要受到两方面的调控。首先,P 因子仅在生殖细胞中转座,在体细胞中不能转座。杂种不育的子代果蝇仅仅在生殖系出现问题,其他器官正常。造成这种差别的原因是细胞特异性 mRNA 加工方式。在生殖细胞系中,P 因子的转座酶编码基因的成熟 mRNA 含有 4 个外显子,能够编码一个 M_r 为 8.7×10^4 的转座酶,介导转座。但是,在体细胞中,某种特殊蛋白质结合到转座酶编码基因的 2 号外显子上,抑制了 2—3 外显子之间的内含子的剪切,成熟的 mRNA 中保留了这一内含子,最终造成移码突变,终止密码子提前,得到了一条 M_r 为 6.6×10^4 的截断肽段,不具有转座活性(图 12-18)。

其次,在 P 品系果蝇的生殖细胞中,P 因子也不发生转座,因此 P 品系自交后代完全正常。尽管 M 品系的雌性和 P 品系的雄蝇得到杂种不育的子代,但是 P 品系的雌果蝇和 M 品系的雄果蝇的杂种 F_1 完全正常,这说明 P 因子的转座活性还受到母系遗传机制的调控。P 因子能够转座和卵细胞的细胞质类型有关,P 品系的细胞型(cytotype)抑制 P 因子转座,而 M 品系的细胞型允许 P 因子转座。近年来的研究提示 P 品系雌蝇可能通过表达一种非编码 RNA——piRNA

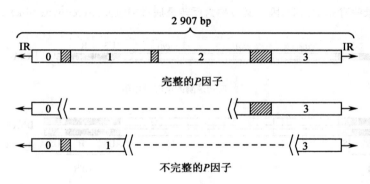

图 12-17 黑腹果蝇中完整 P 因子和不完整 P 因子的结构示意图

空白框表示外显子,斜线框表示内含子,箭头表示末端重复序列。

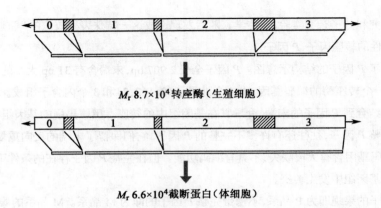

M_r 8.7×10⁴ 转座酶（生殖细胞）

M_r 6.6×10⁴ 截断蛋白（体细胞）

图 12-18　生殖细胞和体细胞中 P 因子的 mRNA 加工方式

（PIWI-interacting RNA）并积累在卵细胞中，传递给子代果蝇，发挥抑制 P 因子转座的作用。关于 piRNA 的作用和机制，我们留到后续章节再和读者介绍。

视频 14
P 因子转座元件

三、反转录转座和反转录转座子

前面介绍的 IS、Tn、Ac-Ds、P 因子等转座因子进行转座的中间体都是 DNA，也称为 DNA 转座子（DNA transposon）。真核生物中还有另一类转座因子，它们的转座中间体是 RNA，需要将 RNA 反转录成 DNA 再插入到基因组中实现转座。我们把这种转座称为反转录转座（retrotransposition）。反转录转座出现在能自由感染宿主细胞的反转录病毒（retrovirus）和真核基因组中的反转录转座子（retrotransposon）中。

反转录病毒的基因组是单链 RNA，5′ 和 3′ 端各有一个短的重复序列 R，分别和 5′ 特异序列 U5 和 3′ 特异序列 U3 连接。基因组的内部是 3 个重要的蛋白质编码基因，分别为：gag，编码病毒的核心蛋白；pol，编码反转录酶；env，编码包膜蛋白。这些基因的产物是病毒感染宿主和复制所必需的。当病毒 RNA 基因组经反转录酶催化反转录成双链 DNA 时，病毒 DNA 的末端形成了长末端重复（long terminal repeat，LTR），LTR 由 U3-R-U5 3 个序列串联而成，是反转录病毒 DNA 的特有结构，也是反转录病毒整合到宿主基因组所必需的元件（图 12-19）。当病毒感染宿主细胞后，反转录病毒将自身的基因组释放到细胞中，利用反转录酶以 RNA 基因组为模板合成 DNA，再以 DNA 为中间体整合到宿主基因组中，成为前病毒（provirus），随同宿主基因组一起复制、转录和翻译，并在一定条件下重新组装，裂解宿主细胞，释放新病毒，进入下一轮感染。

在真核生物基因组中的反转录转座子可以分为两个基本类型：LTR 反转录转座子（LTR retrotransposon）和非 LTR 反转录转座子（non-LTR retrotransposon）。LTR 反转录转座子结构和反转录病毒非常相似，因此又被称为反转录病毒类似元件（retrovirus-like element），两端含有正

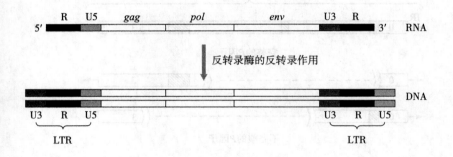

图 12-19　反转录病毒 RNA 基因组的一般结构以及反转录得到的双链 DNA 的结构示意图

向重复的 LTR，内部是反转录酶编码基因，能够自主进行转座。它们的转座机制也和反转录病毒类似，依赖于 RNA 作为中间体，但是不能像病毒那样裂解细胞并在细胞间进行传播。酿酒酵母中的 *Ty1* 转座因子是反转录转座子的代表。*Ty1* 全长约 5.9 kb，两侧的 LTR 序列长约 340 bp，内部含有两个蛋白质编码基因 *TyA* 和 *TyB*，分别与反转录病毒的 *gag* 和 *pol* 基因同源，是介导 *Ty1* 反转录转座所必需的（图 12-20）。发生转座时，首先以 *Ty1* 的基因组 DNA 为模板，转录产生 RNA 链进入细胞质，再在 *TyB* 编码的反转录酶的作用下反转录合成双链 DNA，新合成的 DNA 拷贝重新入核，插入到基因组的新位置上，形成一个新的 *Ty1* 拷贝。可见 *Ty1* 的反转录转座可以增加 *Ty1* 的拷贝数，多数酵母菌的基因组中都含有约 35 个 *Ty1* 序列。除了酵母的 *Ty1*，果蝇中的 *copia*、*gypsy*，人类中的 *HERV*（human endogenous retroviruses）都属于 LTR 反转录转座子。

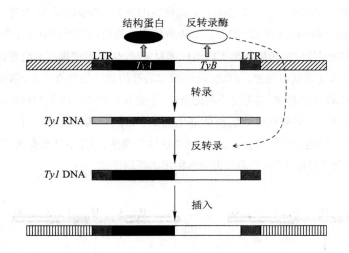

图 12-20 *Ty1* 的结构与反转录转座的基本过程

非 LTR 反转录转座子是两端不具有 LTR 元件的反转录转座子，但通常在它的一端有一个特征性的串联排列的 A-T 碱基对，提示了他们是由转录产物的 poly（A）尾反转录而来。在真核生物基因组中，非 LTR 反转录转座子的分布更为广泛，数量也更多，也被称为反转座子（retroposon）。例如，果蝇中的 HeT-A 和 TART（telomere-associated retrotransposon），人类中的 LINE、SINE 等都属于非 LTR 反转录转座子，我们将在基因组一章向读者详细介绍它们。

我们将本书介绍的各种类型的转座因子的分类总结成图 12-21。随着基因组技术的不断发

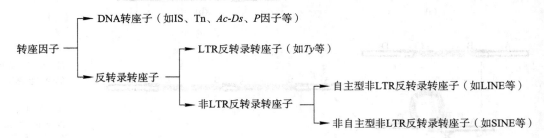

图 12-21 转座因子的分类

转座因子首先可按照转座机制分为以 DNA 为中间体的 DNA 转座子和以 RNA 为中间体的反转录转座子。后者根据两端序列的特征分为 LTR 反转录转座子和非 LTR 反转录转座子。非 LTR 反转录转座子又可根据能否自主转座分为自主型和非自主型。

展,遗传学家们发现了转座因子在真核生物基因组中的重要地位:全部转座因子在哺乳动物基因组中占比约50%,在一些植物基因组中甚至可以达到90%。毫无疑问,转座是遗传物质的一个非常重要且特殊的属性。

四、转座的遗传效应和进化意义

通过对多种转座因子的学习,我们看到,由转座带来的遗传效应非常广泛和复杂。最常见的效应包括:①插入突变,各种转座元件插入染色体的编码区会导致原基因编码的多肽链提前终止或延长,读框位移,等等,造成基因功能的破坏,插入调控区会导致邻近基因的表达异常;②获得新基因,以Tn为代表的转座元件能够将新的结构基因通过转座传递到受体细胞中;③转座也是诱导染色体结构变异机制之一,染色体上不同位置的同源转座因子之间的交换会诱导染色体发生缺失、重复、倒位等畸变(图12-22),且反转录转座本身可增加基因拷贝,造成重复;④切离突变,转座序列从转座位置的精确解离可以造成回复突变,但是不精确解离会带走部分基因组原有序列,造成不同程度的基因突变。总之,转座带来的遗传效应是多方向的,尽管多数效应会对单个宿主细胞造成较大的影响,甚至是不利的影响,但是真核生物基因组中转座元件的广泛分布这一基本事实提示我们,转座在生物的群体进化过程中必然有其积极的一面。通过转座事件促进基因的水平交流,提供进化的突变素材,促进染色体的重排,利用自然选择淘汰不利的变异,选择有利的变异,保留中性的变异,并最终促进基因组的不断进化。

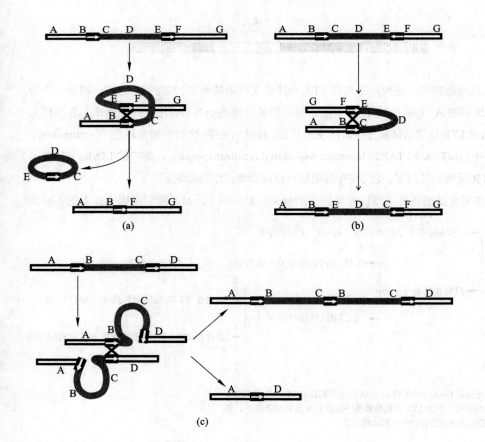

图12-22 同源转座因子之间的交换诱导染色体畸变

(a) 同向排列的转座因子之间发生交换,造成染色体缺失。(b) 反向排列的转座因子之间发生交换,造成染色体倒位。(c) 同向排列的转座因子之间发生不等交换,造成一条染色体缺失,一条重复。

第三节 DNA 损伤的修复

在生命进化的过程中,遗传信息的载体——DNA 不仅通过半保留复制实现遗传物质的准确复制,还进化出了一系列重要的 DNA 修复机制,来保证遗传信息的稳定性。DNA 是生命世界里唯一拥有修复机制(而不是采用替换、淘汰或降解)的生物大分子,DNA 修复对于物种的遗传变异具有无可替代的作用。

我们在基因突变一章中和读者详细介绍了各式各样的基因突变类型及它们的遗传效应,已了解到细胞几乎无时无刻不暴露在各种内部(复制错误、氧自由基等)或外部(射线、化学药物等)的诱变因素之下,但是绝大多数变异都会在 DNA 修复机制的监控之下被发现和纠正,从而保证物种得以稳定地延续。

DNA 修复机制存在于从细菌到人类的各个生物体内,但在不同物种之间、不同 DNA 损伤、不同细胞时相下,细胞所采用的修复机制互不相同。这一节我们先以大肠杆菌受到紫外线损伤后产生的嘧啶二聚体为例从 DNA 修复的角度介绍 DNA 损伤类型,然后详细说明大肠杆菌的常用 DNA 修复途径,再补充说明真核细胞其他几种重要的 DNA 修复途径,最后列举和 DNA 损伤修复缺陷相关的代表性人类遗传疾病,从多个角度说明 DNA 损伤修复在维持基因组稳定性和生命健康中的重要地位。

一、紫外线照射对细菌 DNA 的损伤

紫外线(ultraviolet light,UV)是一种有效的杀菌剂。用紫外线照射细菌,并把细菌培养在黑暗中,那么被杀死的细菌数目与照射剂量成正比。如果细菌接触可见光,大部分细菌就能活下来,这是光能修复损伤的证据。

紫外线主要作用于 DNA,因为用波长 260 nm 的紫外线照射细菌时,杀菌率和诱变率都最强,而这个波长正是 DNA 的吸收峰。紫外线照射对 DNA 发生了什么作用呢? 分析紫外线照射后的 DNA,发现有几个变化,其中最明显的变化是,同一链上的两个相邻嘧啶核苷酸共价连接,形成环丁烷嘧啶二聚体(cyclobutane pyrimidine dimer,CPD)。嘧啶二聚体中,最常见的是胸腺嘧啶二聚体(thymine dimer, $\widehat{TT}$)(图 12-23),此外还有胞嘧啶二聚体($\widehat{CC}$)以及胸腺嘧啶和胞嘧啶二聚体($\widehat{CT}$)。

这些嘧啶二聚体使双螺旋的两链间的键减弱,使 DNA 结构局部变形,严重影响 DNA 的复制和转录。含有嘧啶二聚体的 DNA 链不能作为 DNA 复制的模板,新合成的链在二聚体的互补

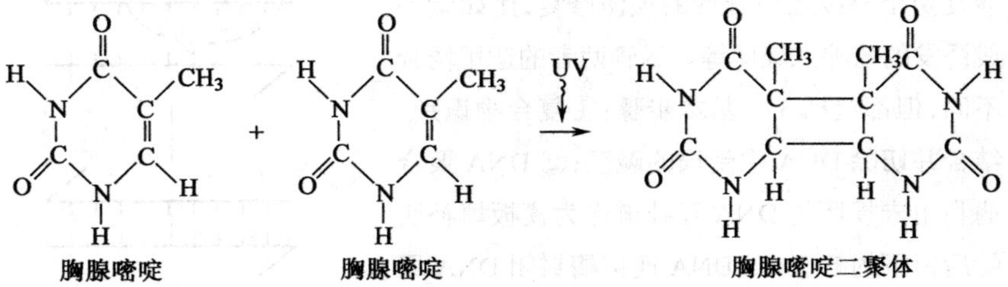

图 12-23 胸腺嘧啶和胸腺嘧啶二聚体

胸腺嘧啶   胸腺嘧啶   胸腺嘧啶二聚体

位置和两旁留下了缺口。

我们将包括碱基二聚体在内的常见 DNA 损伤整理在图 12-24 中,从损伤导致的 DNA 的结构变化的角度,常见的损伤类型包括:①单碱基的修饰,如碱基的烷基化、去氨基化、氧化等;② DNA 交联,包括单链内交联(如 CPD)和链间交联(interstrand crosslink,ICL),即两条 DNA 单链的碱基之间通过共价键形成交联;③复制错误或碱基类似物插入导致的错配等;④ DNA 断裂,包括单链断裂和双链断裂。这些损伤可能通过自发突变产生,也可能来自于外部因素,细胞通常根据损伤的结构特点,而不是诱发原因来选择合适的 DNA 修饰途径。

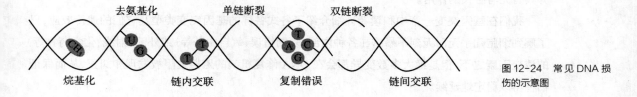

图 12-24　常见 DNA 损伤的示意图

当细胞内 DNA 产生了这些损伤,细胞就会启动 DNA 损伤响应(DNA damage response,DDR),它通常包括①特异性 DNA 损伤的感知;②损伤信号的传递;③促进修复这 3 个基本环节。

二、光复活

细菌经紫外线照射后,再放在波长 310～440 nm 的可见光下,存活率大大提高,并且突变频率降低了。这是一种 DNA 光修复酶(photolyase)介导的光复活(photoreactivation)修复。在暗处,DNA 光修复酶能识别紫外线照射所形成的嘧啶二聚体,如TT,并和它结合,形成酶－DNA 复合物,但不能解开二聚体。但照以可见光时,酶利用可见光(300～500 nm)提供的能量,使二聚体解开成为单体,然后酶从复合物中释放出来,修复过程完成(图 12-25)。

三、切除修复

切除修复包括两种主要类型:碱基切除修复(base excision repair,BER)和核苷酸切除修复(nucleotide excision repair,NER)。碱基切除修复主要负责单碱基修饰的化学修复,如氧化、脱氨基化和烷基化;核苷酸切除修复主要负责涉及两个及以上核苷酸的损伤修复,比如紫外线诱发的嘧啶二聚体等。尽管两者的适用场合不同,但都包括 3 个基本步骤:①复合物识别、结合并切除 DNA 中受损的碱基;② DNA 聚合酶利用未损坏的 DNA 互补链作为模板填补切除后留下的缺口;③ DNA 连接酶封闭 DNA 聚

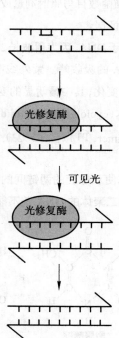

图 12-25　光复活修复的模式图

Ⅱ 代表嘧啶二聚体

合酶留下的切口（nick），完成修复过程。由于切除修复过程不依赖可见光，因此也被称为暗复活，它们在大肠杆菌和人类中均以非常相似的机制发生。我们以大肠杆菌为例进行简要说明。

在碱基切除修复途径中（图 12-26a），首先由 DNA 糖基化酶（glycosylase）负责识别单碱基的异常化学修饰，糖基化酶进一步水解异常碱基与脱氧核糖之间的糖苷键，受损碱基脱落，留下缺少碱基的 AP 位点（apurinic or apyrimidinic sites，AP sites）。AP 位点随后被 AP 内切核酸酶（apurinic-apyrimidinic endonuclease）识别，它和磷酸二酯酶（phosphodiesterase）一起发挥作用，切除损伤位点及其邻近的糖 - 磷酸骨架，产生单链的 DNA 缺口。接下来，DNA 聚合酶 I 以未受损的 DNA 链为模板，以碱基互补配对原则，补充缺失的核苷酸；DNA 连接酶最后将新合成链

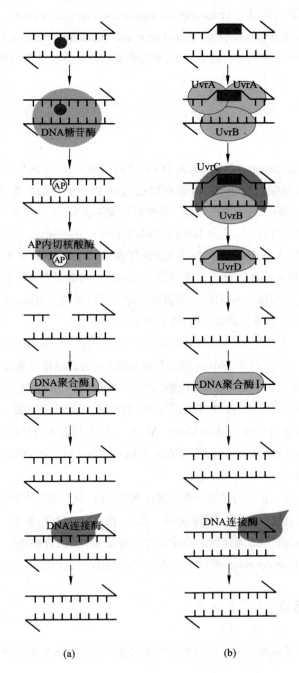

图 12-26 大肠杆菌碱基切除修复的模式图

（a）碱基切除修复。（b）核苷酸切除修复。

(a)

(b)

与主链连接起来,完成切口的封闭。

再看核苷酸切除修复途径(图 12-26b),损伤涉及多个碱基,参与损伤识别的是 3 个重要的核酸切除酶(excinuclease)UvrA、UvrB 和 UvrC。两分子 UvrA 和一分子 UvrB 构成三聚体蛋白首先识别并结合 DNA 损伤,并利用 ATP 能量在受损部位弯曲 DNA。随后,UvrA 从 DNA 上解离。UvrC 结合到 UvrB-DNA 复合体上,并在受损核苷酸 3′ 端第 4 或 5 个磷酸二酯键、5′ 端第 8 个磷酸二酯键上进行切割,产生两个切口。DNA 解旋酶 UvrD 进一步释放出切除的 12~13 碱基长的寡核苷酸(12-13-mer)。随后的步骤和碱基切除修复相似,DNA 聚合酶 Ⅰ 填补缺口,DNA 连接酶封闭切口。人类中的核苷酸切除修复与大肠杆菌的类似,但又进一步根据损伤发生的时期分为转录偶联核苷酸切除修复(transcription-coupled nucleotide excision repair,TC-NER)和非转录偶联的全基因组核苷酸切除修复(global genomic nucleotide excision repair,GG-NER)途径,这两条途径涉及不同的识别复合物。此外,损伤位点切除的寡核苷酸的长度也有所不同,为 24~32 个。

四、错配修复

错配修复(mismatch repair,MMR)是对 DNA 复制过程中产生的错误配对进行特异性修复的途径。在 DNA 复制过程中,DNA 聚合酶通过其 3′ → 5′ 外切核酸酶活性发挥其校对(proofreading)功能,及时纠正复制中的错误。错配修复发生在 DNA 复制后,可以校正那些未被校对作用发现的错误碱基对,因此,它是 DNA 精确复制的另一重要保证。

错配损伤和其他 DNA 损伤有所不同,因为发生错误配对的碱基(例如 T-A 换成了 T-C)仍然是正常的碱基(没有异常的修饰等)。那么该如何发现其中的错误呢? 答案是可以同时读取模板链和合成链的信息。例如在大肠杆菌中,修复机制是利用两条链上 DNA 甲基化模式的差别来区分谁是模板链(已甲基化),谁是新合成链(还未甲基化)。

我们结合图 12-27 向读者介绍大肠杆菌的错配修复途径。第一阶段,错配损伤的识别依赖于 MutH、MutL 和 MutS 等蛋白质。MutS 蛋白首先与损伤结合以启动修复过程,MutL 蛋白随后加入复合物,介导后续的蛋白质互作和新、旧链的区分。MutH 进一步结合上去,它具有内切核酸酶活性,可在错配位点的 5′ 或 3′ 端切割未甲基化的 DNA 链,即新合成的链。切口位置可能距离损伤位点较远(几百 bp 甚至更远)。随后 MutS、MutL、UvrD 以及含有外切核酸酶活性的 DNA 聚合酶共同发挥作用,从切口处切除包含错配位点的核苷酸链。最后由 DNA 聚合酶 Ⅲ 填补大缺口,DNA 连接酶进行缝合。

错配修复同样在包括人在内的其他物种中发挥重要作用,但不同物种识别新旧 DNA 链的机制不同,参与修复的蛋白质组成也有一定的差异。此外,在人中,错配修复对于维持含有 DNA 微卫星序列(microsatellite)的基因组区域的稳定性尤为重要,DNA 聚合酶在复制这些短重复序列时容易因为滑动错误(slippage error)导致插入或缺失,而错配修复可以予以纠正。

五、同源重组修复

同源重组不仅促进了减数分裂过程中遗传物质的变异,也在 DNA 损伤修复中发挥重要的作用。同源重组负责修复的是 DNA 的双链断裂损伤。由于同源重组修复需要利用有丝分裂中正常的姐妹染色体作为模板纠正损伤 DNA，所以它发生在 DNA 复制过程中或复制后，即 S 期和 G₂ 期。同源重组修复的基本步骤和前面介绍的同源染色体重组非常相似。在大肠杆菌中（图 12-28），这一过程涉及 20 多个基因产物和 DNA 的协作，大致的途径包括：① RecBCD 复合物（含解旋酶和外切酶活性）共同识别和作用于损伤位点，加工断点形成 3′ 突出端；② 重组酶 RecA 和其他 DNA 单链结合蛋白（single strand DNA binding protein，SSB）组装到切割后形成的单链 DNA

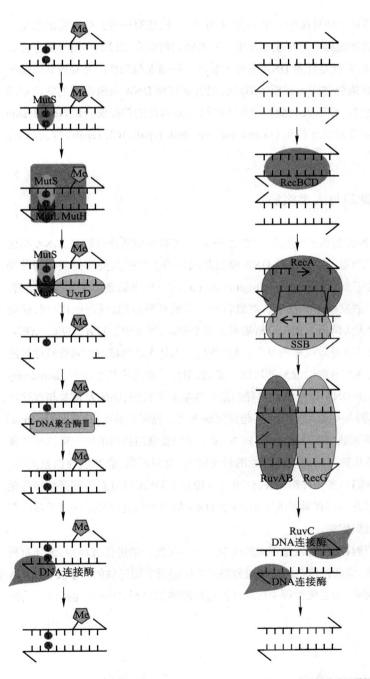

图 12-27　大肠杆菌错配修复的模式图　　　　图 12-28　大肠杆菌同源重组修复的模式图

上,促进损伤链入侵姐妹染色单体进行同源配对,并促进 DNA 链的交换;③ RuvAB 和 RecG 等蛋白质协作,促进异源双链 DNA 的延伸;④异源双链 DNA 被 RuvC 切断,Holliday 中间体分离,DNA 连接酶缝合切口。由于利用了同源的姐妹染色体,同源重组修复也是一种无错的修复过程。

六、其他 DNA 修复途径

以上介绍的损伤修复途径是大肠杆菌中常见的类型,除此之外,还有一些其他重要的修复途径在真核细胞以及高等哺乳动物细胞中发挥重要作用。例如我们前面介绍过的可诱导染色体结构变异产生的非同源末端连接,它就是针对 DNA 双链断裂的一种错误倾向性的修复方式。这种修复方式往往发生在没有姐妹染色体作为模板的 G_1 期,通过直接将 DNA 双链断裂的缺口重新连接进行修复,因此会在修复过程中引入突变。此外还有错误倾向性的跨损伤合成(translesion synthesis,TLS)修复,以及链间交联损伤修复(interstrand crosslink repair,ICL repair)等,我们在此暂不向读者逐一介绍。

七、DNA 损伤修复缺陷与人类疾病

DNA 持续暴露在内源和外源损伤诱变剂的伤害之下,如果没有有效的修复机制,DNA 损伤必然快速积累,这自然会带来严重的疾病。由 DNA 修复基因缺陷引起的人类遗传疾病的种类有数十种之多。例如,着色性干皮病(xeroderma pigmentosum)是一类常染色体隐性遗传疾病,患者对阳光极度敏感,皮肤癌的发病率非常高。对患者的皮肤成纤维细胞进行分析发现,这类细胞在 DNA 损伤后修复能力大大降低。遗传分析揭示了多个基因,如 *XPA*、*XPB*、*XPC*、*XPD*、*XPE*、*XPF*、*XPG*、*XPV* 等的缺陷可导致疾病的发生,而这些基因正是人细胞核酸切除修复途径的关键蛋白质,它们编码的多肽具有核酸切除酶的活性。又如,遗传性非息肉性结肠癌(hereditary nonpolyposis colon cancer)是由 DNA 错配修复途径的遗传缺陷所导致的,临床发现参与该途径的蛋白质(如 MSH2、MLH1 等)编码基因突变可引起该疾病发生。范可尼贫血(Fanconi anemia)则是由负责交联损伤修复的基因缺陷所导致的,已知 20 多个该修复通路基因的突变可以导致该综合征的发生,临床表型包括儿童时期出现进行性的骨髓衰竭,发育不良,急性髓性白血病等。不难看出,DNA 损伤修复的缺陷与多种肿瘤相关,这进一步提示了 DNA 修复系统在保护细胞免受环境中致癌物质的诱变作用方面具有重要的作用,对于 DNA 损伤和修复途径的研究无疑将有助于人们更好地维护健康和抵御疾病。

修复过程在生物体内是普遍存在的,也是正常的生理过程。在漫长的进化过程中,选择有利于修复过程的多样化和完善化,但遗传信息的传递过程仍然不可能是完美无缺的。事实上,DNA 顺序的改变时时以低频率发生着,为进化过程中自然选择提供新的原材料,使各类生物能在选择作用下不断地向前发展。

习题

1. 什么是染色体断裂愈合模型和模写选择模型?

2. 什么是基因转变? 什么是杂种 DNA 模型?

3. 转座因子和反转录转座子进行转座的机制有何不同?

4. 转座能带来哪些遗传学效应,试结合具体的转座因子加以解释。

5. 紫外线诱变的作用机制如何? 它引起的 DNA 损伤的修复途径是什么?

6. 简述电离辐射引起的 DNA 的损伤及其修复。

7. 就某一顺反子来说,正向突变率往往比回复突变率至少高一个数量级。如何解释?

8. M 品系的雌蝇和 P 品系的雄蝇杂交的 F_1 果蝇出现杂种不育的表型。研究发现造成这一突变表型的原因是 P 因子在发育中的生殖细胞系中发生转座,染色体出现断裂和重排,导致大量生殖细胞无法发育成熟,因此出现不育性状。请问:

(1) 为什么雄 P 和雌 M 的后代只有不育的问题,而其他生理结构和功能正常?

(2) 为什么只有雄 P 和雌 M 的后代不育?

9. 常见的 DNA 损伤有哪些类型?

10. 简述大肠杆菌同源重组修复的基本过程,为什么这条修复途径只能发生在细胞周期的 S 期和 G_2 期?

数字课程学习

✎ 在线自测   ꝏ 习题答案

第十三章
细胞质和遗传

本书前面所讲的性状，都是由核内基因控制的，不过它们的表现通常是要通过细胞质的。例如，花冠的颜色是由染色体上基因所控制的，但花冠的颜色是色素合成的结果，而色素是在细胞质中合成的。但遗传学家发现，细胞质对遗传的贡献还体现在其他很多方面。例如，积累在卵细胞细胞质中的基因产物可影响胚胎发育；某些性状的遗传是通过细胞质中的遗传物质的。此外还认识到，细胞质与细胞核有着相互依存的关系，某些性状的遗传，不仅需要核基因的存在，而且还与细胞质因素有关，所以细胞质在遗传中的作用不容忽视。

第一节　母性影响

通常，正交 $♀AA×♂aa$ 和反交 $♀aa×♂AA$，子代的表型是一样的。这是因为两亲本在核基因的贡献上是相等的，子代的基因型都是 Aa，所以在同一环境下，表型也是一样的。可是有时候两种交配的结果并不相同。例如前面介绍的伴性遗传，这是由于性染色体组成在两性中不同而导致的。但遗传学家发现还有一些正、反交不同的情况，子代的表型受到母本基因型的影响，与母本的表型有关，这种现象叫作母性影响（maternal effect）。母性影响有两种，一种是短暂的，仅影响子代个体的幼龄期；一种是持久的，影响子代个体的终生。我们现在分别用例子来说明。

一、短暂的母性影响

在麦粉蛾 *E. phestia* 中，野生型的幼虫皮肤是有色的，成虫复眼是深褐色的。这种色素是由一种叫作犬尿素的物质形成的，由一对基因控制。突变型个体缺乏犬尿素，幼虫不着色，成虫复眼红色。有色的个体（AA）与无色的个体（aa）杂交，不论哪个亲本是有色的，F_1 都是有色的。F_1 个体（Aa）与无色个体（aa）测交，这时有色亲本的性别就会影响后代的表型。如果 Aa 是雄蛾，后代中半数的幼虫是着色的，成虫时复眼深褐色，这与一般测交没有什么不同（图 13-1a）。可是如果 Aa 是雌蛾，所有的幼虫都是有色的，但到成虫时，半数是褐眼，半数是红眼，这些结果显然和一般的测交不同，也与伴性遗传的方式不相符合（图 13-1b）。

如何来解释这样的结果呢？原来精子的细胞质组分很少，而卵里含有大量的细胞质，当 Aa 母蛾形成卵子时，不论 A 卵或 a 卵，细胞质中都含足量的犬尿素，所以它们的后代中，aa 幼虫的

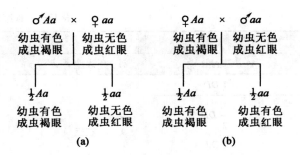

图 13-1　麦粉蛾色素遗传中的母性影响

皮肤也是有色的。不过这种母性影响是暂时的,因为这样的 *aa* 个体缺乏 *A* 基因,不能自己制造色素,所以随着个体的发育,色素逐渐消耗,到成虫时复眼已变为红色了。

二、持久的母性影响

椎实螺(*Limnaea*)外壳的螺旋方向,受母本的基因型控制,终生不变,看来很像细胞质遗传,其实还是受母性影响。

椎实螺是雌雄同体的,繁殖时一般进行异体受精。两个个体相互交换精子,同时又各自产生卵子。但是如果把它们一个一个地分开来饲养,它们就进行自体受精。

椎实螺外壳的旋转方向可以是右旋的,也可以是左旋的。如果拿一个螺壳,使螺壳的开口朝着你自己,椎尖朝上,那么开口在右边的,螺壳就是右旋的,开口在左边的,螺壳就是左旋的(图 13-2)。

椎实螺外壳的右旋和左旋,是由一对基因控制,右旋(*D*)对左旋(*d*)是显性。右旋雌螺与左旋雄螺交配时,F_1 全为右旋,F_2 也全为右旋(图 13-3a)。但 F_2 中有 3/4 雌体,其 F_3 全为右旋;另外 1/4 雌体,其 F_3 全为左旋(表 13-1)。这里,F_2 之所以全为右旋,是因为母本的基因型是 *Dd*。在反交情况下,即亲代是左旋雌螺与右旋雄螺交配,则 F_1 全为左旋,并不因为左旋基因是显性,而是因为它们的表型取决于母本基因型。F_2 则和正交一样,全是右旋,因为 F_1 母本的基因型是 *Dd*,而左旋(*d*)是隐性(图 13-3b)。F_3 也一样,表现为 3:1 分离(表 13-1)。

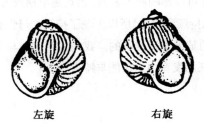

图 13-2　椎实螺的外壳　　左旋　　　右旋

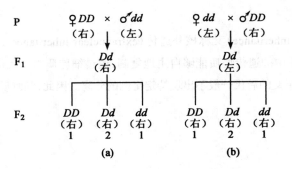

图 13-3　椎实螺外壳旋向的遗传

表 13-1　椎实螺外壳旋转方向的遗传

F₂	F₃		
	基因型	表型	比例
1 *DD*	1 *DD*		
2 *Dd*	$\frac{1}{2}DD$ 1 *Dd* $\frac{1}{2}dd$	右旋	3
1 *dd*	1 *dd*	左旋	1

这种遗传现象，初看很使人费解，但仔细分析起来，也很简单。原来螺类的受精卵是螺旋式卵裂，成体外壳的旋向取决于最初两次卵裂中纺锤体的方向（图13-4）。而纺锤体的方向取决于卵细胞质的特性，归根结底取决于母体染色体上的基因型。子代的基因型不能对之再作更改，而只能

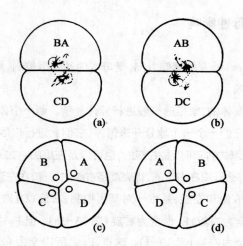

图13-4　左旋和右旋螺类的受精卵的卵裂方向

(a)、(b) 第一次卵裂时;(c)、(d) 第二次卵裂时。(a)、(c) 左旋螺;(b)、(d) 右旋螺。

反映于其所产生的卵细胞，即决定下一代的表型。所以就出现这样的现象，即母本基因型控制子代的表型。需要强调的是，尽管母性影响依赖于母本基因的作用，但这些基因仍以经典方式传递，它的特点只不过是父本的显性基因延迟一代表现和分离而已。

从上面这两例看来，卵细胞质的特性的确可以影响胚胎发育，尤其是早期发育，所以出现了短暂的母性影响，但有些早期发育的影响可以持续到成体，所以出现了持续的母性影响。不过不论哪一种情况，卵细胞质的特性都是受母体的基因型所控制的。我们将在遗传与个体发育一章继续向读者介绍能够发挥母体效应的基因在胚胎发育中的功能与特点。

第二节　细胞质遗传

细胞质遗传（cytoplasmic inheritance）又称核外遗传（extranuclear inheritance），是由细胞质中的遗传物质决定的。细胞质中的遗传物质能够自主地复制，通过细胞质由一代传至下一代。细胞质遗传是非孟德尔式的，杂交的后代一般不出现特定比例的分离。因此，细胞质遗传与母体效应完全不同。

一、高等植物叶绿体的遗传

有几种高等植物有绿白斑植株,如紫茉莉(*Mirabilis jalapa*)、藏报春(*Primula sinensis*)、假荆芥(*Nepeta cataria*)等,其中最早被注意到的是紫茉莉的绿白斑植株。1909 年,科伦斯利用紫茉莉绿白斑枝条进行杂交时发现,有些枝条长出深绿色的叶,有些枝条长出白色或极淡绿色的叶,有些枝条则长出绿白相间的花斑叶。用显微镜检查绿色叶,或花斑叶的绿色部分,细胞中含有正常的叶绿体,而检查白色叶或花斑叶的白色部分,细胞中缺乏正常的叶绿体,是一些败育的无色颗粒。用不同枝条上的花相互授粉时,后代的叶绿体种类完全取决于种子产生于哪一种枝条上,而与花粉来自哪一种枝条完全无关。来自深绿色枝条的种子必长成深绿幼苗,其中所含有的叶绿体是正常的;来自淡绿枝条的种子必长成淡绿幼苗,其中所含的叶绿体大多是败育的;来自绿白斑枝条的种子则长成 3 种幼苗:具有正常叶绿体的深绿幼苗、具有败育叶绿体的淡绿幼苗,以及正常和败育叶绿体都有的绿白斑幼苗,其比例在每朵花中不同(表 13-2)。

表 13-2　紫茉莉的绿白斑植株的细胞质遗传

父本枝条	母本枝条	子　代
深　绿	深　绿 淡　绿 绿白斑	深　绿 淡　绿 绿白斑
淡　绿	深　绿 淡　绿 绿白斑	深　绿 淡　绿 绿白斑
绿白斑	深　绿 淡　绿 绿白斑	深　绿 淡　绿 绿白斑

叶绿体储存在细胞质中。就细胞质来说,雌、雄两性配子的贡献不同。胚珠中的雌配子含有细胞质,而花粉管中的雄配子很少含有细胞质,而且通常不含有包括叶绿体在内的质体(plastid)。叶绿体的遗传属于细胞质遗传,种子后代的叶绿体种类取决于种子产生于哪一种枝条上,而与花粉来自哪一种枝条无关。

高等植物中有关叶绿体遗传的另一例是玉米的埃型条斑(striped iojap trait),相关的基因称作 *iojap*(*ij*),属第 7 连锁群。纯合子 *ij ij* 的植株或是不能成活的白化苗,或是有特征性的白色条斑。如果条斑植株总是用作父本,那么条斑性状按孟德尔方式遗传(图 13-5a)。然而如果把条斑

图 13-5　玉米的埃型条斑的遗传

(a) 母本正常时,显示孟德尔式遗传。(b) 母本是条斑时,看不到典型的孟德尔比例。很可能基因型 *ijij* 引起叶绿体的突变,使呈现条斑或白色性状。一旦埃型条斑性状出现后,就通过细胞质遗传。

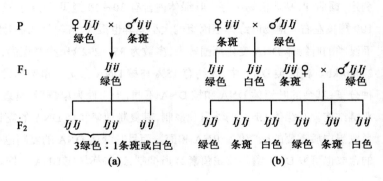

植株用作母本，那么不论父本的基因型是什么，叶绿体的特征将持续下去，子代没有典型的孟德尔比例，它们的表型可以是绿的、白的或条斑的，看不到核基因和质体表型间的对应关系（图 13-5b）。所以埃型条斑性状一旦在纯合子 *ij ij* 植株出现后，就显示典型的细胞质遗传，一直持续下去，即使有正常核基因 *Ij* 的存在也不再有"矫正"作用了。

二、叶绿体遗传的分子基础

紫茉莉的绿白斑和玉米的埃型条斑都是有关于叶绿体的色泽和分化。叶绿体来自细胞质中称为前质体（proplastid）的颗粒，能独立复制。胞质分裂时叶绿体随机分配到子细胞中。大多数植物的雄配子中前质体很少或者没有，所以叶绿体性状大都由结种子的亲本传下去，如紫茉莉，这种遗传方式称为母系遗传（maternal inheritance）。但是，也有一些植物的叶绿体遗传受到双亲叶绿体 DNA 的影响，如天竺葵（*Pelargonium zonale*）。将天竺葵的绿色、白色植株作亲本，正、反交的结果相同，F$_1$ 出现绿色、花斑和白色 3 种性状，但不符合孟德尔分离比。我们把这种遗传方式称为双系遗传（biparental inheritance）。尽管双系遗传中双亲的遗传物质对后代均有贡献，但它仍属于非孟德尔遗传，因为双亲的贡献是随机的，后代中不会有可预期的分离比。

叶绿体 DNA（chloroplast DNA，cpDNA）是共价闭合的 DNA 分子。分离单细胞藻类的叶绿体 DNA 比较容易，因为它们的 G/C 含量比核 DNA 低。例如衣藻（*Chlamydomonas reinhardtii*）叶绿体 DNA 的 G/C 含量为 36%，而核 DNA 的 G/C 含量为 64%，两者相差较大。但在高等植物中，两者的 G/C 含量比较接近，分离不免困难些（表 13-3）。

表 13-3　几种植物叶绿体 DNA 的某些特性

植　　物	叶绿体基因组大小		G/C 含量 /%	
	μm	kb	叶绿体基因组	核基因组
眼虫 *Euglena gracilis*	40	150	25	48
衣藻 *Chlamydomonas reinhaidtii*	62	190	36	64
绿藻 *Chlorella ellipsoidea*	—	175	36	56
伞藻 *Acetabularia*	200	2 000	—	—
莴苣 *Lactuca sativa*	43	150	38	38

叶绿体 DNA 与细菌 DNA 相似，是裸露的 DNA。每一叶绿体内的叶绿体 DNA 分子数难以测定，据估计，高等植物中每个叶绿体内含有 30～60 拷贝，而某些藻类中每个叶绿体 DNA 可有 100 拷贝左右。植物叶绿体基因组的大小差异也很大：高等植物的叶绿体 DNA 为 120～160 kb，而藻类的叶绿体 DNA 变化范围较大，多数为 85～292 kb，少数藻类，如伞藻的叶绿体 DNA 高达 2 000 kb。在这类 DNA 中，大约有 15% 与核 DNA 在质量和碱基成分上相似，两者可以形成杂种分子；其余的叶绿体 DNA 和核 DNA 不同，当变性为单链后，再缓慢冷却时，两者间不会形成双链结构。叶绿体 DNA 能够自我复制，其复制速率和核 DNA 的复制速率不同。叶绿体中含有合成蛋白质需要的核糖体、RNA 和酶。而且叶绿体 DNA 的复制也是半保留性的，它们的 RNA 的合成也可被 DNA 酶和放线菌素 D 所抑制，这些都与核 DNA 一样。

这样看来,叶绿体本身具有遗传的特性。第一,叶绿体 DNA 能按原样复制,而且不论是正常的,还是异常的,均可由上一代传给下一代,与核基因无关。第二,叶绿体 DNA 可以突变,且突变后仍是稳定的。

不过虽然叶绿体本身含有 DNA,具有自我复制和传递的遗传特性,但叶绿体也受到核基因的影响,我们在前面已提到过,许多核基因影响叶绿体的形成,叶绿体属于半自主型细胞器。

三、真菌类线粒体的遗传

线粒体是细胞代谢中心之一,是合成呼吸酶和其他酶系的场所。呼吸酶的缺少会影响细胞的生长,所以某些"生长迟缓"的突变,例如酵母菌的"小菌落"(petite colony)就与线粒体有着密切的关系。埃弗吕西(Boris Ephrussi,1901—1979)最先利用酵母线粒体突变体研究线粒体遗传规律(1953)。

酵母菌有性生殖时,两个交配型不同的单倍体细胞互相结合,形成二倍体合子。二倍体合子经过减数分裂,形成 4 个单倍体子囊孢子,这 4 个孢子不像粗糙链孢霉那样有规则地排列,但它们代表减数分裂的 4 个产物,可以一个个地分离开来,分别培养,进行遗传学分析。无性繁殖时,酵母菌利用出芽生殖的方法增殖,在合适条件下,不论单倍体细胞或双倍体细胞,都可用出芽生殖继续繁衍下去(图 13-6)。

从一个酵母菌开始,让它以无性的方式增殖,长成一个培养物。按理,这个培养物应该是均一的,可是取一点儿菌样,涂布在固体培养基上,让每一个酵母菌长成一个菌落,其中有一小部分菌落(1%～2%)会比其他菌落小得多,是所谓的"小菌落"。原来小菌落酵母菌缺少细胞色素 a

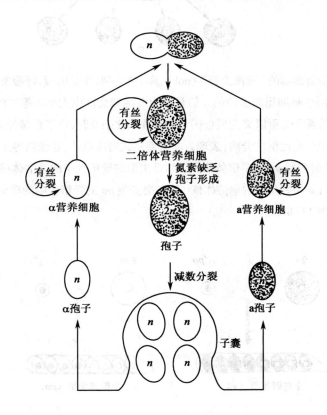

图 13-6　酵母菌的生活史

α 和 a 代表不同的交配型。

和 b 以及细胞色素 c 氧化酶，所以在通气情况下，这些"小菌落"细胞比正常细胞长得慢，就长成了小菌落。小菌落很稳定，不能回复到正常的大菌落（grande colony）。

小菌落还可用化学诱变法得到，只要把正常酵母菌长在吖啶黄的稀溶液中，长出来的酵母菌就全是小菌落的，诱变率是 100%，这自然是在通气条件下的结果。在不通气的培养中，连正常酵母菌也不产生细胞色素氧化酶，所以是不能诱发出这种小菌落突变的。

把小菌落酵母菌跟正常的酵母菌交配，只产生正常的二倍体合子，它们的单倍体后代也是正常的，也就是说，"小菌落"的性状消失了，完全表现为细胞质遗传。可是染色体上的基因，例如交配型基因 α 和 a 还是跟预期一样分离，子囊中 4 个孢子出现 1：1 的比例，其中两个是 α，另外两个是 a，可见"小菌落"性状与核基因没有直接关系（图 13-7）。

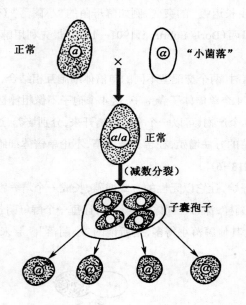

图 13-7 正常酵母菌和"小菌落"酵母菌杂交结果

二倍体合子是正常的，它们的子囊孢子后代也是正常的，表现为细胞质遗传。但是一对交配型基因 α/a 的分离比为 1：1，是由核基因决定的。图中有小点的细胞表示细胞质正常，形成正常的大菌落，没有小点的细胞表示细胞质不正常，形成小菌落。

再举一例，粗糙链孢霉的"缓慢生长"（poky，po）突变型，生长迟缓，呼吸贫弱，这种性状跟酵母菌的小菌落一样，也是细胞质遗传的。但是因为链孢霉会产生大小不等和细胞质含量不同的单倍体核（也可称作配子），所以突变型（po）与野生型（+）杂交时，除了跟酵母菌的细胞质遗传一样，杂交后代不出现一定比例的分离，表现为非孟德尔式遗传以外，还像高等植物一样，显示母系遗传的现象。如果突变型 po 的单倍体核（♂）和野生型的受精丝中的单倍体核（♀）相结合，得到的后代全是野生型；如果野生型的单倍体核（♂）和突变型 po 的受精丝中的单倍体核（♀）相结合，后代全是突变型（图 13-8）。

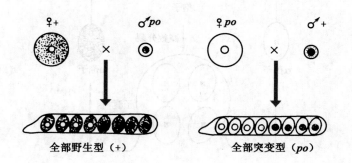

全部野生型（+）　　　全部突变型（po）

图 13-8 粗糙链孢霉的缓慢生长性状的母系遗传现象

不同交配型用黑白小圈表示，因为交配型由核基因控制，所以显示孟德尔式分离比 4：4。野生型（+）细胞质中有小黑点，突变型（po）细胞质中没有小黑点，杂交后代未出现分离，显示母系遗传。

四、线粒体遗传的分子基础

酵母菌的小菌落细胞内缺少细胞色素 a 和 b，还缺少细胞色素 c 氧化酶，不能进行有氧呼吸；粗糙链孢霉的缓慢生长细胞也缺少细胞色素 c 氧化酶等。在正常培养条件下，由于缺少正常氧化作用所需的呼吸酶，所以突变体生长缓慢。已知线粒体是细胞的呼吸代谢中心，而且上述有关酶系也存在于线粒体中，所以可以推测，有关的基因也存在于线粒体 DNA 中。我们将在基因组一章详细介绍线粒体 DNA 的组成。

根据 CsCl 密度梯度离心，发现小菌落突变型的线粒体 DNA 与大菌落的线粒体 DNA 显著不同，有时甚至测不出小菌落突变型有线粒体 DNA 的存在。这表明，小菌落突变体中线粒体 DNA 大部分丢失或严重缺失。根据小菌落 DNA 受损的情况，线粒体 DNA 完全缺失的称为 p^0 小菌落，线粒体 DNA 部分缺失或变异，称为 p^-，而野生型大菌落称为 p^+。用限制酶和分子杂交分析 p^- 突变型的线粒体 DNA，结果发现除了有一些片段多次重复以外，还有大片段缺失。

p^- 或 p^0 小菌落细胞不能执行线粒体的转录和翻译工作。因为线粒体有自己的蛋白质合成装置，线粒体自身合成的蛋白质对各种呼吸酶整合到线粒体内膜上是必不可缺的。因此，各种细胞质遗传的小菌落表型几乎相同，尽管线粒体 DNA 的变异和损害性质可以很不相同。

根据 CsCl 梯度密度离心和限制酶分析粗糙链孢霉的缓慢生长突变型和野生型，发现它们的线粒体 DNA 并没有明显的差异。缓慢生长突变的表型效应与小菌落不同，缓慢生长突变是可逆的，在原培养基上继续培养，生长速率可逐渐恢复，接近野生型。不过，缓慢生长突变对呼吸酶的影响也是多方面的，可见其中线粒体的蛋白质合成也出现了障碍。曾有研究表明，缓慢生长突变型的营养菌丝缺乏线粒体核糖体小亚基，这使线粒体的蛋白质合成速率大大降低，从而影响呼吸代谢，使菌丝生长降低。当菌丝生长接近稳定相（stationary phase）时，线粒体核糖体的大、小亚基数目趋向平衡，菌丝生长率增加。

从上面的说明看来，小菌落和缓慢生长的性状的决定都与线粒体中的 DNA 有关。不过需要强调，线粒体本身也受核基因的控制，也属于半自主型细胞器，线粒体遗传同样是相当复杂的。

现在知道，线粒体 DNA（mitochondrial DNA，mtDNA）是裸露的双链分子。每一细胞内有多个线粒体，例如单倍体酵母菌细胞可以含有 1～45 个线粒体，每一线粒体又含有 50～150 个线粒体 DNA 分子。尽管每一细胞中线粒体 DNA 分子的拷贝数很多，但是，生殖细胞中线粒体的复制是选择性的，只有少数进行复制。在动物中，精子中虽然带有少量线粒体 DNA，但进入卵细胞质中随即被扩散稀释和特异性降解。因此，动物子裔的线粒体 DNA 与母本一致，有关的线粒体性状表现为母系遗传。

五、人类线粒体遗传与机制

视频 15
人类线粒体
遗传

人类的线粒体遗传和其他动物一样，遵循母系遗传（Wallace，1980）。1988 年华莱士（Douglas Cecil Wallace，1946— ）利用 Leber 遗传性视神经萎缩病（Leber's hereditary optic neuropathy，

LHON)的研究首次提出了线粒体 DNA 突变可引起人类遗传疾病。我们先举一个线粒体疾病家系的例子,再和读者介绍人类线粒体遗传的一些特点。

线粒体 DNA 突变可导致遗传性心肌病。在一个线粒体心肌病家系(图 13-9)中,我们发现该病遵循母系遗传的规律:女性患者可以将疾病传递给后代,而男性患者的后代通常是健康的。另一方面,在女性患者的子女中,患者的临床表现差异很大,心肌病的发病程度从轻度到严重不等。

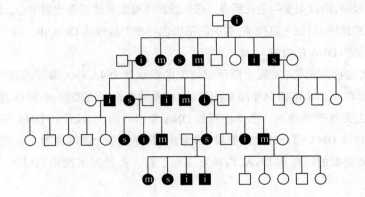

图 13-9 一个线粒体心肌病家系

患者发病程度不等,m 表示轻度,i 表示中度,s 表示严重。

前面已经介绍过动物线粒体遗传遵循母系遗传的主要原因,人类线粒体遗传的机制是相似的。成熟卵细胞拥有数十万拷贝的线粒体 DNA,而精子中只有几百拷贝。受精时,精子的线粒体 DNA 进入卵母细胞后不仅被快速稀释,而且会被卵母细胞内的核酸酶消化。因此,精子的线粒体 DNA 对子代表型无明显作用,子代个体中由线粒体 DNA 所决定的疾病/性状只取决于卵细胞的线粒体 DNA,因此表现为母系遗传。但除了母系遗传,人类线粒体 DNA 遗传还具有表型不规律分离、阈值效应和遗传瓶颈等特点。

在一个合子内携带不同类型的细胞器(如野生型和突变型)的现象被称为异质性(heteroplasmy),如果合子只含有一种类型(全部野生型或突变型)的细胞器则称为同质性(homoplasmy)。一个同质性的受精卵,在它发育的过程中只会产生同样类型的子细胞,细胞器组成没有变化(图 13-10a)。但在一个异质性的受精卵的发育过程中,由于胞质分裂的随机性,细

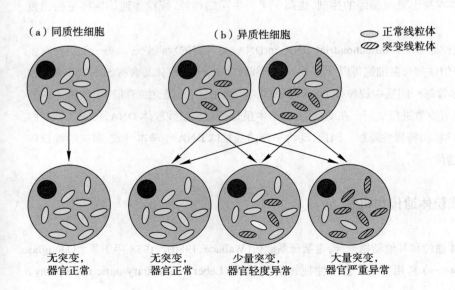

(a)同质性细胞　　　　(b)异质性细胞　　　⬭ 正常线粒体　　⬭ 突变线粒体

无突变,器官正常　　无突变,器官正常　　少量突变,器官轻度异常　　大量突变,器官严重异常

图 13-10 线粒体遗传中的表型不规律分离

(a)同质性细胞的子代细胞表型不发生分离。(b)异质性细胞的子代细胞表型发生分离。

胞器在子细胞中随机分配,就会产生不同类型的子细胞(图 13-10b):有的细胞中突变线粒体多一些,对应的器官就可能会产生病变;而有的细胞中突变线粒体少一些,甚至没有,对应的器官就可能轻度异常或完全正常。这就是线粒体遗传的表型不规律分离,它会导致同一个体的不同器官的表型不同(以及不同个体受累器官不同)等现象。

临床上发现眼、耳、脑、心、肌肉等是常见的线粒体疾病受累器官,这其中的原因与线粒体DNA 的功能直接相关。线粒体是有氧呼吸的场所,我们将在基因组一章介绍,线粒体 DNA 上的基因除了参与自身的蛋白质翻译以外,全部编码呼吸链相关蛋白。因此绝大多数线粒体 DNA 突变造成的是呼吸链受损,细胞供能不足。当某组织细胞中突变线粒体的有氧呼吸供能无法达到维持该组织细胞正常生理功能的阈值时,就会表现出疾病,这被称为阈值效应。显然,阈值水平与组织细胞的能量需求密切相关,眼、耳、脑、心、肌肉等都是有氧呼吸活跃的高耗能组织,所以它们对线粒体 DNA 突变更加敏感。

从我们所列举的心肌病家系中可以看到,线粒体遗传疾病的另一个重要特点是同一患者的后代表型严重程度相差悬殊,可以是重度、中度、轻度甚至正常,这其中的机制涉及另一个重要的线粒体遗传特点——线粒体遗传瓶颈(mitochondrial genetic bottleneck)。研究者们认为在雌性胚胎的原始生殖细胞发育过程中,线粒体数目会发生大幅减少,最终只有少量的线粒体 DNA 经复制后积累在成熟的卵母细胞中(Chinnery 等,2008)。尽管今天我们仍然不清楚这一过程的具体机制和准确的发生时间,但可以确定的是,如果一个雌性胚胎细胞是异质性的,那么在它的原始生殖细胞发育的过程中,成熟卵细胞之间突变型线粒体 DNA 的比例会显著不同,受精后得到的个体自然就会出现不同程度的表型了(图 13-11)。

可见,人类的线粒体遗传完全不同于核基因组的遗传:一方面后代的表型取决于母亲,另一方面后代表型的变异程度很大,这与人类线粒体 DNA 的遗传特点是密不可分的。有趣的是,近年来遗传学家通过大量的线粒体 DNA 测序发现人类的线粒体 DNA 有时也会遵循双系遗传,在多个没有亲缘关系的大家系中发现,父源线粒体 DNA 能和母源线粒体 DNA 一起遗传给子代(Huang 等,2018)。或许在不久的将来,我们还要重新审视人类线粒体遗传的机制。

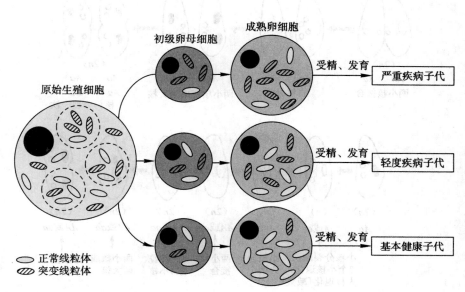

图 13-11 线粒体遗传瓶颈

携带正常和突变线粒体的异质性原始生殖细胞在发育成卵细胞的过程中经历线粒体遗传瓶颈,形成不同的卵细胞,受精后发育形成的子代个体的表型差异显著。

六、草履虫放毒型的遗传

上面讲过的绿白斑的遗传跟叶绿体有关,小菌落的遗传跟线粒体有关。叶绿体和线粒体都是细胞质的构成要素,是细胞进行正常机能所不可缺少的。我们现在介绍草履虫(*Paramecium aurelia*)放毒型的遗传。放毒型的遗传与另外一种颗粒有关,这种颗粒不是细胞质的构成要素,因为并不是所有草履虫都具有这种颗粒。

(1) 草履虫的生殖方式　草履虫有一个大核和两个小核。大核主要管营养,是多倍性的;小核主要与遗传有关,是二倍性的。

草履虫有两种基本的生殖方式:①无性生殖,即由一个个体通过细胞分裂成为两个个体,基因型仍旧跟原来的个体一样。②有性生殖,即接合生殖,两个个体接合,相互交换小核。在这个过程中,大核消失,小核经过减数分裂后,相互交换。如接合中的两个个体,一个是 *AA*,一个是 *aa*,则最后形成的 4 个个体都是 *Aa*(图 13-12)。此外,还有一种有性生殖方式,是自体受精,即一个体的两个小核经过减数分裂,留下 1 个小核,这个小核分裂一次,又相互合并,以后再分裂发育成大核和小核。通过自体受精后,不论个体原来的基因型怎样,最后产生的两个个体都是纯合子(图 13-13)。

(2) 草履虫的放毒遗传与卡巴粒　索恩本(Tracy Morton Sonneborn,1905—1981)发现有一

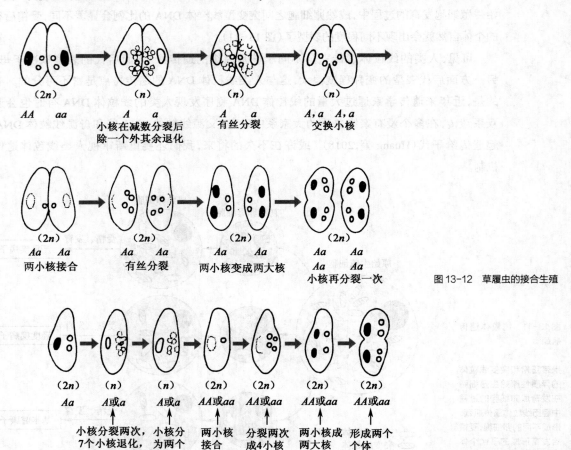

图 13-12　草履虫的接合生殖

图 13-13　草履虫的自体受精

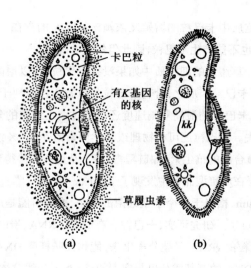

个品系的草履虫能够产生一种物质,叫作草履虫素。这种物质对自己无害,但对不同品系的草履虫却是毒素,作用的时间一长,能够杀死它们。这种能产生草履虫素的个体叫作放毒型,而受害的个体就称为敏感型。

图13-14　草履虫的放毒型和敏感型

(a) 放毒型,核内有 K 基因,细胞质中有卡巴粒,外面培养液中有草履虫素。(b) 敏感型,核内有 kk 基因,细胞质中没有卡巴粒。

实验发现,草履虫的放毒型需要两种因子同时存在(图 13-14):①细胞质因子,叫作卡巴粒(kappa particle, κ);②核基因 K,这是一个显性基因,参与调节卡巴粒的增殖,k 是隐性等位基因。也就是说,KK 且有卡巴粒是放毒型,kk 且没有卡巴粒是敏感型。

如把放毒型与敏感型交配(即接合),由于交换了小核,它们双方的基因型都成为 Kk,但其中一个有卡巴粒,能够产生草履素,是放毒型,另一个没有卡巴粒,不能产生草履虫素,仍然是敏感型。

这两个个体以后各自形成一个系统,如果使它们自体受精,那么都产生 1/2 的 KK 和 1/2 的 kk。但原来是放毒型的,后代中有一半是放毒型,还有一半起初是放毒型,经过几代以后,由于没有 K 基因,卡巴粒不能增殖,就成为敏感型。原来是敏感型的,虽然后代中有一半是 KK,一半是 kk,但因为没有卡巴粒,所以都是敏感型(图 13-15a)。

如使放毒型与敏感型接合的时间延长,除交换小核外,细胞质也有交换,这样它们双方都是基因型 Kk,都有卡巴粒,所以都是放毒型。但在自体受精后,有一半的基因型是 KK,细胞质中又有卡巴粒,所以是放毒型;另一半的基因型是 kk,虽然起始是放毒型,但经过几次分裂后,卡巴粒的数量逐渐降低;以至消失,所以最终成为敏感型(图 13-15b)。

从以上实验可以知道,有卡巴粒的草履虫是放毒型,没有卡巴粒的草履虫是敏感型,可见草

图13-15　草履虫放毒型和敏感型的接合

(a) 接合时间短,没有交换细胞质。1. 接合;2. 交换小核后,基因型都成为 Kk;3. 后代中一半 KK,一半 kk。但只有放毒型的后代 KK 仍是放毒型。(b) 接合时间较长,交换了细胞质。1. 接合,也交换了细胞质;2. 两个草履虫都有卡巴粒;3. 后代中一半 KK,一半 kk。KK 都是放毒型,kk 是敏感型。点代表卡巴粒,有点的个体是放毒型,无点的个体是敏感型。

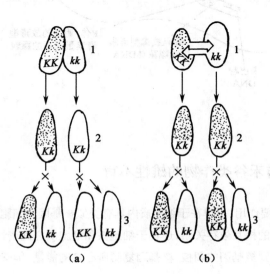

履虫素是卡巴粒产生的,但细胞质中卡巴粒的增殖又依赖核基因 K 的存在。如果单有核基因 K 存在,而细胞质中没有卡巴粒,也不能产生卡巴粒,因此仍然是敏感型。

(3) 卡巴粒的属性与起源　草履虫的细胞质中如果没有卡巴粒,可以用微注射法导入,而且草履虫细胞本身有时也可摄入卡巴粒。反之,含有卡巴粒的草履虫在有利于迅速增殖的培养液中培养,可使卡巴粒丢失,可见卡巴粒的最高复制速度还抵不过宿主细胞的分裂速率,以致细胞质中卡巴粒逐渐减少,最终丢失。卡巴粒还可被物理或化学因素消除,如 X 线、紫外线、高温、低温、氮芥气以及可以抑制蛋白质合成的抗生素(如链霉素)等。从这些实验得到启发,研究者对草履虫细胞质进行深入观察,终于在放毒型品系中发现了卡巴粒。

卡巴粒的直径大约为 0.2 μm,相当于一个小型细菌的大小,推测可能是退化的细菌,现在已演化为内共生体(endosymbiont)了。研究证实,卡巴粒含有 DNA、RNA、蛋白质、酸类和酯类等,其组成与比例酷似细菌。卡巴粒的 rRNA 已被分离出来,能和大肠杆菌 DNA 杂交,但不能与草履虫 DNA 杂交。还有卡巴粒 DNA 的碱基成分也与宿主的核 DNA 和线粒体 DNA 不同。

草履虫的卡巴粒不是都有放毒能力。卡巴粒可突变为非放毒型 π 粒。π 粒在形态和功能上不同于野生型卡巴粒,不能形成明亮的 R 体(R-body)。据研究,R 体跟病毒状颗粒有关。病毒状颗粒的 DNA 含量类似于 T 偶数噬菌体,所以可能是一种噬菌体,而 R 体或许就是这种噬菌体所编码的毒素蛋白质。由此看来,卡巴粒之所以能赋予它们的宿主以放毒能力,实际上是由于它们颗粒中带有噬菌体,该噬菌体编码一种放毒型毒素蛋白质(killer toxin protein),这种蛋白质成为折光率强的 R 体,释放到培养液中,称为草履虫素,可以导致敏感型草履虫死亡。这些关系总结在图 13-16 中。自从卡巴粒被发现后,在草履虫中又找到了其他粒子,如 γ、δ、λ 和 μ 等。所有这些粒子都含有 DNA,都遵循细胞质遗传。

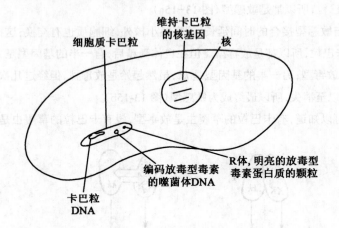

图 13-16　草履虫放毒型细胞中核基因组与细胞质基因组间的相互关系

第三节　核质互作与禾谷类作物的雄性不育

细胞质在遗传中的重要作用,不单在于细胞质内具有类似核基因的细胞质基因,也不单在于细胞质基因与核基因之间的相互依存关系,还在于细胞核和细胞质之间密切的相互作用。细胞质内合成的某些蛋白质受到核基因的调控,核基因复制所必需的能量、单核苷酸、氨基酸和特殊的酶又是由细胞质所供应。

玉米、高粱和水稻等禾谷类作物的雄性不育(male sterility)是细胞质中遗传物质与核基因相互作用的一个重要例子。

例如,玉米中有一种称为雄性不育的变异,这种植株在长出雄穗的时候,花药自然地不显出来,因此整个植株不能开花散粉。但它的雌穗的发育却是正常的,只要授上另一植株的花粉,照样可以结种子。这种特性有时是受细胞质控制的。如把雄性不育植株(♀)与雄性正常植株(♂)杂交,F₁与母本相同,也表现雄性不育,而且再用雄性正常的植株和它杂交,仍然表现雄性不育。这样的杂交,不论再重复多少次,后代植株的雄花仍然是不育的。这表明,雄性不育的特性是在细胞质内,是由细胞质基因控制的,遵循母系遗传。

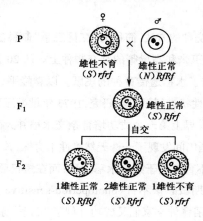

图 13-17 玉米雄性不育的遗传

用细胞质传递的雄性不育植株进行许多不同杂交试验,有时发现少数父本具有恢复雄性不育的作用,而且证明这种恢复作用大都由染色体上一个显性基因 Rf 控制,F₁ 植株都能散发花粉,F₂ 则分离为 3:1。如以(S)代表雄性不育的细胞质基因,(N)代表正常的细胞质基因,那么这个分离现象可用图 13-17 说明。

Rf 基因的存在可使雄性不育恢复为正常可育性状这一现象证明,雄性不育的性状受细胞质基因的控制,也受核基因的控制,是两者共同作用的结果。不过,以后也发现还有其他基因参与育性恢复,而且水分、土壤肥力以及日照长度等条件对雄性不育的性状也都有影响,雄性育性性状决定是相当复杂的。

雄性不育的性状在制造杂交种时很有用处。制造杂种的程序大致是这样的:先把雄性不育系(S)$rfrf$ 和正常自交系(N)$rfrf$ 杂交,得到的下代还是雄性不育的,再用正常自交系作父本和它杂交。因为这次杂交还是用同一亲本,所以叫作回交。回交后代还是表现雄性不育,这样连续回交四五次,最后得到雄性不育自交系。该自交系的外形跟父本自交系一样,不会露出花药散粉。正常自交系自交,既能使母本结籽,又能保持原有自交系的性状,所以也叫作保持系。另外再要有一种恢复育性能力的自交系(或品系)(N)$RfRf$,将它的花粉授予不育系后,能使不育系的后代恢复正常,开花结籽,所以叫作恢复系。

有了合适的不育系、保持系和恢复系之后,在制造玉米单交种或高粱、水稻的杂交种时,一般还需建立两个隔离区。一区是繁殖不育系和保持系的隔离区,在区内交替地种植不育系和保持系。不育系缺乏花粉,花粉是从保持系来的,从不育系植株收获的种子仍旧是不育系。保持系植株依靠本系花粉结实,所以从保持系植株收获的种子仍旧是保持系。这样在这一隔离区内同时繁殖了不育系和保持系(图 13-18)。另外一区是杂种制种隔离区,在这一区里交替地种植不育系和恢复系。不育系植株没有花粉,花粉是从恢复系植株来的,所以从不育系植株收获的种子就是杂交种子,可供大田生产用。恢复系植株依靠本系花粉结实,所以从恢复系植株收获的种子仍旧是恢复系。这样在这一隔离区内制出了大量杂交种,同时也繁殖了恢复系(图 13-19)。这就

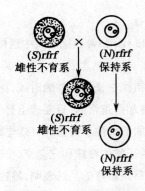

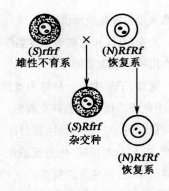

图 13-18 雄性不育系和保持系的繁殖　　　　图 13-19 制造杂交种,同时繁殖恢复系

是用两个隔离区同时繁殖三系的制作杂交种的方法,简称为"二区三系"制种法。

作物的雄性不育特性最早被应用到玉米和高粱等的杂交制种上。从 20 世纪 60 年代开始,核质互作和杂种优势理论又进一步促进了水稻遗传育种的飞跃。以袁隆平(1930—)为代表的中国水稻育种学家们对水稻的雄性不育性状进行了广泛研究,1973 年籼型三系杂交水稻成功配制,极大地提高了水稻产量。中国成为世界上第一个成功培育杂交水稻并大面积应用于生产的国家。同年,石明松(1938—1989)在水稻田间发现了一株天然雄性不育株,该不育系在长日照的高温条件下表现为雄性不育,可以作为不育系用于杂交水稻制种;而在短日照低温条件下可育,可以用于不育系的繁种,后被称为光周期敏感核不育(photoperiod-sensitive genic male sterile,PGMS)系。利用这个特殊品系,中国水稻育种学家们又成功开创了"二系"杂交水稻育种技术,两系杂交稻可以进一步增加亲本的遗传差异,杂交种的产量进一步提升。

袁隆平最早在海南三亚发现的花粉败育野生稻 CMS-WA(wild abortive cytoplasmic male sterility)是由细胞质基因和核基因互作导致花粉败育的类型,属于孢子体雄性不育。通过回交的方法可以保留不育系细胞质基因组而交换核基因组,从而达到繁殖的目的。近年来,遗传学家利用分子生物学手段揭示了核质互作与不育系的部分机制(Luo,2013)。细胞质中决定雄性不育的基因是水稻线粒体基因 *WA352*,它编码的蛋白质可以在花粉母细胞期的花药绒毡层中优先累积,并通过与水稻核基因组编码的线粒体蛋白 COX11 相互作用,抑制 COX11 在过氧化物代谢中的功能,诱导绒毡层细胞提前发生细胞程序性死亡,最终导致花粉败育。在恢复系中,核基因组编码的育性恢复基因(restorer of fertility,*Rf*)编码 PPR(pentatricopeptide repeat protein)蛋白,这是一类参与 mRNA 转录后加工的调控蛋白。研究发现 PPR 蛋白通过降低 *WA352* 的表达水平抑制了它的作用,从而逆转雄性不育的表型。

除了水稻,通过雄性不育品系进行杂交制种的已被推广到甜菜、洋葱、小麦、大麦等作物,对提高我国粮食产量发挥了巨大作用。可见,尽管细胞质中的遗传物质在数量上远不及细胞核,但它们的作用同样不容小觑。

习题

1. 母性影响和细胞质遗传有什么不同?

2. 细胞质基因和核基因有什么相同和不同的地方?

3. 在玉米中,利用细胞质雄性不育和育性恢复基因,制造双交种,有一种方式是这样的:先把雄性不育自交系 A [(S)rfrf] 与雄性可育自交系 B [(N)rfrf] 杂交,得单交种 AB。把雄性不育自交系 C [(S)rfrf] 与雄性可育自交系 D [(N)RfRf] 杂交,得单交种 CD。然后再把两个单交种杂交,得双交种 ABCD,问双交种的基因型和表型有哪几种,它们的比例怎样?

4. "遗传上分离的"小菌落酵母菌在表型上跟我们讲过的"细胞质"小菌落酵母菌相似。当一个遗传上分离的小菌落酵母菌与一个正常酵母菌杂交,二倍体细胞是正常的,以后形成子囊孢子时,每个子囊中两个孢子是正常的,两个孢子产生小菌落酵母菌。用图说明这些结果,并注明相应的基因型。

5. "遗传上分离的"小菌落酵母菌与"细胞质"小菌落酵母菌杂交,形成的二倍体是正常的。这些二倍体细胞形成的子囊,正常细胞与突变细胞各有两个。解释这些结果,作图概括你的说明。

6. 一个雄性不育植株,用对育性恢复基因 Rf 是纯合的花粉授粉,F_1 的基因型怎样,表型怎样?

7. 上题的 F_1 植株作为母本,用一正常植株(rfrf)的花粉测交,测交的结果应该怎样?写出基因型和表型,注明细胞质种类。

8. 举一个经典的孟德尔式遗传的例子,正交和反交的结果是不同的。

9. 一个基因型为 Dd 的椎实螺自交,子代的基因型和表型怎样?如子代个体自交,它们的下一代表型又怎样?

10. 上题中开始做实验所用的杂合子椎实螺的表型是怎样的?请说明。

11. 正、反交在 F_1 往往得出不同的结果,这可以由伴性遗传、细胞质遗传或母性影响来解释。怎样用实验方法来区分这 3 种遗传机制?

12. 根据现有科学事实,怎样正确理解在遗传中细胞核与细胞质之间的关系。

13. 衣藻的一个链霉素抗性品系,在细胞核和细胞质中都有抗性因子。它与链霉素敏感品系杂交,如果抗性品系是"+"亲本,敏感品系是"-"亲本,预期的结果是什么?如果做的是反交,结果又如何?

14. 人群中,遗传性心肌病的表现从轻度到严重型不等。图 13-9 给出了一个家系中心肌病的发病情况及患病程度。请问:

(1) 该家系具有哪些线粒体遗传的特征?

(2) 该如何解释该家系中心肌病患者的发病程度的不同?

15. 2002 年,丹麦学者报道了一例严重运动耐受能力低下的临床患者(Schwartz,2002),患者肌肉细胞线粒体 DNA 的 ND2 基因发生 2 bp 的缺失,造成移码突变。ND2 是呼吸链复合物 I 的蛋白质编码基因,突变造成了 ND2 的功能丢失。请问:

(1) 研究者发现患者仅有肌肉问题,心、肺及其他器官均正常。怎样理解造成这些差别的原因?

（2）通过线粒体 DNA 的多态性位点分析，研究者还发现突变线粒体 DNA 来自他的父亲，而不是母亲。但患者的父亲、患者的妹妹都没有疾病。怎样理解其中的原因？

数字课程学习

在线自测　　　　　习题答案

第十四章
基因组

从单一基因研究到全基因组研究是 20 世纪末生命科学发展史上里程碑式的一个飞跃。2000 年,人类基因组草图发表;2010 年,一千余种物种(含一百余种真核生物)全基因组序列发表;2020 年,近六百种真核生物基因组完成注释。几乎没有哪个生物学分支学科能够像基因组学这般快速积累和发展。虽然全基因组测序在酝酿阶段饱受争议,但时至今日,基因组研究所带来的成就已经深刻地改变了现代遗传学和生物学的思维模式,渗透到了医学、农业、工业等领域,并将继续对自然科学和人类社会的发展产生深远的影响。

第一节　基因组概述

1986 年,遗传学家罗德里克(Thomas Roderick,1930—2013)首次提出了基因组学(genomics)的概念,并创办了同名期刊。基因组学是一门对某一物种的所有基因进行基因组作图、核苷酸序列测定和基因功能分析的分支学科。那什么是基因组? 基因组又具有哪些性质和特点?

一、基因组

基因组(genome)一词最早指的是一套具有完整遗传信息的基因拷贝或者一套完整的染色体。现在,基因组更准确的定义是一个细胞中所有遗传物质的总和,包括基因序列和基因间序列。每种生物都携带特定的基因组序列,其中包含了构成和维持该生物体生命形式与生命活动所需的全部遗传信息。

一种生物的单倍体基因组的 DNA 总量称为 C 值(C-value)。每种生物都具有其特定的 C 值。如图 14-1,一些两栖类、鱼类、植物和原生动物的 C 值较大,细菌的较小。即使在同一纲或目中,不同属或种生物的 C 值差别也很大。哺乳动物的 C 值和爬行类、软体动物相近。因此,生物的 C 值并不与生物复杂程度(或生物在进化上所处地位)相关,这一现象被称作 C 值悖论(C-value paradox)。如果不看全基因组的大小,单看基因的数目,基因组中全部基因的数目与物种的复杂程度同样没有明显的相关性,这被称为 G 值悖论。比如,拟南芥的基因数是果蝇的近两倍。因此,简单地用基因组大小、基因数目的多少来评价生物的基因组显然是不合理的,生物的基因组需要

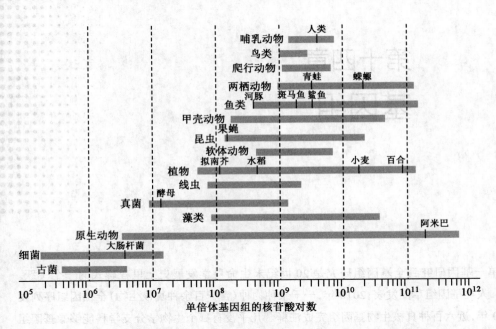

图 14-1 不同生物基因组大小

从基因组的组成结构、序列特征甚至基因功能等多方面进行研究。在下文中，我们将结合几种模式生物，分别介绍病毒、原核生物和真核生物基因组的结构和功能特点。

二、病毒基因组

病毒是最简单的生命体，病毒基因组包括 DNA 基因组和 RNA 基因组，这取决于病毒采用哪种核酸作为遗传物质。以乙型肝炎病毒（hepatitis B virus，HBV）为例，它的基因组结构非常简单（图 14-2）。HBV 含有不完全双链 DNA 分子，基因组大小为 3.2 kb，含有 4 个基因，分别编码衣壳蛋白 S、DNA 多聚酶 P、核心蛋白 C 和未知功能蛋白 X。在 HBV 基因组内，S 基因完全重叠于 P 基因中，X 基因与 P 基因、C 基因，C 基因与 P 基因都有重叠。HBV 的这些特点代表了病毒基因组的许多一般特征，归纳如下：

（1）病毒基因组的大小从几 kb 到几百 kb 不等，和病毒类型有关。一般来说，基因组较大、遗传信息较多的病毒对宿主的依赖性较小。

（2）病毒基因组形式多样，有双链核酸分子（如大多数动物病毒），也有单链核酸分子（如噬菌体、反转录病毒等）；有闭环分子（如噬菌体、乳头瘤病毒等），也有线性分子（如腺病毒、流感病毒等）。一些病毒基因组的核酸链甚至是断裂的，如流感病毒

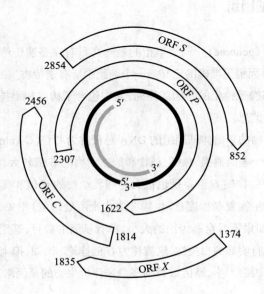

图 14-2 HBV 基因组结构示意图

内圈的灰色和黑色实线是基因组 DNA，外圈的空心弧线对应 4 个基因的开放阅读框（ORF）。

的基因组由 8 条独立的 RNA 链构成。

（3）病毒基因组通过多种方法在较小的基因组容量内提高携带遗传信息的效率，比如基因组内非编码序列所占的比例极少，含有大量的重叠基因（即两个基因共享部分甚至某一基因的全部核苷酸序列）。

（4）从基因表达上看，病毒基因组内存在操纵子结构（详见基因表达调控一章），功能相关基因聚集分布，在同一调节区域的调控下一起转录。此外，一些病毒的某些基因也存在内含子序列。

三、原核生物基因组

原核生物包括蓝细菌、细菌、古菌、放线菌、立克次氏体、螺旋体、支原体和衣原体等。相对病毒基因组，原核生物的基因组略大，一般为几个 Mb 大小。在已完成全基因组测序的生物中，原核生物的种类最多。

大肠杆菌的基因组是较早开始研究的原核生物基因组。我们先以大肠杆菌 K-12 菌株为例介绍细菌基因组的组成，再归纳以细菌为代表的原核生物基因组的一般特点。如图 14-3，在大肠杆菌 K-12 全长 4.6 Mb 的基因组中，87.8% 的序列是蛋白质编码基因，0.8% 负责编码 RNA 产物，0.7% 是非编码重复序列，余下 10.7% 的序列负责基因表达调控和其他未知功能。两条 DNA 链都能作为模板进行基因转录，基因间的平均间隔大小仅为 118 bp。大肠杆菌基因的组织顺序和染色体复制的方向有关；存在大量操纵子结构，功能相关基因通常一起转录。在大肠杆菌基因组编码的 4 288 个蛋白质中，包括了氨基酸、核酸合成代谢所需酶类，碳氮化合物分解代谢所需酶类以及结构组成蛋白等。

对比分析其他细菌基因组和大肠杆菌基因组进一步发现，原核生物的基因组在基因组组成结构和基因类型上都具有很大的相似性，它们具有以下一般特征：

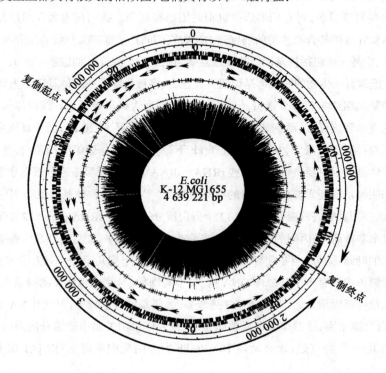

图 14-3　大肠杆菌 K-12 的全基因组图谱（引自 Blattner 等，1997）

① 基因组通常仅由一条闭合的环状双链 DNA 分子组成,DNA 分子以超螺旋的组织方式集中在一个较为致密的区域,即类核(nucleoid)。但是也有一些细菌的基因组是线性分子,如链霉菌等。

② 大多数基因为单拷贝基因,少数基因(如 rRNA 基因)为多拷贝。

③ 两条 DNA 链上都有编码基因,非编码序列的比例很低。含有一些重复序列,也含有一些特殊的 DNA 结构元件,如复制起始区、转录终止子等。

④ 具有操纵子结构,数个功能相关的结构基因串联在一起,在同一调节区的控制下一起转录。

⑤ 与病毒基因组相比,细菌基因组中重叠基因较少。

⑥ 质粒是细菌染色体外共价闭合的环状 DNA 分子,大小在 1~200 kb 不等,可以独立复制,但不是细菌生存所必需的。

近年来,人们对古菌的基因组研究也逐渐升温,这一点从已完成的古菌基因组测序的数目中可见一斑。由于古菌的细胞膜、细胞壁、代谢途径、翻译机制等均和普通细菌不同,因此古菌也被定义为原核生物和真核生物以外的"第三生物界",即三域学说。1996 年詹氏甲烷球菌(*Methanococcus jannaschii*)全基因组序列的发表第一次在基因组水平证明了三域学说的合理性:该古菌中未知功能的基因比例远大于一般细菌,此外,转录、翻译和复制相关基因类型与真核生物更加类似。随着更多的古菌的测序完成,研究者不断提出支持和反对的各项证据,三域学说的争论仍在继续,但基因组学无疑在生物进化分析中彰显了独特的作用。

四、真核生物的线粒体基因组和叶绿体基因组

大多数真核生物具有复杂的多细胞、多器官结构,与之相对应的是,真核生物基因组的组成比病毒和细菌要复杂得多,对它们的研究也相对困难和复杂。我们在前面介绍过,真核生物细胞内的线粒体和叶绿体都含有独特的细胞器 DNA,它们同样是维持真核细胞生存必不可少的条件,因此真核生物基因组包括核基因组和细胞器基因组。我们先介绍细胞器基因组。

除了少数低等真核生物的线粒体基因组为线性,大多数生物的线粒体基因组为环形 DNA 分子。线粒体的基因组通常有多个拷贝,但不同细胞类型所含拷贝数不同。线粒体基因组的大小同样和生物的复杂程度无关,动物细胞的线粒体基因组最小,不到 20 kb,低等真核生物次之,而显花植物的线粒体基因组最大,从几百到几千 kb 不等。线粒体基因组结构疏松,含有大量内含子序列。线粒体基因组主要负责编码一些 rRNA、tRNA 和部分呼吸链组分蛋白质等。但是,线粒体的结构和生命活动还需要核基因组的参与和调控。以人的线粒体基因组为例(图 14-4),全长 16 569 bp 的序列共编码呼吸链相关的 13 个蛋白质分子、22 个 tRNA 分子和 2 个 rRNA 分子。基因的组织效率非常高,基因间的非编码序列非常少,没有内含子,而且还存在重叠基因。

植物细胞的叶绿体基因组是闭环 DNA 分子,大小从几十到几千 kb 不等,但多数为几百 kb 大小。一个叶绿体内含有多个叶绿体 DNA 拷贝,不同物种中叶绿体 DNA 的拷贝数不同。叶绿体基因组比线粒体基因组大,含有内含子序列较多,编码基因数也较多,包括 tRNA 基因、rRNA 基因、RNA 聚合酶基因、核糖体蛋白质编码基因、光合作用相关蛋白质组分的编码基因,等等。叶绿体基因组的一个特点是:含有两段 10~76 kb 大小的反向重复区(IR 区),IR 区内部含有

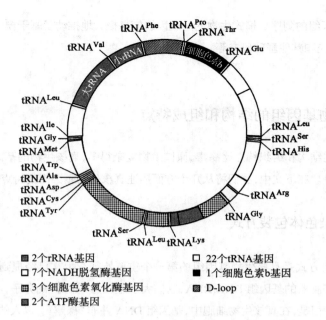

图14-4 人线粒体基因组

- ■ 2个rRNA基因
- □ 22个tRNA基因
- ▨ 7个NADH脱氢酶基因
- ■ 1个细胞色素b基因
- ▦ 3个细胞色素氧化酶基因
- ▨ D-loop
- ■ 2个ATP酶基因

rRNA 编码基因,IR 区将环状 DNA 分子分隔成大单拷贝区(LSC 区)和小单拷贝区(SSC 区)。1986 年第一个叶绿体 DNA——烟草(*Nicotiana tabacum*)叶绿体 DNA 全序列发表,该 DNA 分子全长 155 844 bp,编码大约 150 个基因。大多数植物的叶绿体携带的基因的种类相似,但它们在不同生物的叶绿体 DNA 链上的组织和排列方式不同。

线粒体、叶绿体基因组的遗传密码与核基因组略有不同,且线粒体、叶绿体 tRNA 的简并性较强,这使得线粒体、叶绿体的编码方法更简单,也使得这些细胞器自身的翻译系统更简单。线粒体 DNA 和叶绿体 DNA 的另一个重要特点是,它们的遗传方式属于非孟德尔遗传,即亲代的线粒体 DNA 和叶绿体 DNA 并非均等地分配给子代细胞。关于这个部分我们已在细胞质和遗传一章中作过详细介绍。

五、模式真核生物核基因组测序的完成情况

1996 年通过国际合作,第一个真核生物的全基因组测序完成,即酿酒酵母,它是最简单的单细胞真核生物。酿酒酵母的基因组大小为 12 Mb,共 16 组染色体,含有 5 885 个蛋白质编码基因和大约 455 个 RNA 编码基因。酵母基因组不同于病毒、原核生物基因组的一个重要特点是:基因组内存在大量冗余序列,包括重复序列和多拷贝基因。1999 年,第一个多细胞生物,秀丽隐杆线虫(*Caenorhabditis elegans*)的全基因组测序完成,在 97 Mb 的基因组中,含有 6 对染色体,编码 19 099 个基因,基因在染色体上的密度更低,重复序列的比例也更高。相比简单的单细胞生物酵母,线虫的基因组编码大量独特的细胞间信号转导蛋白,这也是多细胞生物基因组的一大特点。线虫在 20 世纪 60 年代才被选为模式生物,但其后,它在研究信号转导,尤其是器官发育和程序性死亡通路中发挥了重要的作用,在线虫中鉴定出的许多关键基因都在人基因组中找到了同源基因。

另外几种模式真核生物的基因组测序也在随后几年内陆续完成,如 2000 年完成了黑腹果蝇(120 Mb)以及拟南芥(*Arabidopsis thaliana*)(125 Mb)基因组的测序,2002 年完成了小鼠(*Mus musculus*）（2.5 Gb）基因组的测序。模式生物的全基因组信息极大地推动了基于模式生物的人类疾病研究、生物进化研究和其他基础研究等。

第二节　真核生物基因组的结构和组成特点

真核生物基因组的结构和组织特点比病毒、原核生物复杂得多，真核生物的基因组的研究也更有利于认识人类自身。在下文中，我们将从几个方面描述真核生物基因组的特点。

一、真核生物染色体包装方式

独特的染色体包装方式是真核生物基因组的第一个重要特征。上文已经提到了许多病毒、原核生物及真核生物细胞器的基因组 DNA/RNA，它们大多是较为"裸露"的分子，不被蛋白质分子包装或被简单包装。但是，在真核生物细胞中，基因组 DNA 并非"裸露"。以人的基因组为例，人类染色体的实际长度为几微米（μm），但如果按照每圈 DNA 螺旋含 10.5 bp，约 3.4 nm 计算，每条染色体上携带的 DNA 的总长平均可达几个厘米。因此，必然存在一种高度有效的包装系统将如此长的 DNA 分子压缩了上千倍，从而将全部基因组 DNA 顺利包装进入狭小的细胞核中。

1974 年，罗杰·科恩伯格（Roger David Kornberg，1947—）和托马斯（Jean Thomas，1942—）通过核酸酶保护实验结合电镜观察，提出了染色质结构的"念珠"（beads on a string）模型（图 14-5）。他们先用小球菌核酸酶轻度消化染色质，离心分离消化程度不同的产物分子后进行电泳检测和电镜观察，结果发现平均每 200 bp 的核苷酸对应电镜下的一个"念珠"单位，400 bp 的消化产物就是两个相连的"念珠"，以此类推，这个"念珠"样小体被称为核小体（nucleosome）。核小体模型在随后的研究中得到了公认和补充。

核小体是真核生物染色质的基本结构单位，在真核生物中高度保守：4 种组蛋白 H2A、H2B、H3 和 H4 各两个分子构成一个桶状的八聚体，147 bp 的 DNA 片段以左手螺旋方向盘绕八聚体 1.65 圈，构成直径为 11 nm 的核小体核心结构。相邻核小体之间还有一段连接 DNA（10～80 bp，长度与种属、组织类型有关）、H1 组蛋白（连接组蛋白）以及其他非组蛋白的 DNA 结合蛋白。因此，一个完整的核小体单位包含了约 200 bp 的 DNA 片段。

核小体的装配是 DNA 包装的第一步，随后 DNA 以核小体作为基本结构进一步螺旋化，6 个

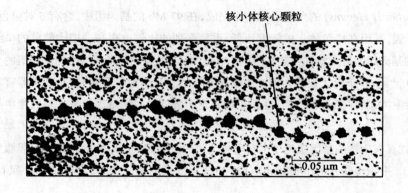

核小体核心颗粒

0.05 μm

图 14-5　染色质的"念珠"结构

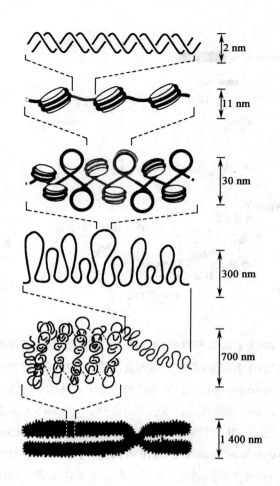

图 14-6　真核生物 DNA 的四级包装

2 nm

11 nm

30 nm

300 nm

700 nm

1 400 nm

核小体通过连接组蛋白形成直径为 30 nm 左右的中空螺线管（solenoid），又称 30 nm 染色质纤维（30 nm fiber）。螺线管再次螺旋化形成超螺线管（supersolenoid），最后再压缩成为染色质。这样，DNA 总共经过四级包装，被压缩了 7 000~8 000 倍后形成了染色质结构（图 14-6）。近年来的机制研究揭示，真核 DNA 的压缩程度受到时空特异性调节，DNA 复制、转录和修复等事件都依赖染色质结构的动态变化。

二、割裂基因

真核生物基因的编码序列在染色体上不是连续排列的，而是被内含子间隔开，因此真核生物的基因被称为"割裂基因"，这是真核生物基因组的另一特点。内含子在基因转录后不久被切除，不存在于成熟的 mRNA 序列中。我们已在遗传的分子基础一章介绍过割裂基因的结构，现在我们介绍一下遗传学家是如何发现这一现象的。

尚邦（Pierre Chambon，1931— ）最早看到了"割裂基因"现象，在比较鸡的输卵管细胞和红细胞的基因组差异时，他提取了两种细胞的基因组 DNA，酶切后进行电泳，用卵清蛋白的 mRNA 来制备 cDNA 探针，分别和两种基因组 DNA 进行 Southern 印迹，结果两种组织中的 DNA 出现了完全相同的多条杂交带。实验表明，虽然两种细胞的基因表达不同，但它们的基因组 DNA 是相同的。但令尚邦不解的是，卵清蛋白的 cDNA 序列内部并没有他所使用的限制性内切酶的酶切位点，为什么会在杂交中出现多条阳性条带。随后，夏普和罗伯茨利用腺病毒外壳蛋白六聚体基因（*Hexon* gene）进行杂交实验，发现该基因的 DNA 单链和 mRNA 链不能完全互补，在 DNA-mRNA 杂合链中出现了因不能互补配对而拱出的泡状结构（图 14-7）。他们据此提出了割裂基因的概念，认为基因的编码序列在 DNA 上是不连续的。尚邦随后才意识到，原来在卵清蛋白基因的割裂区中含有酶切位点，可以将整个卵清蛋白基因切割成多条片段。1978 年吉尔伯特提出了内含子和外显子两个名词，内含子是指在成熟的 mRNA 中不出现的 DNA 序列，而外显子是指在成熟的 mRNA 中出现的 DNA 序列（见图 5-26）。

从初始 mRNA 中去除内含子的过程叫作 RNA 剪接（RNA splicing）。剪接位点的选择，即内含子的边界，有一个共同的特征：5′ 端通常以 GT 开始，3′ 端通常以 AG 结束，这被称为 GT/AG

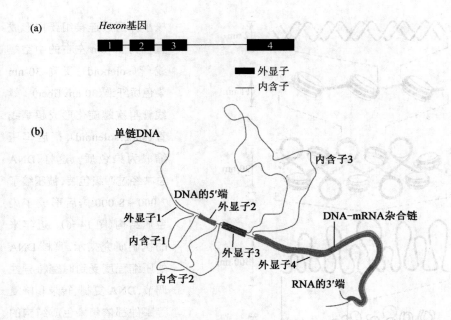

(a) *Hexon*基因

1　2　3　　　　4

▮ 外显子
— 内含子

(b) 单链DNA

内含子3

DNA的5′端
外显子2
外显子1
内含子1
DNA-mRNA杂合链
外显子3
外显子4
内含子2
RNA的3′端

图 14-7　*Hexon* 基 因 DNA-mRNA 杂交图

（a）*Hexon* 基 因 结 构 示 意 图。
（b）*Hexon* 基 因 DNA-mRNA 杂合链。

规则。相比原核生物,真核生物的 RNA 剪接似乎做了"减法"——内含子浪费了遗传信息的储存空间;但当遗传学家进一步追踪 RNA 剪接的过程时,他们发现真核生物其实做了一个非常巧妙的"加法"——采用可变剪接(alternative splicing)的方式增加基因表达的多样性。所谓可变剪接,简单地说,就是 mRNA 前体的不同剪接方式。通过可变剪接,一个 mRNA 前体在不同的剪接方式(选择不同的剪接位点组合)下,可以产生不同的 mRNA 剪接变异体(splicing variant)。利用基因组数据和表达序列标签(expressed sequence tag,EST)数据进行计算机分析后推测,在人的基因组中 35% ~ 60% 的基因具有可变剪接形式。考虑到现有的 EST 文库中的序列还不能覆盖不同组织细胞的全部 mRNA,实际可变剪接的频率可能比预测的更高。如图 14-8,人的原肌球蛋白编码基因在横纹肌、平滑肌、成纤维细胞及脑细胞中的 mRNA 剪接方式各不相同,在成纤维细胞中就有两种方式。可见,可变剪接是真核生物细胞调节基因表达和增加遗传信息多样性的重要机制。

尽管内含子在初始 mRNA 加工过程中会被剪接掉,但是这并不意味着内含子是基因组序列中的多余组分。首先,内含子的存在提高了一个基因中遗传信息的存储量,一方面可变剪接使得单独一个基因可以编码多种蛋白质,另一方面有些基因的内含子本身也可以编码其他蛋白质。例如,人的 I 型神经纤维瘤 *NF1* 基因的第 26 个内含子中包含了 3 个独立转译的基因序列。其次,从进化角度看,内含子序列的突变压力相对较小,对突变的容忍度高,有利于基因组的进化。但

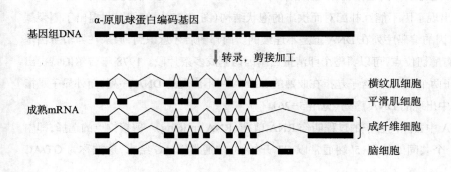

α-原肌球蛋白编码基因
基因组DNA

↓转录,剪接加工

横纹肌细胞
平滑肌细胞
成纤维细胞
脑细胞

成熟mRNA

图 14-8　人的 α - 原肌球蛋白编码基因的可变剪接方式

在横纹肌细胞、平滑肌细胞、成纤维细胞和脑细胞中原肌球蛋白的编码基因利用了不同的内含子剪接方式。在成纤维细胞中存在两种不同的剪接方式。

是,不是所有内含子序列的突变都是中立的,内含子中也存在重要的基因表达调控序列,在这些位点上的突变会影响正常的基因表达,甚至引起疾病。例如,凝血因子Ⅷ第22个内含子的倒位突变可引起凝血因子Ⅷ严重缺乏,这是临床上部分重症甲型血友病的发病机制。

三、基因家族与基因超家族

基因家族(gene family)是真核生物基因组中基因组成的一个特点。每个基因家族包括多个基因成员,它们在序列上具有高度的相似性但不完全相同。基因家族的不同成员很可能是由同一个祖先基因经过复制和后续突变而形成的。基因家族的成员在染色体上的分布分为两种:一种是散在分布于各条染色体上,这是大多数基因家族的分布方式;另一种是集中分布在一条染色体的某一个特定位置,形成"基因簇"(gene cluster),如人的 rRNA、tRNA 和组蛋白基因等。

真核生物基因组中,很多表达活跃的基因都属于特定的基因家族。有时候,基因家族的不同成员可以在不同时间、不同组织进行表达。例如,人的同源异形基因家族(homeobox gene family)由 38 个 *Hox* 基因及 214 个孤独同源异形基因(orphan homeobox gene)构成,不同成员在个体发育的特定时期表达,调节胚胎体节定位及器官发育。另外一种常见的情况是,基因家族的多个成员编码功能相同或相近的蛋白质,满足某个特定时期机体对该蛋白质的需求。比如人的4 种组蛋白分子,共有 60 个编码基因,分布在 7 条染色体上,序列高度保守,尤其在 6 号染色体短臂有两个集中的基因簇(图 14-9),每个基因簇都含有串联排列的多拷贝组蛋白基因,可以在短时间内迅速表达出大量组蛋白,供染色质复制使用。

从广义上讲,一些非编码序列在基因组中也存在大量序列相似的拷贝,也可以称作基因家族。比如说下文将要提到的 *Alu* 序列和 *LINE-1* 序列,它们在基因组中有很多截短和突变的拷贝,也构成"基因家族"。有时候,基因家族还含有突变后不具有编码功能的假基因(pseudogene),如人的 α- 珠蛋白基因簇内含有 3 个假基因,β- 珠蛋白的基因簇内也含有 1 个假基因。它们在进化中由复制产生,又在后来的突变中丧失了编码正常蛋白质的活性而成为了假基因(图 14-10)。还有一些基因的重复拷贝只保留了有限的基因序列,例如仅一个外显子,这样的 DNA 序列被称为基因片段(gene fragment)。

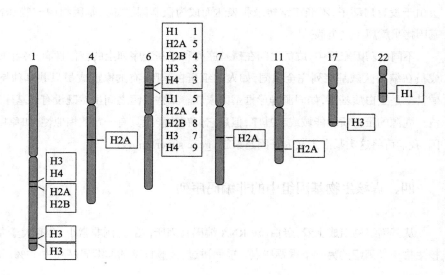

图 14-9 人的组蛋白编码基因在染色体上的分布

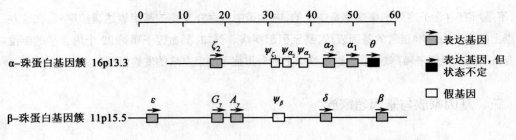

图 14-10 人的珠蛋白基因簇

α–珠蛋白基因簇包括 ζ_2、ψ_{ζ_1}、ψ_{α_2}、ψ_{α_1}、α_2、α_1 和 θ 7 个基因,其中 ζ_2 在胎儿时期表达,α_1 及 α_2 在成年时期表达,ψ_{ζ_1}、ψ_{α_2}、ψ_{α_1} 为假基因。β–珠蛋白基因簇包括 ε、G_γ、A_γ、ψ_β、δ 和 β 6 个基因,其中 ε 在胚期表达,G_γ、A_γ 在胎儿期表达,β 和 δ 在成年时表达,ψ_β 为假基因。

假基因又称拟基因,指的是基因组中与有功能的基因相似,失去编码功能的 DNA 序列。1977 年,研究者在非洲爪蟾 DNA 中克隆了第一个假基因(Jacq,1977)。爪蟾的 5S rRNA 基因约有 500 个拷贝,串联重复排列在染色体上。在每个重复单位中含有一个 5S rRNA 基因和一个携带了 9 个突变的不转录的 5S rRNA 假基因,每个重复单位间被不转录的间隔序列隔开,间隔序列的长度变化不定。在人的核基因组中,约 10% 的基因有拷贝数不同的假基因,全部假基因及基因片段约两万个或更多,几乎与基因的数量相当。近年来的研究发现,不少假基因也具有"真功能",尤其是在基因表达调控方面。

根据形成方式的不同,假基因可以分为两种类型:常规假基因(conventional/classical pseudogene)和加工后假基因(processed pseudogene)。常规假基因是在基因组进化过程中,功能基因复制后发生突变产生的失活产物,如上文介绍的人的 α–珠蛋白和 β–珠蛋白的假基因,序列和正常基因几乎完全一致,但因为突变或缺少启动子不能正常表达或者表达的蛋白产物没有活性(图 14-11)。加工后假基因是由来自功能基因的 RNA 转录产物反转录成 DNA 后重新随机地插入基因组中形成的。如图 14-12,mRNA 反转录为 cDNA 后再次插入基因组,形成一个新的基因拷贝,这个基因拷贝通常不含有启动子序列和内含子,而保留了 poly(A)尾巴。新的基因拷贝由于没有启动子,不能正常转录和表达而成为假基因。如人基因组中一些 tRNA 和 rRNA 的基因拷贝就属于这类假基因。

不同的基因家族中,成员之间在碱基序列和氨基酸序列上的相似性有一定的差异:有的家族成员在编码区碱基序列完全相同,如人的组蛋白基因;有的家族成员只共享独特的蛋白质结构域甚至是蛋白质基序,如同源异形框基因家族。某些基因之间虽然既没有碱基序列的相似性,也没有同源的蛋白质功能域或者基序,但是它们在功能上具有一定的相似性,如免疫球蛋白编码基因,我们可将这类基因定义为基因超家族(gene superfamily)。

四、真核生物基因组中的非编码序列

从基因组的组成上看,蛋白质/RNA 编码基因所占的比例非常小,含有大量非编码序列是真核生物核基因组的另一个重要特点。前面讲过,大肠杆菌的非编码序列占 12%,而酿酒酵母的占

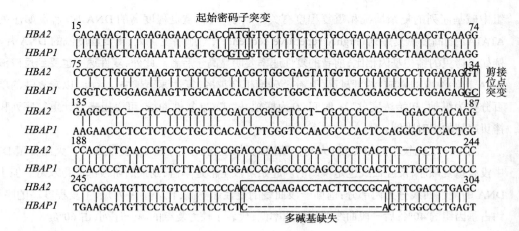

图 14-11　α-珠蛋白基因簇中的 *HBA2* 与常规假基因 *HBAP1* 的部分序列比对结果

利用 NCBI 的 blast 软件比较 *HBAP1* 全长序列与 *HBA2* 全长序列，同源性达到 72%，但 *HBAP1* 在起始密码子、剪接位点等关键位点均存在点突变，在外显子序列内部还有多碱基缺失，不能正常表达而成为假基因。

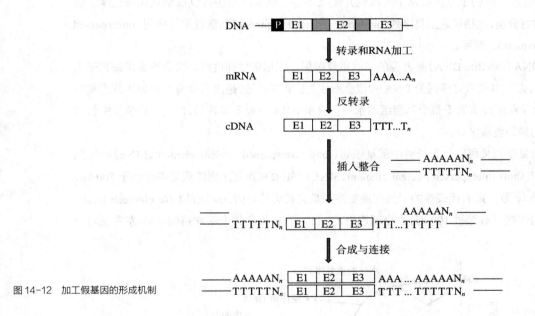

图 14-12　加工假基因的形成机制

30%，线虫达到 75%，果蝇是 80%，小鼠和人的非编码序列的比例分别高达 95% 和 98%。真核生物中这些大量的非编码序列一度被归为"垃圾 DNA"（junk DNA）。但是，随着功能基因组学的发展，许多"垃圾 DNA"被重新验明真身，它们是基因组中未被发掘的重要宝藏。"垃圾 DNA"包括基因间的非编码序列和基因内部的非编码序列。基因内部的非编码序列主要包括上文介绍的内含子序列。基因间的非编码序列所占的比例更大，除了上文提到的假基因和基因片段，还包括大量的非编码重复序列。

　　与原核生物基因组不同，真核生物基因组中出现了大量的重复序列。我们在"遗传的分子基础"一章介绍了 DNA 的变性和复性。对于一个完整的基因组而言，DNA 的复性速率与基因组中碱基序列的复杂情况和重复程度有关。顺序单调、重复程度高的 DNA 片段,例如序列为 ATATAT 的高度重复序列(highly repetitive sequence),与顺序变化大、重复程度低的 DNA 片段,例如单拷贝的结构基因相比,前者的复性速率要明显高于后者。此外,复性速率也受到反应液中 DNA 初始浓度的影响:浓度越高,互补链碰撞机会越多,复性速率越快。因此,以未复性的单链百分数为纵轴,初始浓度(C_0)× 时间(t)为横轴,做成 C_0t 复性曲线,可以用来估计重复序列和单拷贝序列的相对比例。

图 14-13 比较了原核生物(大肠杆菌)和真核生物(小牛)的 C_0t 复性曲线。大肠杆菌 DNA 中没有重复顺序,反应曲线也是单调的。起始阶段全都是单链,到最后阶段都成为双链。但小牛 DNA 的复性曲线分为两部分:前面一段曲线的复性速率高,代表了序列短、重复程度高的序列,约占基因组的 40%;后一段曲线的复性速率低,代表了较为复杂的单一序列,占 60%。

如果对人的基因组 DNA 进行复性分析,可以发现人的基因组中含有 3 种不同重复程度的重复序列,即高度重复序列、中度重复序列和单一序列。有时也把重复次数在 10 次以内的序列称为低度重复序列,包括一些多拷贝的功能基因,如珠蛋白编码基因。单一序列和低度重复序列的复性速率非常慢,这部分 DNA 约占基因组的 60%。高度重复序列的复性速率最快,占基因组的 10%,它们在基因组中的重复次数可以达到 10 万以上。中度重复序列的复性速率次之,占基因组的 30%,这些序列的重复次数从十几次到几千次不等。重复序列还可以根据其在染色体上的排列方式进行分类,包括串联重复序列(tandemly repeated sequence)和散在重复序列(interspersed repetitive sequence)两种。

卫星 DNA(satellite DNA)是典型的串联重复序列。在用密度梯度离心法分离真核细胞基因组 DNA 时,含有串联重复序列的 DNA 片段会形成"卫星"带。这是因为含有大量短串联重复序列的 GC 含量和密度有别于整个基因组的水平。卫星 DNA 一般不可转录,构成了染色质中包装程度较高的异染色质区域。

散在重复序列又可以分为长散在重复序列(long interspersed nuclear element,LINE)和短散在重复序列(short interspersed nuclear element,SINE)。短散在重复序列的重复单位小于 500 bp,拷贝数大于 10 万。最有代表性的短散在重复序列是灵长类特有的 *Alu* 元件(*Alu* elements)。*Alu* 在人基因组中拷贝数超过 100 万,占全基因组的 11% 左右,染色体上平均每隔 4 kb 左右就有一

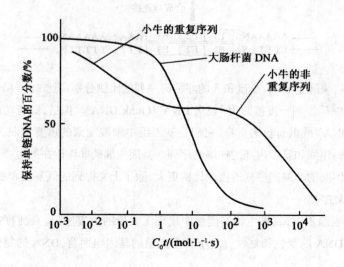

图 14-13 大肠杆菌和小牛的 DNA 片段的复性曲线

个 *Alu* 序列。*Alu* 以不同密度分散在人的染色体的各个位置,可以在基因的内含子中,也可以在基因间的序列中。研究显示,*Alu* 在基因组进化、基因表达调控和疾病发生中扮演了重要作用。图 14-14 给出了人 *Alu* 的结构组成:两侧是一段 6～18 bp 的正向重复序列,中间由两个 130 bp 的串联重复顺序组成,在第二个重复单元中有 32 bp 无关碱基的插入。*Alu* 元件正是因为序列内部含有一个限制性内切酶 *Alu* I 的位点而得名。研究认为,*Alu* 序列是 7SL RNA 基因(信号识别蛋白 SRP 的组分之一)的加工后假基因(见下文),在进化过程中由偶然的 7SL RNA 基因反转座产生。基因组中除了完整的 *Alu*,还有大量截短和缺失的突变体。由于 7SL RNA 基因受 RNA 聚合酶Ⅲ的转录调控,启动子序列位于转录起始位点的下游,因此转座后形成的重复拷贝仍然可以被转录激活,而且体外实验中 *Alu* 序列具有独立转录活性,这在一定程度上提示了 *Alu* 序列在基因组中广泛存在的原因。

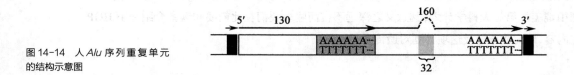

图 14-14 人 *Alu* 序列重复单元的结构示意图

长散在重复序列的重复单位大于 1 kb,在基因组中有 10^4～10^5 个拷贝。和短散在重复序列 *Alu* 不同,长散在重复序列普遍存在于脊椎动物基因组中。其中,*LINE-1*(*L1*)家族是哺乳类(包括人)基因组中最主要的长散在重复序列。人的 *L1* 序列全长 6.1 kb(图 14-15),两侧同样有正向重复序列,内部含有两个开放阅读框 *ORF1* 和 *ORF2*。*ORF1* 编码一个相对分子质量约 $4×10^4$ 的蛋白,而 *ORF2* 编码蛋白的内部含有反转录酶结构域和内切核酸酶结构域。此外,5′ UTR 含有一段内部启动子序列,而 3′ UTR 含有 poly(A/T)序列。人基因组内 *L1* 的拷贝数达到 $1×10^5$～$5×10^5$,但全长重复序列很少,通常缺失 5′ UTR 序列。

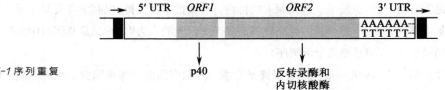

图 14-15 人 *LINE-1* 序列重复单元的结构示意图

在基因组进化过程中,一般认为串联重复序列是由原始序列的复制和滑移产生的,而转座则是形成散在重复序列的重要机制之一。长散在重复序列和短散在重复序列都属于真核细胞基因组的非 LTR 反转录转座子。除此之外,真核生物基因组中可转座的元件还包括 DNA 转座子和 LTR 反转录转座子两类。

DNA 转座子在原核生物基因组中较为常见,比如大肠杆菌的 IS 等。真核生物中 DNA 转座子较为少见,如玉米的 *Ac/Ds* 元件等,这些内容我们已在前面进行了详细介绍。在高等真核生物中也有 DNA 转座子,如知名的 mariner。mariner 转座子最早是从毛里求斯果蝇(*Drosophila mauritiana*)中发现的,具有长度为 28 bp 的末端反向重复序列,可以特异性地和目标位点结合。随后在许多其他物种(包括人)中都发现了 mariner 类似元件(mariner like element)。

反转录转座子的出现,是真核生物基因组区别于原核生物的又一特点。脊椎动物以外的真核生物的反转录转座子主要是 LTR 反转录转座子,包括 *Ty3/gypsy* 家族和 *Ty1/copia* 家族。脊椎动物中非 LTR 反转录转座子占主要地位,例如人类基因组中长散在重复序列和短散在重复序列占基因组的34%。脊椎动物中 LTR 反转录转座子主要是内源性反转录病毒(endogenous retrovirus,ERV)和它的截短形式——反转录病毒类似元件,它们是病毒整合进入脊椎动物染色体后遗留的痕迹,有一些仍有活性,但大部分已经退变。

第三节　人类基因组计划和人类基因组

人类基因组计划(Human Genome Project,HGP)是科学史上和曼哈顿原子弹计划、阿波罗登月计划相媲美的第三大科学计划,其意义之深远不言而喻。我们在此简要和读者介绍一下 HGP 的研究内容、研究成果以及这项计划对遗传学的影响。

一、人类基因组计划

HGP 酝酿于20世纪80年代中期,1984年在美国犹他州盐湖城阿尔他举行的"环境诱变物和致癌物防护"的国际会议揭开了全基因组研究的序幕。当时,与会科学家们第一次提出了"能否从全基因组筛查中获得环境因素或致癌物诱变的人群携带的全部基因突变"的疑问。随后,基因组测序计划得到了广泛的关注和讨论,因研究病毒癌基因而获得1986年生物学家杜尔贝科(Renato Dulbecco,1914—2012)在当年的 *Science* 杂志上发表了题为《癌症研究的转折点:测定人类基因组序列》的论文。他在论文中提出:相比"零敲碎打"地寻找肿瘤相关基因,全基因组测序可以获得人类全部表达基因的信息、功能和表达谱等,从而将与肿瘤发生相关的基因都找出来。这篇论文轰动一时,引发了一系列深入的讨论。有大批学者支持,也有学者反对。反对者的观点主要集中在两方面:一是全基因组测序将消耗无比巨大的人力财力;二是基因组中编码基因所占的比例很小,是否有必要做全部测序。

在一片质疑声中,1988年美国国会最终批准拨出专款资助能源部和国立卫生研究院同时负责实施 HGP,由发现 DNA 双螺旋的沃森担任 HGP 第一任首席科学家,同年成立国际人类基因组组织(Human Genome Organization,HUGO)。1990年10月由美国国会批准正式启动 HGP,随后,该计划发展成一个由多国政府支持的国际项目,先后有法国、英国、意大利、德国、日本宣布加入,中国于1998年申请参加人类基因组3号染色体端部约1%基因组的测序。

HGP 的总体规划是:拟在15年内至少投资30亿美元,进行全人类基因组的测序分析;完成包括遗传图谱、基因图谱、物理图谱和序列图谱在内的4幅人类基因组图谱的绘制,同时完成5种模式生物——大肠杆菌、酵母、线虫、果蝇和小鼠的全基因组测序。最终目标就是确定人类基因组所携带的全部遗传信息,同时确定、记录和阐明人类基因组的全部 DNA 序列。HGP 具体的执行进度表如图14-16。

1998年5月,由文特尔(John Craig Venter,1946—)领导的 Celera Genomics 公司在华盛顿成立,以私营生物公司的身份挑战 HUGO,拟在3年内完成人类基因组的全部测序工作,同时宣

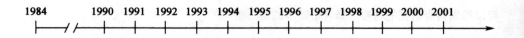

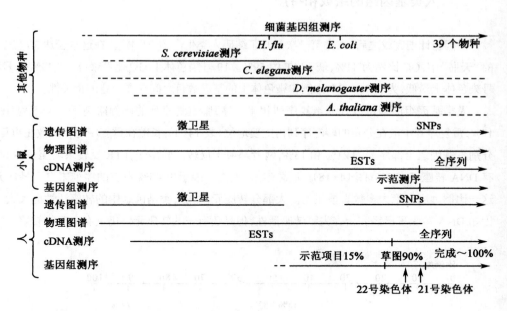

图 14-16　HGP 公共测序领域的测序进度表(1990—2001)(引自 International Human Genome Sequencing Consortium,2001)

从上至下依次是各类简单的模式生物、小鼠和人的基因组测序进度。

称由他们获得的数据将不会免费开放。在这件略带戏剧性的事件影响下,人类基因组测序在"公"与"私"之间展开了激烈的竞争。

最终,通过长时间的竞争与和谈,2001 年 2 月 12 日,HUGO 和 Celera Genomics 公司分别在 *Nature* 和 *Science* 杂志上同时公布了人类基因组草图,又称工作框架图(working draft),及其初步分析结果,比 HGP 原计划提前了 2 年。基因组草图覆盖了基因组 90% 的序列,单碱基错误率低于 1%。2003 年,覆盖度达 99%、单碱基错误率在 0.001% 的精图完成。同时,单条染色体的完全测序也在逐个完成。2006 年 1 月,最后一条人类染色体——1 号染色体的全部测序完成,标志着基因组 99.99% 的序列实现完全测序。如今,全世界的研究者都可以登录在线生物学数据库进行人类基因组数据的实时搜索并免费获取任意序列。常用的基因组检索数据库包括美国国立生物技术信息中心(National Center for Biotechnology Information,NCBI)的 Genbank,美国加利福尼亚大学圣克鲁兹分校的基因组浏览器和欧洲生物信息研究所(European Molecular Biology Laboratory-the European Bioinformatics Institute,EMBL-EBI)和桑格研究所(Wellcome Trust Sanger Institute)共同开发的 Ensembl 等。研究者们将人类基因组计划(及其后续计划)得到的基因组序列定义为参考基因组(reference genome),因为这个基因组信息并非来自于某个特定的人,而是不同人(不同种族、不同性别等)基因组 DNA 序列的集合。参考基因组是科学家将混合样本进行整理和校准的结果,用来代表智人这个物种的基因组标准。随着测序研究的深入和基因组样本量的增加,参考基因组序列一直处于不断完善之中,目前国际发布的最新参考基因组版本是 GRCh38/hg38(genome reference consortium human build 38/human genome build 38),研究者可以根据自身研究的需要选择合适版本的基因组序列。

二、人类基因组的组成和特点

基因组计划完成之后，人类第一次翻开了编码人类生命的"天书"。在这本长达 30 亿个碱基的"天书"中，GC 比例为 41%，低于 AT 的 59%。19 号染色体上 GC 比例最高，达 49%；4 号和 13 号染色体上最低，为 38%。GC 比例和染色体上的基因数目之间存在一定的相关性。

人类基因组序列可以分为重复序列和单一序列，重复序列的比例略高于单一序列（图 14-17）。重复序列中散在分布的转座序列占主要地位（表 14-1）：长散在重复序列和短散在重复序列分别占基因组全部序列的 21% 和 13%，两者都属于反转录转座子，LTR 反转录转座子占 8%，还有 DNA 转座子占 3%（图 14-18）。汇总起来，人类基因组中 45% 左右的序列来自于转座元件，这一比例远高于绝大多数真核生物。大部分转座元件在人类基因组中的转座活性已大大下降，比如 DNA 转座子已经完全丧失了转座活性，但是还有一些转座元件仍具有一定的转座活性，能

图 14-17 人类基因组的序列组成

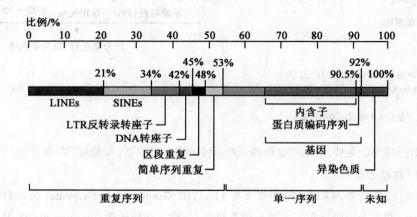

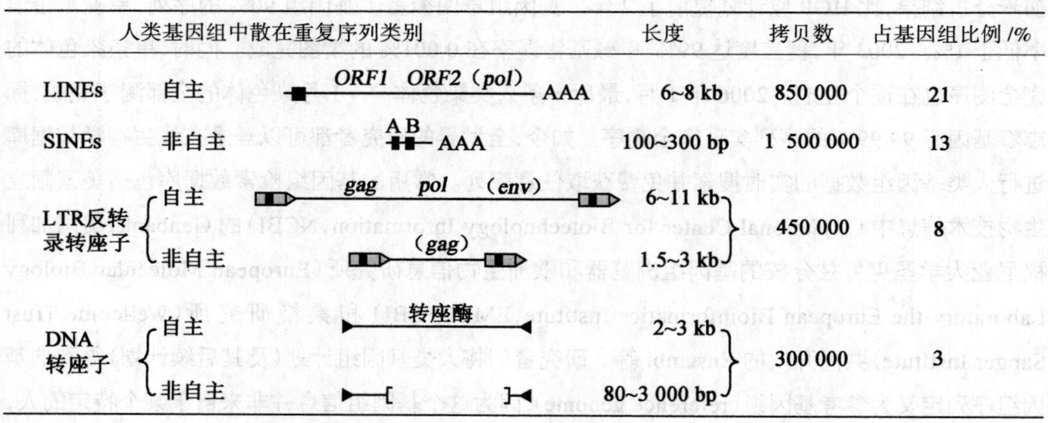

人类基因组中散在重复序列类别		长度	拷贝数	占基因组比例 /%
LINEs	自主	6~8 kb	850 000	21
SINEs	非自主	100~300 bp	1 500 000	13
LTR反转录转座子	自主	6~11 kb	450 000	8
	非自主	1.5~3 kb		
DNA 转座子	自主	2~3 kb	300 000	3
	非自主	80~3 000 bp		

图 14-18 人类基因组中的三大类散在重复序列（引自 International Human Genome Sequencing Consortium，2001）

LINEs 具有自主转座活性，SINEs 是非自主元件；LTR 反转录转座子包括编码转座酶的自主型元件 ERV 和非自主型元件 TRVL；DNA 转座子也包括编码转座酶的自主型和非自主型元件。

够引起基因重排。我们现在对人类基因组中的转座元件的认识还较少,它们的功能角色还有待更深入系统的研究工作。在基因组的剩余部分中,区段重复(segmental duplication),又称为低拷贝重复(low-copy repeats,LCR),占基因组的3%,卫星DNA等简单序列重复占5%。在2001年HUGO公布的人类基因组草图中,详细列举了人类基因组中发现的散在重复序列和卫星DNA的种类、大小、比例或定位(表14-1、表14-2)。

表14-1　人类基因组中已发现的散在重复序列[*]

	拷贝数/×1 000	总碱基数/Mb	占基因组比例/%	家族数目
SINEs	1 558	359.6	13.14	
Alu	1 090	290.1	10.60	1(−20)
MIR	393	60.1	2.20	1(1)
MIR3	75	9.3	0.34	1(1)
LINEs	868	558.8	20.42	
LINE1	516	462.1	16.89	1(−55)
LINE2	315	88.2	3.22	1(2)
LINE3	37	8.4	0.31	1(2)
LTR 元件	443	227.0	8.29	
*ERV-*Ⅰ型	112	79.2	2.89	72(132)
*ERV(K)-*Ⅱ型	8	8.5	0.31	10(20)
*ERV(L)-*Ⅲ型	83	39.5	1.44	21(42)
MaLR	240	99.8	3.65	1(31)
DNA 转座元件	294	77.6	2.84	
hAT 类				
MER1-Charlie	182	38.1	1.39	25(50)
Zaphod	13	4.3	0.16	4(10)
Tc−1 类				
MER2-Tigger	57	28.0	1.02	12(28)
Tc2	4	0.9	0.03	1(5)
mariner	14	2.6	0.10	4(5)
PiggyBac−like	2	0.5	0.02	10(20)
未分类	22	3.2	0.12	7(7)
未分类	3	3.8	0.14	3(4)
合计		1226.8	44.83	

* 引自 International Human Genome Sequencing Consortium,2001。

表 14-2　人类基因组中的卫星 DNA

类别	重复序列大小	主要染色体定位
大卫星 DNA	几 kb	特定染色体上的多个位置
RS447	4.7 kb	4p15,有 50 ~ 70 拷贝,8p 远端还有一些
未命名	2.5 kb	4q31 和 19q13,约 400 拷贝
未命名	3.0 kb	X 染色体上,约 50 拷贝
卫星 DNA	5 ~ 171 bp	主要在着丝粒位置
α(alphoid DNA)	171 bp	全部染色体的着丝粒异染色质区
β(*Sau3* A 家族)	68 bp	1、9、13、14、15、21、22 和 Y 染色体的着丝粒异染色质区
Satellite 1(富含 AT)	25 ~ 48 bp	大多数染色体的着丝粒异染色质区,其他异染色质区
Satellite 2 和 3	5 bp	全部染色体
小卫星 DNA	6 ~ 64 bp	所有染色体的端粒和近端粒位置
端粒家族	6 bp	所有端粒
高度可变家族	9 ~ 64 bp	全部染色体,常在近端粒区
微卫星 DNA	1 ~ 6 bp	全部染色体上散在分布

在人类基因组的单一序列中,基因的内含子序列所占比例较大,而具有蛋白质编码功能的基因序列仅占 1.5% 左右。换言之,98.5% 的基因组序列是非编码的,这一比例远远超过了生物学家们最初的设想。不仅如此,基因的数目也完全不在学者们的预料之中。在 HGP 计划之初,生物学家估算人类基因组的蛋白质编码基因个数约为 100 000。2001 年,在 HUGO 和 Celera Genomics 公布的人类基因组草图中,这一数字被预测在 30 000 ~ 40 000。到了 2004 年的基因组精图,研究者们认为仅有 20 000 ~ 25 000。近年来,随着基因组序列功能注释工作的推进,这一数字被进一步精确到 19 000 ~ 21 000。人类基因组的基因个数与小鼠、拟南芥等都非常接近,再次说明生物的复杂性并不是依靠基因的数量来实现的。

人类基因组的蛋白质编码基因多为割裂基因,平均外显子个数约为 8.8 个,外显子的平均长度约为 145 bp,而内含子平均长度达到了 3 365 bp,远高于外显子。基因全长平均约为 27 kb,其中编码序列平均约 1340 bp,3′ UTR 和 5′ UTR 的平均大小则分别为 300 bp 和 770 bp。不同基因之间差异极大,而且基因或外显子的长度与基因编码产物的长度之间均无明显关联,这是因为各个基因外显子序列和编码序列的比例互不相同。和其他物种基因组相比,人类基因组中基因在染色体上分布密度极低,大约每 145 kb 分布一个基因,与之一致的是人类基因组中罕见重叠基因。不同染色体上基因分布不均匀,其中 19 号染色体上基因密度最高,而 13 号和 Y 染色体所含基因最少。在全部蛋白质编码基因的产物中,主要类型包括酶、核酸酶、信号转导分子、受体分子等(图 14-19)。绝大多数人类基因组的蛋白质编码基因产物与其他物种中的蛋白质存在一定程度的同源性,这也为基因组进化提供了重要证据。

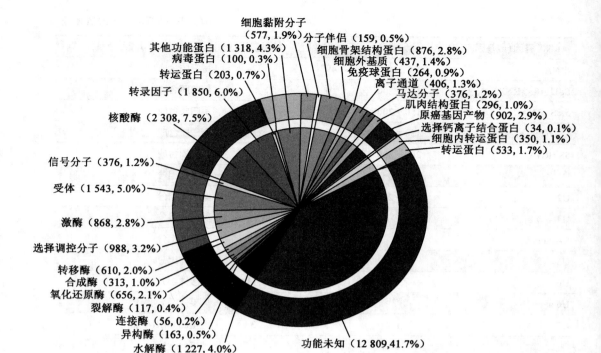

图 14-19　人类基因组中蛋白质编码基因的功能分类（引自 Venter 等，2001）

多种多样的 ncRNA 基因的发现是人类基因组计划的一项重要收获。mRNA 是可以翻译成为蛋白质的一类 RNA 分子，而 ncRNA 就是指没有蛋白质编码功能的 RNA 分子的统称。在 2001 年 HUGO 公布人类基因组草图时，研究者们就发现 ncRNA 基因广泛存在于人类基因组中（表 14-3），功能分析强烈提示它们也同样是维持细胞生命活动不可或缺的组分。例如，蛋白质翻译中负责转运氨基酸的转运 RNA（transfer RNA，tRNA）和负责组装核糖体的 4 种核糖体 RNA（ribosomal RNA，rRNA）都是蛋白质翻译的核心调控分子。此外，U1、U2、U4、U5、U6 等 RNA 分子是参与 mRNA 剪接（mRNA splicing）的一类小核 RNA（small nuclear RNA，snRNA，又称为 U-RNA），它们先与蛋白质构成核糖核蛋白（small nuclear ribonucleoproteins，snRNPs），再与其他蛋白质进一步组装成剪接复合体（spliceosome），执行 mRNA 的剪接。两种小核仁 RNA（small nucleolar RNA，snoRNA）是 rRNA 合成后加工和碱基修饰的关键调控分子。人类基因组中其他一些特殊功能的低丰度 ncRNA 包括：X 染色体上的 *Xist* RNA 基因表达的 17 kb 大小的 ncRNA 是人类基因组中代表性的长非编码 RNA（long non-coding RNA，lncRNA），负责介导 X 染色体的随机失活；3 号染色体长臂的端粒 RNA（telomerase RNA）基因是染色体端粒延伸的必要组成。随着基因组序列功能研究的深入，人类基因组中发现了越来越多的 ncRNA，其数量与蛋白质编码基因旗鼓相当。这些 ncRNA 从不同层次参与了基因表达调控，我们将在基因表达调控一章和读者详细介绍其中的一些类型。

表 14-3　人类基因组中发现的部分 RNA 基因 *

RNA 基因（或基因家族）	预测数目	已发现数目	相关基因数	功能
tRNA	1 310	497	324	蛋白质合成
SSU（18S）rRNA	150~200	0	40	蛋白质合成
5.8S rRNA	150~200	1	11	蛋白质合成
LSU（28S）rRNA	150~200	0	181	蛋白质合成
5S rRNA	200~300	4	520	蛋白质合成
U1	~30	16	134	剪接体组分
U2	10~20	6	94	剪接体组分
U4	？？	4	87	剪接体组分
U4atac	？？	1	20	剪接体组分
U5	？？	1	31	剪接体组分
U6	？？	44	1 135	剪接体组分
U6atac	？？	4	32	剪接体组分
U7	1	1	3	组蛋白 mRNA 加工
U11	1	0	6	剪接体组分
U12	1	1	0	剪接体组分
SRP（7SL）RNA	4	3	773	信号识别颗粒组分
RNAse P	1	1	2	tRNA 加工
RNAse MRP	1	1	6	rRNA 加工
端粒 RNA	1	1	4	端粒模板
hY1	1	1	353	Ro RNP（核糖核蛋白）组分
hY3	1	25	414	Ro RNP（核糖核蛋白）组分
hY4	1	3	115	Ro RNP（核糖核蛋白）组分
hY5（4.5S RNA）	1	1	9	Ro RNP（核糖核蛋白）组分
穹窿体 RNA	3	3	1	M_r 1.3×10^4 穹窿体 RNP 组分
7SK	1	1	330	未知
H19	1	1	2	未知
Xist	1	1	0	起始 X 染色体失活
已知 C/D snoRNAs	81	69	558	rRNA 前体加工或 rRNA 位点特异甲基化
已知 H/ACA snoRNAs	16	15	87	rRNA 前体加工或 rRNA 位点特异假尿苷酸化

* 引自 International Human Genome Sequencing Consortium，2001。

视频 16
人类核基因
组组成

三、人类基因组常见的遗传变异

我们在前面介绍的都是人类基因组的共同特征，当研究者对比不同人的基因组或对比任意个人基因组与参考基因组后，他们发现人与人之间还存在多种类型的遗传变异位点，这些变异并没有造成严重的疾病表型,而是以遗传多态性的形式存在于人群基因组中。

第一类重要的遗传多态性是单核苷酸多态性(single nucleotide polymorphism,SNP),它指的是由单个核苷酸变异所引起的 DNA 序列的多态性。我们在前面的章节中曾介绍过点突变,它通常指的是可以导致疾病发生的单核苷酸变异,例如珠蛋白编码基因的点突变可导致镰状细胞贫血。研究显示,由于这类点突变对个体有害,经过长期的自然选择,它们在人群中的频率往往较低。因此,我们可以用等位基因频率来简单区分有害的突变和中性的多态——如果一个基因座位上存在单核苷酸变异,且其中任何一种核苷酸类型在群体中的频率都不小于 1%,这种单核苷酸变异就属于 SNP,反之,则为突变(图 14-20)。人类基因组中平均每 1 200 个核苷酸中就有一个 SNP,这意味着任意两个人之间存在 0.1% 左右的序列差异。根据 dbSNP 数据库的统计,已发现的人类基因组 SNP 已达数亿个。因此,SNP 是人类遗传多态性的重要组成部分,这也是它被广泛用于遗传图谱绘制、连锁分析和关联分析的重要原因之一,我们也将在后续内容中详细和读者介绍 SNP 在这些研究方法中的应用。另一方面,尽管 SNP 数量多、分布广,但是仅有不到 1% 的 SNP 落在基因编码序列之中,其余绝大多数基因外 SNP 的功能仍有待研究。

图 14-20　人群常见遗传差异 SNP 与点突变的对比

序列右侧的括号中给出了假想的等位基因频率。SNP 一般只有两种不同的碱基组成,频率高的被称为主要等位基因(major allele),频率低的被称为次要等位基因(minor allele)。出现频率低于 1%,且会导致疾病/性状产生的等位基因被称为突变型等位基因,频率接近 100% 的被称为野生型等位基因。

第二类常见的人类基因组遗传多态性是拷贝数变异(copy number variation,CNV),它指的是长度在 100 bp 以上的基因组片段的拷贝数目的变化(相比于参考基因组),属于亚显微水平的结构变异。根据 DGV 数据库的统计,已发现的人类基因组 CNV 超过 55 万个(长度在 100 bp ~ 几个 Mb),覆盖了近 80% 的人类基因组(图 14-21)。CNV 虽然在数量上不及 SNP,但是涉及的基

图 14-21　CNV 是人群常见遗传变异之一

(a) CNV 示意图。(b) 人类基因组 CNV 图谱 22 条常染色体和性染色体排列成圈,内圈的射线表示染色体该处 CNV 的密度(引自 Conrad 等,2010)。

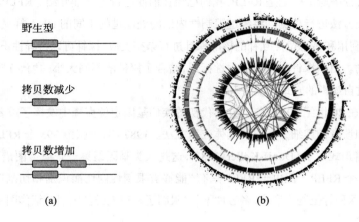

(a)　　　　　　　　　　　　　(b)

因组范围更广,且新发突变频率更高,强烈提示了它和 SNP 在人群遗传差异中同样重要的贡献。

. 除了以上两种,基因组中的遗传多态性还包括短插入/缺失(small-scale insertion and deletion,InDel),它指的是大小介于 SNP 和 CNV 之间的碱基插入或缺失,在基因组中也广泛分布。此外,在前面介绍的串联重复序列中,也有部分序列在人群中存在多态现象,其中的具体类型我们留到下一节再和读者们详细介绍。人类基因组中存在的大量常见的遗传变异揭示了人群差异的遗传基础,它也是当下基因组学研究的热点领域之一。

第四节　基因组作图和测序

人类基因组和小鼠基因组都非常庞大,从 HGP 执行进度表中我们看到,对这两个基因组的测序是采用先作图再测序的方法(见图 14-16)。首先完成的是遗传图谱,然后是物理图谱,再是 cDNA 的测序(因为人们对编码基因的认识要求更加迫切),最后才是基因组的序列测定。为什么要采用这种策略,遗传图谱和物理图谱又有什么区别,它们是怎样构建的呢?

一、遗传图谱和分子遗传标记

在 HGP 早期阶段,科学家们首先构建了覆盖全基因组的高密度的人类基因组遗传图谱。到 1994 年 9 月,平均密度为 1 cM 的人类基因组遗传图谱的绘制得以完成,其中包含了数千个分子遗传标记。遗传图谱之所以被放在 HGP 的首要位置,主要是基于两方面考虑,一是构建高密度遗传图谱可以为后续的序列拼装提供支架,二是覆盖全基因组的遗传图谱可以为遗传疾病的致病基因定位提供连锁分析的工具(详见遗传分析策略与方法一章)。

我们在前面的章节中已经介绍了连锁分析和遗传作图的方法。在模式动物中,我们可以采用相对性状来进行连锁分析,人为设计杂交实验并分析不同表型后代的比例,计算基因间的遗传距离,并据此绘制遗传图谱。但是,对于人类而言,我们不能采用指定婚配的方法,可供追踪的家系的数目和大小亦非常有限。此外,多数人类性状是多基因决定的复杂性状,基于相对性状的遗传作图在人类基因组中的应用非常局限。但是,随着遗传学的发展,研究者们很快开发出了一系列新颖的分子水平的遗传标记,并顺利完成了人类基因组的遗传图谱绘制。

第一代分子遗传标记是 RFLP,我们已经在前面进行过详细介绍。RFLP 可以利用 Southern 印迹的经典方法进行检测。将经过限制性内切酶处理过的不同的 DNA 样品电泳分离后转移到尼龙膜上,利用和多态位点互补的核酸探针进行杂交反应,探针可以特异性识别携带多态位点的酶切后产物。由于探针上携带放射性标记,结合了探针的不同大小的酶切产物就会在膜上的不同位置通过自显影的方式显现出来。

RFLP 在 20 世纪 80 年代末 90 年代初的疾病基因定位克隆中发挥了重要作用,我们留到后续章节再和读者们详细介绍它的具体应用方法。1987 年,一张由 393 个 RFLP 绘制的人类基因组遗传图谱正式发表(Donis-Keller,1987),这是人类基因组第一张遗传图谱。人类基因组中实际约有 10^5 个 RFLP。但由于 RFLP 只有"能够被限制性内切酶识别和切割"以及"不能够被识别和切割"两种等位基因形式,多态性不足,限制了它在人类基因组精细作图中的应用。

第二代分子遗传标记被称为简单序列长度多态性（simple sequence length polymorphism，SSLP），这种标记实际上是一种串联重复 DNA 序列，和我们在前面介绍过的卫星 DNA 的属性是一致的。但 SSLP 又是一类特殊的串联重复序列：它们的单位序列的串联重复次数在人群中存在普遍差异（图 14-22a），即不同个体在相同 SSLP 的基因座上往往携带了不同长度的等位基因形式（由于不同重复次数造成），从而形成了遗传多态现象，因此得名。人类基因组的遗传作图主要利用了两类 SSLP。第一类是小卫星 DNA（minisatellite DNA），重复单位长度一般为 6～64 bp，总长为 0.1～20 kb（均小于卫星 DNA）。小卫星 DNA 在所有染色体上都有分布，但近端粒区域密度更高，也被称为数目变异串联重复（variable number of tandem repeat，VNTR）。另一类 SSLP 是微卫星 DNA（microsatellite DNA），顾名思义，微卫星 DNA 长度更小，它的重复单位仅为 1～6 bp，总长通常不到 100 bp，也被称为短串联重复序列（short tandem repeat，STR）。

SSLP 可以通过 PCR 进行检测（图 14-22b），也可以采用 Southern 印迹方法。和 RFLP 一样，SSLP 的多态性也体现在 DNA 序列的长度差异上。但 SSLP 相比 RFLP 增加了很多优点：首先，SSLP 在基因组的分布数量更大，范围和密度都有所增加；其次，SSLP 有不同重复次数的多种等位基因形式，比 RFLP 的二态性好。在两种 SSLP 中，STR 的使用更为广泛，这是因为它在染色体上的分布更为随机，密度更高，而且序列更短，检测也更为方便。1994 年，HGP 的研究者们利用 STR 完成了人类基因组遗传图谱的绘制———一张含有 3 627 个 STR 和其他已知 DNA 位点的精细图谱（Murray，1994）。

图 14-22 SSLP 及 PCR 检测结果示意图

（a）一个假想的 SSLP 位点，灰色方框代表该 SSLP 的基本重复单位，3 个个体分别携带 6/8、5/7 和 7/9 个重复拷贝，互不相同。（b）在 SSLP 的侧翼序列上设计引物进行 PCR 扩增，产物经电泳分离，可以看到每个个体 PCR 产物的带形互不相同，这是由于该 SSLP 的长度差异造成的。

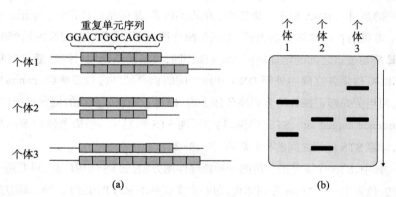

我们已在人类基因组常见遗传变异中介绍过 SNP，它在人类基因组中大约每 1 200 个核苷酸中就有一个 SNP。遗传学家基于 SNP 的特征，将 SNP 开发为第三代分子遗传标记，由于 SNP 的数量和分布远超 SSLP 和 RFLP，它是当下使用最广泛的分子遗传标记。

SNP 和 RFLP 和 SSLP 标记不同，它不再是 DNA 片段的长度变化，而是直接以序列变异作为标记。因此，常用的 SNP 检测方法是分子杂交技术。根据多态位点邻近的核苷酸序列设计探针，只有完全匹配的基因序列可以和探针稳定结合。尽管 SNP 通常也是二态的，即一个 SNP 在人群中通常有两种核苷酸类型，但由于 SNP 数量多，可以通过单倍型组合增加多态性（图 14-23）。此外，芯片杂交技术的成熟促进了 SNP 自动化批量检测和快速数据分析。

随着基因组计划的完成和后续人群遗传差异的研究（详见下文），目前在公共数据库中的 SNP 数目已达数亿。利用 SNP 遗传标记，科学家们不仅有了更精细的遗传图谱，更在肿瘤、衰老、糖尿病等复杂疾病的易感基因筛选中取得了一系列的成果，我们留到遗传分析策略与方法一章再和读者详细介绍。

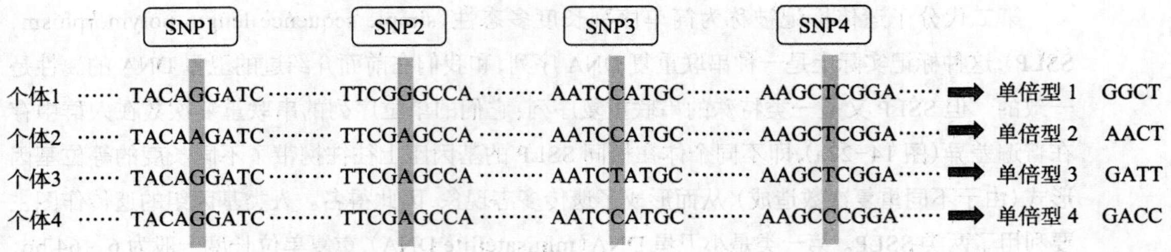

SNP1
SNP2
SNP3
SNP4
个体1 …… TACAGGATC ……… TTCGGGCCA ……… AATCCATGC ……… AAGCTCGGA …… 单倍型 1 GGCT
个体2 …… TACAAGATC ……… TTCGAGCCA ……… AATCCATGC ……… AAGCTCGGA …… 单倍型 2 AACT
个体3 …… TACAGGATC ……… TTCGAGCCA ……… AATCTATGC ……… AAGCTCGGA …… 单倍型 3 GATT
个体4 …… TACAGGATC ……… TTCGAGCCA ……… AATCCATGC ……… AAGCCCGGA …… 单倍型 4 GACC

图 14-23 单条染色体上连续多个 SNP 构成的单倍型在人群中呈现出良好的多态性

二、物理图谱

在基因组计划执行期间，分子遗传标记构建的遗传图谱的应用仍然有部分局限：一方面，分子标记的数量（这一阶段主要还是 RFLP 和 SSLP）仍不足以覆盖庞大的人类基因组，另一方面，重组热点的存在影响了遗传作图的精确度，对酿酒酵母的全基因组测序后发现一些遗传标记的位置甚至出现了颠倒。因此，在遗传作图之外，需要另一种作图方式进行检验、校正和补充，即物理作图（physical mapping）。物理作图指的是采用分子生物学技术直接将 DNA 分子标记、基因或克隆标定在基因组实际位置的作图方法。与使用重组率计算距离的遗传图谱不同，物理作图反映的是目标 DNA 分子在染色体上的真实位置，用碱基对计算分子标记之间的距离。

常见的物理作图方法包括：①限制酶作图，即利用不同限制性内切酶的酶切片段的大小来计算酶切位点之间的物理距离；②克隆作图，将目的基因组（片段）随机打断后分别构建到克隆载体中，根据各克隆中外源 DNA 片段之间的重叠顺序构建重叠群（contig）；③荧光标记原位杂交，利用荧光标记探针结合到染色体上后，相对于染色体两端的位置进行作图；④序列标签位点（sequence tagged site，STS）作图，利用不同 STS 标记在一条染色体的随机断裂片段中的分离频率，计算 STS 标记之间的相对距离（图 14-24）。

其中，STS 作图是最常用的一种物理作图方法。STS 来源广泛，只要是一段在基因组内序列已知、位置唯一的 DNA 序列即可，包括上文提到的 RFLP、SSLP，已知基因序列或表达序列标签，还有基因组内的一些随机小片段都可以作为 STS 标记。1998 年，HGP 完成了一幅由 41 664 个 STS 标记构成的基因组物理图谱（Deloukas，1998）。

一对相距
较近的标记
着丝粒
一对相距
较远的标记
染色体图
片段
收集
6个共享的片段
两个共享的片段

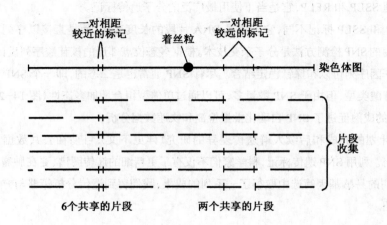

图 14-24 STS 作图方法的基本原理

着丝粒左侧的两个 STS 标记相距较近，同时出现在全部 6 条断裂片段中，即发生分离的概率低。而着丝粒右侧的两个 STS 标记相距较远，仅在两个断裂片段中同时出现，发生分离的概率较高。

三、基因测序与测序策略

我们在前面的章节中已经介绍过桑格发明的链终止测序法(图 5-46)。传统的 Sanger 测序方法一次可以读取 500 bp 左右的 DNA 序列。随着基因组计划的推进,DNA 测序的技术也在不断革新,利用荧光探头替代肉眼读序,并利用毛细管电泳替代聚丙烯酰胺电泳后,传统测序速度得到了极大的提高,推动了 HGP 的完成。下面和读者简单介绍一下基因组的测序策略。我们先来说明一个重要概念——鸟枪法测序(shotgun sequencing):它指的是直接从单个测序反应中得到一系列短序列,然后通过检测重叠区推导出完整序列的方法。鸟枪法得名于在测序之前需要将待测的长片段 DNA 随机打断成一系列短序列,这样操作的主要原因是 Sanger 测序的一次反应通常仅能读取 500 bp 左右的遗传信息。鸟枪法测序的基本流程如图 14-25,首先将目标 DNA 随机断裂为 2 kb 大小,建立克隆文库;然后进行高效、大规模的双向末端测序;再通过构建重叠群进行序列拼装;最后针对剩余未被测到的缺口(gap)进行针对性的填补。

鸟枪法测序存在一个非常重要的问题,由于断裂是随机的,不能保证待测 DNA 的各个位置都被均匀打断,而且挑选短片段进行测序也是随机的,因此理论上缺口是不可避免的。为了解决这一问题,研究者增加了测序深度(sequencing depth)。所谓测序深度,指的是实际短片段测序得到的碱基总量与待测 DNA(基因组)大小的比值。例如,某物种基因组大小为 5 Mb,实际测得了 1 万个平均长度为 500 bp 的短片段序列信息,则测序深度为 $\frac{10\,000 \times 500}{5\,000\,000} = 1$;如果实际测得 5 万个短片段序列信息,测序深度为 $\frac{50\,000 \times 500}{5\,000\,000} = 5$;以此类推,不难想象,较低的测序深度会导致测序质量不佳,其中的原因包括:①重叠区短,拼装过程中不同重叠区之间的空缺数量多且长度长;②错误率高,一些序列只被单个测序反应测得,缺少重复来检验准确性。反之,较高的测序深度可以有效减少空缺,提高准确率。但也请读者们注意,过高的测序深度也会带来测序工作量剧增,重复测序花费大量投入但质量提升幅度有限的问题。那该如何选取合适的测序深度呢?

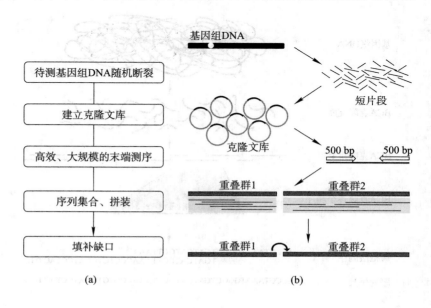

图 14-25　鸟枪法测序的一般步骤(a)和示意图(b)

基因组学研究者发现,通过提高测序深度降低基因组中特定碱基未被读取到的概率近似于泊松分布:

$$P = e^{-m}$$

式中,P 表示基因组中某一碱基未被任何短片段测序读取到的概率,e 为自然底数,m 表示测序深度。根据方程,当 $m = 1$,$P = e^{-1} = 0.368$。这说明当测序深度为 1 时,待测基因组中任意一个碱基未被测到的概率约为 36.8%,这显然是实际基因组研究中不能接受的。进一步代入不同的 m 可以发现,当 $m = 5$,P 降低到了 0.67%,这是一个较为理想的概率,它意味着基因组中每个碱基未被测得的概率不到 1%。换句话说,基因组中 99% 的核苷酸序列都至少被一次短片段测序反应所读到,我们也称为测序的覆盖率(coverage ratio)达到 99%。在 2001 年 HUGO 和 Celera Genomics 发布的基因组草图中,两个研究团队也正是采用了 4~5 左右的测序深度,覆盖率约 90%。

了解了鸟枪法测序之后,接下来再和读者介绍详细测序策略。HUGO 制定的全基因组测序策略包括作图—测序—组装 3 个阶段(图 14-26)。首先,制作较高密度的遗传图谱和物理图谱,再进行 DNA 测序。到 1995 年,两种图谱联合使用后可以达到平均每 100 kb 一个标记,随后才开始了真正的基因组 DNA 测序阶段。第二阶段,将基因组打断成 100~200 kb 的片段后,构建到约 30 万个细菌人工染色体(bacterial artificial chromosome,BAC)克隆文库中,并且利用联合图谱将 BAC 克隆定位到基因组的确切位置上。最后阶段,分别对每个 BAC 克隆构建亚克隆,进行鸟枪法测序和拼接,最后再完成全基因组组装,缺口填补等(图 14-27)。公共测序领域的这一

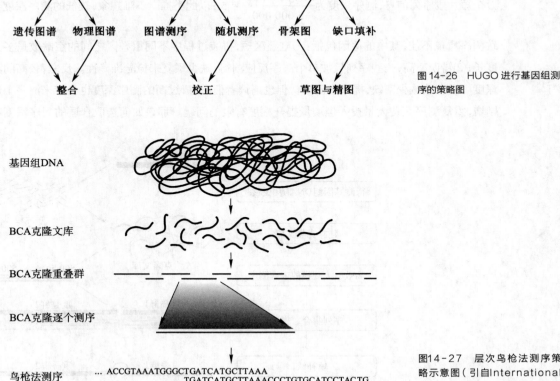

图 14-26 HUGO 进行基因组测序的策略图

图 14-27 层次鸟枪法测序策略示意图(引自 International Human Genome Sequencing Consortium, 2001)

测序方案被称作层次鸟枪法测序(hierarchical shotgun sequencing),又称为逐个克隆法(clone-by-clone sequencing)。

另一方面,私人测序领域 Celera Genomics 采用的是全基因组鸟枪法测序(whole-genome shotgun sequencing),即不经过 BAC 克隆群的构建,直接将全基因组随机断裂成 2 kb 的片段,构建到克隆中进行大规模的测序和拼接,再利用遗传图谱和物理图谱以及超级计算机进行计算和组装。相比层次鸟枪法,全基因组鸟枪法测序的速度更快,因为它不需要构建大量的 BAC 克隆。但是,由于人的基因组较大,且重复序列多,全基因组鸟枪法测序需要更多的测序反应和更庞大的计算量来保证测序和拼装质量。尽管 HUGO 和 Celera Genomics 采用了不同的测序策略,但两者公布的数据结果高度一致,这也很好地证明了基因组计划所获得的数据的可靠性。

在 HGP 完成之后,新的测序技术仍然层出不穷,测序速度和规模不断创新高,成为"后基因组时代"的重要技术平台。2005 年,罗氏公司开发的 454 测序系统开始商业化运行,代表了第二代测序技术(next-generation sequencing,NGS)的成熟。随着 Illumina 等公司大力推广和发展第二代测序技术,生命科学研究进入了高通量测序(high-throughput sequencing)的新时代。我们简要和读者们介绍一下第二代测序技术。Sanger 测序经过发展之后,它的基本过程仍然包括 DNA 扩增和序列读取两部分,由于这两步必须顺次完成,因此限制了 Sanger 测序效率的进一步提升。而第二代测序技术的核心是"边合成边测序",即在 DNA 的复制过程中,在添加核苷酸(携带特定标记)的同时,就读取添加上去的碱基信息,因此,DNA 扩增和序列读取同时完成。这样的技术突破使得第二代测序表现出并行量更大、操作更简易、费用更低廉等多个优势,快速成为了流行的高通量测序手段,被广泛运用到生命科学研究的各领域。但是,第二代测序技术也具有读长短等缺点。近年来,PacBio 推出的 SMRT(single-molecule real time sequencing)和 Nanopore 推出的 MinION 能够在单分子水平进行长片段 DNA 的测序,使得测序技术有了进一步的发展,也被称为第三代测序技术(third-generation sequencing,TGS)。

第五节 后基因组时代

在人类基因组计划之后,迎面而来的是不断膨胀的数据量,生物学家面临着更多的问题和挑战。HGP 带给了我们 30 亿个碱基对序列的信息,但其中仅有 1.5% 的编码序列,以及不容忽视的人与人之间的遗传差异。但是,30 亿个碱基携带的具体信息是什么,尤其是 98% 的非编码序列在基因组中扮演怎样的角色? 这些基因之间如何相互作用和通讯,指导生命体的新陈代谢? 遗传差异如何造成个体差异? 个性化医疗和教育是否具有理论基础和实际操作可能性?

在后基因组时代,各国科学家继续通力合作,开发了许多新技术,推动了多项新组学计划的发展。例如,功能基因组学的研究内容包括基因组的多样性和进化规律、基因组的表达及其调控、模式生物体基因组研究等,又可以分为转录组、蛋白质组等领域。而比较基因组学是通过对比模式生物的基因组结构和功能,建立新的研究技术和方法,加速人类基因组自身的研究。疾病基因组学旨在从全基因组角度分析和筛查疾病相关基因等。我们在此和读者们介绍几个代表性研究计划。

"单倍型图谱计划"(Haplotype Map Project)由国际单倍型联合会于 2002 年 10 月正式启动，2005 年 10 月一份包括了 269 份不同人基因组样本的单倍型图谱发表。这一计划完成了人类基因组中 900 万个 SNP 的基因分型和图谱绘制，构建了人类 DNA 序列中多态位点的常见遗传模式，推动了人群遗传变异和复杂疾病遗传因素的相关研究工作。

在单倍型图谱计划的推动下，英国 Sanger 研究所、中国深圳华大基因研究院、美国国立人类基因组研究所于 2008 年又发起和承担了"千人基因组计划"(1000 Genome Project)。此计划的目标是在单倍型图谱计划的成功经验基础上，完成来自全球 27 个族群的 2 500 人的全部基因组的测序；重点检测人群中的遗传变异，包括 CNV、SNP、InDel 及其他结构变异等；旨在建成开放、公共的人类基因组参照数据库，为性状、疾病的遗传分析提供详细的基因数据，为个性化医疗提供遗传信息参照，促进人类基因组研究的进一步发展。2010 年 10 月，此项目第一阶段的成果发表，通过对 179 个个体的低覆盖度测序以及其他测序工作，发现了人群中更多新的遗传变异，为后续章节我们将介绍的复杂疾病易感基因筛选提供了重要的数据参照。

2003 年 9 月，美国国立人类基因组研究所提出了一项"DNA 元件的百科全书计划"(Encyclopedia of DNA Elements Project，ENCODE Project)。这一计划旨在找出人类基因组序列中所有的结构和功能元件，形成一个完整的人类基因组的"元件目录"，计划分为示范期、技术发展期和产出期三个阶段。2007 年 6 月，示范期的研究成果发表，研究人员按一定标准选择了占人类基因组中所有结构和功能元件序列的 1% 左右的代表性 DNA 片段，它们分布在不同染色体上，对这些片段进行了功能注释，包括寻找和研究蛋白质编码序列、非编码序列、转录调控元件、其他调节染色体结构和动态活动的功能序列，等等。在技术发展期，ENCODE 计划开发的主要研究手段包括(图 14-28)：利用染色质构象捕获碳拷贝(chromosome conformation capture carbon copy，5C)、高通量染色质构象捕获(Hi-C)等技术分析存在 DNA-DNA 相互作用的关键位点；利用 DNA 酶 I 超敏感位点测序(DNase I hypersensitive sites sequencing，DNase-seq)、甲醛辅助分离调控元件测序(formaldehyde-assisted isolation of regulatory elements sequencing，FAIRE-seq)、染色质免疫沉淀测序(chromatin immunoprecipitation sequencing，ChIP-seq)和全基

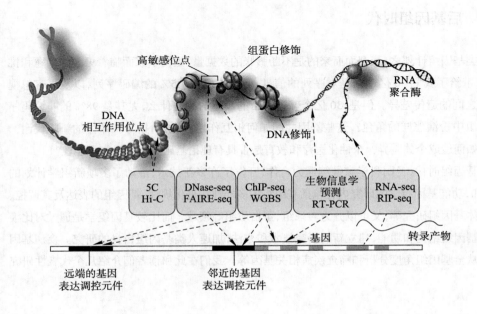

图 14-28 ENCODE 计划的部分代表性研究手段 (引自 www.encodeproject.org，有改动)

因组亚硫酸氢盐测序（whole genome bisulfite sequencing，WGBS）等进行 DNA 调控元件的分析，具体包括远端/邻近基因表达调控位点、DNA 修饰位点和组蛋白修饰位点的鉴定；利用生物信息学预测、反转录 PCR（reverse transcriptase polymerase chain reaction，RT-PCR）、RNA 测序（RNA sequencing，RNA-seq）、RNA 免疫沉淀结合高通量测序（RNA immunoprecipitation sequencing，RIP-seq）等进行 RNA 转录产物的鉴定与功能分析。篇幅所限，我们在此不能向读者们逐一介绍这些技术方法，但正是科学与技术的相互促进才有了当下基因组学日新月异的发展。

截至 2020 年 3 月，ENCODE 计划在人类基因组中鉴定到蛋白质编码基因 19957 个，长度超过 200 nt 的 lncRNA 基因 17 952 个，长度小于 200 nt 的小非编码 RNA（small non-coding RNA，sncRNA）基因 7 576 个，假基因 14 768 个，全部转录产物共计超过 22 万种，涉及了 80% 以上的人类基因组序列。此外，基因组中还有数百万个转录调控蛋白结合的 DNA 位点。这些数字所描绘的基因组蓝图和研究者们在 HGP 酝酿时期的想象大相径庭，它强烈提示了基因组的复杂性——DNA 序列参与生命活动的角色是多种多样的，可以是蛋白质编码序列，也可以是 RNA 编码序列，甚至是 DNA 本身。基因组中遗传信息的存储和表达是一个多元协作、高度有序的复杂的动态过程。那么，遗传信息表达的过程具体包括哪些基本内容，它们又是如何发挥作用的呢？我们将在下一章向读者们进行详细的介绍。

基因组计划改变了我们对生命世界的认识视角，推动了日新月异的生物信息与技术发展，与此同时，基因组计划留给我们更多的疑问和挑战，生命的天书等待我们去仔细阅读。

习题

1. 请解释以下名词: 割裂基因、重叠基因、基因家族、假基因、卫星 DNA、散在重复序列。

2. 什么是分子遗传标记? 常见的分子遗传标记有哪些? 请举例说明它们各自的优点和缺点。

3. 下图是一张限制性酶切作图得到的结果,请根据酶切结果将 EcoR I 和 BamH I 的酶切位点标记到这段 4.9 kb 的 DNA 上。请问结果有几种可能性? 你能设计实验进行改进以得到唯一的结果吗?

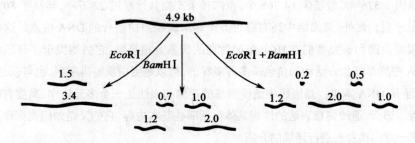

4. 人类基因组的编码基因数目不到 3 万,远远小于我们所预期的,比线虫略多一些,比拟南芥还少一些。你如何理解这个数值和人的复杂性之间的关系。

5. 什么叫非编码 RNA,人类基因组中有哪些类型的非编码 RNA? 试举例介绍它们的功能。

6. 微卫星是常用的分子遗传标记,在人类基因组中分布广泛,且具有较高的多态性。请问: (1)什么是微卫星,它为什么具有较高的多态性? (2)设计至少两种基因分型的实验方法对微卫星多态进行鉴定,写出简要的实验方案。

7. 人类基因组中有哪些类型的转座序列? 请简述它们的类别和特点。

8. 重复序列在人类基因组中的比重非常高,请从基因组结构、功能以及进化 3 个角度分别举例说明重复序列的功能和意义。

9. 人类的珠蛋白基因家族含有两个基因簇,其中,α- 珠蛋白基因簇位于 16 号染色体,β- 珠蛋白基因簇位于 11 号染色体。如图 14-10 所示,两个基因簇内均含有多个序列相似但功能有所不同的基因家族成员以及一些无功能的假基因,请问:

(1) 什么是基因家族? 人类基因组中出现多拷贝的珠蛋白基因家族有何意义?

(2) 什么是假基因? 珠蛋白基因簇内的假基因与有功能的珠蛋白基因序列高度相似,但却丧失了正常基因功能,请问其中的机制?

10. 有一段长度为 10 000 bp 的 DNA 序列,我们要对它进行鸟枪法测序。为了完成这个任务,先将这段 DNA 序列扩增后随机打断,然后对这些片段进行测序。一般需要约 100 个测序反应(已知每个测序反应能够完成 500 bp 的测序)才能完成最后的测序,即实际测序得到的碱基总量与这段序列的大小的比值为 5,这个比值被称为什么? 为什么在实际操作中要进行如此多的测序反应,谈谈你的理解。

11. 全基因组鸟枪法测序和层次鸟枪法测序的优劣各是什么?

12. 写出以下几个国际性研究计划的主要研究目标和研究手段:

计划名称	主要研究目标	基本研究手段
人类基因组计划		
国际单倍型图谱计划		
ENCODE 计划		

13. 2010 年 5 月 20 日,文特尔领导的实验室向世界宣布首例人造生命诞生,这是一种完全由人造基因控制的单细胞细菌 *Synthia*。这个人造生命的诞生显然得益于基因组研究的发展。你对基因组研究的发展方向有怎样的看法?

14. 在基因组的发展和应用过程中,是否也会出现一些问题,甚至是弊端,我们该如何对待?

数字课程学习

✐ 在线自测　　　◦ 习题答案

第十五章
基因表达与基因
表达调控

我们在前面已经介绍了基因的基本结构和属性、基因组的组成和特点,也介绍了基因和性状表型之间的联系。那么,储存在细胞内部的基因组是如何实现它所携带的遗传信息的呢?蛋白质(和 ncRNA)是生命活动的执行者,DNA 是如何指导蛋白质合成的?换句话说,基因表达的过程是怎样进行的?这个过程又受到怎样的严格调控,才能保证基因的时空特异性表达?

第一节 从 DNA 到蛋白质

在介绍基因表达的过程和调控机制之前,我们先简单叙述一下蛋白质编码基因的遗传信息是如何从 DNA 流向 mRNA,再体现在蛋白质分子上的,以及蛋白质分子又有哪些特殊结构和功能可以执行不同的生命活动。

一、中心法则

遗传信息的传递遵循中心法则(central dogma)的规定,中心法则把 DNA、RNA 和蛋白质的关系概括为下列 3 点:

① DNA 链中的核苷酸序列储存了生物体的遗传信息。

② DNA 复制是遗传信息从亲代向子代传递的基础。

③ 遗传信息从 DNA 通过 mRNA 传递给蛋白质是生物体实现表型的基础。具体地说,从携带遗传信息的 DNA 到体现生命活动的蛋白质需要经过两个阶段:转录(transcription)和翻译(translation)。首先,以 DNA 为模板,根据碱基互补配对原则,合成 mRNA,把 DNA 上所带的遗传信息准确传给 mRNA 的过程称为转录。转录后形成的 mRNA,在核糖体内,以 3 个核苷酸决定一个氨基酸的方式,顺序合成多肽链的过程称为翻译。

中心法则的要点是:遗传信息在亲代和子代之间的传递是由 DNA 传向 DNA,在当代生命体中是由 DNA 传向 mRNA,最后指导蛋白质的合成,决定特定性状(图 15-1a)。

随着分子生物学的发展,中心法则已有了新的发展。首先,RNA 也可以通过复制实现从 RNA 到 RNA 的遗传信息传递。RNA 病毒,如脊髓灰质炎病毒、流行性感冒病毒、冠状病毒,以及大多数单链 RNA 噬菌体等,在感染宿主细胞后,它们的 RNA 都能在宿主细胞内进行复制。

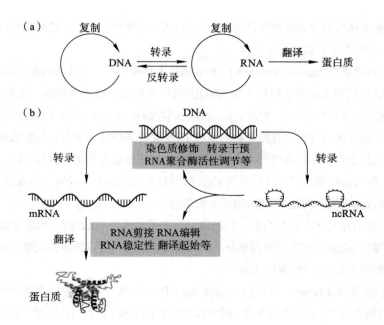

图 15-1　中心法则的发展

(a) 经典中心法则。(b) 中心法则的
发展(引自 Wahlestedt, 2013)。

这种复制以病毒的 RNA 为模板,而不是通过 DNA。用放线菌素 D 处理宿主细胞后,以 DNA 为模板的 RNA 合成受到了显著抑制,但是 RNA 病毒的产生并未受到影响,表明这些病毒 RNA 的复制是不通过 DNA 的。其次,某些引起肿瘤的单链 RNA 病毒,如劳斯肉瘤病毒(Rous sarcoma virus,RSV)和劳舍尔小鼠白血病病毒(Rauscher mouse leukemia virus)等能以病毒 RNA 为模板,反向合成 DNA,然后以这段病毒 DNA 为模板,互补合成 RNA。这类病毒属于反转录病毒。它们的生活史我们在反转录转座一节中已经进行了详细介绍。

近年来,随着基因组学和 ncRNA 功能研究工作的深入,中心法则又有了新的修改和补充。正如我们在上一章介绍的那样,基因组中仅有 1.5% 的遗传信息从基因组 DNA 流向了蛋白质,但有 80% 以上的基因组 DNA 有转录产物,这其中除了 mRNA 外,还包括各式各样的 ncRNA。这些 ncRNA 既可以在 DNA 水平调节染色质结构和转录活性,也可以在转录和翻译水平参与调节 mRNA 的合成、加工和翻译(图 15-1b)。

鉴于生物的多样性,随着科学实验的进展,如果对中心法则还有进一步的修改和补充,那也是可以想象的。

二、性状与蛋白质

遗传分析中的性状在形式上千变万化,但本质上都与蛋白质有关。一个细胞内部含有成千上万种不同的蛋白质分子,这些蛋白质各有一定的序列和结构,在细胞内外执行不同的功能,控制一系列错综复杂的代谢变化,最后显示为各式各样的形态特征和生理性状。

蛋白质的种类很多,我们在这里介绍几类具有特定功能的蛋白质。

(1) 酶(enzyme)　细胞每进行一项工作,都涉及一系列错综复杂的生化反应。这些反应几乎没有一个是自发的,反应底物只有在酶的催化作用下才能快速转换成为反应产物。不同的生化反应所需的酶不同。如果细胞内缺少了某一种酶,相应的生化反应则不能进行。例如,尿黑酸尿症患者的体内缺少尿黑酸氧化酶,因此不能把尿黑酸转变为乙酰乙酸,前者直接通过尿液排出来,暴露在空气中被氧化成黑色素。

(2) 转运蛋白(transport protein) 在细胞膜上和膜内有一类特殊的蛋白质,在它们的作用下,细胞能够将代谢所需的原料运入胞内特定位置,将代谢废物运至胞外。这类蛋白质被称为转运蛋白,它们负责识别和结合特定物质,帮助它们在细胞内/间运输。血红蛋白就是一种重要的转运蛋白。血红蛋白存在于脊椎动物的血液中,是氧分子的转运蛋白。当静脉血通过肺的时候,血液中的血红蛋白可以和氧气结合,成为富含氧的动脉血流入心脏,随着血液从心脏进一步流向身体其余部分,血红蛋白释放其结合的氧分子,维持各组织细胞的呼吸。当血红蛋白出现功能异常时,会导致血液的携氧能力下降,临床上表现为不同程度的贫血。

(3) 作为结构单位的蛋白质 细胞膜以及细胞内的所有细胞器(如细胞核、核糖体、线粒体、叶绿体等)的组装都离不开蛋白质分子。大量的结构蛋白质以特定方式组合配搭在一起,形成特定的细胞器形状,执行特定的功能。

(4) 激素(hormone) 在昆虫和高等动物中,身体的一部分可以产生一种或多种特定蛋白质,释放到血液中,通过循环系统,调节其他细胞的活动,它们叫作激素。激素的作用具有专一性,这与它们特定的组成和结构有关。例如男性的脑垂体前叶产生的促性腺激素(gonadotropic hormone, GSH),它可以刺激睾丸的间质细胞,促进睾酮(testosterone)分泌,维持精子生成。

(5) 抗体(antibody) 脊椎动物中,当体内出现外来蛋白质、多糖或核酸时,免疫器官淋巴结和脾会被诱导产生一种特定的蛋白质——抗体以抵抗外来物质的入侵。抗体具有独特的结构,可以特异性识别外来分子。抗体是脊椎动物防御机制的重要组成部分,可以有效防止细菌、病毒等的侵入。在患无 γ- 球蛋白血症(γ-globulinemia)的婴儿的血浆中基本没有 γ- 球蛋白,因此不能形成某些抗体。在出生半年后,随着从母体带来的抗体逐渐消失殆尽,患病婴儿会频繁发生细菌性感染。

(6) 受体(receptor) 受体是位于细胞膜或细胞内的大分子蛋白质,能选择性地与相应配体(ligand)相结合,激活特定的分子信号转导途径,诱导特定的生理效应。例如有一种 X 连锁隐性遗传病——睾丸女性化综合征(testicular feminization syndrome),患者表现为女性体态,但性染色体是 XY,有睾丸发育,也能正常分泌雄激素。进一步研究发现,发病原因是由于患者靶组织细胞中的睾酮受体(testosterone receptor)异常,对雄激素部分地或完全不敏感,影响了睾丸成熟和精子发生,所以尽管患者体内有正常水平的雄激素,"他"也不具有生育能力。睾酮受体编码基因在 X 染色体长臂,基因突变导致了疾病的发生。

从上面的例子中我们不难看出,很多遗传性状都直接或间接地与蛋白质的性质与功能有关。只有了解蛋白质的合成过程,才能更好地认识基因与遗传性状之间的关系。

三、蛋白质的结构和组成

构成蛋白质的最小单位是氨基酸(amino acid)。构成蛋白质的天然氨基酸有 20 种,它们有一个共通的结构:中央是碳原子,分别与一个氨基(—NH$_2$),一个羧基(—COOH),一个 H 原子和一个可变基团(R)相连(图 15-2)。由于 R 基不同,不同氨基酸的结构和性质均不相同。

如图 15-3 所示,我们可以将 20 种氨基酸分为非极性氨基酸(疏水氨基酸,8 种)和极性氨

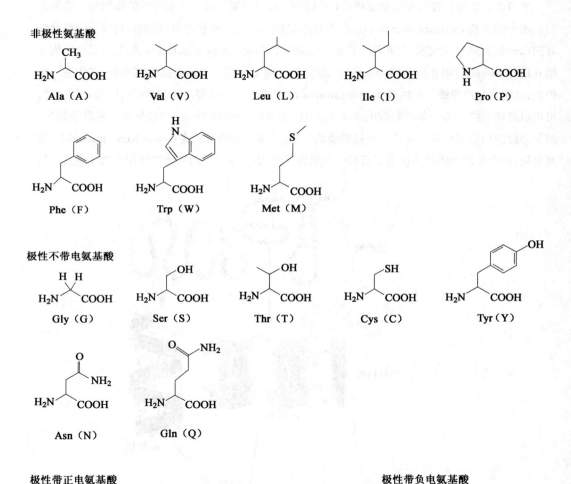

图 15-2 氨基酸的结构通式

基酸(12种)。其中,非极性氨基酸8种,包括丙氨酸(Alanine,A)、缬氨酸(Valine,V)、亮氨酸(Leucine,L)、异亮氨酸(Ileucine,I)、脯氨酸(Proline,P)、苯丙氨酸(Phenylalanine,F)、色氨酸(Tryptophan,W)和甲硫氨酸(Methionine,M)。极性氨基酸又可以分为极性不带电氨基酸7种,包括甘氨酸(Glycine,G)、丝氨酸(Serine,S)、苏氨酸(Threonine,T)、半胱氨酸(Cysteine,C)、酪氨酸(Tyrosine,Y)、天冬酰胺(Asparagine,N)和谷氨酰胺(Glutamine,Q);极性带正电氨基酸3种,包括组氨酸(Histidine,H)、赖氨酸(Lysine,K)和精氨酸(Arginine,R);极性带负电氨基酸两种,包括天冬氨酸(Aspartic

非极性氨基酸

Ala（A）　Val（V）　Leu（L）　Ile（I）　Pro（P）

Phe（F）　Trp（W）　Met（M）

极性不带电氨基酸

Gly（G）　Ser（S）　Thr（T）　Cys（C）　Tyr（Y）

Asn（N）　Gln（Q）

极性带正电氨基酸

His（H）　Lys（K）　Arg（R）

极性带负电氨基酸

Asp（D）　Glu（E）

图 15-3　20种氨基酸的结构式

acid,D)和谷氨酸(Glutamic acid,E)。

氨基酸和氨基酸之间通过肽键(peptide bond)连接,即一个氨基酸的羧基与另一个氨基酸的氨基通过缩合反应除去一分子水,形成酰胺键。两个或两个以上的氨基酸通过肽键共价连接形成的聚合物称为肽(peptide),由两个、三个或四个氨基酸组成的肽分别被称为二肽、三肽和四肽等。构成蛋白质的肽长短不一,一般称 10 个以下氨基酸组成的肽为寡肽(oligopeptide),10 个以上氨基酸组成的肽为多肽(polypeptide)。尽管所有蛋白质都是由 20 种氨基酸构成的,但是由于20 种氨基酸可以以各种顺序连接起来,且每一种氨基酸在多肽链中可以重复出现,因此这些氨基酸能够构成的蛋白质的数目是惊人的。

蛋白质的结构是蛋白质的重要特征(图 15-4),我们将氨基酸在多肽链中的排列顺序称为蛋白质的一级结构(primary structure)。由于邻近氨基酸之间的相互作用(吸引或排斥),使得肽链倾向以一定方式卷曲起来,这叫作蛋白质的二级结构(secondary structure)。典型的二级结构包括 α 螺旋(α-helix)和 β 折叠(β-sheet)。二级结构之间又倾向以一定方式相互靠拢,发生进一步折叠,这叫作蛋白质的三级结构(tertiary structure),结果一条多肽链出现的形状可以是纤维状的,也可以是球状的。每一条折叠后的多肽又可和其他的相同的或不同的多肽链进一步联系起来,例如血红蛋白分子就是由 4 条多肽链组成的,这是蛋白质的四级结构(quaternary structure)。显而易见,蛋白质的一级结构决定了它的全部高级结构,也决定了它的物化性质和生物学活性。每

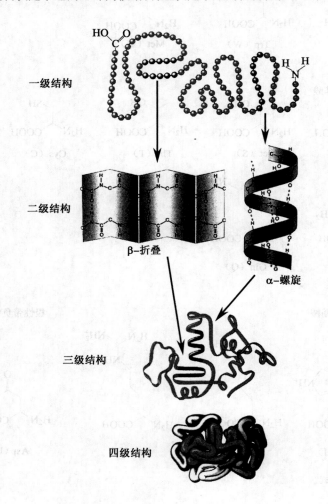

一级结构

二级结构

β-折叠

α-螺旋

三级结构

四级结构

图 15-4 蛋白质的结构

一种蛋白质都有着与其他蛋白质不同的序列和结构,因此细胞内的蛋白质具备各种各样的生物学活性,可以执行不同的生物学功能。

第二节　原核生物的基因转录与翻译

为了了解从基因到蛋白质的途径,我们先以研究得较为清晰的原核生物基因表达为例进行介绍。

一、转录和 RNA 聚合酶

以 DNA 为模板转录出 mRNA 的过程需要一种依赖 DNA 的 RNA 聚合酶(RNA polymerase)。我们以大肠杆菌为例,详细介绍这种 RNA 聚合酶如何利用 DNA 进行基因表达。大肠杆菌的 RNA 聚合酶又称全酶(holoenzyme),包括 6 个多肽,其中 5 个多肽(ααββ'ω)构成核心酶(core enzyme),第 6 个多肽是 σ 因子(sigma factor)。核心酶和 σ 因子构成全酶(图 15-5a)。

DNA 转录中,由 RNA 聚合酶催化的 RNA 合成也是从 5′ 到 3′ 进行。作为模板的 DNA 链与合成的 RNA 链方向是相反的,即转录时 DNA 链是从 3′ 到 5′ 读取的。RNA 聚合酶沿 DNA 双链移动时,DNA 双链被解开,游离的核苷三磷酸通过碱基互补配对与 DNA 模板链结合,并在相邻排列的核糖核苷酸间形成 3′,5′- 磷酸二酯键,这样核糖核苷酸就一个接着一个连接起来(图 15-5b)。

和 DNA 复制不同,DNA 转录不是沿 DNA 分子全长进行的,是以包括一个或几个基因的 DNA 区段为单位进行合成的。任何一个基因转录合成时作为模板的仅是 DNA 双链中的一条,

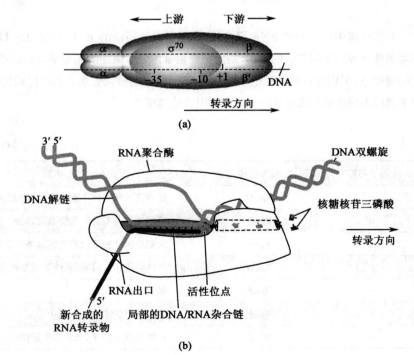

图 15-5　大肠杆菌的 RNA 聚合酶及 mRNA 的合成

(a) 大肠杆菌中 RNA 聚合酶的结构示意图,包括核心酶复合物和 σ 因子。+1 代表转录起始位点。
(b) RNA 聚合酶沿 DNA 双螺旋移动,使它的螺旋解开。双链中的一条单链作为模板,以碱基互补方式从 5′ 到 3′ 合成 mRNA,形成一段 DNA-RNA 杂合链,随后 mRNA 与模板 DNA 分开。RNA 和 DNA 分开后,两条 DNA 链重新形成双螺旋,mRNA 单链被释放出来。

但原核细胞基因组 DNA 两条链都编码大量基因。因此,DNA 转录需要一种机制保证在准确的 DNA 链和区段进行 DNA 转录。

二、σ 因子与启动子

在大肠杆菌的 DNA 转录酶中,σ 因子作为一个特殊的组分,负责识别待表达的基因序列,指导全酶在正确位置上进行组装,起始 DNA 转录。研究证明,σ 因子只与转录起始有关,在 RNA 链合成了 8~9 个碱基后,σ 因子从全酶中释放出来,参与下一个转录起始。

那么 σ 因子是如何正确启动特定基因的转录的呢?原来 σ 因子所识别的信息就储存在基因序列的内部,我们把这一段和转录调控识别相关的特定 DNA 区域称作启动子(promoter),它通常在基因转录起始位点的 5' 上游。以大肠杆菌的 σ^{70} 因子(相对分子质量为 7.0×10^4 的 σ 因子)为例,在转录起始位点之前 10 个(−10 区)和 35 个(−35 区)核苷酸的位置是 σ^{70} 因子的关键识别位点。它们在不同的原核基因中具有高度保守的序列,−10 区被称为 Pribnow 框(Pribnow box),保守序列为 TATAAT;−35 区被称为 Sextama 框(Sextama box),保守序列为 TTGACA。−10 区和 −35 区之间的间隔碱基数目也较保守,长度均在 15~20 个核苷酸对。此外,启动子其他一些位置上的核苷酸也具有一定的保守性(图 15-6)。

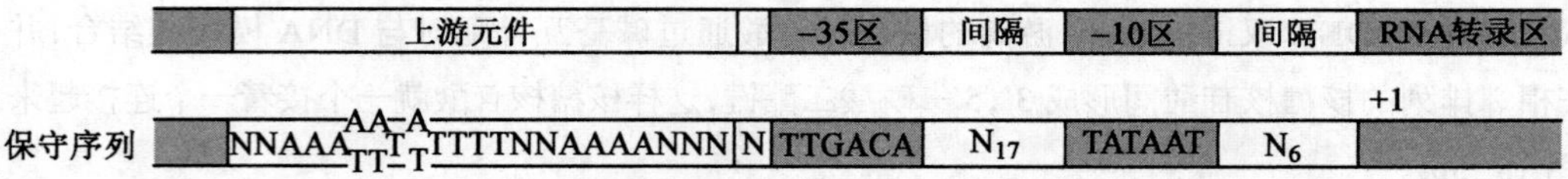

图 15-6　大肠杆菌 σ^{70} 因子识别的保守序列

转录起始位点标记为 +1,N 表示任意核苷酸。

大肠杆菌中仅有一种 RNA 聚合酶,但是有多种不同的 σ 因子(表 15-1),它们负责在不同环境条件下控制不同基因的表达,是大肠杆菌基因表达调控的重要手段。这些 σ 因子在特定环境的刺激下,识别特定的启动子序列,启动不同基因的转录表达。其他原核生物中,也有多种 σ 因子调控不同生活环境或生命周期中基因表达的现象。

表 15-1　大肠杆菌不同 σ 因子的功能

因子名称	基因名称	功能
σ^{70}	*RpoD*	负责在一般条件下绝大多数基因的转录
σ^{54}	*RpoN*	环境中缺乏氮源时负责基因转录
σ^{38}	*RpoS*	大肠杆菌生长平台期或饥饿条件下负责基因转录
σ^{32}	*RpoH*	热休克因子,在热激条件下负责基因转录
σ^{28}	*RpoF*	鞭毛 σ 因子
σ^{24}	*RpoE*	周质空间的热压力 σ 因子
σ^{19}	*FecI*	柠檬酸铁 σ 因子,负责离子运输中 *fec* 基因的转录

三、转录终止

当 RNA 合成开始后，σ 因子被释放，RNA 链的延伸由核心酶催化。当 RNA 转录到终止子（terminator），合成停止。这个终止子具备两个结构特征（图 15-7）：一是包含一段富含 GC 的序列，相应的 RNA 转录产物会在内部发生配对，形成发夹结构（hairpin），阻碍 RNA 聚合酶在 DNA 模板上的前进；二是在 GC 序列下游有串联排列的 AT 碱基对，在 mRNA 链上对应一串 U。由于 AU 对之间的结合力较弱，所以利于 RNA 分子从模板链上解离下来。

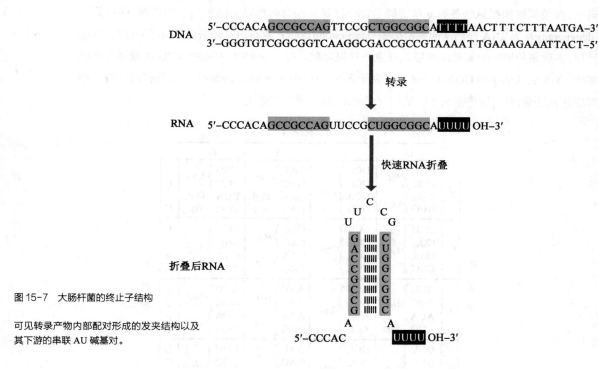

图 15-7　大肠杆菌的终止子结构

可见转录产物内部配对形成的发夹结构以及其下游的串联 AU 碱基对。

四、信使 RNA 与密码子

在转录中，DNA 的一条链作为模板合成了一条 RNA 链，这条 RNA 链被称为基因的初级转录物。在翻译中，在核糖体中被当作模板翻译出相应多肽链的 RNA 分子被称为信使 RNA（messenger RNA，mRNA），因为它能够准确传达 DNA 上的遗传信息。在原核细胞中，初级转录物就是 mRNA。但是，在真核生物中，初级转录物只是 mRNA 的前体（precursor mRNA，pre-mRNA），必须经过特定的加工和修饰才能成为成熟的 mRNA 进行翻译。真核细胞基因转录物的加工过程我们会在下一节进行详细介绍。

由于 mRNA 是由 DNA 的一条链转录的，所以 mRNA 与这条 DNA 链的碱基完全顺序互补，而跟双链中的另一条 DNA 链完全相同，只不过 DNA 中的胸腺嘧啶在 RNA 中被替换为尿嘧啶。我们把作为 mRNA 模板的这条 DNA 链称作模板链（template strand），它与 mRNA 互补。mRNA 链也被称作有义链（sense strand），与 mRNA 互补的 RNA 链则被称作反义 RNA（antisense RNA）。反义 RNA 可以和 mRNA 配对，从而抑制 mRNA 的翻译。由于反义 RNA 的这一特殊调控作用，反义 RNA 技术已经广泛应用于分子生物学实验。

由于模板 DNA 链的核苷酸序列与 mRNA 的核苷酸序列是互补的，所以 DNA 所储存的遗传信息可以正确无误地传递给 mRNA。但是 RNA 只有 4 种不同的碱基，而氨基酸有 20 种，生物该如何将 4 种 RNA 的遗传信息翻译成 20 种氨基酸呢？ 1966 年，尼伦伯格等人发现，mRNA 的 3 个碱基可以决定一个氨基酸，即 RNA 上的三联体(triplet)核苷酸组成一个密码子(codon)，负责编码不同的氨基酸。如图 15-8 所示，三联体核苷酸的各种可能组合数有 $4^3 = 64$ 个，而氨基酸只有 20 种，所以一种氨基酸对应的密码子不只 1 种。除了甲硫氨酸(AUG)和色氨酸(UGG)只有 1 种密码子外，大多数氨基酸都有两种以上的密码子，如天冬氨酸和天冬酰胺各有两种密码子，而精氨酸和亮氨酸各有 6 种密码子。一种氨基酸有两种以上的密码子的情况，叫作简并(degeneracy)。mRNA 序列从起始密码子(start codon)AUG(或 GUG)开始合成氨基酸，但合成起始后，多肽链的第一个氨基酸可以是任意一种氨基酸。位于 mRNA 内部的 AUG 被翻译为甲硫氨酸。UAA、UAG 和 UGA 3 个密码子属于无义密码子(nonsense codon)，即这些密码子没有相对应的氨基酸，遇到这些密码子时肽链合成停止，蛋白质合成终止。

第二位字母

第一位字母	U	C	A	G	第三位字母
U	UUU ⎫ Phe UUC ⎭ UUA ⎫ Leu UUG ⎭	UCU ⎫ UCC ⎪ Ser UCA ⎪ UCG ⎭	UAU ⎫ Tyr UAC ⎭ UAA 终止 UAG 终止	UGU ⎫ Cys UGC ⎭ UGA 终止 UGG Trp	U C A G
C	CUU ⎫ CUC ⎪ Leu CUA ⎪ CUG ⎭	CCU ⎫ CCC ⎪ Pro CCA ⎪ CCG ⎭	CAU ⎫ His CAC ⎭ CAA ⎫ Gln CAG ⎭	CGU ⎫ CGC ⎪ Arg CGA ⎪ CGG ⎭	U C A G
A	AUU ⎫ AUC ⎪ Ile AUA ⎭ AUG Met	ACU ⎫ ACC ⎪ Thr ACA ⎪ ACG ⎭	AAU ⎫ Asn AAC ⎭ AAA ⎫ Lys AAG ⎭	AGU ⎫ Ser AGC ⎭ AGA ⎫ Arg AGG ⎭	U C A G
G	GUU ⎫ GUC ⎪ Val GUA ⎪ GUG ⎭	GCU ⎫ GCC ⎪ Ala GCA ⎪ GCG ⎭	GAU ⎫ Asp GAC ⎭ GAA ⎫ Glu GAG ⎭	GGU ⎫ GGC ⎪ Gly GGA ⎪ GGG ⎭	U C A G

图 15-8　密码子表

遗传密码在生物界中几乎是普遍通用的。如将兔的血红蛋白的 mRNA 加到大肠杆菌的酶和其他必要因素中，也可以得到兔的血红蛋白。又如兔乳头瘤病毒中含有合成精氨酸酶的基因，将这种病毒注射到人体中，可以促进精氨酸酶的合成，从而有可能用来治疗由于缺失精氨酸酶引起的高精氨酸血症(hyperargininemia)。但是，真核生物和原核生物在密码子使用上稍有不同，例如真核生物几乎均采用 AUG 作为起始密码子，但原核生物的起始密码子还可以是 GUG 和 UUG。此外，核外 DNA(包括叶绿体 DNA 和线粒体 DNA)的密码子使用也和核基因组有所不同，不同生物核外 DNA 的密码子也不完全相同。这些事实很好地证明了生命世界的同一性和多样性是并存的。

五、转运 RNA 与反密码子

在 mRNA 翻译成多肽链的过程中，核糖体从 mRNA 的 5′ 端向 3′ 端移动，在转运 RNA(transfer

RNA，tRNA）的作用下，认读 mRNA 上的密码子，选择相应的氨基酸，并将其添加到延长中的肽链中（图 15-9）。

核糖体以 mRNA 分子为蓝图，利用 tRNA 把蛋白质的原料——20 种氨基酸一个个地排列起来。tRNA 也是单链 RNA 分子，只有 73～90 个核苷酸长。除了 4 种普通碱基（A、U、C 和 G）以外，tRNA 中还含有相当数目的稀有碱基，它们是经过特定酶的加工后形成的。

每种氨基酸各有一种或一种以上的 tRNA。现在已知的 tRNA 种类在 60 种以上，每一种生物的 tRNA 至少在 40 种以上，原核生物的 tRNA 和真核生物的 tRNA 结构相似。tRNA 分子有稳定的二级结构，即三叶草结构（clover-leaf structure），其中包括 4 个重要组成部分（图 15-10），它们的名称和功能如下：

（1）反密码子环　环中有 3 个碱基形成反密码子（anticodon）。在核糖体上进行蛋白质合成时，反密码子与 mRNA 上相应的三联体密码子配对。例如，在苯丙氨酸 tRNA（tRNA^{Phe}）中，苯丙氨酸的密码子是 5'-UUC-3'（5' 端是密码子的第一位，3' 端是第三位），而 tRNA^{Phe} 中的反密码子是 3'-AAG-5'，符合碱基配对关系。

（2）氨基酸臂　所有 tRNA 的 3' 端都以 CCA-OH 结尾。这 3 个核苷酸并非由模板 DNA 转录而来，而是在特殊酶的作用下添加到 tRNA 中的。3' 端 A 残基上的羟基可以在酶催化下与氨基酸形成酯键，这样氨基酸可以接在 tRNA 的 3' 端，这也是氨基酸臂的得名原因。

（3）双氢尿苷环　因为环内含有双氢尿嘧啶核苷或双氢尿苷而得名。此环与识别特定氨酰 -tRNA 合成酶（见下文）有关。

（4）TψC 环　因环内含有假尿嘧啶核苷（ψ）而得名。此环可能参与 tRNA 与核糖体的结合。

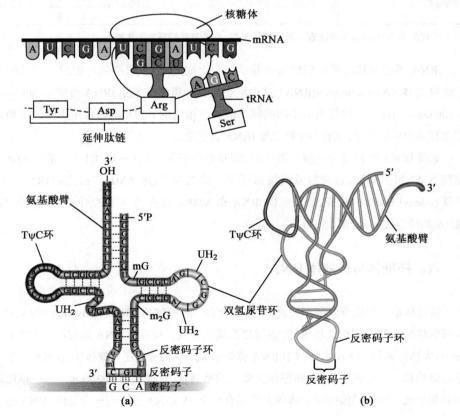

图 15-9　多肽的合成

图 15-10　酿酒酵母丙氨酸 tRNA 分子的核苷酸顺序图（a）及其结构示意图（b）

在 tRNA 分子的环间或臂内存在许多 G–C 碱基对,使得 tRNA 分子能以发夹方式折叠起来。此外,某些 tRNA 还有一额外环含有 2～13 个不配对碱基,位于反密码子环和 TψC 环之间,作用不明。

由于 tRNA 的反密码子按一定规则与 mRNA 密码子相配对,因此 tRNA 能够把特定密码子转译为特定的氨基酸。但是,在同一氨基酸配对的 tRNA 中,反密码子可以是不同的。例如丝氨酸的 tRNA Ⅰ 型的反密码子是 3′-AGU-5′,Ⅲ 型的反密码子是 3′-UCG-5′,因此前者与 5′-UCA-3′ 配对,后者与 5′-AGC-3′ 配对,从密码子表可以知道这些密码子都是控制丝氨酸合成的。因此,通过 tRNA 的媒介,完全不同的密码子可以编码同一氨基酸。此外,相同的反密码子可以识别不同的密码子,例如丝氨酸的 tRNA Ⅰ 型的反密码子是 3′-AGU-5′,它不仅与密码子 UCA 配对,而且也与 UCU、UCC 和 UCG 配对,Ⅲ 型的反密码子是 3′-UCG-5′,除与密码子 AGC 配对外,也与 AGU 配对,这样通过两种 tRNA 可以把 6 种不同的密码子都翻译为丝氨酸。克里克认识到这种情况后于 1966 年提出了“摆动假说”(wobble hypothesis),认为 tRNA 反密码子的 5′ 端碱基并不一定与密码子的 3′ 端碱基严格互补,而是可以摆动的,具体的配对情况见表 15-2。

表 15-2　反密码子 / 密码子配对的摆动原则

反密码子 5′ 端碱基	密码子 3′ 端碱基
U	A 或 G
C	G
A	U
G	C 或 U
I*	A、C 或 U

*I 代表肌苷(inosine),常出现在反密码子 5′ 端,是脱氨的腺嘌呤衍生物。

tRNA 要把氨基酸转运到核糖体并添加到合成的肽链中,必须与相应的氨基酸分子结合,形成氨酰 tRNA(aminoacyl-tRNA),这个结合是在一组叫作氨酰 tRNA 合成酶(aminoacyl-tRNA synthetase)的催化下进行的。不同的氨基酸和它相应的 tRNA 的结合是由不同的酶来催化的,所以有多少种氨基酸,就有多少种氨酰 tRNA 合成酶。

氨酰 tRNA 的合成分两步。第一步,氨基酸分子的羧基(—COOH)首先与 ATP 反应,形成氨酰 AMP 和焦磷酸,这样氨基酸被激活了。第二步,氨酰 AMP 和相应的 tRNA 的 3′ 端的腺苷基(adenyl residue)反应,形成氨酰 tRNA 和 AMP。这样,氨基酸就由一个高能键与它相应的 tRNA 共价连接起来(图 15-11)。

六、核糖体与核糖体 RNA

核糖体是蛋白质合成的场所,核糖体内含有多种核糖体 RNA(ribosomal RNA,rRNA),它们和核糖体蛋白质一起组成核糖体,参与蛋白质的合成。核糖体 RNA 是细胞内丰度最高的 RNA 分子,大肠杆菌的 rRNA 占细胞中 RNA 总量的 82%～83%。在核糖体中,rRNA 占 37%,其余部分是蛋白质。在电镜下观察,核糖体呈微小的悬滴状,直径大约是 20 nm。每一核糖体由大、小两亚基组成。原核细胞的核糖体的大亚基有一个 5S rRNA 分子与一个 23S rRNA 分子,还含有大约 31 种核糖体蛋白质,而小亚基含有一个 16S rRNA 分子和大约 21 种蛋白质(图 15-12a)。而真核细胞的核糖体的大亚基含有 5.8S、5S 和 28S 3 种 rRNA 分子,小亚基仅具有一个 18S rRNA 分子,大、小亚基还结合有多种核糖体蛋白质(图 15-12b)。

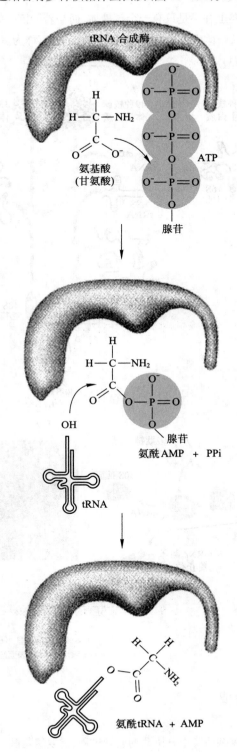

图 15-11 氨酰 tRNA 的合成

在蛋白质合成时,核糖体沿 mRNA 链运行,方向是从 5′ 到 3′。核糖体运行时,氨基酸相继地加到延长中的多肽链上。换句话说,核糖体逐个认读 mRNA 上的遗传密码,选择相应的氨基酸,加到延长的肽链中。合成完成后,核糖体从 mRNA 链上解离,进入下一次循环再利用。事实上,多肽链合成时,一条 mRNA 链上并不是只有一个核糖体,而是若干核糖体先后结合到 mRNA 链上,同时翻译 mRNA。若干核糖体由一个 mRNA 分子串在一起,称为多核糖体(polyribosomes)或多体(polysomes)(图 15-13)。

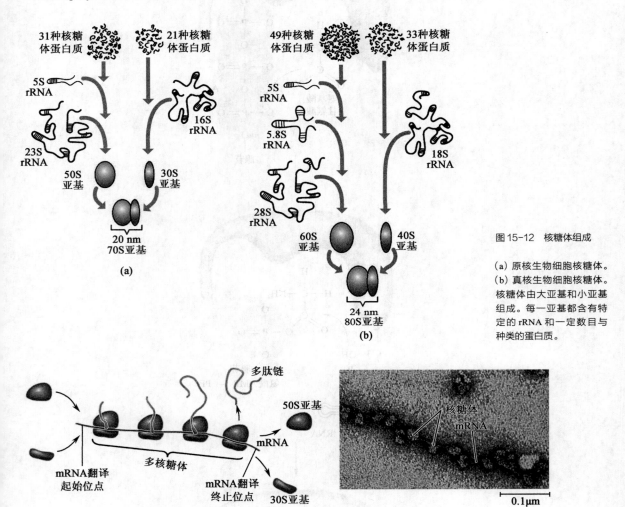

图 15-12 核糖体组成

(a) 原核生物细胞核糖体。
(b) 真核生物细胞核糖体。核糖体由大亚基和小亚基组成。每一亚基都含有特定的 rRNA 和一定数目与种类的蛋白质。

图 15-13 多核糖体

(a) 多核糖体示意图。(b) 大肠杆菌中一条正在翻译中的 mRNA 链的电镜照片,mRNA 表面结合了大量核糖体,形成了多核糖体。

七、蛋白质的生物合成

蛋白质合成是一个极其复杂而又十分协调的连续过程,需要氨基酸、mRNA、tRNA 和核糖体等多个组分互相协调才能产生特定的多肽。我们以原核细胞为例,简单介绍这一生物学过程的基本步骤,不同生物的蛋白质合成过程基本相似。

大肠杆菌的蛋白质翻译起始需要核糖体、特异性起始 tRNA、mRNA 以及 3 个翻译起始因子(initiation factor,IF)——IF-1、IF-2 和 IF-3(图 15-14)。首先,IF-3、mRNA 和 30S 核糖体亚基形成复合物。30S 核糖体亚基与 mRNA 的结合依赖于 mRNA 链中特有的 Shine-Dalgarno 序列,它是原核生物 mRNA 中的一段富含嘌呤的保守序列,多为 AGGAGG,位于起始密码子上游约 7 个核苷酸处,能够同 16S rRNA 3′端的序列互补结合。随后,IF-2 和特异性识别起始密码子的甲酰甲硫氨酰 tRNA(fMet-tRNA^{fMet},f 表示甲硫氨酸的氨基被甲酰化,只有 fMet-tRNA^{fMet} 能和 IF-2 结合,而不被甲酰化的甲硫氨酰 tRNA 能够在肽链延伸中添加甲硫氨酸)形成复合物。接着,甲酰甲硫氨酰 tRNA 与 mRNA 的起始密码子结合,两个复合物连同 IF-1 以及 GTP 分子共同构成 30S 起始复合物。最后,利用 GTP 分子水解释放的能量,50S 核糖体亚基结合到复合物中,起始因子被释放,形成完整的 70S 核糖体。

根据上述的合成程序,多肽的第一个氨基酸应该是甲酰甲硫氨酸,可实际上在蛋白质中没有甲酰甲硫氨酸,原来蛋白质合成虽然从甲酰甲硫氨酸开始,但在合成蛋白质过程中或合成以后,甲酰基或者甲酰甲硫氨酸会被分解,或者前端几个氨基酸都会被分解,所以一般多肽氨基端的第

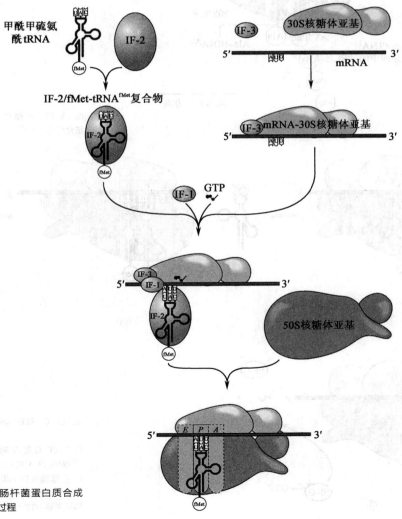

图 15-14 大肠杆菌蛋白质合成
中的翻译起始过程

一个氨基酸可以是甲硫氨酸,也可以是其他氨基酸。

完整的核糖体有 3 个 tRNA 结合位点(图 15-15)。一个叫作氨酰位(aminoacyl site,"A"),是进入核糖体的 tRNA 结合的地方。在"A"位置上,tRNA 的反密码子可以跟 30S 亚基上的 mRNA 密码子配对,而 tRNA 所带的氨基酸可以在 50S 亚基上形成肽键。另一位置叫作肽酰位(peptidyl site,"P"),当 tRNA 分子所携带的氨基酸形成肽键后,该 tRNA 就从 A 位移动到 P 位。还有一个位点叫作出口位(exit site,"E"),这个位置在 P 位的另一侧,是无氨基酸负载的 tRNA 结合的位置。

蛋白质翻译起始后的延伸过程,每个氨基酸通过 3 个步骤加入到延伸中的肽链中(图 15-16):①带

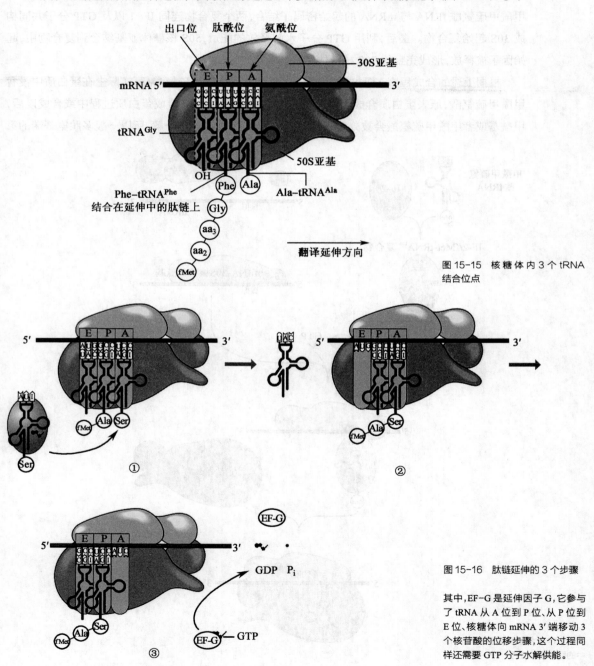

图 15-15 核糖体内 3 个 tRNA 结合位点

图 15-16 肽链延伸的 3 个步骤

其中,EF-G 是延伸因子 G,它参与了 tRNA 从 A 位到 P 位、从 P 位到 E 位、核糖体向 mRNA 3′ 端移动 3 个核苷酸的位移步骤,这个过程同样还需要 GTP 分子水解供能。

有某一氨基酸的 tRNA 分子首先进入 70S 核糖体的 A 位;②在肽酰转移酶(peptidyl transferase)的作用下,该 tRNA 所带的氨基酸跟 P 位上 tRNA 所带的氨基酸形成肽键;③核糖体沿着 mRNA 移动,下一个密码子进入 A 位,而原先位于 P 和 A 位的 tRNA 分别转移到 E 和 P 位。在翻译延伸的过程中,tRNA 结合到 A 位,肽键形成,tRNA 的移位等都需要有若干延伸因子(elongation factor,EF)的协助以及 GTP 作为能源。

当翻译过程进行到终止密码子——UAA、UAG 或 UGA 时,没有 tRNA 具有和这 3 个密码子相对应的反密码子,肽链的延伸终止。事实上,终止密码子可以被释放因子(release factor,RF)识别,产生 3 种效应:多肽链与 P 位置上的 tRNA 分子分开;tRNA 分子从核糖体释放;核糖体解离为两个亚基,进入下一轮合成。

核糖体的结构极为复杂,蛋白质合成中的更多机制更有待于深入研究。但是蛋白质生物合成中的信息转移、编码、翻译过程等在研究过的生物中大致都是相同的。这也是科学家利用转基因技术成功改造宿主细胞的重要理论前提。例如,来自土壤微生物苏云金杆菌(*Bacillus thuringiensis*)的 *Bt* 基因可以编码一种 Bt 蛋白,特异性消灭鳞翅目昆虫。将 *Bt* 基因通过基因工程技术导入玉米中获得的转基因玉米同样可以自主合成 Bt 蛋白,有效抵御虫害,提高了玉米产量。显然,翻译装置的机能在不同门类的生物中是高度相似或相同的。这种相似或相同也反映了它们在地球上的共同起源。

第三节 原核生物的基因表达调控

生物的环境经常变动,自然选择有利于适应性强的生物的生存和繁衍。基因表达的调控能使生物在利用自然资源和应付生活环境方面有很大的灵活性,从而使生物可以更好地保存自己,繁衍种群。原核生物也有很强的环境适应能力,当环境发生改变时,它们可以通过改变不同类群的基因表达来应对环境的变化。

原核生物基因表达的调控主要体现在转录水平,有正、负两种调控形式。负调控下,阻遏物(repressor)与 DNA 结合,转录被抑制;阻遏物缺乏时,转录开启。正调控时,诱导物(inducer)与 DNA 结合,促进转录;诱导物缺乏时,转录中断。基因不同,环境因素不同,调控的具体方式也不同。

一、操纵子模型

法国分子生物学家雅各布和莫诺于 1961 提出的操纵子学说(operon theory)说明了大肠杆菌在环境因素的调控下,如何在转录水平改变结构基因的表达。

他们提出,根据基因在决定蛋白质合成中的不同作用,可以将基因分为两大类:①结构基因(structural gene),它们决定蛋白质的氨基酸顺序;②调节基因(regulator gene),它们控制在某一细胞的内环境下合成特定蛋白质的速率。他们又认为,与某一代谢途径密切相关的多个蛋白质的结构基因常常位于染色体的邻接位置上。这些基因能否被转录是由位于邻接于结构基因一端的操纵基因(operator)的状态而定。包括结构基因、操纵基因以及结构基因的启动子在内的整个连续的 DNA 结构单元称为操纵子(operon)(图 15-17)。此外,操纵基因的状态由调节基因的产物——阻

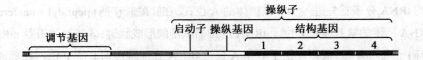

图 15-17 操纵子结构示意图

遏物／诱导物控制，这些基因产物通过识别和结合操纵基因动态调控结构基因的转录活性。

二、大肠杆菌乳糖操纵子

大肠杆菌能利用乳糖作为唯一碳源，乳糖能够进入细菌细胞，并能被分解为葡萄糖和半乳糖。能够执行这些功能的酶是由乳糖操纵子(lactose operon)中的 3 个结构基因(lac Z, lac Y, lac A)编码的：lac Z 编码 β- 半乳糖苷酶(β-galactosidase)，催化乳糖水解为葡萄糖和半乳糖；lac Y 编码 β- 半乳糖苷透性酶(β-galactoside permease)，这是一种膜结合蛋白，促进乳糖进入细胞，加速乳糖的利用率；lac A 编码 β- 半乳糖苷乙酰基转移酶(β-galactoside transacetylase)，能够将乙酰基转移到 β- 半乳糖苷上，功能暂时还存在争议。大肠杆菌虽然能利用乳糖，但它们只在培养基中缺乏其他碳源且有乳糖存在的条件下才转录这 3 种酶进行乳糖代谢。培养基中的乳糖发挥了诱导物的作用，这些在诱导物作用下产生的酶也被称为诱导酶。下面介绍大肠杆菌是如何利用乳糖操纵子产生诱导酶的。

乳糖操纵子的调节基因(lac I)编码一个 360 个氨基酸的多肽，4 条多肽形成一个有活性的四聚体阻遏蛋白，能够结合到操纵基因(lac O)上，发挥抑制活性。培养基中没有乳糖时，阻遏蛋白与操纵基因结合，阻断 RNA 聚合酶在基因上的移动，无法转录下游的结构基因(图 15-18a)。当培养基有乳糖且为唯一碳源时，乳糖进入细胞后的代谢产物异乳糖能够与阻遏蛋白结合，发挥

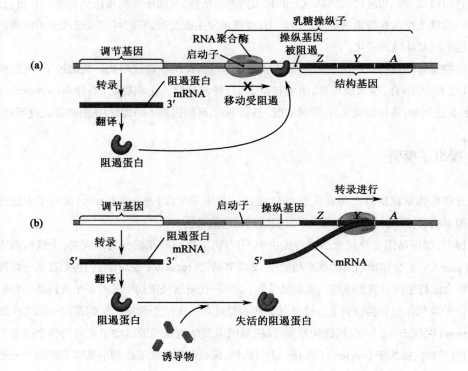

图 15-18 大肠杆菌乳糖操纵子

(a) 无诱导物，阻遏蛋白结合操纵基因，抑制 RNA 转录。(b) 诱导物结合到阻遏蛋白上，阻遏蛋白无法继续和操纵基因结合，RNA 转录开启。

诱导物的作用,使阻遏蛋白的构型改变,失去与操纵基因结合的能力,RNA 聚合酶能够从启动子向下游移动,开始结构基因的转录。大肠杆菌的转录和翻译是耦联的,结构基因产物随即作用于乳糖,促进乳糖的代谢(图 15-18b)。当环境中的乳糖被分解完后,阻遏蛋白又能继续发挥作用,抑制操纵基因,关闭结构基因的转录。

三、大肠杆菌色氨酸操纵子

大肠杆菌的乳糖操纵子属于诱导操纵子,即单独的阻遏物有活性,直接结合并抑制操纵子的转录。大肠杆菌的色氨酸操纵子控制色氨酸合成酶的转录,属于抑制操纵子,即单独的阻遏物没有活性,只有与共抑制物结合,才形成有活性的复合物,抑制操纵基因。实验发现,当环境中存在大量色氨酸时,该操纵子控制的基因表达被关闭,而当环境中的色氨酸缺乏时,基因表达可重新开启。色氨酸操纵子的结构如图 15-19 所示,操纵基因 *trp O* 位于启动子 *trp P* 的内部,下游是 5 个色氨酸生物合成途径所需酶的编码基因,分别是 *trp E*, *trp D*, *trp C*, *trp B* 和 *trp A*。缺乏色氨酸时,调节基因(*trp R*)编码的阻遏蛋白没有活性,不能与 *trp O* 结合,RNA 聚合酶结合到 *trp P* 上起始基因转录,为合成色氨酸做准备(图 15-19a)。环境中存在色氨酸时,色氨酸分子与 *trp R* 编码的阻遏蛋白结合,成为有活性的阻遏物,结合到 *trp O* 上抑制 RNA 聚合酶转录起始(图 15-19b)。

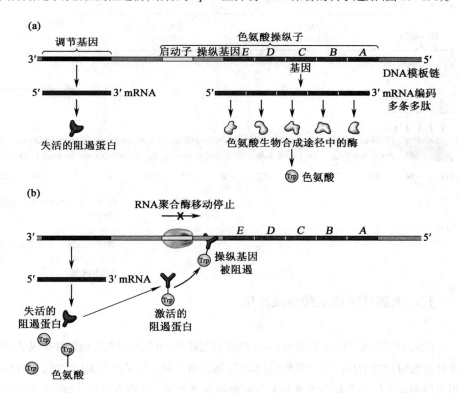

图 15-19　色氨酸操纵子模型

(a) 色氨酸不存在时,阻遏蛋白无活性,操纵子开启。(b) 存在色氨酸时,阻遏蛋白与之结合后结合到操纵基因上,关闭操纵子。

视频 17
操纵子与代谢抑制

四、大肠杆菌代谢抑制

再和读者介绍另一个有趣且重要的现象,如果在培养基中同时加入葡萄糖和乳糖两种碳源,大肠杆菌将优先利用葡萄糖而非乳糖。只有当葡萄糖耗尽时,大肠杆菌才会开启乳糖操纵子,促进乳糖代谢相关酶的合成。微生物遗传学家发现,葡萄糖能够抑制乳糖操纵子及代谢其他碳源的操纵子,这一现象被称为代谢抑制(catabolite repression)。宏观上讲,这是生物适应性的一种表现,因为葡萄糖是更高效的能量来源。但在微观的分子机制上,该如何解释呢?

研究发现,乳糖操纵子中的启动子上有两个蛋白质结合位点:一个是 RNA 聚合酶的结合位点(lac P);另一个是 CAP-cAMP,即降解物激活蛋白(catabolite activator protein,CAP)和环腺苷酸(cyclic AMP,cAMP)构成的复合物的结合位点(lac C),而 CAP-cAMP 与启动子的结合又是 RNA 聚合酶开启乳糖操纵子中结构基因转录所必需的(图 15-20)。

葡萄糖的代谢产物能够对细胞中的 cAMP 产生很大影响。当葡萄糖浓度高时,细胞内 cAMP 含量降低;葡萄糖浓度低时,细胞内 cAMP 含量升高。当培养基中不含葡萄糖时,cAMP 浓度增加,并能够与细胞内的 CAP 形成复合体。CAP 是一个二聚体,每一亚基含有 209 个氨基酸残基。当细胞内葡萄糖含量低时,高水平的 cAMP 与 CAP 形成的复合体可特异地结合到乳糖操纵子的启动子上,促进 RNA 聚合酶与启动子的结合,开启转录。当培养基中同时含有乳糖和葡萄糖时,细胞内的 cAMP 水平降低,CAP 不能结合启动子,RNA 聚合酶无法起始转录。

因此,在大肠杆菌乳糖代谢这个例子中,除了阻遏物和操纵子的负调控外,还有 CAP-cAMP 的正调控,两者共同调节乳糖代谢基因的转录表达,使得大肠杆菌更好地适应环境变化。

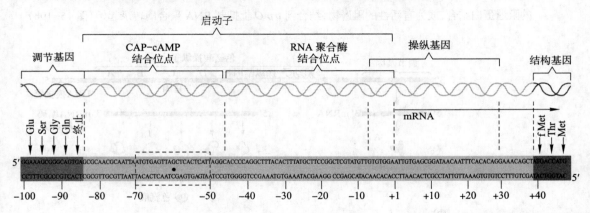

图 15-20　大肠杆菌乳糖操纵子的启动子与操纵基因的结构和核酸顺序

虚框部分是一个不完美的回文序列,黑点是回文序列的中心,位 CAP-cAMP 结合位点中。以转录起始位点为 +1,底部数字标示了苷酸的位置。

五、大肠杆菌色氨酸衰减作用

在大肠杆菌色氨酸调节基因 trp R 缺失突变体中,色氨酸存在时色氨酸操纵子的转录水平是没有色氨酸时的 1/10。这一现象提示,除了阻遏蛋白对操纵子的负调控之外,还有另一种调控作用可以根据环境中色氨酸水平调节色氨酸的合成速率。研究者发现,这种抑制作用就是衰减作用(attenuation),执行这一调控作用的基因序列被称为衰减子(attenuator)。在色氨酸操纵子第一个结构基因 trp E 的上游、启动子的下游有一段 162 bp 的调控序列,编码色氨酸 mRNA 的引导序列(leader sequence),被称为 trp L 调节区(图 15-21a),能够控制色氨酸操纵子的衰减调控。

色氨酸衰减子位于 trp L 的 114～141 位,它与前文所述的原核生物基因的转录终止子基本

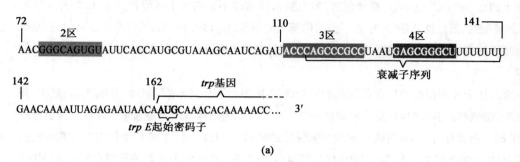

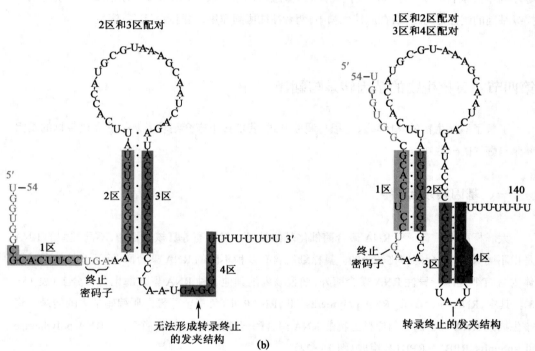

图 15-21 色氨酸操纵子的衰减作用

（a）*trp L* 的序列特征。（b）色氨酸存在和不存在时 *trp L* 转录产物的二级结构。

相同,在一段富含 G/C 的回文序列下游连接了一串 A/U 碱基对。G/C 区的 mRNA 产物倾向于形成发夹结构,可诱导结合其上的 RNA 聚合酶的构型改变,在下游的 A/U 位置终止转录,下游色氨酸操纵子结构基因的转录也就随之提前终止。接下来介绍衰减作用如何响应外界环境变化。

首先,*trp L* 内部总共存在 4 段可以通过碱基配对形成发夹结构的碱基序列,分别位于 60～70（1 区）、75～85（2 区）、110～121（3 区）、126～134（4 区）区段。这 4 段序列可以有两种配对选择：①1区和2区，3区和4区分别配对；②2区和3区配对，1区和4区保持单链。事实上，3区和4区就是衰减子的回文序列，因此当它们配对时，转录提前终止。

其次，在 *trp L* 的 27~71 位还含有一个 14 肽的编码序列，内部有两个连续的色氨酸密码子，它的下游就是 1 区序列。在缺乏色氨酸时，Trp-tRNA^trp 不足，核糖体停止在 mRNA 链上，占据了 1 区位置，2 区和 3 区配对，无转录终止信号，转录继续进行（图 15-21b，左图）。而在色氨酸存在条件下，Trp-tRNA^trp 也丰富，翻译能够顺利进行，核糖体不会占据 1 区位置，1 区和 2 区、3 区和 4 区能够配对，形成终止信号，中断下游结构基因的转录（图 15-21b，右图）。需要说明的是，原核生物基因的转录和翻译是耦联的，即在转录的同时翻译也在进行，这同样是衰减作用得以实现的前提。

衰减作用并不仅仅出现在色氨酸的转录调控中，其他操纵子（苯丙氨酸、苏氨酸、亮氨酸、异亮氨酸、组氨酸）的转录也涉及了衰减作用的调控。它们的结构基因上游通常也存在一段引导序列，编码一条短肽，内部含有连续的编码氨基酸的密码子，比如苯丙氨酸和组氨酸合成基因的引导序列中分别含有 7 个连续的苯丙氨酸、组氨酸密码子。衰减作用的调控比阻遏物／诱导物－操纵基因的调控更为精细，在原核生物中，两者往往协同作用，共同调节基因表达。

第四节　真核生物的基因转录与翻译

了解了原核生物的基因转录过程与调控方式，我们接下来介绍较为复杂的真核生物的基因转录与翻译的一些特点。

一、基因转录起始

大肠杆菌中只有一种 RNA 聚合酶催化基因转录。但在高等真核生物中，不同类型的 RNA 是由不同 RNA 聚合酶催化转录的。真核细胞含有多种不同的 RNA 聚合酶，除了线粒体和叶绿体内含有细胞器特异性 RNA 聚合酶外，细胞核内的其他 3 种 RNA 聚合酶也各有分工（表 15-3）。其中，RNA 聚合酶 Ⅱ（RNA polymerase Ⅱ，RNAP Ⅱ）负责全部蛋白质编码基因的转录。真核生物的 RNA 聚合酶 Ⅱ 与原核生物的 RNA 聚合酶同源性很高，由 12 个亚基（RNA polymerase Ⅱ subunits，RPB1~RPB12）组成（图 15-22）。

表 15-3　真核细胞核内的 3 种 RNA 聚合酶

RNA 聚合酶	转录基因
RNA 聚合酶 Ⅰ	5.8S、18S、28S rRNA 基因
RNA 聚合酶 Ⅱ	所有蛋白质的编码基因、小核仁 RNA 基因、部分小核 RNA 基因、微小 RNA、小干扰 RNA
RNA 聚合酶 Ⅲ	tRNA 基因、5S rRNA 基因、部分小核 RNA 基因、其他小 RNA 编码基因

RNA 聚合酶 Ⅱ 与基因的启动子序列结合。真核生物基因的启动子也具有高度的保守性

图 15-22　真核生物 RNA 聚合酶 Ⅱ 的结构模拟图

（图 15-23），大多数蛋白编码基因的启动子的 −30 区含有 TATA 框（TATA box）。其他保守元件还包括：位于 −35 区的 BRE（TFⅡB recognition element）、位于转录起始位点的 INR（initiator）和位于 +30 区的 DPE（downstream promoter element）。真核 RNA 聚合酶Ⅱ 识别的启动子一般至少含有两种上述 DNA 元件。

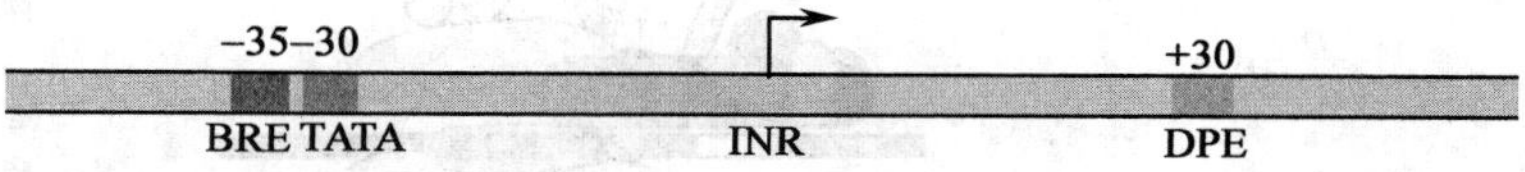

图 15-23　真核生物基因启动子保守元件的位置及序列特征

| −35 −30 | | +30 |
| BRE TATA | INR | DPE |

启动子元件	保守序列	相结合的普遍转录因子
BRE	G/C G/C G/A C G C C	TFⅡB
TATA	T A T A A/T A A/T	TBP
INR	C/T C/T A N T/A C/T C/T	TFⅡD
DPE	A/G G A/T C G T G	TFⅡD

尽管真核生物 RNA 聚合酶的亚基数量比原核的增加了很多，但真核生物 RNA 聚合酶不能独立起始转录，需要大量转录因子的协助。聚合酶Ⅱ 依赖的转录因子（transcription factor for polymerase Ⅱ）包括 TFⅡA，B，D，E，F，H 等，这些转录因子负责识别和结合核心启动子，与 RNA 聚合酶一起调控基因的基础表达，被称为普遍转录因子（general transcriptional factor，GTF）。GTF 的功能包括帮助 RNA 聚合酶的正确定位，解开 DNA 双螺旋，在转录起始后释放 RNA 聚合酶，使它能够沿着 DNA 链延伸等。图 15-24 描绘了在普遍转录因子的协助下，RNA 聚合酶Ⅱ 识别并结合启动子，组装成转录起始前复合物（pre-initiation complex，PIC）的过程。

TATA 框结合蛋白（TATA-box binding protein，TBP）是真核细胞 3 种 RNA 聚合酶都需要的普遍转录因子，负责识别和结合核心启动子序列。在含或不含 TATA 框的基因的转录起始中都需要 TBP 的参与。在 RNA 聚合酶Ⅱ 参与的转录起始复合物中，TBP 是 TFⅡD 的组分之一。一方面，TBP 识别 TATA 框位点，另一方面，TBP 亚基和 DNA 结合后，可以使 DNA 链发生 80° 弯折，暴露出其他蛋白质结合位点（图 15-25）。TBP 还有多个互作蛋白，它们负责识别和结合其他核心启动子序列等。在不同物种中，TBP 的 TATA 框识别功能域在序列上高度保守。

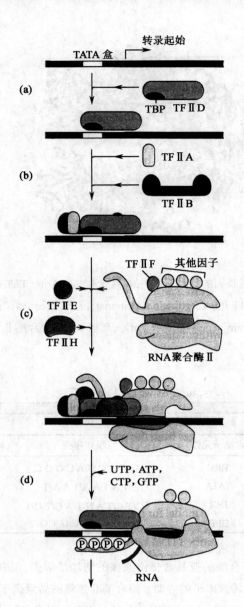

图 15-24 RNA 聚合酶 II 转录起始前复合物的形成

(a) 普遍转录因子 TF II D 首先利用 TBP 亚基与启动子的 TATA 框结合。(b) TF II A 结合到 TF II D 上，稳定 TF II D 和启动子的结合，阻止其他抑制分子的结合；TF II B 和启动子结合，增强对启动子的识别。(c) TF II E、TF II H 及已结合了其他转录因子的 RNA 聚合酶 II 一起结合到 TF II D-TF II A-TF II B 复合物上。(d) 全部因子装配完成，在核苷酸和能量存在的条件下，可以起始转录。其中，TF II E 促进启动子序列的双链打开；TF II F 类似原核细胞的 σ 因子，保证聚合酶和启动子的特异性结合；TF II H 具有激酶活性和解旋活性，提供能量并促进 DNA 解旋。

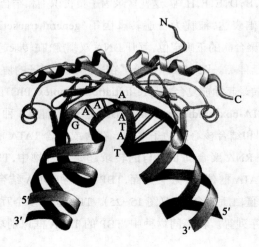

图 15-25 TBP 结合 TATA 框后 DNA 发生弯折

二、mRNA 的转录后加工

原核细胞的基因转录和翻译耦联,RNA 转录后基本不需要加工即可直接进行翻译。但在真核生物中,基因转录和翻译分别在不同的场所进行(图 15-26)。真核细胞核内,经 RNA 聚合酶转录得到的初级转录物需要经过一系列的加工过程才能转变为成熟的 RNA 分子,这一过程被称为转录后加工(post-transcriptional processing)。初级转录物只有经过正确加工后才能形成成熟的 mRNA,并从核内转移到细胞质进行蛋白质的合成。

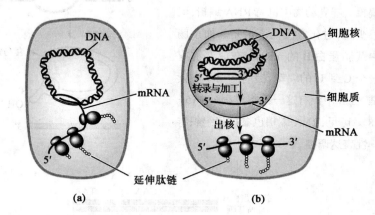

图 15-26 基因转录和翻译的时空关系

(a)原核细胞中转录和翻译耦联。(b)在真核细胞中,转录在细胞核内发生,经加工后成熟的 mRNA 出核后在细胞质中进行翻译。

真核基因初级转录物一般需要经过以下加工过程:

(1)在 mRNA 的 5′ 端加上一个 7- 甲基鸟苷(7-methylguanositie)作为帽子。这一鸟苷通过三磷酸键(triphosphate bond)连接到第一个核苷酸上。所有真核类的 mRNA 都有这帽子。mRNA 的加帽可以促进核糖体识别 mRNA,从而可以延长 mRNA 的寿命。

(2)在 mRNA 前体的 3′ 端加上一条具有 150~200 个腺苷酸的序列,称为多聚腺苷酸 poly(A)。真核细胞中,负责转录终止的蛋白质首先识别和结合转录终止保守序列 AAUAAA(下游还有一些 GU 或富含 U 的特征序列),招募其他蛋白质一起完成初级 RNA 转录物的切割。随后在 poly(A) 聚合酶(polyadenylate polymerase)的作用下进行 poly(A) 加尾,随着 poly(A)尾的延伸,一些结合蛋白也结合到 poly(A) 上。这条 poly(A) 尾对 mRNA 的稳定性有一定维持作用,促进最后一个内含子的剪接,而且可能对 mRNA 进入细胞质并结合到核糖体上有帮助。

(3)初级 RNA 转录物中的内含子序列被特异剪切,留下的外显子序列首尾连接起来,这个过程称为 RNA 剪接(RNA splicing)。mRNA 剪接过程较为复杂,简单地说,首先内含子近 3′ 端的一个腺嘌呤核苷酸(A)利用 2′ 羟基与内含子 5′ 端的核苷酸的磷酸基团反应形成磷酸二酯键,整个内含子序列形成一个"套马索"(lariat)结构。随后,前一外显子 3′ 端核苷酸暴露的羟基与下一个外显子 5′ 端核苷酸的磷酸反应;最后,两个相邻外显子之间形成磷酸二酯键,成"套马索"状的内含子从初级 RNA 转录物上完全解离出来,完成剪接过程(图 15-27)。内含子的剪接依赖于由核糖核蛋白与其他一百余种蛋白质构成的剪接复合体。除了 mRNA,tRNA 和 rRNA 也都有特定的剪接方式。

(4)RNA 编辑(RNA editing)不是对初级 mRNA 转录物的修饰,而是直接对初级 mRNA 转录物的遗传信息进行修改。RNA 编辑最早是在锥虫线粒体基因中发现的。锥虫的线粒体基因组编码一类特殊的引导 RNA（guide RNA，gRNA），长 55～70nt，3′ 端具有 poly(U) 尾，可以与初始 mRNA 不完全互补，然后在 mRNA 序列中不配对的地方相应地插入了一些 gRNA 特有的 U，完成信息编辑。哺乳动物中也有 RNA 编辑，但很少见，进化意义尚不清楚。如小肠中载脂蛋白 B 的 mRNA 在成熟前有一个 C 到 U 的编辑，提前终止了可读框，但肝中没有这一编辑过程（图 15-28）。可见，RNA 编辑也参与了组织特异性表达调控。

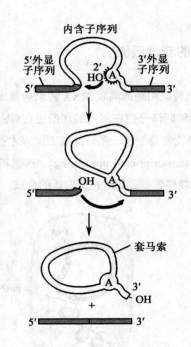

图 15-27　真核基因内含子的剪接过程

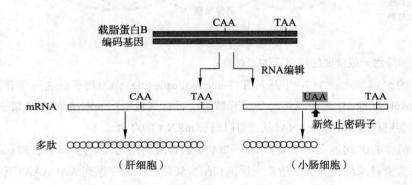

图 15-28　哺乳动物小肠细胞中载脂蛋白 B 编码基因的 RNA 编辑

三、蛋白质翻译与修饰

真核细胞内转录产生的初级转录物在核内经过上述加工程序后，最后成为成熟的 mRNA。但在这些 mRNA 进入翻译之前，还必须出核，并在蛋白质翻译场所正确定位，因为真核生物细胞内的转录和翻译不是耦联的。在成熟 mRNA 出核的过程中，一些出核因子参与其中，此外，5′ 帽和 poly(A) 尾对出核和定位也有重要作用。出核后的 mRNA 可以利用细胞骨架进行运输，或者在细胞质内随机扩散，或者与特定的细胞质蛋白质结合。真核细胞的大多数 mRNA 的半衰期在 30 min 左右，细胞内不需要的 mRNA 通过降解及时被清除，这个途径有利于精确调控细胞内的生化反应。换句话说，真核细胞内的 mRNA 在翻译和降解之间保持着动态平衡，这个平衡机制可以精确调控细胞内的基因表达。

真核生物的蛋白质翻译以加工成熟的 mRNA 为模板，从起始密码子（AUG）开始，到终止密码子（UAA、UAG、UGA）结束，和这段 mRNA 序列相对应的 DNA 序列是编码序列。从 mRNA 链的转录起始位点到编码区的 5′ 端的序列被称为 5′ 非翻译区（5′ untranslated region，5′ UTR），而从编码区的 3′ 端到转录终止位点的序列被称为 3′ 非翻译区（3′ untranslated region，3′ UTR），这些 mRNA 序列均不会被翻译成氨基酸（图 15-29）。

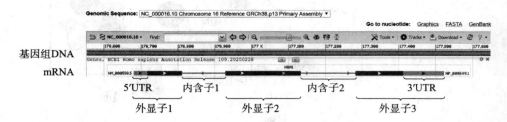

图 15-29　人 *HBA1* 基因的结构示意图（NCBI 网站截图）

在 mRNA 链中，箭头代表转录方向，方框代表外显子，细线代表内含子，深色方框代表氨基酸编码区域，浅色方框代表非翻译区。

真核细胞的翻译过程和原核细胞大致类似，但也有一些差别。例如，真核 mRNA 链中没有 Shine-Dalgarno 序列，核糖体通过 5′ 帽识别 mRNA，起始 mRNA 翻译；真核基因的起始密码子不全是甲酰甲硫氨酸，未被甲酰化的甲硫氨酸也可以用作起始密码子，但真核细胞仍有特异性的起始 tRNA；真核基因的翻译过程需要更多的蛋白质因子的参与，比如翻译的起始至少需要 10 个蛋白质才能完成。

真核基因表达区别于原核基因的另一个重要特点是，真核基因还存在翻译后的蛋白质修饰，即翻译产生的蛋白质多肽一般还需要经过多种加工才能成为有功能的蛋白质，这些加工包括：①蛋白质折叠形成正确的构象；②在氨基酸上进行共价修饰，包括磷酸化、糖基化、乙酰化和甲基化等；③多亚基复合物的组装，如形成二聚体、多聚体等。

四、蛋白质降解

如果翻译产生的蛋白质不再需要，或者由于某种原因形成了异常蛋白质、错误折叠的蛋白质等，那么真核细胞会立即主动清除这些蛋白质。真核细胞快速降解蛋白质的重要机制之一为泛素 – 蛋白酶体途径（ubiquitin-proteasome pathway）。

泛素（ubiquitin，Ub）是一个含有 76 个氨基酸的小分子蛋白质，在真核生物中广泛表达（因此得名），高度保守。泛素通过与蛋白质底物的赖氨酸残基连接，形成多聚泛素链，指导标记蛋白质被蛋白酶体识别并发生降解。这个过程涉及 3 个重要的蛋白质：泛素激活酶（ubiquitin-activating enzyme，E1）、泛素结合酶（ubiquitin-conjugating enzyme，E2）和泛素连接酶（ubiquitin ligase，E3）。首先，在 ATP 供能的条件下，E1 与 Ub 结合；随后，E1 将 Ub 转移到 E2 分子上；同时，E3 识别并结合底物蛋白质，并通过与 E2 的相互作用将 Ub 转移到底物蛋白质上，更多的 Ub 分子进一步添加到该蛋白质上，形成一条多聚泛素链；最后，这个多泛素化的蛋白质被 26S 蛋白酶体（proteasome）识别，被迅速降解（图 15-30）。

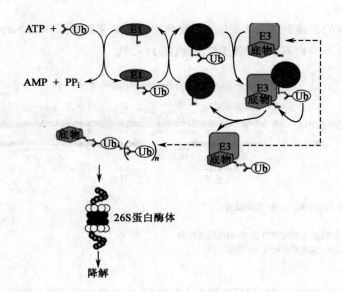

图 15-30　泛素标记蛋白质降解的途径

第五节　真核生物的基因表达调控

　　和原核生物相比,真核生物的基因表达过程及其调控机制也复杂得多。这种复杂的基因表达调控是真核生物实现更加高级的生命形式、进行更加复杂的生命活动的遗传基础。真核细胞的转录在核内进行,翻译在细胞质进行。根据时空上的差别,我们可以将真核生物基因的表达调控分为转录水平和翻译水平,进一步又可分为前、中、后水平(图 15-31)。在每个水平,真核细胞都有相应的调控机制,精确控制基因表达。例如,转录起始阶段很多组织特异性 DNA 调控元件与蛋白质因子相互作用,负责组织特异性基因转录的起始;在转录后加工阶段,可变剪接的调控方式大幅增加基因表达的多样性,可在特定的发育阶段和特定的细胞类型中表达相应的剪接变异体;在翻译后加工阶段,蛋白质激酶和磷酸酯酶对信号蛋白的磷酸化和去磷酸化修饰可以精确调节信号途径的开启和关闭等。在下文中,我们将主要和读者介绍一些真核基因转录起始前复

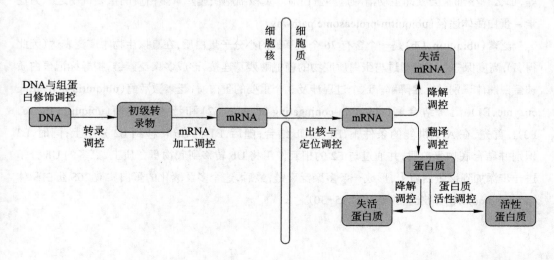

图 15-31　真核生物基因表达的多层次调控

合物中的表达调控元件,再来重点说明可变剪接的生物学意义。

一、顺式调控元件

我们在上文中已介绍,真核细胞 RNA 聚合酶 Ⅱ 通过普遍转录因子识别和结合启动子序列,起始基因的转录。但是,仅仅是普遍转录因子和启动子的参与并不能解释大多数真核基因的表达特点,因为启动子和普遍转录因子的作用是广谱的,但大多数真核基因的表达具有时间、空间以及细胞类型的特异性。

原来,除了 RNA 聚合酶、启动子和普遍转录因子,真核生物的基因表达还受到大量其他元件的调节,这些元件是实现真核生物时空特异性基因表达的分子基础。根据作用方式的不同,可以将这类元件分为顺式调控元件(*cis*-regulatory element,又称顺式作用元件,*cis*-acting element)和反式调控元件(*trans*-regulatory element,又称反式作用元件,*trans*-acting element)。顺式调控指的是该元件只能够调节自身所在染色体上邻近结构基因的表达,如启动子,它们一般与结构基因串联排列在同一条染色体上,距离也较近,大多数为 DNA 元件。反式调控指的是该元件能够调节不同染色体上结构基因的表达,包括各种转录因子的编码基因,它们或者与结构基因不在一条染色体上,或者距离遥远。通常,顺式调控元件不编码任何蛋白质,仅提供一个 DNA 位点,而反式调控元件编码转录因子,能够识别顺式调控元件并与之结合,共同调控基因转录。ncRNA 的调控方式较为复杂,顺式和反式均有,我们留到后面再做详细介绍。

我们先介绍顺式调控元件。除了启动子,常见的顺式调控元件还包括:增强子(enhancer)、沉默子(silencer)、绝缘子(insulator)、基因座控制区(locus control region,LCR)和基质结合区(matrix attachment region,MAR)等。

(1)增强子 这是一种远端调控元件,可以通过调控启动子区域 DNA 转录起始前复合物的组装来提高基因转录效率。增强子和被调控基因之间的距离通常较远,可相隔数千 bp。尽管和基因之间相距甚远,但是增强子能够被转录激活因子(transcription activator)结合,利用染色质弯折形成的回环(loop)作用于转录起始前复合物,从而实现转录调控(图 15-32)。

研究者在 SV40 病毒基因组中发现了第一个增强子(Benerji,1981),长度为 140 bp,它能够显著提高下游融合基因的表达水平。序列分析发现,该增强子由两个串联的 72 bp 的重复序列

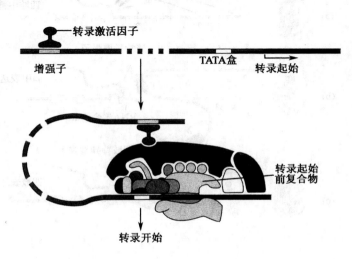

图 15-32　增强子作用方式

增强子结合转录激活因子,通过 DNA 弯折与
转录起始前复合物结合,激活转录。

组成,具有核心序列,改变序列方向或者增强子与基因的相对位置,增强子的转录激活活性不受影响。这些性质代表了增强子的通性:具有一定的核心序列,作用与方向和位置无关。

增强子的转录激活作用通常具有组织器官和发育阶段的特异性。真核细胞的许多基因能够在多种组织中表达,但研究发现,多组织表达往往依赖的是多种组织特异性增强子,而非一种广谱调控元件。例如,某一基因能够同时在小鼠的脑部和四肢表达,仔细分析该基因的上游调控区,发现了多个不同的增强子(图 15-33a)。当其中一个增强子 1(脑特异增强子)通过 DNA 弯折和转录起始复合物发生作用,促进基因表达时,我们看到该基因在小鼠的脑部有了特异表达(图 15-33b);当另一个增强子 2(四肢特异增强子)通过作用于起始复合物发挥转录激活作用时,我们看到该基因在小鼠的四肢有了特异表达(图 15-33c)。

又如,黑腹果蝇的 *yellow* 基因负责体表的色素合成,包括翅、四肢、幼虫、刚毛等。野生型的果蝇呈黑棕色,大多数 *yellow* 基因突变型的果蝇呈黄褐色。研究发现,有一些突变体果蝇仅在部分器官出现黄褐色变异,其他器官颜色正常即表现出嵌合(mosaic)。序列分析发现,原来突变发生在 *yellow* 基因不同的增强子中。在 *yellow* 基因上游和内部有多个增强子,分别负责激活 *yellow* 基因在不同组织细胞中的表达。

(2)沉默子 和增强子相反,这是一种基因转录的负调控元件。但它和增强子的调控方式很类似——参与时空特异性基因的表达调控,不受方向和位置的限制。

单倍体酿酒酵母有 a 和 α 两种交配型,由染色体上 *MAT* 基因座中的基因控制:当该基因座是 *MATa* 时,交配型是 a;当该基因座是 *MATα* 时,交配型为 α。而与交配型有关的遗传信息也存在于 *MAT* 基因座左右两侧的 *HMLα* 和 *HMRa* 基因座中(图 15-34)。虽然这两个基因座分别含有 α 和 a 基因的完整拷贝及它们各自的启动子,但通常不被转录。研究发现,*HMLα* 和 *HMRa* 基因座旁侧存在酵母交配型基因座沉默子(mating-type locus silencer),造成了该位置 α 和 a 基因的沉默。只有当这些基因插入到 *MAT* 基因座时,才能解除沉默子的作用,发生转录并决定酵母的交配型。

(3)绝缘子 绝缘子本身对基因的表达既没有正效应,也没有负效应,其作用只是不让远端调控元件对基因的活化效应或失活效应发生作用。如图 15-35 所示,如果绝缘子处在基因 A 的

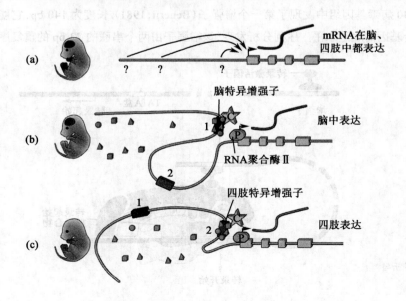

mRNA在脑、四肢中都表达

脑特异增强子

脑中表达

RNA聚合酶Ⅱ

四肢特异增强子

四肢表达

图 15-33 增强子的组织器官特异性(引自 Visel 等,2009)

(a) 某一基因可在小鼠脑及四肢表达。(b) 当增强子 1 作用于 RNA 聚合酶Ⅱ时,基因在脑中特异表达。(c) 当增强子 2 作用于 RNA 聚合酶Ⅱ时,基因在四肢特异表达。

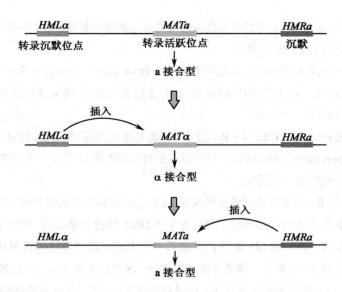

图 15-34 酵母交配型的分子基础

当 *HMLα* 基因座内的基因插入到 *MAT* 位置成为 *MATα* 时, 酵母交配型为 α ; 当 *HMRa* 基因座内的基因插入到 *MAT* 位置成为 *MATa* 时, 酵母交配型为 a。

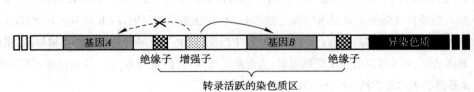

图 15-35 绝缘子的作用示意图

启动子和增强子之间, 它可以中断启动子和增强子之间的通讯, 抑制增强子的转录激活作用; 如果绝缘子处在表达活跃的基因 B 和表达沉默的异染色质(或沉默子)之间, 它可以保护表达活跃基因不受到异染色质的干扰。

　　绝缘子的特殊作用保证了许多远程的调控元件不会干扰无关基因的表达。绝缘子将染色体划分为了空间上相互独立的区域, 也在功能上把染色体划分为表达上相互独立的区域。

　　上述介绍的增强子、沉默子与绝缘子都属于远端转录调控元件, 它们的作用机制相似, 但调控性质不同。图 15-36 展示了这些调控元件在基因组 DNA 上的分布特点。绝缘子负责在基因组 DNA 上划分独立的表达调控区域, 增强子和沉默子负责激活或沉默所在调控区域的基因表

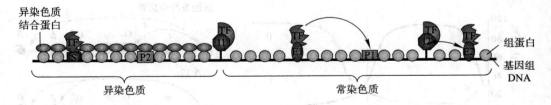

图 15-36 基因表达远端 DNA 调控元件在基因组 DNA 上的分布示意图

TF:转录因子;S:沉默子;I1、I2 :绝缘子;E1、E2 :增强子;P1、P2 :启动子。沉默子 S 起始异染色质(heterochromatin)的包装, 从 S 所在 DNA 位置向两侧扩散, 包围了启动子 P2(及其下游的基因)的 DNA 区域。异染色质结合蛋白如 HP1 (heterochromatin protein 1)等进一步结合到这一区域, 促进染色质的浓缩, 完全关闭该区域内的基因表达。绝缘子 I1 有效隔离了异染色质区域的作用, 保护了 I1 另一侧常染色质(euchromatin)区的表达活性。增强子 E1 有效激活了启动子 P1(及其下游的基因)。另一个绝缘子 I2 则阻断了增强子 E2 对 P1 的潜在调控作用。

达。这些不同的远端 DNA 调控元件在基因组的表达调控中高度协作，共同保障各个基因能够得到独立的、时空特异性的表达调控。

近年来，一些深入的研究工作发现增强子等 DNA 调控元件有时也会通过 DNA-DNA 相互作用的方式调控另一条染色体（同源或非同源）上的基因表达，即发挥反式调控的作用。这是基因表达调控复杂性的又一体现。

（4）基因座控制区（LCR） LCR 位于基因（尤其是基因簇）的上游，通常由 DNA 酶超敏感位点（DNase-hypersensitive site）组成，它的特点是可以同时调控下游一个基因簇内全部基因的表达，兼有增强子和绝缘子的活性。

我们以人的 β-珠蛋白基因簇为例说明 LCR 是如何调控基因表达的。人的 β-珠蛋白以基因簇的形式排列，在整个基因簇的上游，有 3 个 DNA 酶超敏感位点，构成了基因座调控区（图15-37a）。在发育不同阶段，β-珠蛋白基因簇中的不同基因进行选择性表达（图 15-37b）：在胚胎早期，主要表达 ε-珠蛋白。随着胚胎的发育，ε-珠蛋白不断减少，γ-珠蛋白表达上升。待到胎儿出生时，γ-珠蛋白又出现下降，β-珠蛋白逐渐取而代之，并一直维持到最后。突显这一复杂时空特异性调控的正是基因簇上游的 LCR，在胚胎发育早期，LCR 特异性转录激活 ε 基因，对 $G_γ$、$A_γ$、β 基因的作用很弱；到了胚胎发育中后期，LCR 对 ε 基因的激活作用被屏蔽，激活 $G_γ$、$A_γ$ 基因表达，对 β 基因的作用仍然很弱；直至胎儿出生后，LCR 对 $G_γ$、$A_γ$ 基因的激活作用也被屏蔽，β 基因的表达被激活（图 15-37c）。

由珠蛋白合成不足引起的贫血症被称为地中海贫血症。在一些地中海贫血症患儿中发现，红细胞前体细胞内珠蛋白编码基因和邻近的调控序列都没有突变，而是远端的 LCR 发生了部分或全部的丢失，结果造成了珠蛋白的表达沉默，引起贫血症。

关于 LCR 是如何调控基因表达的分子机制还不是很清楚，一种解释是 LCR 通过调节染色质的结构控制基因（簇）的表达。在转录开始前，LCR 招募染色质修饰蛋白进行染色质的去包装化，使转录因子能够更容易地进入该调控区，从而启动转录。

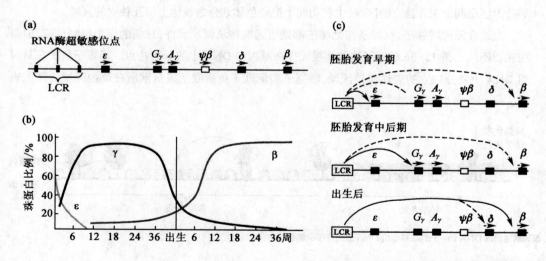

图 15-37 LCR 调控人的 β-珠蛋白时空特异性表达

（a）β-珠蛋白基因簇及上游的 LCR，LCR 由 3 个 DNA 酶超敏感位点组成。（b）β-珠蛋白在发育不同阶段的表达情况。（c）发育不同时期 LCR 特异性调控 β-珠蛋白基因家族成员的表达。

图 15-38 MAR 诱导染色质形成
疏松环状结构,促进转录发生

（5）基质结合区（MAR）也称为基质附着区,是与核基质或核骨架特异结合的 DNA 调控序列,长度一般为 30～1 000 bp,有的更长,富含 AT,也具有特定的保守序列（介导与核基质相互作用的关键位点）。不同 MAR 与核基质的亲和力不同。MAR 通过与核基质结合,能使染色质形成独立的疏松环状结构,以利于转录的发生（图 15-38）。同时,MAR 上通常含有多种转录调控蛋白的结合位点,与这些因子结合后,也能发挥调控基因表达的作用。

二、反式调控元件

参与真核细胞基因转录起始的反式调控元件主要包括上文已经介绍的普遍转录因子、特异转录因子（specific transcriptional factor）和中介子（mediator）。这些蛋白质因子一般通过识别并结合特定的顺式调控元件,再与 RNA 聚合酶和普遍转录因子共同组装成基因转录起始前复合物,调节基因的表达水平。

（1）特异转录因子　特异转录因子和普遍转录因子最主要的区别在于它们不是所有 RNA 聚合酶 II 转录起始复合物的必要组分。特异转录因子根据不同的作用效果,可以分为激活型转录因子和抑制型转录因子。激活因子是增强子的结合蛋白,抑制因子多是沉默子的结合蛋白。

转录因子通常含有两个重要的结构域：一个是 DNA 结合域（DNA binding domain,DBD）,负责与 DNA 调控元件结合；另一个是转录激活域（activation domain,AD）,负责与基础转录起始前复合物中的其他蛋白质相互作用,调节复合物的转录活性（图 15-39）。值得一提的是,基因工程领域开发的酵母双杂交实验系统正是利用了转录因子独立的双功能结构域,已被广泛应用于蛋白质相互作用的筛选与鉴定。基本的实验原理如图 15-40 所示,将转录因子的 DBD、AD 拆开后分别与两个待检测蛋白融合,当这两个待检测蛋白之间存在相互作用关系时,可以将 DBD 和 AD 拉近,成为完整的转录因子,发挥转录激活作用,启动下游报告基因的表达。反之,如果蛋白质之间没有互作关系,报告基因不能表达。

DBD 有几种常见结构。①螺旋 – 转角 – 螺旋（helix-turn-helix,HTH）,这是最简单也最常见的 DNA 结合域（图 15-41a）。靠近 C 端的螺旋负责与 DNA 螺旋的大沟结合,不同 HTH 结构域在这个螺旋中的氨基酸组成不同,决定了它们能够特异性地识别不同的 DNA 序列。很多 HTH 类型的转录因子可以以同源二聚体的形式发挥作用。②锌指（zinc finger）,它最大的特点就是利

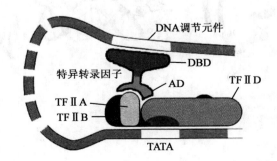

图 15-39　特异转录因子的作用方式

特异转录因子利用其 DBD 与顺式元件结合,利用其 AD 与转录起始前复合物结合,调节后者的转录活性。

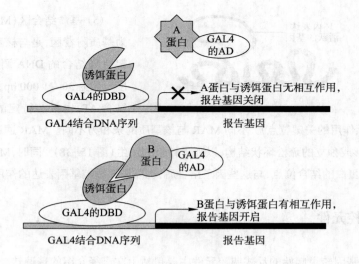

图15-40 酵母双杂交的基本实验原理

将转录因子GAL4的DBD结构域与诱饵蛋白连接,GAL4的AD结构域与候选互作蛋白连接,与报告基因共同导入细胞内,观察报告基因的表达情况。

用 Zn 原子作为结构组分,维持结构稳定。这类结构可分为两类,第一类多在真核 rRNA 基因转录中发现,包含一个 α 螺旋和一个 β 折叠,Zn 原子衔接这两个结构域,α 螺旋负责识别和结合 DNA 螺旋的大沟(图 15-41b);第二类多在受体蛋白家族中发现,包含两个类似于 HTH 的结构域,Zn 原子衔接两个螺旋,通常这类蛋白以二聚体的形式发挥作用,两侧的两个螺旋分别插入 DNA 螺旋的大沟中(图 15-41c)。③亮氨酸拉链(leucine zipper),因形状而得名。亮氨酸拉链结构含有一个 α 螺旋,通常以二聚体的形式发挥作用(图 15-41d)。两个螺旋利用内部的疏水基团相互作用(主要是亮氨酸),分开的一端负责和 DNA 螺旋的大沟结合。亮氨酸拉链可以形成同源二聚体或异源二聚体,同源二聚体识别两段相同的 DNA 调控元件,而异源二聚体可以和两段不同的 DNA 调控元件结合。

尽管 DBD 有常见的结构,但是,核苷酸序列和 DBD 的氨基酸序列之间的结合关系并不是一一对应的。相同的氨基酸残基可以和不同的碱基结合,反之亦然。核苷酸 – 氨基酸的对应关系与特定的蛋白质构象、邻近的氨基酸组成、核苷酸构象等都有关系。

此外,特异转录因子的 AD 也有一些特点,比如富含 Glu 和 Asp 等酸性氨基酸,或者富含 Pro 等,这些特殊的氨基酸组成能够促进蛋白质 – 蛋白质相互作用。

(2) 中介子 有时候,特异性转录因子不能直接和转录起始前复合物的蛋白质组分直接结合,

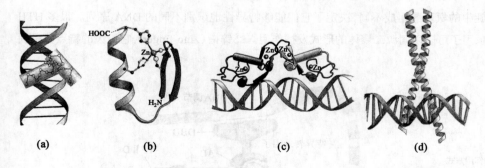

(a) **(b)** **(c)** **(d)**

图15-41 转录因子 DNA 结合域的常见结构

(a) 螺旋 – 转角 – 螺旋。(b)、(c) 锌指。(d) 亮氨酸拉链。

这就需要另一类蛋白质因子的协助,即中介子。中介子能够介导特异性转录因子与转录起始前复合物之间的相互作用(图15-42)。中介子具有多种生物学活性,如接头蛋白活性,介导特异转录因子和转录起始前复合物的结合,招募普遍转录因子和RNA聚合酶结合到染色质上,以及染色质修饰等。

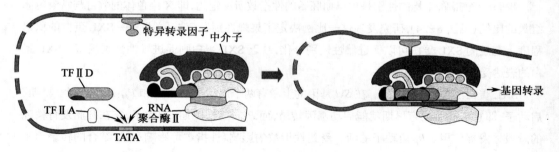

图15-42 中介子介导特异转录因子和转录起始前复合物的结合

视频 19
真核基因转录起始复合物

三、管家基因与奢侈基因

如果利用高通量组学手段对多细胞真核生物的各个细胞类型进行基因组序列的分析,只会发现少量体细胞变异带来的差异;但如果进行全基因组基因表达产物的分析,结果就会大相径庭,任何两种细胞之间的表达差异都非常巨大。研究者将在不同组织细胞之间、不同发育阶段之间没有表达差异的基因称为管家基因(housekeeping gene),它们的基因产物主要负责维持细胞的基本生命活动,故在机体的所有细胞类型中都恒定表达,如细胞骨架基因 *ACTB*(actin beta)、代谢基因 *GAPDH*(glyceraldehyde-3-phosphate dehydrogenase)等。而在不同组织细胞之间、不同发育阶段之间存在表达差异的基因则被称为组织特异性基因(tissue-specific gene)或奢侈基因(luxury gene)。这类基因不仅在特定细胞类型、特定发育阶段中独特性表达,而且它们的基因产物往往决定了特定细胞类型的生物学特征和功能,例如红细胞的 *HBA1*(hemoglobin subunit alpha 1)特异性表达 α- 珠蛋白,胰岛 β 细胞的 *INS*(insulin)特异性表达胰岛素等。研究发现,在高等生物中,奢侈基因的数目多于管家基因的数目,这也从另一个侧面说明了真核基因表达调控的重要性。

我们在上文中以基因表达起始前复合物为对象,重点介绍了真核基因表达调控的一个主要层次——转录水平的调控。在这一调控层次中,不难发现,不同转录起始前复合物可以分别负责管家基因和奢侈基因的表达。由普遍转录因子、RNA聚合酶和启动子组成的转录起始复合物中,各个调控元件 / 因子都没有组织特异性,在不同细胞中的表达调控效果是相近的,它们负责的是管家基因的表达。而由 DNA 远端调控元件、组织特异性转录因子、和/或共激活 / 抑制因子、中介子等共同参与的转录起始前复合物负责调节奢侈基因的表达,因为增强子、特异性转录因子等转录调控元件 / 因子都具有组织特异性。

四、可变剪接

我们在前面已经介绍过,真核基因的可变剪接可以大大增加遗传信息的多样性。事实上,从表达调控的角度看,可变剪接也是真核基因时空特异表达的重要调节机制之一。基因的不同剪接变异体在可变剪接机制的调控下,在特定细胞、特定发育时期表达,参与决定细胞的功能和命运。例如,前面介绍的黑腹果蝇的 P 因子在体细胞和生殖细胞中转座活性的差异正是由于可变剪接得到的产物不同而造成的(见图 12-18)。此外,果蝇的性别决定(见图 6-24)也是一个很好的例子。

我们已经知道,果蝇的性别是由早期胚胎的性指数所决定的,即 X 染色体的数目与常染色体组数的比例(见图 6-24),研究发现这一比例决定了果蝇性别发育"开关"——SXL 蛋白的积累程度。充足的 SXL 蛋白可以促进雌性性别分化,缺乏 SXL 蛋白则促进雄性性别发育。SXL 蛋白的表达受到可变剪接的调控。

SXL 蛋白由 Sxl 基因编码。在 Sxl 基因的上游有两个启动子——P_E 和 P_M:P_E 是一个"早期"启动子,即它在胚胎发育早期就能启动基因转录,而 P_M 属于"晚期"启动子,它在胚胎发育稍晚的阶段才发挥作用。P_E 启动子的活性受到性指数的影响(性指数可影响和 P_E 结合的转录因子的丰度)。在 XX 胚胎中,Sxl 基因首先从 P_E 启动子开始表达,而 XY 胚胎不能从 P_E 启动子开始表达 Sxl 基因。P_M 启动子的活性在两种胚胎中没有差异,都可以表达。

如图 15-43 所示,在 XX 胚胎发育早期,Sxl 基因首先从 P_E 转录表达,得到的成熟 mRNA 链经翻译后可得到正常的 SXL 蛋白。到发育后期,Sxl 从 P_M 转录。在前期生产的 SXL 蛋白的剪接调控下,去除 3 号外显子,成熟 mRNA 继续翻译成 SXL 蛋白,该蛋白质进一步参与自身 mRNA 链的剪接加工,这种正反馈最终积累了大量 SXL 蛋白。但在 XY 胚胎中,Sxl 基因仅从 P_M 转录表达,成熟 mRNA 链中保留了第 3 号外显子,由于第 3 号外显子中提前出现了一个终止密码子,该 mRNA 经翻译后得到的是一条截短的异常多肽,不具有 SXL 蛋白的活性,更无法启动积累 SXL 蛋白的正反馈过程。

作为一种剪接调控因子,SXL 蛋白不仅可以影响自身的表达,还可以影响性别决定途径下游 tra 基因的剪接(图 15-44):在 XX 胚胎中,细胞中积累的 SXL 蛋白也能调控 tra 基因的剪接,得到的 mRNA 可以翻译成有功能的 TRA 蛋白。TRA 蛋白也是可变剪接的调控因子,以正反馈的形式控制自身的表达。而在 XY 胚胎中,没有 SXL 蛋白,tra 基因在其他剪接因子的作用下得到不同的剪接变异体,该 mRNA 序列中也提前出现了终止密码子,无法翻译出有功能的 TRA 蛋白。

在 XX 胚胎中,积累的 TRA 蛋白随后和组成型表达的 TRA2 蛋白一起,进一步调控下游 dsx 基因的可变剪接过程,得到的剪接变异体的翻译产物可以决定雌性性别分化。而在 XY 胚胎中,由于没有 TRA 蛋白,dsx 基因转录得到了另一种剪接变异体,其翻译产物可以决定雄性

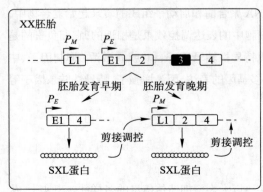
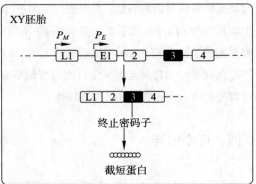

图 15-43　黑腹果蝇 Sxl 基因的可变剪接

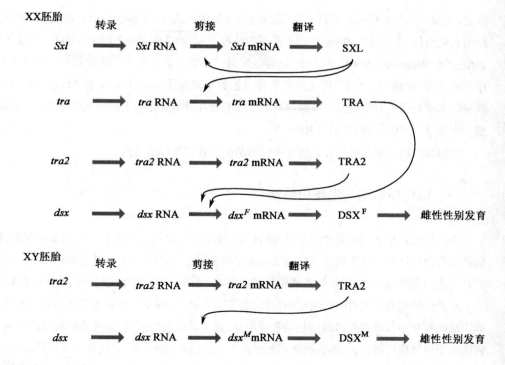

图 15-44　黑腹果蝇胚胎性别发育中性别相关基因的剪接方式和调控途径

性别分化。可见,在果蝇胚胎的性别决定过程中,基因的可变剪接方式发挥了关键性的调控作用。

可变剪接在调控基因表达、细胞命运方面还有很多例子,在此就不一一介绍了。图 15-45 给出了几种常见的可变剪接方式,虽然现在对真核基因 mRNA 剪接的分子机制还不完全清楚,但毫无疑问的是,可变剪接是真核基因表达的重要调控手段之一。

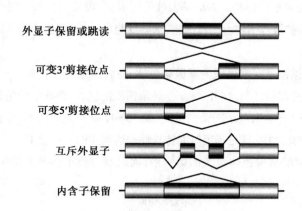

图 15-45　常见的可变剪接方式(引自Cartegni 等,2002)

第六节　表观遗传调控

我们在上一节介绍了基因表达受到各式各样的 DNA 调控元件和蛋白质因子的精确调控,因此,基因组中除了蕴藏着大量性状决定基因,更包含了大量的发挥表达调控作用的 DNA 元件和调节蛋白编码基因,这与近年来功能基因组学的发现是一致的。调控基因的突变也会导致性状的改变,例如前面介绍的黑腹果蝇 *yellow* 基因增强子突变等。但是,有时候即使没有基因序列的改变,基因表达的过程也会受到影响,这就是近年来表观遗传学(epigenetics)所关注的研究内容。所谓表观遗传,指的是在 DNA 序列不改变的情况下,基因功能发生的可遗传的变异,最终可导致表型变化(Riggs 等,1996)。近年来,遗传学家进一步更新了表观遗传的定义——不依赖于 DNA 序列变化,由染色体结合的、可遗传的变异引起的基因表达变化(Deans 和 Maggert,2015),而表观遗传学就是研究表观遗传的现象与机制。影响表观遗传变化的内源因素包括 DNA 甲基化,组蛋白修饰,染色质重塑和非编码 RNA 等。

下面我们将分别介绍几种表观遗传机制是如何调控基因表达的。

一、染色质结构与组蛋白修饰

我们已经介绍了真核生物的基因组结构,知道真核生物基因被大量的蛋白质所包裹,压缩成独特的染色质结构。基因表达同样需要大量蛋白质的参与,比如 RNA 聚合酶必须与启动子序列结合才能启动转录,而在后续的转录和加工过程中,同样需要不同蛋白质的动态结合和解离。

如果仔细观察染色质的精细结构,会发现不同位置上 DNA 的包装程度并不完全相同。染色体末端端粒和中部着丝粒区域的包装程度很高,属于异染色质区,能够被核染料染成深色。这一区域由于包装程度过高,基因表达所需的蛋白质无法结合 DNA 链,因此几乎没有基因表达活性。而染色质的其他区域则属于常染色质区,染色较浅,染色质结构较疏松,基因表达所需的蛋白质能够相对容易地进出,以便控制基因表达。研究发现当基因在基因组中位置发生改变,如从常染色质区转移到异染色质区时,基因表达水平也会随之发生变化。例如,果蝇的白眼基因 white 负责复眼的颜色,野生型果蝇的复眼颜色是红色的。有一类突变体果蝇,它的复眼颜色有红有白,相间分布呈斑点状。遗传分析发现,这类果蝇的 X 染色体出现了染色体片段的倒位,导致 white 基因转移到了异染色质邻近区域,尽管 white 基因的内部(包括调控序列)没有发生任何突变,但是由于邻近异染色质的影响,white 基因被关闭表达,表现为白眼。红色小眼细胞则来自于发育早期异染色质的扩散范围较小的母细胞,这些细胞内 white 基因未被关闭,正常表达,因此表现为红眼(图 15-46)。

又如,在显微镜下观察果蝇的唾腺染色体,在局部位置上能看到一些螺旋化程度较低、发生膨胀的区域,杂交实验证明这些区域正是转录活跃的区域,膨胀的染色体结构可以更好地向转录所需蛋白质分子"开放",利于转录的进行(图 15-47)。在发育的不同阶段,疏松区出现和消退的位置处于动态变化之中,这是基因时间特异性表达调控的又一证据。

核小体的装配是染色体包装的第一步,因此参与核小体装配的组蛋白是决定染色质包装

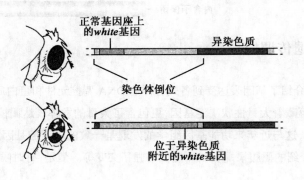

图 15-46　果蝇 white 基因在染色质上的移动形成了特殊的白斑突变体

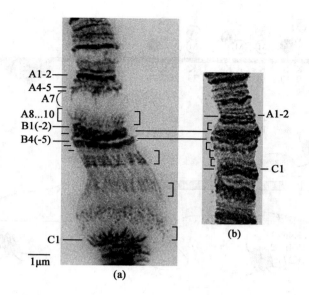

图15-47 果蝇唾腺染色体上的动态膨胀区（引自 Novikov，2009）

（a）经热刺激后的唾腺染色体的一个区段上出现了膨胀的疏松结构。
（b）未受刺激的相同区段的唾腺染色体的对照。

程度的重要因素之一。组蛋白的修饰主要发生在肽链的 N 端和 C 端，修饰类型包括乙酰化（acetylation）、甲基化（methylation）、磷酸化（phosphorylation）和泛素化（ubiquitination）等，修饰位点以赖氨酸（K）居多，还有精氨酸（R）、丝氨酸（S）和苏氨酸（T）等（图 15-48a）。组蛋白上不同氨基酸位点的不同化学基团的修饰共同参与了染色质构象的动态调节，从而与 DNA 的转录、包装、修复、复制等活动相适应（图 15-48b）。例如，H3 的 N 端 K4 和 K36 的甲基化能够招募转录相关蛋白，促进基因表达；而 H3 的 N 端 K9 和 K27 的甲基化会促进 DNA 包装蛋白的结合，压缩染色质结构，抑制基因表达。此外，乙酰基带负电，可以中和组蛋白尾端的正电性，从而削弱组蛋白与 DNA 链的结合强度，疏松染色质，较高的组蛋白乙酰化水平可以促进转录。

二、DNA 甲基化与基因组印记

视频20
DNA 甲基化和基因组印记

　　DNA 甲基化是表观遗传的第二项重要研究内容，它指的是 DNA 序列中的胞嘧啶脱氧核糖核苷酸的胞嘧啶（C）能够被甲基化修饰，形成 5- 甲基胞嘧啶脱氧核糖核苷酸（5mC）（图 15-49a）。在哺乳动物细胞的基因组中，DNA 甲基化主要发生在 CpG 二核苷酸中的胞嘧啶上（p 表示两个核苷酸分子之间的磷酸二酯键）。负责催化 DNA 甲基修饰的是 DNA 甲基转移酶（DNA methyltransferase，DNMT）家族的成员，它们能够维持基因组已有的 DNA 甲基化标记并建立新的 DNA 甲基化标记。

　　研究者对基因组序列进行深入分析发现，哺乳动物基因组中 CpG 二核苷酸的分布显著不均匀（图 15-49b）：在超过 98% 的基因组序列中，CpG 的密度极低（平均每 100 bp 中只有一个 CpG），且大多被甲基化修饰。但在其余不到 2% 的区域内，CpG 呈高密度分布（平均每 10 bp 至少一个 CpG）且没有甲基化修饰，这些成簇分布的 CpG 被命名为 CpG 岛，即哺乳动物基因组中长度为 0.3 ~ 3 kb，富含 CpG 二核苷酸成分（GC 含量 > 50%）的 DNA 序列。CpG 岛通常位于编码基因启动子内部或者邻近启动子的位置，它的甲基化修饰水平与下游编码基因的表达效率密切相关：甲基化 CpG 岛抑制基因表达，去甲基化 CpG 岛增强基因表达。这其中的基本机制是甲基化的 CpG 岛干扰了转录因子与 DNA 的正常结合，招募染色质修饰蛋白，改变染色质的包装

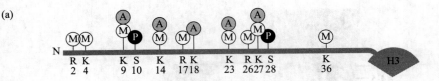

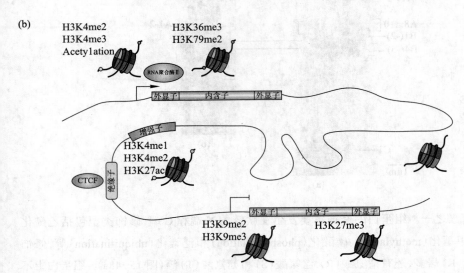

图 15-48　组蛋白 H3 的常见修饰及其在染色质上的分布特点

(a)组蛋白 H3 上化学修饰的常见位点与修饰类型;M,甲基化;A,乙酰化;P,磷酸化。(b)哺乳动物基因组不同 DNA 区域上组蛋白的修饰特点:在活跃的启动子 DNA 区域,组蛋白具有标志性的 H3K4me2、H3K4me3 以及高乙酰化水平,下游发生转录的基因序列被富含 H3K36me3 和 H3K79me2 标记的组蛋白所包装。增强子序列结合的组蛋白的特征则是高水平的 H3K4me1、H3K4me2 和 H3K27ac。而表达沉默的基因通常处在发生了 H3K9me2 和 / 或 H3K9me3 或 H3K27me3 修饰的组蛋白的包装之中(引自 Zhou 等,2011)。

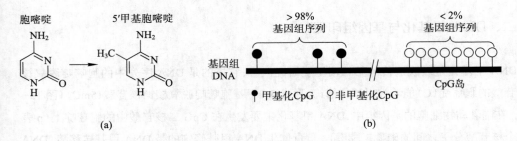

图 15-49　DNA 甲基化修饰与分布特征

(a)胞嘧啶与甲基化胞嘧啶。(b)哺乳动物基因组中 CpG 的分布特点。

程度。研究发现,一类含有甲基化 CpG 结合功能域(methyl-CpG binding domain,MBD)的蛋白质,如 MeCP2(methyl-CpG binding protein 2)负责识别并特异性结合甲基化的 CpG 岛,竞争性阻止了转录因子与启动子靶序列的结合,招募组蛋白去修饰蛋白压缩染色质,从而抑制该区域内基因的转录活性。1999 年遗传学家发现,一类儿童时期发病的遗传性神经系统疾病——雷特综合征(Rett syndrome)正是由 *MeCP2* 基因缺陷所导致的(Amir 等,1999),这充分说明了表观遗传调节蛋白对于正常生命活动的重要性。而在植物细胞中,胞嘧啶甲基化可以发生在更多的位置,除了 CpG 二核苷酸,还有 CHG 和 CHH(其中 H 指的是 A,C,T 3 种碱基类型的任意一种)三核苷酸,这两种修饰形式主要参与植物转座子的沉默和异染色质的维持。

DNA 甲基化在基因表达调控中的重要地位还体现在其他两个重要方面:首先,以人基因组为例,约 60% 的编码基因的上游含有 CpG 岛,可以通过 CpG 岛的甲基化水平调节基因表达;其次,不仅基因组中不同区域的 CpG 岛甲基化水平不同,同一个体的不同组织细胞之间,或同一组织细胞的不同发育阶段,DNA 甲基化修饰状态亦会发生动态的变化,参与个体发育、组织分化过程中的基因表达调控。因此,为了更好地认识 DNA 甲基化的潜在作用,人类表观基因组协作组织于 2003 年 10 月正式宣布实施人类表观基因组计划,其目标是确认、分类和解释人类主要组织中所有基因在基因组水平的 DNA 甲基化模式,包括在基因组水平绘制不同组织类型和疾病状态下的 DNA 甲基化可变位点图谱。这项系统性的研究工作有望为深入认识人类基因组中 DNA 甲基化修饰的调控作用提供关键数据。

下面和读者介绍与 DNA 甲基化密切相关的一个概念——基因组印记(genomic imprinting),指的是因亲本来源不同而导致等位基因表达差异的一种遗传现象,DNA 甲基化正是基因组印记最重要的方式之一。为了解释印记对基因表达的影响,我们用图 15-50 来进行说明。假设某一基因座受到印记的影响,现将该基因座上杂合(Aa,假设 A 对 a 显性完全)的一对小鼠进行自交。在两只亲本小鼠的体细胞中,由于印记的影响,a 等位基因被甲基化修饰,不能表达,而 A 等位基因不受甲基化修饰,可以正常表达,因此亲本小鼠的表型是野生型。而且,在这两只亲代小鼠的整个生命周期中,这种印记的方式不会发生改变,小鼠自始至终表现为野生型。但是,在生殖细

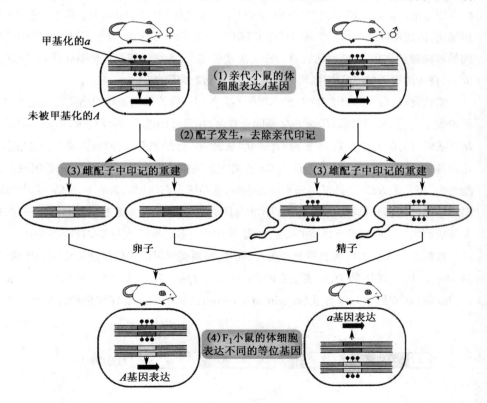

图 15-50　基因组印记对等位基因表达和传
递的影响

▬▬ a; ▭▭ A; ♦ 甲基。

胞发育的过程中,亲代原有的所有印记被去除,随后根据配子的亲本来源不同,基因被重新印记:所有雌配子中该基因座不被甲基化修饰,基因型有两种(去甲基化的 *A* 和 *a*);所有的雄配子中,该基因座都被甲基化修饰,基因型也有两种(甲基化的 *A* 和 *a*)。雌、雄配子结合,得到的 F_1 小鼠可能有如下情况:当雌配子的去甲基化 *A* 和雄配子的甲基化 *a* 结合得到 *Aa* 型杂合子,由于 *A* 未被甲基化,所以表现为野生型;但当雌配子的去甲基化 *a* 和雄配子的甲基化 *A* 结合时,尽管也得到 *Aa* 型杂合子,但是由于 *A* 被甲基化,表现为突变型。当然,还会有 *AA* 和 *aa* 型组合,其中各有一个基因被甲基化,但并不影响它们的表型,分别为野生型和突变型。从这个例子中,我们看到,基因组印记不仅影响了基因表达,而且改变了孟德尔遗传的性状分离比(*Aa* 杂合子的自交 F_1 性状分离比为野生型:突变型 =1∶1)。

每个印记基因的印记均是在亲代生殖细胞形成的过程中建立的,并能在个体发育过程中维持不变,直至自身的生殖细胞形成时才被抹去,并根据亲本来源的不同重新建立新印记。印记这一术语本身的含义就是"记住"亲本来源的意思。我们看到,印记的存在使得基因组在一些基因座上成为了功能上的"单倍体",在遗传过程中表现出了特殊的效应。尽管基因组中印记的基因只占个体基因组中的少数,但它们在个体发育和疾病发生中发挥了重要的作用。

我们先举一个个体发育的案例。小鼠的 *Igf2*(insulin-like growth factor 2)基因和 *Igf2r*(insulin-like growth factor 2 receptor)基因都是印记基因,两者共同调控胚胎的正常发育。*Igf2* 父源性表达,*Igf2r* 母源性表达,这种与亲本来源相关的特殊表达模式正是由 DNA 甲基化与基因组印记造成的。以 *Igf2* 基因为例(图 15-51),在母源染色体上,*Igf2* 基因邻近的绝缘子序列未被甲基化,因此可以结合特定的转录因子 CTCF 发挥绝缘子的作用,屏蔽了另一侧增强子对 *Igf2* 基因的转录激活作用,*Igf2* 表达沉默。在父源染色体上,绝缘子序列被甲基化修饰,无法结合转录因子,丧失绝缘子的屏蔽作用,增强子转录激活 *Igf2* 基因的表达。

实验发现,由于印记的存在,亲本来源不同的突变等位基因诱导的小鼠表型也不同。如果小鼠缺失了父源 *Igf2* 基因而母源 *Igf2* 基因正常,会导致胚胎过小,但反过来,如果小鼠缺失了母源 *Igf2* 基因而父源 *Igf2* 正常,小鼠没有任何明显表型。仔细思考,这种表型的差异也是由于基因表达调控的不同造成的。除了 *Igf2*,*Igf2r* 的突变效应也是类似的。母源 *Igf2r* 基因缺失会造成胚胎过大,但父源 *Igf2r* 基因缺失没有明显表型,这是因为在印记的影响下,*Igf2r* 基因母源性表达。更加有趣的是,同时缺失父源 *Igf2* 基因和母源 *Igf2r* 基因的结果是胚胎发育回复正常,这提示了两基因产物之间存在相互拮抗的关系,而这种拮抗关系也是胚胎正常发育所必需的。

再举一个人类遗传病的例子。在人群中发现两类罕见的染色体缺失造成的疾病,患者同样是 15q11-13 区域的缺失,但表型有两种,临床上分别命名为普拉德-威利综合征(prader-willi syndrome)和安格尔曼综合征(angelman syndrome),前者的主要症状是神经发育迟缓、肥胖、肌

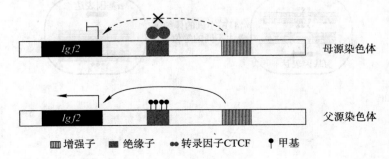

图 15-51 小鼠的 *Igf2* 基因受基因组印记的影响仅有父源染色体上的等位基因能够表达

张力低、手足小、性功能低下等，后者的主要症状包括严重运动障碍、神经发育迟缓、共济失调，以一逗就笑的特殊面容为特征。对病人进行遗传分析发现（图 15-52），有且仅有缺失母源 15q11-13 区域可导致安格尔曼综合征，有且仅有缺失父源性 15q11-13 区域可导致普拉德－威利综合征，充分证明了这个染色体缺失区域存在多个受到基因组印记调控的基因，且它们存在不同的表达模式，如 *UBE3A* 基因遵循母源特异性表达，母源的 *UBE3A* 基因突变也会导致安格尔曼综合征。

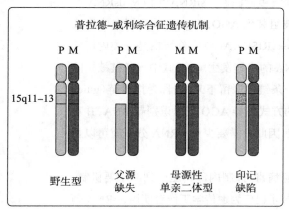
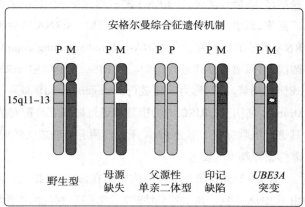

图 15-52　普拉德－威利综合征和安格尔曼综合征的常见发病原因

除了染色体缺失、单亲二体型（uniparental disomy，即两条同源染色体或它们的部分片段仅来源于双亲中的一方）、印记缺陷，以及 15q11-13 内关键基因（如 *UBE3A*）的突变也是普拉德-威利综合征和安格尔曼综合征的发病原因。

三、RNA 干扰

RNA 干扰（RNA interference，RNAi）最早是在植物中观察到的。1990 年，一些研究人员向矮牵牛（*Petunia hybrida*）中转入紫色色素合成酶基因，希望能够让花朵更鲜艳，结果却使得矮牵牛花出现了褪色，花瓣几乎变成了白色（图 15-53）。进一步研究发现，细胞内部该基因 mRNA 降解速率大大提高，但机制不明，这一现象在当时被称为共抑制（cosuppression）。

1998 年，法尔和梅洛等人首次将正义链 RNA 和反义链 RNA 混合注入线虫中，发现只需要几个分子的双链 RNA 就能够完全阻断一个细胞内同源基因的表达，并据此提出了双链 RNA 的 RNA 干扰作用。所谓 RNA 干扰，指的是与靶基因序列同源的双链 RNA 所诱导一种序列特异性的转录后基因沉默现象。1999 年，研究者进一步发现由双链 RNA 产生的小干扰 RNA（small

图 15-53　矮牵牛花中导入外源色素合成酶基因的结果（引自 Napoli 等，1990）

（a）野生型。（b）转基因品种之一。　　**(a)**　　　　**(b)**

interfering RNA,siRNA)才是引起序列特异性 RNA 干扰的关键分子(Hamilton 和 Baulcombe,1999)。图 15-54 给出了 RNA 干扰的分子途径。

　　首先,双链 RNA(double-stranded RNA,dsRNA)经过核酸酶 Dicer 的加工后成为 siRNA。Dicer 属于 RNase Ⅲ 家族,能够特异识别和结合 dsRNA 并对其进行切割,形成有功能的 siRNA。所有的 siRNA 具有一些共同特征:全长 20~24 个核苷酸(nt),3′ 端具有 2 nt 突出的黏性末端和羟基,5′ 端含有磷酸,且 siRNA 的序列与靶基因之间具有高度同源性。siRNA 可以从 dsRNA 加工而来,或者人工合成后直接导入细胞。siRNA 随后被组装到 AGO(Argonautes)蛋白中形成 RNA 诱导的沉默复合体(RNA-induced silencing complex,RISC),AGO 家族蛋白是一类内切核酸酶,可以对靶序列进行切割。在 RISC 复合物中,siRNA 的双链发生解旋,其中一条链被剔除或切割降解,我们称为伴随链(passenger strand),而另一条链被保留下来,被称为指导链(guide strand)。接下来,RISC 中的指导链通过碱基互补配对的方式引导 AGO 蛋白识别靶 RNA,并对其进行沉默抑制。部分 RNA 干扰作用有级联放大效应,因此只需要少量 siRNA 分子就可以显著抑制靶基因的表达。

　　RNA 干扰现象在多种生物中存在,是生物抵抗外源病毒,抑制内源转座序列的重要机制。由于 RNA 干扰作用的特异性较好、效率高,相应的实验技术已广为遗传学工作者使用,siRNA 药物研发也在近年来取得了突破性进展。

　　微 RNA(miRNA)是能够引起基因转录后沉默的第二类重要 RNA 分子,普遍存在于植物、线虫、果蝇、哺乳动物等多种真核生物的基因组中,通过转录后基因沉默的机制调控动、植物生长发育和环境应答。

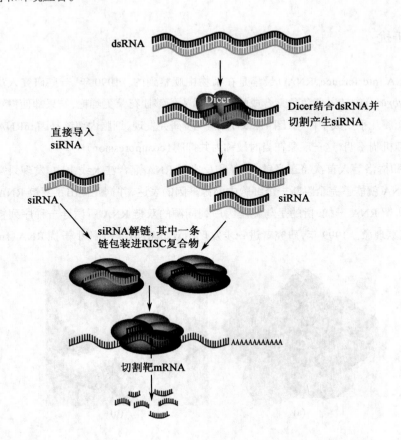

图 15-54　dsRNA 和 siRNA 诱导 RNA 干扰的分子途径(引自 Azorsa 等,2006)

第一个 miRNA 分子 *lin-4* 是在线虫中发现的。*lin-4* 以不完全互补的方式与其靶 mRNA (*lin-14*) 的 3′ 非翻译区的特定区域相互作用,通过诱导 *lin-14* mRNA 降解以及抑制蛋白质翻译,最终导致细胞内 *lin-14* 蛋白质的减少。2000 年,又发现了第二个线虫 miRNA 分子 *let-7*。随后在多个物种中发现了 *let-7* 的同源基因以及更多的保守的或物种特异性的 miRNA,miRNA 才作为一种重要的表达调控机制引起了研究者的广泛关注。

与 siRNA 不同,miRNA 全部由基因组内源 DNA 编码产生,基因组中蛋白质编码基因的内含子区、非翻译区、基因与基因间的间隔序列都可以产生 miRNA。以动物细胞为例,从基因组中被 RNA 聚合酶 II 转录产生的 miRNA 基因产物被称为初级 miRNA(primary miRNA,pri-miRNA),初级 miRNA 经过核酸酶 Drosha 的加工形成 miRNA 前体(precursor miRNA,pre-miRNA)。miRNA 前体约含 70 nt,呈茎环结构,内部序列不完全互补配对。miRNA 前体随后在 Exportin-5 蛋白的协助下出核,并在核酸酶 Dicer 的继续加工下形成成熟的 miRNA:长约 22 nt,3′ 端有 2 nt 突出,类似 siRNA,但内部序列不完全互补配对。

在细胞质中,成熟的 miRNA 在解旋酶的作用下打开双链,其中一条链被包装到 RISC 复合物中。miRNA 对基因表达调控的方式主要取决于它与靶 mRNA 的 3′ 非翻译区的匹配程度(图 15-55):如果 miRNA 与靶 mRNA 的互补配对序列较长,结合紧密,那么 miRNA 可以直接切割靶 RNA;如果 miRNA 与靶 mRNA 的互补配对碱基数较少(7~8 个),结合松散,那 miRNA 可在接头蛋白 TNRC6(trinucleotide repeat containing adaptor 6)家族成员等的帮助下,缩短 mRNA 链的 poly(A)尾巴,降低 mRNA 稳定性,并抑制 mRNA 的翻译效率等。研究者们发现 miRNA 在不同物种中采用的主要途径有所不同,植物细胞中常见靶 mRNA 切割,而动物细胞中常见 mRNA 去 poly(A)尾巴和翻译抑制。迄今,人类基因组已发现 1 800 余条 miRNA 编码基因,由于 miRNA 能够结合并调控不同的靶 mRNA,人类 miRNA 参与调节了基因组中的绝大多数 mRNA,与生长发育、环境应答、疾病发生等各种生命活动都密切相关。

视频 21 ncRNA 介导的基因沉默

除了 siRNA 和 miRNA,能够发挥 RNAi 作用的还有第三类重要的 ncRNA——piRNA。我们曾在果蝇的转座元件 *P* 因子中提到过这类特殊的 RNA 分子,它抑制了 P 品系果蝇的 *P* 因子在生殖细胞中的转座,维持了 P 品系的稳定遗传。

2001 年,研究者最早在果蝇中观察到一种较长的 "siRNA" 分子,可以调节雄性果蝇的生育力(Aravin,2001),进一步研究发现这是一类全新的 ncRNA,长度为 21~35 nt,特异性地与另一类 AGO 蛋白——PIWI 蛋白质结合,因此被命名为 piRNA。迄今,研究者在绝大多数动物中发现了活跃的 piRNA 及与其结合的 PIWI 蛋白质,它们在生殖细胞而非体细胞中发挥重要的调控作用:piRNA 通过指导 PIWI 蛋白质特异性切割靶 RNA,促进 DNA 甲基化和异染色质的包装。这条基因表达调控途径是动物细胞在演化过程中形成的一种序列特异性的抵抗外源病毒和内源转座元件的分子免疫机制,它有效保护了宿主基因组的稳定性。

四、lncRNA 与基因表达调控

上文介绍的具有 RNAi 作用的 ncRNA 分子都是长度较小的 ncRNA,它们和其他长度小于 200 nt 的 ncRNA 一起,可称为 sncRNA。而长度大于 200 nt 的 ncRNA 被定义为 lncRNA,在结构和功能上更具有多样性,在基因表达调控的多个层次都扮演了重要的角色。在高等生物

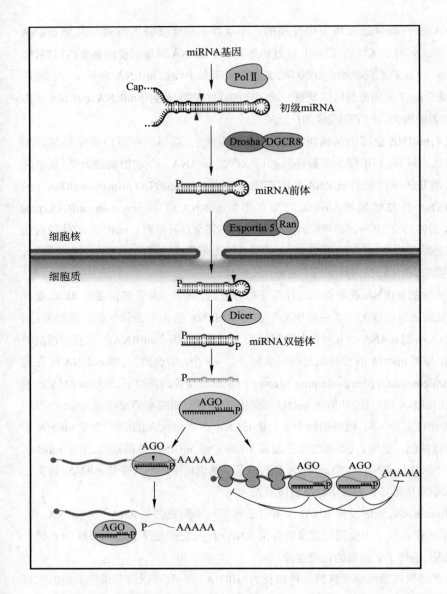

miRNA基因

Pol Ⅱ

Cap...

初级miRNA

Drosha DGCR8

miRNA前体

Exportin 5 Ran

细胞核

细胞质

Dicer

miRNA双链体

AGO

AGO

AGO AGO

AAAAA

AGO

AAAAA

AGO

AAAAA

图 15-55 动物细胞 miRNA 的合成、加工与转录后基因表达调控机制(引自 Bartel,2018)

基因组中,lncRNA 也主要由 RNA 聚合酶 Ⅱ 转录产生,含有 7- 甲基鸟苷帽子和 poly(A)尾巴,lncRNA 转录产物的种类接近甚至超过了 mRNA,逐渐成为 ncRNA 领域的另一研究热点。

第一个被发现的 lncRNA 是介导哺乳动物细胞 X 染色体随机失活的 *Xist* RNA。我们先和读者说明剂量补偿效应(dosage compensation effect)这一概念,它指的是在 XY 性别决定类型的生物中,性连锁基因在两种性别中有相等或近乎相等的有效剂量的遗传效应。即在雌性、雄性细胞里,X 染色体的编码产物在数量上相等或近乎相等。不同生物采用不同的剂量补偿策略:果蝇通过增加雄蝇 X 染色体的转录活性实现补偿;线虫通过降低雌雄同体个体的 X 染色体的转录活性实现补偿;而哺乳动物则利用 X 染色体随机失活,即雌性哺乳动物在胚胎发育早期,细胞中的两条 X 染色体之一独立且随机地失去活性,又称为莱昂作用(lyonization)。失活的 X 染色体保持高度压缩的形式,被称作巴氏小体(Barr body)(图 15-56a),在一些组织细胞中可见。观察巴氏小体也是常用的一种判断哺乳动物性别的简易方法。X 染色体失活的典型案例是玳瑁猫,即三色猫。猫毛的白斑是由于皮斑基因 *S/s* 的作用,纯合子 *SS* 的白斑分布范围广,而杂合子 *Ss* 的白斑仅限于腹部和四肢。而猫毛的黑色与黄色是由 X 染色体连锁的另一对等位基因 *O/o* 决定的。*O* 基因的表型是黄色，*o* 的表型是黑色。一只 *Oo* 杂合雌猫，由于 X 染色体随机失活，体细胞中只有一条 X 染色体处于活性状态：有些细胞中，带有 *O* 基因的 X 保留了活性，细胞表现为黄色皮斑；另一些细胞中，带有 *o* 基因的 X 保留活性并表现为黑色皮斑。这就是三色猫的形成原因。

尽管人们在 20 世纪 60 年代就观察到了哺乳动物细胞的 X 染色体随机失活现象，但直至近年来遗传学家才逐渐揭示了其中的分子机制（图 15-56b）。X 染色体随机失活由 X 失活中心（X-inactivation center, Xic）调控，定位于 Xq13，其中包含了 lncRNA 编码基因 *Xist*。在发生失活的 X 染色体上，*Xist* 基因转录活跃，*Xist* RNA 包裹在 X 染色体上，并从 Xic 向染色体两端扩展，进一步招募组蛋白修饰蛋白诱发组蛋白修饰如 H3K27me3 等，关闭基因表达，促进染色质包装成浓缩态的异染色质，最终造成 X 染色体的失活。而在没有失活的另一条 X 染色体上，*Xist* 基因的转录被阻断因子关闭，从而逃避了失活。

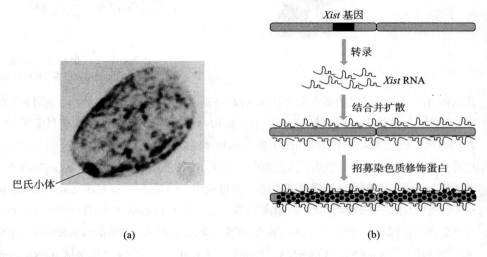

图 15-56　哺乳动物细胞的 X 染色体随机失活

(a) XX 细胞中的巴氏小体。(b) *Xist* RNA 介导 X 染色体随机失活的基本过程。

随着 lncRNA 研究的深入，研究者发现 lncRNA 编码基因在高等生物基因组中广泛分布：有的位于编码基因之间的间隔序列中，有的位于内含子序列中，有的部分序列与外显子序列重叠，还有的分布在编码基因的反义链上等。与多样性分布特点相一致的是，lncRNA 的功能也呈现复杂多样的特点：lncRNA 几乎参与了基因表达各个层次的调控，能与基因组 DNA、mRNA、多肽发生相互作用，既可以直接在其转录位置附近发挥顺式调控作用，也可以反式作用于距离很远的基因。已有研究揭示 lncRNA 的分子机制主要分为 4 类（图 15-57）：①充当诱饵（decoy）分子吸附 DNA 结合蛋白如转录因子，阻遏其对靶基因的调控作用；②充当支架（scaffold），促进多个蛋白质分子形成复合物，调控基因表达；③通过 RNA-DNA/ 蛋白质相互作用充当引导分子，将特定表达调控蛋白招募到基因组 DNA 的转录区域；④和增强子类似，利用染色质回环发挥引导作用，调节转录起始。

当下，ncRNA 及其所参与的基因表达调控无疑是生命科学领域最为活跃的研究热点之一，它

（1）诱饵

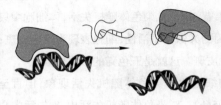

（2）支架

（3）引导

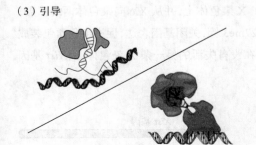

（4）增强子

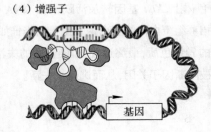

基因

图 15-57　lncRNA 参与基因表达调控的 4
种主要分子机制（引自 Rinn 和 Chang,2012）

重新阐述了生物学关键的基本概念（比如什么是基因）和基本规律（比如中心法则的遗传信息流动），引领了生命科学各个领域的发展。鉴于 ncRNA 在本书中多次出现,我们利用图 15-58 和读者们简单梳理一下本书中介绍到的主要 ncRNA 类型。和蛋白质编码基因一样,ncRNA 的表达也分为广谱表达和特异性表达。负责蛋白质翻译、RNA 加工的 rRNA、tRNA、snRNA 和 snoRNA 对于细胞正常生命活动是必需的,它们在各个细胞中广谱表达,可称为管家 ncRNA（housekeeping ncRNA）。而在这一节介绍的参与基因表达调控的一系列 ncRNA,它们自身的表达和功能也是相互适应的,具有时空和细胞类型的特异性,可称为调控 ncRNA（regulatory ncRNA）。调控 ncRNA 再根据大小分为 sncRNA 和 lncRNA。长度小于 200 nt 的 sncRNA 主要包括 siRNA、miRNA 和 piRNA,它们都是具有 RNAi 作用的小 RNA,参与转录后基因表达调控。而序列较长的 lncRNA 在 RNA 结构、基因组分布和调节功能等各个方面都更加多种多样,还有待系统深入的研究。随着高通量测序技术的飞速发展,ncRNA 的调控网络会逐渐清晰,新的 ncRNA 类型、新的功能、新的机制也会源源不断地进入我们的视线,帮助我们更好地认识遗传变异的奥秘。

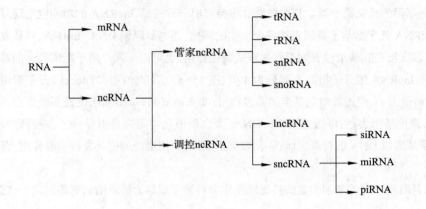

图 15-58　本书主要介绍的 RNA
分子类型

习题

1. 根据中心法则的内容，你能否大胆猜测：在生命早期，是先有 DNA，还是 RNA，又或是先有蛋白质？谈谈你的理由。

2. 在 *E. coli* 中有如下一个基因序列（从转录起始位点开始，上游启动子序列未给出）：

5′-GAGCAATATG TCAGAACTGC CATGCTTCAT ATGAATAGAC CTCTAGGATA A-3′

   1　　　　10　　　　　20　　　　　30　　　　　40　　　　　50

假如这是有义链的序列，请写出该基因的 mRNA 序列，并给出相应的多肽序列。

3. 上题中，如果所给序列分别发生了以下突变：①第 8 位的 A 丢失；②第 28 位的 C 之后添加了一个 G；③ 32 位的 T 突变为 A；那么该基因将翻译成怎样的多肽序列？

4. 请解释下列名词：σ 因子、RNA 聚合酶、密码子、反密码子、操纵子、衰减子、普遍转录因子、特异转录因子、增强子、沉默子、绝缘子、基因座控制区、中介子、泛素、基因组印记、RNA 干扰。

5. 通过本章的学习，你能否总结一下，原核基因表达和真核基因表达的异同点有哪些？

6. 在分析转录因子的 DNA 结合域时，我们发现绝大多数的 DNA 结合域都与 DNA 螺旋的大沟相互结合。请从 DNA 双螺旋的化学结构特征思考产生这种规律的原因。

7. 请分析下列 *E. coli* 突变体中乳糖操纵子的表达情况：

基因型	+葡萄糖 +乳糖	+葡萄糖 -乳糖	-葡萄糖 +乳糖	-葡萄糖 -乳糖
野生型	关闭	关闭	开启	关闭
lac P⁻ （启动子突变，不能与 RNA 聚合酶结合）				
lac Oᶜ （操纵基因突变，不能与阻遏蛋白结合）				
lac I⁻ （阻遏蛋白编码基因突变，无蛋白产物）				
lac Iˢ （阻遏蛋白编码基因突变，产物不能被诱导物结合）				
CAPᶜ （CAP 蛋白编码基因突变，不依赖 cAMP 也能与启动子结合）				

8. 大肠杆菌的色氨酸操纵子的结构如图 15-19 所示。其中，调节基因 *trp R* 编码阻遏蛋白，启动子基因 *trp P* 是 RNA 聚合酶的结合位点，操纵基因 *trp O* 可以与有活性的阻遏蛋白结合，关闭下游基因表达。结构基因 *Trp E,D,C,B,A* 依次编码和色氨酸合成有关的多肽。研究发现：①当环境中缺乏色氨酸时，*trp R* 编码的阻遏物没有活性，不能与操纵基因结合；②当环境中存在色氨酸时，*trp R* 编码的阻遏物与色氨酸结合，形成有活性的阻遏物，与操纵基因结合。请问：

(1) 当环境中无色氨酸时，色氨酸合成相关的结构基因的转录状态是？当环境中添加色氨酸时，色氨酸合成相关的结构基因的转录状态是？

(2) 当 *trp P* 发生突变，不能与 RNA 聚合酶结合，该操纵子对环境中色氨酸的应答情况会发生怎样的变化？

(3) 当 *trp O* 发生突变，不能与阻遏物结合，该操纵子对环境中色氨酸的应答情况会发生怎样的变化？

(4) 研究发现,在 *trp R* 缺失突变体中,环境中存在色氨酸时,色氨酸结构基因的转录水平是没有色氨酸时的 1/10 左右。造成这一现象的可能机制是?

9. 果蝇 *yellow* 基因负责体表多处的色素合成,包括翅、四肢、幼虫、刚毛等。野生型呈黑棕色,突变型呈黄褐色。某同学发现了少数特殊的突变体果蝇,它们仅在部分器官出现黄褐色变异,其他器官正常。请分析可能的遗传机制,并尝试设计实验进行证明。

10. 试举例说明调控真核基因时空特异性表达的机制有哪些。

11. *Igf2* 基因隐性纯合突变(功能丧失型突变)雄鼠和野生型雌鼠杂交得到的 F_1 发育出现障碍,胚胎偏小,但是 *Igf2* 隐性纯合突变的雌鼠和野生型雄鼠杂交得到的 F_1 发育正常。请从遗传学角度对这一现象进行解释。

12. siRNA 和 miRNA 介导的转录后基因沉默有很多相似的地方,但也有显著不同,试对比分析二者的异同。

13. 20 世纪 90 年代初,一些植物研究人员通过向矮牵牛中转入紫色色素合成酶基因的方法进行花卉改良,希望转基因花朵更鲜艳,结果发现矮牵牛花出现了褪色,花瓣几近变成了白色。进一步研究发现细胞内部该基因 mRNA 降解速率大大提高,但机制不明,这一现象在当时被称为共抑制现象(co-suppression of gene expression)。请问这实际上是一种什么遗传机制?并简述它的作用过程与特点。

14. 两个科学小组共同开展某一疾病的发病机制研究,通过对正常个体的细胞和患者细胞进行遗传分析他们获得了如下发现:

(1) 小组 A 发现在疾病致病基因的启动子区域的 CpG 岛出现超甲基化。请问什么是 CpG 岛? CpG 岛的超甲基化对疾病致病基因的表达会产生什么影响,并简述原因。

(2) 小组 B 发现患者细胞内一些靶向疾病致病基因的 miRNA 的表达被抑制。请问什么是 miRNA? miRNA 受到抑制会致病基因的表达产生什么影响,并简述原因。

15. 研究者最先在线虫发育的基因表达调控中发现了第一个微 RNA——*lin-4*。已知 *lin-4* 能调节早期发育调控基因 *lin-14*。*lin-14* 的蛋白质浓度是调节时序性发育的机制所在。在 *lin-14* 的功能缺失型突变(隐性突变)中,幼虫的部分发育阶段被跳过,产生早熟个体,而在 *lin-14* 的功能获得型突变(显性突变)中,早期幼虫的发育阶段被不断重复,造成了个体发育的延迟。请问:

(1) 已知微小 RNA 是非编码 RNA 的重要组成,请问什么是非编码 RNA?

(2) 请再举两个非编码 RNA 的例子?(tRNA、rRNA 除外)

(3) 已知微小 RNA *lin-4* 可与发育调控基因 *lin-14* 的 mRNA 的 3' 非翻译区不完全互补配对,请问微小 RNA *lin-4* 会如何影响靶基因 *lin-14* 的表达。

(4) 请推测 *lin-4* 基因的功能丧失型突变和功能获得型突变的表型效应,并简要给出理由。

16. 研究者在随机诱变拟南芥时发现了一个叶形态的突变株,进一步研究发现直接控制这一性状的结构基因 *L* 的编码区序列没有碱基序列的变化,但是 *L* 基因的表达水平显著改变,请列出不通过改变编码区碱基序列影响基因表达水平的 3 种可能因素,并尝试详细说明这些因素的调控机制。

数字课程学习

✐ 在线自测 　　　　　 ✎ 习题答案

第十六章
遗传分析策略
与方法

我们在前面的章节中介绍了一系列遗传学基本知识和理论,以及它们的发现历史和研究过程。细心的读者可能会发现,遗传学家在分析问题、解决问题的过程中采用了很多规律性的科学方法,而其中一些具有鲜明的遗传学特色,我们将它们称为遗传分析(genetic analysis)的策略与方法。在这一章,我们先简要介绍两种重要的模式生物遗传分析策略,再以人类遗传病/性状为研究对象,介绍单基因疾病/性状和复杂疾病/性状的不同遗传分析方法。

第一节　正向遗传学与反向遗传学

遗传学发展的早期,孟德尔利用豌豆揭示了遗传因子的分离和自由组合定律,而摩尔根利用果蝇揭示了基因在染色体上。二者的开创性工作有很多共同点:首先,都利用了模式生物来揭示生命的一般规律;其次,都从模式生物的表型变异入手,确切地说,是从一对相对性状入手。孟德尔研究的是红花与白花豌豆,摩尔根研究的是红眼与白眼果蝇。孟德尔假设不同的遗传因子决定了红花与白花的表型,摩尔根进一步证明存在于 X 染色体上 *white* 基因的突变与否决定了白眼或红眼,以此类推。总结这些研究方法的基本特征,不难看出,遗传学家们都是从具有相对性状的模式生物出发,利用它们的表型差异寻找其中的遗传机制。这就是正向遗传学(forward genetics)的思想雏形。

但是天然的相对性状并不容易获得,后来,遗传学家充分利用诱发突变这一技术,获得了很多突变品系,使得正向遗传学研究策略有了快速发展。当下的正向遗传学研究策略可以归纳为如图 16-1:首先,选择合适的科学问题,例如我们想研究粗糙链孢霉某物质合成途径的遗传机制;接下来,对链孢霉进行随机诱变(如辐射等);第三步是关键步骤——目标表型的筛选,即仔细观察诱变后的哪些菌株符合目标表型,例如可用添加了各种氨基酸的选择性培养基检验哪些突变株不能合成某种氨基酸;最后,从这些突变菌株中确定突变基因的染色体位置以及它们的突变信息,进一步研究该基因的功能。基于这样一个基本研究步骤的遗传分析策略被称为正向遗传学,即通过生物个体或细胞的基因组的自发突变或人工诱变,首先寻找相关的表型或性状改变,然后从这些特定性状变化的个体或细胞中找到对应的突变基因,并揭示其功能的研究方法。简言之,正向遗传学是从表型出发,然后再根据具有特定表型的生物品系去鉴定基因型的一种策略。

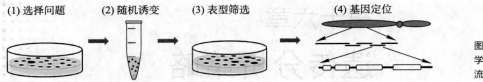

图 16-1 正向遗传学研究策略的基本流程

一、海德堡筛选

和读者介绍一个正向遗传学的经典研究案例:1979—1980 年,福尔哈德和威绍斯在位于海德堡的欧洲分子生物学实验室,利用正向遗传分析策略对果蝇早期胚胎发育的遗传机制进行了全面分析(Nüsslein-Volhard 和 Wieschaus,1980)。这项工作是第一次在多细胞真核生物上开展的诱变工作,打破了从单基因(突变)的角度去研究果蝇的研究思路。作为一次非常成功的大规模随机诱变筛选的代表性遗传分析工作,它被大家称为海德堡筛选(Heidelberg screening)。

福尔哈德和威绍斯选择了一个非常特殊的科学问题,即果蝇早期胚胎发育的遗传机制(其中的具体原因我们留到"遗传与个体发育"这一章再做介绍)。在确定了这个科学问题之后,他们首先利用 EMS 对果蝇进行随机诱变,我们在基因突变一章已介绍过 EMS 是一种带有活泼烷基的烷化剂,可造成碱基对的配对改变,实现基因诱变。具体诱变方案是给雄蝇喂食 EMS,浓度为 25 mmol/L,这个浓度可以使得每 1 000 个诱变精子中,任意一个基因均有一个突变(Lewis & Bacher,1968)。研究的下一步是突变品系的培育,将诱变雄蝇与雌蝇交配得到 F_1。在随机诱变的作用下,各个 F_1 果蝇在基因组某些位置携带不同的单拷贝基因突变(非致死的),将 F_1 和野生型果蝇做单对杂交,可以得到携带相同突变的 F_2 果蝇,F_2 自交就能够在 F_3 中得到各突变品系的杂合子和纯合子(图 16-2)。

接下来是表型筛选,观察 F_3 的早期胚胎发育过程,选择其中出现胚胎发育异常的个体,对不同表型变化进行分类整理。在当时的筛选工作中,他们发现有的胚胎丧失了体节的极性,有的缺失了全部奇数或全部偶数的体节,还有的丧失了连续好几个体节,躯干上出现了大段缺失。最后福尔哈德和威绍斯一共收集了 600 个左右的突变体,对这些突变体进行基因定位,发现了约 120 个基因的不同突变,这些基因也因此被证明是控制果蝇早期胚胎发育的主要基因。这项工作的影响力之大,以至于在这之后的近十年中,世界各地的果蝇实验室都在围绕他们发现的突变体和基因开展果蝇研究。更为重要的是,调节果蝇胚胎发育的很多基因在演化中是非常保守的,它们

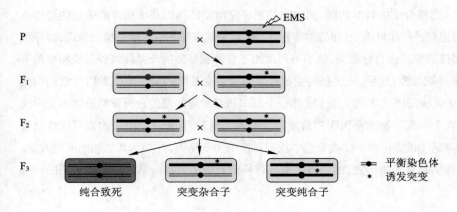

图 16-2 随机诱变果蝇后突变品系的建立

对亲代雄果蝇进行 EMS 诱变后,与携带平衡染色体的雌性果蝇交配。通过平衡染色体上的显性性状标记挑选出携带平衡染色体的 F_1,它的另一条染色体是随机诱变的染色体。将每只 F_1 和携带平衡染色体的雌蝇进行交配得到携带相同突变的 F_2 雌、雄果蝇,再自交得到 F_3,由于平衡染色体纯合致死,因此 F_3 中,突变杂合子占 2/3,突变纯合子占 1/3。

也存在于人类基因组中,这些果蝇突变体为人类疾病/性状的机制研究提供了重要基础。关于这些基因如何调节果蝇胚胎发育,我们留到"遗传与个体发育"这一章再和读者们进行详细介绍。

二、正向遗传学的优点与局限

　　海德堡筛选这一经典案例是典型的从表型到基因型的正向遗传学研究方法。这种研究方法的优点显而易见:首先,随机诱变没有主观偏向性,基因组的任意基因都有被诱变的可能性。其次,相比于传统的一对一对相对性状的观察研究,正向遗传学可以在一次表型筛选中得到大量不同类型的突变体,易于在短时间内获得大量遗传研究素材。但在研究工作中,福尔哈德和威绍斯也发现这样的遗传学筛选可能会遗漏一些特殊类型的基因。第一类是我们曾在细胞质遗传中介绍的母体效应基因,这是一类由母体表达,积累在卵细胞质中指导胚胎发育的基因,因此,它的表型效应会延迟一代产生。另一类在筛选中无法获得的基因突变是纯合致死突变,但可以从后代的比例中发现端倪。遗传学家们设计了一系列方法来解决这些问题,例如母体效应基因的正、反交结果不同,有且仅有雌性纯合果蝇的后代会出现发育异常的表型(图16-3)。

　　但除此之外,正向遗传分析方法还存在一些固有缺点。例如,从理论上讲,随机诱变不可能诱变基因组的全部基因,诱变规模越大,只能越接近全部基因组。如果想研究小鼠等哺乳动物,由于它们的基因组庞大,随机诱变的研究成本将大幅上升。还有,在功能上存在冗余或多效的基因也不容易被筛选出。再次,遗传突变通常是不可逆、不可控的,活性无法按照研究者的愿望进行转换等。解决这些问题,就需要遗传学家开发新的遗传分析策略。

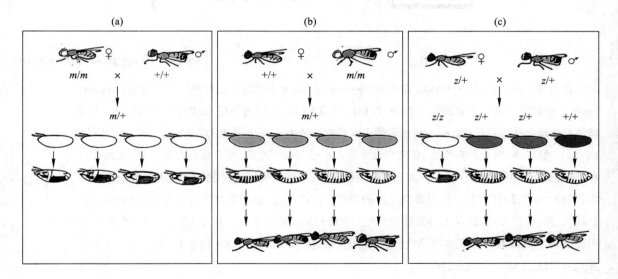

图16-3　发育相关的母体效应基因和合子基因的不同遗传效应(引自 Wieschaus & Nüsslein-Volhard,2016)

m 代表隐性突变的母体效应基因,*z* 代表隐性突变的合子基因,+ 代表两者相应的野生型等位基因。(a) 和(b) 母体效应基因纯合突变果蝇与野生型果蝇的正、反交;(c) 合子基因突变杂合子自交。

三、反向遗传学

在 20 世纪 90 年代,随着分子生物学的发展,尤其是转基因技术和基因敲除技术的发展,遗传学家针对正向遗传学中不易解决的一些问题,设计了另一种从基因型到表型的遗传分析手段,由于恰好和正向遗传学的方向相反,我们称之为反向遗传学(reverse genetics)。它指的是,首先在生物个体或细胞内改变某个特定的基因或蛋白质,然后再去寻找有关的表型变化,从而揭示该基因或蛋白质功能的研究方法。

反向遗传学的基本步骤如图 16-4 所示,第一步与正向遗传学相同,也是先选择问题,例如我们对植物叶子的不同形态感兴趣。第二步是选择想要研究的基因,这一步是反向遗传学的重点步骤。研究者可以通过文献或基因数据库检索的方式尽可能地去寻找线索和目标,最终锁定某个特定基因。第三步是针对目的基因进行突变或过量表达等,突变可破坏内源性基因的生物学功能,过量表达可以增加大量外源性基因的作用。最后是表型分析,在对模式生物进行基因突变或过量表达之后,观察叶子的形态是否出现了预期的表型变化。如果是,可以获得该基因与叶子形态之间的生物学功能联系。

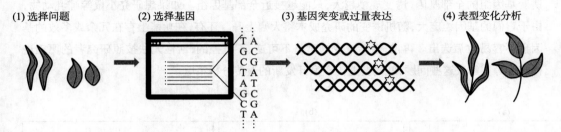

(1) 选择问题　　　　**(2) 选择基因**　　　　　　**(3) 基因突变或过量表达**　　　　**(4) 表型变化分析**

图 16-4　反向遗传学研究策略的基本流程

我们再和读者介绍一个经典的研究案例——小鼠 *fosB* 基因与小鼠母性行为的研究(Brown,1996)。研究团队挑选了目的基因 *fosB*,并利用同源重组的方法对小鼠 *fosB* 进行基因敲除:大致做法是将选择标记基因(如 *neo*)通过同源重组的方法替换到 *fosB* 基因的内部,造成插入失活(图16-5a)。第二步,突变品系构建,将突变载体导入小鼠胚胎干细胞,发育成嵌合体小鼠,再经杂交和标记筛选得到突变纯合小鼠。第三步是表型分析,系统的表型分析发现突变小鼠的个体发育和常规行为均没有任何异常,但雌性小鼠的后代存活率极低,进一步行为分析发现,突变雌鼠不会哺乳、清洁、招领幼鼠,从而导致幼鼠死亡(图 16-5b)。第四步通过发育生物学、分子生物学等手段明确了 *fosB* 在神经元内特异性表达,编码蛋白是一个重要的 DNA 转录调控因子,参与了神经元可塑性、个体行为能力的调节。

结合 *fosB* 这个案例可以看出,反向遗传学的最大特点是直接针对特定基因或基因家族开展遗传研究。20 世纪末,随着体外和体内 DNA 操作技术的不断发展,按照研究者的意愿对内源或外源 DNA 进行加工、突变、表达或编辑的技术日趋成熟。因此,通过反向遗传学的手段对模式生物的所有已知基因进行逐个研究成为理论上可行的事情,尤其是那些在正向遗传学方法中不易被诱变的基因可以通过反向遗传学方法进行有效的补充。

但反向遗传学研究也存在缺点。由于目的基因的信息全部来自资料检索与科学假设,因此

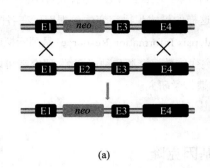
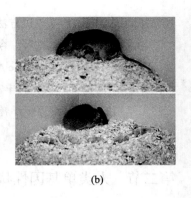

图 16-5 *fos*B 基因敲除小鼠的构建和表型

（a）利用同源重组方法将选择标记基因 neo 与 *fos*B 基因的 2 号外显子（E2）进行替换。（b）野生型母鼠在喂养幼崽（上），突变型母鼠与死亡的幼崽（下）。

(a)　(b)

表型分析具有盲目性。事实上，在 *fos*B 研究最初，研究者观察了成年小鼠的各种行为能力，结果是无一异常，几乎要终止 *fos*B 的课题研究。直至最后，他们在偶然间发现雌性突变小鼠尽管产仔率正常但后代的存活率明显偏低，进一步仔细观察了哺乳、清洁、招领幼鼠的"母性"行为才发现了显著的表型变化。当下，表型筛选的风险不可控仍然是反向遗传学研究的难点之一。其次，在一般情况下，研究者只会按照实验条件和目的选择一种基因的突变策略，或者敲除或者过量表达等，也就是说一次只能制造一种显性或隐性突变，而不同的突变带来的表型效应可能不同，这也在一定程度上增加了研究的风险。第三，对模式生物全基因进行逐个诱变再进行全套的表型评估的研究成本非常高，且数据积累慢。

四、反向遗传学的改进

简要总结前面介绍的两种策略：正向遗传学首先观察随机诱变得到的表型变化，然后选择特定表型变异的个体进行突变基因的定位，得到该基因的功能注释。反向遗传学通过先突变特定基因，再针对基因突变的个体进行表型评估，得到该基因的功能注释。简言之，从表型到基因型的是正向遗传学，从基因型到表型的是反向遗传学，这是遗传学分析的两种经典策略。更为重要的是，这两种方法各有利弊，在解决实际问题的过程中，需要综合考虑，选择最为合适的方法。

近年来，随着模式生物全基因组随机诱变和基因定位技术的逐渐发展和完善，反向遗传学综合了正向遗传学的优点，通过改进，提高表型分析的效率和准确性，促进模式生物基因功能研究的数据积累。一些代表性的改进策略如图 16-6 所示，首先在模式生物（如拟南芥）中，利用随机诱变获得大规模的突变品系，然后先对各个突变品系中的突变基因进行准确定位，建立突变体库并进行生物保种。再根据研究者兴趣或目的选择特定基因的突变体进行表型分析。这种基于大

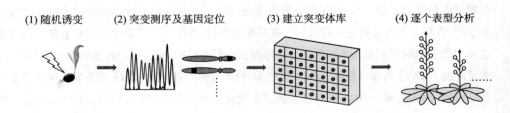

(1) 随机诱变　　(2) 突变测序及基因定位　　(3) 建立突变体库　　(4) 逐个表型分析

图 16-6　基于大规模基因组随机诱变的反向遗传学研究策略示意图

规模建库的反向遗传学改进方法非常有利于开展合作性研究,联合不同的研究团队对模式生物的基因组序列进行功能注释。今天,这样的模式生物突变体数据库已在各国研究者们的共同努力下不断发展,例如 TAIR(The Arabidopsis Information Resource)是国际拟南芥基因组数据库和拟南芥基因组注释系统,具有丰富的突变体数据资源和种子资源,研究者可以根据自己的意愿选择特定基因的特定突变直接开展反向遗传学研究。

视频 22
正向遗传学与反向遗传学

第二节 人类单基因性状的基因克隆

正向遗传学和反向遗传学研究策略在模式生物中得到了非常广泛的应用,也取得了丰富的成果。很多人类基因都在模式生物中存在相似的同源基因,随着模式生物遗传分析工作的不断积累,我们也将更好地了解人类生命与健康的遗传机制。与此同时,早期的人类遗传学家,尤其是医学遗传学家对人类性状的遗传分析也进行了不断的探索。20 世纪初,加洛德提出了"一个突变基因一种代谢障碍",揭示了人类单基因变异和性状变化之间的对应关系。认识疾病的遗传机制对人类健康的重要性不言而喻,遗传学家们先对简单的单基因疾病/性状进行了尝试。

一、功能克隆

对人类疾病/性状的遗传研究,首先需要做的是鉴定该疾病/性状的决定基因,完成基因克隆,并在此基础上了解致病性的变异信息。在 20 世纪 80 年代之前,遗传学家们常采用的疾病基因克隆的方法是功能克隆(functional cloning),这类研究手段是从疾病本身出发,首先收集患者的突变蛋白产物及其功能的信息,然后再对基因进行定位。从研究思路上,它类似正向遗传学的策略,先找表型(蛋白质)的线索,再找基因。

我们仍以镰状细胞贫血为例。本书已多次提到这一疾病,这是一种常染色体隐性遗传病,患者严重贫血,发育不良,关节、腹部和肌肉疼痛,多在幼年期死亡。那研究者是如何利用功能克隆的方法实现基因克隆的呢?

首先,由于在显微镜下可以发现患者的红细胞呈镰刀状,且对其中提取的血红蛋白进行电泳后发现迁移率改变(见图 11-19),研究者很早就锁定突变蛋白为血红蛋白,并利用患者的血红蛋白开展功能克隆(图 16-7)。研究者首先从血液样本中纯化得到正常人和患者的血红蛋白。这是功能克隆的关键步骤,由于血液样本容易获得,而且血红蛋白是红细胞的主要表达蛋白,分离很容易取得成功。接下来,利用氨基酸测序方法获得正常的血红蛋白和患者的血红蛋白的氨基酸序列,发现二者的 β 链之间存在一个氨基酸的差异,推断蛋白质突变发生在 β 链。利用正常血红蛋白的氨基酸序列反推可能的核苷酸序列,合成混合的 DNA 探针(根据密码子的简并性,将所有可能的 DNA 序列都合成并混合)。第三步,利用携带人基因组 cDNA 的大肠杆菌表达文库进行杂交实验,筛选能够与 DNA 探针结合的阳性克隆。由于表达文库中包含已知的人类蛋白质编码基因,能够与探针结合的克隆所携带的就是人类基因组中的血红蛋白 β 链编码基因 HBB。最后,将克隆扩大化培养之后,提取其中的 DNA,测定插入的外源序列,成功获得 HBB 基因的序列信息。

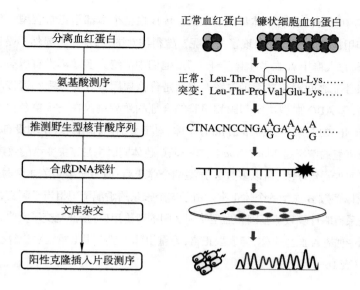

正常血红蛋白　镰状细胞血红蛋白

正常：Leu-Thr-Pro-Glu-Glu-Lys……
突变：Leu-Thr-Pro-Val-Glu-Lys……

CTNACNCCNGA$^{A}_{G}$GA$^{A}_{G}$AA$^{A}_{G}$……

分离血红蛋白

氨基酸测序

推测野生型核苷酸序列

合成DNA探针

文库杂交

阳性克隆插入片段测序

图16-7　镰状细胞贫血致病基因的功能克隆示意图

功能克隆在20世纪80年代之前解决了相当一部分疾病基因的克隆问题，它的优点是直接，基因和表型之间的功能联系较为明确，因为研究者是从突变蛋白入手的。但是，它的缺点也显而易见，因为遗传学家和临床医生都对遗传病的基因产物所知甚少，而且更重要的是，由于人体标本取材困难、蛋白质纯化技术水平有限，能够从人体内分离和纯化的蛋白质种类少，实验操作难度大，周期长。例如，很多研究者想从亨廷顿舞蹈病患者的脑组织中获得突变蛋白进行功能克隆，但遗憾的是，他们花费了几十年时间毫无所获。

但研究者们对人类疾病的探索并没有停止，随着遗传学的发展，尤其是连锁分析技术的推广，新的基因定位和克隆方法应运而生。

二、家系连锁分析

利用连锁分析可以对单基因遗传的致病基因进行染色体大致位置的判断，这是遗传学家在人类医学遗传学中的一个重要发现。要理解其中的具体方法，我们先结合案例回顾一下前面连锁与交换的知识。

甲膑综合征（nail-patella syndrome）是一种常染色体显性遗传病，主要临床表现为指甲和髌骨发育不良。研究者很早就发现了甲膑综合征和ABO血型之间的特殊联系（Renwick & Lawler，1955）。在一个代表性甲膑综合征家系（图16-8）中，AB血型的患病父亲（Ⅱ-1）生育了

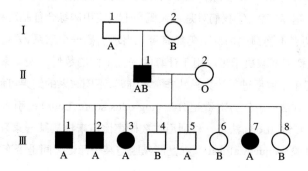

图16-8　一个甲膑综合征家系

8个子女,其中所有的患病个体都是 A 血型,而 B 血型个体都是正常表型。那么是什么原因造成 A 血型和甲胰综合征之间出现了关联呢?值得注意的是,A 血型显然不是造成甲胰综合征的直接原因,因为人群中 A 血型个体千千万万,他们中的绝大多数都没有患病,也就是说 ABO 血型和甲胰综合征之间不存在因果关系。那么是什么原因造成关联呢?遗传学家给出了正确答案——连锁,即 ABO 血型决定基因和甲胰综合征的致病基因在一条染色体上,它们是连锁的。家系中母亲(II-2)是双隐性($npa\ i/npa\ i$)个体,对子女的两种相关表型均没有贡献。父亲(II-1)的基因型最可能的情况是 $Npa\ I^A/npa\ I^B$,即一条染色体同时携带了突变型的致病基因 Npa 和 I^A,它们倾向于同时传递给子女,所以多数 A 血型的个体患病;而另一条染色体同时携带了野生型基因 npa 和 I^B,所以多数 B 血型的个体正常。由于这个家系的婚配情况相当于测交,可以根据两基因之间的重组关系粗略计算致病基因和血型基因之间的遗传距离:全部测交子女中,只有一个男性个体(III-5)例外,他是 A 血型个体,但表型正常,为重组体。那么根据重组率计算公式,可以得到重组率是 12.5%(表 16-1)。

表 16-1　甲胰综合征和 ABO 血型的连锁遗传

II-1 的配子　　　II-2 的配子	$Npa\ I^A$	$Npa\ I^B$	$npa\ I^A$	$npa\ I^B$
$npa\ i$	$Npa\ I^A$ $npa\ i$	$Npa\ I^B$ $npa\ i$	$npa\ I^A$ $npa\ i$	$npa\ I^B$ $npa\ i$
	4 亲组合	0+1 重组合		3 亲组合

通过这个案例可以看到,利用连锁关系可以进行未知疾病基因的定位:根据计算结果,甲胰综合征基因和 ABO 血型基因位于同一条染色体上(9 号染色体),而且两者之间相距约 12.5 cM,这就是一个粗略的基因定位过程。利用家系对人类单基因遗传病进行基因定位主要解决两个问题:①研究中的标记和致病基因是否存在连锁关系?②如果是,它们之间的重组率是多少?即致病基因和已知的标记之间相隔多少遗传距离?随着三代人类分子遗传标记的开发,遗传学家建立了利用分子遗传标记来实施精准基因定位的遗传分析方法。

三、优势对数记分法

在上述案例中,我们计算出了甲胰综合征基因和 ABO 血型基因之间的遗传距离,但 12.5 cM 这个数值还不够准确。这是因为:①我们只是从大概率上判定甲胰综合征基因和 ABO 血型基因更倾向于连锁,但是,两者不连锁的情况下仍然有可能出现这样一个家系,只是这种概率很低而已;②遗传学距离的计算精度取决于可以用于计算的子代个体的数目。人类家系与模式生物相比,个体数非常有限,用单个家系进行计算显然非常不准确,不同家系的结果可能相差甚远。

1955 年,一种数学方法——优势对数记分法(log odds score,Lods)被引入了基于家系的人类连锁分析(Morton,1955)。Lods 法是一种利用对数概率比值来检测某一家系中有关遗传性状特定分布情况的序贯试验(sequential test)。在判断基因与某个标记之间是否连锁时,Lods 值(常

用 Z 表示)将在连锁情况下观察到实验数据的似然性与纯属偶然观察到相同数据的似然性进行比较,计算公式如下:

$$Z = \lg \frac{\text{两基因座连锁且相距 } \theta \text{ 值所获得观察数据的似然性}}{\text{两基因座不连锁但获得观察数据的似然性}}$$

实际操作中,首先选择合适的家系,要求是该家系中有杂合亲本和多个子代,可以观察杂合的性状/疾病和遗传标记在子代中的连锁互换情况。然后选择合适的 Z 公式,将 $0 \sim 0.5$ 范围内的不同 θ 值代入,计算不同重组值下的 Z 值。最后,比较分析全部 Z 值,取 Z 值最大的一组数值作为 θ 和 Z 的估算值。根据最高 Z 值对连锁情况进行估计:$Z > 1$ 时支持连锁,$Z < -2$ 时否定连锁,$Z > 3$ 时肯定连锁,Z 介于 -2 和 3 之间时需要增加家系材料来帮助判断。利用不具有亲缘关系的家系研究所获得的连锁数据可以综合起来计算 Z 值。因为不同家系中的连锁似然性是独立的,可以用这些数据的乘积来计算似然性。由于似然性取对数后得到 Z 值,因此不同家系的 Z 值可以相加得到总 Z 值,如果满足总 $Z > 3$ 仍然可以肯定连锁。最后,在肯定连锁的条件下,产生最高 Lods 值的 θ 值是最可能的重组率。

当下,研究者可以使用软件程序来选择合适的公式并计算 Z 值,我们在这里仅举一简单的家系模型来帮助读者们理解 Z 的基本计算方法。图 16-9 所示的是一个常染色体显性遗传病的家系,携带 A_1A_2 遗传标记的母亲是个正常个体,而携带 A_3A_4 遗传标记的父亲是个患病个体,他们婚配后生育了 6 个孩子,患病情况和遗传标记的携带情况如图所示。观察家系发现,3 个患病孩子都携带了从父亲那里继承的 A_3 标记,而不携带 A_4 标记,而在 3 个正常孩子中,有两个携带了父亲的 A_4 标记,还有一个携带了 A_3 标记。因此,我们可以作如下分析:如果 A_3 标记和致病基因连锁,那么 6 个孩子中,有 5 个非重组个体和一个重组个体(II-4);如果 A_4 标记和致病基因连锁,6 个孩子中,有 5 个重组个体和一个非重组个体。如果遗传率为 θ,那么在连锁的条件下,出现这一家系的概率是:$\dfrac{1}{2}\left[\left(\dfrac{1-\theta}{2}\right)^5\left(\dfrac{\theta}{2}\right)^1 + \left(\dfrac{1-\theta}{2}\right)^1\left(\dfrac{\theta}{2}\right)^5\right]$;而如果遗传标记和致病基因之间完全自由组合,那么出现这一家系的概率是 $\left(\dfrac{1}{4}\right)^6$。因此,$Z$ 等于这两者比值的对数值。将不同的 θ 值代入,得到 Z 值表。由于当 θ 取 0.2 时出现 Z 最大值 0.323,因此不能够支持连锁,还需要更多的家系材料才能做进一步判断。

Lods 法通常需要两代或两代以上的家系,并且需要参考家系的婚配方式、疾病的遗传模式、外显率等条件进行准确分析和计算,因此它是一种以家系为基础的参数统计方法。20 世纪 70

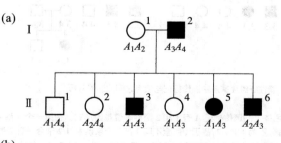

图 16-9 基于 Lods 法的家系连锁分析

(a) 一个假象的常染色体显性遗传病家系。(b) 根据该家系计算的 Z 值表。

θ	0	0.05	0.1	0.2	0.3	0.4	0.5
Z	$-\infty$	0.093	0.276	0.323	0.222	0.076	0

年代末到 90 年代初,Lods 法被广泛应用到了人类基因定位中,包括囊性纤维化、亨廷顿舞蹈病在内的许多人类单基因疾病就是用这种方法进行粗定位的。

四、定位克隆

在遗传学家可以利用连锁分析和分子遗传检测技术将很多单基因疾病的致病基因在染色体上进行精确定位之后,定位克隆(positional cloning)技术应运而生。定位克隆指的是在没有任何疾病基因的功能信息的条件下,首先将遗传病的致病基因定位到染色体的特定位置上并获得基因序列,然后再对基因突变和疾病之间的联系进行分析的研究方法。上面讲述的家系连锁分析是定位克隆中的核心技术。

从研究思路上,定位克隆类似反向遗传学策略,先找基因,再研究基因和表型之间的功能联系。我们举个具体的案例介绍定位克隆的基本过程。在孟德尔遗传病中曾介绍过囊性纤维化,这是北欧和北美白人中最常见的致死性孟德尔疾病之一,发病率达到 1/3 000 左右。遗传学家很早就开始了寻找囊性纤维化基因的功能克隆,但是,由于无法获得突变蛋白,数十年没有进展。直至 20 世纪 80 年代,以徐立之(Tsui Lap-chee,1950—)为代表的遗传学家利用定位克隆的思路成功解决了这一难题。首先,研究者利用丰富的家系材料,对各个家系成员的全部分子遗传标记进行逐个分型,成功利用连锁分析方法将致病基因 *CFTR* 定位到 7 号染色体 7q21—7q31 之间(Tsui,1985),图 16-10 中所示的就是两个遗传标记 *A* 和 *B* 在两个代表性家系的连锁分析过程。为进一步缩小范围,他们在 7 号染色体上寻找了密度更高的遗传标记,再次进行连锁分析,进一步将 *CFTR* 的候选区域缩小到了 7 号染色体长臂上 *met* 基因与 D7S8 遗传标记之间大约 1.6 Mb 的区域(Tsui,1985)。

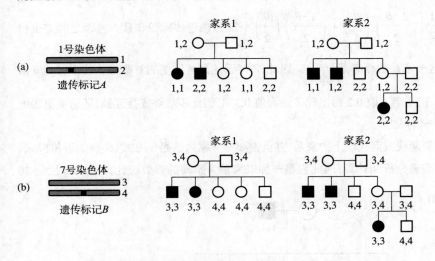

图 16-10　囊性纤维化家系中遗传标记与疾病之间的连锁分析

(a)1 号染色体上的遗传标记 *A* 有 1 和 2 两种等位基因形式。在第一个家系中,1/2 杂合子双亲生育了 5 个孩子,其中 2 患者分别为 1/1、2/2,基因型完全不同。第二个家系中,1/2 杂合子双亲生育 4 个子女,3 个患者分别是 1/1、1/2、2/2,也无规律可言。推论:*CFTR* 和 *A* 标记没有连锁关系。(b)7 号染色体上的遗传标记 *B* 有 3 和 4 两种等位基因形式。在第一个家系中,双亲为 3/4 杂合子,患病子女都是 3/3,正常子女都是 4/4;在第二个家系中,3/4 杂合型的双亲有 4 个 F_1 和 2 个 F_2,全部患病子代的基因型都是 3/3,正常个体的基因型是 3/4 或 4/4。推论:7 号染色体的遗传标记 B 与 *CFTR* 之间可能存在连锁关系。

这一候选区域内共有 4 个蛋白质编码基因,研究团队利用 Northern 印迹分别检测了它们在不同组织器官中的 mRNA 表达谱,结果发现有且仅有一个基因的 mRNA 表达谱与囊性纤维化患者的常见受累器官高度一致,即在胰腺、鼻息肉、肺、结肠、汗腺、肝等组织高表达(图 16-11a),据此推断该基因为候选基因,最终成功克隆该基因,进行功能域的分析,发现它编码一个跨膜蛋白(图 16-11b),负责物质运输,因此将该基因定义为 *CFTR*,即囊性纤维化跨膜传导调节蛋白质编码基因(Riordan,1989)。最后,对比患者和正常人的 *CFTR* 基因,发现在患者中,常见的 *CFTR* 突变是 3 个碱基的缺失,这种缺失导致第 508 位的一个氨基酸发生丢失,但是由于这个氨基酸位于重要的跨膜结构域内,因此导致了蛋白质的转运功能产生缺陷。

囊性纤维化是人类历史上第一个通过定位克隆策略成功完成基因克隆的疾病。从这个案例中,我们可以简单总结一下定位克隆的技术路线(图 16-12)。首先是收集大量的家系材料,分析疾病的遗传特征。然后,利用覆盖度尽可能广的多态性遗传标记对疾病基因进行染色体初步定位,锁定染色体编号和大致位置区域。再次,在候选区域中使用高密度的遗传标记进行精细定位,缩小候选区域的范围。在这两步中,需要对家系中的成员进行遗传标记的基因分型(常采用 PCR 技术或芯片技术等),利用家系连锁分析等方法分析遗传标记和疾病之间的连锁关系。接下来,

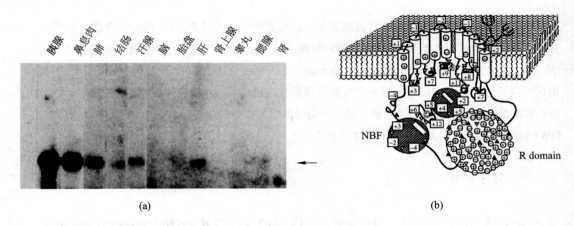

图 16-11 囊性纤维化基因的 mRNA 表达检验(a)和蛋白质结构示意图(b)(引自 Riordan,1989)

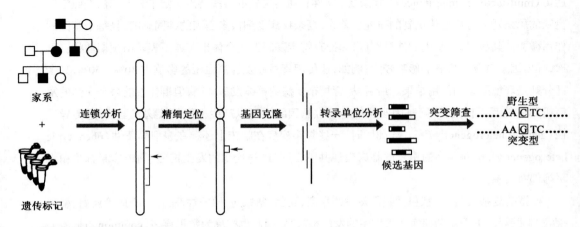

图 16-12 基于连锁分析的定位克隆方法流程图(引自 Collins,1992,有改动)

利用基因组的图谱信息和序列信息,在最终的候选区域中寻找编码基因并根据功能进行筛选,确定基因。最后,利用家系中的患者和正常个体进行靶基因测序,找到关键的基因突变,最终获得基因序列和突变信息。

随着囊性纤维化基因的定位克隆大获成功,定位克隆技术迅速发展起来,1990 年完成了肾母细胞瘤、Ⅰ型神经纤维瘤、无脉络膜病的定位克隆;1991 年完成了脆性 X 染色体、家族性结肠息肉、Kallmann 综合征的定位克隆;1992 年,1993 年,逐年增加。值得一提的是,定位克隆在 1995 年后几乎完全替代了功能克隆的地位。这个历史时期恰恰是人类基因组计划刚开始推进的阶段,公共测序领域正在如火如荼地开展遗传图谱和物理图谱的绘制。事实上,当时先推进图谱绘制的目的不仅仅是为了方便后续的基因组序列拼装,另一个具有重大意义的目的是服务于人类单基因疾病基因的定位克隆,这是人类基因组计划和遗传分析方法对全人类的健康做出的巨大贡献。

视频 23
定位克隆

第三节　复杂疾病易感基因的筛选

尽管连锁分析能帮助解决遵循孟德尔遗传的单基因疾病的基因定位,但是大多数人类疾病并不是单一基因作用的结果,而是多基因和环境因素之间复杂相互作用的结果。我们把这类疾病定义为复杂疾病 / 性状(complex disease/trait)。复杂疾病的基因定位不同于单基因病,不同疾病不同遗传材料应采用不同的研究方法。我们在这里向读者们介绍 21 世纪初在国际上掀起研究浪潮的一种复杂疾病遗传分析方法——全基因组关联分析(genome-wide association study,GWAS),重点说明它的关键原理和基本方法。

一、复杂疾病

复杂疾病 / 性状是相对于单基因疾病 / 性状而言的,它的遗传方式属于非孟德尔遗传,符合我们在前述章节介绍的数量性状的遗传特点,受到很多基因以及环境因素的影响,也称为多因素遗传(multifactorial inheritance)。复杂疾病 / 性状遗传模式的很多特点决定了我们无法按照定位克隆的思路对它进行遗传机制的研究。首先,复杂疾病受到很多基因的共同影响,且每个基因的作用微弱。其次,每个基因的外显率低,即拥有特定基因型的个体也可能不表现出预期性状。再次,环境因素对复杂疾病的影响较大;例如,遗传因素对原发性高血压的影响占 30% ~ 50%,其余部分则是环境因素的作用结果。最后,尽管复杂疾病的群体发病率高,但群体中的每个个体的发病机制往往互不相同,不同基因座位的非等位基因组合可以产生相似的疾病表型,即遗传异质性(genetic heterogeneity)高。与此同时,一些复杂疾病在临床上还存在表型异质性(phenotypic heterogeneity),相同疾病的患者的临床表现并不相同,这与疾病的发生机理、临床诊断方法和水平等都有关系。

典型的复杂疾病 / 性状包括我们熟悉的身高、肤色、糖尿病、原发性高血压、心血管疾病、精神疾病、肥胖等。由于复杂疾病在人群中的发病率较高,因此也被称为常见疾病(common disease)。这些疾病 / 性状有遗传倾向,患者亲属的发病率要高于无关群体的发病率;但单基因的作用非常微小,发病风险受到多基因和环境的综合影响,患者所在家系中观察不到明显的孟德尔分离比例。由于影响复杂疾病的每一对等位基因的作用通常都是微效的,单独的这些基因并不能直接导致疾病的发生,而是赋予个体疾病的易感性,因此我们将这些基因称为复杂疾病的易感基因(susceptibility gene)。复杂疾病/性状的遗传分析就是要寻找和定位这些易感基因,并评估它们的风险等位基因形式。

二、关联分析

在介绍如何进行复杂疾病易感基因筛选之前,我们先说明一种新的遗传分析方法——关联分析(association analysis)。关联分析其实是一种数学方法,在复杂疾病/性状的遗传分析中,关联分析特指的是评判特定的分子遗传标记或特定环境暴露因素等,是否伴随着某疾病/性状表型一起出现的统计分析手段。例如,某地区调查研究显示,在重度吸烟的男性中,肺癌的发病率约每10万人中49人,但在不吸烟的男性中,发病率仅为每10万人3人。这些数据提示,吸烟这一环境因素伴随肺癌出现,可以描述为吸烟与肺癌存在关联(也请读者特别留意,即使是在重度吸烟的男性中,每10万人中的99 951人未罹患肺癌,吸烟和肺癌之间不能描述为因果关系)。

关联分析是基于群体数据的一种统计学分析,根据数学计算的显著性程度来评判有无关联。如果存在关联,它表示分子遗传标记的等位基因类型与疾病/性状表型是共发生的,即没有统计学上的随机独立性。但特别强调的是,存在关联并不意味着存在因果关系(例如上述的肺癌和甲腺综合征),关联也并非一种特殊的遗传学现象。

在复杂疾病/性状的关联分析中,统计计算本身可能存在分析错误造成关联的假象,需要校正和检验,除此之外,多个常见的生物学原因会导致分子遗传标记和疾病/性状表型关联。例如,真正的直接原因,即分子遗传标记恰好是落在该复杂疾病的易感基因内部,可以增加患者的发病风险;又如,祖先基因突变和自然选择,患有复杂疾病的祖先们在染色体其他位置恰好携带了某个分子遗传标记,且在自然选择中被保留了下来;再如,群体分层,某种疾病/性状和某分子遗传标记均常见于某个人群的亚群中,比如不同种族、不同民族等。

除了上述原因,另一类造成分子遗传标记与疾病/性状关联的重要生物学因素是连锁不平衡(linkage disequilibrium, LD),又称等位基因关联(allelic association),它指的是人群中不同基因座上的非等位基因位点之间存在的非随机关联现象。假设两个基因座位分别有等位基因 A、a 和 B、b,那么,在群体中可能有4种类型的非等位基因组合,即 AB、ab、Ab 和 aB。如果两个等位基因(如 A 和 B)同时出现的概率(P_{AB})等于两个等位基因单独出现概率的乘积($P_A \times P_B$),即 $P_{AB} - P_A \times P_B = 0$,则说明两个非等位基因的出现是独立的,相互没有关联,我们称之为连锁平衡。相反,如果发现某两个非等位基因出现了 $|P_{AB} - P_A \times P_B| > 0$,那就意味着两个非等位基因之间存在一定的关联,倾向于共同出现($P_{AB} - P_A \times P_B > 0$)或者互斥出现($P_{AB} - P_A \times P_B < 0$),我们称之为连锁不平衡。复杂疾病关联分析的真正目标就是要找到与疾病/性状易感基因之间存在连锁不平衡的分子标记,只要找到了这些标记,就能帮助遗传学家定位疾病/性状易感基因。

但是,为什么遗传学家认为可以通过连锁不平衡造成的关联来寻找复杂疾病易感基因呢?为了回答这个问题,我们需要重新审视一下什么是人群。人群指的是没有血缘关系(亲缘关系)

的人的集合,是与家系相对的概念。但是,如果将人类历史上溯百年、千年甚至万年,原先没有血缘关系的人也会拥有或近或远的共同祖先。随着世代繁衍,一次次的减数分裂把祖先染色体上位置较远的连锁基因不断交换出去(也可能再次交换进来),非等位基因间的组合关系发生了很多变化(图16-13a)。但在遗传距离足够小的区间内,由于重组事件的发生概率低,紧密连锁的非等位基因之间仍然保留了祖先染色体的原始单倍型组成(如图16-13b中遗传标记4与易感基因)。这就是我们能够在"没有血缘关系"的人群中观察到非等位基因之间的连锁不平衡的原因,存在连锁不平衡的非等位基因在人群的遗传过程中不是相互独立,而是共分离的。

可见,若某一遗传标记与疾病/性状易感基因距离较远,则它们在向子代传递时容易发生分离,若干世代积累之后,在新的人群中观察这个遗传标记和疾病/性状,会发现两者相互独立;反之,若某一遗传标记与易感基因距离较近,在向子代传递时不容易发生分离,若干世代积累之后,在新的人群中,由于遗传标记和易感基因之间存在连锁不平衡,遗传标记往往会伴随着疾病/性状共同出现,即发生关联。这就意味着,如果找到了和疾病/性状关联的分子遗传标记,就很可能在该分子遗传标记所在的连锁不平衡区域内发现疾病/性状的易感基因。

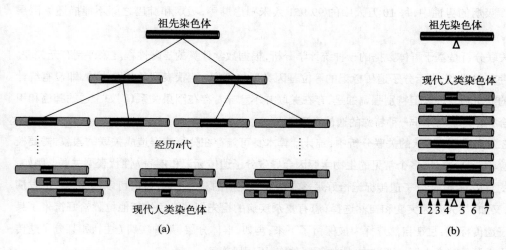

图16-13 连锁不平衡的形成原因

(a) 祖先染色体通过反复重组可以将位置较远的等位基因交换出去。(b) △表示复杂疾病/性状的某易感基因所在位置,▲表示染色体上的7个遗传标记。其中,遗传标记4和易感基因的位置足够近,两者在现代人类染色体中保留了祖先染色体的原始单倍型组成。

三、关联分析中的遗传标记

由于连锁不平衡的出现需要足够低的重组概率,因此想要发现能与疾病/性状存在关联的遗传标记,就需要遗传标记在染色体上的密度、覆盖度都足够高,位置准确,而且多态性足够好。怎样的标记才能满足这些要求呢?联系我们在连锁分析和基因组计划中介绍的内容,不难想到,在基因组中广泛分布的SNP是遗传学家的不二选择。一方面,SNP是人群遗传差异的主要来源之一,数量大、分布广。另一方面,以寡核苷酸杂交为基础的DNA芯片技术易于实现自动化批量检测,且可用计算机分析结果。

1997 年，时任人类基因组计划首席执行官的美国遗传学家科林斯提出了"常见疾病，常见变异"（common disease，common variant，CD-CV）的假说，认为人群中常见疾病的易患性和抗药性是由于人群中基因组某些基因座的常见变异引起的，其中编码区和调控区的 SNP 对疾病尤为重要。这也是在人类基因组计划之后，国际遗传学家合力推进以 SNP 的基因分型和图谱绘制为重心的人类单倍型图谱计划和千人基因组计划的重要原因。因此，采用 SNP 作为关联分析的遗传标记，不仅容易发现连锁不平衡信号，而且也可能发现直接参与调节疾病易感性的 SNP。

当上述的关联分析理论和相应的统计分析方法、人群遗传变异数据和 SNP 分型技术都发展成熟之后，利用关联分析筛选复杂疾病 / 性状的遗传易感因素的研究项目如雨后春笋般地出现在全球各个研究机构，推动了人类遗传学的发展。

四、关联分析的基本方法

我们再向读者们介绍几种常见的利用关联分析筛选 / 鉴定复杂疾病 / 性状易感基因的具体实验方法（图 16-14），以便大家对关联分析有更直观的认识。

第一种称为病例对照研究（case control study）（图 16-14a），研究者通过直接比较患者群体和正常群体两组群体中某遗传标记等位基因型频率的差异，经统计分析是否具有显著差异。如果有，则认为此位点同疾病相关联；反之，否定该位点。

我们以 2 型糖尿病为例，研究者已经通过关联分析等方法已发现数十个 2 型糖尿病的易感基因，其中 *TCF7L2* 基因内部的 SNP——rs7903146（*T/C*），被证明是 2 型糖尿病最为重要的风险因子之一（Grant，2006；The Wellcome Trust Case Control Consortium，2007）。如表 16-2 所示，在病例组中，rs7903146 位点 *CC* 纯合子、*TC* 杂合子和 *TT* 纯合子的频率分别为 38.5%、48% 和 13.5%；而对照组中，这 3 个频率分别为 47.4%、43.8% 和 8.8%。首先根据基因型频率分别计算实验组和对照组的等位基因频率，结果如表 16-3 所示，*C*、*T* 两个等位基因类型在糖尿病人群中的等位基因频率为 62.5% 和 37.5%；而它们在正常人群中的频率为 69.3% 和 30.7%。由于是否 2 型糖尿病和等位基因类型都属于二分类变量，且数据量较大，可采用简单的卡方检验评估两者关联与否。

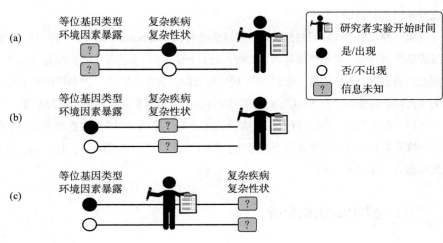

图 16-14　关联分析的常用方法

（a）病例对照研究。（b）队列研究。
（c）回顾性研究。

表 16-2　*TCF7L2* 基因内部 rs7903146 位点的不同基因型在糖尿病人群和正常人群中的频率（参考 Groves, 2006）

基因型	$CC(n;\%)$	$TC(n;\%)$	$TT(n;\%)$
糖尿病人群	771；38.5%	960；48.0%	270；13.5%
正常人群	1 175；47.4%	1 084；43.8%	217；8.8%

表 16-3　*TCF7L2* 基因内部 rs7903146 位点的不同等位基因类型在糖尿病人群和正常人群中的频率

等位基因	$C(n;\%)$	$T(n;\%)$	合计(n)
糖尿病人群	1 251；62.5%	750；37.5%	2 001
正常人群	1 717；69.3%	759；30.7%	2 476

$$\chi^2 = \sum \frac{(O-E)^2}{E} = 23.083 ; 自由度为 1 ; P < 0.001$$

结果显示 P 值显著，即 *TCF7L2* 基因内部 rs7903146 位点的等位基因类型和 2 型糖尿病之间存在关联，且 T 是增加风险的等位基因类型，C 是保护类型。根据这些数据，可以进一步计算 3 种基因型之间的比值比（odds ratio, OR）评估关联强度，结果显示，杂合子 TC 相对于 CC 型的

2 型糖尿病风险提升至 $\dfrac{\frac{960}{1\,084}}{\frac{771}{1\,175}} = 1.35$ 倍，纯合子 TT 相对于 CC 提升至 $\dfrac{\frac{270}{217}}{\frac{771}{1\,175}} = 1.90$ 倍。

从上述案例中可以看出，病例对照研究的优点是样本易于获得，基因分型工作量小且易于操作，而且这种方法有较高的检出效能。但这种分析方法也容易掺入混杂因素，造成虚假的联系，需要选择严格的对照组，优化统计分析方法，并选择独立的其他人群做更多的检验。

第二种常用的关联研究方法称为队列研究（cohort study）（图 16-14b）。将人群按照遗传标记频率或者是否暴露于某环境因素进行分组，追踪各组疾病发生的情况，是一种通过比较不同组之间的差异，分析遗传标记或暴露因素与疾病的关联程度的前瞻性的研究方法。这种方法和病例对照有所类似，又有所不同。队列研究是一种时序性的研究，关联的可信度更高，但是这种研究方法时间长，耗费也高。

第三种常用的关联研究方法称为回顾性研究（retrospective study）（图 16-14c）。根据研究对象在过去某个时间点的特征或暴露因素进行入选和分组，然后从已有的记录中追溯从过去到未来某个时间点或研究当下为止的这一段时间内，研究对象的疾病发生情况。回顾性研究相当于从过去某个时间点开始的前瞻性研究，但实际上是在调查过去的既定事实，是一种从"果"到"因"的研究。

这 3 种常用的关联分析方法在实验设计上截然不同，对样本的要求不同，结果的可信度也不同。在实际应用中，研究者应充分考虑人群样本的特点、疾病研究的现状，以及项目的研究目标，选择最合适的研究方法。

五、全基因组关联分析

病例对照研究、队列研究和回顾性研究是对不同人群样本设计的不同关联分析方法。关联

分析还可以根据选取的分子遗传标记的不同范围,分为基于候选基因区域的关联分析与基于全基因组遗传标记的全基因组关联分析。早期的关联分析通常是基于候选基因的,这些候选基因或是来自家系连锁分析的候选基因,或是在其他实验中提示的易感基因等,对这些特定基因进行人群基因分型和关联分析可以比较快捷地筛选复杂疾病的易感因素。但是,基于候选基因的关联分析带有一定的盲目性和局限性,如果候选区域存在错误或遗漏,会直接影响关联分析的结果和数据质量。

随着单倍型计划和千人基因组计划在全基因组范围进行了 SNP 分型和图谱绘制,全基因组关联分析的可行性不断上升,该方法是对群体进行全基因组范围的扫描,测定全部可能的疾病关联基因变异和单核苷酸多态性。

2005 年,第一项标志性全基因组关联分析成果——年龄相关性黄斑变性的易感基因筛选结果发表。项目共召集了 96 个病例和 50 个对照,完成了覆盖全基因组的 116 204 个 SNP 的分型,最终筛选到了位于 1 号染色体的 CFH 基因内含子的一个多态位点与疾病之间存在强关联。这项工作不仅为年龄相关性黄斑变性疾病的遗传机制研究和发病风险预测提供了重要参考,更开启了全基因组关联分析的研究热潮。截至当下,全基因组关联分析在数百种复杂疾病的研究中都取得了重要成果,研究者将这些数据中找到的易感基因标注到染色体上,便于全球研究者们查询和使用。

尽管全基因组关联分析在复杂疾病遗传分析中积累了大量数据,这种研究方法也存在一些明显的不足。首先,全基因组关联分析所应用的统计学方法有一定的假阳性,需要大样本、多人群的独立重复验证才能找到真正连锁不平衡的遗传标记。其次,作为一种统计学方法,关联分析在筛选疾病易感基因时存在一定的局限,与疾病强关联的很多遗传变异或通常只是疾病发生的"标签",而不是疾病发生的"原因",真正的易感基因还需要借助其他手段进一步明确其在染色体上的真正位置。此外,在确定了真正的遗传变异因素之后,阐明遗传变异与复杂疾病之间的功能联系的研究工作任重而道远。第三,"常见变异,常见疾病"只是复杂疾病的一种遗传机制。随着人类遗传疾病的研究更加深入,我们越来越清楚地认识到并不是所有复杂疾病的遗传机制都符合这条规律。全基因组关联分析研究仅能解释高频的遗传变异在复杂疾病中的潜在作用,中低频的遗传变异在人类遗传疾病中的角色和筛选方法还有待于其他的研究手段与方法去解决。

六、连锁与关联的区别与联系

结合连锁交换一章与本章的知识,不难发现,单基因遗传疾病 / 性状的连锁分析和复杂疾病 / 性状的关联分析之间有着明显区别:连锁是遗传标记和疾病 / 性状决定基因之间的遗传学关系;而关联是遗传标记和疾病 / 性状表型之间的统计学关系。连锁分析通常用于罕见突变引起的单基因遗传病的基因定位,需要丰富的家系材料;而关联分析适用于复杂疾病的易感基因筛选,需要较大的人群样本。但连锁和关联之间也有着重要内在联系:群体中的关联现象很可能是遥远的共同祖先的某个遗传标记与易感基因之间的紧密连锁造成的,随着世代的传递,只有遗传距离足够近的位点之间的连锁不平衡关系才能在群体中保存下来。本章的最后,请读者们思考:如果某一遗传标记和易感基因连锁,那么它们一定关联吗?反过来,如果假定某一遗传标记和易感基因关联,那么它们一定连锁吗?

习题

1. 什么是正向遗传学分析策略？请简述它的分析步骤。

2. 什么是反向遗传学分析策略？请简述它的优点和缺点。

3. 研究者在进行果蝇遗传诱变筛选时发现了一类特殊的常染色体隐性纯合突变雌果蝇，它本身表型完全正常，但当它与野生型雄果蝇杂交时，受精卵均不能正常发育成为幼虫。请问：该基因很可能属于哪类胚胎发育相关基因（请简要给出理由）？你推测这类基因的基本特点是什么？

4. 美国中西部草原上的草原田鼠（*Microtus ochrogaster*）遵循一夫一妻制，雄性和雌性的草原田鼠之间有很强的依赖关系，雄性田鼠会向家里运送食物并照顾小鼠。草原田鼠的近亲草甸田鼠（*Microtus pennsylvanicus*）遵循一夫多妻制，雄性仅在发情期与雌性在一起，不负责照顾妻儿。研究者推测田鼠的中枢神经系统中加压素受体基因（*V1aR*）的表达与田鼠的"婚姻观"存在密切联系。同时，他们发现，草原田鼠的 *V1aR* 表达水平远高于草甸田鼠，但是这个基因的编码区在两种田鼠中没有显著差异，仅在草原田鼠的 *V1aR* 基因上游多出了一段 428 bp 的 DNA 元件。请问：

(1) 如何解释两种田鼠中 *V1aR* 基因编码区序列没有差异，但表达量显著不同？

(2) 请你利用反向遗传学的分析策略，简要设计一个实验方案，检验 *V1aR* 的表达水平是否与田鼠的"婚姻观"有关。

5. 假如你在临床上收治了一位患有罕见孟德尔遗传病的患者。调研发现，有关该遗传病的研究甚少，致病基因、发病机制和防治方法均不明确。请你利用本章所学知识，设计一个定位克隆的研究方案，寻找致病基因。请简要写出你的研究策略与大致步骤。

6. 下图给出的是一个神经母细胞瘤家系，研究发现该家系的发病原因是由 *NF1* 基因的突变造成的，且该突变基因在家系中遵循显性遗传。研究者利用连锁分析发现了一个和 *NF1* 基因紧密连锁的 RFLP 多态位点，并进一步用 Southern 印迹的方法分析了家系中该 RFLP 位点的多态性，结果如图所示。请问：

(1) I-1 个体中 *NF1* 突变基因最可能位于 4.7 kb 片段所在染色体还是 3.0 kb 片段所在染色体上？

(2) 按照上一题的推测，该家系中的重组类型个体最可能是哪（几）个？请简述原因。

(3) 请根据此家系粗略估算 *NF1* 基因和该 RFLP 之间的遗传距离。

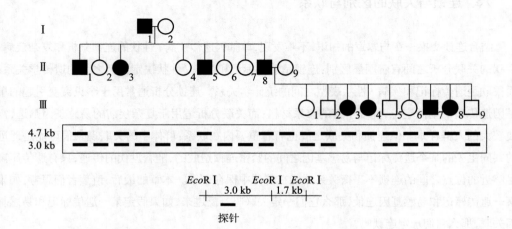

7. 为什么说定位克隆的研究方法不适用于多数复杂疾病/性状遗传机制的研究？

8. 什么是连锁不平衡？为什么连锁不平衡的存在是进行复杂疾病关联分析的基本条件？

9. 关联分析中的常用遗传标记是什么？研究者为什么选择这类标记用于遗传分析？

10. 请简述连锁分析和关联分析的区别与关系。

数字课程学习

✐ 在线自测　　　　　　⚲ 习题答案

第十七章
遗传与个体发育

受精卵是一个细胞,从一个细胞长成一个胚胎,最后长成一个成熟的个体,这就是个体发育的简单定义。个体发育依赖于连续不断的细胞有丝分裂,在每一次的有丝分裂过程中,复制后的染色体均等地分给两个子细胞。如果不考虑体细胞中低频率的基因重组和突变,从一个受精卵长成为一个新个体,每个体细胞中的基因都是等同的,但不同组织器官之间,细胞的结构与功能均不相同。通过前面多个章节的学习,我们知道不同物种之间、同一物种的不同个体之间的差异可以用遗传差异来说明,那么同一个体中细胞与细胞之间的差异该如何解释? 在个体发育的过程中,核基因组、细胞器基因组以及细胞质积累的母体基因产物是如何协同作用的? 为了回答这些问题,我们将在这一章中从遗传学角度,或者说是基因的角度,重新认识个体发育。

第一节　个体发育的一般模式

个体发育的一般模式包括受精、卵裂、图式形成、形态发生、细胞分化和生长 5 个基本过程。不同动物的个体发育基本都包括了这些过程,但这些过程并不相互独立、严格区分,而是相互交叉或更替的,发生的时间和方式也会因物种而有所不同。我们在此仅以少量代表性模式生物为例进行简要介绍,推荐读者选择相关的书籍进行胚胎发育学的专题学习。

一、受精

进行有性生殖的生物的雌配子经过受精(fertilization)成为合子,即受精卵。但生物的个体发育早在受精卵形成前就开始了。受精以前已完成减数分裂的卵细胞的细胞质中积累了由母本基因决定的物质,不仅提供了合子发育所需的营养(如卵黄),而且还蕴藏了调控合子发育的信息(即母体效应基因产物)。令人惊叹的是,雌性动物巧妙地利用不均等的细胞分裂将大部分的细胞质组分积累到了卵细胞中,而较少地分给极体。

受精即精卵结合的过程,这一过程的机制非常复杂,以人为例,位于精子表面的抗受精素(antifertilizin)和卵细胞表面的受精素(fertilizin)的相互作用促进了精子向卵子的游动和结合。精子进入卵细胞内部,核膜消失,精核和卵核融合生成合子核,受精完成。如果不考虑同源染色体的交换和基因突变等因素,每个人理论上可以产生 $2^{23} \approx 8.4 \times 10^6$ 种不同配子类型,不同的卵细胞和精子结合后,可以产生 $2^{23} \times 2^{23} \approx 7.04 \times 10^{13}$ 种合子。因此,同胞之间,除非是同卵双生子,否则是不会有遗传组成完全相同的两个个体的,这也是生物遗传多样性的一种体现。

二、卵裂

卵裂(cleavage)指的是卵细胞受精之后经历的快速的细胞分裂期,没有细胞体积增长的间隙,受精卵分裂成大量小细胞的过程。卵裂的速度一般很快,但在不同物种中有所不同,如斑马鱼是 15 s,海胆 30 s,小鼠则需要 10~20 h。卵裂的结果是细胞数目增多,但体积没有生长,卵裂后形成的细胞称为囊胚细胞或卵裂球(blastomere)。

以非洲爪蟾(*Xenopus laevis*)为例(图 17-1a),成熟的爪蟾卵在垂直方向可分为动物极区域(animal region)和植物极区域(vegetal region),前者颜色较深,构成上半球,后者富含卵黄,颜色较浅,密度较高,构成下半球。第一次卵裂是纵向的,将受精卵平均分成两半。第二次卵裂也是纵向,但和第一次成直角,将受精卵垂直分为 4 个体积相同的卵裂球。第三次卵裂是横向的不均等的分裂(在某些动物中是均等的,如海胆),得到 8 个卵裂球,植物极的 4 个卵裂球较大,动物极的 4 个较小。持续的卵裂将受精卵分为更多更小的卵裂球。并在内部形成了一个空腔——囊胚腔(blastocoel),这个时期的细胞团或胚胎也称为囊胚(blastula)(图 17-1b)。

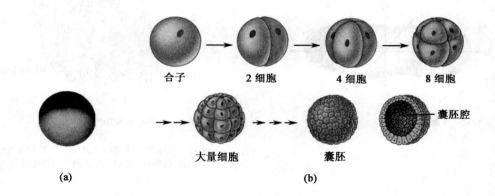

图 17-1 爪蟾卵细胞(a)和早期卵裂(b)示意图

在囊胚时期,不同区域的卵裂球已发生了变化,出现了 3 种原始胚层(germ layer)的分化:动物极卵裂球将发育成外胚层(ectoderm),位于中间区域的发育成中胚层(mesoderm),而植物极部分将发育成内胚层(endoderm)。

需要强调的是,由于受精卵内细胞质的分布是不均一的,而卵裂也是不均等的,因此受精卵经过卵裂得到的囊胚细胞所含有的细胞质组分互不相同,这些不均匀分配的细胞质将在后续的发育过程中扮演重要的调控作用。

三、图式形成

卵裂形成的细胞团发育成为有序的结构体的过程称为图式形成(pattern formation)。图式形成包括体轴(body plan)的建立和胚层的特化。

体轴分为头尾轴(antero-posterior axis)、背腹轴(dorso-ventral axis)和中侧轴(medio-lateral axis）（或左右轴）（图17-2）。仍以爪蟾为例，爪蟾精子进入卵子的位置对体轴的建立非常重要，根据这一进入位点，第一次卵裂将胚胎分为左、右两半，第二次卵裂将胚胎又分为背、腹两半。体轴建立的机制相当复杂，已知精子进入卵子的位置引发了细胞膜和细胞质之间的皮层（cortical）相对细胞质的旋转，并在受精卵的相对一侧形成了Nieüwkoop中心，该中心在发育过程中特化成背侧（图17-3）。发育遗传学的研究工作揭示，大量母体效应基因参与了轴向的特化。例如，在爪蟾和斑马鱼中都发现，母体表达的β-catenin蛋白在Nieüwkoop中心积累，参与决定背侧发育。将β-catenin的mRNA显微注射到胚胎的其他位置，能够诱导另一个背侧的发育。

除了体轴建立，图式形成还需要细胞通过迁移完成胚层的特化。在这个阶段，细胞的命运已被决定。细胞决定（cell determination）指的是细胞被赋予特殊的"命运"，即将进入程序性的分化过程。在"决定"这一阶段，尽管细胞还没有显示出特定形态的、生理的和生化的特征，但是已经确定了分化的特定方向和实现程序。因此，细胞命运的决定是分化的前提和基础。爪蟾胚胎的8细胞期的每个细胞分离后可单独发育成相应的胚层细胞及其所对应的组织（图17-4）。但不同物种的细胞命运决定的时期有所不同，例如，豹蛙（*Rana pipiens*）直到原肠期晚期细胞命运决定才刚刚开始。

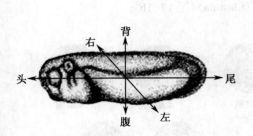

图17-2　爪蟾胚胎的体轴

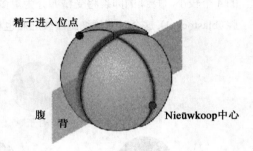

图17-3　精子进入位点与体轴的建立

在4细胞期时，根据精子进入位点，爪蟾胚胎可分为背、腹两半。在精子位点的相对位置，诱导形成Nieüwkoop中心。

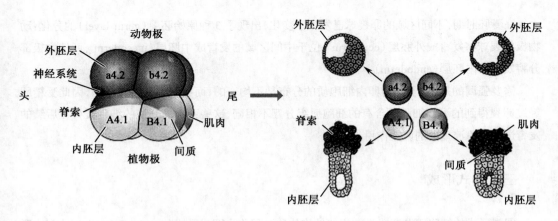

图17-4　细胞命运的决定

将爪蟾8细胞期胚胎的细胞分离后单独培养，每个细胞能发育成为特定的胚层和组织。

图式形成中细胞命运的决定同样和胚胎中不均匀分布的细胞质物质有着密切的联系。这类能够在胚胎特定位置以不同浓度决定不同细胞命运的物质被称为形态发生素（morphogen）。例如，激活蛋白（activin）属于转化生长因子 -β（transforming growth factor-β）家族，是多种细胞表达分泌的细胞因子，在胚胎发育中发挥形态发生素的作用。将不同浓度的激活蛋白加入动物极细胞团中培养，能够诱导出不同的细胞类群（图 17-5）。

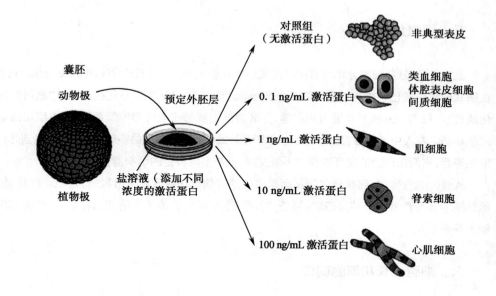

图 17-5　形态发生素的诱导作用

体外培养动物极细胞，加入不同浓度的激活蛋白，能够诱导出不同的细胞群。

四、形态发生

在这个发育阶段，球状细胞团的囊胚将经历显著的形态变化，成为具有细胞层分化的胚胎，这个形变的过程就称为形态发生（morphogenesis）。原肠胚（gastrula）的形成是动物胚胎形态发生中最重要的变化，通过广泛的细胞迁移，胚胎在三维结构上出现了质变。我们仍以爪蟾为例介绍原肠胚的大致形成过程（图 17-6）。

原肠胚形成发生在囊胚期之后，首先是在囊胚背侧的动、植物极交界的边缘区，预定的内胚

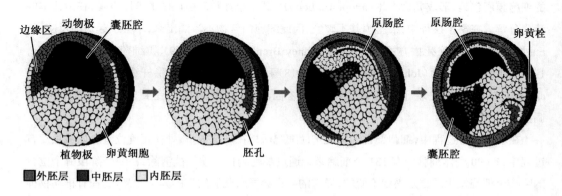

■外胚层　■中胚层　□内胚层

图 17-6　爪蟾原肠胚形成过程示意图

从左至右依次为囊胚期、原肠胚早期、原肠胚期和原肠胚晚期。

层细胞出现内陷,形成裂隙状的胚孔(blastopore),位于胚孔背唇的边缘区的预定内胚层和中胚层细胞随着胚孔内陷不断内卷,这种细胞运动形成了原肠腔(archenteron,肠腔的前体)。内胚层不断推向胚胎的内部,囊胚腔显著缩小,同时,动物极的外胚层细胞向植物极迁移和外包,而中胚层细胞沿着胚孔顶壁的内表面延长。爪蟾的原肠胚形成后,形态发生还未结束,各胚层细胞还将继续通过迁移到达预定位置,为后续的分化做好准备。

五、细胞分化

上文已经提到,细胞分化与前期的图式形成密切相关。在细胞分化(cell differentiation)时期,在图式形成阶段已经特化成各个胚层的细胞向着既定的命运走上分化的道路:中胚层细胞将分化成脊索、肌肉、心脏、肾和造血组织等,外胚层细胞将形成表皮和神经系统,而内胚层细胞则形成肠和肺。在人中,胚胎细胞可以分化成为至少250种不同类型的细胞,如血细胞、肌细胞、神经细胞等等,它们在后续的发育过程中不断发展,最终形成特定的组织器官。

从遗传的角度讲,细胞分化是基因组内的遗传信息在特定发育阶段、特定组织部位、特定细胞类型中选择性表达的结果,其结果是:携带完全相同的遗传物质的细胞在形态、结构和生理功能上各不相同。

六、细胞生长和细胞凋亡

尽管胚胎早期的发育阶段几乎没有什么生长,但是到了后期,细胞生长以多种方式发生,如细胞增殖、细胞体积增大,细胞外物质的沉积,等等。此外,不同器官或者不同部分之间细胞生长速率的差异也是胚胎形态差异形成的原因。

除了细胞生长,程序性细胞死亡,又称细胞凋亡(cell apoptosis),也是发育过程中的重要细胞行为。1972年,研究者首次描述了细胞凋亡现象,并指出这是一种正常的生理过程,如同花瓣凋零(Kerr等,1972)。细胞凋亡时,细胞变成圆球状,细胞外膜鼓起形成腔泡,细胞核膜和细胞的一些内部结构破裂,核内的染色体DNA断裂成大小不等的断片,与某些细胞器等聚集,并被反折的细胞膜所包裹,形成凋亡小体(apoptotic body)。凋亡小体随后被周围的细胞吞噬,在溶酶体中消化分解。在整个过程中,细胞膜并不破裂,因此细胞内含物不渗漏出来,不会引起炎症反应,是一种"洁净"的细胞死亡方式。布伦纳(Sydney Brenner,1927—2019)、霍维茨(Robert Horvitz,1947—)和萨尔斯顿(John Sulston,1942—2018)利用模式生物秀丽隐杆线虫(*Caenorhabditis elegans*)的突变体发现了调控凋亡的信号途径,揭示了细胞凋亡受到一系列基因的级联调控。

在个体发育过程中,细胞凋亡的意义是使细胞保持在一定数量,处在正确位置。如线虫发育过程中,1 090个体细胞中有131个细胞必会通过细胞凋亡的途径被清除,在哪个阶段哪个位置的哪一个细胞发生凋亡是固定不变的,异常的凋亡会导致胚胎发育的异常。又如,在脊椎动物神经系统的发育中,多种类型的神经元的数目是过量的,只有从靶细胞处获得足够营养因子的部分神经元能够继续存活,其余未获得营养因子的神经元将进入凋亡途径,以维持神经系统中正常的细胞数目和正确的细胞通讯。再如,蝌蚪尾巴在变态发育过程中的消失,人早期胎儿的指(趾)间组织——蹼在晚期胎儿中的消失，都是细胞凋亡的结果。可见，细胞凋亡是个体发育所必需的关键步骤。

第二节　基因在胚胎发育中的作用分析

这一节，我们以黑腹果蝇的早期胚胎发育为例，向读者介绍遗传因素如何在胚胎发育过程中发挥调控作用。在遗传分析一章，我们已介绍过福尔哈德和威绍斯成功利用遗传筛选的方法鉴定了大量参与果蝇胚胎轴向建立、体节发育的调控基因。在他们的工作基础上，遗传学家已经揭示了果蝇胚胎早期发育的形态建成依赖于母体效应基因（maternal effect gene）、裂隙基因（gap gene）、成对规则基因（pair-rule gene）、体节极性基因（segment polarity gene）和同源异形基因（homeobox gene）等的协同作用。

一、果蝇胚胎的发育过程

先简单介绍果蝇胚胎早期发育的基本过程（图17-7a）。雌、雄果蝇的卵核和精核融合后，细胞核迅速分裂但不发生胞质分裂，形成大量核集中在一个细胞质中，成为合胞体（syncytium）。在第9次分裂结束后，细胞核移动到细胞的外周，形成合胞体囊胚层（syncytial blastoderm）。同时，15个左右的细胞停留在胚胎的后端，并发育成为极细胞（pole cell），它们会成为将来的生殖细胞。随后，细胞间隔开始发育，形成细胞性胚盘（cellular blastoderm）。果蝇的所有胚层都由胚盘外围的单层细胞发育而来。随后，原肠胚开始形成，腹面的预定中胚层首先发生内陷，形成腹面中线沟。内陷的腹面胚层或胚带（germ band）不断向后端延伸，并上升到背侧，形成构成躯干的主要区域。在受精后10 h左右，原肠胚基本形成，一系列均匀间隔的沟将胚划分成头部、胸部和腹部共14个副体节（parasegment）（图17-7b）。这些胚胎阶段的副体节与成虫的体节（segment）交错了半个体节的位置，即每个体节实际上是由上一个副体节的后半区室与下一副体节的前半区室所构成的。

果蝇的幼虫在受精后24 h孵化出来，在幼虫体内已经具备了所有发育成未来的足、翅、眼等

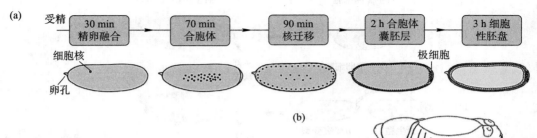

图17-7　果蝇胚胎早期发育的基本过程

(a) 精子从卵孔进入卵细胞后，经过3 h左右的发育，形成细胞性胚盘。(b)10 h左右形成的果蝇胚胎的副体节和体节位置，区室中A表示头部，P表示尾部。

器官的成虫盘（imaginal disc）。随着幼虫觅食、生长、脱皮，幼虫经过 1 龄、2 龄和 3 龄三个阶段，成为蛹，最后经过激素诱导的变态发育成为有足有翅的成虫。从果蝇成虫上更容易分辨各个体节单位，从头部至尾部分别为头部 3 体节（从头开始依次为 Ma、Mx 和 Lb）、胸部 3 体节（T1～T3）和腹部 9 体节（A1～A9）（图 17-7b）。每个体节都有其独特的特征，以 3 个胸部体节为例，第 1 个胸部体节仅长出腿，第 2 个胸部体节会长出腿和翅，第 3 个胸部体节则长出平衡器。可见，早期胚胎发育已经决定了果蝇发育的蓝图。

事实上，所有的物种发育都是如此，因此，早期胚胎发育的遗传学研究至关重要。

二、果蝇胚胎早期发育的关键调控基因

果蝇胚胎最早期的发育过程是由积累在卵细胞质的 mRNA 和蛋白质指导的，这些物质在受精前由母体表达和积累，并沿轴产生了不同浓度，发挥形态发生素的作用，可以激活或抑制合子基因的表达，从而指导果蝇胚胎头尾轴、背腹轴的建立。合成这些物质的基因被称作母体效应基因。研究发现，共有约 50 个母体效应基因参与了果蝇体轴的建立，随后的发育都按照母体效应基因建立的基本框架进行。

母体效应基因 bicoid（bcd）是研究得较为清楚的果蝇母体效应基因。在未受精的卵中，母体表达的 bcd 的 mRNA 定位于头端，受精后，mRNA 翻译出蛋白质，从头端向尾端扩散，沿头尾轴形成浓度梯度，这一浓度梯度为进一步的图式形成提供了重要的位置信息（图 17-8a）。观察 bcd 缺陷的雌果蝇生产的幼虫（图 17-8b），均没有头部和胸部体节，出现尾部 - 腹部 - 尾部的畸形胚胎，提示母源的 bcd 基因负责调控头胸部发育。将野生型雌果蝇卵细胞头部的细胞质吸取后原位注射到 bcd 缺陷的卵细胞的既定头部位置（注意此时没有改变母本或子代的基因型），可以部分回补子代幼虫的头部发育（图 17-8c），说明母本积累在卵细胞中的基因产物发挥了胚胎发育的调控作用。如果将野生型雌果蝇卵细胞头部的细胞质吸取后异位注射到 bcd 缺陷的卵细胞的其他部位比如中央部分，一些头部结构将会从注射位置发育出来（图 17-8d），进一步说明母本的

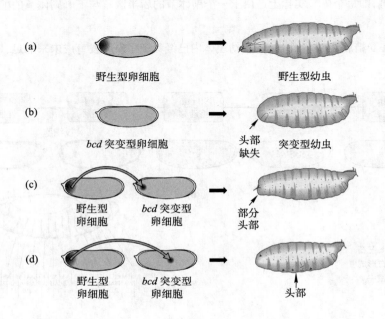

图 17-8　果蝇 bcd 基因作用机制的遗传分析

左侧：果蝇实验基本方案。右侧：子代果蝇幼虫的形态示意图。

基因产物在卵细胞中的浓度分布梯度决定了胚胎头部的建立位置。其他母体效应基因如 *nanos*（*nos*）的 mRNA 分布在胚胎尾端，也在受精后翻译产生 Nanos 蛋白梯度，参与建立尾端模式的发生。其他母体效应基因还包括决定末端极性的 *torso*, *trunk* 等，决定背腹轴极性的 *Toll*, *nodal* 等。

　　裂隙基因是一些受到母体效应基因调控的合子基因，在胚胎的一定区域（沿头尾轴向，一般覆盖多个体节）内表达。这类基因如发生突变，会使胚胎体节图式出现大段空缺，因此称为裂隙基因（图 17-9a），包括 *hunchback*, *krüppel*, *knirps*, *giant* 等。裂隙基因是在胚胎中转录表达的第一批合子基因，它们的表达受到母体效应基因的严格调控。例如，Bicoid 蛋白可以结合到裂隙基因 *hunchback* 的启动子区域，激活 *hunchback* 基因的表达。被激活的 *hunchback* 转而可以继续调控其他裂隙基因的活性，如 *krüppel*。母体效应基因和裂隙基因之间的协同作用可以将胚胎划分成独立的区域，为下一阶段的发育提供位置信息。

　　在裂隙基因的蛋白质产物的直接或间接调控下，成对规则基因在间隔的体节中转录表达，使得裂隙基因规划的宽阔的体节范围被进一步细分成垂直于头尾轴的 7 个带区。它们的突变体会每间隔一个体节就缺失一部分，因此得名。已知的成对规则基因包括 *even-skipped*, *odd-skipped*, *hairy*, *runt*, *fushi tarazu* 等。其中，*even-skipped* 表达于奇数副体节，它的缺失突变体丢失一半的偶数副体节而 *fushi tarazu* 恰恰相反，表达于偶数副体节，缺失突变体丢失奇数体节（图 17-9b）。

　　裂隙基因和成对规则基因共同参与了副体节的确定，尽管每个副体节看上去非常类似，但事实上，不同的表达基因的组合决定了每个副体节的特异性。

　　成对规则基因产物继续调控体节极性基因的转录图式。体节极性基因的突变体丧失了体节的头尾轴极性：丢失了体节的一部分结构，并被该体节的另一部分的镜像结构所替代，因此定义

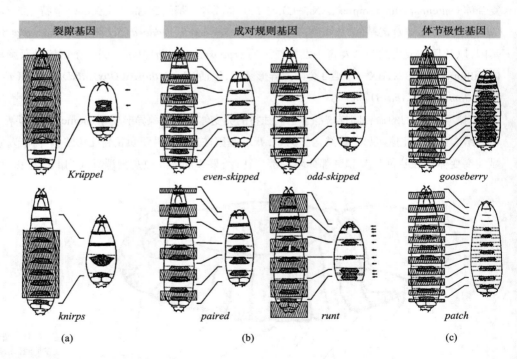

图 17-9　3 类果蝇胚胎早期发育调控基因突变纯合子的表型示意图
（引自 Nüsslein-Volhard 和 Wieschaus, 1980）

左侧：野生型幼虫形态；右侧：突变型幼虫形态。阴影部分为缺失区段。

为体节极性基因(图 17-9c)。

　　体节极性主要具有两个作用:在成对规则基因作用的基础上进一步确定体节的边界和极性,以及决定体节内的细胞谱系命运。例如,*engrailed* 是第一个被活化的体节极性基因,在每个副体节的前缘第一排细胞内部表达,确定了这群细胞将特化成为幼虫体节的后部区室。表达 *engrailed* 的细胞的谱系命运已决定,在后续的发育中始终停留在体节的后部。果蝇翅的成虫盘是在发育为 T2 体节的相邻副体节之间的边界上发生的,由于 *engrailed* 等体节极性基因的表达确定了翅的前后部区室,因此翅膀的前后部分的细胞谱系不同,翅膀前后形态差别显著。但在 *engrailed* 突变体果蝇中,翅前后区室的细胞边界消失,翅的后缘出现了翅前缘的特征性短毛(图 17-10)。

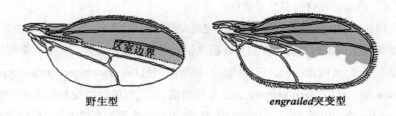

野生型　　　　　　　　　　*engrailed*突变型

图 17-10　*engrailed* 突变体在果蝇翅上的表型变化

　　在胚胎体节的划分确定之后,最后由同源异形基因决定各体节未来的发育途径,形成各体节的特征结构。美国遗传学家刘易斯(Edward Butts Lewis,1918—2004)在揭示同源异形基因的功能和性质中发挥了重要作用,并启发了福尔哈德和威绍斯的遗传筛选工作。

　　果蝇的同源异形基因主要分布在 3 号染色体上的两个区段(图 17-11),一个区段是触角足复合体(antennapedia complex,ANT-C),含 5 个同源异形基因,包括负责头部体节特化的 *labial* (*lab*)和 *Deformed*(*Dfd*)基因,负责胸部体节特化的 *Sex combs reduced*(*Scr*)和 *Antennapedia*(*Antp*)基因,以及只在成虫的头部发育中发挥作用的 *proboscipdia*(*pb*)基因。另一个区段是双胸复合体(bithorax complex,BX-C),含 3 个同源异形基因,包括 *Ultrabithorax*(*Ubx*)、*abdominal-A*(*abd-A*)和 *Abdominal-B*(*Abd-B*)基因。

　　同源异形基因的命名同样来源于它们独特的突变体——同源异形现象(homeosis),即某个体节或结构整体转化成了另一种结构。例如,*Antp* 基因在正常条件下负责特化第二胸部体节,它的显性突变体可在头部体节和胸部体节中都表达,结果头部的成虫盘被诱导成胸部的成虫盘,原

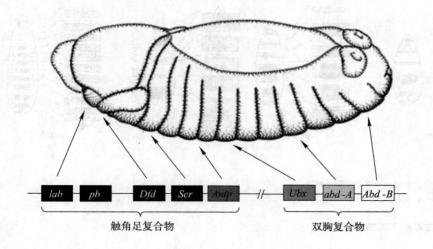

lab　*pb*　*Dfd*　*Scr*　*Antp* // *Ubx*　*abd-A*　*Abd-B*

触角足复合物　　　　　　双胸复合物

图 17-11　黑腹果蝇 3 号染色体上的同源异形基因

同源异形基因在染色体上线性排列,箭头所指的是它们在胚胎中的表达部位。

来长触角的部位长出了足（图 17-12a）。而 *Antp* 基因的纯合缺失突变体在胸部也不表达 *Antp*，第 2 对足转变为触角（Struhl，1981）。再如，*Ubx* 控制第三胸部体节（长有平衡器）的发育，*Ubx* 的缺失突变体的第三胸部体节无法正常发育，转变为重复的第二胸部体节，结果平衡器转变为第二对翅膀（图 17-12b）。

　　分子遗传学研究发现，同源异形基因具有高度的保守性。首先，同源异形基因在染色体上的基因排列顺序和基因在胚胎前后轴上的空间表达顺序具有共线性（colinearity）关系（图 17-11）。其次，同源异形基因的内部序列存在保守性，都含有一个高度保守的 180 bp 长度的同源区域，称为同源异形框（homeobox），简称同源框。这段 DNA 序列编码 60 个氨基酸的同源异形域（homeodomain），与 DNA 结合，发挥转录调控作用。再次，同源异形基因在不同物种之间高度保守。除了果蝇，脊椎动物胚胎发育早期的躯体规划也是由同源异形基因决定的。以小鼠为例，小鼠基因组中的 *Hox* 基因家族（Hox gene family）由 4 大类同源异形基因组成，即 *Hoxa*、*Hoxb*、*Hoxc* 和 *Hoxd*。这 4 类基因成员均含有同源异形框，通过结合 DNA 元件发挥转录因子作用；它们在染色体上成簇排列的排列顺序与果蝇 3 号染色体上同源异形基因的排列顺序一致，也与它们在小鼠胚胎发育过程中的表达图式一致（图 17-13）。研究者利用基因敲除实验揭示了小鼠 *Hox* 基因在胚胎发育中的关键调控作用，例如 *Hoxa3* 纯合突变小鼠出生后死亡，尸体解剖发现小鼠胚胎存在严重发育异常，包括颈软骨短而厚，缺失胸腺、甲状腺和甲状旁腺，心脏和血管畸形等（Chisaka 和 Capecchi，1991）。人类基因组中含有 *HOXA*、*HOXB*、*HOXC* 和 *HOXD* 4 个基因簇，基因的排列顺序和表达图式仍然高度保守。临床上发现 *HOXA11*、*HOXA13* 和 *HOXD13* 基因突变可导致个体出现骨骼发育异常、肢体畸形等表型。但其他人类 *HOX* 基因鲜见突变报道，这可能是这些 *HOX* 基因突变严重影响发育，导致胚胎自然流产的原因。

(a) (b)

图 17-12　黑腹果蝇的两种同源异形突变

(a) *Antp* 显性突变果蝇的头部照片，可见触角转换为足（引自 Klug 和 Cummings，2000）。
(b) *Ubx* 缺失突变果蝇的照片，可见重复胸部和两对翅（引自 Crow 和 Bender，2004）。

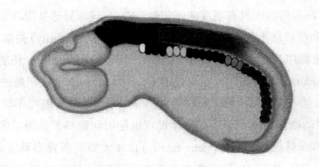

图 17-13 小鼠 *Hox* 基因家族在染色体上的位置以及在胚胎发育早期的表达图示(引自 Carroll, 1999)

三、发育相关基因的调控作用

综上,在果蝇胚胎发育早期,一系列胚胎发育相关基因级联作用,相互协作,共同决定了胚胎图式和细胞命运(图 17-14)。由母体表达,积累在卵细胞中的母体效应基因产物最早发挥作用,通过建立浓度梯度指导体轴的初步建立,并转录激活下游的合子基因。最先表达的合子基因是裂隙基因,它们将胚胎沿体轴划分为大块区域。随后,成对规则基因被裂隙基因激活,和裂隙基因一起指导胚胎完成体节化。体节极性基因进一步促进体节内部的极性建立和细胞命运决定。最后,同源异形基因在成对规则基因和体节极性基因的基础上,指导各个体节的特征发育方向,完成后续发育的蓝图绘制。分子生物学研究进一步揭示这五类早期胚胎发育相关基因绝大多数都编码转录因子,通过转录调控实现级联效应,保证了胚胎发育准确、有序地进行。

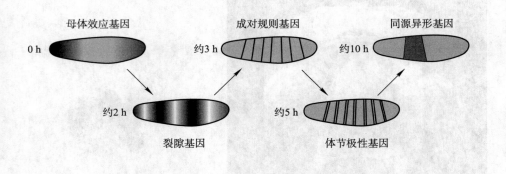

图 17-14 果蝇胚胎早期发育相关基因的级联作用

基因的表达和作用位置用深色色块或线条表示,时间表示受精后该类基因的表达时间。

第三节 几个发育现象的遗传学分析

这一节我们就其他一些模式生物发育中的几个有趣现象,从遗传学角度来进行分析。

一、DNA 重排与细胞分化

前面讲过,细胞分化是基因选择性表达的结果。某些生物通过染色体 DNA 重排(DNA

rearrangement)来控制基因表达。常常提到的一个例子是昏睡病的病原体——锥虫（*Trypanosoma*）的表面糖蛋白，还有一个众所周知的例子是哺乳动物的 B 淋巴细胞。

锥虫属原生动物门的单细胞真核生物，种类很多，流行于热带非洲的昏睡病是由能寄生于人体和野生 / 家养动物中的布氏锥虫（*Trypanosoma brucei*）引起的。锥虫的细胞表面覆盖了大量表面糖蛋白，每一个体约有 500 万至 1 000 万分子之多，而且在同一时期，锥虫仅表达同一种表面糖蛋白变异体（variant surface glycoprotein, VSG）。这样，宿主的免疫系统仅与这种 VSG 接触，而不会与锥虫的任何其他蛋白质接触。在宿主对感染的锥虫及其后代所表达的 VSG 抗原能达到有效的免疫反应之前，个别子代锥虫会转而产生另一种新的 VSG，从而使锥虫后裔成功避开宿主对其 VSG 的免疫反应（图 17-15a）。换句话说，在感染期间，锥虫改弦易辙，转而产生新的 VSG，其速率之快足以挫败宿主对感染的有效免疫应答的相继步骤的实现。

锥虫中编码不同 VSG 的基因约有 1 000 个，在锥虫生活史中的每一个时期，有且仅有一个 *VSG* 基因表达，每隔一定阶段发生更换。某一特定 *VSG* 基因的表达，首先需要该基因进行复制，然后复制的拷贝转座到基因组中特定的表达部位。表达部位有活跃的转录调控元件 / 因子，能使新插入的 *VSG* 基因表达，所以从一个 *VSG* 基因的表达转换到另一 *VSG* 基因的表达，涉及位于表达部位的旧 *VSG* 基因拷贝的除去和新 *VSG* 基因拷贝的插入（图 17-15b）。DNA 重排在这一过程中是实现 *VSG* 特异表达的主要手段。

脊椎动物中抗体的产生是细胞分化中另一个较为特殊的例子。抗体产生细胞来自骨髓，随后由淋巴器官加工，成为 T 和 B 淋巴细胞（图 17-16）。这些淋巴细胞接触外来抗原后，就转变为抗体产生细胞，产生大量抗体。形成的抗体与相应抗原结合，就发生凝集或沉淀等反应。这是动物防御外来物质的复杂生理生化过程。

抗体是体液免疫应答的重要产物，属于免疫球蛋白（immunoglobulin, Ig）。免疫球蛋白又有多种类型：IgG、IgM、IgA、IgE 和 IgD，其中 IgG 是血清中含量最多的免疫球蛋白类型，不同免疫球蛋白的基本结构和化学性质相似。IgG 分子由两条重链（heavy chain, H）和两条轻链（light chain, L）组成，H 链和 H 链之间、H 链和 L 链之间均由二硫键连接，构成类似于 Y 字母的结构（图 17-17）。人和小鼠 IgG 的 L 链分为两种类型——κ 型和 λ 型，其中 λ 链还有不同的亚型。H

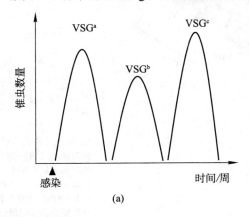

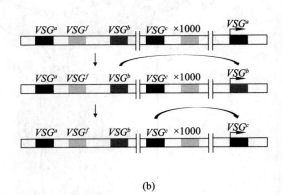

(a)   (b)

图 17-15 锥虫逃避宿主细胞免疫清除的机制

(a) 感染锥虫的宿主细胞内锥虫 VSG 的表达变化。(b) 锥虫基因组中
VSG 编码基因的表达调控模式。
不同的小写字母上标表示不同的 *VSG* 基因拷贝。

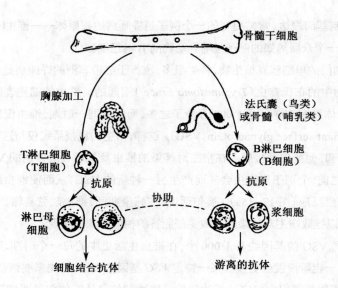

图 17-16 抗体产生细胞的起源和加工

接触抗原后,T 细胞本身并不产生游离的抗体,而是协助 B 细胞,使它产生抗体,释放到血液中。不论有几种抗原存在,每一浆细胞通常只产生一种类型的抗体。

链可分为 5 种类型,分别称为 μ、γ、α、δ 和 ε 型,其中 α 和 γ 也有不同的亚型。在 L 链和 H 链的近氨基端,有一段长度为 100～110 个氨基酸的区域在不同 IgG 分子之间差别甚大,被称为可变(variable,V)区。而在 L 链的近羧基端以及 H 链的其余部分,氨基酸的组成非常保守,被称为恒定(constant,C)区(图 17-17)。因此,IgG 分子的特异性是由 V 区即可变区决定的,它也是 IgG 与抗原结合的位点。

抗原的种类成千上万,一个个体需要产生的 IgG 在内的抗体种类很可能在 10 万以上。这样就有一个很有意义的问题:一个 IgG 肽链的 V 区和 C 区是由不同基因决定的,还是由一定数量的基因或它们的产物以各种方式组合决定的呢? 1976 年,日本生物学家利根川进揭示脊椎动物

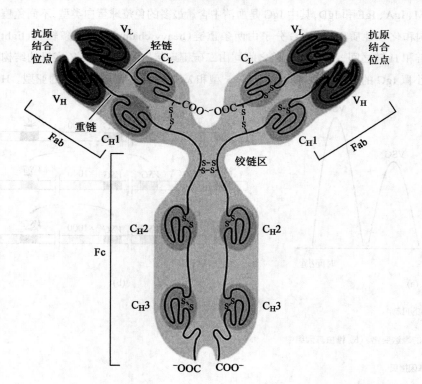

图 17-17 IgG 分子的结构示意图

V_H 和 V_L 分别代表重链和轻链的可变区,C_L 代表轻链的恒定区,重链的恒定区有多个,分别用 C_H1、C_H2、C_H3 表示。用木瓜蛋白酶处理 IgG 分子,得到两种片段,具有抗原结合活性的部分称为 Fab 片段(fragment antigen-binding),另一部分冷藏后可形成晶体,被称为 Fc 片段(fragment crystallized)。连接 Fab 和 Fc 段的区域称为铰链区(hinge region)。

利用基因重排实现抗体多样性。编码 IgG 分子 L 链和 H 链的基因分布在染色体的不同位置,如人的 L 链的 κ 链基因位于第 2 号染色体,λ 链基因位于第 22 号染色体,而 H 链基因位于第 14 号染色体。每条链的完整的编码基因又由不同的基因簇组成,人的 L 链基因由 V、J 和 C 3 类基因簇组成,而 H 链由 L、V、D、J 和 C 5 类基因簇组成。每个基因簇内都含有多个相互不同的基因拷贝,不同基因簇内的基因排列组合,就构成了上万种不同的抗体基因。以小鼠中 L 链的 κ 链基因的组装和表达为例,小鼠的 κ 链基因簇位于第 2 号染色体。κ 链基因簇包括数百个 V 基因区段、4 个 J 基因区段和一个 C 基因区段。在所有发育阶段中,J 区段都邻近 C 区段,中间仅有一内含子之隔。在胚胎细胞中,V 区段离开 J 和 C 区段的上游较远。在 B 细胞发育期间,V 和 J 间的 DNA 序列被剪切,从而 V 区段就跟 J 区段相邻接,形成了一个 V—J—内含子—C 这样的 DNA 顺序(图 17-18)。然后这段顺序转录为初级转录物,再把内含子切除,形成 mRNA 分子,最后翻译成轻链多肽。

H 链基因的组装和表达基本程序与 L 链相似,涉及 D—J、V—DJ 两轮重排,产物种类更加多样。由此可见,由 L 链和 H 链组成的 IgG 分子的多样化,主要是由于发育过程中淋巴细胞 DNA 能够以 DNA 重排的方式产生成千上万种可能的基因结构。

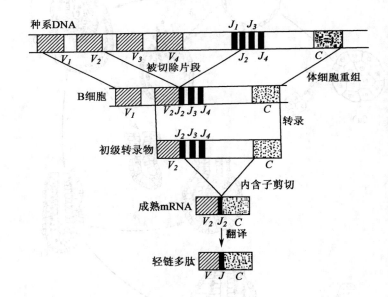

图 17-18　小鼠的 κ 链基因的重排与表达过程

首先随机选择 V、J 区段,由重组酶将它们之间的 DNA 除去并使之接合。图中标有 V_3、V_4 和 J_1 的 DNA 区段已被除去,因而 V_1 和 J_2 就连接在一起了。接着从 V_2 起点至 C 基因末端的整段 DNA 被转录成 RNA。最后从 J_2 末端至 C 起点之间的序列在 RNA 加工过程中被切除,由此得到的 mRNA 再翻译成蛋白质,在本例中即为一种 κ 链。

二、发育突变体分析与基因功能预测

脊椎动物的早期发育过程在很大程度上依赖于母方提供的遗传信息。但是到了原肠胚形成时,胚胎自身(合子)的遗传信息对进一步的发育就显得重要了。

例如,在小鼠中发现一种突变,它的尾巴长度只有正常小鼠的一半。交配的结果揭示,这种突变的尾巴性状起因于显性突变基因 T,它与野生型基因(+)组成的杂合子(T/+)也同样有这性状。进一步分析知道,纯合个体 T/T 在胚胎发育的特定阶段死亡。

此后,在野外捕获的或实验室饲养的一些小鼠中,表型似乎正常,但若与 T/+ 小鼠交配,既有短尾小鼠后代,也有出生没有尾巴的小鼠。交配的结果可作这样的解释:外观正常的长尾小鼠实际带有隐性无尾突变基因 t,其基因型为 +/t。当 t 基因与 T 基因相互作用时,即生出无尾小鼠,这样就能完满地说明实验结果（图 17-19）。

那么 T 基因座在发育遗传学上告诉我们一些什么呢？T 基因座上各种纯合致死的等位基因会在某一特定时期阻断胚胎发育（图 17-20）。例如纯合子 t^{12}/t^{12} 胚胎可发育到桑葚期，但在到达胚泡期（blastocyst stage）以前死亡。纯合子 t^{w73}/t^{w73} 胚胎可发育到胚泡期，能够在子官开始着床，可是不能完成这个过程，最后死亡（图 17-20 中未表明）。其他等位基因纯合子也可阻断胚胎的进一步发育。因为每一突变型都是在某一特定时期阻断发育，所以 T 基因座的野生型基因很可能是在出现新的细胞与细胞间的相互作用时，通过改变细胞表面的特性来控制早期胚胎发育的，使新的细胞联系能正常地、协调地进行。

P $T/+$ × $+/t$

F$_1$ $+/+$ $T/+$ $+/t$ T/t
    长尾   短尾   长尾   无尾

图 17-19 T/t 小鼠与某种表型正常的小鼠交配时，会生出 1/4 无尾小鼠

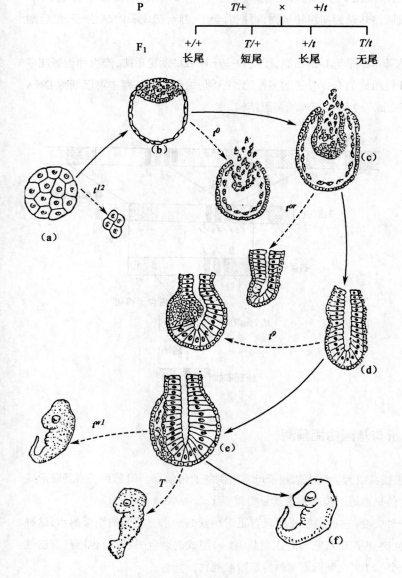

图 17-20   小鼠的早期胚胎发育

实线箭头表示正常胚胎发育，虚线箭头表示带有 t 基因突变个体的发育从这儿开始受阻。(a) 受精卵分割，形成一个细胞球，称桑葚胚。(b) 发育成胚泡，出现细胞分化，形成外围的滋养外胚层。t^{12} 纯合子不能完成这一步，以未分化的桑葚胚告终。(c) 胚泡植入子宫壁后，内细胞团分化出外胚层，t^0 纯合子的滋养外胚层发育不良，不能很好着床，随后胚胎死亡。(d) 内细胞团继续生长，胚胎进入卵圆柱体晚期。但 t^{or} 纯合子出现外胚层变性，胚胎逐渐消亡。(e) 胚胎本身开始分化，卵圆柱体上出现原条，在原先存在的内、外胚层间形成中胚层。t^9 纯合子胚胎不能形成正常的中胚层，因而也没有从这胚层而来的组织。(f) 出现脊索、神经管、体节，形成正常胚胎。但 T 纯合子的神经管和体节异常，后肢发育不良，而 t^{w1} 纯合子的胚胎很小，仅有正常胚胎的 1/4 到 3/4，神经系统异常，骨骼系统畸形以及水肿。

三、植物花器官的发育与 ABC 模型

拟南芥（*Arabidopsis thaliana*）也是一种良好的遗传学模式生物，属于十字花科鼠耳芥属。

拟南芥具有一系列吸引遗传学家的优点,包括植株小,易于实验室内大量种植;生长周期短,从发芽到开花4~6周;结实多,每株植物可产生数千粒种子;形态特征分明,利于表型观察等。2000年拟南芥全基因组测序完成,是第一个实现基因组全序列分析的植物。

拟南芥的生命周期主要包括:①受精卵和受精极核的形成;②胚和胚乳的发育,形成种子;③营养器官分化,形成幼苗;④生殖器官的分化,形成成熟植株。从受精卵开始的早期胚胎发育与动物细胞有很多相似之处,一些关键基因控制了拟南芥胚胎的模式建成,如 *gurke* 突变体的种子萌发产生的幼苗缺失了顶端部分,包括茎分生组织和子叶,*monopterous* 突变体幼苗缺失了中部和基部组织,包括茎和根分生组织等。

大多数动物在胚胎发育完成后,通过有丝分裂促进生长,不同细胞的生长速率是组织器官差异的主要原因之一。但是,高等植物的胚胎发育只完成了种子的形成,种子萌发后形成幼苗,需要长出根、茎、叶等器官,幼苗生长成熟之后还需要长出花朵和果实,形成下一代种子。营养器官和生殖器官的分化是植物胚胎发育完成之后的两个不可缺少的重要阶段。遗传学家利用遗传分析研究植物的器官分化,成功发现了一大批植物器官形成的调控基因,它们在合适环境因素的刺激下促进了植物的个体发育。我们以植物开花为例,向读者介绍其中的详细机制。

植物开花起始于花芽的形成,这是植物从营养生长到生殖生长的重要转折点。每种植物都在特定的季节和特定的部位长出花芽,这种习以为常的自然现象充分反映了环境和遗传两种因素对植物开花的协同调控。一方面,温度、光照时间等环境因素是诱导开花的关键外部信号。另一方面,内部因素(即基因)需要对适宜的环境信号做出准确的应答,例如花分生组织特异性基因如 *Leafy*(*LFY*)和 *APETALA1*(*AP1*)等的时空特异性表达,这些基因的激活确定了花分生组织的特征。如果人为过量表达 *Leafy* 基因,即使环境因素不适合,茎分生组织也都转化为了花分生组织(图 17-21)。

花分生组织形成后,细胞继续分化出花器官原基,进一步发育出花。花是节间极度缩短的变态枝条,组成花的花萼、花瓣、雄蕊和雌蕊都是叶片的变态器官。这种来源相同,分化不同的器官正是我们前面介绍过的同源异形器官。以拟南芥为例,4 种花器官构成了 4 轮同心圆结构,从外向内依次为 4 个萼片(sepal,Se),4 个花瓣(petal,Pe),6 个雄蕊(stamen,St)和 2 个心皮(carpel,Ca)构成的雌蕊,依次被定义为 1、2、3、4 轮花器官(图 17-22a)。

花器官发育缺陷的突变体是研究开花机制的好材料,遗传学家通过观察和分析发现了 3 类重要突变:第一类突变影响了第 1、2 轮的发育,花器官的组成突变为心皮、雄蕊、雄蕊、心皮;第二类突变影响第 2、3 轮的发育,花器官的组成突变为萼片、萼片、心皮、心皮;第三类突变影响第 3、4 轮的发育,花器官的组成突变为萼片、花瓣、花瓣、萼片。仔细分析这 3 类突变,不难发现:它们

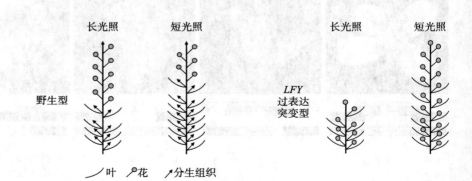

图 17-21　野生型和突变型拟南芥在长、短光照下的开花

都属于一种花器官转变为另一种花器官的突变,即前面介绍的同源异形突变,且每次发生变异的花器官都有两轮,这些发现为遗传理论模型的提出奠定了重要基础。1991 年,遗传学家提出,在正常花器官的发育过程中,4 轮花器官是由 3 类基因(定义为 A、B、C)调控,每类基因作用于同源异形突变体的作用部位,即花发育的 ABC 模型(Coen 和 Meyerowitz,1991)。这个模型的具体假设内容是:有 A、B、C 3 类功能基因在正常花器官的发育过程中发挥作用,A 类基因的表达和功能活性局限在第 1 和 2 轮,B 类基因在第 2、3 轮,而 C 类基因在第 3、4 轮。A 和 B,B 和 C 存在重合,但 A 和 C 之间存在拮抗(图 17-22b)。在正常花中,第 1 轮花器官仅受到 A 基因的调控,原基发育成萼片,第 2 轮受 A 和 B 的双重控制,原基发育成花瓣,第 3 轮受 B 和 C 的控制,原基发育成雄蕊,第 4 轮则由单独的 C 控制,原基发育成心皮。

这一模型还可以很好地解释研究者观察到的同源异形突变(图 17-23),例如:当 A 类基因突变时,C 基因不受到抑制,可以在 4 轮花器官发挥作用,原来的萼片受到了 C 类基因调控,花瓣受到了 C 和 B 基因调控,因此突变成了心皮和雄蕊。以此类推,当 C 类基因突变时,A 基因不受到抑制,原来的雄蕊和心皮突变成花瓣和萼片。当 B 类基因突变时,仅 A 基因和 C 基因发挥作用,花瓣和雄蕊突变成萼片和心皮。

事实证明,这一模型既准确又巧妙。遗传学家陆续从拟南芥中克隆到了 A、B、C 这 3 类功能基因。不出意外的是,它们都属于基因表达调控中的组织特异性转录因子。A 基因实际包含 *AP1* 和 *APETALA2*(*AP2*),B 基因包含 *APETALA3*(*AP3*) 和 *PISTILLATA*(*PI*),C 基因是

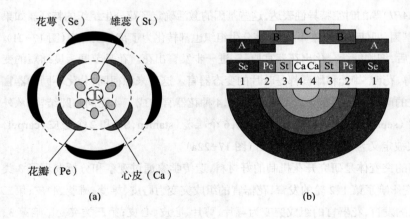

图 17-22 拟南芥的四轮花器官结构(a)和 ABC 模型(b)

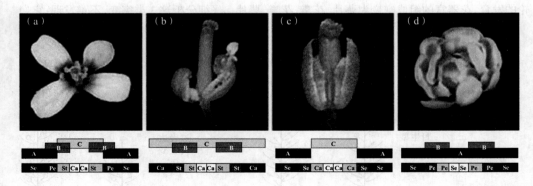

图 17-23 拟南芥花的同源异形突变及遗传机制(图片引自 Krizek 等,2015)

AGAMOUS（*AG*）。3 类基因在氨基酸序列上存在高度相似性，除 *AP2* 外，全部基因属于 MADS-box 基因家族，含有保守的蛋白质结构域，识别并结合靶 DNA 发挥特异性转录激活作用，与同源异形框在动物发育中的调控作用如出一辙。

随着研究的深入，研究者发现如果突变 A、B、C 3 类基因，拟南芥的花器官除了叶片外仍含有心皮状结构，而不像预测的那样不含任何花组织，这提示了仍有促进心皮发育的调控基因未被发现，这就是后来定义的 D 类功能基因 *SHATTERPROOF*（*SHP*）和 *SEEDSTICK*（*STK*）。又如，人为激活 A、B、C 3 类基因的表达，并不能使叶片转变成花器官，这又提示了还有一类基因参与从营养器官到生殖器官的转变，这就是 E 类基因，即 *SEPALLATA*（*SEP*）。新的四聚体模型可以更好地解释以拟南芥为代表的高等植物花器官形成的调控机制（图 17-24）：A、B、C、D、E 5 类功能基因编码的转录因子以不同的组合方式，形成 5 类有活性的异源四聚体，结合到特定的 DNA 调控序列上，发挥组织特异性转录因子的调控作用，独立控制花萼、花瓣、雄蕊、心皮、胚珠五类花器官的发育，精确调控植物开花。

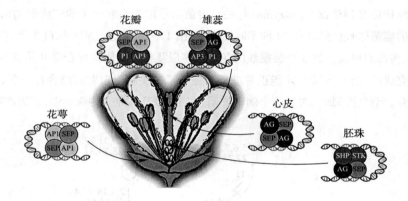

图 17-24　拟南芥花发育的四聚体模型（引自 Theißen 等，2016）

第四节　噬菌体和原生生物的分化

前面介绍了较复杂的多细胞生物的个体发育，它们和高等生物，尤其是人类自身的发育过程更为相似。但是噬菌体、细菌和单细胞生物的某些分化现象对我们了解发育的机理也很有启发性。这些生物往往有高度特殊的结构，但体系简单，便于研究。

一、噬菌体的自发装配

烟草花叶病毒只有两种成分——遗传物质 RNA 和外壳蛋白质。这两种成分可以分开来，再在适当条件下重新组合，成为有感染性的颗粒。在这个自发装配过程中，大约有 2 100 个相同的蛋白质亚基相互作用，从单一的 RNA 分子的 5′ 端开始，形成一个杆状的病毒。要建立这种简单的结构，除了 RNA 和外壳蛋白质以外，其他的信息似乎是不需要的。

我们可以利用反向遗传学方法对这类简单生物的形态建成过程进行分析，它们的基因组很小，易于操作。分析时先找到各种突变型，观察没有这些突变时，正常的发育顺序是怎样的；有突变时，哪些发育过程受到影响。一个简单的例子是，出现某一突变后，影响某一特定产物，从而使发育不能越过某一特定阶段。例如出现某个突变时,蛋白质 P 不能形成,使发育阶段 S 不能实现,这样我们可以推论,蛋白质 P 是阶段 S 发生所必需的。知道了什么基因发生突变,发育在什么地方受到阻碍,我们就可把这些实验结果贯穿起来,推导出正常的发育顺序。这种方式在研究代谢途径的生物化学方面很有价值,在分析噬菌体 T4 的发育途径中也很成功(图 17-25)。

T4 噬菌体 DNA 利用宿主的 RNA 聚合酶合成噬菌体 mRNA。然后这种噬菌体 mRNA 在宿主核糖体上进行翻译,产生若干"早期"蛋白质。在噬菌体侵入宿主细胞 5~7 min 内,这些早期的酶导致"营养性"噬菌体 DNA 微丝(vegetative phage DNA fibril)的大量形成。在这个时候,如果在培养物中添加氯霉素等蛋白质合成抑制剂,那么噬菌体 DNA 就保持在疏松的含水的微丝状态。如果蛋白质合成不受干涉,蛋白质合成继续进行,就形成一种浓缩蛋白质,该蛋白质使营养性 DNA 微丝失去水分,压缩成为致密的多面形颗粒。

早期蛋白质合成停止后,几种"晚期"蛋白质出现。头部蛋白质分子聚合在致密的 DNA 周围,形成含有 DNA 的头部外壳。"晚期"蛋白质除了与头部外壳的形成有关以外,还与尾部的各种结构以及溶菌酶(lysozyme)有关。溶菌酶是用来裂解宿主的细胞壁的。总的说来,一个完整的噬菌体颗粒约含有 30 种不同的成分(图 17-25)。这些成分来自 3 个主要的装配线——尾部、头部和尾丝。这 3 个装配线的各自顺序以及相互之间的配合是井然有序的,通常前一步装配完成后,后一步装配才能正常进行。完成了的头和尾自发地结合在一起,然后,只有在这个时候,尾丝才添加上去。这个例子说明,在 T4 以及其他一些病毒中,基因产物能自发地装配成

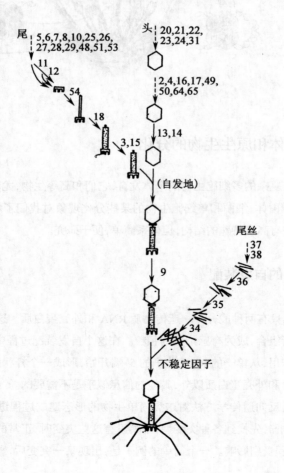

图 17-25 噬菌体 T4 的形态建成过程

从突变型推论,知道有 3 条装配线,汇合后形成一个成熟的噬菌体。完整的头和尾自发地结合,然后添上尾丝。图中每一号码代表一个突变基因,能够阻止进一步发育。例如突变型 54,看到分开的底板、头和尾丝;突变型 37 出现没有尾丝的噬菌体。如果两突变型混合在一起,则能自发地装配成完整的噬菌体。

复合结构。

二、细菌的孢子形成

细菌的孢子是一种休眠结构，它们既不复制，也不显示代谢活性，可在恶劣环境下休眠几百年。然而当休眠的孢子接触到适合的环境时，可以萌发，恢复营养生长和复制。细菌的孢子形成通常是由营养物质的缺失引起，特别是碳和氮的不足容易导致孢子形成。

杆菌属（*Bacilli*）和梭菌属（*Clostridia*）的某些种形成孢子时，先出现"前孢子"（prespore 或 forespore）结构，把半数的 DNA 和一部分细胞质包含在一个特别的间隔中。在这过程中，出现明显的酶活性的变化，最后导致了成熟孢子（endospore）的形成（图 17-26）。酶活性的变化，包括某些常见细菌酶的增加、另一些常见酶的减少，以及一些孢子形成时特有酶的出现。

枯草杆菌（*Bacillus subtilis*）在孢子形成时，RNA 聚合酶中 σ 亚基的活性丧失。这个丧失可能使多聚酶的作用改变，它所认读的 DNA 模板与原来不同了。孢子形成的开始受到转录的控制，这样的看法也得到了实验的支持，因为培养中添加能抑制转录的放线菌素 D 后，可以阻遏孢子形成过程中某些特定阶段的出现。孢子形成时，mRNA 的形成通常在有关蛋白质出现前的 1 h 左右，所以这类 mRNA 的寿命比一般的细菌 mRNA（只有 2~3 min）要长得多。一旦孢子形成过程开始后，形态变化和酶活性变动按严格的顺序进行，受到精密的遗传控制。

这样看来，孢子形成虽然与恶劣环境有关，但一旦开始，孢子形成过程中的形态变化以及酶活性的出现和增减都是在基因控制下进行的。

三、伞藻的再生和嫁接实验

伞藻（*Acetabularia*）是一类大型的海生单细胞藻类。幼龄时由假根和茎构成。假根里有一

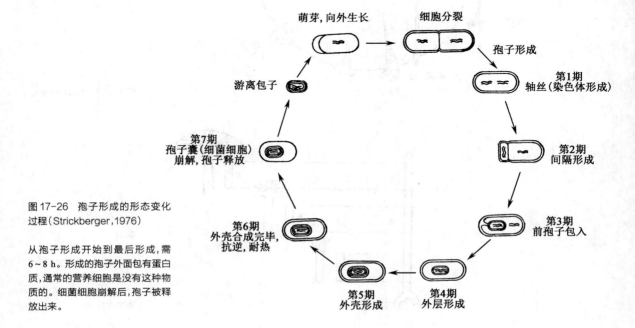

图 17-26　孢子形成的形态变化过程（Strickberger, 1976）

从孢子形成开始到最后形成，需 6~8 h。形成的孢子外面包有蛋白质，通常的营养细胞是没有这种物质的。细菌细胞崩解后，孢子被释放出来。

个相当大的细胞核,茎很长,可达 7 cm。茎中含有叶绿体,到成熟的时期,茎的前端形成一个复杂的伞形结构,这是子实体。当子实体快完全形成时,假根中的核"崩解",形成很多子核,子核分布在茎和子实体中,在子实体中形成孢囊。孢囊萌发,释放出许多有鞭毛的配子,配子结合,形成合子,又分化为假根和茎(图 17-27)。

把伞藻的茎切取 3 段,断片都没有核,都能再生,上段的再生最完全,中段次之,下段最小(图 17-28)。这表明细胞质中有一种发育所需的物质,这种物质在藻体的上部最多,向下逐渐减少。研究发现,这种发育必需的物质就是 mRNA,发育所需的酶系和其他蛋白质就是根据它们所携带的信息合成的。这种 mRNA 在核中形成后,迅速地向藻体的上方移行,所以上方的 mRNA 最多,再生也最完全。

在伞藻的种间进行嫁接实验,也得到跟上述论点一致的结果。伞藻 *Acetabularia mediterranea*(A.m)和 *A. crenulata*(A.c)的子实体形状不同。如果把 A.c 的子实体和有核的假根切去,单取中间的茎嫁接到 A.m 的含核假根上,几个月以后,茎的端部长出一个伞形子实体来。这子实体既不像 A.m,也不像 A.c,而是在两者之间。把这形状在两者之间的子实体切去,第二次长出来的子实体就像 A.m 了。反过来,把 A.m 的茎嫁接在 A.c 的含核假根上,最后长出来的子实体也像 A.c 的子实体(图 17-29)。根据这个实验,我们可以推论说,在控制单细胞生物的发育

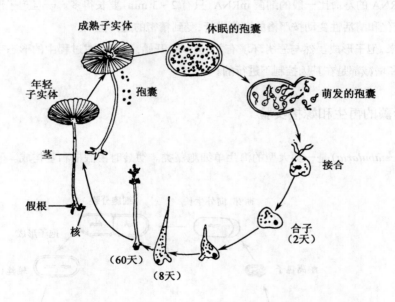

图 17-27　伞藻的生活史

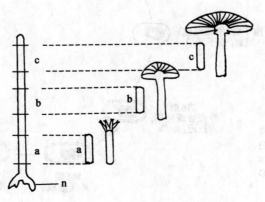

图 17-28　伞藻的再生实验

a,下部断片和它的再生体;b,中部断片和它的再生体;c,上部断片和它的再生体;n,核。

方面,基因仍起主导作用。基因产物储存在茎中,所以在第一次再生中,长出来的子实体在两个种之间。随后,原先储存的基因产物逐渐消失,第二次长出来的子实体就像假根所属的那个种了。当然在这里我们还应注意到,因为假根里还含有一些其他细胞质组分,它们也有可能在子实体的再生上起着一定的作用。

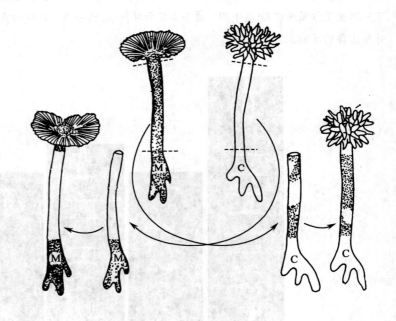

图 17-29 伞藻的种间嫁接实验

把 A.c 的茎嫁接在 A.m 的含核假根上,结果长出来的子实体像 A.m,反过来也一样。图中 M 代表 A.m 的核,C 代表 A.c 的核。

习题

1. 个体发育的一般模式包括哪些基本过程？什么是图式形成？

2. 为了解果蝇发育过程中的基因的调控作用,某研究小组通过 EMS 诱发突变的方法获得了一些突变体果蝇胚胎(见下图)。结合本章所学知识,请分析造成这些突变体的基因类型是什么,并给出你的理由。

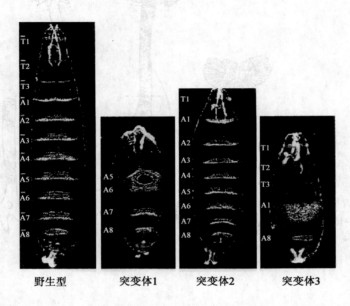

野生型　　　　突变体1　　　　突变体2　　　　突变体3

3. 上题中的研究小组还想利用这种遗传分析的方法寻找母体效应基因的突变体,在设计这个实验时,应该注意些什么?

4. 研究者借鉴海德堡筛选的遗传分析方法又发现了一类特殊的常染色体隐性突变纯合雌果蝇,它本身表型完全正常,但当它与野生型雄蝇杂交后,受精卵均不能正常发育成为幼虫。请问该基因很可能属于哪类胚胎发育相关基因,请简要给出理由。

5. 在个体发育过程中,细胞凋亡是在多基因的严格调控下有序进行的。研究者最初以线虫为模式生物研究细胞凋亡的调控途径,它们发现基因 *ced-9*,*ced-3* 和 *egl-1* 是线虫细胞凋亡信号转导途径的关键基因。这些基因的功能丧失型突变(lof)的表型结果如下表,请问:

突变基因数	突变基因	细胞凋亡水平
0	无突变,野生型	正常
1	*ced-9*(lof)	过度激活
	ced-3(lof)	异常下降
	egl-1(lof)	异常下降
2	*ced-9*(lof);*ced-3*(lof)	异常下降
	ced-9(lof);*egl-1*(lof)	过度激活

（1）根据单基因突变的表型结果，请判断 *ced-9*，*ced-3* 和 *egl-1* 对细胞凋亡途径是促进作用还是抑制作用。

（2）根据双基因突变的表型结果，请判断 *ced-9* 和 *ced-3*、*ced-9* 和 *egl-1* 之间的遗传上位关系，并简述理由。

（3）请根据（1）和（2）的分析结果，画出 *ced-9*，*ced-3* 和 *egl-1* 构成的信号转导途径（可以用"→"表示促进作用，用"—|"表示抑制作用）。

（4）研究者后来又发现了一个 *ced-4* 基因。但是，单独的 *ced-4* 的 lof 的表型与 *ced-3* 的 lof 表型一样；*ced-4*（lof）与 *ced-9*（lof）双突变的表型也和 *ced-3*（lof）与 *ced-9*（lof）一样，无法进一步确定 *ced-4* 和 *ced-3* 的上下游关系。请你简单设计一个突变实验解决这一问题。

6. 在单细胞藻类——伞藻中，如把细胞中的核除去，然后反将子实体切除，将立即再生一个子实体。不过如在切除老的子实体时，也把邻近的一部分茎切去，无核的细胞就不能再生一个新的子实体。假定有一种"子实体形成物质"与再生有关，你能说明完整细胞中这种物质的性质、来源、分布和对性状的影响吗？

7. 在少数情况下，母鸡的卵巢失去了作用（可能由于局部感染的结果），发育为睾丸，这样"性转换"后的母鸡甚至成为雏鸡的父亲。在这种情况下，染色体结构没有变化。这样看来，性腺发育所采取的途径以及性细胞分化为精子或卵，主要是由于细胞组成本身的作用，还是由于发育过程中提供给这些细胞的环境的作用呢？

8. 什么是同源异形突变？同源异形基因的保守性体现在哪些方面？

9. 某一研究小组从拟南芥中发现了一个花发育的突变体，在进行表型和遗传分析时发现，该突变体的表型为心皮、雄蕊、雄蕊、心皮（从外到内），请问是哪种类型的基因突变造成了该突变体的产生，为什么？造成该表型变异的遗传机制是什么？

数字课程学习

📝 在线自测　　　🔖 习题答案

第十八章
遗传与肿瘤

上一章我们介绍了受精卵发育过程中遗传物质如何指导胚胎的形成和个体的发育。当个体发育全部完成,进入成年,又慢慢走向衰老时,绝大多数体细胞经历了大量分裂,出现突变的概率逐渐上升。它们中的一些,在积累了一定的变异之后,可能会丧失有丝分裂的有序调控,并成功逃避机体的免疫监视和清除,这群快速分裂的细胞可能会逐渐发展成为原位生长的细胞克隆群,甚至进一步发展成人人谈之色变的癌症(cancer)。

根据世界卫生组织的统计数据,全球癌症发病率和死亡率仍在逐年攀升,2018 年全球新增癌症患者 1 810 万例(男性 950 万,女性 860 万),癌症死亡人数达 960 万(男性 540 万,女性 420 万),对全球健康造成重大威胁。除了老龄化,遗传变异、行为和饮食相关的环境因素等都是癌症的重要诱因。认识癌症发生发展的过程,寻找和控制诱发癌症的风险因素具有重要的研究意义。在这一章,我们将从遗传变异的角度,向读者们重点介绍遗传变异在肿瘤发生发展以及肿瘤治疗中的作用。

第一节　肿瘤的特征

肿瘤(tumor)指的是脱离了接触抑制,锚定依赖,失去生长控制的细胞群。肿瘤通常指良性的赘生物(neoplasm),未发生侵袭(invasion)和转移(metastasis),是原位(*in situ*)的。一旦发生侵袭和转移,肿瘤的恶性程度就大大提高了,被称为恶性肿瘤(malignant tumor)或癌症(图 18-1)。

根据发生变异的体细胞来源不同,肿瘤还可以分为以下几种类型:①来自于上皮组织的肿瘤,通常被称为癌(carcinoma),如腺上皮细胞起源的腺癌(adenocarcinoma)、子宫鳞状上皮起源

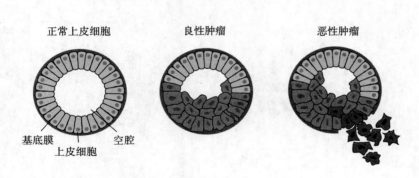

正常上皮细胞　　　良性肿瘤　　　恶性肿瘤

基底膜　　空腔
上皮细胞

图 18-1　良性肿瘤与恶性肿瘤的基本差异

的宫颈癌（cervical carcinoma）；②来自于间充质的肿瘤多称为肉瘤（sarcoma），如肌细胞起源的平滑肌肉瘤（leiomyosarcoma）、骨细胞起源的骨肉瘤（osteosarcoma）；③来自于造血系统的肿瘤常被统称为白血病（leukemia），又可分为骨髓浆细胞起源的髓细胞白血病（myelocytic leukemia）、B 细胞和 T 细胞等淋巴细胞起源的淋巴瘤（lymphoma）等；④来自于神经系统的肿瘤，如视网膜细胞起源的视网膜母细胞瘤（retinoblastoma）、星形胶质细胞起源的星形细胞瘤（astrocytoma）等。

一、肿瘤的遗传性

肿瘤是源于遗传变异的疾病，但绝大多数肿瘤源于体细胞的遗传变异，因此是非遗传性的，呈现散发性，这一点可以从临床上 90% 以上的肿瘤没有明确的家族史中得到证实。但其余的少数肿瘤也会起源于生殖细胞中发生的基因变异，具有可遗传性。遗传性肿瘤有家族性发病倾向，发病时间较早，发病部位多，且在对称性器官中往往是双侧发病。这类肿瘤在临床上所占的比例较低，且以儿童肿瘤居多。如视网膜母细胞瘤是一种儿童眼内恶性肿瘤，患者眼底有灰白肿块，易扩散。遗传性视网膜母细胞瘤占全部的 35%～45%，多为双眼发病，且在两岁前即被检出，有家族史。又如，肾母细胞瘤是发病率最高的儿童腹部肿瘤，属于恶性实体瘤，有家族性和散发性之分。家族性肾母细胞瘤多发于出生后 3 年内，且为双侧肾发病。家族性腺瘤样息肉症（familial adenomatous polyposis，FAP）也是具有一定遗传倾向的肿瘤类型，这是一种青少年时期在结肠和直肠上形成的多发性良性息肉，但其中一些会随年龄增长发生恶变，发展为结肠癌。

二、肿瘤的细胞学特征

早在公元前 3000 年，人类就留下了肿瘤的记录，但直至 20 世纪末，随着病理学和分子细胞生物学的发展，人们才掌握了肿瘤的各项细胞学特征。脱离正常的生长控制是肿瘤细胞的首要特征。以宫颈癌为例（图 18-2），在正常子宫颈中，仅有基底层的单层细胞处于快速增殖状态（用

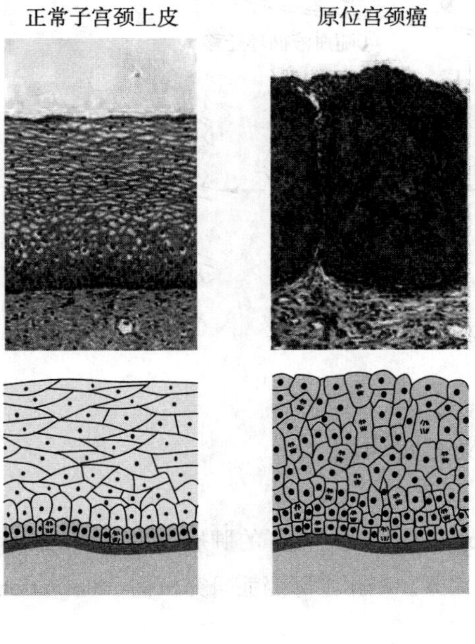

正常子宫颈上皮　　　　　原位宫颈癌

图 18-2　正常子宫颈和原位宫颈癌

上方图片为实际病理照片，下方图片为示意图。

于补充上皮细胞的损耗),宫颈上皮细胞呈现高度分化的形态特征。但在原位宫颈癌中,整个上皮组织出现异常的去分化,这是由于变异的细胞快速增殖,脱离生长控制,占据了整个上皮组织所导致的。进一步对这些变异细胞进行形态学观察,还会发现它们的细胞形态也产生了变化:细胞核和核仁变大,胞质变小,核形态也不规则。但此时的肿瘤细胞仍然是原位的,一旦进一步获得了侵袭能力,能够突破基底层细胞外的层纤维基质向结缔组织浸润性生长,肿瘤细胞就发展成为恶性肿瘤。如果浸润到结缔组织中的肿瘤细胞进一步浸润到血液或淋巴管,随体液在体内循环,并在另一组织处着床,再浸润到相应的实质组织中,就可以通过快速增殖形成转移灶,这个过程被称为转移(图 18-3)。侵袭和转移是恶性肿瘤最危险的特征。

全面的肿瘤细胞生物学特征可以总结成图 18-4,除了生长失控,多数肿瘤细胞还会出现永生化和抵御细胞死亡信号、细胞能量代谢失调、基因组不稳定和突变积累等基本特征。当一些类型的肿瘤生长体积较大时,血管网络也会浸润到肿瘤组织内部,帮助肿瘤细胞进行新陈代谢,促进肿瘤的生长、侵袭和转移,这一特征被称为肿瘤血管新生(tumor angiogenesis)。此外,当下的肿瘤研究认为肿瘤不仅仅是一团快速增殖的细胞克隆,而是由各种类型细胞构成的肿瘤微环境(tumor microenvironment)与肿瘤细胞相互作用的一种复杂组织。肿瘤微环境中的各类细胞在肿瘤发生发展的过程中扮演了重要的调控作用,并会随着肿瘤进展而不断发展变化,例如免疫炎症细胞参与调节肿瘤细胞逃避机体的免疫清除,血管内皮细胞和周细胞参与调节肿瘤的血管新生等。

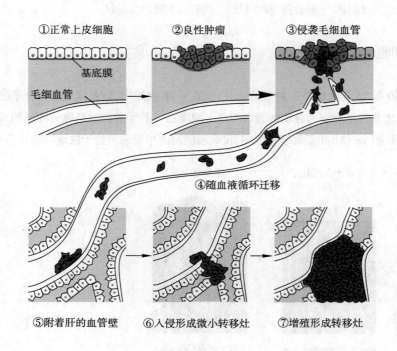

①正常上皮细胞　②良性肿瘤　③侵袭毛细血管

基底膜
毛细血管

④随血液循环迁移

⑤附着肝的血管壁　⑥入侵形成微小转移灶　⑦增殖形成转移灶

图 18-3　正常上皮细胞发生变异后首先形成原位肿瘤,进一步通过浸润与转移在远端器官(如肝)形成转移灶

三、肿瘤的流行情况及主要病因

利用流行病学(epidemiology)对比不同人群的肿瘤发病率和死亡率,可以获得人类肿瘤的流行情况以及诱发肿瘤的关联因素。根据国际癌症研究机构(International Agency for Research

图18-4　肿瘤的特征(引自 Hanahan 和 Weinberg,2011)

on Cancer,IARC)的全球癌症研究报告,2018 年,全球癌症发病率最高的癌症是肺癌和乳腺癌,两者分别占全部癌症的 11.6%,随后是结肠癌、前列腺癌和胃癌;死亡率最高的仍是肺癌,占全部癌症死亡的 18.4%,结肠癌、胃癌、肝癌和乳腺癌紧随其后。不同类型的癌症的发病率和死亡率与地域、性别、年龄、国家发展程度等都存在密切关系。例如,在女性中,发病率最高的依次是乳腺癌、结肠癌、肺癌、宫颈癌和甲状腺癌;而在男性中,发病率最高的是肺癌、前列腺癌、结肠癌、胃癌和肝癌,这一差异与两性差异密切相关。又如,欧美的前列腺癌发病率远高于亚洲,而亚洲的胃癌和肝癌发病率高于欧美,尽管存在人种差异,但如果进一步结合不同地域的不同人种来看,这些癌症类型的发生更多地与饮食习惯、病毒和细菌感染等存在紧密联系。

癌症病因分析发现,大约三分之一的癌症源自 5 种与生活方式密切相关的危险因素:高体重指数、水果和蔬菜摄入不足、缺乏运动、吸烟以及饮酒。其中,吸烟是影响最为严重的危险因素,80% 的肺癌与吸烟有关,包括主动吸烟和与吸烟者生活在一起的被动吸烟的亲属等。除了肺癌,吸烟还会提高口腔癌、膀胱癌和肾癌等的发病风险。研究者已从烟草中提取出数十种可能的致癌物,包括苯并芘、二甲基亚硝胺等,它们是影响癌症发生的主要物质成分。控制烟草是重要且有效的癌症防控措施之一。

第二节　肿瘤发生是一系列基因连续变异的累积结果

流行病学的分析很早就揭示了肿瘤发生率和年龄正相关。随着年龄的增加,肿瘤发生的概率在增加,且增加的幅度随着年龄的增加不断增大,这是因为体细胞中的遗传变异需要时间的积累。随着年龄的增加,个体在各种致癌物中的暴露时间不断积累,遗传变异就逐渐增加,才使得肿瘤发生的可能性提升。更直接的证据来自在化工厂直接接触致癌物的工人,研究发现,致癌物接触时间较长的工人与接触时间较短的工人相比,肿瘤发病率高,发病时间早,且随着年龄的增加肿瘤发生率逐年增加。

1990年,临床外科医生从手术中获得了不同进展时期家族性腺瘤样息肉病患者的结肠标本,进行测序分析后发现随着结肠组织细胞的不断去分化,细胞内的基因突变不断累积(图18-5),据此提出了结肠癌的多步骤发生模型(Fearon 和 Vogelstein,1990)。随着研究的深入,现在认为一个正常上皮细胞突变成为癌细胞可能需要累积6~7个突变,但这一数字在不同肿瘤类型,甚至同一肿瘤类型的不同个体中都有所差别。普遍适用的规律是:只有连续的突变累积才能使变异中的正常细胞逃脱机体的各种防御机制,实现快速增殖甚至侵袭转移(图18-6)。

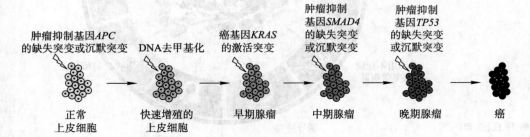

图18-5　结肠癌进展过程中基因突变不断累积

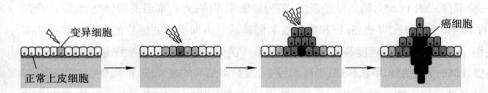

图18-6　只有连续的基因变异才能促使正常细胞向癌症细胞转化

到底哪些基因的遗传变异会导致正常细胞发生转化呢?为了回答这一问题,在过去数十年中,研究者利用反向遗传学的思路,通过构建转基因小鼠或基因敲除小鼠等动物模型发现了一系列肿瘤相关基因,我们将在下文结合具体基因进行详细介绍。

此外,20世纪80年代初,研究者还发现人源肿瘤细胞可以在免疫缺陷小鼠体内生长,这一性质有利于在体内条件下对肿瘤细胞生长进行实验操作和观察。裸鼠(nude mice)是当下肿瘤研究中常用的一种免疫缺陷小鼠品系,它因为缺少胸腺而丧失了细胞免疫能力,同时由于出现少毛的表型而被称为裸鼠。另一品系是重症联合免疫缺陷(severe combined immunodeficiency,SCID)鼠,它缺少B淋巴细胞和T淋巴细胞,还可以接受人类骨髓干细胞的移植。研究发现,正常细胞(如小鼠成纤维细胞)在这些免疫缺陷小鼠的皮下不能形成肿瘤,但当正常细胞发生癌变,就能在裸鼠皮下形成瘤块。根据这一特点,我们可以利用免疫缺陷小鼠来判定某一基因的特定突变类型能否引起正常细胞转化为恶性表型,也就可以判定该基因是否属于肿瘤相关基因了。这一实验方案的一般步骤是首先制备目的DNA(如特定基因的突变形式)的重组质粒,然后将其导入正常细胞(如常用的小鼠成纤维细胞),再将细胞扩大培养后接种到免疫缺陷小鼠皮下,最后观察小鼠体内肿瘤细胞的生长情况(图18-7)。正常的小鼠成纤维细胞是无法在小鼠皮下形成

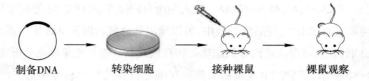

图 18-7　裸鼠皮下成瘤实验的一般步骤

制备DNA　　转染细胞　　接种裸鼠　　裸鼠观察

实体肿瘤的,如果导入目的 DNA 的成纤维细胞能够在皮下形成肿瘤,则提示该 DNA 具备了转化正常细胞的能力。

一、癌基因

　　癌基因(oncogene)指的是正常情况下促进细胞增殖,但在肿瘤细胞中因功能获得性突变产生过度或不恰当的活跃形式,促使肿瘤细胞获得无限生长推动力的一类肿瘤相关基因。在正常细胞中存在不含有突变形式的癌基因,其产物负责调控细胞的正常增殖,可以称为原癌基因(proto-oncogene),以有别于肿瘤细胞中发生变异的癌基因。由于原癌基因的产物对于正常细胞增殖非常重要,原癌基因在演化过程中呈现高度的序列保守,从酵母到人中都普遍存在。研究揭示,原癌基因受到严格精细的控制,负责调控细胞的生长、分裂和分化等。1976 年,美国生物学家毕晓普(John Michael Bishop,1936—)和瓦尔默斯(Harold Eliot Varmus,1939—)同时发现人类细胞中含有未被激活的原癌基因,它们通过变异促进癌症发生。

　　RAS 是最早发现的癌基因之一,因从大鼠肉瘤(rat sarcoma)中鉴定得到而得名。它编码一种和 GTP 结合的细胞信号转导分子 Ras,位于细胞膜的细胞质一侧,负责将细胞外信号传入胞内,在细胞增殖和细胞骨架调控中扮演重要作用(图 18-8a)。人类基因组中含有 3 个 RAS 基因

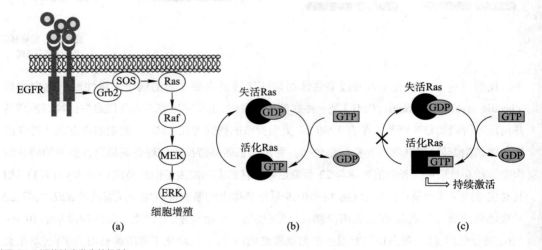

图 18-8　癌基因 RAS 调节肿瘤发生的机制

(a) 癌基因 RAS 介导的信号转导通路。在细胞膜上的受体蛋白如表皮生长因子受体(epidermal growth factor receptor,EGFR)受到外界的细胞因子刺激后发生活化,通过 GTP 交换蛋白 SOS(son of sevenless)和中间接头蛋白 Grb2(growth factor receptor bound protein 2)等促进细胞膜内侧的 Ras 蛋白与 GTP 结合,活化后的 Ras 能够进一步激活下游的多个效应分子,如 MAP 激酶(mitogen-activated protein kinase)级联成员 Raf、MEK 和 ERK 等,促进细胞增殖。(b)野生型 Ras 结合 GTP 时具有活性,结合 GDP 时丧失活性。(c)突变型 Ras 始终与 GTP 结合,组成型激活,不断刺激下游的效应分子,促进细胞过度增殖。

家族成员,即 *KRAS*、*NRAS* 和 *HRAS*。在人类所有癌症中,*RAS* 的突变率约为 40%,在胰腺癌和膀胱癌中更高。在 *RAS* 突变的癌细胞中,可以检测到异常活跃的 Ras 蛋白质产物。将 *RAS* 基因导入成纤维细胞,也可以成功诱导细胞转化和裸鼠成瘤。这些现象都充分证明 *RAS* 是一个癌基因。如图 18-8b 所示,正常的 Ras 蛋白质产物在细胞分裂的信号转导中通过动态结合 GDP 或 GTP 发挥信号转导中的开关作用:与 GTP 结合具有活性,而当 GTP 发生水解转变为 GDP 时失去活性。但在 *RAS* 基因发生组成型突变后,Ras 突变蛋白可以在不需要信号刺激的情况下与 GTP 牢固结合(例如,突变破坏 Ras 的 GTP 酶活性),持久地处于激活状态,促进细胞的异常增殖。

从 *RAS* 的例子中不难看出,原癌基因到癌基因的变异过程增加了原有的活性,属于功能获得性突变。也因此,原癌基因只需要单拷贝的突变就可以成为有功能的癌基因。原癌基因的功能获得性突变可以通过多种方式实现,除了 *RAS* 基因通常通过编码序列的点突变实现组成型激活,其他变异方式还包括调节序列的变异提高基因表达水平,以及染色体结构变化诱导产生融合蛋白等(图 18-9)。

(a) 编码区错义突变,产物活性上升

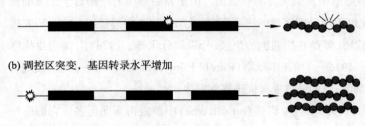

(b) 调控区突变,基因转录水平增加

(c) 染色体结构变异,改变基因结构和产物性质

图 18-9　原癌基因突变为癌基因的 3 种常见方式

我们再举一个原癌基因通过染色体结构变异转变为癌基因的例子。慢性粒细胞白血病(chronic myeloid leukemia,CML)是一种血液系统肿瘤,主要临床表现为外周血中性粒细胞增高并出现各阶段幼稚粒细胞。早在 1960 年,美国费城的研究者在 CML 患者细胞内发现了特殊的染色体结构变异,将其命名为费城染色体。利用染色体显带技术发现费城染色体携带的特殊结构变异是 9 号染色体长臂的末端与 22 号染色体长臂的末端发生了相互易位(Rowley,1973)。相互易位造成了两个基因的融合(图 18-10),9 号染色体上的断裂位点位于原癌基因 *ABL* 内部,22 号染色体的断裂位点在 *BCR* 基因内部,二者互换后形成融合基因,产生了组成型激活的 BCR-ABL 融合蛋白,这一蛋白质具有很强的酪氨酸激酶活性,可以活化下游的肿瘤相关蛋白,刺激细胞的快速分裂与增殖,从而诱导了肿瘤发生(Groffen,1984)。

二、肿瘤抑制基因

肿瘤抑制基因(tumor suppressor gene)是另一类在肿瘤发生发展中扮演重要角色的基因。

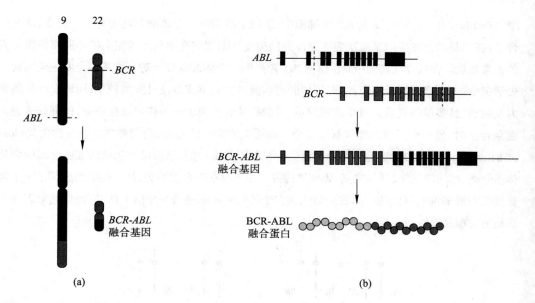

图 18-10　染色体易位产生 *BCR-ABL* 融合基因

（a）染色体相互易位示意图。（b）*ABL* 和 *BCR* 基因的断裂位点以及融合基因和融合蛋白产物示意图。

它们在正常情况下是负责监控细胞准确复制、正常分裂和生长、程序性死亡的基因，因为功能丧失性突变失去了正常功能，使异常细胞逃避修复和清除，发展为肿瘤。*Rb* 基因是第一个被克隆的肿瘤抑制基因，最早在视网膜母细胞瘤中发现（Knudson，1971），并因此得名。*Rb* 基因编码的蛋白质产物能够与特定的转录因子 E2F 结合，将细胞周期阻断在 G_1 期，在环境条件不适宜的情况下抑制 DNA 的复制。在肿瘤细胞中发现，Rb 蛋白质产物失去活性，E2F 因子被释放，诱导 DNA 的快速复制和细胞的过度分裂。可见，肿瘤抑制基因促进肿瘤发生的机制恰好和原癌基因相反，当它们的功能被限制（而非加强）之后，才会促进肿瘤的发生。

和原癌基因有多种突变机制类似，肿瘤抑制基因也通过多种途径实现功能丧失性突变。如图 18-11，常见的机制包括编码序列的错义突变导致蛋白质丧失活性，无义突变或基因丢失导致没有蛋白质表达，启动子区域的超甲基化导致基因转录抑制等。

肿瘤抑制基因有两个正常拷贝，因此需要两次失活突变才能丧失其抑制肿瘤的作用，这被称为肿瘤抑制基因的二次突变学说（two-hit hypothesis）。以视网膜母细胞瘤为例，在遗传性病例中

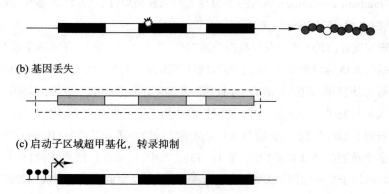

（a）编码区错义突变，产物失去活性

（b）基因丢失

（c）启动子区域超甲基化，转录抑制

图 18-11　肿瘤抑制基因发生功能丧失性突变的常见机制

（图 18-12a），第一次突变发生于生殖细胞中，造成个体的每一个体细胞均带有一个突变，成为杂合子；在此基础上发生的第二次突变是体细胞突变。两次突变累积才能完全破坏肿瘤抑制基因的正常功能。在散发性病例中（图 18-12b），需要同一个体细胞在一对等位基因上发生连续两次失活突变，发生概率较低。因此，遗传型肿瘤病例常为双侧或多发且发病较早；而散发性病例常为发病晚，且多单侧发病。值得注意的是，当肿瘤抑制基因的一个拷贝发生突变，体细胞成为突变杂合子时，另一个正常的等位基因也会出现丢失或突变的趋势，我们称之为杂合性丢失（loss of heterozygosity，LOH）。造成杂合性丢失的机制不是唯一的，已知机制包括体细胞分裂中染色体不分离、体细胞重组、基因突变、表观遗传等。由于存在杂合性丢失，从生殖细胞继承了一个拷贝突变型肿瘤抑制基因的个体发生第二次突变的概率较未携带突变的个体高，他们通常表现出更高的肿瘤易感性。

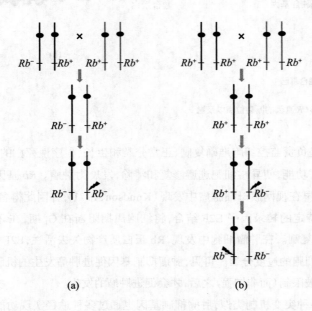

图 18-12　遗传性视网膜母细胞瘤（a）与散发性视网膜母细胞瘤（b）的突变过程

除了 *Rb* 基因，还有很多肿瘤抑制基因在肿瘤细胞中突变频率高，且和家族性肿瘤关系密切。例如研究最为广泛的 *TP53* 基因，它编码由 393 个氨基酸组成的相对分子质量为 53×10^3 的核内磷酸化蛋白，因此得名。从 1979 年首次报道 *TP53* 与肿瘤相关至今，全球研究者已花费了 40 余年的时间对 *TP53* 进行功能研究，发现 *TP53* 几乎参与了肿瘤发生的各个途径，临床上超过 50% 的肿瘤细胞携带 *TP53* 突变。此外，发生在生殖细胞的 *TP53* 突变会导致利 – 弗劳梅尼综合征（Li-Fraumeni syndrome），临床主要表现为有家族聚集性、早发性的恶性肿瘤，如软组织肉瘤、骨肉瘤、白血病、胰腺癌等。

研究发现，TP53 蛋白在细胞内扮演"基因组卫士"的角色，在细胞受到 DNA 损伤药物刺激、原癌基因 *RAS* 等异常激活、氧化应激、缺氧等压力刺激下被激活，通过协同诱导细胞衰老、细胞周期阻滞、促进细胞凋亡、刺激 DNA 损伤修复等阻止正常细胞的转化，实现保护作用（图 18-13a）。近年来的研究进一步揭示 TP53 的保护性作用还涉及细胞自噬、代谢重塑、干性调节、肿瘤微环境信号调节（如促进肿瘤血管新生），以及调节肿瘤侵袭和转移等（Bieging 等，2014）。TP53 蛋白包含多个重要的功能性结构域（图 18-13b），其中，转录激活结构域和 DNA 结合结构域是 TP53 发挥转录因子功能的两个关键区域，寡聚化结构域负责调节自身形成同源四聚体，自主调节结构

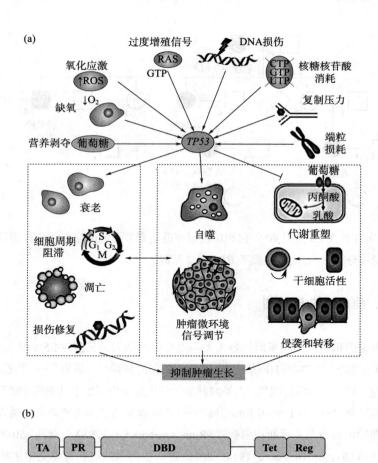

(a)

图 18-13 肿瘤抑制基因 *TP53*

(a) *TP53* 参与肿瘤发生发展的基本途径(引自 Bieging 等,2014)。
(b) *TP53* 的结构:TA,转录激活结构域;PR,脯氨酸富集结构域,参与蛋白质相互作用;DBD,DNA 结合结构域;Tet,寡聚化结构域;Reg,自主调节结构域,含有较多碱性氨基酸,能够封闭 DNA 结合结构域的功能。

(b)

| TA | PR | DBD | Tet | Reg |

域位于 C 端,含有较多碱性氨基酸,能够封闭 DNA 结合结构域的功能。TP53 在肿瘤中的调节功能与它的结构密切相关:一方面,TP53 通过蛋白质互作(如 E3 连接酶 MDM2 等)与氨基酸修饰(如 S46 的磷酸化、K164 的乙酰化等)动态调节其自身活性,另一方面,TP53 利用其转录因子活性转录调节一系列靶基因,如凋亡相关基因 *Fas*、*Bax*,衰老相关基因 *Cdkn1a* 等。临床上已发现的 TP53 突变类型超过上千种,但绝大多数突变位点都集中分布在 DNA 结合结构域内,这和 TP53 的生物学功能是完全一致的。

以 *BRCA1*(breast cancer 1)和 *BRCA2*(breast cancer 2)为代表的一些 DNA 损伤修复基因也是肿瘤抑制基因的重要成员。它们在哺乳动物中高度保守,通过修复 DNA 损伤维持基因组稳定性,一旦发生突变,会导致更多的 DNA 损伤积累,产生更多变异,从而促进肿瘤的发生。近年来,因为与家族性乳腺癌密切相关,*BRCA1/2* 突变吸引了大众的关注(图 18-14)。遗传分析发现,大量早发性乳腺癌家族中的患者带有生殖细胞来源的 *BRCA1/2* 有害突变,患者的一次 *BRCA1/2* 突变发生在生殖细胞中,另一次 *BRCA1/2* 突变发生在体细胞中。临床数据显示,普通女性在 80 岁之前患乳腺癌和卵巢癌的概率大约为 12% 和 1.3%,但携带一个 *BRCA1* 有害突变的女性罹患乳腺癌的概率会分别上升至 72% 和 44%,携带一个 *BRCA2* 有害突变的女性罹患乳腺癌的概率会分别上升至 69% 和 17%。与此同时,携带 *BRCA1/2* 突变也会大幅增加胰腺癌、膀胱癌、结肠癌等的发病风险。需要强调的是,对每个个体而言,这些肿瘤的发病风险还受到年龄、家族成员发病情况及 *BRCA1/2* 突变位点和突变形式的影响。由于 *BRCA1/2* 突变在家族性乳腺癌中的致病

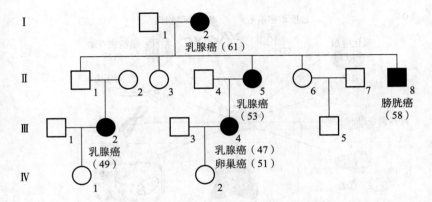

图 18-14　一个代表性早发性乳腺癌家系

该家族中多位女性和男性在 60 岁之前罹患癌症,癌症类型包括乳腺癌、卵巢癌和膀胱癌。遗传模式呈现常染色体显性遗传的特征(不完全外显)。括号内数字为癌症确诊时年龄,Ⅳ-1 和Ⅳ-2 年龄都还小于 30 岁。

贡献高,研究者在 20 世纪 90 年代利用我们在前述章节介绍的家系连锁分析法,以上百个乳腺癌家系为遗传分析材料,成功定位了 *BRCA1/2* 基因。

三、病毒感染与肿瘤

原癌基因和肿瘤抑制基因都是人类基因组中的基因,但还有约 5% 的人类肿瘤是由外源的病毒感染引起的,例如我们在基因组章节介绍的乙肝病毒可以诱发肝癌,且乙肝病毒的慢性感染是肝细胞癌最主要的危险因素。人类对肿瘤的认识最早也开始于致癌病毒的研究,早在 1911 年,病毒学家劳斯(Francis Peyton Rous,1879—1970)就报道了病毒感染可以诱发家鸡形成肿瘤,这一病毒随后也被命名为劳斯肉瘤病毒(Rous sarcoma virus,RSV)。到了 50 年代,意大利病毒学家杜尔贝科(Renato Dulbecco,1914—2012)进一步揭示致癌病毒感染宿主细胞后,能够整合到人类基因组中,跟随宿主细胞一起转录和复制。

能够致癌的病毒可以分为 DNA 病毒和 RNA 病毒两大类,但两者采用的主要机制不同。DNA 病毒常利用自身的蛋白质产物抑制宿主肿瘤抑制基因产物的活性,而 RNA 病毒多数通过激活宿主细胞内原癌基因发挥作用。

人乳头瘤病毒(human papilloma virus,HPV)是一种典型的可诱发肿瘤的 DNA 病毒。HPV 有 100 多种,只有部分和恶性肿瘤密切相关,被称为高危型 HPV。1983 年,德国病毒学家豪森(Harald zur Hausen,1936—)首次揭示宫颈癌的发生与高危型 HPV 感染密切相关。现在发现,临床上 70% 的宫颈癌是由高危型 HPV16 和 HPV18 感染造成的。今天全世界范围内使用最为广泛、时间最长的人类细胞株 HeLa 就是一株携带 HPV18 的宫颈癌细胞,它于 1952 年被分离和培养,如今遍布全世界的肿瘤研究实验室。值得指出的是,尽管有性生活的妇女都有较高的可能性感染 HPV,但机体正常的免疫系统可在数月内清除绝大多数 HPV,只有长期且持续的高危型 HPV 感染会导致宫颈癌的发生。

当高危型 HPV 长期感染人后,病毒基因组会整合到人类染色体上,利用宿主细胞表达自身的病毒基因(图 18-15)。高危型 HPV 的早期基因编码的 E6 蛋白能够与宿主细胞的 TP53 蛋白结合,诱导 TP53 的泛素化降解,抑制细胞凋亡。与此同时,另一早期基因编码的 E7 蛋白能够与 Rb 蛋白结合,促进细胞复制与分裂,最终使得这些肿瘤抑制基因的产物同时失去了活性,造成恶性转化。

除了 HPV,其他 DNA 病毒致癌的机制也是类似的。例如,腺病毒(adenovirus)通过编码不

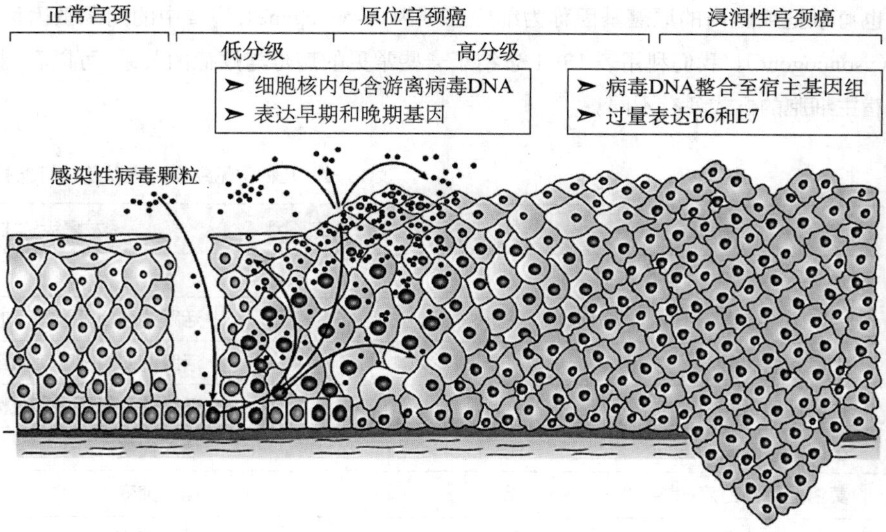

图18-15　正常宫颈组织及不同程度的宫颈上皮内瘤样病变的示意
图（引自 Woodman 等，2007）

同蛋白质（E1A、E1B）分别抑制宿主细胞内的 TP53 和 Rb 蛋白活性，猿猴空泡病毒40（simian vacuolating virus 40，SV40）编码的大 T 抗原（T antigen）也能利用不同的结构域分别识别和抑制 TP53 和 Rb 的活性。

与 DNA 病毒不同，RNA 病毒多数通过激活宿主细胞内原癌基因发挥作用。1970年，杜尔贝科的两位学生，美国生物学家巴尔的摩（David Baltimore，1938—　）和遗传学家特明（Howard Martin Temin，1934—1994）进一步发现一些 RNA 病毒感染人类细胞后，能够利用自身的反转录酶将 RNA 遗传物质转变为 DNA 后整合到宿主基因组中，这类病毒被称为反转录病毒。他们的工作在当时不仅改变了人们对中心法则的认识，也揭示了另一类致癌病毒的关键机制。

根据致癌机制的不同，RNA 病毒进一步分为慢性肿瘤病毒和急性肿瘤病毒。慢性肿瘤病毒通过将病毒基因整合到细胞内正常原癌基因附近，利用病毒基因组末端 LTR 中的强启动子作用于细胞癌基因，诱发癌变，如小鼠乳腺肿瘤病毒（mouse mammary tumor virus，MMTV）可以诱导小鼠乳腺肿瘤。在这些肿瘤细胞中发现，MMTV 的插入位点通常在成纤维细胞生长因子编码基因附近，病毒基因的插入导致生长因子的上调表达，从而促进了肿瘤的发生。通常这类病毒需要感染较长时间后才启动肿瘤发生，所以被称为慢性肿瘤病毒。

急性肿瘤病毒的基因组中带有病毒癌基因，即能够使正常宿主细胞发生恶性转化的病毒基因组中的基因。这类 RNA 病毒感染人细胞后，病毒癌基因在宿主基因组中表达并发挥转化作用，致癌时间较短。如 RSV 病毒携带一个病毒癌基因 v-src，能够编码有活性的酪氨酸激酶，刺激宿主细胞的快速增殖，造成转化。毕晓普和瓦尔默斯在研究中发现脊椎动物细胞基因组中有和 v-src 高度同源的原癌基因 c-src，正如上文所介绍的那样，这些原癌基因存在于脊椎动物自身的基因组中，在变异后促进细胞癌变。对比 c-src 和 v-src，前者是典型的真核基因，具有外显子和内含子，而后者没有内含子序列，再考虑到 c-src 在酵母到人中都有同源序列，具有重要的生长调控作用，研究者们认为病毒癌基因事实上起源于动物的基因组，是在病毒和动物的长期共同演化过程中形成的。为了区分存在同源性的动物细胞内的原癌基因和病毒中的癌基因，我们也可以把细胞内的原癌基因称为细胞癌基因（c-oncogene），病毒中的同源基因称为病毒癌基因（v-oncogene）。我们利用表 18-1 总结了一些常见的病毒与癌症的关系，可以看到不同病毒影响宿主细胞的方式各有不同。

表 18-1　几种常见致癌病毒以及它们诱发癌症的主要机制

病毒	与癌症诱发有关的基因	诱发癌症的主要机制
RNA 病毒		
劳斯肉瘤病毒	v-src	活跃的酪氨酸激酶，刺激细胞增殖
大鼠肉瘤病毒	v-ras	活跃的 GTP 酶，刺激细胞增殖
猿肉瘤病毒	v-sis	活跃的生长因子，刺激细胞增殖
小鼠乳腺肿瘤病毒	无	插入突变
莫洛尼鼠白血病病毒	无	插入突变
猫白血病病毒	无	插入突变
DNA 病毒		
人乳头瘤病毒	E6、E7	结合和抑制 TP53 与 Rb
腺病毒	E1A、E1B	结合和抑制 TP53 与 Rb
猿猴空泡病毒 40	SV40gp6（large T antigen）	结合和抑制 TP53 与 Rb
乙肝病毒	HBX	结合和抑制 TP53

四、表观遗传与肿瘤

近年来，随着表观遗传学研究不断深入，很多表观调控手段也与肿瘤的发生密不可分。例如，我们在上文提到过，启动子区域的超甲基化是肿瘤抑制基因失活的一种常见途径，这一失活方式不依赖于基因组的遗传变异，而与基因的表观调控有关。除此之外，在肿瘤细胞中，着丝粒区域异染色质的甲基化水平偏低，造成了有丝分裂重组事件的增加，诱发体细胞基因组的不稳定，这也是甲基化调控手段影响肿瘤发生的重要方式之一。

ncRNA 中的 miRNA 与肿瘤的功能与联系也是当下的一个研究热点。一方面，由于人类基因中绝大多数蛋白质编码基因都受到 miRNA 的转录后表达调控，那些靶向原癌基因和肿瘤抑制基因的 miRNA 也很可能参与了肿瘤发生发展的调控（图 18-16a）。另一方面，研究显示，在多种肿瘤细胞中出现 miRNA 编码基因的遗传变异或表达和加工的异常，涉及肿瘤的发生、发展和转移等各个过程。那些在正常细胞中靶向调节肿瘤抑制基因，在肿瘤细胞中表达量异常上升的 miRNA 很可能是促进肿瘤发生的致癌性 miRNA（oncogenic miRNA）。例如在慢性淋巴细胞白血病、淋巴瘤、肺癌、乳腺癌和结肠癌中都检测到异常高表达的 miR-155，miR-155 的转基因小鼠出现了前 B 细胞的异常增殖，进而发展为白血病。类似作用的 miRNA 编码基因还包括 miR-21、miR-17-92 等。相反，在正常细胞中靶向调节原癌基因，在肿瘤细胞中表达量异常下降的 miRNA 通常是肿瘤抑制性 miRNA（tumor suppressor miRNA），如 let-7 基因家族、miR-15a 和 miR-34 基因家族等。研究者已在包括肺癌、结肠癌、胃癌、卵巢癌、乳腺癌等肿瘤细胞中报道了 let-7 基因家族发生转录抑制、基因丢失或点突变等基因失活的现象。在正常细胞中，let-7 家族能够靶向抑

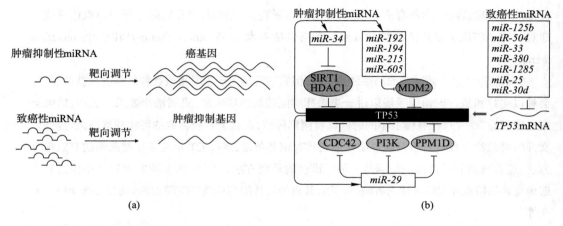

图 18-16　miRNAs 参与调节肿瘤发生的途径

（a）肿瘤细胞中异常表达的两种类型的肿瘤相关 miRNAs。（b）TP53 基因与 miRNA 的相互调控关系：TP53 的 mRNA 受到致癌性 miRNAs 的转录后调控，与此同时，TP53 蛋白质可以转录调节肿瘤抑制性 miRNAs 共同执行肿瘤抑制功能。

制多个关键原癌基因如 KRAS、MYC 等的表达。

正如我们在表达调控这一章所介绍的，miRNA 的表达调控具有细胞类型的特异性，且 miRNA 能够松散地结合靶 mRNA，因此一条 miRNA 可以调控不同的靶 mRNA，且一条 mRNA 可能受到多条 miRNA 的调控，因此在肿瘤发生发展的过程中，miRNA 可以通过调节不同的靶基因影响肿瘤的进程。与此同时，不同的 miRNA 还可能相互协作，共同调节肿瘤细胞内的信号网络。

在肿瘤的研究过程中，我们还发现，蛋白质编码基因和 miRNA 之间也可以通过相互作用，共同影响肿瘤发生发展，代表性的案例就是 TP53（图 18-16b）。一方面，TP53 自身受到多个 miRNA 的转录后调控，这些靶向 TP53 的 miRNA 扮演的是促进肿瘤发生的角色，另一方面，TP53 编码的转录激活因子，又可以转录调控大量 miRNA 共同发挥肿瘤抑制的作用。

综上，肿瘤的发生发展是不同遗传因素相互作用、遗传因素和环境因素相互作用的异常复杂的过程。从 20 世纪初揭示第一个致癌病毒到今天，尽管我们还未能了解肿瘤发生发展的全貌，但已有的研究已经为制定科学的肿瘤预防、诊断和治疗策略提供了大量的理论基础，这些成果无疑是鼓舞人心的。

2006 年，美国国家癌症研究所和 NHGRI 联合启动了癌症基因组图谱，即 TCGA 计划。项目旨在将基因组测序、转录组测序、甲基化等表观组学测序数据加以整合，并结合临床影像数据等，绘制多维度、多癌种的基因组图谱。2018 年，项目汇总发表了 12 年研究取得的数十项代表性成果——包含 11 000 份样本，涉及 33 种最常见肿瘤类型的"泛癌症图谱（Pan-Cancer Atlas）"，数据量达到 2.5 Pb。现今，TCGA 的全部数据对全球所有的医生和研究人员免费公开，作为迄今为止最大最全最系统的癌症数据库，它必将开启肿瘤研究的新时代。

第三节　利用肿瘤遗传变异特征改进肿瘤治疗策略

尽管肿瘤是人类健康的首要危险，但目前临床上三成左右的肿瘤是可以治愈的。理想的肿瘤治疗方案应该能去除所有的癌细胞,同时又不影响正常细胞,但在实际过程中很难达到这一理想状态。临床上常用的传统肿瘤治疗策略包括手术、化疗(chemotherapy)和放疗(radiation therapy)。

手术切除可以有效减少或消除肿瘤负荷,但它通常适用于未发生侵袭和转移的良性肿瘤,并会辅以化疗和放疗的治疗手段以进一步杀死可能残留的癌细胞,巩固治疗效果。显然,如果能提高癌症筛查手段,在肿瘤很小的时候就检测到肿瘤,那么患者被治愈的可能性就很大。例如,女性的宫颈涂片检查对于发现早期宫颈癌具有重要帮助,胸部 CT 检查是早期肺癌的有效筛查方法,还有血清癌胚抗原的检测是一种广谱性的筛查方法。当下,很多研究者致力于根据肿瘤遗传变异的特点开发特异性的肿瘤标记物,其目的就是提高早期肿瘤筛查的灵敏性、准确性和安全性。

化疗指的是使用化学药物抑制肿瘤生长。化疗既是晚期肿瘤的主要治疗手段,也是手术治疗前后的辅助手段。绝大多数化疗药物的作用是杀死快速分裂的细胞,因此它的缺点显而易见,即不能区分恶性的肿瘤细胞和正常快速分裂的细胞,如骨髓细胞、肝细胞和肠胃表皮细胞等。这也是化疗常见副作用的产生机制。化疗药物的效果与它的使用剂量密切相关:如果产生治疗效果需要的剂量和产生不可逆副作用的剂量的比值越大,说明药物特异性和安全性越好。反之,如果比值很低,说明药物的特异性差,且安全性不足。和化疗的原理类似,放疗是利用射线来抑制和消灭肿瘤细胞,放疗的射线剂量也与治疗效果密切相关。

一、靶向治疗

靶向治疗(targeted therapy)是一种新颖的化疗方法,本质上也是利用化学药物抑制肿瘤生长,但靶向治疗以肿瘤发生和发展过程中的特异性调节因子为靶标,通过干预这些因子的活性实现抑制肿瘤生长和扩散的治疗目标,也称为分子靶向治疗。相对传统手段,靶向治疗的主要优点包括特异性好,效果明显且对正常细胞造成的副作用小。靶向治疗的发展得益于我们在上一节介绍的肿瘤相关遗传变异的研究积累,肿瘤细胞中特定的变异基因的蛋白质产物正是靶向治疗的理想靶点,例如肿瘤细胞内部持续激活的细胞生长信号通路,凋亡途径以及免疫系统等。

靶向治疗可以采用的药物形式主要包括小分子药物和单克隆抗体。前者的筛选方法是首先设计和合成小分子化合物库,再针对靶标分子进行高通量的初步筛选,获得候选分子后进行进一步的化学修饰,以提高药物的治疗效果、稳定性和安全性。而抗体药物的筛选方法通常需先制备靶标分子,免疫动物制备特异性抗体,再利用基因工程手段进行人源化改造,防止抗体因被识别为异源蛋白而被免疫系统清除。

第一个临床使用的肿瘤靶向治疗药物是格列卫(Gleevec),即甲磺酸伊马替尼(imatinib mesylate)。2001 年 5 月,美国食品与药物监督管理局批准格列卫治疗 BCR-ABL 融合蛋白阳性的 CML 患者。我们在上一节已经介绍了染色体相互易位产生的组成型激活的 BCR-ABL 融合蛋白是部分 CML 患者的发病原因,由于患者体内只有肿瘤细胞携带这种特殊的融合蛋白,正常细胞没有,因此,BCR-ABL 融合蛋白是一个非常理想的治疗靶标。在 20 世纪 80 年代末,研究者从成千上万个化合物中筛选到了一个具有蛋白质激酶抑制活性的分子,经过一系列的改造之后,他们惊喜地发现格列卫结合和抑制 BCR-ABL 融合蛋白的活性很高,且可以口服给药(图 18-17)。

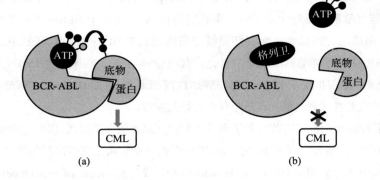

图18-17 格列卫抑制肿瘤的主要机制

(a) BCR-ABL蛋白具有激酶活性，结合ATP后磷酸化底物蛋白，促进CML。(b) 格列卫通过竞争结合BCR-ABL的ATP结合位点抑制其激酶活性。

动物和临床实验进一步揭示它的肿瘤抑制效果显著，尤其是患者的5年生存率可达80%~90%，格列卫快速通过了审批并上市。格列卫既是第一个也是非常成功的肿瘤靶向药物，主要原因正是费城染色体阳性的CML患者遗传致病机制的发现。

另一个非常成功的肿瘤靶向治疗药物是易瑞沙（Iressa），即吉非替尼（Gefitinib），这是一种靶向EGFR的抑制剂，也是首个批准上市的EGFR靶向治疗小分子药物。EGFR是位于细胞膜上的一种酪氨酸激酶受体，在多种上皮细胞来源的实体瘤中高表达，与肿瘤发生及发展有着密切联系。易瑞沙能够竞争ATP结合到EGFR胞内的激酶结构域上，阻断EGFR的自磷酸化，从而阻断EGFR活化及信号转导通路。动物实验发现，易瑞沙能广泛抑制异种移植于裸鼠皮下的多种人类肿瘤细胞的生长，并提高化疗、放疗及激素治疗的抗肿瘤活性。临床实验进一步证明易瑞沙对局部晚期或转移性非小细胞肺癌具有明显的抗肿瘤效果，可改善疾病相关的临床症状。2003年5月美国食品与药物监督管理局批准易瑞沙用于治疗晚期非小细胞肺癌。但是，和BCR-ABL只存在于CML患者的肿瘤细胞中不同，EGFR同样存在于一些人体的正常细胞之中，因此抑制EGFR的药物也会造成一些明显的副作用，主要表现为皮疹、腹泻和食欲下降。

易瑞沙的临床实验还发现一些有趣的现象，首先，部分非小细胞肺癌患者对易瑞沙尤为敏感，治疗效果更为显著。研究发现这些患者均携带了EGFR的基因突变，且突变集中影响了EGFR蛋白酪氨酸激酶域的ATP结合位点，主要类型包括L858R错义突变和19号外显子缺失突变这两种类型。由于EGFR突变会导致细胞内的抗凋亡途径被激活，促进了肿瘤的发生发展；当易瑞沙竞争结合EGFR后，可以关闭这一抗凋亡途径，促进肿瘤细胞走向凋亡，从而抑制肿瘤生长。其次，针对不同人群的临床实验发现易瑞沙对东亚地区非吸烟的女性非小细胞肺腺癌的患者效果较其他人群明显。其原因也是这个群体携带EGFR突变的频率在不同人群中最高（约50%），但高突变率的具体原因尚不知晓。易瑞沙的临床实验结果充分说明了靶向治疗药物的"靶向性"，即只有患者肿瘤细胞携带特定的"靶标"，这些药物才能发挥特定的疗效。这也是为什么肿瘤科医生如果要考虑给肺癌患者选用易瑞沙，将会首先进行患者EGFR突变检测的原因。

除了小分子靶向治疗药物，单克隆抗体也在肿瘤靶向治疗中发挥了积极作用。研究发现，抗体类的靶向治疗药物可能通过以下三种不同的机制抑制肿瘤发生和发展：①抗体与肿瘤细胞表面抗原结合后直接诱导肿瘤细胞死亡；②抗体刺激多条免疫途径（如巨噬细胞吞噬，激活抗体依赖的细胞毒作用，补体途径等）的活化，介导肿瘤细胞死亡；③抗体与肿瘤微环境中的抗原结合，清除肿瘤血管和间质组织细胞，间接抑制肿瘤细胞的生长。

赫赛汀（Herceptin），即曲妥珠单抗（Trastuzumab），是另一类表皮细胞生长因子受体家族成员 HER-2（human epidermal growth factor receptor 2）的特异性抗体，也是第一个被美国食品与药物监督管理局批准上市的抗体类靶向药物，被首先用于 HER-2 高表达的乳腺癌患者或者 HER-2 阳性的胃癌患者。赫赛汀能够与细胞表面的 HER-2 结合，干扰 HER-2 的自磷酸化，抑制 HER-2 受体向细胞内传导信号，从而抑制肿瘤生长。临床上有 15%～25% 的乳腺癌患者存在 HER-2 基因扩增或 HER-2 蛋白表达过高的现象，造成 HER-2 功能亢进。临床实验显示 HER-2 突变阳性患者对赫赛汀治疗具有良好的应答。

尽管靶向治疗已经有效延长了很多晚期癌症患者的存活时间，但它也面临着很多问题，例如治疗费用昂贵、研发周期长等，其中，药物耐受是一个临床上迫切需要解决的问题。靶向药物的药物耐受分为原发耐药（intrinsic resistance）和继发耐药（acquired resistance）。原发耐药指的是患者肿瘤发生的分子机理和药物的靶标分子无关。在肿瘤发生发展的过程中，遗传变异的积累过程千差万别，肿瘤患者的遗传差异巨大，即遗传异质性高。由于靶向药物的靶标分子通常是单一的，存在遗传差异的肿瘤患者对靶向药物的敏感性必然不同。例如，易瑞沙只适用于拥有 EGFR 特定突变的肺癌患者，对没有 EGFR 突变的患者治疗效果有限。因此，原发耐药的问题可以通过遗传学研究揭示药物的确切靶标，再通过对患者进行遗传测试得到解决。

继发耐药，又称为逃逸性耐药、适应性耐药，是肿瘤临床治疗面临的主要挑战。继发耐药产生的主要原因可能包括以下两种，一是肿瘤发展后期，肿瘤细胞还会产生新的遗传变异，由于靶向药物作用单一，从而失去效应；二是肿瘤细胞在靶向药物的作用压力下，利用抵抗靶向药物的补偿途径拮抗药物的作用。例如，易瑞沙的长期临床试验结果发现，携带 EGFR 突变的患者在长期使用后，部分出现了药物耐受，对耐受群体进行进一步的遗传测试发现他们产生了新的遗传变异，包括点突变、基因扩增等，涉及多个肿瘤相关基因。但吸引研究者的是，这其中又有 50% 的新突变都是一个相同的 EGFR 新发突变，即 T790M（图 18-18）。这一耐药机制的发现促进了新一轮靶向药物的研发，2013 年 3 月到 2015 年 11 月，针对 EGFR 的 T790M 突变的第三代靶向药物泰瑞莎（Tagrisso），即奥希替尼（Osimertinib），从实验到上市仅仅花费了两年半的时间，又成功延长了很多患者的生存时间。

当下，靶向治疗的继发耐药仍然面临巨大挑战，一方面，针对耐药性的新靶向药物的研发需要大量时间，另一方面，即使是泰瑞莎这类新型靶向药物，耐药性问题依然没有从根本上得以解决。近年来，研究者已发现部分肺癌患者对泰瑞莎也产生了耐药性，他们的肿瘤细胞内部又出现了 EGFR 的 C797S 新发突变。为进一步解决这些耐药问题，正在研究和尝试联合治疗的方法，例如化疗联合靶向治疗，多重靶向药物联合或者靶向治疗联合下文介绍的免疫治疗等。

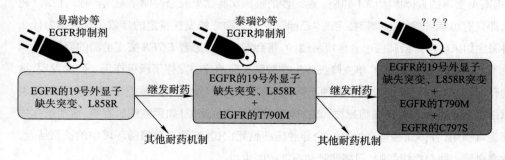

图 18-18　EGFR 抑制剂临床使用中的常见耐药机制（参考 Uchibori 等，2017）

二、免疫治疗

我们已经介绍过癌症细胞的特点,除了异常增殖、侵袭和转移之外,癌症细胞还能够躲避机体的免疫系统,逃避免疫清除。早在 100 年前,就有学者尝试利用免疫系统来治疗肿瘤。在传统的肿瘤化疗中,干扰素、白介素 2 等细胞因子的使用也是旨在通过提高肿瘤患者的免疫系统实现肿瘤抑制。此外,上文介绍的靶向治疗中的一些抗体类药物(如赫赛汀等)也有一定的免疫系统激活作用。但在临床上,这些药物适用的肿瘤类型很少,治疗效果也较为有限。

近年来,一些新颖的癌症免疫治疗方法的临床实践取得了意想不到的效果,引起了全球研究者和临床医生的关注。2013 年,*Science* 杂志将癌症的免疫治疗(immunotherapy)评选为年度突破性研究进展之首,代表肿瘤的免疫治疗进入了一个全新的时代。癌症的免疫治疗指的是以正常免疫细胞(而非癌症细胞)为靶点,通过调控人体自身的免疫系统来治疗癌症的策略。从理论上讲,癌症的免疫治疗具有一些明显的优点:①相比于化疗常会出现免疫系统被破坏的情况,免疫治疗的目标是增强或修复个体的免疫系统;②免疫治疗的靶标是免疫系统,而非肿瘤细胞,所以无需针对特定肿瘤类型,理论上可对多种肿瘤有效;③由于免疫系统被修复或增强,可以抑制癌细胞的进一步变异,降低药物耐受的风险。

我们先简要介绍一种免疫细胞治疗方法,嵌合抗原受体 T 细胞免疫疗法(chimeric antigen receptor T-cell immunotherapy,CAR-T immunotherapy)。CAR-T 免疫疗法是近年来发展起来的一种通过基因工程改造免疫细胞,从而增强免疫系统,实现抑制肿瘤生长的细胞治疗方法,目前主要应用于血液系统的肿瘤。美国食品与药物监督管理局于 2017 年 8 月通过了第一个 CAR-T 疗法 Kymriah 用于治疗复发或难治性儿童和年轻成人 B 细胞急性淋巴细胞白血病。CAR-T 免疫疗法的核心技术是利用基因工程手段向患者的 T 细胞内导入能够识别肿瘤抗原的基因及 T 细胞活化基因形成 CAR-T,赋予 T 细胞更强的识别肿瘤抗原并迅速活化杀伤肿瘤细胞的能力。CAR-T 的治疗方法成功挽救了一些其他治疗手段全部宣告失败的白血病儿童。但另一方面,由于 T 细胞被过度激活,一些患者经历了严重的细胞因子风暴,直接威胁到生命安危。这提示,单纯提高免疫反应的强度不一定能够实现肿瘤抑制,且可能带来严重的毒副作用。揭示肿瘤细胞免疫逃逸的遗传机制,针对肿瘤发生发展过程中的免疫缺陷选择特异性的靶标分子设计干预药物,是癌症免疫治疗的新出路。

在 20 世纪末,美国免疫学家艾利森(James Patrick Allison,1948—)和日本免疫学家本庶佑(Tasuku Honjo,1942—)先后发现了免疫系统中的重要负调控分子,位于 T 细胞表面的细胞毒性 T 淋巴细胞相关蛋白 4(cytotoxic T lymphocyte antigen 4,CTLA-4)和程序性细胞死亡受体 1(programmed cell death1,PD-1),它们被称为免疫检查点(immune checkpoint)(图 18-19)。这是一类在免疫系统中能够调节免疫反应的分子,动态控制机体的免疫系统活性。正常情况下,机体的免疫检查点处于抑制状态,防止免疫系统攻击自身组织。但当机体受到病原体感染或体细胞发生有害变异时,免疫检查点会被激活,启动免疫反应,及时清除各种病原体或变异细胞,以维持机体健康。但是,在肿瘤细胞中,这些免疫检查点被抑制,肿瘤细胞得以逃避免疫监视和清除。

以 PD-1 为例,在正常组织中,T 细胞表面的 PD-1 通过与抗原呈递细胞表面表达的配体 PD-L1 或 PD-L2 结合,抑制 T 细胞的增殖和活化,保护免疫系统攻击自体,引发免疫系统疾病。

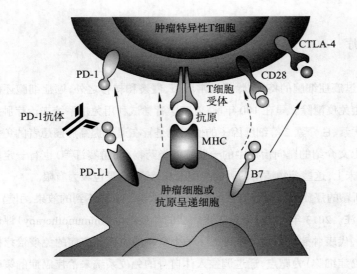

图 18-19　肿瘤细胞中的主要免疫检查点（引自 Drake 等,2014）

抗原呈递细胞表面表达的 MHC 和 B7 分子在正常条件下分别与 T 细胞表面的 TCR 和 CD28 分子结合,活化 T 细胞,调节免疫反应。与此同时,抗原呈递细胞表面还表达 PD-L1,可以与 T 细胞表面的 PD-1 结合,抑制 T 细胞活化。此外,T 细胞表面的 CTLA-4 可以和 CD28 竞争结合 B7,抑制 T 细胞活化。PD-1/PD-L1 和 CTLA-4/B7 是肿瘤细胞最常利用的免疫检查点。

而肿瘤细胞却狡猾地利用了这一特点,通过高表达 PD-L1 与 T 细胞结合,抑制 T 细胞活性,实现免疫逃逸。如果能够设计药物直接靶向免疫细胞表面的免疫检查点,就有望恢复免疫系统的活性,让机体主动识别和清除肿瘤细胞。基于这一理论假设,2006 年,美籍华人免疫学家陈列平(1957—)率先开展了针对 PD-1/PD-L1 的抗体药物的临床实验,发现利用抗体阻断 PD-1 和 PD-L1 的结合能有效解除肿瘤细胞高表达 PD-L1 而造成的免疫抑制,成功恢复肿瘤微环境中的 T 细胞活性,实现肿瘤抑制作用。这一结果为随后全球范围内的免疫治疗药物研发奠定了重要基础。当下,两个抗 PD-1 的抗体药物,Opdivo 和 Keytruda,已经成为癌症免疫治疗领域最为成功的药物,被称为 "免疫检查点抑制剂"。从 2014 年最先在日本获批上市至今,包括 Opdivo 和 Keytruda 在内的免疫检查点抑制剂被数十个国家批准用于多种肿瘤类型的一线和二线治疗,具体包括黑色素瘤、非小细胞肺癌、肾细胞癌、头颈癌和霍奇金淋巴瘤等。最近,将 Opdivo 和/或 Keytruda 与传统的化疗药物、其他免疫治疗药物(如抗 CTLA-4 抗体等)联合使用的治疗方案也在临床实验中取得了积极进展。

　　当下,基于 "免疫检查点" 的免疫治疗刚刚起步却发展迅速,成功挽救了不少 "提前宣告死亡" 的癌症患者,给患者、家人、医生和研究者们都带去了新的希望。但与此同时,我们也应该认识到免疫治疗的临床应用时间还非常短暂,受试人群数量小,治疗的安全性和有效性都还有待更加长期和全面的评估。与此同时,目前免疫治疗适用的肿瘤类型还是较为有限的,有限的受益人数和庞大的肿瘤发病率之间亦不相适应,高昂的治疗价格也让很多普通家庭望而却步,癌症的免疫治疗仍然任重而道远。借助遗传学研究精确描述肿瘤微环境中免疫细胞的失活机制,将患者的免疫系统正常化(而不是过度或异常地增强),被认为是未来癌症免疫治疗的正确发展道路。

习题

1. 请解释以下名词：肿瘤转移、癌基因、肿瘤抑制基因、病毒癌基因、靶向治疗、癌症免疫治疗。

2. 遗传变异是肿瘤发生的重要风险因素，为什么遗传变异因素诱发的肿瘤多数仍然是不可遗传的？遗传性肿瘤与散发性肿瘤相比，它有哪些特点？

3. 请简述肿瘤的基本特征。

4. 肿瘤的发生发展是一系列肿瘤相关基因累积突变的结果，肿瘤相关基因主要包括癌基因和肿瘤抑制基因。请从以下几个方面分别讨论癌基因和肿瘤抑制基因的差别。

	癌基因	肿瘤抑制基因
正常情况下的基因功能		
基因突变对正常功能的影响		
发生突变的基因拷贝数		

5. 什么是肿瘤抑制基因的二次突变学说？肿瘤抑制基因突变造成的肿瘤案例中，有散发性和家族性之分，请从突变发生的时间简述这两种病例的主要差异。

6. 为了分析肿瘤相关基因与肿瘤发生之间的联系，某研究小组分析肿瘤组织中候选基因的突变情况，发现：

(1) 基因 A 参与细胞周期调控，肿瘤细胞内的基因 A 发生了功能获得性突变。请推测基因 A 参与肿瘤发生的可能机制。

(2) 基因 B 参与调节正常细胞凋亡，肿瘤细胞内的基因 B 发生了功能丧失性突变。请推测基因 B 参与肿瘤发生的可能机制。

(3) 基因 C 也参与调节正常细胞凋亡，但未在肿瘤细胞中检测到基因 C 任何形式的突变，而是在其 CpG 岛出现了超甲基化。请推测基因 C 参与肿瘤发生的可能机制。

(4) 肿瘤细胞内发现了来自于病毒基因组的基因 D，请推测基因 D 参与肿瘤发生的可能机制。

7. *BRCA1/2* 突变是乳腺癌的重要危险因素，是否所有女性都有接受 *BRCA1/2* 检测的必要？

8. 请简述 DNA 病毒与 RNA 病毒致癌机制的差异。

9. 靶向治疗中原发耐药和继发耐药有什么区别？针对这两种耐药问题，你认为有哪些解决办法？

10. 请简述 PD-1 抗体抑制肿瘤生长的机制。

数字课程学习

✍ 在线自测　　　✎ 习题答案

第十九章
遗传与进化

在地球上，随着自然条件的变化，生物的进化经历着由简单到复杂、由低等到高等的长期历史发展过程。现代生物都是由过去生活的生物演变而来的，每种生物都与它的生活环境相适应。这些事实已为生物学的多个分支学科的研究所证明，如古生物学、比较解剖学、胚胎学、动物地理学和植物地理学、生态学、生理学、分子生物学等。而遗传学的研究不仅提供了更多的证据，更重要的是，从遗传学角度解释了生物进化的历史过程。

这一章先从分子水平介绍蛋白质和核酸的进化，然后讲述遗传体系的进化，再介绍现代的进化理论，并用这些理论来说明新种是怎样起源的，最后讨论一下育种实践中的人工选择和远缘杂交问题。

第一节　进化概述

在生物进化的研究中，最初注意的是进化的证据，而且证据偏重在形态方面，研究方法以比较和观察为主。遗传学的兴起和发展，使进化的研究逐渐转向进化的机理方面，采用的方法主要是群体遗传学（population genetics）的方法。随着分子遗传学的发展、生化分析等研究方法的采用，在分子水平上研究生物进化成为可能。

一、蛋白质进化

蛋白质的氨基酸顺序决定了它们的立体结构及其理化性质，而氨基酸顺序是由 DNA 的核苷酸序列所编码的，所以比较各类生物的同一种蛋白质序列，可以看出生物进化过程中遗传物质的变化情况。

有一些蛋白质在不同生物中执行着同一的任务，如细胞色素 c（cytochrome c）。细胞色素 c 是一种呼吸色素，在氧化代谢中担任电子转移作用。通过不同物种的细胞色素 c 的序列比对发现：在多肽链全长中，有一些部位的氨基酸序列非常恒定，另一些部位是多变的。恒定的或保守的部位可能在功能上很重要，它们或者是一些活性位点，或者是与正确的构型有关，或者是跟邻近的膜蛋白质的结合有关。多变部位可能是一些"填充"或间隔区域，氨基酸的变换对蛋白质的功能影响较小。

细胞色素 c 氨基酸序列的分析表明(表 19-1):黑猩猩和人的 104 个氨基酸完全一样,差异是 0;猕猴和人的细胞色素 c 分子有一个氨基酸不同,从肽链的氨基端算起,猕猴的细胞色素 c 的第 102 个氨基酸是丙氨酸,而人的是苏氨酸;人和酵母菌的细胞色素 c 相差较远,104 个氨基酸中有 44 个不同,但这两种分子的立体构型基本相似。

表 19-1　各种生物的细胞色素 c 的氨基酸组成的比较

生物名称	氨基酸差别	生物名称	氨基酸差别
黑猩猩	0	响尾蛇	14
猕猴	1	金枪鱼	21
袋鼠	10	天蚕蛾	31
豹	11	小麦	35
马	12	粗糙链孢霉	43
鸡	13	酵母菌	44

注:表中数字表示各种生物和人的细胞色素 c 不同的氨基酸数目。

　　从表 19-1 看来,和人的亲缘关系愈近的生物,细胞色素 c 的氨基酸成分也和人愈相似。正因为有这种相互关系,所以在分子水平上研究进化的速率成为一种可能。我们从古生物学的研究上已经知道各类生物相互分歧(divergence)的地质年代,可以据此作图,横轴代表任何两类生物间分歧后经过的时间,纵轴代表蛋白质中每个氨基酸残基的平均替换率。图 19-1 就是根据这样的设想作成的图,图中反映了细胞色素 c 和其他几种广泛存在的蛋白质的进化速率。

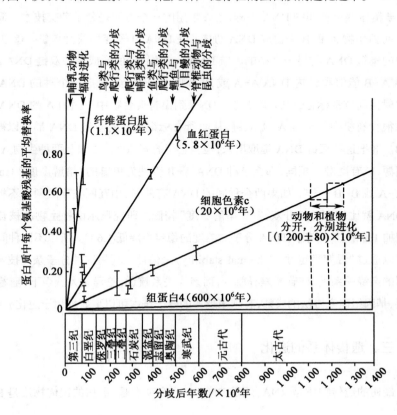

图 19-1　4 种蛋白质的进化速率

斜线代表进化速率,改变 1% 氨基酸顺序需要的年数注明在括号中(斜线上的竖线代表标准误)。

从图上可以看到,图中的线条都是直线,这意味着每一种蛋白质的进化速率都是相对恒定的,但是不同蛋白质的进化速率不同。例如,纤维蛋白肽的进化比血红蛋白快,血红蛋白的进化比细胞色素 c 快等。这可能是因为纤维蛋白肽有较多的部位可以变异,而不影响它们的功能。组蛋白则走向另一极端,可以调整的部位很少,氨基酸序列改变的机会也少。

二、核酸进化

在分子水平上探讨进化,更直接的方法是分析遗传物质——核酸本身。DNA 分析技术的快速发展也为核酸进化分析提供了便利。

(1) DNA 量的变化 在进化过程中,生物的 DNA 含量有一定的增加趋势。如果将病毒作为最简单的一类生物的代表,那么像 φX 174 那样的病毒的 DNA 含量只够容纳 6~8 个基因(大约 6 000 个核苷酸长)。而人类基因组约有 $3×10^9$ 核苷酸对。生物由简单的类型进化到复杂的类型,DNA 量的增加显然很重要。因为高度进化的、结构复杂的生物需要大量的基因维持它的生命和繁衍它的种族。事实上我们发现有很多基因只存在于高等生物中,例如血红蛋白、结合珠蛋白和免疫球蛋白编码基因等。

虽然从总的趋势来看,愈是高等的生物,DNA 的含量愈高,但是我们在基因组一章已介绍过,DNA 含量不一定总是跟生物的复杂程度成正比。所以大量的 DNA 并不是形成一个复杂的生物的充分条件。

(2) DNA 质的变化 在进化过程中,核酸不仅发生量的变化,而且还发生质的变化,也就是核苷酸序列的变化。

要测定两个种间的 DNA 差异,过去常用的一个方法是分子杂交技术。简单的操作方法是:①从两种生物 A 和 B 中提取 DNA,加热,使 DNA 分子变性成为单链。②在适当温度下,将一个种的单链 DNA 与另一个种的单链 DNA 一起温育,使形成杂种双链 DNA A-B。为了使种间 DNA A-B 能够和种内 DNA A-A 或 B-B 区分开来,必须把一个种的 DNA,例如 A 的 DNA,用放射性同位素标记,只放少量这种 DNA 到温育混合物中。因为 A 的 DNA 所占的分量很少,所以很少有机会能形成 A-A 双链,从而所有标记上了的双链 DNA 都可以被认为是杂种 DNA A-B。③把这种双链 DNA 提取出来,检验它们的同源性。如果从两种生物 A 和 B 来的 DNA 完全同源,核苷酸顺序相同,那么杂种 DNA A-B 变性为单链的“熔解温度”(melting temperature)跟 A-A 或 B-B 一样。如果两个种间的 DNA 有差异,相互间核苷酸顺序不相同,那么这样的杂种 DNA 就比较容易打开双链,“熔解温度”较低。研究显示两种生物的核苷酸组成有差异时,每增加 1% 的差异,杂种 DNA 分子对温度的稳定性降低 1.6℃。所以不同种间的 DNA 的同源程度可以通过“温度稳定性”(thermal stability)来估计。利用这种分子杂交技术,研究者发现两个种间的亲缘关系近,核苷酸差异就少;而亲缘关系疏远,差异就大。当下,随着 DNA 测序技术的发展、基因组研究方法的成熟,有越来越多的分子技术可以更好地用于进化分析。

三、遗传体系的进化

最初的遗传物质是 RNA,还是 DNA ? 一个观点是,最初的遗传物质是 RNA,因为 RNA 是基因和蛋白质间的桥梁。在进化早期,RNA 可能既能自我复制,又能在蛋白质合成中起作用。RNA 能自我复制,现在很多 RNA 病毒还保留着这个特性。在进化中,DNA 代替了 RNA,成为遗传物质,这可能有两个好处:① DNA 比 RNA 稳定;② DNA 和 RNA 有了分工,RNA 参与蛋白质的合成,而 DNA 专门储存遗传信息。

蛋白质合成机制在进化过程中必然也在发生变化。原始的蛋白质合成机制可能不很完善,在翻译过程中容易造成差错,同一密码子常被翻译为不同的氨基酸。在离体条件下,链霉素的存在、锰离子浓度的改变等都会造成错读,说明原始生物中出现错读是可能的。由于经常会发生错读,在原始生物中,由某一核苷酸顺序形成的蛋白质只是大致上相似,而不是完全相同。正是在这种情况下,遗传密码有可能发生变化,使错读逐渐减少,蛋白质合成机制逐渐完善。

从现有的遗传密码系统中的确可以看到某些机制能够减少错读的发生。首先,同义密码子中,前两个核苷酸是相同的,不同的是第三个核苷酸。在离体实验中,也是第三个核苷酸最容易错读,这样的编码机制可以防止氨基酸替换。其次,从氨基酸的改变对酶活性的影响来看,氨基酸可以分为两类:①对酶活性影响较大的,包括酪氨酸、组氨酸、赖氨酸、谷氨酸、色氨酸等;②对酶活性影响较小的,包括苯丙氨酸、亮氨酸、异亮氨酸、缬氨酸、丙氨酸、苏氨酸等。已经知道,密码子的第一个核苷酸的错读机会仅次于第三个核苷酸,而从图 15-8 可以看到,第一个核苷酸的错读所造成的氨基酸改变通常都属于同一类。例如 UUU 是苯丙氨酸,如果错读为 CUU、AUU 或 GUU,则出现亮氨酸、异亮氨酸或缬氨酸,错读后替换的氨基酸仍属于同一类,通常不会影响酶的功能。

原始生物含有的氨基酸种类可能没有现生生物那么多,因此原始生物的每一种氨基酸可能有更多的密码子。以后氨基酸种类逐渐增加,新增加的氨基酸占用了原有氨基酸的密码子。现生生物的密码子几乎相同,这说明在生物进化的某一阶段,遗传密码可能被固定下来了。

以上关于遗传密码的进化、虽然有事实也有猜测,而且可能猜测多于事实,但是并不妨碍我们建立一种观点,即遗传密码也像生物的其他性状一样,经历了演化过程。

遗传物质的进化,遗传密码的改善,与遗传物质的结构和传递方式一起不断进展。这种进展最明显的是染色体的演变。在高等动、植物中,同一属中的几个种,染色体数目和形态有变化,往往可以据此追溯它们的演化过程。例如菊科针垫菊属的 *Chaenactis fremontii* (2n=10) 和 *C. stevioides* (2n=10) 都是从 *C. glabriuscula* (2n=12) 演化而来的,形态上也很相似,但是更耐干旱,分布在沙漠地区。这 3 个种相互杂交,可以得到杂种。根据杂种的减数分裂中染色体联会的情况,知道 *C. fremontii* 和 *C. stevioides* 各有一个复合染色体,但是复合染色体的结构不同(图 19-2)。复合染色体可能是易位后形成的,易位后染色体数目减少,使这两个种获得了更高的适应性。又如小麂 (*Muntiacus reevesi*) 的染色体组成是 46, XX 或 XY, 赤麂 (*M. muntjak*) 的染色体组成是 6, XX 或 7, XY_1Y_2。这两个种的染色体数相差悬殊,但是可以杂交,能产生杂种。根据染色体显带结果,发现小麂染色体和赤麂染色体的横纹有一定的同源性,据此推测在进化过程中,小麂的染色体通过连续易位,演变成赤麂的染色体(施立明等,1980)。在染色体畸变一章中介绍的同源多倍体和异源多倍体也很好地说明新种的形成也可伴随着染色体组的增加。可见,在遗传体系的进化中,染色体数目可能发生变化,位于染色体上的基因的排列组合也可能随之变动。

遗传体系的变化,还包括有丝分裂和减数分裂机制的发展。有丝分裂所形成的两个子细胞中,染色体完全一样,所有基因也完全一样,所以双亲的遗传信息可以通过受精卵的连续有丝分裂正确地传递下去。而减数分裂时,非同源染色体自由组合,同时同源染色体又可相互重组交换,

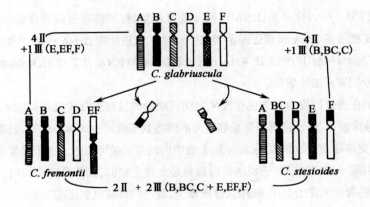

图 19-2　*Chaenactis glabriuscula* 和衍生种的染色体结构以及种间杂种的减数分裂时配对方式（Moore, 1976）

4Ⅱ+1Ⅲ（E,EF,F）的意思是 *glabriuscula* 与 *fremontii* 的染色体在减数分裂时形成 4 个二价体和 1 个三价体，这个三价体是由 *glabriuscula* 的 E 和 F 染色体与 *fremontii* 的 EF 复合染色体配对后形成的。余类推。

产生多种多样的配子，受精后形成各种组合的合子，为进化提供丰富的素材。正因为这样的缘故，有丝分裂和减数分裂的机制自从在进化过程中建立以后，就几乎被所有生物继承了下来。

四、分子进化

正如上文所说，群体遗传学研究已经充分提示亲缘关系紧密的群体有许多相同的遗传变异特点，而关系较远的群体间遗传差异较大。因此，通过比较不同群体的 DNA 序列（或者氨基酸序列等）可以推断不同群体间的亲缘关系。随着分子生物学技术的发展，进化生物学的研究者们在群体遗传学的理论基础上，利用分子生物学技术对生物间的进化关系进行研究，并建立了一个和遗传学密切相关的新的生物学分支学科，即分子进化（molecular evolution），它包括两个基本依据：①亲缘关系与遗传差异之间存在关系；②多种同源大分子的平均进化速率近似恒定。

简要来说，分子进化是通过利用系统树（phylogenetic tree）描述生物类群、个体或基因序列之间的进化关系。系统树由节点和分枝组成，节点表示每个分类学单位，任意两个相邻的节点由分枝来联结，表示它们之间的联系，枝长是该分枝中的变化数。我们结合图 19-3 来和读者进行简要说明。假设从 4 个亲缘关系待定的生物样本中分离得到了基因组 DNA 片段并成功测得了一段同源 DNA 的序列，结果显示不同序列之间的变异分为两种，一种是多条序列共享的变异，如

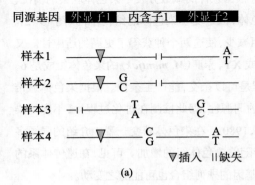

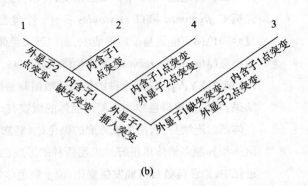

图 19-3　根据 DNA 序列差异绘制的系统树可以用于分子进化分析

（a）不同生物样本中一段同源 DNA 序列的遗传变异信息。（b）根据（a）的变异信息绘制的系统树。

1 号外显子上的插入突变,很可能是较早发生的变异,传递给了多个物种;另一种是独特的变异,即有且仅有该物种自身含有这种变异,如序列 3 的外显子 1 上的缺失突变,说明该变异发生较晚,是该类生物在较晚的进化过程中产生的。根据这样的分析,研究者可以绘制出一棵系统树(图19-3b):由于 4 个样本的 DNA 序列是同源的,所以它们拥有同一个根节点,即我们认为他们拥有共同的祖先种;其次,样本 3 所拥有的所有变异都是独特的,这说明它在进化过程中最早独立并单独进化,因此是最早从系统树主干上独立出来的分支,而其余 3 个样本都共享了一个短序列的插入,它们有一个更近一点的共同节点,而这个短序列的插入就发生在从根节点到这个节点的进化过程中。其余的节点和分支可以以此类推,最终得到一棵简易的系统树。它的分支长度和节点位置充分说明了 4 个生物样本之间的亲缘关系远近,从根节点到每个分支末端的线路则描绘了进化中遗传变异在各个物种中是如何顺序发生的。

我们以人类起源为例简要介绍一些代表性的分子进化工作。人类起源的早期证据来自化石记录,但是在从智人到现代人的进化途径上,学术界一直存在着"多地区起源假说"和"非洲起源假说"的争论,即人类是从存在于欧洲、亚洲和非洲的智人种群分别演化而来的,还是从非洲完成智人的演化后再迁徙到世界各地的?分子进化提供了一种新颖且有效的研究方法。1987 年,研究者对来自世界不同地域的 147 个现代人进行了线粒体 DNA 的遗传变异分析(Cann 等,1987),发现了 134 个遗传变异类型,但都起源于一个共同节点,他们据此推测 20 万年前非洲大陆上的一位女性是今天地球上现代人的共同祖先(图 19-4)。研究者之所以选择线粒体 DNA 进行分子进化分析是因为当时的 DNA 制备技术和序列分析技术还不够成熟,相比基因组 DNA,线粒体DNA 更容易获得且当时序列已知,更重要的原因还包括线粒体 DNA 变异率高,较少重组,遵循母系遗传。在这项工作之后,一些研究者利用更大的人群样本和分辨率更高的遗传变异分析技术进行了深入研究。例如,对上万名中国男性的 Y 染色体进行遗传变异分析,发现他们都共享了

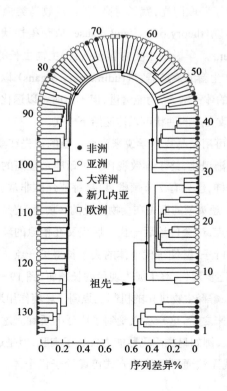

图 19-4 利用线粒体 DNA 进行人类起源的分子进化分析(引自 Cann 等,1987)

相同的 M168G 变异，分子进化分析发现，该变异在 3.5 万～8.9 万年前产生于非洲，是部分非洲人特有的遗传标记，这一发现进一步支持了现代人的"非洲起源假说"（Ke 等，2001）。

第二节 进化理论

人类在长期的生产实践中，早已注意到了生物的变异，并且认识到新类型很可能是从旧类型来的，但是因为受到当时历史条件的限制，未能作深入的观察，所以一直停留在主观经验的地步，未能上升为理论。

科学工作者总结了前人的经验，并作了系统的观察，提出了说明进化机制的理论。生物进化的流行理论，细分起来很多，也还在不断发展之中。我们主要向读者介绍两个，一个是拉马克的获得性状遗传学说，另一个是达尔文的自然选择学说。

一、拉马克的获得性状遗传学说

法国生物学家拉马克在神创论统治的时代，率先提出了生物进化思想，具有划时代的意义。拉马克的进化学说指出，包括人在内的一切物种都是由别的物种演变而来的，生物在不断地同时缓慢地变异，从低等向高等逐级进化。物种（species）不是恒定不变的类群，而是由祖先种不断进化而来。

在分析生物进化的动力时，拉马克提出了来自内、外的两种力量，并认为来自外部的环境作用更大——环境变化使生物发生适应性变化，而环境的多样性是构成生物多样性的主要原因。

他看到，在生物的个体发育中，因为环境不同，生物个体有相应的变异，而跟环境相适应。例如年幼的树木在茂密的森林中，为了争取阳光，就长得高高的；多数鸟类善于飞翔，胸肌就发达了。他在 1802 年提出用进废退学说（theory of use and disuse）或获得性状遗传学说（theory of the inheritance of acquired characters）。学说的主要内容包括：①生物生长的环境使生物产生某些需求；②生物改变旧的器官，或产生新的痕迹器官（rudimentary organs），以适应这些需求；③继续使用这些痕迹器官，使这些器官的体积增大，功能增进，但不用时可以退化或消失；④环境引起的性状改变是会遗传的，因此这些改变了的性状可以传递给下一代。

洞穴中的鱼常常是视盲的，这可用拉马克的学说来说明。鱼的祖先在黑暗的环境中已有很多代，鱼在黑暗中，眼没有用处，逐渐退化，终于导致视盲。长颈鹿是最高的哺乳动物，头颈特别长，但是它与人和其他哺乳动物一样，也只有 7 节颈椎，只是每节颈椎非常长而已。长颈鹿的长头颈也可用拉马克的学说来说明。短头颈的祖先在食物贫乏的环境里，必须伸长头颈，来吃高树上的叶子，因此头颈长得稍稍长一点，这会传给后一代。后代又在相似的环境中，同样地需要把头颈伸得长一点，来吃更高树上的叶子，又使子代个体的头颈长得长一点。这样一代一代下去，长头颈的遗传特性继续加强，头颈逐步延长，终于成为现代的长颈鹿（图 19-5）。

可见，"获得性状遗传"学说在解释生物进化的机制上强调了环境作用造成的性状改变可以遗传。在 20 世纪初遗传学发展起来之后，这一观点受到了广泛的质疑。这是因为，环境因素造成的性状变化一般都与蛋白质有关，例如鸟类因飞翔能力发达了胸肌，但是这种性状的变化无法影响到生殖细胞的基因序列，也就无法通过遗传的方式传递给子代个体。因此，拉马克的"获

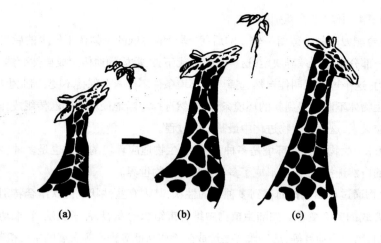

图 19-5　获得性状遗传的例子

(a) 由于"内在欲求"的驱使,短颈祖先伸长头颈,吃高树上的叶子,头颈的"使用"改变了动物的遗传性。(b) 祖先的遗传性改变后,使子代个体的头颈稍稍长些。(c) 在很多代数以后,后代的头颈都比祖先长很多。

得性状遗传"一度被认为是缺乏实验证据的,无法得到遗传学的支持。但是,我们在前几章介绍的表观遗传学揭示了一类特殊的遗传变异现象,它们不涉及遗传物质 DNA 的序列改变,但能够影响个体的性状表现,更重要的是,它们受到环境因素的影响,而且它们对性状的调控方式可以遗传给后代。表观遗传的这些性质都能很好地与"获得性状遗传"吻合。随着表观遗传学研究的不断深入,拉马克的"获得性状遗传"理论也正在经历新的发展。

二、达尔文的自然选择学说

达尔文的自然选择学说(theory of natural selection),尤其是在现代遗传学基础上发展起来的自然选择学说,能够更合理地说明生物进化的历史过程。

达尔文的自然选择学说的主要论点包括以下几个方面:

(1) 生物个体之间存在变异,好比每个人的外貌都不同,都可以相互识别。我们有时不能识别野生动、植物的个体差异,那是因为我们对材料不熟悉,如果熟悉了,也可以相互区别。

(2) 生物个体的变异,至少有一部分来自遗传上的差异。在当时,达尔文本人和所有其他科学工作者一样,对遗传的概念是十分模糊的,所以对这一点不能作出严格的论证。而现代遗传学证明,每一个性状的个体差异(表型差异)都由遗传差异与环境差异两方面所造成,只不过不同性状中,两者在表型差异中所起的作用有着不同的比重而已。达尔文未能解决遗传差异是怎样产生的问题,但这并不影响他的整个学说,只要从"生物的遗传属性是会改变的"这个假定出发,就可建立自然选择理论。

(3) 生物体的繁育潜力一般总是大大地超过它们的繁育率,这一结论是达尔文通过广泛而详尽的观察得出来的。例如一条鲱鱼约产卵 30 万粒,一株烟草约结种子 36 万粒,而实际上能够发育成为成体的只是其中很小的一部分,许多生殖细胞得不到发育的机会,许多胚胎和幼体在未达到性成熟以前就因养料缺乏、天敌和其他不利自然条件而死亡,只有其中少数比较健壮,它们的性状跟环境比较相适应,因此存活下来,达尔文把这个过程形象化地称之为"生存斗争"。从现代遗传学来看,或许称为"生存差别"更为合适些。

(4) 个体的性状不同,个体对环境的适应能力和程度有差别,这些不同和差别至少有一部分是遗传差异造成的,因此遗传性质不同的个体,它们本身的生存机会不同,留下后代的数目有多有少,这个事实叫作"繁育差别"。

(5) 适合能力高的个体留下较多的后代,适合能力低的个体留下较少的后代,而适合能力的差异至少一部分由遗传差异决定,这样一代一代下去,群体的遗传组成自然而然地趋向更高的环境适应能力,这个过程就叫作自然选择。但环境条件不能永久保持不变,因此生物的适应性总是相对的。生物体不断地遇到新的环境条件,自然选择不断地使群体的遗传组成作相应的变化,建立新的适应关系,这就是生物进化中最基本的过程。

(6) 地球上生物居住的环境是多种多样的,生物适应环境的方式也是多种多样的,所以通过多种多样的自然选择过程,就形成了多种多样的生物世界。

(7) 生物通过自然选择而得到多种新的性状,其中有些性状或性状组合特别有发展前途,是生物适应方式的关键变革。如陆生植物中维管束组织的发展、种子生殖、脊椎动物的内骨骼、体温调节机制、胎生与哺乳等,这些改变是造成生物体从低等到高等发展的主要机制。

以上几点是达尔文自然选择学说的概要,中间也有一些地方是现代遗传学对这个学说的补充说明。达尔文的这个学说基本上是正确的,但如上面所讲的,也留下一些问题没有解决,例如遗传性变异如何产生,又怎样保持,这些问题都没有得到很好的说明。但是,现代遗传学进一步发展了自然选择的理论。

最后把达尔文"通过自然选择的进化学说"的要点图解如下:

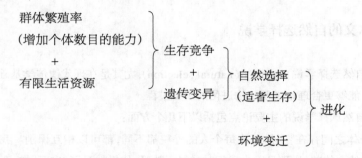

三、突变为进化提供原材料

遗传变异主要有两个来源:一个是突变,包括基因突变和染色体畸变;另一个是重组。但突变是更加基本的,因为如果没有突变,就没有不同的等位基因,那就谈不到任何重组合,所以突变是最初始的原材料。

过去有人提出不同的看法,认为突变不能成为进化的原始材料,因为突变都是有害的。现在知道,这样的论点并没有足够的证据。用 X 线处理大麦,引起许多突变,其中大部分突变降低了植株的生活力或育性,800 个突变中大约只有 1 个突变或是增强了麦秆的强度,或是提早了成熟期,或是产生其他有利的性状,可供育种时选择使用。还有,新产生的突变是否有利,要看突变体所处的环境而定。例如,对噬菌体有抗性的大肠杆菌,在没有噬菌体的培养基上,它们生长得不好,远远不如对噬菌体没有抗性的大肠杆菌;可是在有噬菌体的培养基上,只有对噬菌体有抗性的大肠杆菌才能生长,对噬菌体没有抗性的大肠杆菌是不能生活的。可见衡量突变对生物体是否有利,要跟生物体所处的环境联系起来看。再举个例子,果蝇 *D. pseudoobscura* 品系的自然群体中,第 2 染色体的变异体很多,研究发现它们在不同温度下生活力不同(表 19-2)。可以看到,

表 19-2　果蝇 *D. pseudoobscura* 第 2 染色体的各种突变类型在不同温度中的生活力

第 2 染色体的各种类型	25.5℃	21℃	16.5℃
标准型	100	100	100
A	99	98	100
B	95	89	87
C	92	109	109

在不同温度中，第 2 染色体的不同类型的生活力不同。例如在 25.5℃中，标准型的生活力比变异类型 A、B 和 C 都来得好，但在 21℃和 16.5℃中，变异类型 C 的生活力就比标准型还来得好。

根据上面的叙述，我们可以概括出下列两点：①有少数的突变是有利的，可以作为进化的原始材料；②突变的有利与否，因所处的环境而异。

四、新基因的起源

突变可使原有基因突变产生新的等位基因类型，那么"新"的基因从哪里来的呢？这里所谓新的基因，是指非等位基因，但基因的等位和非等位的概念原本是相对的。

在前续章节曾说过，每一基因的突变方向是有一定限制的。例如家蚕的普通斑基因（*P*）的突变不会越出皮斑的范围，小鼠的野鼠色基因（*A*）的突变总是在毛色的范围以内。不过这是针对一般情况而言的。如果我们从基因的遗传效应来讲，基因的作用主要是决定蛋白质的属性，而蛋白质的属性体现在 20 种氨基酸的排列上。有时，一些氨基酸排列很相似的多肽，也可能具有完全不同的生理效应。例如牛和羊中的催产素（oxytocin）是一个 9 肽，它的氨基酸序列是：

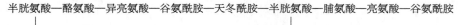

半胱氨酸—酪氨酸—异亮氨酸—谷氨酰胺—天冬酰胺—半胱氨酸—脯氨酸—亮氨酸—谷氨酰胺

而牛和羊中的另一种激素——血管升压素（vasopressin）也是一个 9 肽，它的氨基酸序列是：

半胱氨酸—酪氨酸—苯丙氨酸—谷氨酰胺—天冬酰胺—半胱氨酸—脯氨酸—精氨酸—谷氨酰胺

这两个 9 肽的差异，不过是前者的异亮氨酸换成后者的苯丙氨酸，前者的亮氨酸换成后者的精氨酸，在氨基酸序列上，这两种激素很相近，但从生理作用来看完全不同。从这个例子来看，决定一种多肽类激素的基因有时可以通过变异产生决定另一激素的基因。

促黑细胞激素（melanocyte-stimulating hormone，MSH）由 13 个氨基酸构成，在马、牛、猪中都一样。该激素由脑下垂体的间叶所产生，可能与很多哺乳动物中皮和毛中的色素变化有关。另一种激素叫作促肾上腺皮质激素（adrenocorticotropic hormone，ACTH），由脑下垂体前叶产生，对肾上腺皮质（和其他内分泌器官）有作用。羊、牛、猪的 ACTH 的氨基端 13 个氨基酸跟 MSH 的氨基酸顺序完全相同。从位置 25 到 33，3 种动物的氨基酸顺序互有差异，从位置 34 开始，一直到羧基端，氨基酸顺序又完全相同（图 19-6）。人的库欣综合征（Cushing syndrome）的特征是 ACTH 水平升高，患者皮肤色素加深，因为 ACTH 具有类似于 MSH 的作用，所以 ACTH 的水平升高，像 MSH 的水平升高一样，促进皮肤中色素的沉积。在这个例子中，两种蛋白质激素的氨基端 13 个氨基酸完全相同，它们的生化特性又相近似，所以很有可能在进化过程中，一种激素的编码基因通过部分基因重复（partial gene duplication）演变成为另一激素的基因。这也是基因起源的一种可能方式。

等位基因与非等位基因的差别取决于染色体和连锁图上的基因座是否相等。根据这个标准，若染色体发生畸变，尤其是结构变异以后，原来的等位基因就不相等了。再经过几次基因突变，原来的等位关系就不容易看出来了。事实上，人工合成异源多倍体时，两个亲本种既然可以杂交，亲缘关系不会太远，因此必然有许多基因是相同的，所以在人工合成不久的异源四倍体中，减数分裂时常有多价体出现，表明两种亲本间的某些染色体有对应关系，有对应关系的染色体上的基因自然就是等位的，但在历史较久的野生或栽培的异源多倍体中，如普通小麦、新大陆棉、胜利油菜等就没有这种现象，它们在减数分裂时，形成的都是二价体，跟正常的二倍体完全一样。这是因为原来"同源"的染色体经过多次畸变，上面的基因经过多次突变，使等位关系消失，产生了新基因，这个过程叫作多倍体的"二倍体化"。

可见，新基因的起源可以通过染色体变异改变基因所在位置，从而使新的等位基因类型变为非等位的新基因，也可以通过基因复制和进一步的变异而产生。随着基因组学研究的深入，研究者们揭示，外显子重复（exon duplication）和外显子混编（exon shuffling）也是新基因产生的重要机制。所谓外显子重复，指的是一些基因可以通过串联重复外显子产生新基因，新基因产物中特定结构域的拷贝数增加。外显子改组指的是不同基因来源的外显子可能通过染色体结构变异或转座等发生重新组合形成新基因。

我们将来自于共同祖先 DNA 序列的不同基因称为同源基因（homologous gene），由于来源相同，它们的 DNA 序列具有相似性。同源基因可分为种内同源基因（paralogous gene）和种间同

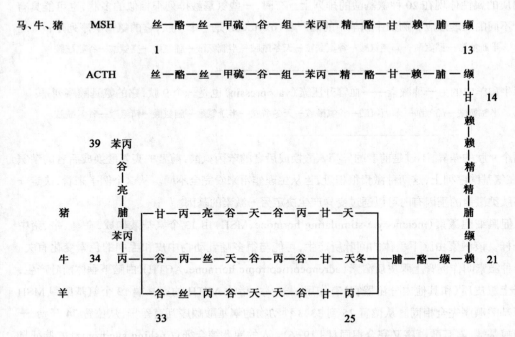

图 19-6　几种有蹄类动物中 MSH（促黑细胞激素）和 ACTH（促肾上腺皮质激素）的氨基酸顺序

MSH 和 ACTH 的氨基端的前 13 个氨基酸完全相同，而 ACTH 的氨基酸顺序在猪、牛、羊中有少量差异。

源基因（orthologous gene）。种内同源基因又称为旁系同源基因,指的是在同一物种基因组内部,因为复制产生的同源基因,如人类的 α 珠蛋白编码基因和 β 珠蛋白编码基因。种间同源基因又称为直系同源基因,指的是存在于不同物种基因组中,但源自某一共同祖先 DNA 的同源基因,如人和小鼠的 α 珠蛋白编码基因。同源基因在各个物种基因组内大量存在,这一事实本身就证明了核酸的进化过程。

五、群体中的遗传平衡

所谓群体（population）,又称种群。是指一群可以相互交配的个体,是一个物种在一定空间和时间分布的个体集合。因此,群体是物种的存在单位、繁殖单位和进化单位。在一个群体中,如某一个体有了一个新的变异,当它与正常个体交配时,由于显隐性关系,显性基因的作用把隐性基因的作用遮盖起来,这样是否会使隐性变异从群体中逐渐消失呢？哈代和温伯格先后独立地证明,如果一个群体符合下列条件:①群体无限大;②随机交配,即每一个体跟群体中所有其他个体的交配机会是相等的;③没有突变;④没有任何形式的自然选择;⑤没有迁移（即基因传递只发生在群体内部,不会流入或流出）。那么,群体中各基因型的比例可从一代到另一代维持不变,这就是著名的遗传平衡定律（law of genetic equilibrium）,又称为哈代 – 温伯格定律（Hardy-Weinberg equilibrium）。根据这个定律可以知道,虽然显性基因的作用可以遮盖隐性基因的作用,但是各基因型的比例不变,所以群体中的隐性变异不会因此而逐渐消亡。

下面用个例子来说明。已知兔的脂肪有白色和淡黄色两种,这是一对相对性状,由常染色体上的基因决定,有显隐性关系。在一群体中,如有一半兔有白色脂肪,基因型是 YY;另一半兔有黄色脂肪,基因型是 yy,则亲代各基因型和它们的频率是:

$$YY \qquad Yy \qquad yy$$
$$0.50 \qquad 0 \qquad 0.50$$

各基因型的频率用小数表示,加起来的总数是 1,这些数值称为群体中的基因型频率（genotype frequency）。如群体中各个体的交配是随机的,那么交配一次的结果怎样？各基因型的比率会发生变化吗？我们先计算亲代所产生的每种配子的比例,得到下面的结果:

$$Y \qquad\qquad y$$
$$0.50 \qquad\qquad 0.50$$

这两个基因的频率用小数表示,加起来的总数也是 1,这些数值称为群体中的等位基因频率（allele frequency）。

根据假定,群体中各个体的交配是随机的,所以交配的结果应该如表 19-3 所示。

表 19-3　配子随机结合,得出 3 种基因型的频率

精子 ＼ 卵子	$0.5Y$	$0.5y$
$0.5Y$	$0.25YY$	$0.25Yy$
$0.5y$	$0.25Yy$	$0.25yy$

把相同基因型的频率分别加起来,子代的 3 种基因型的频率是:

YY	Yy	yy
0.25	0.50	0.25

子代所产生的配子和它们的频率是:

$$Y = 0.25 + \frac{1}{2} \times 0.50 = 0.50$$

$$y = \frac{1}{2} \times 0.50 + 0.25 = 0.50$$

可见,子代的两种配子的频率与亲代完全一样,可以推论,F_2 的 3 种基因型的频率仍旧是:

YY	Yy	yy
0.25	0.50	0.25

因为该群体中 3 种基因型的频率在相继的世代中保持不变,所以我们说,就这对等位基因而言,该群体已达到遗传平衡。我们还可以进一步推论,只要交配是随机的,没有其他因素的影响,群体中 3 种基因型的频率就可这样一代代保持平衡。

又如,某一群体中,最初 3 种基因型的频率是:

YY	Yy	yy
0.10	0.20	0.70

则它们所产生的两种配子的频率是:

$$Y = 0.10 + \frac{1}{2} \times 0.20 = 0.20$$

$$y = \frac{1}{2} \times 0.20 + 0.70 = 0.80$$

因为个体间的交配是随机的,而且又没有自然选择,那就是说每个个体都为下代贡献了同样数目的配子,所以两性个体的随机交配可以归结为两性配子的随机结合,而且各种配子的频率就是基因频率。根据这个理由,我们在计算不同基因型随机交配的结果时,只要计算各基因的随机结合的结果就可以了(表 19-4)。

表 19-4 配子随机结合,得出 3 种基因型的频率

精子 ＼ 卵子	0.20Y	0.80y
0.20Y	0.04YY	0.16Yy
0.80y	0.16Yy	0.64yy

根据上面配子结合的结果,把相同基因型的频率加起来,就得到下一代 3 种基因型的频率:

YY	Yy	yy
0.04	0.32	0.64

这个群体已经平衡。因为它们所产生的配子的频率是:

$$Y = 0.04 + \frac{1}{2} \times 0.32 = 0.20$$

$$y = \frac{1}{2} \times 0.32 + 0.64 = 0.80$$

这跟上一代是一样的。

现在用代数式来表示。假设群体中 3 种基因型的频率是：

YY	Yy	yy
p^2	$2pq$	q^2

这里 $p + q = 1$，这 3 种基因型所产生的两种配子（即两种等位基因）的频率是：

$$Y = p^2 + \frac{1}{2} \times 2pq = p^2 + pq = p(p + q) = p$$

$$y = \frac{1}{2} \times 2pq + q^2 = pq + q^2 = q(p + q) = q$$

根据假定，个体间的交配是随机的，所以配子间的结合也是随机的。配子间的随机结合，就得出如表 19-5 所示的结果。

表 19-5　根据配子的频率，计算随机结合条件下各基因型的频率

精子 ＼ 卵子	pY	qy
pY	p^2YY	$pqYy$
qy	$pqYy$	q^2yy

把相同的基因型的频率加起来，我们得到交配一代后群体中 3 种基因型的频率是：

YY	Yy	yy
p^2	$2pq$	q^2

这 3 种基因型的频率跟上一代完全一样，所以我们说，就该对基因而言，群体已经平衡了，该频率就是基因型的平衡频率。

概括上面讨论的结果：在一个大群体里，如交配是随机的，没有突变、迁移，也没有任何自然选择的影响等，那么群体中 3 种基因型的频率如不平衡，只要经过一代就可达到平衡，如已经平衡，则可一代代保持下去，不发生变化。

以上只是理论上的说明，现在来看自然界中的实际情况是否符合遗传平衡定律。下面以 MN 血型为例，加以说明。前面已讲过，人类中 MN 血型由一对等位基因 L^M 和 L^N 决定，M 型和 N 型是纯合子，MN 型是杂合子。由于 L^M 和 L^N 是共显性，对这个性状来讲，基因型频率和表型频率是一样的。在一项上海居民的调查中，在全部 1 788 人，其中 397 人是 M 型，861 人是 MN 型，530 人是 N 型（上海中心血站，1977 年）。见表 19-6，因为每个 M 型个体带有两个 L^M 基因，每个 MN 型个体带有一个 L^M 基因和一个 L^N 基因，每个 N 型个体带有两个 L^N 基因，全部 1 788 人共有 3 576 个等位基因，所以

$$L^M \text{ 基因的频率}: p = \frac{397 \times 2 + 861}{3\ 576} = 0.462\ 8$$

$$L^N \text{ 基因的频率}: q = \frac{861 + 530 \times 2}{3\ 576} = 0.537\ 2$$

表 19-6　MN 血型的基因型频率的计算

血型	基因型	人数	L^M	L^N	合计
M	$L^M L^M$	397	794		
MN	$L^M L^N$	861	861	861	
N	$L^N L^N$	530		1 060	
等位基因数			1 655	1 921	3 576
等位基因频率			$p=0.462\ 8$	$q=0.537\ 2$	1.000 0

为了判断该群体是否达到平衡,把计算得到的等位基因频率代入基因型的平衡频率,再乘以总人数后,得到预期数,与实得数比较,进行 χ^2 检验(表 19-7)。计算得 $\chi^2_{[1]}=1.77$,$P>0.10$,表明 3 种基因型频率符合遗传平衡定律(这里 χ^2 的自由度是 1 而不是 2,因为在计算预期值时要应用一个基因频率 p,而这是从实得数估计出来的,因此 χ^2 的自由度减去一个)。

表 19-7　MN 血型资料和遗传平衡间的符合程度的 χ^2 检验

	$L^M L^M$	$L^M L^N$	$L^N L^N$	合计
实得数(O)	397	861	530	1788
预期频率	np^2	$2npq$	nq^2	n
预期数(C)	382.96	889.05	515.99	1788
$\dfrac{(O-C)^2}{C}$	0.51	0.88	0.38	$\chi^2_{[1]}=1.77$

六、突变与群体的基因频率

从上面的遗传平衡定律的"适用条件"看来,符合条件的群体其实是个理想的群体。严格来讲,理想群体在自然界中是不存在的,正如气体定律中的"理想气体"是不存在的。在自然界中不可能有无限大的随机交配群体,也很难想象有绝对不受突变和自然选择影响的基因,自然界中只能有近似于这些条件的群体,但是我们可以从这个理想群体出发,单独分析不同适用条件发生变化的情况,使理论分析更接近于客观的现实群体的情况。

我们首先把突变引入,也就是说,仍旧假定一个无限大的随机交配群体,没有自然选择,但是有突变,那么基因型频率会如何变化?

例如,一群体某一基因座上有 A 和 a 两个等位基因类型。设 a 基因的频率为 q,则 A 基因的频率为 $p=1-q$。大多数基因都有一个很低的突变率,设 A 突变为 a 的突变率为 u,a 回复突变为 A 的突变率为 v,则每一代中共有 $(1-q)u$ 的 A 突变为 a,有 qv 的 a 突变为 A。若 $(1-q)u>qv$,则 a 的频率增加;若 $(1-q)u<qv$,则 A 的频率增加。若 $(1-q)u=qv$,则基因频率 q 保持不变,处于平衡状态,这与化学上的可逆反应一样的道理。在平衡时,

$$(1-q)u = qv$$
$$u - qu = qv$$

$$q = \frac{u}{u+v}$$

可见,平衡时的基因频率完全由突变率 u 和 v 决定。

举个例题,如 A 突变为 a 的突变率为 $u = 10^{-4}$,a 突变为 A 的回复突变率为 $v=10^{-5}$,那么平衡时基因 a 的频率为 $q = 0.909\ 1$。不过在自然群体中,基因频率单凭突变率决定,自然选择完全或几乎不参与决定,这种情况也是不多的。

七、选择与群体的基因频率

每个基因都制约着生物体的生理特性或形态结构,这些生理特性和形态特征又都或多或少地影响着个体的生活力和繁殖力,所以基因也受到自然选择的作用。

(1) 适合度和选择系数　研究者曾研究果蝇 *D. funebris* 中各种可见突变型的生存率,跟野生型作比较(Timofeeff-Ressovsky,1934)。在培养瓶中放入野生型和某种突变型的卵,数目相等,然后在不同温度中饲养,待果蝇成熟后,统计两种表型的个体数。野生型的生存率计为 100,计算各突变型的相对生存率,结果如表 19-8 所示。

表 19-8　几种突变型在不同温度下的生存率

突变	15～16℃	24～25℃	28～30℃
eversae	98.3	104.0	98.5
焦刚毛(*singed*)	/	79.0	/
小型翅(*miniature*)	91.3	69.0	63.7
截刚毛(*bobbed*)	75.3	85.1	93.7
菱形眼(*lozenge*)	/	73.8	/

结果显示,果蝇的生存率除与温度有关以外,也和种群密度(population density)等有关。从表中可以看到,有些突变如 *eversae*,在某些温度中,生存率不及野生型,但在另一些温度中却可超过野生型。

为了对自然选择进行定量的研究,可以为各种基因型定出适合度(fitness),或适应值(adaptive value)。适合度一般记作 W,是指携带某一基因型的个体跟其他基因型相比时,能够存活并留下子裔的相对能力。我们把适合度最高的基因型定为 $W = 1$,这样其他基因型的 $W \leqslant 1$。根据表 19-8 可以计算得到,野生型 $W = 1$,而小型翅在 25℃时 $W = 0.69$。

另一个相关的概念叫作选择系数(selective coefficient),一般记作 s。s 是在选择作用下降低的适合度,即 $s = 1-W$,或 $W = 1-s$。例如突变型小型翅的适合度是 0.69,则它的选择系数就是 $1-0.69 = 0.31$。这意味着当野生型个体每留下一个子代个体时,小型翅只留下 $1-s = 0.69$ 个子代个体。致死基因或不育基因的纯合子,它们的 $W = 0$,$s = 1$。

(2) 选择对隐性纯合子不利　现在看自然选择对一个很大的随机交配群体的影响,我们先分析隐性纯合突变个体适合度下降,选择对隐性纯合不利的情况。

假设高等生物的一个群体中某一基因座上有一对基因之差,对应 3 种可能的基因型:AA、Aa

和 aa。选择的有效程度也与显性的程度有关。如果显性完全,杂合子 Aa 和纯合子 AA 在表型上一样,不受选择的作用。而隐性纯合子是有害的,在选择上不利,经过一代的自然选择后(表 19-9),a 的频率已经不是 q,而是

$$\frac{q(1-sq)}{1-sq^2}$$

这个数值小于 q,因为 $q<1$,$s\leq1$,$1-sq<1-sq^2$。因此交配一代后,基因频率 q 的改变是

$$\Delta q = \frac{-sq^2(1-q)}{1-sq^2}$$

当 s 很小时,分母几乎等于 1,公式可以近似于

$$\Delta q = -sq^2(1-q)$$

表 19-9　显性完全,选择对隐性纯合子不利时,等位基因频率的改变

	AA	Aa	aa	合计	等位基因 a 频率
初始频率	p^2	$2pq$	q^2	1	q
适合度	1	1	$1-s$		
选择后频率	p^2	$2pq$	$q^2(1-s)$	$p^2+2pq+q^2-sq^2=1-sq^2$	
相对频率	$\dfrac{p^2}{1-sq^2}$	$\dfrac{2pq}{1-sq^2}$	$\dfrac{q^2(1-s)}{1-sq^2}$	1	$\dfrac{pq+q^2(1-s)}{1-sq^2}=\dfrac{q(p+q-sq)}{1-sq^2}$ $=\dfrac{q(1-sq)}{1-sq^2}$
等位基因 a 频率的改变	$\Delta q = \dfrac{q(1-sq)}{1-sq^2}-q=$		$\dfrac{q-sq^2-q+sq^3}{1-sq^2}=$	$\dfrac{-sq^2+sq^3}{1-sq^2}=$	$\dfrac{-sq^2(1-q)}{1-sq^2}$

从这个公式可见,q 值较小时,每代等位基因频率的改变是很小的。当 q 值较大,q 的改变较大,而当 $q=2/3$ 时,Δq 达到最大,也就是说,此时自然选择最有效。

现在,我们假设群体中 a 等位基因的初始频率是 q_0,若进行人工选择,每代完全淘汰 aa 隐性个体,即 $s=1$,$W=0$。经过一代后,a 等位基因的初始频率是 q_1,且

$$q_1 = \frac{q_0(1-sq_0)}{1-sq_0^2} = \frac{q_0}{1+q_0}$$

如果再经过一代,则

$$q_2 = \frac{q_1}{1+q_1} = \frac{q_0}{1+2q_0}$$

以此类推,$q_n = \dfrac{q_{n-1}}{1+q_{n-1}} = \dfrac{q_0}{1+nq_0}$。公式变形后,可得 $n = \dfrac{1}{q_n} - \dfrac{1}{q_0}$。换句话说,利用人工选择从每代中完全淘汰 aa 隐性个体,或者自然条件下 aa 个体不能生育或者致死,要将 a 等位基因频率从 q_0 降到 q_n,需要 $n = \dfrac{1}{q_n} - \dfrac{1}{q_0}$ 个世代。可见,当 q_0 较大时,n 值较小,但当 q_0 很小时,n 值则非常大。

各种选择系数(s)对隐性纯合子的作用,列于表19-10。可见,等位基因频率从0.99淘汰到0.10是比较快的,几乎所有选择系数都是这样。但等位基因频率的进一步降低相当缓慢,例如从0.01降低到0.001,即使在选择系数比较高时,也要经过上千代。

表19-10　不同选择系数下,有害隐性等位基因频率从 q_0 下降到 q_n 所需代数

基因频率 q 的改变		不同 s 值下所需的代数			
q_0	q_n	$s = 1$(致死)	$s = 0.5$	$s = 0.1$	$s = 0.01$
0.99	0.50	1	11	56	559
0.50	0.10	8	20	102	1 020
0.10	0.01	90	185	924	9 240
0.01	0.001	900	1 805	9 023	90 231
0.001	0.000 1	9 000	18 005	90 023	900 230

对频率很低的隐性个体的选择较无效的理由是,大多数隐性等位基因存在于杂合子中,自然选择对它们不起作用。例如 $q = 0.01$,隐性纯合子频率(q^2)是 0.000 1,而杂合子频率($2pq$)接近 0.02,两者之比是 1:200。这就是说,在1万个体中,只有1个个体表现隐性性状,但是却有200个个体携带这个隐性基因。所以某一基因在群体中出现的频率愈低,存在于杂合子中的机会,相对来说就显得愈高了。

(3)选择对显性基因不利　选择也可对显性基因不利。如果这样,选择显然更为有效,因为有显性基因的个体都要受到选择的作用。例如,如果带有显性等位基因的个体是致死的,那么一代之内它的频率就等于0。如果对显性基因的选择系数降低,它被隐性基因取代的速率就大大放慢。根据表19-11,设显性基因的频率是 p,对显性基因的选择系数是 s,基因频率 p 的改变是

$$\Delta p = \frac{-sp(1-p)^2}{1 - sp(2-p)}$$

如果 s 很小,分母$[1-sp(2-p)]$接近1,所以实际上 $\Delta p = -sp(1-p)^2$,但是 $p = 1-q$,所以 $\Delta p = -s(1-q)q^2$,或者说,在选择系数 s 较小时,Δp 与 Δq 相同(参见表19-9)。

表19-11　显性完全,选择对显性个体(AA 和 Aa)不利时,等位基因频率的改变

	AA	Aa	aa	合计	等位基因 A 频率
初始频率	p^2	$2pq$	q^2	1	p
适合度	$1-s$	$1-s$	1		
选择后频率	$p^2(1-s)$	$2pq(1-s)$	q^2	$1-sp(2-p)$	
相对频率	$\dfrac{p^2(1-s)}{1-sp(2-p)}$	$\dfrac{2pq(1-s)}{1-sp(2-p)}$	$\dfrac{q^2}{1-sp(2-p)}$	1	$\dfrac{p-sp}{1-sp(2-p)}$
等位基因 A 频率的改变	$\Delta p = \dfrac{p-sp}{1-sp(2-p)} - p = \dfrac{-sp(1-p)^2}{1-sp(2-p)}$				

在这种情况下,表 19-10 的数值也可借用,不过要反过来解读。那就是说,如果群体中选择以 0.10 对隐性个体有利,那么隐性等位基因的频率由 0.000 1 增加到 0.001 需要 90 023 代;反过来,选择以 0.10 对显性个体不利,显性等位基因的频率从 0.999 9 降低到 0.999 也要这样多的世代。不过以后有利的隐性纯合子逐渐增加,等位频率改变就要快些了。

(4) 选择对杂合子有利　有时候,自然选择既不偏向显性纯合,也不偏向隐性纯合,而是对杂合子有利。例如,在非洲的疟疾区,携带镰状细胞贫血突变基因(HBB^S)的杂合子($HBB^A HBB^S$)的相对生育率不仅远高于隐性患病个体,较正常人也高。值得一提的是,美洲的黑人人群中观察不到 $HBB^A HBB^S$ 杂合子的相对生育率较正常人高的现象。这个现象很好地说明,适合度是基因(基因型)与其生存的环境共同作用的产物。某个基因型在一种环境条件下具有高适合度,在另一种环境条件下可能表现为低适合度。现在来思考在选择对杂合子有利的情况下,等位基因频率又将发生怎样的变化呢?

因为杂合子的适合度最高,所以可定 Aa 的适合度为 1,AA 为 $1-s$,aa 为 $1-t$,s 和 t 都取正值。经一代选择后,基因 a 频率的改变可计算如下(表 19-12)。

表 19-12　杂合子的适合度比两个纯合子都高时,经一代选择后等位基因频率的改变

	AA	Aa	aa	合计	基因 a 频率
初始频率	p^2	$2pq$	q^2	1	q
适合度	$1-s$	1	$1-t$		
选择后频率	$p^2(1-s)$	$2pq$	$q^2(1-t)$	$1-p^2 s-q^2 t$	
相对频率	$\dfrac{p^2(1-s)}{1-p^2 s-q^2 t}$	$\dfrac{2pq}{1-p^2 s-q^2 t}$	$\dfrac{q^2(1-t)}{1-p^2 s-q^2 t}$	1	$\dfrac{q(1-qt)}{1-p^2 s-q^2 t}$
等位基因 a 频率的改变	$\Delta q = \dfrac{q(1-qt)}{1-p^2 s-q^2 t} - q = \dfrac{pq(ps-qt)}{1-p^2 s-q^2 t}$				

选择前基因 a 的频率是 q,经一代选择后,基因 a 频率是

$$\frac{q(1-qt)}{1-p^2 s-q^2 t}$$

如果基因 a 频率在相继世代中保持不变,则

$$\Delta q = \frac{pq(ps-qt)}{1-p^2 s-q^2 t} = 0$$

群体取得平衡。如要 $\Delta q = 0$,即分子等于 0,有 3 种可能:一是使 $p = 0$,另一是使 $q = 0$,如果这样,两个等位基因不可能同时存在于群体;另一可能是使 $ps = qt$,这样就可在知道两选择系数后,求等位基因频率,或在知道等位基因频率和其中一个选择系数后,求另一选择系数,即

$$q = \frac{s}{s+t} \quad 或 \quad s = \frac{qt}{p}$$

现在,我们仔细分析一下镰状细胞贫血的例子。有镰状细胞性状的杂合子($HBB^A HBB^S$)对恶性疟原虫的抵抗力较强。因为杂合子细胞中有两种血红蛋白(HbA 和 HbS),这种组合可能影响疟原虫的营养。此外,杂合子细胞的细胞膜结构可能不利于疟原虫寄生。还有证据表明,杂合子女

性的生育率也比正常女性高，可能是流产率低的缘故。

根据调查，在赤道非洲的某些群体中，婴儿时期 3 种基因型 HBB^AHBB^A、HBB^AHBB^S 和 HBB^SHBB^S 符合遗传平衡时的频率。镰状细胞贫血患者的频率高达 4%，而镰状细胞贫血患者几乎都在成年前死去，基本上不留后代，即 $1-t=0$。这样就可根据表 19-13 求出正常人（HBB^AHBB^A）的适合度（$1-s$），从而求出选择系数 s。

表 19-13　镰状细胞贫血性状经选择后的等位基因频率变化

	HBB^AHBB^A	HBB^AHBB^S	HBB^SHBB^S	合计
初始频率	$0.8^2 = 0.64$	$2 \times 0.8 \times 0.2 = 0.32$	$0.2^2 = 0.04$	1
适合度	$1-s$	1	0	
选择后频率	$0.64(1-s)$	0.32	0	$0.96 - 0.64s$
相对频率	$\dfrac{0.64(1-s)}{0.96-0.64s}$	$\dfrac{0.32}{0.96-0.64s}$	0	1
等位基因频率	$p = \dfrac{0.64(1-s)+0.16}{0.96-0.64s}$			

如果想求出能使群体保持平衡时的 s 值，从表 19-13 可以看出，这只要使

$$p = \frac{0.64(1-s)}{0.96-0.64s} + \frac{1}{2} \times \frac{0.32}{0.96-0.64s} = 0.8$$

所以

$$s = \frac{qt}{p} = \frac{0.2 \times 1}{0.8} = 0.25$$

此例说明，杂合子的适合度比正常纯合子稍有增加后，就可补偿因隐性纯合子的致死而丧失的隐性基因，使群体保持多态现象。在这种情况下，突变的作用很小，因为选择系数比突变率大很多倍。

因此，当自然选择对杂合子有利时，可以出现没有等位基因频率变化的动态平衡，这种特殊情况被称为平衡选择（balancing selection）或杂合子优势（heterozygote advantage）。这种平衡选择可以将不同的等位基因以一定频率同时在群体中保留下来，不被淘汰。

以上单是从理论上来谈，我们现在举一个自然界中的实际例子，看自然选择怎样发挥作用。欧洲在产业革命以后，许多地区逐渐工业化。在工业城市的近郊，在许多不同属和不同种的鳞翅目昆虫中，黑色型个体的频率逐渐上升，这个趋势称为工业黑化，现在还在继续着。现在以椒花蛾（*Biston betularia*）为例（图 19-7），说明如下。

在 19 世纪初叶，在英国的曼彻斯特第一次发现有黑色型椒花蛾个体，在这以前只有浅色型个体，可见那时黑色型的频率是很低的。但从此以后直到今天，黑色型频率稳定地上升，出现于所有工业地区，而且在这些地区黑色型都很常见，频率常达 95% 以上。而在没有受到工业废气污染的农业地区，则主要仍然是浅色型。杂交实验表明，黑色型由一显性基因控制。选择因素主要是蛾体颜色是否跟它们所栖息的树皮颜色接近。在未污染地区，树皮上大多长满地衣，椒花蛾栖息在上面时，浅色型极不显著，而黑色型很明显。在某一未污染地区的树林中释放等量的浅色

(a) **(b)**

图 19-7 椒花蛾的浅色型和黑色型

（a）浅色型和黑色型在煤灰色的没有地衣覆盖的裸露树干上。（b）黑色型和浅色型在一正常的地衣覆盖的树干上。

型和黑色型个体，观察鸟类捕食情况，结果有 164 只黑色型个体被捕食，而在同一时间内，只有 26 只浅色型个体被捕食。在污染地区，工业废气使地衣不能生长，结果树皮裸露，呈黑褐色。椒花蛾的浅色型很显著，而黑色型不明显。鸟类捕食实验中，浅色型有 43 只被捕食，而黑色型只有 15 只被捕食。由于这个关系，黑色型椒花蛾就在大工业区里得到发展，浅色型逐渐消失。

八、突变和选择共同作用下的群体平衡

在前面我们讨论了等位基因频率的改变，或由于突变的结果，或由于选择的作用。但是在真实自然界，突变和选择都在起作用，所以等位基因频率往往同时受到这两个因素的影响。例如即使隐性基因在纯合态时在选择上是不利的，可是群体中始终有一定比例的隐性基因存在着，这是因为有新突变产生的缘故。也就是说，由于选择的作用，隐性纯合子减少，隐性基因的数目降低，但通过突变的作用，新的隐性突变基因进入杂合子中，补充丢失的基因数目，从而维持某一平衡点。

根据前面的推算，假设隐性纯合子在选择上不利，隐性基因 a 的频率 q 每代减少 $sq^2(1-q)$，而新产生的隐性突变基因的频率等于 $(1-q)u$。在平衡时，突变所产生的隐性基因数应该与选择所淘汰的数目相等，所以

$$sq^2(1-q) = u(1-q)$$
$$sq^2 = u$$

$$q^2 = \frac{u}{s}, q = \sqrt{u/s}$$

这就是平衡时的基因频率。实际运算时，只要测定 s，就能根据 q 来估计 u。多个人类基因的自发突变率是根据这个原理来推算的。例如人类中全色盲是常染色体隐性遗传，大约 8 万人中有 1 个是纯合子。据调查，他们的平均子女数约为正常人的一半，因此取

$$q^2 = \frac{1}{80\,000}, s = 0.5$$

根据公式 $u = sq^2$，得

$$u = 0.5 \times \frac{1}{80\ 000} \approx 0.6 \times 10^{-5}$$

椒花蛾工业黑化的例子中，在工业化以前，以及现在未污染地区，浅色型群体中也有极少量的黑色个体，很可能就是突变和选择之间的平衡所致。

九、遗传漂变

遗传平衡定律还有一个重要的前提条件是群体无限大。这是因为在大群体里，不同基因型个体所生育的后裔数可以有变动，但对基因频率不会有明显影响。可是在小群体里，这种波动会对基因频率产生相当大的影响。随机波动可以使选择上既不是有利、又不是有害的基因，即所谓中性基因（neutral gene）或近于中性的基因保存下来或淘汰掉。如果群体很小，由于机会的关系，甚至也有可能使不利的基因保留下来，而有利的基因被淘汰掉。像这样，由群体较小和偶然事件而造成的基因频率的随机波动，称为随机遗传漂变（random genetic drift），或简称遗传漂变。

遗传漂变的方向无法预测，但漂变的范围却可预言。假设有一群体，在生育年龄时群体大小为 N，那么就常染色体上某一基因座而言，共有 $2N$ 个等位基因。假定这一基因座上的一对等位基因为 A 和 a，其等位基因频率为 p 和 q（$q = 1 - p$），那么由孟德尔遗传的二项式分布的性质，等位基因频率改变的方差（s^2）可用下式表示：

$$s^2 = pq/2N$$

根据这个公式，可以算出各种大小不同群体的等位基因频率的标准差 s（表 19-14）。假定群体大小 N 为 50，等位基因频率 p 为 0.50，那么在 $N = 50$ 的子代群体中，等位基因频率变化的标准差为 0.05。根据正态分布概率密度函数积分可知，约有 68% 的个体的等位基因频率在 0.45（= 0.50 - 0.05）与 0.55（= 0.50 + 0.05）之间。同理，约有 5% 的个体的等位基因频率与 0.50 的偏差大于 0.10（即 2 倍标准差）。关于概率密度函数的积分方法，建议感兴趣的读者查阅生物统计学的专业书籍。

表 19-14　等位基因频率的机会偏离（$p = 0.50$）

标准差（s）	群体大小（N）			
	10	50	100	200
$\sqrt{\dfrac{pq}{2N}}$	0.11	0.05	0.04	0.03

子代群体从亲代群体接受了一个随机的基因样本，又把另一套随机产生的基因样本传给它们的下一代，这样一代代下去，样本中基因频率将随机波动着。它们可能在初始频率的附近摆动，也可更加偏离原初频率，甚至完全保留下来（$p = 1$）或被淘汰（$p = 0$）。

遗传漂变常用来说明人类种族间的差异。北美印第安人的血型分布是一个很好的例子。北美印第安人大多数是 O 型，但是 Blood 和 Blackfeet 两部落的印第安人中 A 型比较常见，而且 I^A 频率大于 50%，不仅高于其他北美印第安人群体，而且比其他非印第安人群体也高。这是原始小群体中等位基因频率改变的结果。也许这些美洲印第安人部落的祖先从亚洲迁移过去的时候，也带去了 I^A 基因，后来随机漂变，使该基因获得了高频率。也有可能这些印第安人最初的基因型全部是 ii（O 型），突变才使他们获得了 I^A 基因。即使 i 基因变为 I^A 的突变率非常低，但是一个新的等位基因一旦出现后，由于机会关系未被淘汰，而是逐渐增加，就可能出现现在 Blood 和 Blackfeet 印第安人中的高 I^A 频率。人类群体中血清蛋白、同工酶、DNA 片段的酶切位点以及其他各种生理性状的多态现象，似乎都可用小群体内的随机漂变来解释。

有些有害突变的频率在小群体中特别高，或许是因为这些小群体中为数不多的远祖携带这种突变型等位基因，以后由于随机波动而在群体中扩散开来。例如有一种先天性失明症是常染色体隐性遗传的，在东卡罗林群岛的 Pingelap 人中，有相当高的发病率。据记载，在 1780—1790 年间，一次飓风袭击了 Pingelap 岛，造成大量伤亡，岛上仅留下 9 个男人和数目不详的女人。推测起来，可能在留下来的居民中有一人或少数几人是"先天性失明"基因的携带者。到了 1970 年，Pingelap 人已增加到 1 500 人，而其中先天性盲人竟有 4%～10% 之多。"先天性失明"基因在选择上显然是不利的，这种致病基因能在群体中有不寻常的高频率也很可能是遗传漂变所造成的结果。

十、选择的创造性作用

自然选择既可以改变群体中基因频率，又具有创造性作用。因为自然选择并不是对每个基因独立发生作用，而是作用于整个个体的表型上。现存的各种野生动、植物，体内所有基因必然彼此协调，并且与环境相适应。单个基因的突变虽然有可能使突变的个体形成新的适应方式，但由于原有协调关系被打破，自然选择可能选出其他基因来造成新的协调——自然选择总是保持整个个体非等位基因间的协调，这是自然选择的积极作用。

例如，亚麻田中常有一种十字花科的杂草，叫作亚麻荠（*Camelina sativa* subsp. *crantz*）这是 *C. sativa* 的一个亚种，它跟生长在亚麻田外的 *C. sativa* 的主要区别是，种子大，角果也大。杂交试验证明，这种种子大小与角果大小各由一些不同的基因差异所控制，而且角果的长、宽、厚三者也各由不同的基因所制约。

根据观察，亚麻荠所以能杂生在亚麻田内，一个重要的条件是在亚麻收割脱粒后，种子在风选时，亚麻荠的种子必须与亚麻种子吹到同一距离。正是这个选择因素，使亚麻荠种子大于 *C. sativa*。但遗传学实验证明，使种子增大的基因有多效性，这些基因同时使角果内种子数目减少，如果角果不同时增大的话，种子减少当然是在自然选择中很不利的，但自然选择同时选择其他基因使角果增大，以维持一定数目的种子，而且在有些品系中是使角果长度增加，有些则是使角果厚度增加。自然选择还对每一花序上花的数目进行选择，使每一植株所产生的种子达到最适数目。

所以当自然选择对一个或一些基因发生作用时，往往对其他基因也发生作用，这是自然选择具有创造性作用的最重要原因，生物进化过程是不可逆的历史过程。试想，如果亚麻荠的种子传播到亚麻田外，而且能够在那里生长繁殖，它并不会退回到 *C. sativa* 的情况。那时由于风选风力的消除，种子可能会变小，但角果不一定同时也变小，而根、茎、叶的性状却可能产生新的变化。

十一、定向选择与不定向变异

自然选择的作用，就是利用个体中所发生的不定向变异，造成群体的遗传结构的定向变异。

如果不将个体和群体这两个水平加以区别,而认为生物的定向进化就是源自个体基因型的定向变异,这是没有根据的。

自然选择的作用,不过是使比较适应于环境的个体多留下一些可达生育年龄的个体,而使比较不适应于环境的个体少留下一些可达生育年龄的个体,这样就使群体的遗传结构发生一定方向的变化,即向更适应于环境的方向变化。

举个例子,农业生产中常常使用某种杀虫剂或抗生素,开始很有效,但后来逐渐失效了,害虫或病菌对药剂产生了抵抗力,而且这种抵抗力能够遗传,因而形成了有抵抗力的品系。这种有抵抗力品系的产生是由于选择的结果还是接触药剂后的定向变异呢? 请看下面的一个实验。

把普通果蝇分成两组,第一组,把许多果蝇养在一起,让它们可以自由交配。同时用一定剂量的杀虫剂 DDT 喷在一片玻璃片上,把玻璃片放到果蝇的培养瓶中。果蝇群体一代一代地繁殖,每代群体都用 DDT 处理,药剂的剂量逐渐增加,过了十多代以后,果蝇群体的抵抗力可以比原有果蝇品系增加几百倍,忍耐得住几百倍剂量的药剂。但是这一实验本身不能判定抗性的产生是由于选择的结果,还是由于接触药剂后的定向变异。

第二组实验,不是把许多果蝇养在一起交配,而是每只瓶中只放一雌一雄,繁育一个同父同母的家系,如此繁育几十个家系。每一家系,即同父同母的兄弟姐妹,都分成两半,分养两只瓶。一只瓶中放一片有 DDT 的玻璃片,另一只瓶中不放玻璃片。如果某一家系,在放玻璃片的那一半中死亡率大,整个家系(两只瓶)全部淘汰不要;如果某一家系中,放玻璃片的一半死亡率低,那就把未放玻璃片的一半留下作种,仍旧放一雌一雄交配,分别繁育几十个家系。如此一代一代,每代每个家系都分两半,一半用药剂处理,以测定其抵抗力,这一半家系抵抗力测定的结果作为未受药剂处理那另一半选留的根据。如此一代代选择,十多代后,也能选出抵抗力比原来品系增加几百倍的家系,而且抵抗力增加的速度与第一组实验不相上下。

这一组实验的关键,就是只让 DDT 发挥选择作用,最后选出抵抗力很高的那个品系,其亲代、祖代以及以前所有各代,从来没有与 DDT 接触过。所以我们说,抗性的产生不是 DDT"引起"的,DDT 只起选择作用。

以后的遗传学实验证明,普通果蝇对杀虫剂 DDT 的抗性是由许多基因控制的,这些基因分布在果蝇的 X、2、3 染色体上。

对遗传学不熟悉的人有时对昆虫、细菌的"抗药性基因"感到迷惑不解,好像人类每制造一种药物,昆虫或细菌就有一大套专门的抗药性基因来对付。其实这些基因一直存在,负责调节体内各种生理生化过程,只有当我们用药物去测定它们的抗性的时候,为方便起见,我们才把它们叫作"抗药性基因"。例如,根据生物化学研究,家蝇对 DDT 的抗性品系,只不过是由于体内含有一种脱氯化氢酶,能使 DDT 转变为无毒的乙烯化合物 DDE 罢了(图 19-8)。

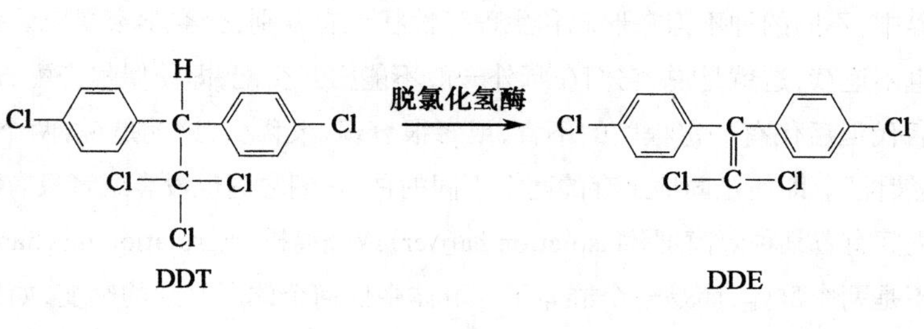

图19-8 由于脱氯化氢酶的作用,DDT 变为无毒的 DDE

第三节　新种形成

地球上的生物多种多样,且几乎没有两个个体是完全相同的。分类学家把所有的生物分门别类,把相似的个体列入同一"种",又把类似的种归入同一"属",以此类推。由于不存在完全相同的个体,我们应该将怎样的个体列入同一"种",怎样的个体必须分别归入同一"属"中的不同的"种"？在这一节,我们先要说明什么是种,然后探讨新种是怎样起源的。

一、物种的定义

分类工作者从实际出发,认为"物种"是形态上有别且遗传上固定的生物类群。当然种内是有个体变异的,但变异有个范围,这个范围本身在遗传上是"固定"的,这个范围就是种的范围。举例来说,种内变异最常见的是两性差异。鸳鸯的雌雄个体在羽毛方面的差异很大,似乎大于种间差异,但它们彼此交配但不和其他鸟交配,而且它们的后代中,雄的都像父亲,雌的都像母亲。由于这种变异范围在遗传上是"固定"的,因此属于同一个种。又如,有些生物有所谓"相"的变异:飞蝗有单生相和聚生相,两者在形态、生理、生态上很不相同,但我们知道,单生相飞蝗的后代可能是单生相飞蝗,也可能是聚生相的飞蝗,却不可能是其他昆虫,聚生相飞蝗的后代也是这样,所以这两个相的飞蝗属于同一个种。从这两个例子可以看出,种内差异有时在外部形态上非常大,但它们在遗传上是固定的,或者说是"连续"的,即可以通过有性生殖促进基因在物种内的交流。

达尔文在他的经典著作《物种起源》中指出,种间差异和种内差异从本质上讲并没有什么根本不同,这一点已为现代科学资料充分证实。在某些类群中,用来区分科或属的形态特征和生理特性,在相近类群中可以是种内变异。例如在菊科中,花托上无苞片常被认为是还阳参属(*Crepis*)的特征,但是在美洲的臭还阳参(*C. foeliba*)中,有的个体就具有花托苞片。种内变异的遗传基础是突变,包括基因突变、染色体数目和结构的变化,以及细胞质基因的变化,这是根据种内杂交实验所得出的结论。种间差异的遗传基础也不过是同样的这三类,并没有种的形成过程所专有的遗传变化。正是这个事实使达尔文提出新种由老种产生的学说,因为在老种内部就具备着产生新种的条件。

种内变异在表型和遗传上都是"连续"的。但一旦老种形成了新种,就成为"不连续"了。从"连续"到"不连续"的关键在哪里？要理解这个问题,就要回答种间"不连续"意味着什么。在自然界中,不同的种不但在形态和生理等性状上有分别,分类学家得以识别无误,而且它们在遗传上也不连续,这就是说,它们在野外一般不能相互交配,即使偶尔交配,也不产生后代,或者虽产生后代但后代有一定程度的不育,或者很衰弱,很稀少,这就是说,两个种无法通过杂交打破"不连续性"。即使是同地生存的两个不同的种,它们之间也没有或者只有很有限的基因交流,即它们之间有着某种隔离屏障(isolation barrier)或隔离机制(isolation mechanism)。如果没有隔离,那就不是两个群体,而是一个群体了。群体中任何个体所发生的突变,如果选择上有利,就可逐渐扩散到整个群体,不同个体所发生的突变在群体内部进行各种组合,一个群体始终保持遗传上的独立性。但是如果在一个群体内部出现新的隔离,把群体分为两个,则自然选择对这两个群体相对独立地发挥作用,一个群体中所发生的突变不会扩散到另一群体,两个群体将沿着不同的进化路线发展,进一步造成表型上的不连续,也就是成为分类学工作者所接受的"种"。自然界偶尔也有这样的情况:同一地区存在着两个群体,彼此之间有着隔离,甚至是很严密的隔离,而在外形上却一时不能识别。这类情况在经过仔细研究后,往往仍可发现它们在形态上的不连续。例如北美洲菊科半带草属中的 *Hemizonia obconica* 与 *H. virgata* 就是这种情况。两者之间很早就发生严密隔离,但在外部形态上还没有完全形成不连续性,因而使分类学家感到困难。种的客观存在并不依赖于人们能否识别,尤其是不依赖于用有限的研究方法能否识别。因此,种的形成问题主要归结为隔离机制的形成问题,这是种的形成中从连续到不连续的关键。至于发生隔离机制以后的形态分歧、分布区的变迁与发展等问题,则属于种内进化的范畴了。

总的来说,隔离使群体分化,促使新种的形成。

二、隔离的几种方式

在新种的形成过程中,隔离是一个重要的环节。现在我们就把隔离的几种方法加以说明如下:

(1) 地理隔离(geographical isolation) 地理隔离是两个群体占据着不连续的分布区,空间上的隔离阻止着两个群体间个体的交配,因而阻止基因交流。例如,同一种陆生螺类生活于好几个山谷,不同种的螺类被不能超越的高山所阻隔。又如,同一种淡水生物生活于几个海岛,相互间有海水的阻隔。地理隔离在种的形成中起着十分重要的作用。若不是先有地理隔离,有时就无法形成下面将要讲到的生殖隔离。但如果没有生殖隔离,一旦再发生某种地质气候变化,原来地理隔离的群体就有可能再度成为一个群体,所以很多人认为地理隔离是种形成的第一步。

(2) 生殖隔离(reproductive isolation) 种的本质在于生殖隔离。不过要注意,这里的生殖隔离是指野外的情况。有时种间杂交在实验室或试验田里可以成功,而且各代杂种的生活力和生育力都完全正常,但这不能作为这两个种可合并为一个种的理由,只要它们在野外有生殖隔离,那就足够保证它们在自然界中成为不同的种。

生殖隔离有好几种机制,根据发生作用的时间是在杂种合子形成以前还是在杂种合子形成以后,分为两大类:一类是受精前生殖隔离,另一类是受精后生殖隔离。

① 受精前生殖隔离 受精前生殖隔离又可分为季节隔离、心理隔离和受精隔离等。

季节隔离就是两个种的生育季节不重叠。一般生物都有一定的生育季节,如动物的发情期、交配季节,植物的开花季节等。例如,菊科莴苣属的 *Latuca canadensis* 和 *L. graminifolia*,在美国东南部很大面积上同地生长,都是路边野草,人工杂交完全可育,但在自然界中,前者在夏季开花,后者在早春开花,因此得以保持两个不同的种。

心理隔离主要是指有求偶行为的动物,异性个体间缺乏引诱力,所以不相互交配。例如,两种近缘鱼类 *Gasterosteus aculeatus* 和 *G. pungitius* 都是先筑巢,然后雄鱼把雌鱼引向巢内交配,但前者巢筑在水底,巢只有一个进口,在求偶动作时,雄鱼先在雌鱼面前作纹花式游泳,然后力迫雌鱼进巢,而后者巢悬挂于水生植物上,巢有一进口和一出口,在求偶行动时,雄鱼以纹花式向巢游去,雌鱼跟着自动进巢。因为有这些生殖行为上的差异,所以虽然在实验室中可用人工授精产生杂种,但在自然界中,很少能见到自然杂种。

受精隔离是指体内受精动物在交配受精后,体外受精动物在释放配子后,植物在花粉到达柱头以后,在一系列反应中有某种不协调,使雌雄配子不能结合。例如茄科曼陀罗(*Datura*)内,花粉管在异种花柱内生长速度比在同种花柱内低得多,有时甚至在异种花柱内破裂。

② 受精后生殖隔离　在 F_1 合子形成以后起作用的种间隔离机制,使 F_1 合子不能生存,或不能发育到性成熟阶段,或使 F_1 杂种不育,或使 F_2 以后各代中带有杂种基因组合的个体不能生存,或不能生育,总之是影响种间杂种后代的个体发育过程。

杂种不活可表现在个体发育的各个阶段,在不同杂交组合中表现不同。亚麻 *Linum perenne*♀×*L. austrianum*♂ 可得成熟的杂种胚胎,但不能穿破种皮(母体组织),因此种子不能萌发。若用人力帮助,把种皮剥掉,就能长成健壮可育的杂种植株。在反交 *L. austrianum*♀×*L. perenne*♂ 中,杂种胚胎不能充分成熟,但若把这胚胎从胚乳中取出,在培养液中培养,就能完成胚胎发育,以后可以萌发而长成健壮可育的植株。这说明在这个杂交体系中,杂种胚胎与杂种胚乳之间的不协调是杂种不活的原因,这种不协调跟亲本基因的表型效应有密切关系。

杂种不育或者由于性腺的形成不全,或者由于性腺内生殖细胞没有分化,或者由于减数分裂失败,这些都可使杂种个体不能生育。例如马和驴杂交,产生的骡的可育性极低,这是大家都熟悉的例子。根据细胞学的研究,知道马、驴和骡的染色体数不同,马为 64,驴为 62,骡为 63,而且在形态上也有明显的差异。杂种在形成生殖细胞时,染色体不能正常配对,接着发生不规则的分离。这样,精子或卵的染色体组就不平衡,不能正常受精,或受精后不能正常发育,从而造成不育。以前讲过的萝卜甘蓝杂种,如不经过染色体加倍也是没有生育能力的,所以也是杂种不育的例子。

根据上面的叙述,在新种形成过程中,一般先有地理隔离,使不同群体不能相互交配,不能交流基因,这样在各个隔离的群体中可独立发生各种遗传变异。在自然选择下,这些变异逐渐累积起来,出现了生殖隔离,就完成了新种形成过程中的飞跃。

三、新种形成的两种形式

新种形成是一个量变飞跃到质变的过程。有两种不同的形式,一种是渐变式,一种是爆发式。

(1) 渐变式新种形式　这是常见的一种新种形成方式,通过突变、选择和隔离等过程,从一个种先形成若干地理族或亚种,然后建立起一套生殖隔离机制,从而形成新种。从一种亲本种孕育出一个新种,需要很长很长的时间,关于这个新种形成方式的要点,我们在前面已经大致讲过,现在再以棉属内几个种为例,作一个系统的说明,以便对这个新种形成方式有一个更清晰的概念。

棉属(*Gossypium*)在全世界有很多种,但栽培的只有 4 个种:草棉(*G. herbaceum*)、中棉(*G. arboreum*)、陆地棉(*G. hirsutum*)和海岛棉(*G. barbadense*)。前两者称为旧大陆棉,染色体数目都是 $2n=26$;后两者称为新大陆棉,染色体数目都是 $2n=52$。每一个种又可分成许多亚种,每一亚种中又存在着许多栽培品种。在旧大陆棉的两个种里面,草棉现在主要有 5 个亚种。

不同亚种有一定形态差异和地理分布差别。如果两个不同亚种的群体在某地相遇,因为基因交流没有限制,两个群体能通过杂交而混成一个群体,成为两个亚种之间的中间类型。草棉的

5 个亚种之中，非洲亚种是最原始的野生类型。它的种子只有极短的纤维，不能作纺织用。随着古代非洲和阿拉伯半岛之间的贸易往来，非洲亚种被带到阿拉伯，产生长纤维的突变类型，经过选育后成为槭叶亚种，分布区向东西两方向扩大，东达印度西北，西达非洲北部。以后槭叶亚种由于推广到新的地区而发展出 3 个一年生亚种。

中国目前种植草棉的地区已经极少了。在中国栽培稍多的"中棉"是旧大陆棉的又一个种，此种目前在世界上也有 5 个亚种。印度亚种是中棉中最原始的亚种，在公元前 3000 多年已在印度栽培，该亚种是从草棉发展来的。目前中棉中的印度亚种与草棉中的槭叶亚种在形态上的区别仍很小，比同是中棉的其他亚种之间的形态差别还小些。印度亚种向北方各个方向发展，成为中国亚种等 4 个亚种。

中棉由于从草棉分化出来的时间较长，受长期自然选择的作用，现在在自然界与草棉已不能有基因交流。草棉与中棉这两个不同的种的分布区在很大部分是重叠的：都在亚洲中南部和非洲。但同一种内不同亚种的分布区则互相隔绝。种与亚种在分布上的这种区别，在动物中和异花授粉植物中是最常见的。草棉与中棉进行人工杂交，F_1 植株很健全，而且可育性还可以（这种植株在田间也有发现）。F_2 分离，大多数植株生活能力很差，很早就被淘汰。F_2 中极少数植株生活能力较强，但这些植株不是极倾向中棉，就极倾向草棉。

这是由于中棉和草棉经过长期分化，在不同的自然选择作用下各形成了一定的基因组。以后即使在同一地区生长，也只能以不同的方式来适应同一条件。杂交 F_1 生活力不差，但到 F_2，基因进行各种重组合，没有一种重组合能适应当地环境，因而都淘汰了，这就可以解释为什么在自然界中棉和草棉没有基因交流，不会混杂成为一个种。

这种形式的物种形成过程，一般先有地理隔离，各自通过不同的基因突变、染色体畸变或重组，在自然选择下，形成不同的亚种，亚种一般在形态上已有一定差异。亚种再进一步分化，到有机会重新遇到时已不能有基因交流，产生了生殖隔离，那就已成为不同的种。在原则上讲，单有地理隔离和形态差异，而尚未形成遗传隔离机制的，只能称为不同的亚种。

这是物种形成的常见形式，遗传隔离机制是逐渐形成的，是通过许多微小的变化（单个突变，每一代的自然选择）的积累才逐渐完成最后的巨大质变的。

（2）爆发式新种形式　这一种方式主要见之于植物界，就是远缘杂种通过染色体加倍后形成新种。虽然刚形成的异源多倍体仍要通过自然选择，使之逐渐适应当地的环境，但异源多倍体植株可以很快得到，所以跟前面一种新种形成方式相比较，可以称之为爆发式新种形成。

在前面"异源多倍体"一节中，已谈过普通小麦是怎样通过种间杂交和染色体加倍后形成的。我们现在从新种形成的角度，换成棉的例子，再把异源多倍体形成新种的方式说明一下，使读者有一个更为深刻的概念。

新大陆棉有两个种，陆地棉和海岛棉。陆地棉起源于墨西哥和中美洲。我国目前栽培最多的各种改良棉，如"岱字"、"德字"、"斯字"等都是陆地棉。海岛棉原产南美洲秘鲁，本是多年生，1785 年引种到美国，选出一年生类型，现在我国也有少数栽培。

陆地棉和海岛棉的染色体数都是 $2n=52$，两者在形态上比较接近，杂交也比较容易，F_1 生长良好，可育性也不差，可是也是 F_2 无法存活，这种情况跟中棉与草棉的杂交情况相近似。这两个种的分化也是通过上面讲过的渐变式的方式。

现在问题是染色体数为 52 的新大陆棉，最初如何产生？旧大陆棉的染色体数是 26，是二倍体,新大陆棉是四倍体。是不是旧大陆棉的染色体数经过加倍后成为新大陆棉?事实不是那么简单。

　　通过染色体组分析发现,新大陆棉 52 条染色体中,有 26 条与旧大陆棉(尤其是草棉)相同。新大陆棉和草棉两者杂交,得三倍体,染色体数是 39,其中从草棉来的 13 条与新大陆棉中 13 条配成 13 对二价体,新大陆棉中另外 13 条无对可配,形成单价体。我们把草棉的 13 条染色体作为 1 个染色体组,用大写字母 A 表示,草棉的染色体组可写作 AA,新大陆棉的 52 条染色体中,有 26 条也可写作 AA,因为与草棉相同;另外 26 条写作 DD,是另一个染色体组,新大陆棉的全部染色体组是 AADD。AADD 中,AA 可以设想是从草棉来的,DD 哪里来的呢?研究者进一步发现有一种产于秘鲁的二倍体美洲野棉($G.\ thurberi$,$2n=26$)就是 DD,二倍体旧大陆棉 AA 与美洲野棉 DD 杂交,F_1 是 AD,染色体数 26。这种 F_1 植株高度不育,因为 A 的 13 条染色体小,D 的 13 条染色体大,两者完全不同,减数分裂时不配对,形成 26 个单价体。但这种 F_1 植株染色体一加倍,成为 52,即 AADD,每条染色体都有一条对应的染色体,减数分裂时形成 26 个双价体,完全恢复可育性,自花授粉后,每个个体都是 AADD,都可育,所以立即成为一个新种,与其两个亲本都不能交流基因。

　　这种通过杂交和染色体加倍而一次形成新种的方式,在植物界比较常见,普通小麦是异源多倍体,胜利油菜、烟草、马铃薯等也都是异源多倍体。

　　异源多倍体形成的整个过程是:先是一个二倍体经过长期的分化,经过许多基因突变、染色体畸变,经过极长期的自然选择,形成了一个新的染色体组(这是渐变式的物种形成过程);然后具有不同染色体组的个体相互杂交,F_1 染色体加倍,这样就形成了异源多倍体。但刚形成的异源多倍体未必能立刻适应当地环境,仍要通过自然选择,使之逐渐适应。

　　物种形成的方式极为多样,单就上述两种方式而言,各类生物在细节上也有所不同,可见生物界的多样性。

第四节　育种实践中的人工选择与远缘杂交

　　达尔文认识到,在人类培育动植物品种的过程中,最关键的问题是人工选择。达尔文还说明了自然选择和人工选择的异同。

　　随着遗传学研究不断发展,现在对自然选择和人工选择的异同,比达尔文时代理解得更清楚了。这些研究对育种实践起了很大的指导作用。我们这里想就人工选择中环境条件的作用和遗传变异的作用这两个问题简单说明一下。

一、环境条件的作用

　　环境条件在人工选择中的作用与它在自然选择中的作用很有相似之处。在自然选择中,环境条件的作用首先在于和每个个体的基因型相互作用而决定了每个个体的表型,然后因为各种不同的表型在一定环境条件下有不同的死亡率和繁殖率,这就决定了自然选择的方向。人工选择的方向是人类的目的,或是为了获得某一器官(种子、果实、纤维等)的产量和品质,或是为了获得某一生理特性(抗病、抗寒、抗倒伏等),总之,是为了取得人类所要求的某些生产性状。所以在人工选择时,首先必须建立一定的环境条件,使某一基因型的表型效应能够充分表达,或有一最合适的表现,这样进行选择才可取得最好的效果。

例如在选育抗病品种时,育种工作者常在育种圃上进行病菌的人工感染(当然要有措施,不能让病菌传播开去)。如果不进行人工感染,很难看出哪棵植株有抗性,哪棵没有。

又如在乳牛中,要选择牛油中黄色素多的乳牛。牛油中的黄色素直接来自绿色植物,有些乳牛把植物的黄色素积累到脂肪中的能力大些,有些乳牛差些。这种积累能力的差异在很大程度上由基因型所决定,因此人工选择才有效。进行选择时必须对整个牛群都给以丰富的青饲料,这样才能使个体间的差异充分表现出来,而且这种黄色素并非遗传物质,不具有"自我复制"能力,选出来的品种要它继续保持高水平的黄色素含量,必须继续供以丰富的青饲料。

一般地说,想要选育的品种将来在什么条件下栽培或饲养,就得在什么条件下进行选择。这种做法也可以说是利用自然选择来帮助人工选择,使主要的生产性状符合人工选择的目的,而其他性状则适应当地的栽培或饲料条件。不过在任何人工选择中,自然选择也必然在起作用,所以如果人工选择一放松,自然选择就取而代之。品种退化当然有混杂、分离、变异等原因,但缺乏连续的严格的人工选择,使重要生产性状在自然选择的作用下逐渐减退,往往也是一个重要的原因。

二、遗传变异的作用

人工选择与自然选择的素材都是遗传变异。也就是说,正是由于生物群体内存在着不同的等位基因,人工选择或自然选择才能发挥作用;遗传变异愈多,则选择愈有希望。遗传变异包括突变和重组等。在稻、麦等自花授粉作物中,天然的重组是不多的,我国不少有经验的农民利用天然突变进行穗选,常得到很好的结果。例如用穗选方法选出的晚粳品种"老来青"就非常有名。现在我国各地育种机构也用某些物理因素和化学因素来提高突变率,这就是所谓辐射育种和化学诱变育种。

扩大遗传变异范围的最有效方法就是杂交。两个不同品种在许多基因座上都有不同的非等位基因,所以在杂交之后,F_2以后各代就有各种分离和重组可供选择。我们可以用江苏北部有名的猪种"大伦庄"猪来作为杂交育种的例子。

江苏泰兴、海安一带,人们用本地猪种"大骨头"(中型淮猪)与江苏靖江的"沙猪"杂交,想育成头像本地猪、身子像"沙猪"的新猪种。当杂交后代出现本地性状较多的个体时,就用"沙猪"去配,如出现"沙猪"性状较多的个体时,便用本地种的猪去配,这样看猪配种,灵活运用,经过反复选择,终于育成了头像本地种"大骨头"、身体像"沙猪"的新猪种。这种猪的特征是:两耳大小适中,嘴如筒,双背,大腹,短腿,毛稀,皮薄,体躯肥圆,耐粗食,长膘快,屠宰率高,肉嫩味美,产仔多,该地人就把这个新猪种称之为"大伦庄"猪(姚德昌,未发表)。

三、远缘杂交

有时整个种内所有品种的遗传变异还不能使我们满足,仅靠选择亦是不够的,这时还可以用不同的种来杂交,这就是所谓远缘杂交。我们对于种的形成过程有了了解以后,讨论远缘杂交的实践问题就比较容易了。不过我们这里讨论的只限于植物的远缘杂交。

种的形成关键是生殖隔离的形成,但生殖隔离有各种表现。如果表现为 F_1 的可育性大大降低,甚至完全不育,那有什么办法克服呢?前面已多次讲过,一个很有效的办法就是把它的染色体数目加倍,制备成一个异源多倍体。育种工作者把普通小麦($2n=42$)与黑麦($2n=14$)杂交,得到 28 条染色体的杂种。如果在杂种的幼苗期将它们的分蘖苗浸在秋水仙碱的水溶液中,经过 4 天左右,就能使部分杂种的染色体数加倍,成为具有 56 条染色体的小黑麦,兼有小麦和黑麦的全套染色体,叫作异源多倍体或双二倍体,能恢复正常结实。

如果隔离表现为 F_1 多少有些可育性,那么可以把杂种一代与某一亲本回交,像陆地棉与海岛棉杂交,回交子代植株可育性很高,育种工作者利用这个特点,把海岛棉中抗黄萎病的基因转移到陆地棉。先将海岛棉与陆地棉杂交,然后杂种 F_1 再与陆地棉交配,后代中选出抗性植株(用人工感染法测定),再与陆地棉交配,如此数代之后,就育成抗黄萎病的陆地棉。"爱字 1517"就是这样育成的,其中极大部分基因来自陆地棉,基本上保持陆地棉原有的基因组合,因此生长良好,只有抗黄萎病的基因来自海岛棉。这种方法的优点在于陆地棉中本来没有抗黄萎病的品种,不能依靠陆地棉不同品种的杂交而育成抗病品种,所以就从海岛棉输入所需要的基因。一旦育成抗黄萎病的"爱字 1517"之后,就可用品种间杂交育种方法育成其他抗黄萎病的陆地棉品种。

如果生殖隔离表现得更早些,例如表现为 F_1 胚胎死亡,这常常是由于杂种胚胎与杂种胚乳不协调,我们可以把已受精而刚开始发育的种子拿出来,把其中不成熟的杂种胚胎取出,放在人工培养基上培养,得到正常健全的 F_1 种子。例如在烟草的种间杂交(*Nicotiana tabacum*×*N. debeyi*)时,用胚珠离体授粉获得的种子在培养基上能萌发,但幼苗夭亡。为了使杂种正常成长和结实,对幼苗进行子叶培养,从子叶诱导出愈伤组织,得到了杂种。然后用秋水仙碱处理杂种生长点,使它们的染色体数加倍,成功地获得了能育的双二倍体植株(容珊、陈漱阳,1978)。

如果生殖隔离表现得更早,表现在一个种的花粉不能在另一个种的花柱上发芽,并长成花粉管,那么可用花柱嫁接法,把父本花柱接在母本子房上,让父本花粉可以在同种的花柱中长下去。这种方法在茄科植物中很成功。这样的 F_1 种子培养成植株后,或做成多倍体,或与亲本回交,都无不可。

如果两个种的亲缘关系太远,实在无法杂交,也可尝试用原生质体融合法。这种方法的做法是,分别把两个种的幼苗组织或培养中的组织用纤维素酶和果胶酶处理,溶去细胞外壁,得到原生质体,然后使之融合成为异源多倍体。例如烟草 *N. landsdorffii*($2n=18$)和 *N. glauca*($2n=24$)用酶处理,除去细胞壁,放在硝酸钠溶液中,使细胞融合,形成杂种异源多倍体(图 19-9)。不过这两个种的亲缘关系较近,通过杂交也可得到杂种,再经过染色体加倍,同样可以得到异源多倍体。

综上,远缘杂交中用来克服生殖隔离的方法非常多。一般讲,先看原来生殖隔离如何表现,再采取相应的对策。自然界中新种形成都要通过自然选择,即使异源多倍体也不例外。同样,用远缘杂交方法来育种,也像用其他方法育种一样,还要依靠正确的人工选择,更精确些讲,是依靠人工选择和自然选择的共同作用。

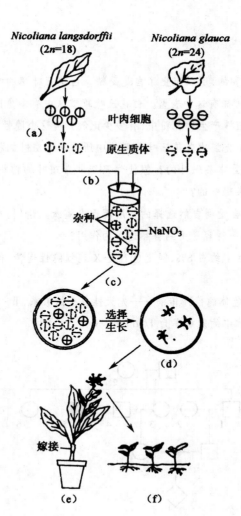

Nicoliana langsdorffii
(2*n*=18)

Nicoliana glauca
(2*n*=24)

叶肉细胞

(a)

原生质体

(b)

杂种——NaNO₃

(c)

选择
生长

(d)

嫁接

(e)

(f)

图 19-9 利用体细胞杂交技术,
得到烟草异源多倍体

(a) 从烟草的两个种取得叶肉细
胞,用酶处理,除去细胞壁。(b) 把
原生质体放在 NaNO₃ 溶液中,促进
细胞融合,形成异源多倍体杂种。
(c) 离心后,细胞接种在只有杂种
细胞能长的培养基上。(d) 杂种分
化出茎和叶。(e) 嫁接在亲本植株
上,杂种开花结实。(f) 种子萌发,
长成幼苗,最后长成成熟的异源多
倍体植株。

习题

1. 白花三叶草是自交不亲和的,所以阻止了自花受精。白花三叶草的叶子上缺乏条斑是一种隐性纯合状态 vv,大约16%植株有这种表型。白花三叶草植株中有多少比例对这个隐性等位基因 v 是杂合的? 白花三叶草植株产生的花粉中,有多少比例带有这个隐性等位基因?

2. 参考上一题,假使把相互交配的白花三叶草群体中所有非条斑叶的植株都淘汰 ($s=1$),那么下一代有多少比例的植株将是非条斑叶的? 假使你只把非条斑叶的植株淘汰一半 ($s=0.50$),那么下一代有多少比例将是非条斑叶的?

3. 对个体生存有害的基因会受到自然选择的作用而逐渐淘汰。请问:有害的伴性隐性基因和有害的常染色体隐性基因,哪一种容易受到自然选择的作用?

4. 人类中,色盲男人在男性中约占8%,假定色盲是 X 连锁隐性遗传,问预期色盲女人在总人口中的比例应为多少?

5. 下图所示的是一个常染色体隐性遗传病——先天性聋哑的家系,II-5 个体是该家系的先证者。我们又已知该疾病在群体中的发病率为 1/10 000,请问:

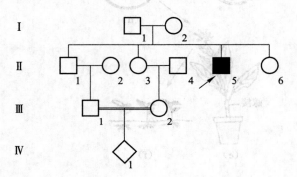

(1) 请估算群体中先天性聋哑的突变基因的等位基因频率。

(2) 如果III-1和群体中表型正常的一位女性随机婚配,所生子女的患病概率是多少?

(3) 家系中,IV-1患先天性聋哑的概率为多少?

6. 下图所示的是一个常染色体隐性遗传疾病的家系图。已知群体中致病基因 a 的频率为 1%。请估算系谱中第三代两种婚姻子女IV-1(III-1 和III-2 的子女)与IV-2(III-2 和III-3 的子女)的发病风险。二者发病风险的差异说明了什么?

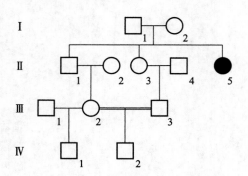

7. 假设在一个平衡群体中，B 血型人占 45%，O 血型人占 36%，请计算该群体中 A 血型和 AB 血型人的比例。

8. 在一个随机交配的群体中，如 AA 个体占 18%，Aa 个体占 82%，且假定隐性个体全部淘汰，结果如下表所示：

交配组合	频率	子代频率		
		AA	Aa	aa
$AA \times AA$	$(0.18)^2 = 0.03$	0.03		
$AA \times Aa$	$2(0.18)(0.82) = 0.30$	0.15	0.15	
$Aa \times Aa$	$(0.82)^2 = 0.67$	0.17	0.33	0.17
合计	1.00	0.35	0.48	0.17

请你再算一代，证明隐性基因型的频率将从 0.17 降低到大约 0.09。

9. 家养动物和栽培植物的遗传变异比相应的野生群体要丰富得多，为什么？请从下列几个方面来考虑：①交配体系，即杂交和自交所占的比例；②自然选择；③突变。

10. 时常有人作为难题提出："究竟鸡生蛋，还是蛋生鸡？"我们说是蛋生鸡，而不是鸡生蛋。试加说明。

11. 证明在显性完全、选择对显性个体不利时，基因 A 频率的改变是：

$$\Delta p = \frac{-sp(1-p)^2}{1 - sp(2-p)}$$

12. 证明在杂合子的适合度比两个纯合子都高时，经一代选择后基因 a 频率的改变是：

$$\Delta q = \frac{pq(ps - qt)}{1 - p^2 s - q^2 t}$$

数字课程学习

✐ 在线自测   ✎ 习题答案

参考文献

索　引

索　引

读者意见反馈

为收集对教材的意见建议，进一步完善教材编写并做好服务工作，读者可将对本教材的意见建议通过如下渠道反馈至我社。

咨询电话 400-810-0598

反馈邮箱 gjdzfwb@pub.hep.cn

通信地址 北京市朝阳区惠新东街4号富盛大厦1座

　　　　 高等教育出版社总编辑办公室

邮政编码 100029

防伪查询说明

用户购书后刮开封底防伪涂层，使用手机微信等软件扫描二维码，会跳转至防伪查询网页，获得所购图书详细信息。

防伪客服电话

（010）58582300